U0936912

附赠1张DVD+1张CD光盘

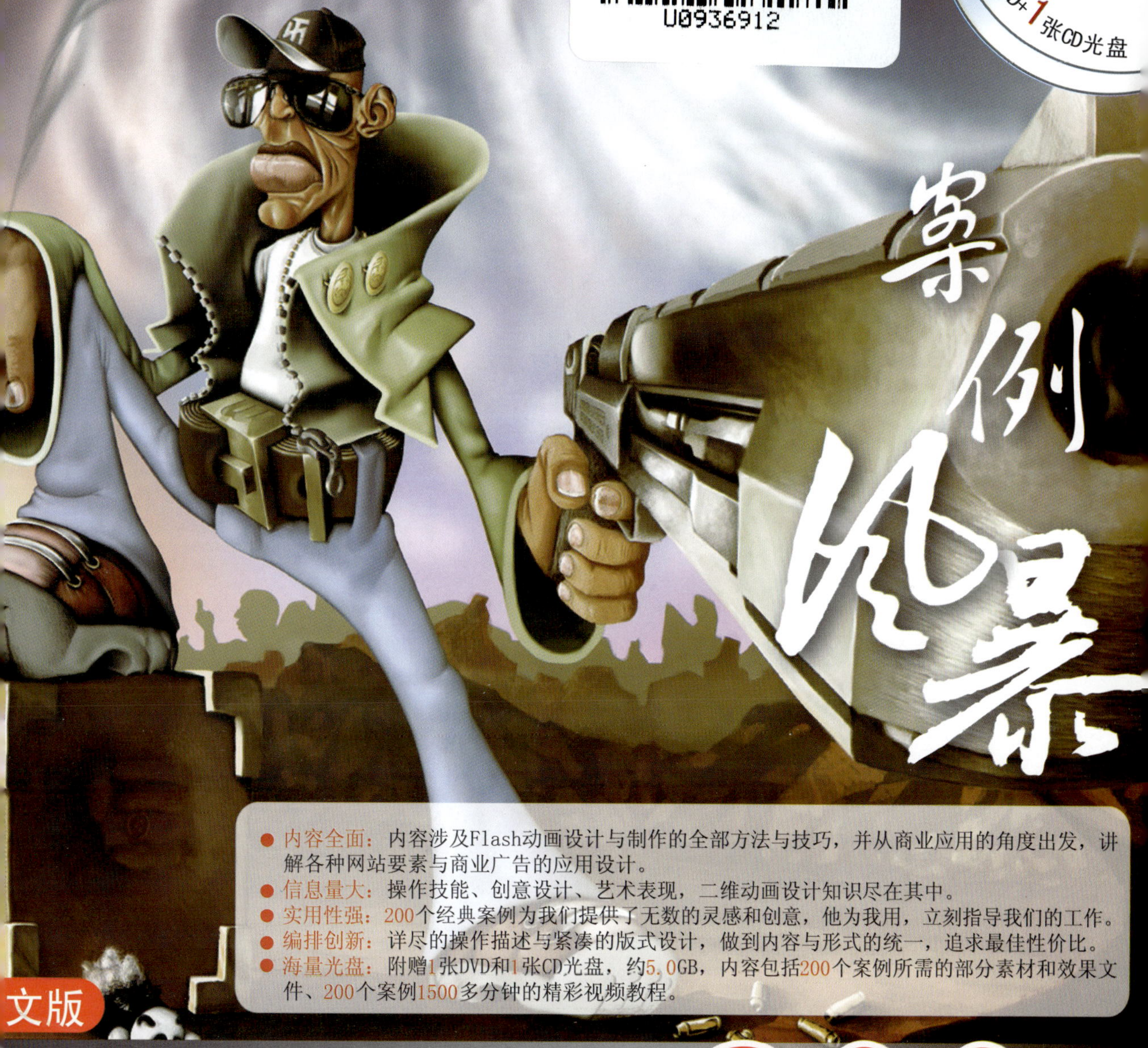

案例风暴

- 内容全面：内容涉及Flash动画设计与制作的全部方法与技巧，并从商业应用的角度出发，讲解各种网站要素与商业广告的应用设计。
- 信息量大：操作技能、创意设计、艺术表现，二维动画设计知识尽在其中。
- 实用性强：200个经典案例为我们提供了无数的灵感和创意，他为我用，立刻指导我们的工作。
- 编排创新：详尽的操作描述与紧凑的版式设计，做到内容与形式的统一，追求最佳性价比。
- 海量光盘：附赠1张DVD和1张CD光盘，约5.0GB，内容包括200个案例所需的部分素材和效果文件、200个案例1500多分钟的精彩视频教程。

文版

Flash CS5 动画设计与制作200例

前沿思想 编著

北京希望电子出版社
Beijing Hope Electronic Press
www.bhp.com.cn

内容简介

本书结合作者多年的实战经验，精心选取了200个典型行业案例，在随书的光盘中还附有200个案例的精彩教学视频，以帮助读者快速领悟，逐步精通软件的操作，从新手成为设计高手。

本书共分为18章，内容包括图形角色、标识、按钮的绘制，图形、按钮、鼠标、交互动画的制作，音乐、视频播放器的制作，游戏、贺卡、课件、MTV的制作，网络动画的制作等，每章皆从专题、专业的角度进行了细致的讲解。本书结构清晰、语言简洁，适合于Flash软件的初、中级读者，以及平面广告、动画广告、Flash网页动画、Flash商业网络广告制作人员等阅读，同时也可作为各类计算机培训中心、中职中专、高职高专等院校的辅助阅读书籍。

随书光盘包含200个实例所需的部分的素材、最终效果文件和200个精彩的教学视频文件。

需要本书或技术支持的读者，请与北京清河6号信箱（邮编：100085）发行部联系，电话：010-62978181（总机）转发行部、010-82702675（邮购），传真：010-82702698，E-mail：tbd@bhp.com.cn。

图书在版编目（CIP）数据

中文版 Flash CS5 动画设计与制作 200 例 / 前沿思想 编著. —北京：科学出版社，2010.9

ISBN 978-7-03-027277-5

Ⅰ. ①中… Ⅱ. ② 前… Ⅲ. ①动画—设计—图形软件，Flash CS5 Ⅳ. ①TP391.41

中国版本图书馆 CIP 数据核字（2010）第 072001 号

责任编辑：李 磊 陆京梅 / 责任校对：高 艳

责任印刷：天 时 / 封面设计：张晓景

科学出版社 出版

北京东黄城根北街16号

邮政编码：100717

http://www.sciencep.com

天时彩色印刷有限公司 印刷

科学出版社发行 各地新华书店经销

*

2010年9月第 1 版 开本：787mm×1092mm 1/16

2010年9月第1次印刷 印张：29（14面彩插）

印数：1-4 000册 字数：629千字

定价：79.00元（配1张DVD+1张CD光盘）

■精彩案例欣赏■

■ 经典汽车广告(a)（实例192）

■ 经典汽车广告(b)（实例192）

■ 上市汽车广告(a)（实例184）

■ 上市汽车广告(b)（实例184）

■ 创意汽车广告(c)（实例197）

■ 创意汽车广告(d)（实例197）

■ 摄像机广告(a)（实例189）

■ 摄像机广告(b)（实例189）

■ 爱的表白(a)（实例33）

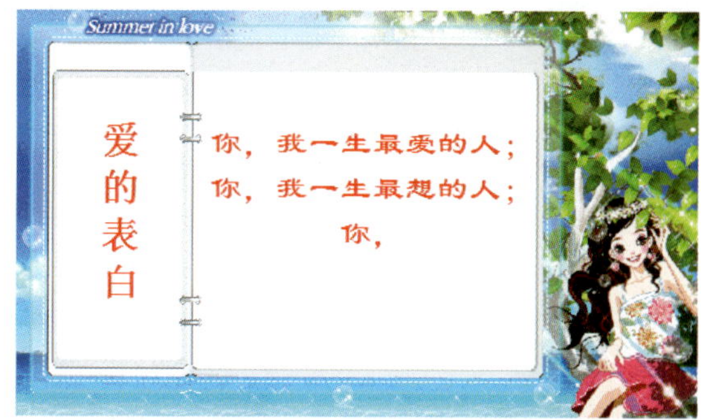

■ 爱的表白(b)（实例33）

■ 百叶窗动画(a)（实例53）

■ 百叶窗动画(b)（实例53）

■ 精彩案例欣赏 ■

■ 珠宝首饰广告(a)（实例194）

■ 珠宝首饰广告(b)（实例194）

■ 跑车广告(a)（实例182）

■ 跑车广告(b)（实例182）

■ 时尚笔记本电脑广告(a)（实例193）

■ 时尚笔记本电脑广告(b)（实例193）

■ 别克君威(a)（实例34）

■ 别克君威(b)（实例34）

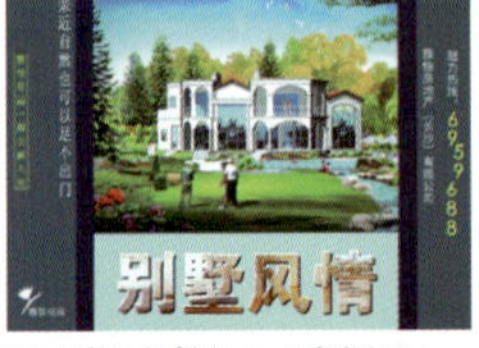

■ 别墅风情(a)（实例25）

■ 别墅风情(b)（实例25）

网站首页 公司简介 企业与社会 人力资源 科技与管理 联系我们

■ 玻璃式导航条(a)（实例172）

网站首页 公司简介 企业与社会 人力资源 科技与管理 联系我们

环保与安全 公益事业 和谐社区

■ 玻璃式导航条(b)（实例172）

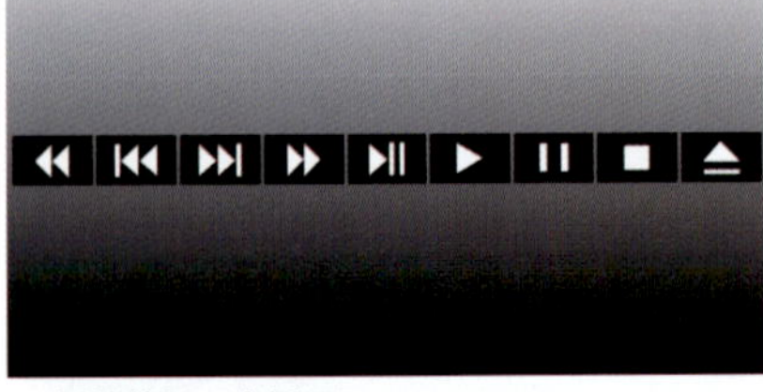

■ 播放按钮（实例75）

■ 擦玻璃窗(a)（实例84）

■ 擦玻璃窗(b)（实例84）

■ 猜金币游戏(a)（实例121）

■ 猜金币游戏(b)（实例121）

■ 精彩案例欣赏 ■

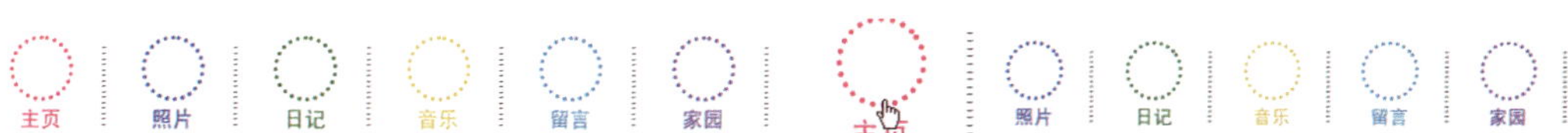

■ 彩色弹性式导航条(a)(实例176)　■ 彩色弹性式导航条(b)(实例176)

■ 璀璨烟花(a)(实例64)

■ 璀璨烟花(b)(实例64)

■ 导航按钮(实例73)

■ 电影过渡(a)(实例50)

■ 电影过渡(b)(实例50)

■ 电影下载进度条(a)(实例57)

■ 电影下载进度条(b)(实例57)

■ 电影海报欣赏(a)(实例90)

■ 电影海报欣赏(b)(实例90)

■ 电子相册(a)(实例48)

■ 电子相册(b)(实例48)

■ 店内公告(a)(实例22)

■ 店内公告(b)(实例22)

■ 蝶恋花(a)(实例82)

■ 蝶恋花(b)(实例82)

■ 蝶舞飞扬(a)(实例45)

■ 蝶舞飞扬(b)(实例45)

精彩案例欣赏

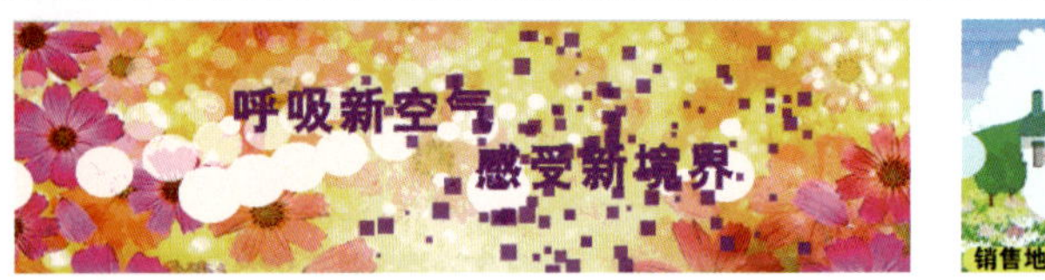

都市花香(a)（实例161）

都市花香(b)（实例161）

儿童节快乐(a)（实例137）

儿童节快乐(b)（实例137）

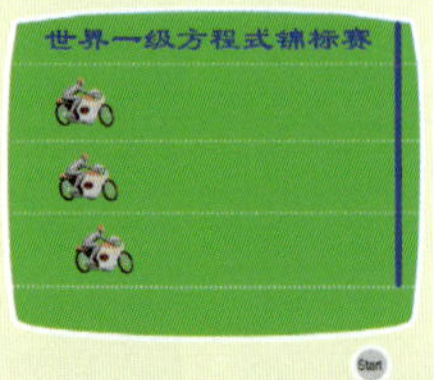

飞车赛跑游戏(a)（实例123）

飞车赛跑游戏(b)（实例123）

风车式导航条(a)（实例175）

风车式导航条(b)（实例175）

父亲节快乐(a)（实例134）

父亲节快乐(b)（实例134）

个性日历(a)（实例91）

个性日历(b)（实例91）

个性收缩式导航条(a)（实例171）

个性收缩式导航条(b)（实例171）

工具栏按钮（实例74）

古典美女（实例10）

古画书卷欣赏(a)（实例54）

古画书卷欣赏(b)（实例54）

滚动式导航条(a)（实例180）

滚动式导航条(b)（实例180）

精彩案例欣赏

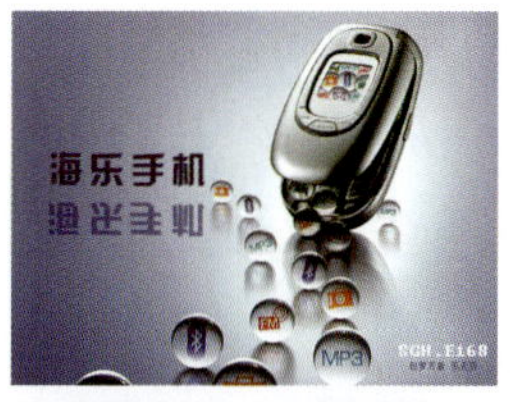

海乐手机(a)（实例31）

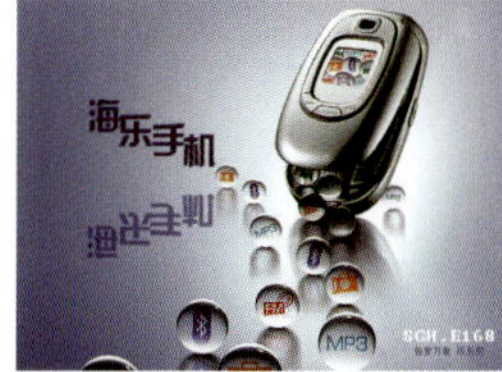

海乐手机(b)（实例31）

海洋精灵(a)（实例83）

海洋精灵(b)（实例83）

音乐飞翔(a)（实例39）

音乐飞翔(b)（实例39）

蝴蝶公寓(a)（实例18）

蝴蝶公寓(b)（实例18）

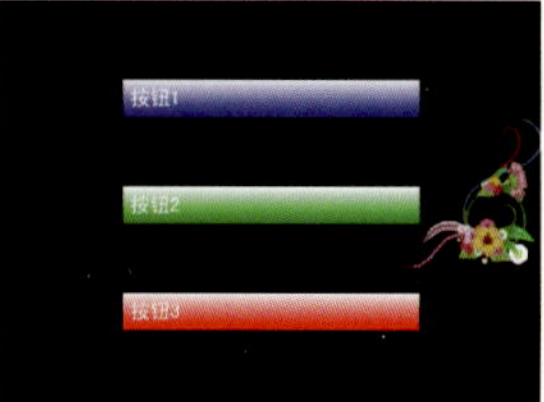
花藤按钮（实例76）

皇冠汽车(a)（实例162）

皇冠汽车(b)（实例162）

辉光按钮（实例78）

会飞的花仙子(a)（实例55）

会飞的花仙子(b)（实例55）

建设美好家园(a)（实例36）

建设美好家园(b)（实例36）

会员登录（实例71）

精彩案例欣赏

数码广告(a)（实例199）

Canon 佳能数码 在擅长的领域，我们力争做到更好。

数码广告(b)（实例199）

交互按钮(a)（实例92）

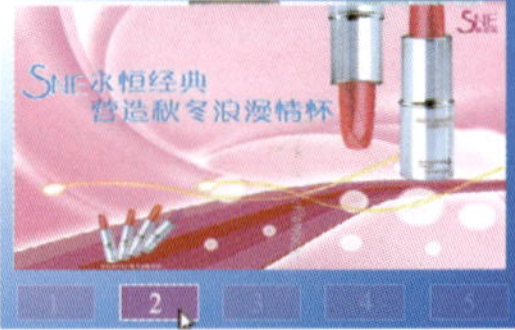

交互按钮(b)（实例92）

老师 是您滋润了我的心灵 让我茁壮成长

教师节快乐(a)（实例140）

教师节快乐(b)（实例140）

汽车广告(a)（实例186）

捷达 理性的选择 捷达 不止步，演绎冠军本色

汽车广告(b)（实例186）

金铂来首饰(a)（实例167）

金铂来首饰(b)（实例167）

金城数码广告(a)（实例198）

金城数码广告(b)（实例198）

金牛乳制品(a)（实例166）

金牛乳制品(b)（实例166）

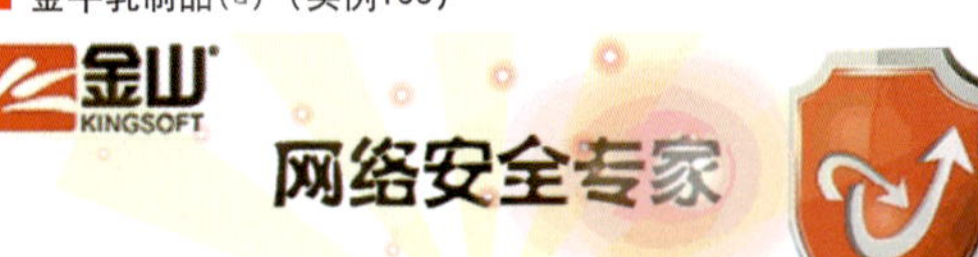

金山毒霸2009(a)（实例168）

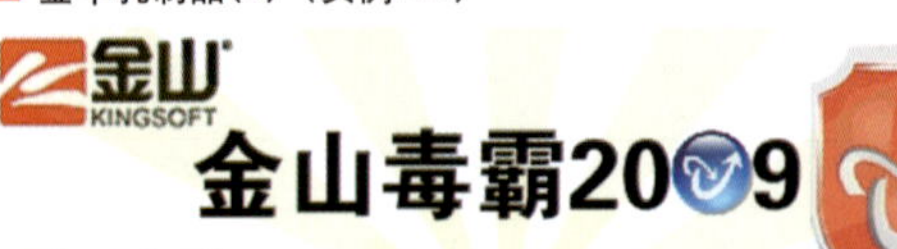

金山毒霸2009(b)（实例168）

利达购物中心(a)（实例169）

利达购物中心(b)（实例169）

■ 精彩案例欣赏 ■

■ 凯悦大酒店(a)（实例30）

■ 凯悦大酒店(b)（实例30）

■ 数码摄像机广告(a)（实例185）

■ 数码摄像机广告(b)（实例185）

■ 可爱小熊（实例3）

■ 控制动画播放(a)（实例93）

■ 控制动画播放(b)（实例93）

■ 蓝雅集团(a)（实例17）

■ 蓝雅集团(b)（实例17）

■ 蓝羽装饰(a)（实例15）

■ 蓝羽装饰(b)（实例15）

■ 篮球（实例5）

■ 浪勇科技(a)（实例16）

■ 浪勇科技(b)（实例16）

■ 涟漪阵阵(a)（实例87）

■ 涟漪阵阵(b)（实例87）

■ 礼花绽放（实例79）

■ 上市手机广告(a)（实例188）

■ 上市手机广告(b)（实例188）

■ 上市笔记本电脑广告(a)（实例187）

■ 上市笔记本电脑广告(b)（实例187）

■ 台式电脑广告(a)（实例200）

■ 台式电脑广告(b)（实例200）

■ 绿城集团(a)（实例19）

■ 绿城集团(b)（实例19）

■ 落红缤纷(a)（实例44）

■ 落红缤纷(b)（实例44）

■ 美女变装(a)（实例42）

■ 美女变装(b)（实例42）

■ 米老鼠大战游戏(a)（实例128）

■ 米老鼠大战游戏(b)（实例128）

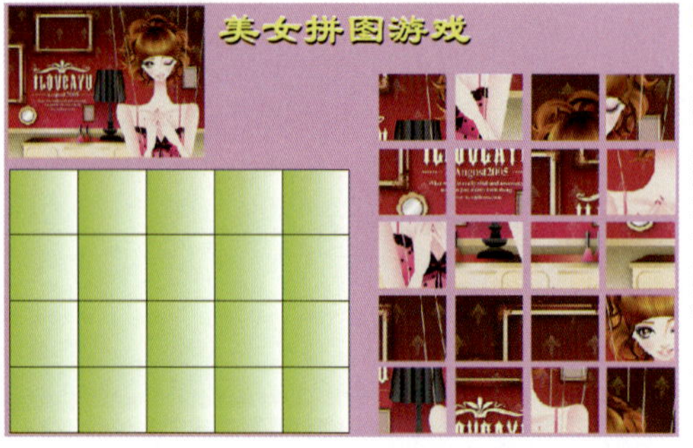

■ 美女拼图游戏(a)（实例122）

■ 美女拼图游戏(b)（实例122）

精彩案例欣赏

面部表情（实例1）

模糊过渡(a)（实例41）

模糊过渡(b)（实例41）

魔幻达人(a)（实例89）

魔幻达人(b)（实例89）

母亲节快乐(a)（实例133）

母亲节快乐(b)（实例133）

MP3广告(a)（实例183）

MP3广告(b)（实例183）

MP4广告(c)（实例195）

MP4广告(d)（实例195）

游戏手机广告(a)（实例190）

游戏手机广告(b)（实例190）

■ 欧丽雅(a)（实例23）

■ 欧丽雅(b)（实例23）

■ 漂亮花朵（实例8）

■ 苹果水珠(a)（实例85）

■ 苹果水珠(b)（实例85）

■ 气泡情缘(a)（实例70）

■ 气泡情缘(b)（实例70）

■ 汽车大展台(a)（实例94）

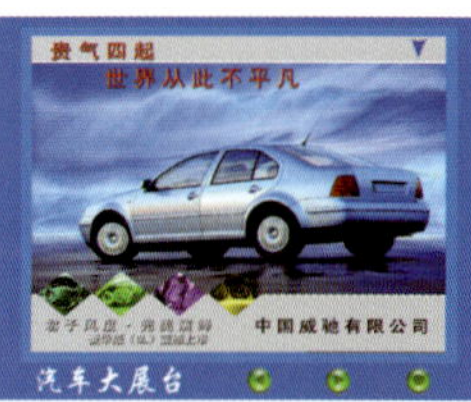

■ 汽车大展台(b)（实例94）

■ 前浮式导航条(a)（实例174）

■ 前浮式导航条(b)（实例174）

■ 情景剧场(a)（实例49）

■ 情景剧场(b)（实例49）

精彩案例欣赏

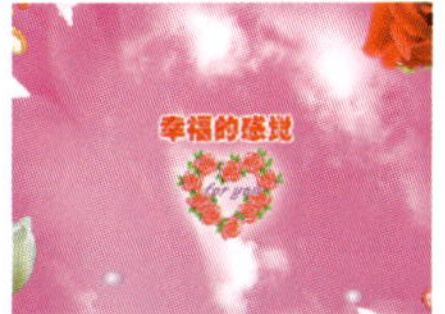
情人节快乐(a)（实例132）

情人节快乐(b)（实例132）

全景展视动画(a)（实例56）

全景展视动画(b)（实例56）

手机广告(a)（实例196）

手机广告(b)（实例196）

山水欣赏(a)（实例46）

山水欣赏(b)（实例46）

上岛咖啡(a)（实例37）

上岛咖啡(b)（实例37）

生日快乐(a)（实例136）

生日快乐(b)（实例136）

生日烛光(a)（实例81）

生日烛光(b)（实例81）

圣诞节快乐(a)（实例135）

圣诞节快乐(b)（实例135）

圣诞树（实例7）

时尚手表(a)（实例98）

时尚手表(b)（实例98）

手机秀场(a)（实例52）

手机秀场(b)（实例52）

鼠标跟随式导航条(a)（实例173）

鼠标跟随式导航条(b)（实例173）

鼠标追踪(a)（实例99）

鼠标追踪(b)（实例99）

■ 数控风车(a)(实例100)

■ 数控风车(b)(实例100)

■ 双模手机专卖(a)(实例170)

■ 双模手机专卖(b)(实例170)

■ 思奈尔彩妆(a)(实例163)

■ 思奈尔彩妆(b)(实例163)

■ 相机广告(a)(实例181)

■ 相机广告(b)(实例181)

淘宝小店：

■ 淘宝小店(a)(实例21)

淘宝小店：

■ 淘宝小店(b)(实例21)

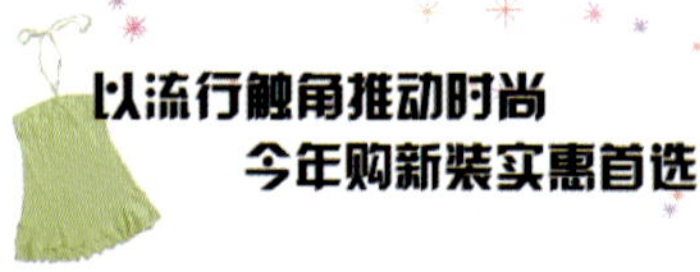

■ 天使恋衣馆(a)(实例165)

■ 天使恋衣馆(b)(实例165)

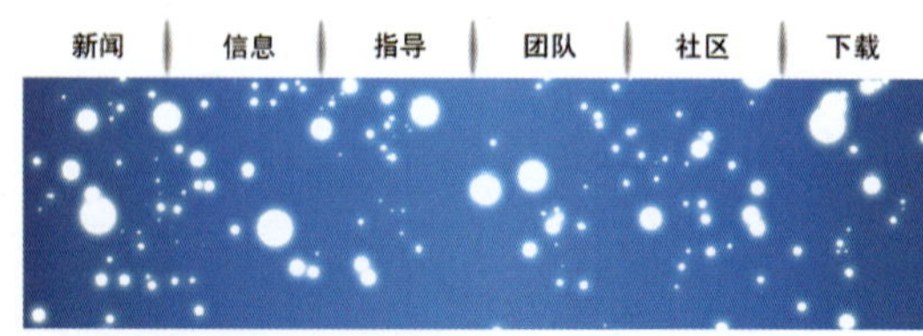

■ 下落式导航条(a)(实例177)

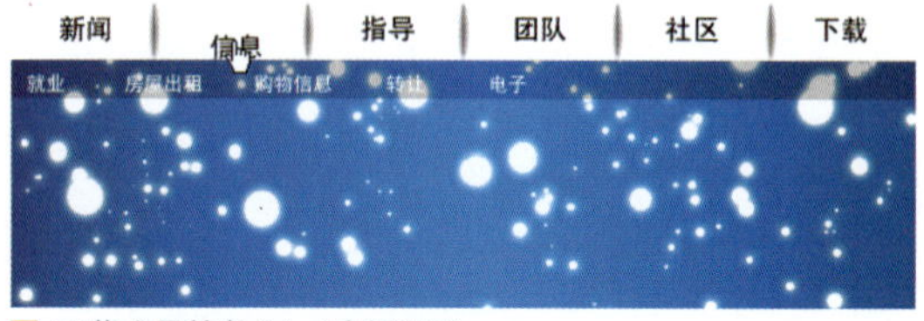

■ 下落式导航条(b)(实例177)

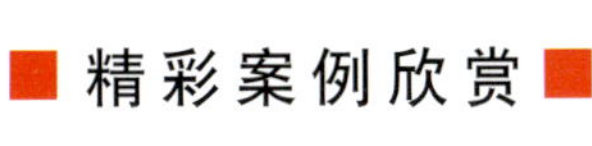

舞动奇迹(a)（实例38）

舞动奇迹(b)（实例38）

下雨天(a)（实例61）

下雨天(b)（实例61）

湘江北尚(a)（实例40）

湘江北尚(b)（实例40）

新年快乐(a)（实例131）

新年快乐(b)（实例131）

星语心愿(a)（实例35）

星语心愿(b)（实例35）

幸福像花儿(a)（实例65）

幸福像花儿(b)（实例65）

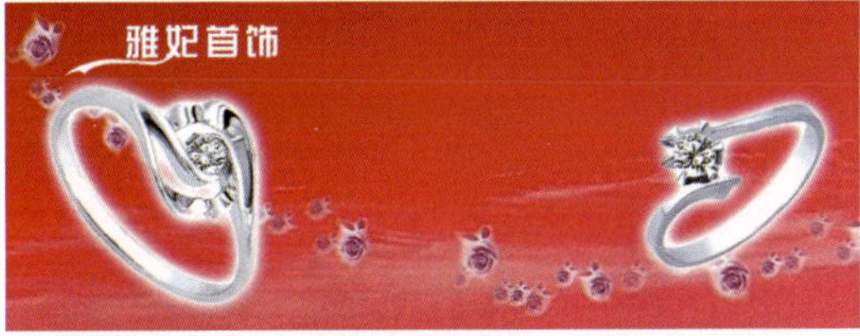

经典首饰广告(a)（实例191）

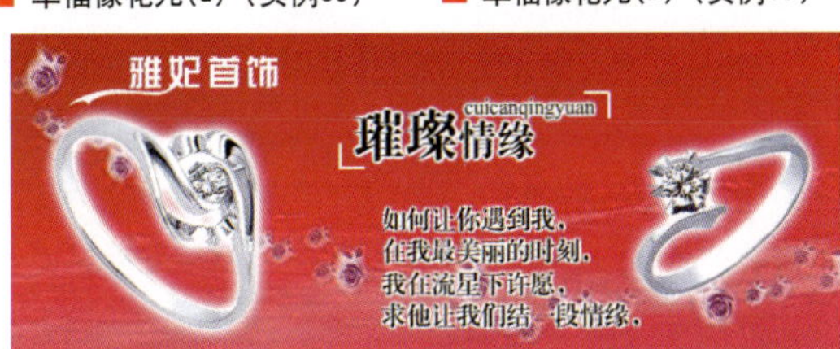

经典首饰广告(b)（实例191）

雅志汽车(a)（实例29）

雅志汽车(b)（实例29）

雅怡花苑(a)（实例28）

雅怡花苑(b)（实例28）

眼明手快游戏(a)（实例125）

眼明手快游戏(b)（实例125）

悠梦港湾(a)（实例13）

悠梦港湾(b)（实例13）

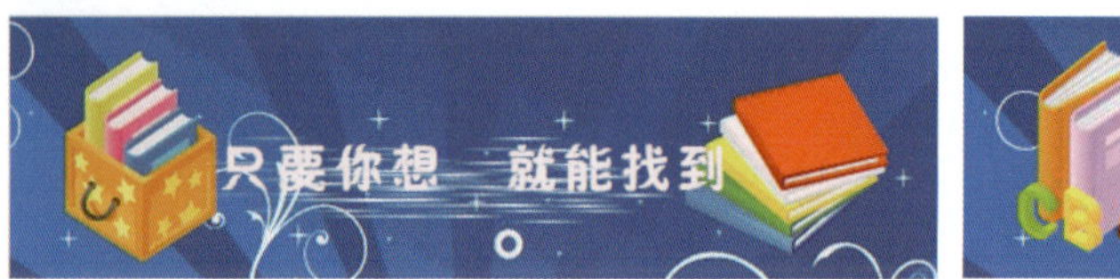

■ 智者图书吧(a)（实例164）

■ 智者图书吧(b)（实例164）

■ 音乐天堂(a)（实例32）

■ 音乐天堂(b)（实例32）

■ 云雾动画效果(a)（实例58）

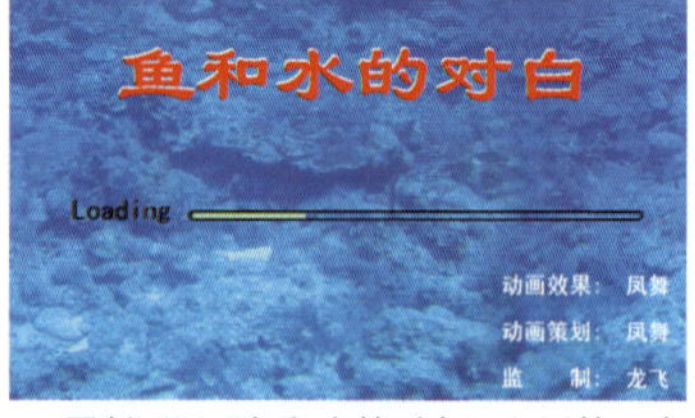

■ 原创MTV《鱼和水的对白》(a)(第14章)

■ 原创MTV《鱼和水的对白》(b)(第14章)

■ 云雾动画效果(b)（实例58）

■ 语文课件(a)(第13章)

■ 语文课件(b)(第13章)

■ 展开式导航条(a)（实例179）

■ 展开式导航条(b)（实例179）

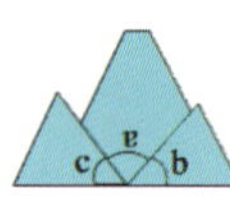

■ 数学课件(a)(第13章)

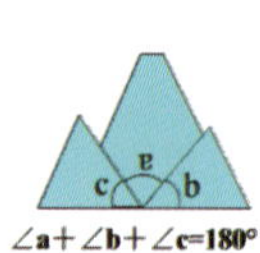

■ 数学课件(b)(第13章)

■ 自由漂移式导航条(a)（实例178）

■ 自由漂移式导航条(b)（实例178）

■ 中秋节快乐(a)（实例139）

■ 中秋节快乐(b)（实例139）

■ 制作视频展示(a)（实例120）

■ 制作视频展示(b)（实例120）

中文版
Flash CS5
动画设计与制作200例

前言

Adobe Flash CS5 软件简介

Adobe Flash 是一款专业的矢量动画制作软件，在手绘动画、网页设计和多媒体等多个领域得到了广泛的应用，能有效帮助设计师方便、快捷地完成设计工作，深受越来越多的网络广告和广告设计师的青睐。随着版本的不断升级,其应用领域也越来越广，从图形角色、文字动画特效、多媒体动画、交互动画、游戏动画到商业广告，随处可见 Flash 动画特效的身影。本书将列举 200 个经典实例，重点讲解 Adobe Flash 在动画领域的精彩应用。

本书策划思想与特色

本书相对于市场上其他图书，主要策划思想与特色如下：

思想与特色	思想与特色说明
18 个 领域设计精解	本书体系完整，由浅入深地对 Flash CS5 的图形角色、企业标识、文字特效、图像动画、按钮动画、视频播放器、电子贺卡、教学课件、商业广告等 18 个领域的设计进行了全面、细致的讲解，使读者能够快速入门并精通软件的操作。
200 个 经典案例奉献	书中提供了 200 个经典案例，帮助读者在实战演练中逐步掌握软件的核心技能与操作技巧。与同类书相比，本书可以帮助读者节省更多学习理论的时间,掌握超出同类书的大量实用技能,让学习更加高效。
1500 多 分钟视频播放	书中 200 个案例的操作全部录制了视频进行讲解，时间长度达 1500 多分钟。读者可以结合书本，也可以独立观看视频演示，像看电影一样进行学习，即方便，又轻松。
2500 张 图片全程图解	本书采用了近 2500 张图片，对软件的技术、案例的讲解进行了全程的图解。通过这些大量清晰图片的辅助，让实例的内容变得更通俗易懂，使读者可以一目了然，快速领会，举一反三，制作出更加精美漂亮的动画效果。

本书内容安排

本书共分为 5 部分，具体章节内容如下：

篇　章	主要内容
图形角色、标识、文字特效制作部分（第 1 章～第 3 章）	以专题的方式，讲解了制作图形角色、企业标识、文字特效的制作。如面部表情、太阳笑脸、QQ 头像、漂亮花朵、新时代航空、悠梦港湾、阳光 100、淘宝小店、凯悦大酒店、鹤舞戏水、湘江北尚等动画。
图像、按钮、鼠标、交互动画部分（第 4 章～第 8 章）	以不同的应用领域，详细讲解了图形动画、图像动画、按钮动画、鼠标动画、交互动画的制作。如模糊过渡、电子相册、全景展视动画、幸福像花儿、工具栏按钮、生日烛光、个性日历、控制动画播放等动画。
音乐、视频播放器制作部分（第 9 章～第 10 章）	以播放器为主，详细讲解了音乐播放器、视频播放器等界面的制作。如制作播放器的界面、显示音乐播放进度、制作静音按钮、制作动画特效制作视频主界面、制作主界面按钮、制作视频展视等动画。
游戏、贺卡、教学课件 MTV 部分（第 11 章～第 14 章）	以不同的应用领域，详细讲解了趣味游戏、电子贺卡、教学课件、原创 MTV（鱼和水的对白）的制作。如猜金币游戏、米老鼠大战游戏、新年快乐、父亲节快乐、制作 MTV 启动画面、添加主场景的主角、完善 MTV 全景等动画。
网络制作部分（第 15 章～第 18 章）	以 Bannert 动画、网站建设和商业广告为主，详细讲解了制作都市花香、思奈尔彩妆、天使恋衣馆、个性收缩式导航条、前浮式导航条、相机广告、汽车广告、笔记本广告、首饰广告、数码广告等动画。

本书光盘特色

本书光盘随赠了 200 个“视觉＋听觉”的视频文件，具有以下 3 点特色：

特　色	说　明
三大内容，超值拥有	包含实例所需的的素材急最终效果文件，还包含所有实例的视频讲解文件。
视频声音，全程同行	实例视频与讲解声音两位一体，专业讲解，让您快速领会。
专家讲解、私人课堂	享受专家级的私人课堂式的视频教学，让您快速成为高手。

关于作者

本书由前沿思想编著，主要由谭贤、张志科、陈超平编写并录制视频，同时参加编写的人员还有柏松、符光宇、刘嫔、曾慧、杨路平、陈益、杨闰艳、廖梦姣、代君、颜勤勤、文瑞、周旭阳、袁淑敏、谭俊杰、徐茜、杨端阳、谭中阳、罗樟、莫华浪、罗燕文、刘淑芬、王艳虹、彭渺、胡美凤、吴金蓉、罗昊、蒋珍珍等人的帮助，在此表示感谢。书中难免有错误和疏漏之处，欢迎广大读者来信批评与指正，联系邮箱：itsir@qq.com。

编著者

新时代航空

阳光 1
SUNSHINE HUNDRED

店内公告

凯悦大酒店

舞动奇迹

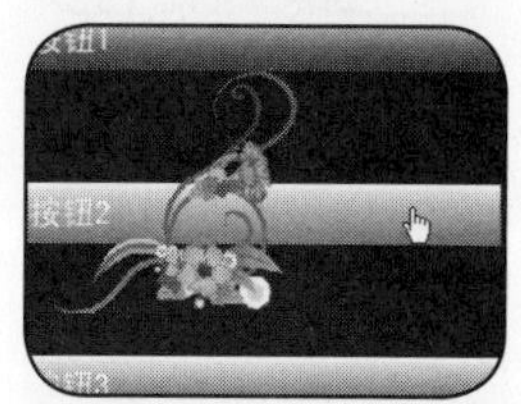
按钮2

增加
减少

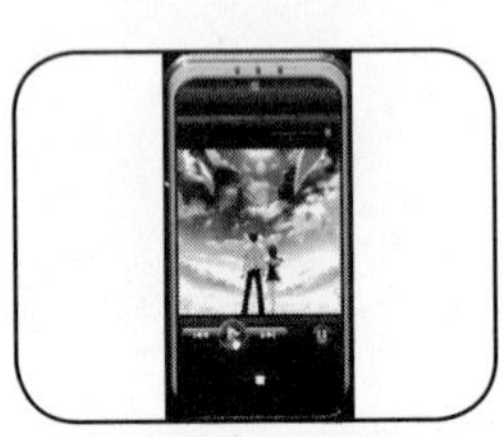

父亲节
快乐！

乐
快
日
生
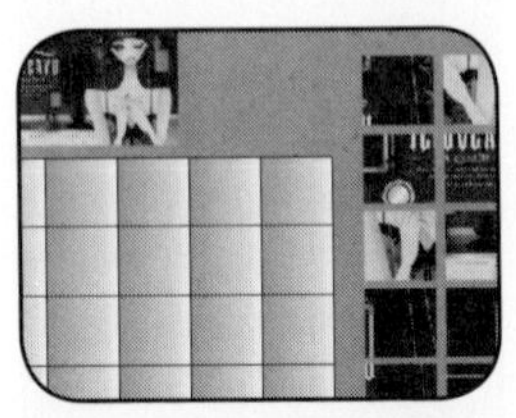

世界一级方程式锦标赛
赢

儿童节快乐

【作者简介】

【诗歌鉴赏】

网站首页

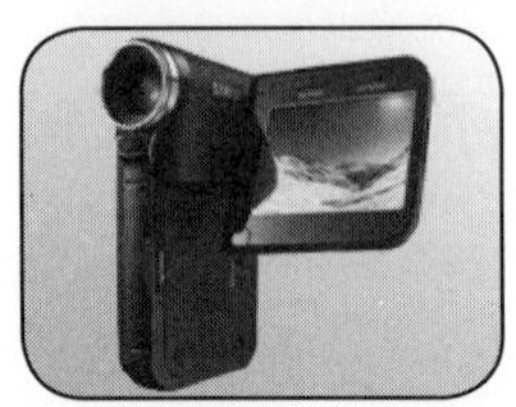

NOKIA

购宽屏手提
得时尚好礼

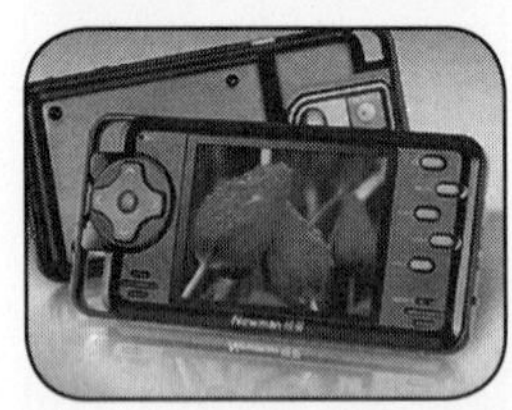

第1章

图形角色

本章重点

实例1　面部表情

实例2　太阳笑脸

实例3　可爱小熊

实例4　雨伞

实例5　篮球

实例6　QQ头像

实例7　圣诞树

实例8　漂亮花朵

实例9　足球

实例10　古典美女

实例 1 面部表情

效果欣赏	实例导航
	素材文件：无
	效果文件：效果\第1章\实例1.fla
	视频文件：视频\第1章\实例1.swf
	知识点睛：绘制椭圆、绘制线条

步骤 01 单击“文件”|“新建”命令，弹出“新建文档”对话框，在“类型”列表框中选择“Flash文件（ActionScript 2.0）”选项，如图1-1所示，单击“确定”按钮。

步骤 02 单击“修改”|“文档”命令，弹出“文档设置”对话框，在“尺寸”选项区中设置“宽”为550像素、“高”为400像素、“背景颜色”为白色(#FFFFFF)、“帧频”为12，如图1-2所示，单击“确定”按钮。

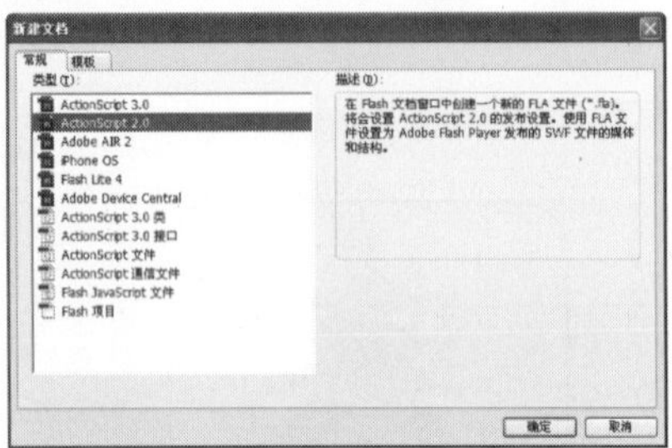

图1-1 “新建文档”对话框

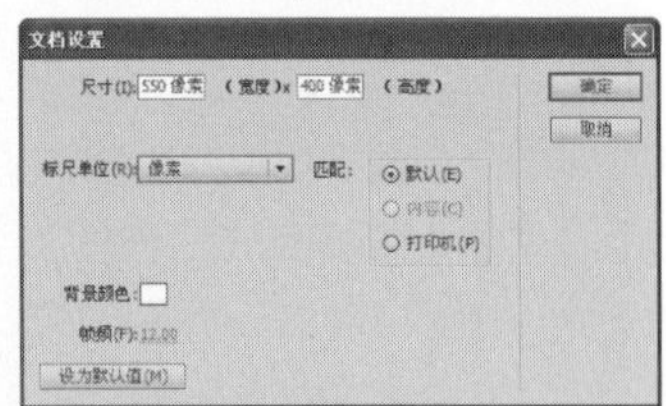

图1-2 “文档设置”对话框

步骤 03 选择工具箱中的椭圆工具，在“属性”面板中设置“笔触颜色”为紫色（#6600FF）、“填充颜色”为无，将鼠标移至舞台区中，向右下角拖曳鼠标绘制一个椭圆。选择工具箱中的选择工具，选择绘制的椭圆，在“属性”面板中设置“宽度”和“高度”分别为180、233，X值和Y值分别为185、83.5，如图1-3所示。

步骤 04 选择工具箱中的线条工具，将鼠标移至舞台的椭圆上，按住【Shift】键的同时水平向右拖曳鼠标至合适位置绘制一条水平直线，效果如图1-4所示。

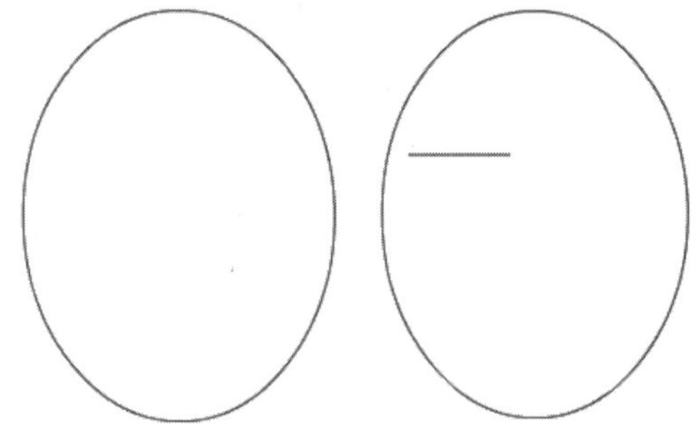

图1-3 绘制椭圆　　图1-4 绘制水平直线

步骤 05 同理，在椭圆内绘制人物头部的各部分，效果如图1-5所示。

步骤 06 运用工具箱中的选择工具，将鼠标移至人物头像中左边眉毛下方的边缘处拖曳鼠标至合适位置，即可将直线改为弧线，使直线变成弧线，效果如图1-6所示。

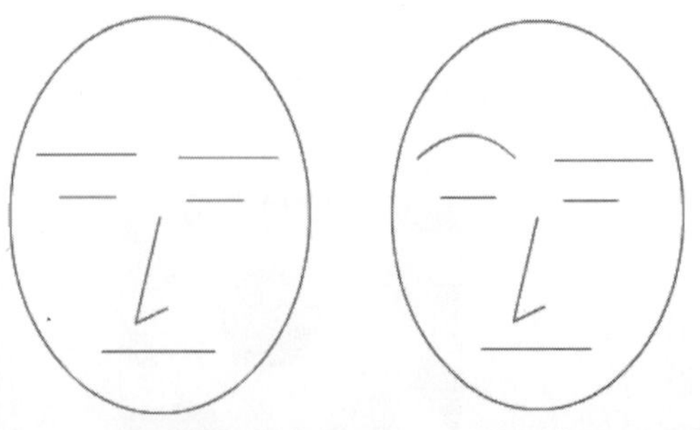

图1-5 绘制人物头部的各部分　　图1-6 调整直线的弧度

步骤 07 同理，调整右边眉毛和嘴巴的弧度，完成面部表情的制作，效果如图1-7所示。

图1-7 完成的面部表情的制作

实例 2 太阳笑脸

效果欣赏	实例导航
	素材文件：无
	效果文件：效果\第1章\实例2.fla
	视频文件：视频\第1章\实例2.swf
	知识点睛：绘制正圆、填充颜色

步骤 01 按【Ctrl+N】键新建一个Flash文档。再按【Ctrl+J】键弹出“文档设置”对话框，在“尺寸”选项区中设置“宽”为400、“高”为400、“背景颜色”为白色（#FFFFFF）、“帧频”为12，单击“确定”按钮。

步骤 02 选择工具箱中的椭圆工具，在“属性”面板中设置“笔触颜色”为无、“填充颜色”为红色（#CC3300）。将鼠标移至舞台区，按住【Shift】键的同时向右下角拖曳鼠标至合适位置，绘制一个正圆。选择绘制的正圆，在“属性”面板中设置“宽度”和“高度”均为100，并调整合适位置，效果如图2-1所示。

步骤 03 单击“时间轴”面板中的“新建图层”按钮，依次创建“图层2”、“图层3”两个图层。选择“图层2”图层的第1帧，选择工具箱中的椭圆工具，设置“笔触颜色”为无，“填充颜色”为黄色（#FFCC00）。将鼠标移至舞台区中，按住【Shift】键的同时向右下角拖曳鼠标至合适位置，绘制一个正圆。选择绘制的正圆，在“属性”面板中设置“宽度”和“高度”均为240，效果如图2-2所示。

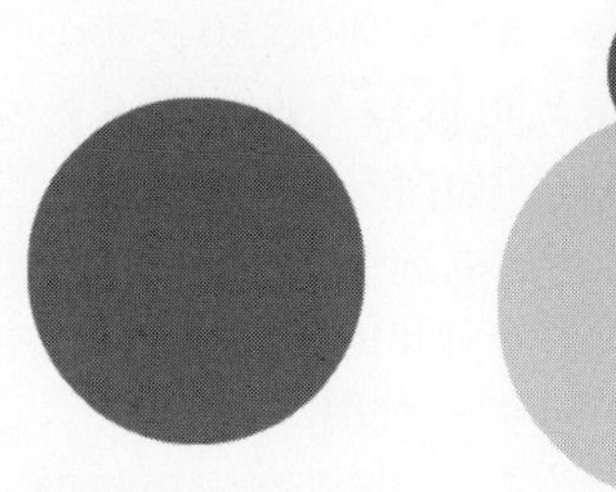

图2-1 绘制正圆　　图2-2 绘制另一正圆

步骤 04 选择黄色的正圆，单击“窗口”|“对齐”命令，在弹出的“对齐”面板中，选中”与舞台对齐“复选框，分别单击“水平中齐”按钮和“垂直中齐”按钮，如图2-3所示。将黄色正圆调整至舞台的正中央。

步骤 05 选择舞台区的两个圆，在“对齐”面板中选中“与舞台对齐”复选框，再单击“水平对齐”按钮，将两个圆水平对齐，效果如图2-4所示。

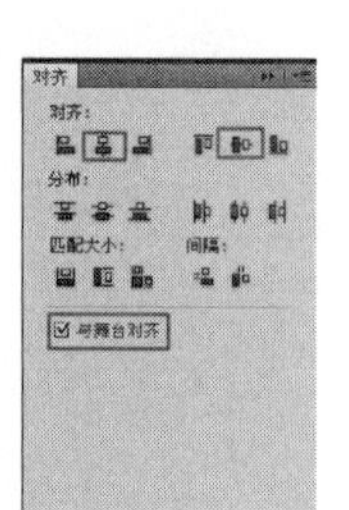

图2-3 “对齐”面板　图2-4 将正圆对齐的效果

步骤 06 单击“视图”|“标尺”命令，显示标尺。选择工具箱中的选择工具，将鼠标移至水平标尺的上方，然后向下拖曳鼠标至合适位置，添加一条水平辅助线。同理，添加垂直辅助线，如图2-5所示。

步骤 07 在舞台区中选择绘制的红色正圆，按【F8】键，将其转换成图形元件，选择工具箱中的任意变形工具，在舞台区中选择绘制的红色正圆，将鼠标指针移至变形控制的中心点，如图2-6所示。

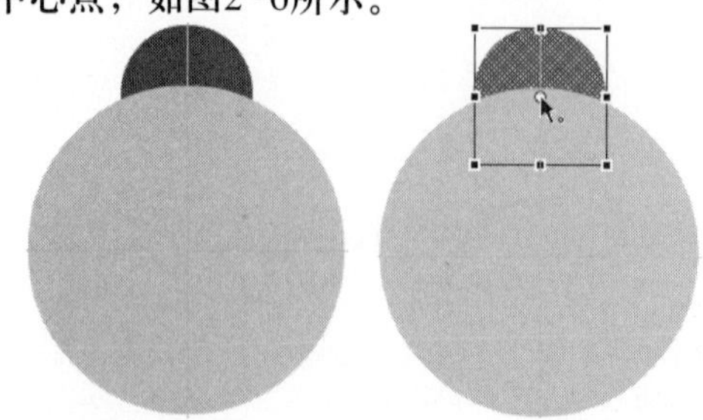

图2-5 添加辅助线　图2-6 将鼠标移至中心点

步骤 08 垂直向下拖曳鼠标，将中心点移至两条辅助线的交点处，如图2-7所示。

步骤 09 保持红色正圆的选中状态，单击“窗口”|“变形”命令，在弹出的“变形”面板中设置“旋转”角度为45°，如图2-8所示。

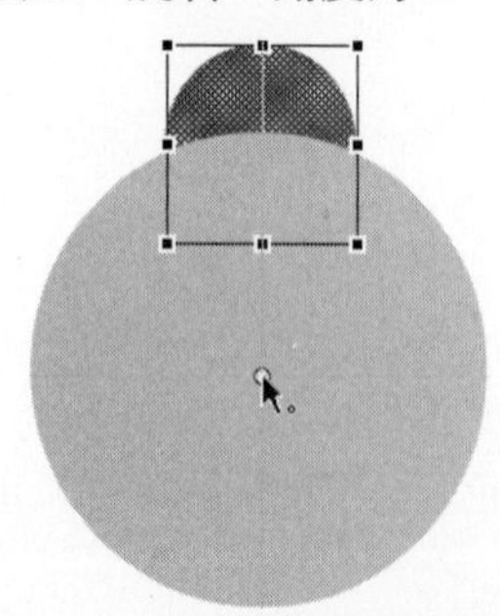

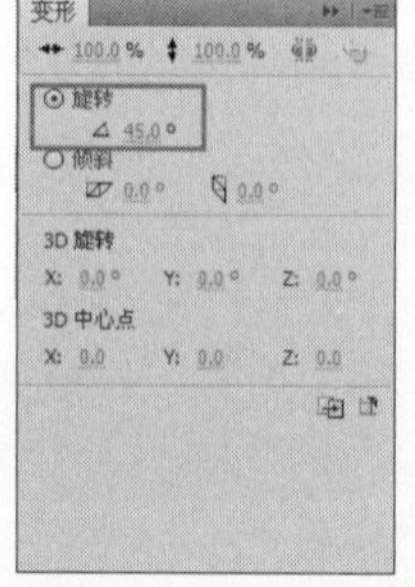

图2-7 将中心点移至交点处　图2-8 “变形”面板

步骤 10 连续7次单击“变形”面板底部的“重制选区和变形”按钮，将红色的小圆复制7次，并调整其位置，效果如图2-9所示。

步骤 11 选择“图层3”图层的第1帧，运用椭圆工具，在“属性”面板中设置“笔触颜色”为无、“填充颜色”为黑色（#000000）。将鼠标移至舞台区，按住【Shift】键的同时向右下角拖曳鼠标至合适位置，绘制一个“宽度”和“高度”均为23的正圆，如图2-10所示。

图2-9 复制小圆　图2-10 绘制正圆

步骤 12 运用工具箱中的选择工具，选择绘制的黑色小圆，按住【Ctrl】键的同时水平向右拖曳鼠标至合适位置，复制一个小圆。保持两个小黑圆的选中状态，按【Ctrl+K】键弹出“对齐”面板，选中“与舞台对齐”复选框，再单击“垂直中齐”按钮，将两个黑色小圆对齐，如图2-11所示。

步骤 13 运用椭圆工具，在舞台区的合适位置，绘制一个“宽度”、“高度”分别为86和60的橘红色（#F08437）椭圆。单击“视图”|“辅助线”|“显示辅助线”命令，将辅助线隐藏，完成太阳笑脸的制作，效果如图2-12所示。

图2-11 将圆对齐的效果　图2-12 绘制的太阳笑脸

实例 3 可爱小熊

效果欣赏	实例导航
	素材文件：无
	效果文件：效果\第1章\实例3.fla
	视频文件：视频\第1章\实例3.swf
	知识点睛：绘制正圆、填充颜色

步骤 01 按【Ctrl+N】键新建一个Flash文档，按【Ctrl+J】键弹出“文档设置”对话框，在“尺寸”选项区中设置“宽”为550、“高”为450、“背景颜色”为白色（#FFFFFF）、“帧频”为24，单击“确定”按钮。

步骤 02 选择工具箱中的椭圆工具，在“属性”面板中设置“笔触颜色”为无、“填充颜色”为黄色（#FFCC99），在舞台区中绘制一个“宽度”和“高度”均为240的正圆，如图3-1所示。

步骤 03 运用工具箱中的选择工具，选择绘制的正圆，单击“窗口”|“对齐”命令，在弹出的“对齐”面板中分别单击“水平中齐”按钮和“垂直中齐”按钮，如图3-2所示，将正圆调整至舞台的正中央。

图3-1 绘制正圆

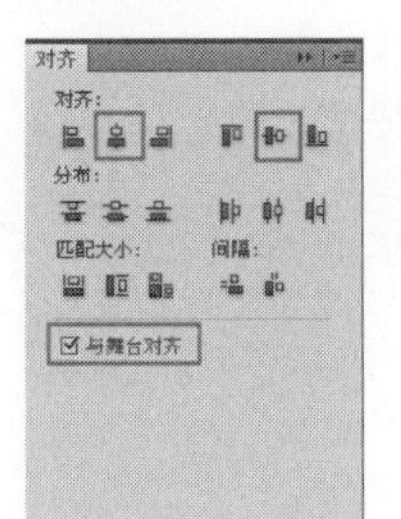

图3-2 “对齐”面板

步骤 04 单击“时间轴”面板中的“新建图层”按钮，创建“图层2”图层。选择工具箱中的椭圆工具，在“属性”面板中设置“笔触颜色”为无、“填充颜色”为深褐色（#993300），在舞台区绘制一个正圆，设置“宽度”和“高度”均为68，并调整至合适位置，如图3-3所示。

步骤 05 选择绘制的深褐色正圆，按住【Ctrl】键的同时水平向右拖曳鼠标至合适位置，复制一个圆，如图3-4所示。

图3-3 绘制另一正圆　　图3-4 复制正圆

步骤 06 选择工具箱中的椭圆工具，在“颜色”面板中设置“填充颜色”为棕色（#CC8A00），在舞台区绘制一个“宽度”和“高度”分别为128、90的圆，效果如图3-5所示。

步骤 07 运用椭圆工具，在“属性”面板中设置“笔触颜色”为无、“填充颜色”为黑色（#000000），在舞台区绘制一个“宽度”、“高度”分别为28和20的椭圆，并调整至合适位置，效果如图3-6所示。

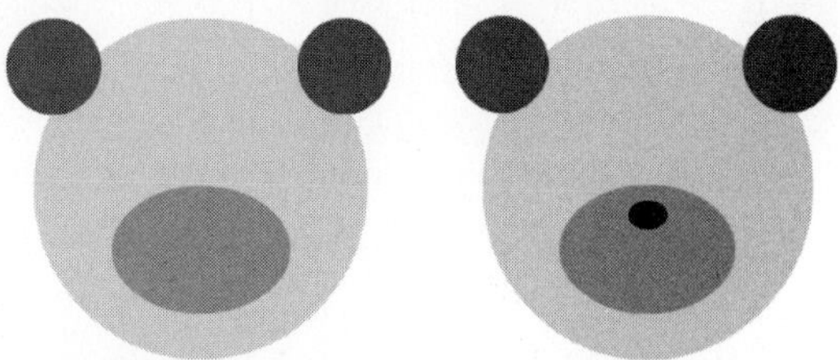

图3-5 绘制椭圆　　图3-6 绘制另一椭圆

步骤 08 运用椭圆工具，在舞台区绘制一个“宽度”和“高度”均为23的黑色正圆，效果如图3-7所示。

步骤 09 选择绘制黑色正圆，按住【Ctrl】键的同时水平向右拖曳鼠标至合适位置，复制一个圆，即可完成可爱小熊的制作，如图3-8所示。

图3-7　绘制正圆

图3-8　绘制的可爱小熊

实例 4　雨伞

效果欣赏	实例导航
	素材文件：无
	效果文件：效果\第1章\实例4.fla
	视频文件：视频\第1章\实例4.swf
	知识点睛：绘制正圆、填充颜色

步骤 01 按【Ctrl+N】键新建一个Flash文档，按【Ctrl+J】键弹出“文档设置”对话框，在“尺寸”选项区中设置“宽”为550、“高”为550、“背景颜色”为白色（#FFFFFF）、“帧频”为12，单击“确定”按钮。

步骤 02 选择工具箱中的椭圆工具，在“属性”面板中设置“笔触颜色”为黑色（#000000）、“填充颜色”为无，在舞台区的合适位置绘制一个“宽度”和“高度”均为300的正圆，效果如图4-1所示。

步骤 03 选择工具箱中的线条工具，按住【Shift】键的同时垂直向下拖曳鼠标至合适位置，绘制一条垂直线，效果如图4-2所示。

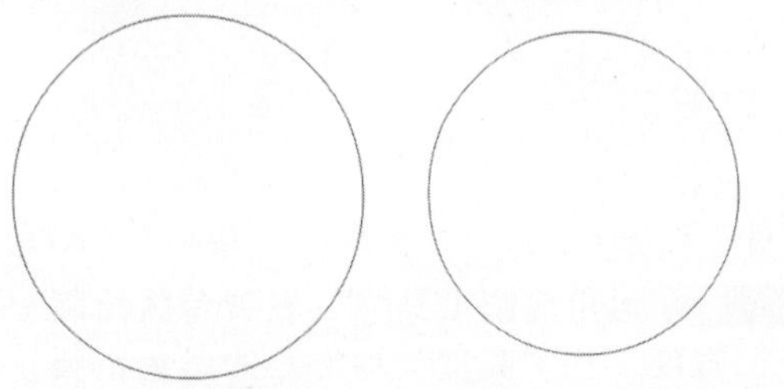
图4-1　绘制正圆　　图4-2　绘制垂直线

步骤 04 选择工具箱中的选择工具，选择绘制的直线。单击“窗口”|“对齐”命令，在弹出的“对齐”面板中单击“水平中齐”按钮，将直线水平中齐，效果如图4-3所示。

步骤 05 选择工具箱中的选择工具，选择图形的多余部分，按【Delete】键将其删除，效果如图4-4所示。

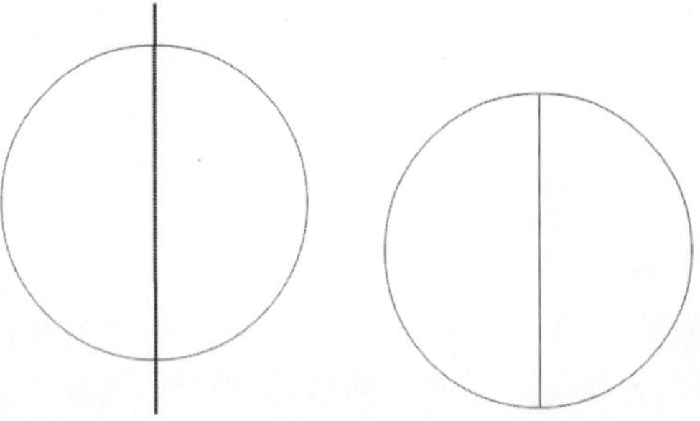
图4-3　对齐后的效果　图4-4　删除多余的部分

步骤 06 选择工具箱中的选择工具，将鼠标光标置于垂线上，当鼠标光标呈带弧线的箭头形状时，水平向右拖曳鼠标至合适位置，将直线变成弧线，效果如图4-5所示。

步骤 07 选择弧线，按【Ctrl＋G】键将其组合起来。选择组合后的弧线，按【Ctrl＋C】键将其复制到剪贴板上，在舞台区中单击鼠标右键，在弹出的快捷菜单中选择“粘贴到当前位置”选项，粘贴弧线，如图4－6所示，

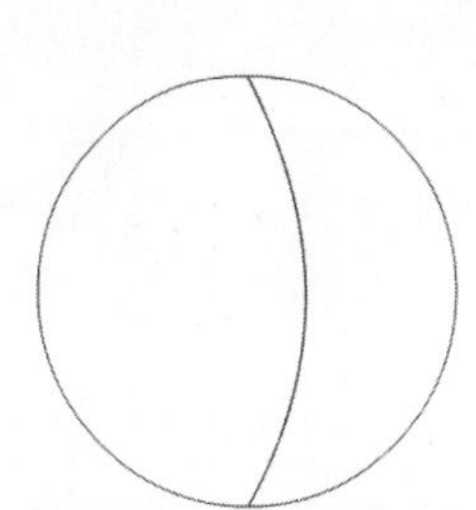

剪切(T)
复制(C)
粘贴(P)
粘贴到当前位置(N)
全选
取消全选
标尺(R)
网格(D)
辅助线(E)
贴紧(S)
文档属性(M)...
文件信息...

图4－5 将直线变成弧线　图4－6 选择“粘贴到当前位置”选项

步骤 08 双击弧线，进入组的编辑状态，在编辑区的空白处单击鼠标，使弧线呈未选状态，将鼠标光标放在弧线上，当鼠标光标呈带弧线的箭头形状时，向右拖曳鼠标至合适位置，效果如图4－7所示

步骤 09 单击“场景1”标签，返回“场景1”编辑模式，按住【Shift】键的同时分别选择两条弧线，按住【Ctrl】键的同时水平向左拖曳鼠标至合适位置，复制两条弧线，并将其旋转180°，效果如图4－8所示。

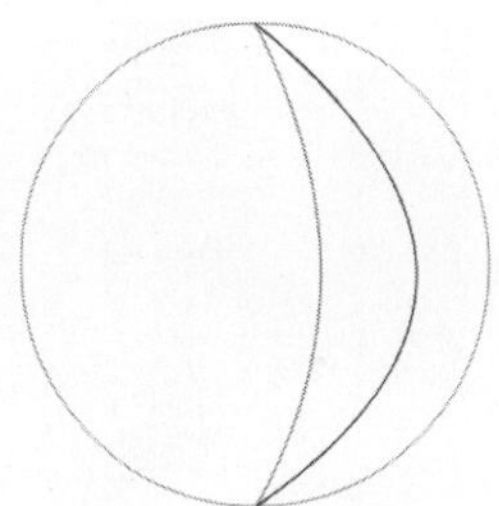

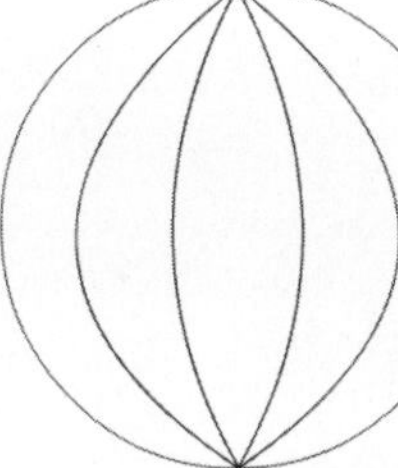

图4－7 绘制弧线　图4－8 复制弧线

步骤 10 选择所有图形，按【Ctrl＋B】键将其打散，选择工具箱中的线条工具，在舞台区的合适位置，按住【Shift】键的同时水平向右拖曳鼠标至合适位置，绘制一条直线，如图4－9所示。

步骤 11 选择工具箱中的选择工具，分别选择图形中不需要的部分，按【Delete】键将其删除，效果如图4－10所示。

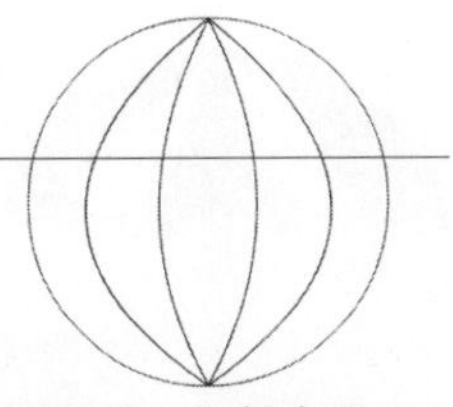

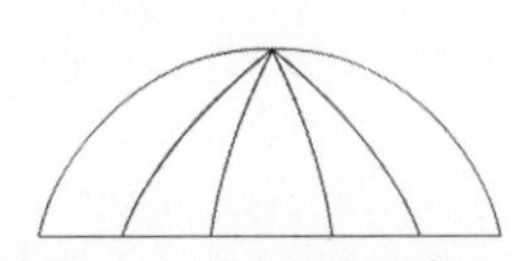

图4－9 绘制直线　图4－10 删除多余的部分

步骤 12 将鼠标指针移至舞台区中相应的线段上，当鼠标指针呈带弧线的箭头形状时，向上拖曳鼠标至合适位置，效果如图4－11所示。

步骤 13 同理，制作其他弧线的效果，效果如图4－12所示。

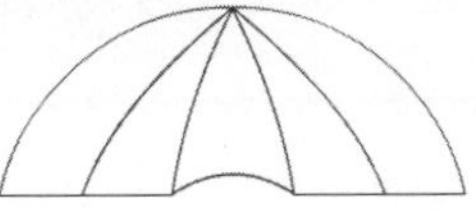

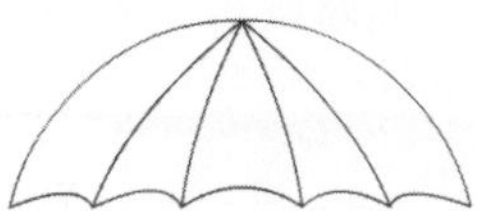

图4－11 将直线变成弧线　图4－12 制作其他弧线的效果

步骤 14 单击“窗口”｜“颜色”命令，弹出“颜色”面板，设置“笔触颜色”为无、“填充颜色”为红色（#FF0000），选择工具箱中的颜料桶工具，在舞台区的合适位置单击鼠标填充颜色，效果如图4－13所示。

步骤 15 选择舞台区的所有图形，按【Ctrl＋G】键将其组合起来，选择工具箱中的线条工具，在“属性”面板中设置“笔触颜色”为灰色、“填充颜色”为无、“笔触高度”为1，在舞台区的合适位置绘制一条垂直线，如图4－14所示。

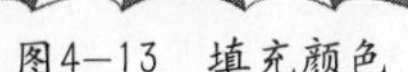

图4－13 填充颜色　图4－14 绘制垂直线

步骤 16 运用椭圆工具，在舞台区的合适位置绘制一个椭圆，如图4－15所示。

步骤 17 运用选择工具，在舞台区选择多余的部分并将其删除，效果如图4－16所示。

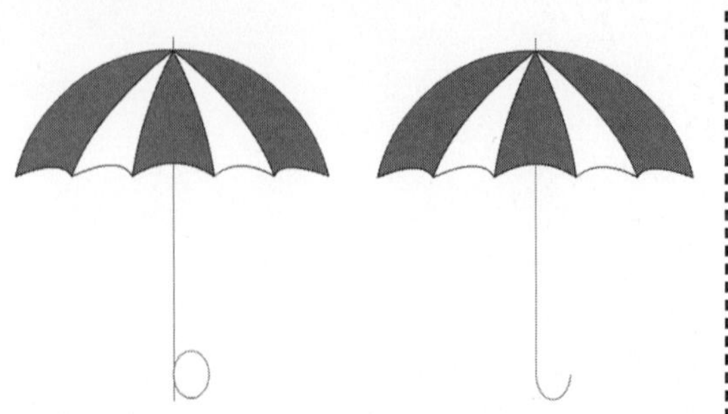

图4-15　绘制椭圆　　图4-16　删除多余的部分

步骤 18 选择工具箱中的选择工具，在舞台区选择图形下方的一小部分，在属性面板中设置“笔触颜色”为红色（#FF0000）、“填充颜色”为无、“笔触高度”为3。选择所有图形，按【Ctrl+G】键将其组合起来，并调整至舞台正中间，即可完成雨伞的制作，效果如图4-17所示。

图4-17　绘制的雨伞

实例 5　篮球

效果欣赏	实例导航
	素材文件：无
	效果文件：效果\第1章\实例5.fla
	视频文件：视频\第1章\实例5.swf
	知识点睛：绘制正圆、填充渐变颜色

步骤 01 按【Ctrl+N】键新建一个Flash文档，按【Ctrl+J】键弹出“文档设置”对话框，在“尺寸”选项区中设置“宽”为550、“高”为450、“背景颜色”为白色（#FFFFFF）、“帧频”为12，单击“确定”按钮。

步骤 02 选择工具箱中的椭圆工具，在“属性”面板中设置“笔触颜色”为黑色（#000000）、“填充颜色”为无、“笔触高度”为1，在舞台区的合适位置绘制一个“宽度”和“高度”均为230的正圆，如图5-1所示。

步骤 03 单击“窗口”|“颜色”命令，弹出“颜色”面板，设置“填充颜色”为黄色（#FFFF00）到橘黄色（#FF6633）的径向渐变，如图5-2所示。

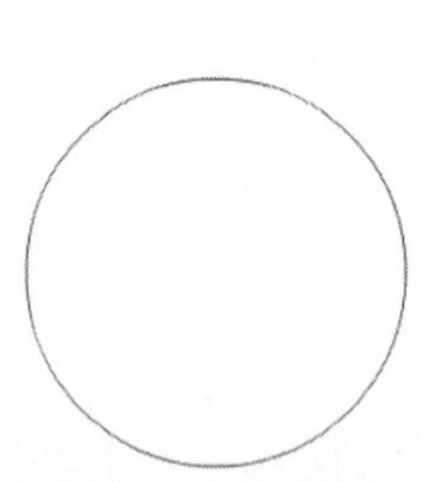

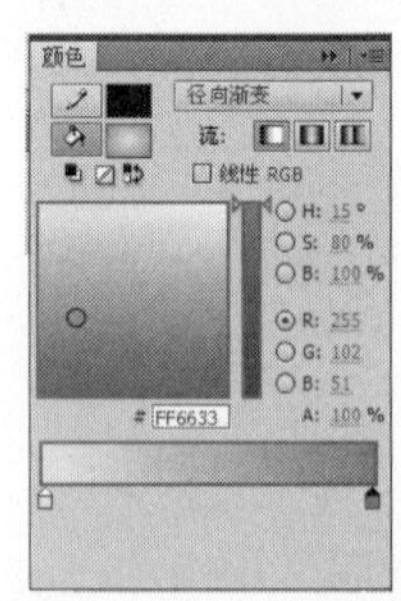

图5-1　绘制正圆　　图5-2　“颜色”面板

步骤 04 选择颜料桶工具，将鼠标移至圆的左上角单击鼠标，使其填充黄色（#FFFF00）到橘黄色的渐变色（#FF6633），效果如图5-3所示。

步骤 05 单击“时间轴”面板上的“新建图层”按钮，创建“图层2”图层，如图5-4所示。

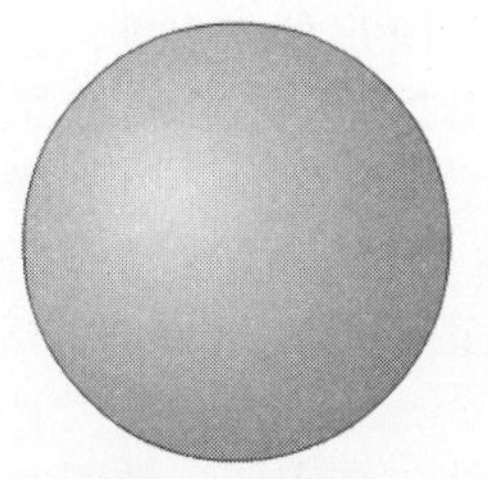

图5-3 填充颜色

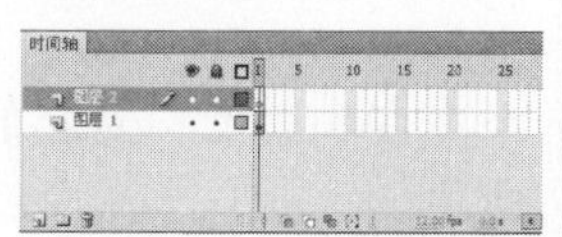

图5-4 创建图层

步骤 06 选择工具箱中的线条工具，在“属性”面板中设置“笔触颜色”为黑色、“笔触高度”为4，在舞台区正圆的上方绘制一条水平直线，如图5-5所示。

步骤 07 选择工具箱中的选择工具，将鼠标光标置于水平直线上，当光标呈带弧线的箭头形状时，垂直向下拖曳鼠标至合适位置，将水平直线变成弧线，按【Ctrl+G】键将其组合起来，如图5-6所示。

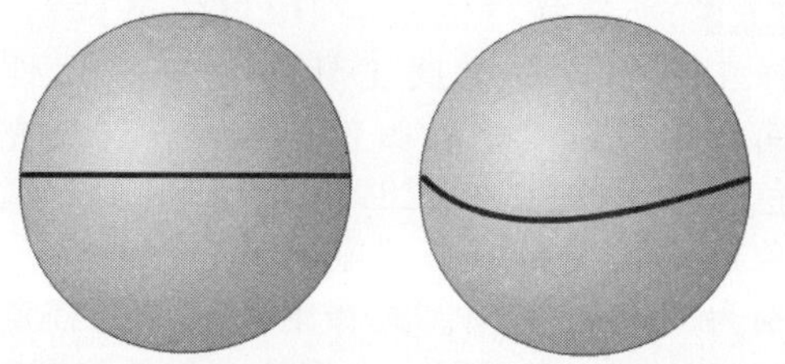

图5-5 绘制直线　　图5-6 将直线变成弧形

步骤 08 同理，绘制直线，将其他直线变成弧线。选择圆的边框，按【Delete】键将其删除，如图5-7所示。选择“图层2”图层的第1帧，在舞台区选择所有图形，按【Ctrl+G】键将其组合起来。

步骤 09 在“时间轴”面板中创建“图层3”图层，将鼠标光标置于“图层3”图层的名称上并向下拖曳至“时间轴”面板的最下层，如图5-8所示。

图5-7 制作其他弧线

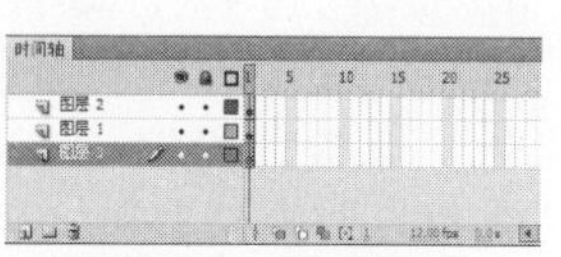

图5-8 创建图层

步骤 10 选择“图层3”图层的第1帧，选择工具箱中的椭圆工具，单击“窗口”|“颜色”命令，弹出“颜色”面板，设置“笔触颜色”为无、“填充颜色”为黑色到白色的线性渐变，选择渐变颜色条左侧的黑色色标，设置Alpha值为60%；选择渐变颜色条右侧的白色色标，设置Alpha值为0%。在舞台区中绘制一个“宽度”、“高度”分别为220和60的椭圆，并调整至合适位置，如图5-9所示。

图5-9 绘制的篮球

实例 6 QQ头像

效果欣赏	实例导航
	素材文件：无
	效果文件：效果\第1章\实例6.fla
	视频文件：视频\第1章\实例6.swf
	知识点睛：绘制正圆、填充渐变颜色

步骤 01 按【Ctrl+N】键新建一个Flash文档，按【Ctrl+J】键弹出“文档设置”对话框，在“尺寸”选项区中设置“宽”为550、“高”为450、“背景颜色”为白色（#FFFFFF）、“帧频”为24，单击“确定”按钮。

步骤 02 选择工具箱中的椭圆工具，单击“窗口”|“颜色”命令，弹出“颜色”面板，设置“笔触颜色”为无、“填充颜色”为淡黄色（#FFCC33）到橘黄色（#FFA928）的径向渐变，在舞台区绘制一个“宽度”和“高度”均为364的正圆，并调整至舞台正中央。按【Ctrl+G】键使其组合起来，如图6-1所示。

步骤 03 单击“时间轴”面板中的“新建图层”按钮，依次创建“图层2”、“图层3”、“图层4”3个图层。选择“图层2”图层的第1帧，选择工具箱中的椭圆工具，在“属性”面板中设置“笔触颜色”为无、“填充颜色”为白色（#FFFFFF），在舞台的合适位置绘制一个“宽度”、“高度”分别为61和90椭圆，如图6-2所示。

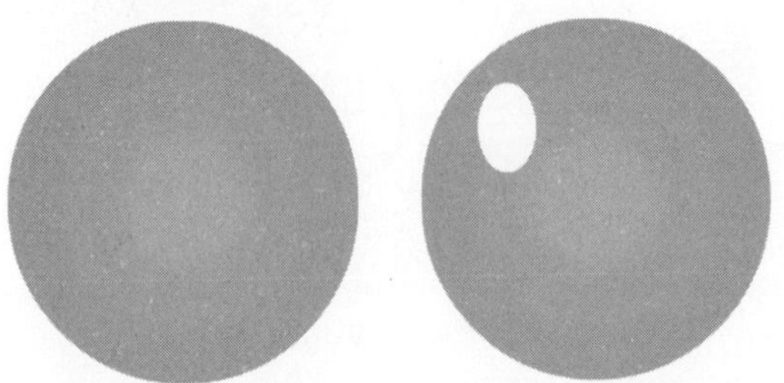

图6-1 绘制正圆　　图6-2 绘制椭圆

步骤 04 选择绘制的椭圆，单击“窗口”|“变形”命令，弹出“变形”面板，设置“旋转”角度为7°，效果如图6-3所示。

步骤 05 同理，制作另外一个椭圆，效果如图6-4所示。

图6-3 旋转椭圆　　图6-4 制作另外一个椭圆

步骤 06 选择“图层3”图层的第1帧，选择工具箱中的椭圆工具，在“属性”面板中设置“笔触颜色”为无、“填充颜色”为黑色，在舞台区的合适位置绘制一个宽度和高度均为25的正圆，效果如图6-5所示。

步骤 07 同理，制作另外一个正圆，效果如图6-6所示。

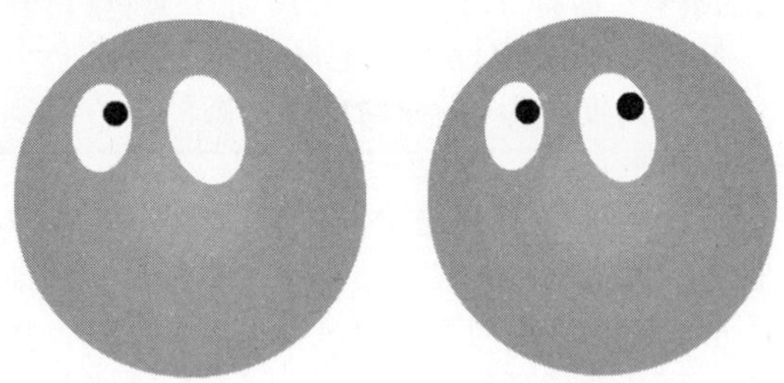

图6-5 绘制正圆　　图6-6 制作另一个正圆

步骤 08 选择“图层4”图层的第1帧，选择工具箱中的椭圆工具，在“属性”面板中设置“笔触颜色”为无、“填充颜色”为深黄色（#E89C00），在舞台区的合适位置绘制一个“宽度”、“高度”分别为52和43的圆。选择工具箱中的任意变形工具，将椭圆适当旋转，效果如图6-7所示。

步骤 09 同理，制作另外一个椭圆，效果如图6-8所示。

图6-7 绘制并旋转椭圆　　图6-8 制作另一个椭圆

步骤 10 选择工具箱中的线条工具，在舞台区的合适位置绘制一条直线，如图6-9所示。

步骤 11 选择工具箱中的选择工具，将鼠标光标置于直线上，当光标呈带弧线的箭头形状时，向下拖曳鼠标，使其成为一条弧线，至合适位置后释放鼠标左键，即可完成QQ头像的制作，效果如图6-10所示。

图6-9　绘制直线

图6-10　绘制的QQ头像

实例 7　圣诞树

效果欣赏	实例导航
	素材文件：素材\第1章\实例7
	效果文件：效果\第1章\实例7.fla
	视频文件：视频\第1章\实例7.swf
	知识点睛：填充颜色

步骤 01 按【Ctrl+N】键新建一个Flash文档，按【Ctrl+J】键弹出“文档设置”对话框，在“尺寸”选项区中设置“宽”为400、“高”为500、“背景颜色”为白色（#FFFFFF）、“帧频”为12，单击“确定”按钮。

步骤 02 单击“视图”|“标尺”命令，显示标尺，在舞台正中心添加两条相互垂直的辅助线。选择工具箱中的线条工具，在“属性”面板中设置“笔触颜色”为黑色、“填充颜色”为无，在舞台区绘制圣诞树的外观，如图7-1所示。

步骤 03 选择工具箱中的选择工具，调整线条的形状，效果如图7-2所示。

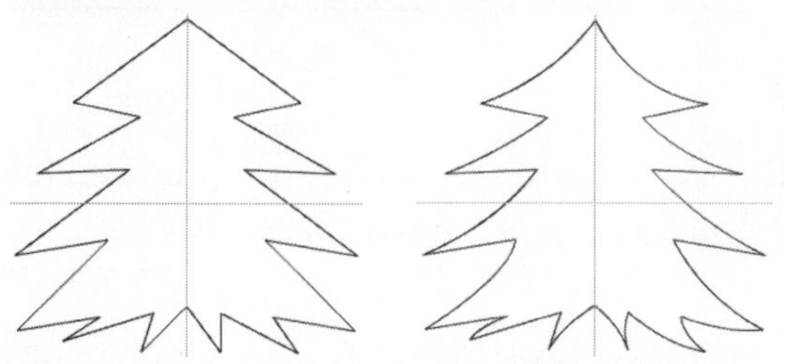

图7-1　绘制圣诞树外观　图7-2　调整线条的形状

步骤 04 选择工具箱中的颜料桶工具，在“属性”面板中设置“填充颜色”为绿色（#018736），将光标移至圣诞树上单击鼠标，填充图形的颜色，如图7-3所示。

步骤 05 选择工具箱中的选择工具，双击圣诞树的外轮廓线，按【Delete】键将其删除，效果如图7-4所示。

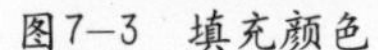

图7-3　填充颜色

图7-4　删除外轮廓线

步骤 06 单击“时间轴”面板中的“新建图层”按钮，创建“图层2”图层。选择工具箱中的椭圆工具，在“属性”面板中设置“笔触颜色”为无、“填充颜色”为白色，在舞台中的圣诞树上绘制多个小圆，效果如图7-5所示。

步骤 07 在“时间轴”面板中创建“图层3”

图层，选择工具箱中的钢笔工具，在舞台中的适当位置绘制圣诞树的树干，效果如图7-6所示。单击“视图”|“辅助线”|“显示辅助线”命令，将辅助线隐藏。

图7-5　绘制小圆

图7-6　绘制树干

步骤 08 运用选择工具，调整绘制的树干形状，选择工具箱中的颜料桶工具，在“属性”面板中设置“填充颜色”为棕色（#996600），将光标移至舞台区的树干部分单击鼠标，填充树干颜色，效果如图7-7所示。

步骤 09 运用选择工具，选择树干的外轮廓线，按【Delete】键将其删除。将光标置于“图层3”图层的名称上，并向下拖曳至“时间轴”面板的最下层，效果如图7-8所示。

图7-7　填充颜色

图7-8　调整图层的效果

步骤 10 在“时间轴”面板的“图层2”图层上方，创建“图层4”图层，单击“文件”|“导入”|“导入到舞台”命令，弹出“导入”对话框，选择需要导入的图片，如图7-9所示。

步骤 11 单击“确定”按钮，导入一幅星星图片，选择工具箱中的选择工具，将图片调整至合适位置，即可完成圣诞树的制作，图7-10所示。

图7-9　“导入”对话框

图7-10　绘制的圣诞树

实例 8　漂亮花朵

效果欣赏	实例导航
	素材文件：素材\第1章\实例8
	效果文件：效果\第1章\实例8.fla
	视频文件：视频\第1章\实例8.swf
	知识点睛：填充渐变颜色

步骤 01 单击“文件”|“打开”命令，打开一幅素材图形，如图8-1所示。

步骤 02 单击“窗口”|“颜色”命令，弹出“颜色”面板，设置“填充颜色”为浅紫色（#FF99FF）到白色（#FFFFFF）的径向渐变，如图8-2所示。

图8-1 打开的素材

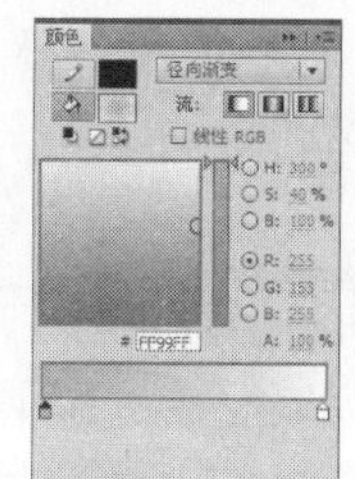

图8-2 “颜色”面板

步骤 03 在“时间轴”面板中选择“图层1”图层，选择工具箱中的颜料桶工具，将光标移至舞台区的合适位置单击鼠标，填充渐变色，如图8-3所示。

步骤 04 同理，在舞台区相应的图形上单击鼠标，填充渐变色，如图8-4所示。

图8-3 填充渐变颜色

图8-4 填充其他渐变颜色

步骤 05 选择“图层2”图层，单击“窗口”|“颜色”命令，在弹出的“颜色”面板中设置“填充颜色”为黄色（#FFFF00）到白色（#FFFFFF）的径向渐变，在舞台区正中间的空白位置单击鼠标，填充渐变色，效果如图8-5所示。

步骤 06 同理，为相应的图形填充淡绿色（#CCFF00）到白色（#FFFFFF）的径向渐变，并在相应的位置填充白色（#FFFFFF），效果如图8-6所示。

图8-5 填充渐变色

图8-6 填充白色

步骤 07 选择工具箱中的选择工具，选择图形的轮廓线条并按【Delete】键将其删除，效果如图8-7所示。

图8-7 制作的花朵效果

实例9 足球

效果欣赏	实例导航
	素材文件：素材\第1章\实例9
	效果文件：效果\第1章\实例9.fla
	视频文件：视频\第1章\实例9.swf
	知识点睛：填充颜色

步骤 01 单击“文件”|“打开”命令，打开一幅素材图形，如图9-1所示。

步骤 02 选择工具箱中的颜料桶工具，在“属性”面板中设置“填充颜色”为黑色

(#000000)，将光标移至舞台区，在足球中间的空白处单击鼠标，填充黑色，如图9-2所示。

图9-1 导入的素材

图9-2 填充黑色

步骤 03 同理，依次在足球的相应位置单击鼠标，填充黑色，如图9-3所示。

步骤 04 在“属性”面板中，设置“填充颜色”为白色（#FFFFFF），填充足球的其他空白区域，效果如图9-4所示。

图9-3 在其他区域填充黑色

图9-4 填充白色

步骤 05 选择工具箱中的选择工具，在足球的轮廓上双击鼠标，选择所有的轮廓线，如图9-5所示。

步骤 06 单击工具箱中的“笔触颜色”图标，在弹出的“调色”面板中选择灰色（#CCCCCC），如图9-6所示。

图9-5 填充笔触颜色

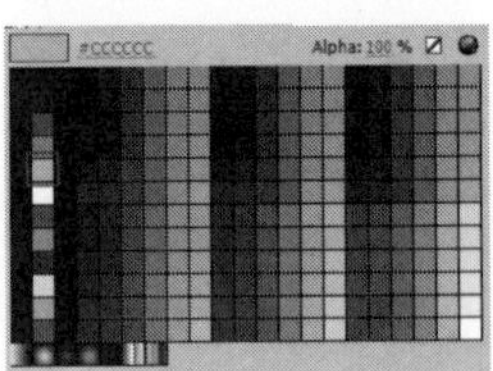

图9-6 选择颜色

步骤 07 将足球的轮廓线改为浅灰色，效果如图9-7所示。

图9-7 制作的足球

实例 10 古典美女

效果欣赏	实例导航
	素材文件：素材\第1章\实例10
	效果文件：效果\第1章\实例10.fla
	视频文件：视频\第1章\实例10.swf
	知识点睛：填充颜色

步骤 01 单击“文件”|“打开”命令，打开一幅素材图形，如图10-1所示。

步骤 02 选择工具箱中的颜料桶工具，在“属性”面板中设置“填充颜色”为灰色（#666666），将光标移至舞台区，在相应的位置单击鼠标，填充灰色，如图10-2所示。

图10-1 导入的素材

图10-2 填充灰色

步骤 03 在“属性”面板中设置“填充颜色”为洋红色（#FF0098），将光标移至打开图形的头花、衣服和鞋子上并单击鼠标，填充洋红色，如图10-3所示。

步骤 04 在“属性”面板中设置“填充颜色”为深红色（#CC0000），在舞台区相应的位置上单击鼠标，填充深红色，效果如图10-4所示。

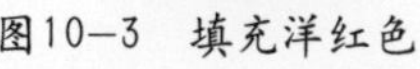

图10-3 填充洋红色

图10-4 填充深红色

步骤 05 在“属性”面板中设置“填充颜色”为黄色（#FFFF00），在舞台区相应的位置上单击鼠标，填充黄色，效果如图10-5所示。

步骤 06 在“属性”面板中设置“填充颜色”为粉红色（#FFEBE8），在舞台区相应的位置上单击鼠标，填充粉红色，效果如图10-6所示。

图10-5 填充黄色

图10-6 填充粉红色

第2章

企业知识

实例11　摩托罗拉

实例12　新时代航空

实例13　悠梦港湾

实例14　阳光100

实例15　悠梦港湾

实例16　先锋科技

实例17　蓝雅集团

实例18　蝴蝶公寓

实例19　绿城集团

实例20　玉帛集团

阳光1∞
SUNSHINE HUNDRED

实例 11 摩托罗拉

效果欣赏	实例导航
 	素材文件：无
	效果文件：效果\第2章\实例11.fla
	视频文件：视频\第2章\实例11.swf
	知识点睛：创建元件、绘制椭圆，创建补间动画

步骤 01 单击“文件”|“新建”命令，弹出“新建文档”对话框，在“类型”列表中选择“Flash文件（ActionScript 2.0）”选项，如图11-1所示，单击“确定”按钮。

步骤 02 单击“修改”|“文档”命令，弹出“文档设置”对话框，在“尺寸”选项区中设置“宽”为400、“高”为350、“背景颜色”为白色、“帧频”为24，如图11-2所示，单击“确定”按钮。单击“文件”|“另存为”命令，将其保存为“实例11.fla”文件。

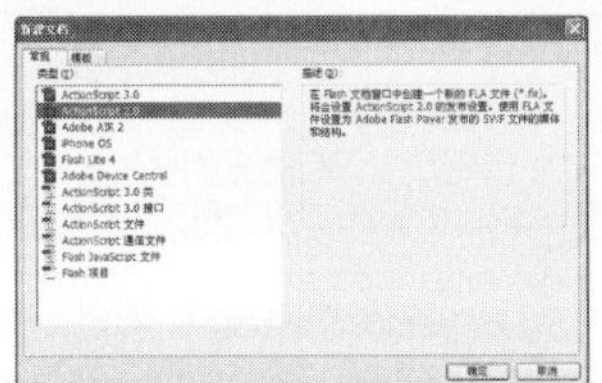

图11-1 “新建文档”对话框

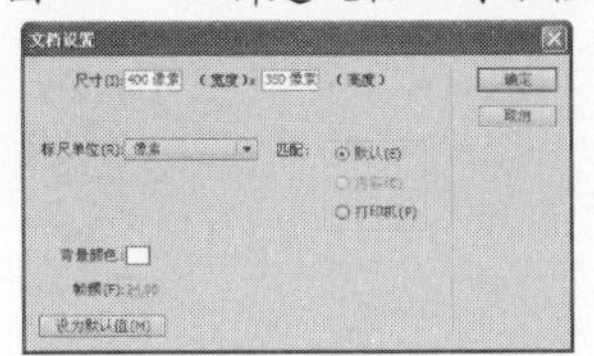

图11-2 “文档设置”对话框

步骤 03 双击“时间轴”面板的“图层1”图层，图层名称呈可编辑状态，将其重命名为“圆”。选择“圆”图层的第1帧，选择工具箱中的椭圆工具，在“属性”面板中设置“笔触颜色”为蓝色（#0000B5）、“填充颜色”为无、“笔触高度”为4、“样式”为“实线”，将光标移至舞台区的合适位置，按住【Shift】键的同时向右下角拖曳鼠标至合适位置，绘制一个正圆，并在“属性”面板中设置其“宽度”和“高度”均为186，并调整其位置，效果如图11-3所示。

步骤 04 选择“圆”图层的第25帧，单击鼠标右键，在弹出的快捷菜单中选择“插入关键帧”选项，插入关键帧。选择“圆”图层的第1帧，按【Shift+↑】键快速向上移动圆，将其移至文档以外的区域。选择第1帧至第25帧中的任意一帧，单击鼠标右键，在弹出的快捷菜单中选择“创建传统补间”选项，创建补间动画，如图11-4所示。

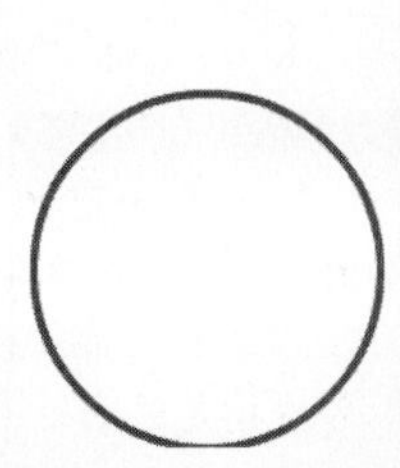

图11-3 绘制正圆

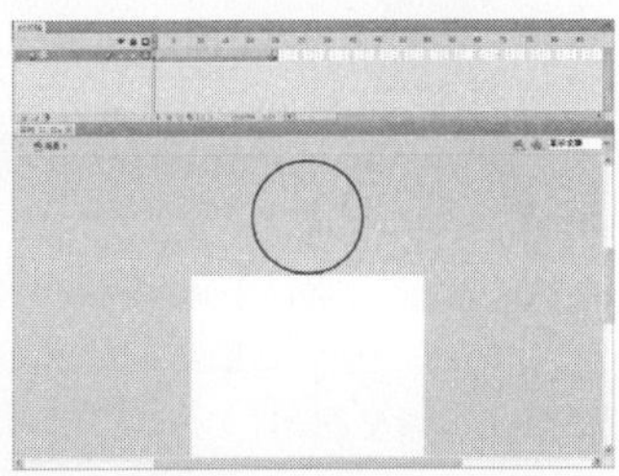

图11-4 创建补间动画

步骤 05 单击“插入”|“新建元件”命令，弹出“创建新元件”对话框，设置“名称”为“图形1”、“类型”为“图形”，如图11-5所示，单击“确定”按钮。

步骤 06 选择工具箱中的矩形工具，在“属性”面板中设置“笔触颜色”为无、“填充颜色”为蓝色（#0000BD），将光标移至舞台区的合适位置，并向右下角拖曳鼠标至合适位置，绘制一个矩形，并在“属性”面板中设置“宽度”为80、“高度”为120，如图11-6所示。

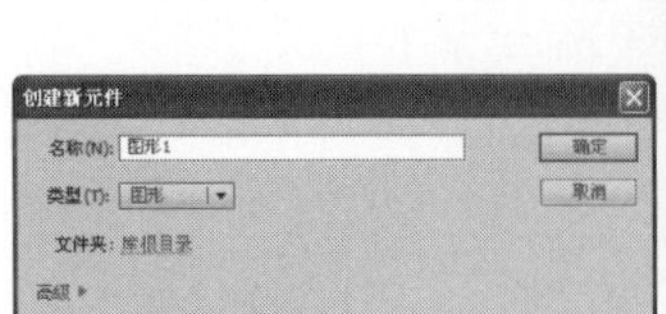

图11-5 “创建新元件”对话框 图11-6 绘制矩形

步骤 07 选择工具箱中的选择工具，将光标移至矩形左上角，然后向右下角拖曳鼠标至合适位置，变形图像。同理，将图形的顶角向左移动、左下角向下拉长。将光标移至图形下边上，并向上拖曳鼠标至合适位，进一步调整图形，效果如图11-7所示。

步骤 08 将鼠标移至“库”面板的“图形1”元件上，单击鼠标右键，在弹出的快捷菜单中选择“直接复制”选项，弹出“直接复制元件”对话框，设置“名称”为“图形2”、“类型”为“图形”，如图11-8所示，单击“确定”按钮。

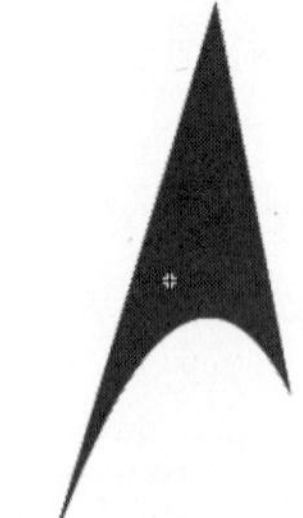

图11-7 调整图形效果 图11-8 “直接复制元件”对话框

步骤 09 在“库”面板的“图形2”元件上双击鼠标，进入元件编辑状态，选中图形，单击“修改”|“变形”|“水平翻转”命令，对图形进行水平翻转，如图11-9所示。

步骤 10 单击“场景1”标签，返回“场景1”编辑模式，并单击“时间轴”面板中的“新建图层”按钮，依次创建“图形1”、“图形2”、“文本1”、“遮罩”、“文本2”5个图层，同时选择“圆”、“图形1”、“图形2”、“文本1”、“遮罩”、“文本2”图层的第190帧，单击鼠标右键，在弹出的快捷菜单中选择“插入帧”选项，插入普通帧，如图11-10所示。

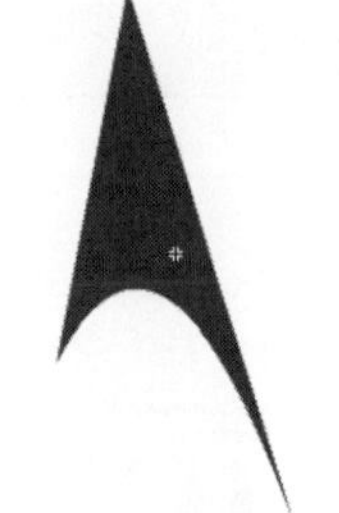

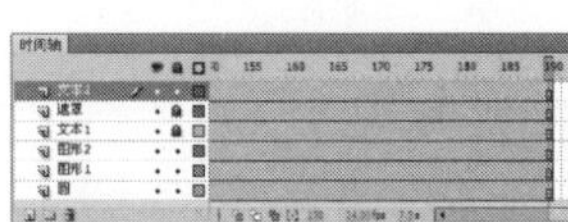

图11-9 水平翻转图形 图11-10 插入普通帧

步骤 11 选择“图形1”图层第15帧，按【F6】键插入关键帧，将“图形1”元件拖曳至舞台，并调整至合适的位置，如图11-11所示。

步骤 12 选择“图形1”图层的第35帧，按【F6】键插入关键帧，将“图形1”移至合适位置，并选择第15帧至第35帧中的任意一帧，单击鼠标右键，在弹出的快捷菜单中选择“创建传统补间”选项，创建补间动画，如图11-12所示。

图11-11 调整元件位置

图11-12 创建补间动画

步骤 13 同理，制作“图形2”元件的动画效果，如图11-13所示。

步骤 14 选择“文本1”图层的第55帧，单击鼠标右键，在弹出的快捷菜单中选择“插入关键帧”选项，插入关键帧。选择工具箱中的文本工具T，在“属性”面板中设置“系列”为“黑体”、“字体大小”为40、“颜色”为深蓝色（#000099），在舞台中输入“摩托罗拉”文本，并调整至合适位置，如图11-14所示。

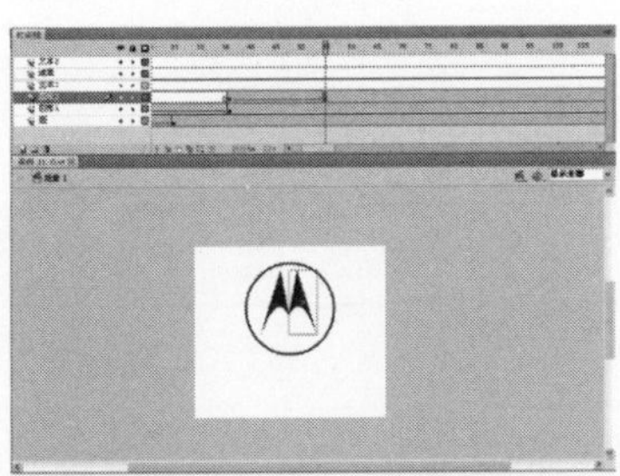

图11–13　“图形2”元件效果

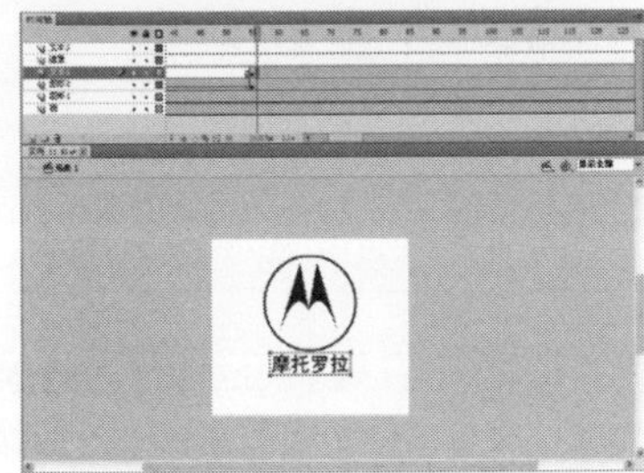

图11–14　输入文本

步骤 15 选择“遮罩”图层的第55帧，单击鼠标右键，在弹出的快捷菜单中选择“插入关键帧”选项，插入关键帧。选择工具箱中的椭圆工具，在“属性”面板中设置其“笔触颜色”为无、“填充颜色”为深蓝色（#000099），将光标移至舞台区的合适位置，按住【Shift】键的同时，从“摩托罗拉”文本上方向右下角拖曳鼠标至合适位置，绘制一个正圆，在“属性”面板中设置“宽度”和“高度”均为164，并调整位置，效果如图11–15所示。

步骤 16 选择“遮罩”图层的第80帧，单击鼠标右键，在弹出的快捷菜单中选择“插入关键帧”选项，插入关键帧。选择第55帧，调整其“宽度”和“高度”均为1，并调整其位置，如图11–16所示。

图11–15　绘制正圆

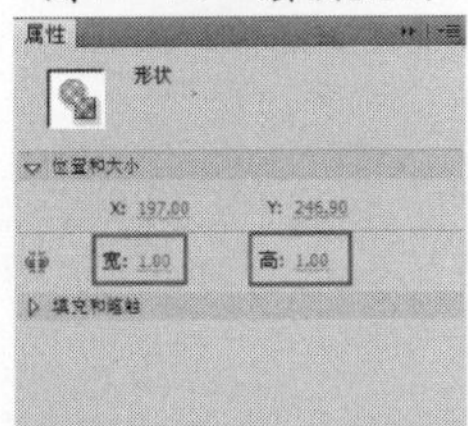

图11–16　设置“属性”面板

步骤 17 选择第55帧至第80帧中的任意一帧，单击鼠标右键，在弹出的快捷菜单中选择“创建补间形状”选项，创建补间动画。将光标移至“遮罩”图层上，单击鼠标右键，在弹出的快捷菜单中选择“遮罩层”选项，创建遮罩层，如图11–17所示。

步骤 18 选择“文本2”图层的第85帧，单击鼠标右键，在弹出的快捷菜单中选择“插入关键帧”选项，插入关键帧。选择工具箱中的文本工具T，在“属性”面板中设置“系列”为Time New Roman、“字体大小”为28、“颜色”为深蓝色（#000099），在舞台中输入MOTOROLA文本，并调整至合适位置，如图11–18所示。

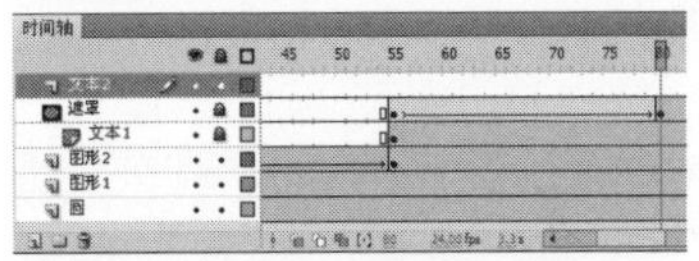

图11–17　创建遮罩层

MOTOROLA

图11–18　输入文本

步骤 19 选择“文本2”图层的第100帧，单击鼠标右键，在弹出的快捷菜单中选择“插入关键帧”选项，插入关键帧。选择第85帧，按住【Shift＋↓】键的同时快速向下移动文本，将其移至舞台以外的区域。选择第85帧至第100帧中的任意一帧，单击鼠标右键，在弹出的快捷菜单中选择“创建传统补间”选项，创建补间动画，如图11–19所示。

步骤 20 单击“控制”|“测试影片”|“测试”命令，测试动画效果，如图11–20所示。

11–19　创建传统补间　图11–20　测试动画效果

实例 12 新时代航空

<table>
<tr><th>效果欣赏</th><th>实例导航</th></tr>
<tr><td rowspan="4"></td><td>素材文件：无</td></tr>
<tr><td>效果文件：效果\第2章\实例12.fla</td></tr>
<tr><td>视频文件：视频\第2章\实例12.swf</td></tr>
<tr><td>知识点睛：创建元件、设置Alpha值</td></tr>
</table>

步骤 01 按【Ctrl+N】键新建一个Flash文档，按【Ctrl+J】键弹出“文档设置”对话框，在“尺寸”选项区中设置“宽”为500、“高”为300、“背景颜色”为白色、“帧频”为24，单击“确定”按钮。单击“文件”|“另存为”命令，将其保存为“实例12.fla”文件。

步骤 02 单击“插入”|“新建元件”命令，弹出“创建新元件”对话框，设置“名称”为“图形1”、“类型”为“图形”，如图12-1所示，单击“确定”按钮。

步骤 03 选择工具箱中的矩形工具，在“属性”面板中设置“笔触颜色”为无、“填充颜色”为绿色（#038C00），在舞台区的合适位置绘制一个矩形，并在“属性”面板中设置“宽度”为150、“高度”为200，并调整其位置，如图12-2所示。

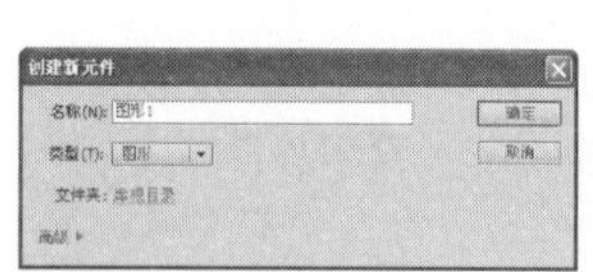

图12-1 “创建新元件”对话框

图12-2 绘制矩形

步骤 04 选择工具箱中的选择工具，将光标移至矩形右下角，并向左上角拖曳鼠标至合适位置，变形图形。同理，将图形的左下角向下拉长，将光标移至图形的上边上，并向下拖曳鼠标至合适位置，进一步调整图形，如图12-3所示。

步骤 05 将光标移至“库”面板的“图形1”元件上，单击鼠标右键，在弹出的快捷菜单中选择“直接复制”选项，弹出“直接复制元件”对话框，设置“名称”为“图形2”、“类型”为“图形”，如图12-4所示，单击“确定”按钮。

图12-3 调整图形

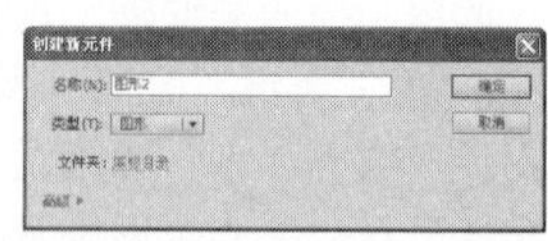

图12-4 “直接复制元件”对话框

步骤 06 在“库”面板的“图形2”元件上双击鼠标，进入元件编辑状态。选择工具箱中的任意变形工具，对图形进行变形，在“属性”面板中设置“笔触颜色”为无、“填充颜色”为蓝色（#3300CC），如图12-5所示。

步骤 07 单击“场景1”标签，返回“场景1”编辑模式。在“图层1”图层的名称上双击鼠标，将其重命名为“图形1”，并从“库”面板中将“图形1”元件拖曳至舞台合适位置，如图12-6所示。

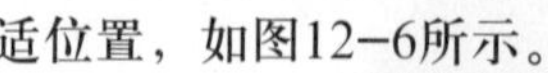

图12-5 设置图形属性

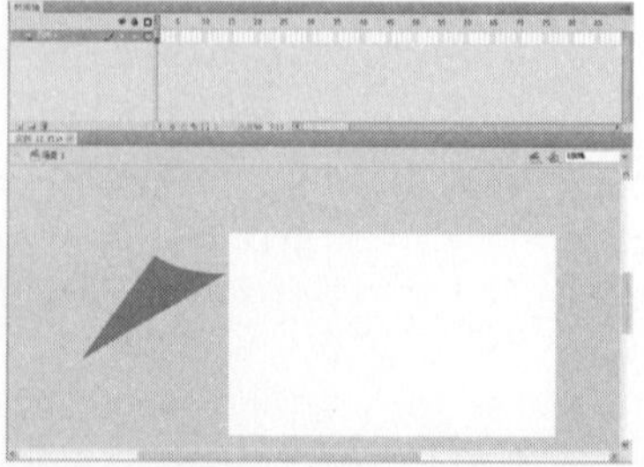

图12-6 重命名图层

步骤 08 单击“时间轴”面板中的“新建图层”按钮，依次创建“图形2”、“文本1”、“文本2”3个图层，同时选择所有图层的第150帧，

单击鼠标右键，在弹出的快捷菜单中选择“插入帧”选项，插入普通帧，如图12-7所示。

步骤 09 选择“图形1”图层的第15帧，按【F6】键插入关键帧，并选择“图形1”图层第1帧，在舞台中按【Shift+←】键将图形移至文档以外的区域，选择第1帧至第15帧中的任意一帧，单击鼠标右键，在弹出的快捷菜单中选择“创建传统补间”选项，创建补间动画，如图12-8所示。

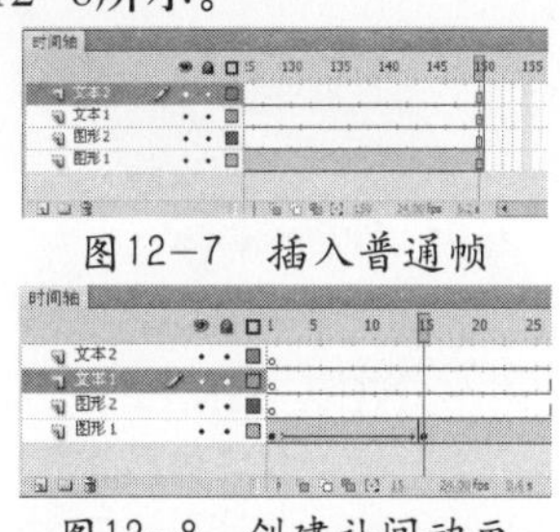

图12-7 插入普通帧

图12-8 创建补间动画

步骤 10 选择“图形2”图层的第1帧，从“库”面板中将“图形2”元件拖曳至舞台的位置，如图12-9所示。

步骤 11 同理，制作“图形2”元件的动画效果。

步骤 12 选择“文本1”图层的第15帧，按【F6】键插入关键帧，并选择工具箱中的文本工具T，在“属性”面板中设置“系列”为“黑体”、“字体大小”为35、“颜色”为蓝色（#3300CC），在舞台中输入“新时代航空”文本，如图12-10所示。

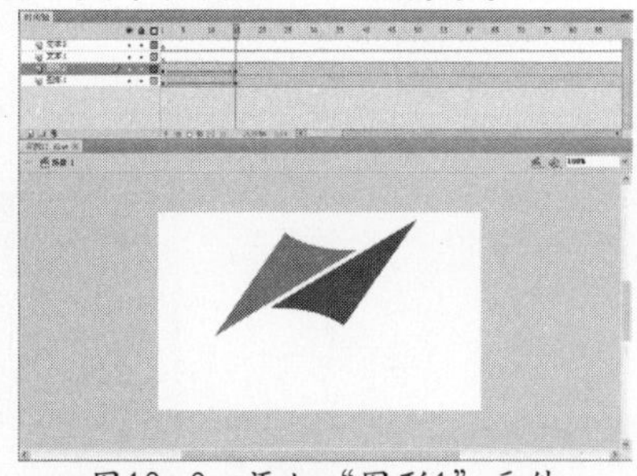

图12-9 添加“图形1”元件

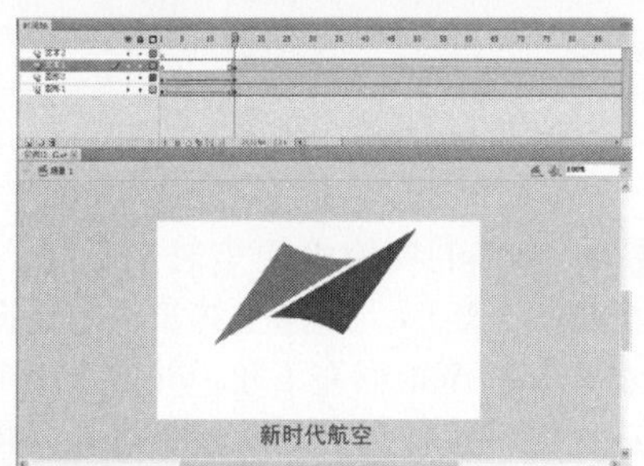

图12-10 输入文本

步骤 13 选择“文本1”图层的第30帧，按【F6】键插入关键帧，并选择第15帧，在舞台中按【Shift+↓】键快速向下移动文本，将其移至文档以外的区域。选择第15帧至第30帧中的任意一帧，单击鼠标右键，在弹出的快捷菜单中选择“创建传统补间”选项，创建补间动画，如图12-11所示。

步骤 14 选择“文本1”图层中第15帧的元件，在“属性”面板的“色彩效果”选项区中，单击“样式”选项右侧的下三角按钮，在弹出的下拉列表框中选择Alpha选项，并在下方的Alpha文本框中输入0，如图12-12所示。

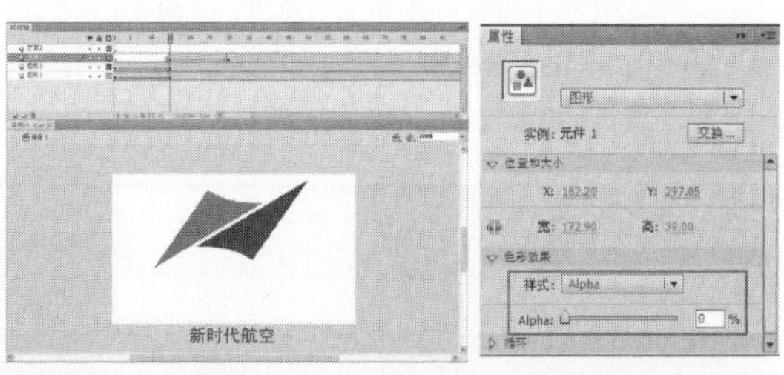

图12-11 创建补间动画 图12-12 设置“属性”面板

步骤 15 选择“文本2”图层的第30帧，按【F6】键插入关键帧，选择工具箱中的文本工具T，在“属性”面板中设置“系列”为Times New Roman、“字体大小”为30、“颜色”为蓝色（#3300CC），在舞台中输入NEW TIME文本，如图12-13所示。

步骤 16 选择“文本2”图层的第45帧，按【F6】键插入关键帧，并选择第30帧，在舞台中按【Shift+↓】键将其移至文档以外的区域。选择第30帧至第45帧中的任意一帧，单击鼠标右键，在弹出的快捷菜单中选择“创建传统补间”选项，创建补间动画，如图12-14所示。

图12-13 输入文本

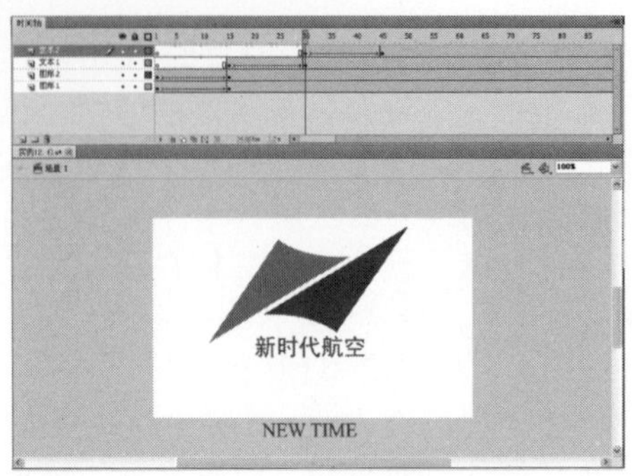

图12-14 创建补间动画

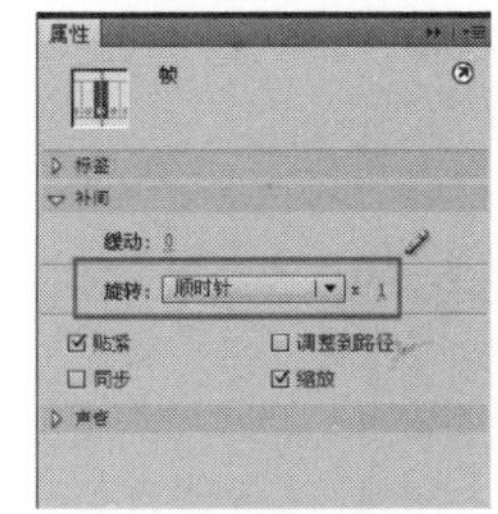

图12-15 “属性”面板

步骤 17 在“属性”面板的“补间”选项区中，单击“旋转”选项右侧的下三角按钮，在弹出的下拉列表框中选择“顺时针”选项，如图12-15所示，将“文本2”顺时针旋转。

步骤 18 单击“控制”|“测试影片”|“测试”命令，测试动画效果，效果如图12-16所示。

图12-16 测试动画效果

实例 13 悠梦港湾

效果欣赏	实例导航
悠梦港湾 YOUMENG HARBOR	素材文件：无
	效果文件：效果\第2章\实例13.fla
	视频文件：视频\第2章\实例13.swf
	知识点睛：绘制矩形、填充渐变颜色、创建遮罩层

步骤 01 按【Ctrl+N】键新建一个Flash文档，按【Ctrl+J】键弹出“文档设置”对话框，在“尺寸”选项区中设置“宽”为500、“高”为300、“背景颜色”为黑色、“帧频”为24，单击“确定”按钮。单击“文件”|“另存为”命令，将其保存为“实例13.fla”文件。

步骤 02 单击“插入”|“新建元件”命令，弹出“创建新元件”对话框，设置“名称”为“图形1”、“类型”为“图形”，如图13-1所示，单击“确定”按钮。

步骤 03 单击“窗口”|“颜色”命令，弹出“颜色”面板，设置“笔触颜色”为无、“填充颜色”为绿色（#00FF00）到黄色（#FFFF00）的线性渐变，如图13-2所示。

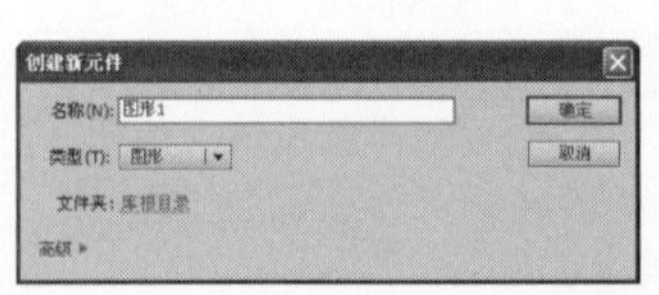

图13-1 “创建新元件”对话框

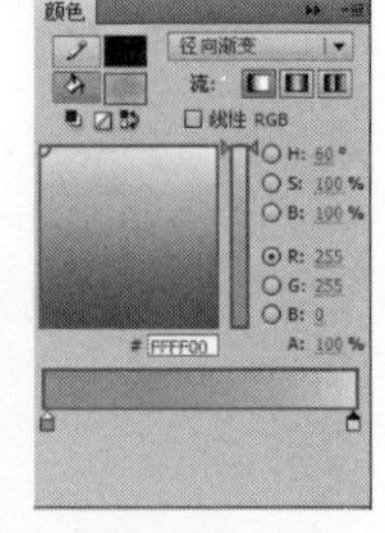

图13-2 设置“颜色”面板

步骤 04 选择工具箱中的矩形工具，在舞台中绘制一个矩形。选择工具箱中的选择工具，将光标移至矩形左下角，并向上拖曳鼠标至合适位置，并将左上角向左上拉长。将光标分别移至上边和下边的位置，然后向下拖曳鼠

标至合适位置，如图13-3所示。

步骤 05 同理，制作其他3个元件效果，如图13-4所示。

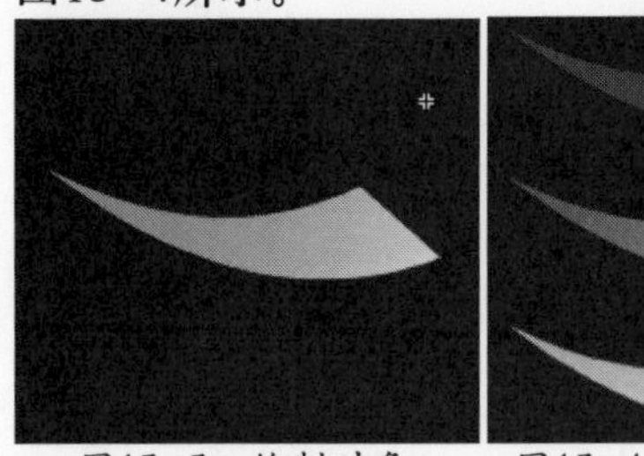

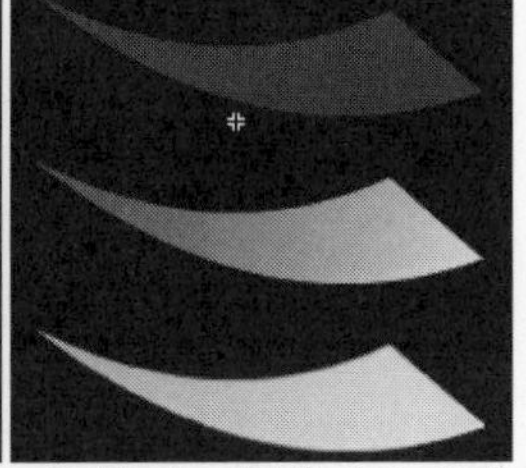

图13-3　绘制对象　　图13-4　制作其他元件

步骤 06 单击“插入”|“新建元件”命令，弹出“创建新元件”对话框，设置“名称”为“图形动画”、“类型”为“影片剪辑”，如图13-5所示。单击“确定”按钮，进入元件编辑模式。

步骤 07 在“库”面板中将“图形1”元件拖曳至舞台合适位置，单击“时间轴”面板中的“新建图层”按钮，依次创建“图层2”、“图层3”、“图层4”3个图层，同时选择所有图层的第150帧，单击鼠标右键，在弹出的快捷菜单中选择“插入帧”选项，插入普通帧，如图13-6所示。

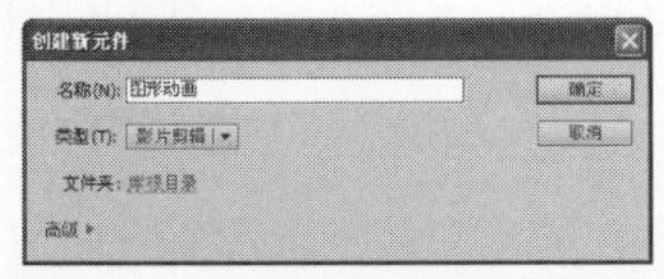

图13-5　“创建新元件”对话框

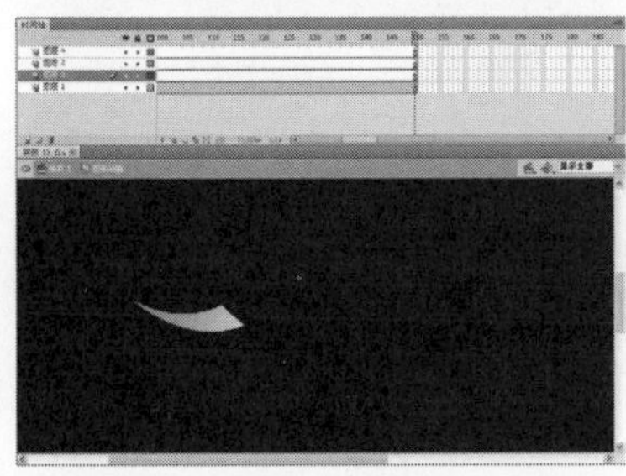

图13-6　创建图层并插入帧

步骤 08 选择“图层1”图层的第30帧，单击鼠标右键，在弹出的快捷菜单中选择“插入关键帧”选项，插入关键帧。选择“图层1”图层的第1帧，将“图形1”移至文档的右上角，并选择第1帧至第30帧中的任意一帧，单击鼠标右键，在弹出的快捷菜单中选择“创建传统补间”选项，创建补间动画，如图13-7所示。

步骤 09 同理，制作另外3个元件的动画效果，“时间轴”面板和效果如图13-8所示。

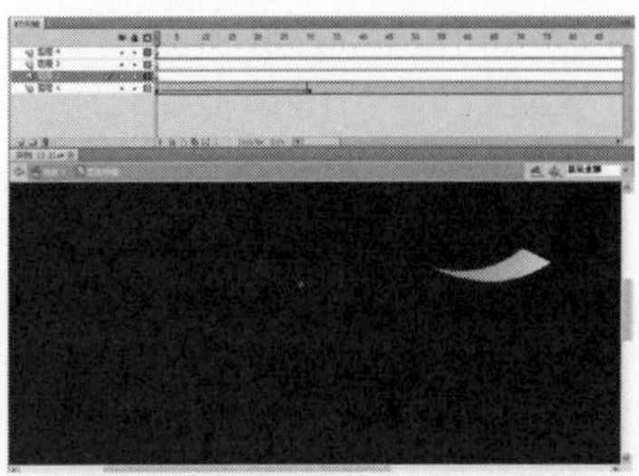

图13-7　创建补间动画

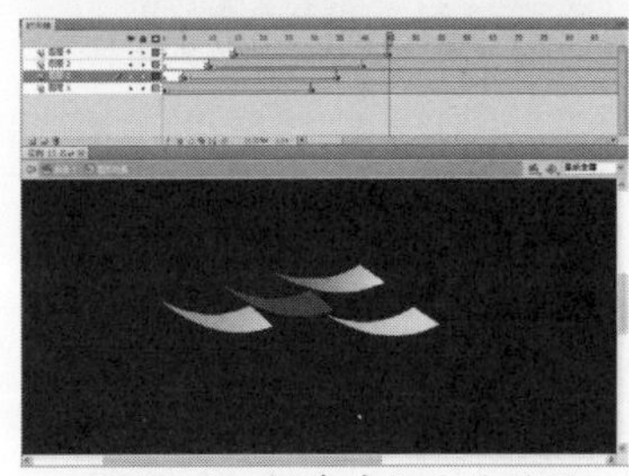

图13-8　制作其他元件效果

步骤 10 创建一个“名称”为“遮罩”、“类型”为“影片剪辑”的新元件，单击“确定”按钮。

步骤 11 单击“窗口”|“颜色”命令，弹出“颜色”面板，设置“填充颜色”为#FF0000、#FFFF00、#00FF00、#00FFFF、#0000FF、#FF00FF到#FF0000的线性渐变，选择工具箱中的矩形工具，将鼠标移至舞台区的合适位置，绘制一个矩形，在“属性”面板中设置“宽度”为400、“高度”为170，效果如图13-9所示。

步骤 12 单击“时间轴”面板中的“新建图层”按钮，新建“图层2”图层，选择工具箱中的文本工具，在“属性”面板中设置“系列”为“黑体”、“字体大小”为28、“颜色”为白色（#FFFFFF），在舞台中输入“悠梦港湾”文本，如图13-10所示。

图13-9　绘制矩形

步骤 13 选择“时间轴”面板中“图层2”图层的第25帧，单击鼠标右键，在弹出的快捷菜单中选择“插入帧”选项，插入普通帧。选择“图层1”图层的第25帧，按【F6】键插入关键帧，在舞台区按【Shift+←】键快速移动矩形，效果如图13-11所示。

图13-10 输入文本

图13-11 移动矩形

步骤 14 选择第1帧至第25帧中的任意一帧，单击鼠标右键，在弹出的快捷菜单中选择“创建传统补间”选项，创建补间动画。将光标移至“图层2”图层的名称上，单击鼠标右键，在弹出的快捷菜单中选择“遮罩层”选项，添加遮罩层，如图13-12所示。

图13-12 添加遮罩层

步骤 15 单击“场景1”标签，返回“场景1”编辑模式，将“图层1”图层重命名为“图形动画”，在“库”面板中将“图形动画”元件拖曳至舞台区的合适位置，单击“时间轴”面板中的“新建图层”按钮，依次创建“遮罩”、“文本”2个图层，如图13-13所示。

步骤 16 选择“遮罩”图层的第1帧，在“库”面板中将“遮罩”元件拖曳至舞台区的合适位置，如图13-14所示。

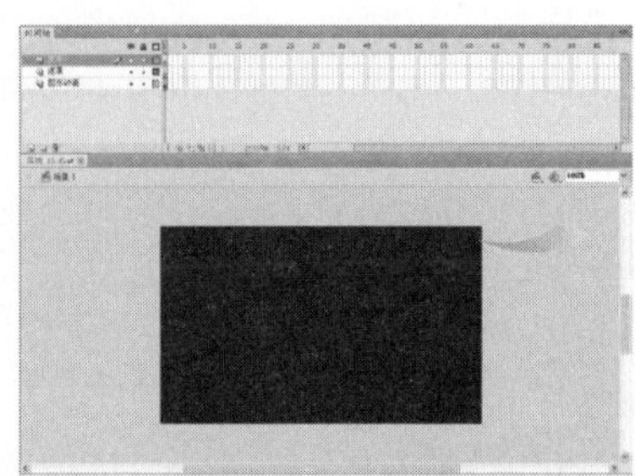
图13-13 新建图层

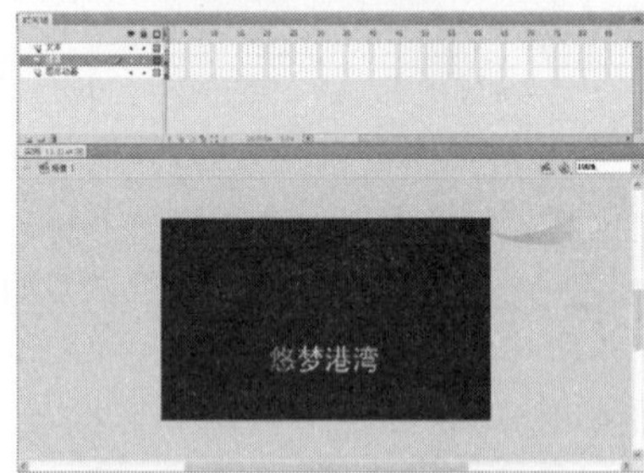

图13-14 拖曳元件至舞台区

步骤 17 选择“文本”图层的第1帧，选择工具箱中的文本工具，在属性“面板”中设置“系列”为Times New Roman、“字体大小”为18、“颜色”为白色（#FFFFFF），在舞台区输入YOUMENG HARBOR文本，如图13-15所示。

步骤 18 单击“控制”|“测试影片”|“测试”命令，测试动画效果，如图13-16所示。

图13-15 输入文本

图13-16 测试动画效果

实例 14 阳光100

效果欣赏	实例导航
阳光1∞ SUNSHINE HUNDRED	素材文件：无
	效果文件：效果\第2章\实例14.fla
阳光1∞ SUNSHINE HUNDRED	视频文件：视频\第2章\实例14.swf
	知识点睛：创建元件、创建补间动画

步骤 01 按【Ctrl+N】键新建一个Flash文档，按【Ctrl+J】键弹出“文档设置”对话框，在“尺寸”选项区中设置“宽”为550、“高”为300、“背景颜色”为白色、“帧频”为24，单击“确定”按钮。单击“文件”|“另存为”命令，将其保存为“实例14.fla”文件。

步骤 02 将“图层1”图层重命名为“文本1”图层，选择“文本1”图层的第1帧，选择工具箱中的文本工具T，在“属性”面板中设置“系列”为“黑体”、“字体大小”为65、“颜色”为红色（#CA0000），在舞台区的合适位置输入“阳光”文本，如图14-1所示。

步骤 03 选择“文本1”图层的第15帧，按【F6】键插入关键帧。选择第1帧，按【Shift+←】键将文本移至文档以外的区域。选择第1帧至第15帧中的任意一帧，单击鼠标右键，在弹出的快捷菜单中选择“创建传统补间”选项，创建补间动画，如图14-2所示。选择第150帧，按【F5】键插入帧。

阳光

图14-1 输入文字

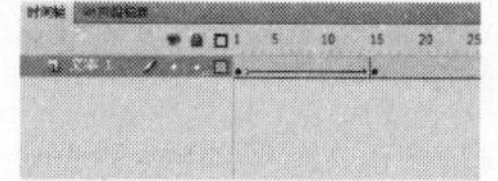

图14-2 创建补间动画

步骤 04 选择“文本1”图层中第1帧的元件，在“属性”面板的“色彩效果”选项区中单击“样式”选项右侧的下三角按钮，在弹出的下拉列表中选择Alpha选项，并在下方的Alpha文本框中输入0，如图14-3所示。

步骤 05 单击“时间轴”面板中的“新建图层”按钮，依次创建“数字1”、“数字2”、“文本2”3个图层，如图14-4所示。

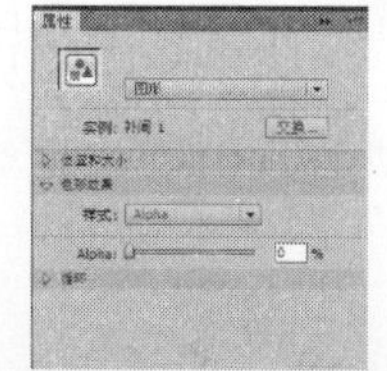

图14-3 “属性”面板

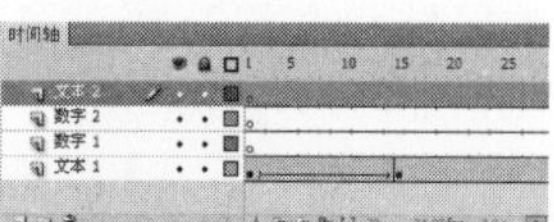

图14-4 创建图层

步骤 06 选择“数字1”图层的第13帧，按【F6】键插入关键帧，并选择工具箱中的文本工具T，在“属性”面板中设置“系列”为Dutch801 XBd BT、“字体大小”为70、“颜色”为红色（#CA0000），在舞台中输入“1”文本，如图14-5所示。

步骤 07 选择“数字1”图层的第28帧，按【F6】键插入关键帧，选择“数字1”图层的第13帧，在舞台中按【Shift+↑】键快速向上移动文本，将其移至文档以外的区域，选择第13帧至第28帧中的任意一帧，单击鼠标右键，在弹出的快捷菜单中选择“创建传统补间”选项，创建补间动画，如图14-6所示。

阳光1

图14-5 输入文本

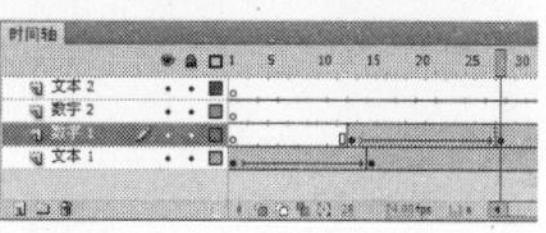

图14-6 创建补间动画

步骤 08 单击“插入”|“新建元件”命令，弹出“创建新元件”对话框，设置“名称”为“数字2”、“类型”为“图形”，如图14-7所示，单击“确定”按钮。

步骤 09 选择工具箱中的文本工具T，在“属性”面板中设置“系列”为Dutch801

XBd BT、“字体大小”为120、“颜色”为红色（#CA0000），在舞台中输入8文本，选择输入的文本，单击“修改”|“变形”|“顺时针旋转90度”命令，使数字进行旋转，如图14-8所示。

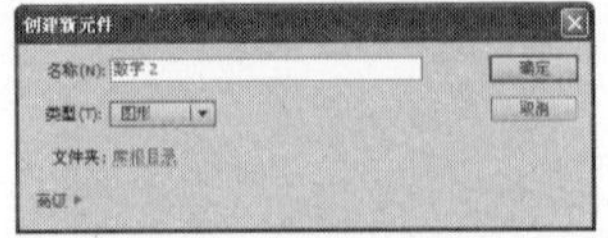
图14-7 “创建新元件”对话框

图14-8 旋转文字

步骤 10 单击“场景”标签，返回“场景1”编辑模式，选择“数字2”图层的第25帧，按【F6】键插入关键帧，将“数字2”元件拖曳至舞台区合适位置，如图14-9所示。

步骤 11 选择“数字2”图层的第40帧，按【F6】键插入关键帧。选择第25帧，在舞台中按【Shift+→】键将数字移至文档以外的区域，在第25帧至第40帧之间创建补间动画，如图14-10所示。

图14-9 拖曳元件至舞台区

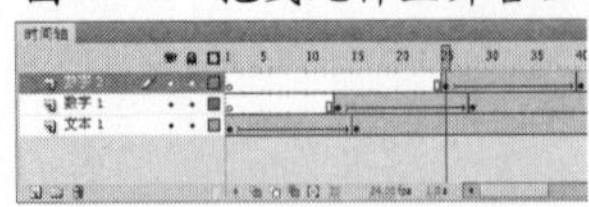
图14-10 创建补间动画

步骤 12 选择“文本2”图层的第40帧，按【F6】键插入关键帧，选择工具箱中的文本工具T，在“属性”面板中设置“系列”为Times New Roman、“字体大小”为28、“颜色”为红色（#CA0000），在舞台中输入SUNSHINE HUNDRED文本，如图14-11所示。

步骤 13 选择“文本2”图层的第55帧，按【F6】键插入关键帧，选择“文本2”图层的第40帧，在舞台中按【Shift+↓】键将文本移至舞台以外的区域，在第40帧至第55帧之间创建补间动画，如图14-12所示。

图14-11 输入文本

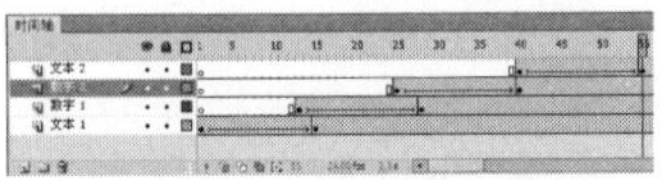
图14-12 创建补间动画

步骤 14 单击“控制”|“测试影片”|“测试”命令，测试动画效果，如图14-13所示。

图14-13 测试动画效果

实例 15 蓝羽装饰

效果欣赏	实例导航
	素材文件：素材\第2章\实例15
	效果文件：效果\第2章\实例15.fla
	视频文件：视频\第2章\实例15.swf
	知识点睛：分散到图层、设置Alpha值

步骤 01 按【Ctrl+N】键新建一个Flash文档，按【Ctrl+J】键弹出“文档设置”对话框，在“尺寸”选项区中设置“宽”为500、“高”为300、“背景颜色”为白色、“帧频”为24，单击“确定”按钮。单击“文件”| “另存为”命令，将其保存为“实例 15.fla”文件。

步骤 02 单击“插入”|“新建元件”命令，弹出“创建新元件”对话框，设置“名称”为“文本”、类型为“影片剪辑”，如图15-1所示，单击“确定”按钮。

步骤 03 选择工具箱中的文本工具T，在“属性”面板中设置“系列”为“黑体”、“字体大小”为40、“颜色”为淡蓝色（#0086C6）、“字母间距”为8，在舞台区输入“蓝羽装饰”文本，如图15-2所示。

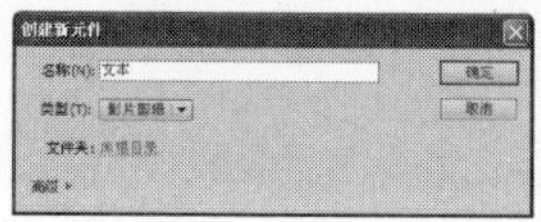

蓝羽装饰

图15-1 “创建新元件”对话框 图15-2 输入文本

步骤 04 选择输入的文本，单击“修改”|“分离”命令，将文字打散，如图15-3所示。

步骤 05 单击“修改”|“时间轴”|“分散到图层”命令，分别将文字分散到每一个独立的图层中，并调整图层的位置，如图15-4所示。

蓝羽装饰

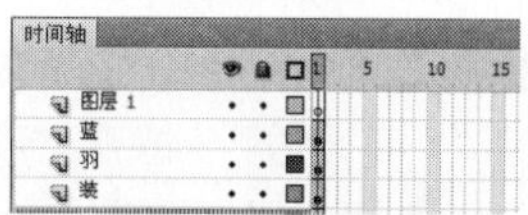

图15-3 打散文字的效果 图15-4 将文字分散到图层

步骤 06 选择“图层1”图层，单击鼠标右键，在弹出的快捷菜单中选择“删除图层”选项，删除图层。选择每个文字图层的第35帧，按【F5】键插入普通帧，如图15-5所示。

步骤 07 同时选择所有图层的第10帧、第20帧，按【F6】键插入关键帧。选择第10帧，在舞台区将对象向上移动一定距离，分别在第1帧至第10帧、第10帧至第20帧之间创建补间动画，调整每个图层帧的位置并删除多余帧，如图15-6所示。

图15-5 插入普通帧

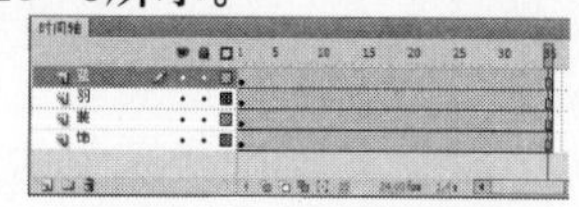

图15-6 创建补间动画

步骤 08 单击“场景1”标签，返回“场景1”编辑模式，将“图层1”图层重命名为“图形”图层，单击“文件”|“导入”|“导入到舞台”命令，导入一幅素材文件，并调整其位置和大小，如图15-7所示。选择第200帧，按【F5】键插入普通帧。

步骤 09 选择“图形”图层的第20帧，按【F6】键插入关键帧。选择第1帧，将图片移至舞台左侧，选择第1帧至第20帧中的任意一帧，在弹出的快捷键菜单中选择“创建补间动画”选项，创建补间动画，如图15-8所示。

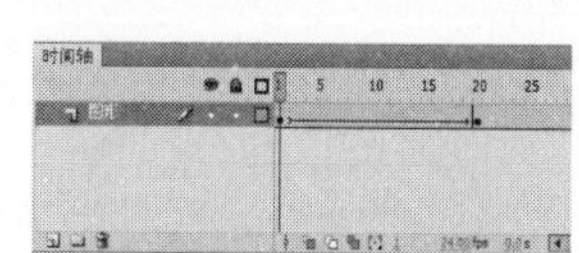

图15-7 导入的素材 图15-8 创建补间动画

步骤 10 在“时间轴”面板中依次创建“文本1”、“文本2”两个图层。选择“文本1”图层的第30帧，按【F6】键插入关键帧，在“库”面板中将“文本”元件拖曳至舞台合适位置，如图15-9所示。按【Ctrl+C】键将其复制到剪贴板中。

步骤 11 选择“时间轴”面板中“文本2”图层的第30帧，单击“编辑”|“粘贴到当前位置”命令，粘贴文文本。单击“修改”|“变形”|“垂直翻转”命令，垂直翻转文字，并移至合适位置，如图15-10所示。

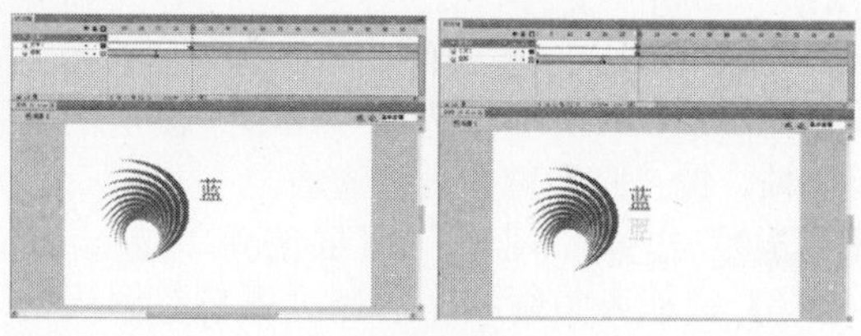

图15-9 拖曳元件至舞台 图15-10 垂直翻转文字

步骤 12 在“属性”面板的“色彩效果”选项区中，单击“样式”选项右侧的下三角按钮，在弹出的下拉列表中选择Alpha选项，在下方Alpha文本框中输入12，如图15-11所示。

步骤 13 单击“控制”|“测试影片”|“测试”命令，测试动画效果，如图15-12所示。

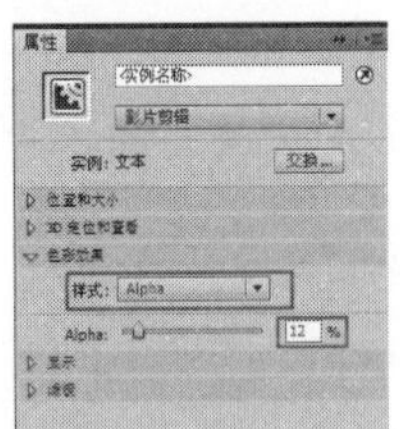

图15–11 设置“属性”面板

图15–12 测试动画效果

实例 16 浪勇科技

效果欣赏	实例导航
浪勇科技 LANGYONG	素材文件：素材\第2章\实例16 效果文件：效果\第2章\实例16.fla 视频文件：视频\第2章\实例16.swf 知识点睛：创建元件、创建补间动画

步骤 01 按【Ctrl+N】键新建一个Flash文档，按【Ctrl+J】键弹出“文档设置”对话框，在“尺寸”选项区中设置“宽”为500、“高”为300、“背景颜色”为白色、“帧频”为12，单击“确定”按钮。单击“文件”|“另存为”命令，将其保存为“实例16.fla”文件。

步骤 02 将“图层1”图层重命名为“图形”图层，单击“文件”|“导入”|“导入到舞台”命令，导入一幅图像，并调整其位置和大小，如图16–1所示。选择“图形”图层的第150帧，按【F5】键插入普通帧。

步骤 03 选择“图形”图层的第20帧，按【F6】键插入关键帧。选择“图形”图层的第1帧，按【Shift+←】键将图像移至舞台以外的区域，在第1帧至第20帧之间创建补间动画，如图16–2所示。

图16–1 导入图片至舞台

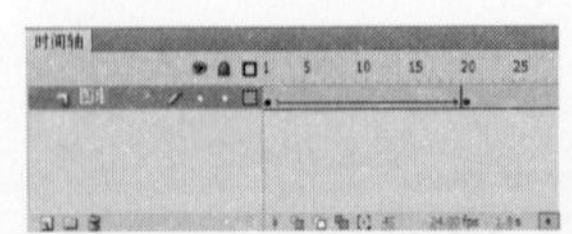

图16–2 创建补间动画

步骤 04 单击“时间轴”面板中的“新建图层”按钮，依次创建“文本1”、“文本2”两个图层，如图16–3所示。

步骤 05 选择“文本1”图层的第30帧，按【F6】键插入关键帧。选择工具箱中的文本工具T，在“属性”面板中设置“系列”为“黑体”、“字体大小”为45、“颜色”为绿色（#029701），在舞台区输入“浪勇科技”文本，如图16–4所示。

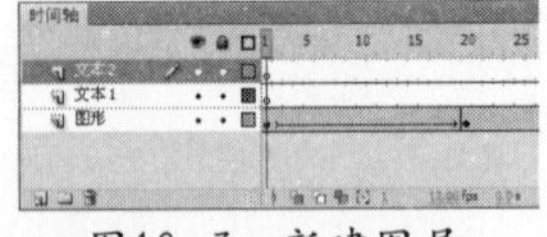

图16–3 新建图层

浪勇科技

图16–4 输入文本

步骤 06 选择“文本1”图层的第45帧，按【F6】键插入关键帧。在第30帧至第45帧之间创建补间动画，并选择第30帧的对象，调整其“宽度”和“高度”均为1，如图16–5所示。

步骤 07 选择“文本2”图层的第45帧，按【F6】键插入关键帧，选择工具箱中的文本工具T，在“属性”面板中设置“系列”为Times New Roman、“字体大小”为30、

“颜色”为绿色（#029701），在舞台区输入LANG YONG文本，如图16–6所示。

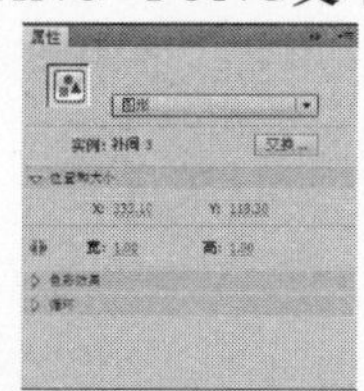

LANG YONG

图16–5 设置“属性”面板　图16–6 输入文本

步骤 08 选择“文本2”图层的第60帧，按【F6】键插入关键帧。并选择第45帧，在舞台区按【Shift+↓】键将文本移至舞台以外的区域，在第45帧至第60帧之间创建补间动画，如图16–7所示。在“属性”面板的“补间”选项区中设置“旋转”为“顺时针”。

步骤 09 单击“控制”|“测试影片”|“测试”命令，测试动画效果，如图16–8所示。

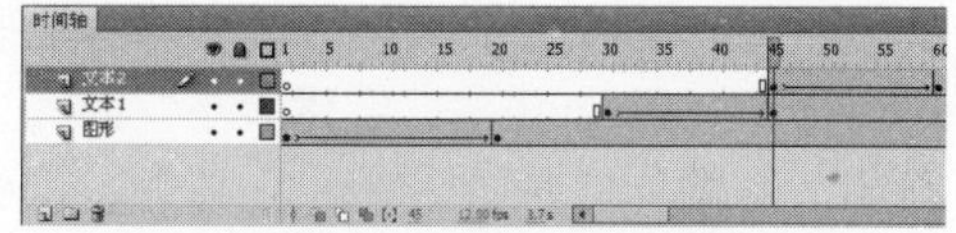

图16–7 创建补间动画

图16–8 测试动画效果

实例 17 蓝雅集团

效果欣赏	实例导航
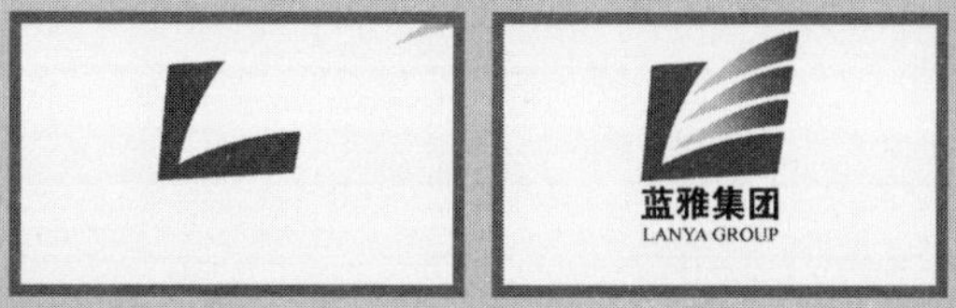 蓝雅集团 LANYA GROUP	素材文件：素材\第2章\实例17
	效果文件：效果\第2章\实例17.fla
	视频文件：视频\第2章\实例17.swf
	知识点睛：创建元件、创建补间动画

步骤 01 新建一个“宽”为500、“高”为300、“背景颜色”为白色、“帧频”为12的Flash文档。单击“文件”|“另存为”命令，将其保存为“实例17.fla”文件。

步骤 02 将“图层1”图层重命名为“图片”图层。选择“图片”图层的第1帧，单击“文件”|“导入”|“导入到舞台”命令，弹出“导入”对话框，选择需要导入的图片，如图17–1所示，单击“确定”按钮。

步骤 03 在“时间轴”面板中依次创建“文本1”、“文本2”两个图层，如图17–2所示。

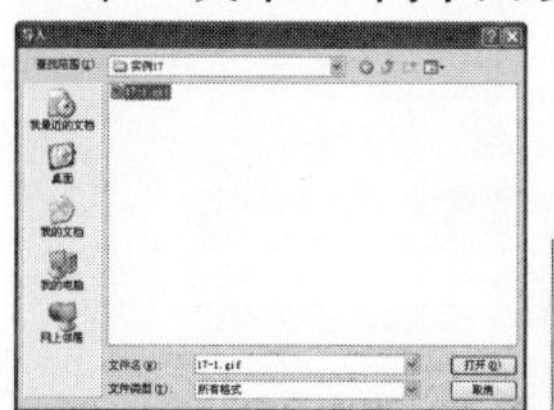

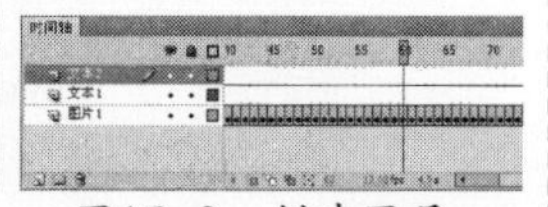

图17–1 “导入”对话框　图17–2 创建图层

步骤 04 选择“文本1”图层的第75帧，按【F6】键插入关键帧。选择工具箱中的文本工具T，在“属性”面板中设置“系列”为“方正大黑简体”、“字体大小”为40、“颜色”为黑色（#000000），在舞台中输入“蓝雅集团”文本，效果如图17–3所示。

步骤 05 选择“文本1”图层的第85帧，按【F6】键插入关键帧，如图17–4所示。

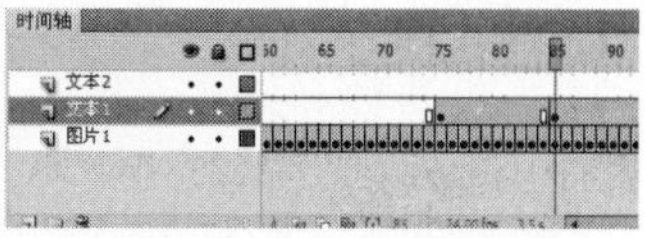

图17–3 输入文本　图17–4 插入关键帧

步骤 06 选择“文本1”图层的第75帧，按【Shift+↓】键将文本移至舞台以外的区域，在第75帧至第85帧之间创建补间动画，如图17-5所示。

步骤 07 选择“文本2”图层的第85帧，按【F6】键插入关键帧，选择工具箱中的文本工具T，在“属性”面板中设置“系列”为Times New Roman、“字体大小”为22、“颜色”为黑色（#000000），在舞台中输入LANYA GROUP文本，如图17-6所示。

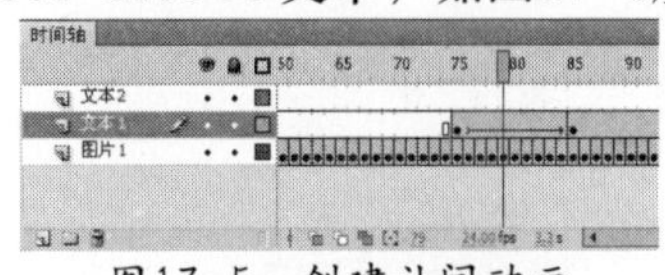
图17-5 创建补间动画

图17-6 输入文本

步骤 08 选择“文本2”图层的第100帧，按【F6】键插入关键帧。选择“文本2”图层的第85帧，按【Shift+↓】键将文本移至舞台以外的区域，在第85帧至第100帧之间创建补间动画，如图17-7所示。

步骤 09 单击“控制”|“测试影片”|“测试”命令，测试动画效果，如图17-8所示。

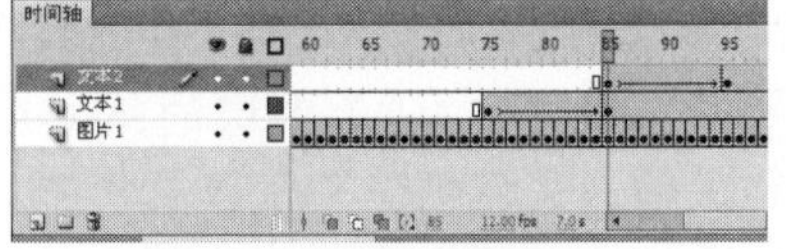
图17-7 创建补间动画

图17-8 测试动画效果

实例 18 蝴蝶公寓

效果欣赏	实例导航
 	素材文件：素材\第2章\实例18
	效果文件：效果\第2章\实例18.fla
	视频文件：视频\第2章\实例18.swf
	知识点睛：创建元件、创建补间动画

步骤 01 新建一个“宽”为500、“高”为270、“背景颜色”为白色、“帧频”为12的Flash文档。单击“文件”|“另存为”命令，将其保存为“实例18.fla”文件。

步骤 02 将“图层1”图层重命名为“图片”图层，并选择第1帧，单击“文件”|“导入”|“导入到舞台”命令，弹出“导入”对话框，选择需要导入的图片，如图18-1所示，单击“确定”按钮。

步骤 03 在“时间轴”面板中依次创建“文本1”、“文本2”两个图层，如图18-2所示。

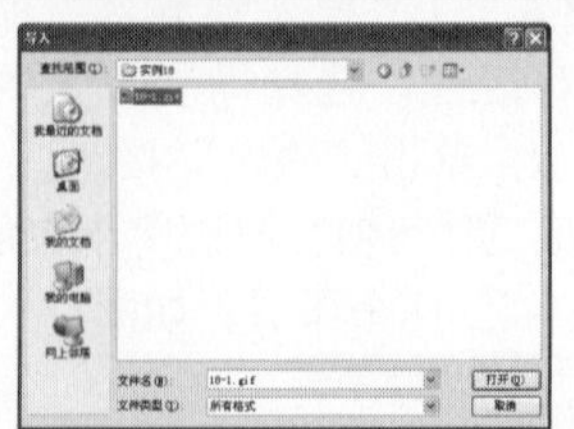
图18-1 “导入”对话框

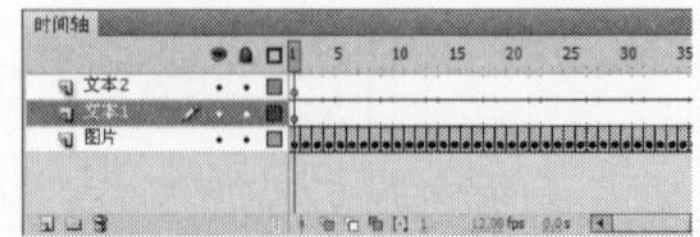
图18-2 创建图层

步骤 04 选择“文本1”图层的第45帧，按【F6】键插入关键帧。选择工具箱中的文本工具T，在“属性”面板中设置“系列”为“方正小标宋简体”、“字体大小”为45、“颜色”为绿色（#00974B），在舞台中输入“蝴蝶公寓”文本，如图18-3所示。

步骤 05 选择“文本1”图层的第70帧，按【F6】键插入关键帧。选择第45帧，按【Shift+→】键将文本移至舞台以外的区域，在第45帧至第70帧之间创建补间动画，如图18-4所示。

图18-3 输入文本

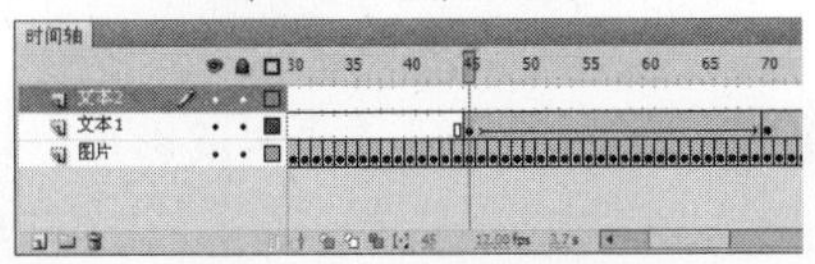

图18-4 创建补间动画

步骤 06 选择“文本2”图层的第70帧，按【F6】键插入关键帧。选择工具箱中的文本工具T，在属性面板中设置“系列”为Times New Roman、“字体大小”为22、“颜色”为绿色（#00974B），在舞台中输入BUTTERFLY FLAT文本，如图18-5所示。

步骤 07 选择“文本2”图层的第95帧，按【F6】键插入关键帧。选择“文本2”图层的第70帧，按【Shift+→】键将文本移至舞台以外的区域，在第70帧至第95帧之间创建补间动画，如图18-6所示。

图18-5 输入文本

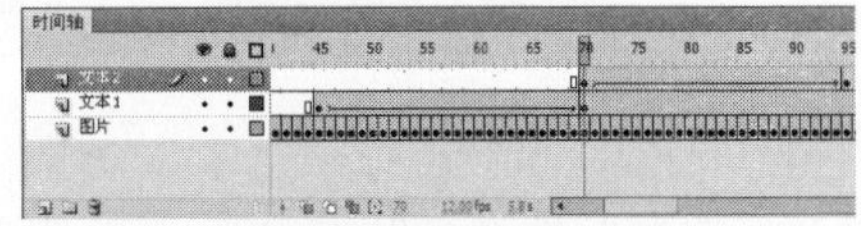

图18-6 创建补间动画

步骤 08 单击“控制”|“测试影片”|“测试”命令，测试动画效果，如图18-7所示。

图18-7 测试动画效果

实例 19 绿城集团

效果欣赏	实例导航
绿城集团 GREEN CITY GROUP	素材文件：素材\第2章\实例19
	效果文件：效果\第2章\实例19.fla
	视频文件：视频\第2章\实例19.swf
	知识点睛：创建元件、创建补间动画

步骤 01 新建一个“宽”为550、“高”为300、“背景颜色”为白色、“帧频”为12的Flash文档。单击“文件”|“另存为”命令，将其保存为“实例19.fla”文件。

步骤 02 将“图层1”图层重命名为“图片”图层，并选择的第1帧，单击“文件”|“导入”|“导入到舞台”命令，导入一幅图片，如图19-1所示。

步骤 03 在“时间轴”面板中依次创建“文本1”、“文本2”两个图层，如图19-2所示。

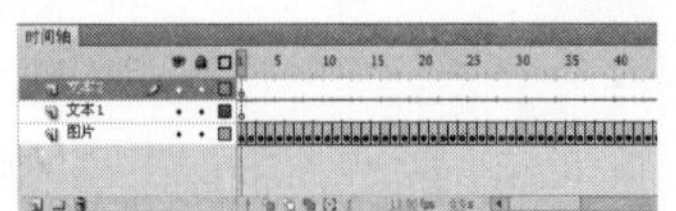

图19-1　导入图片至舞台　图19-2　创建图层

步骤 04 选择“文本1”图层的第50帧，按【F6】键插入关键帧。选择工具箱中的文本工具T，在其属性面板中设置“系列”为“方正姚体”、“字体大小”为48、“颜色”为绿色（#00974B），在舞台中输入“绿城集团”文本，如图19-3所示。

步骤 05 选择“文本1”图层的第70帧，按【F6】键插入关键帧。在第50帧至第70帧之间创建补间动画，选择“文本1”图层的第50帧的文本，在“属性”面板中设置“宽度”和“高度”均为1，如图19-4所示。

绿城集团

图19-3　输入文本

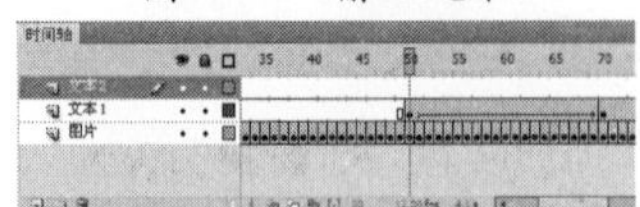

图19-4　创建补间动画

步骤 06 选择“文本2”图层的第70帧，按【F6】键插入关键帧。选择工具箱中的文本工具T，在其属性面板中设置“系列”为Times New Roman、“字体大小”为20、“颜色”为绿色（#00974B），在舞台中输GREEN CITY GROUP文本，如图19-5所示。

步骤 07 选择“文本2”图层的第90帧，按【F6】键插入关键帧，选择“文本2”图层的第70帧，按【Shift+↓】键将文本移至文档以外的区域，在第70帧至第90帧之间创建补间动画，如图19-6所示。

GREEN CITY GROUP

图19-5　输入文本

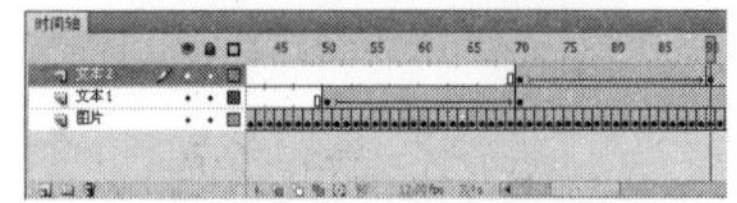

图19-6　创建补间动画

步骤 08 单击“控制”|“测试影片”|“测试”命令，测试动画效果，如图19-7所示。

图19-7　测试动画效果

实例 20　玉帛集团

效果欣赏	实例导航
玉帛集团 YUBO GROUP　玉帛集团 YUBO GROUP	素材文件：素材\第2章\实例20
	效果文件：效果\第2章\实例20.fla
	视频文件：视频\第2章\实例20.swf
	知识点睛：创建元件、创建补间动画、设置Alpha

步骤 01 新建一个“宽”为500、“高”为300、“背景颜色”为白色（#FFFFFF）、“帧频”为12的Flash文档。单击“文件”|“另存为”命令，将其保存为“实例20.fla”文件。

步骤 02 将“图层1”图层重命名为“图片”图层，并选择第1帧，单击“文件”|“导入”|“导入到舞台”命令，导入一幅图片，如图20-1所示。选择第135帧，按【F5】键插入普通帧。

步骤 03 在“时间轴”面板中依次创建“文本1”、“文本2”两个图层，如图20-2所示。

图20-1 导入图片至舞台

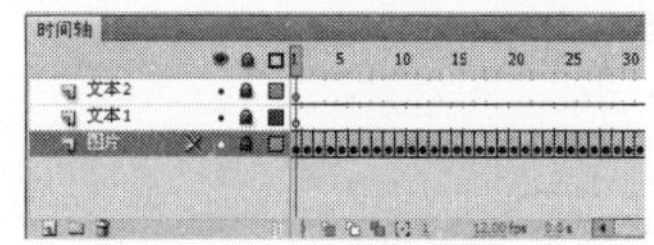

图20-2 创建图层

步骤 04 选择“文本1”图层的第35帧，按【F6】键插入关键帧。选择工具箱中的文本工具T，在“属性”面板中设置“系列”为“黑体”、“字体大小”为42、“颜色”为蓝色（#0000FF），在舞台中输入“玉帛集团”文本，如图20-3所示。

步骤 05 选择“文本1”图层的第60帧，按【F6】键插入关键帧。选择第35帧，按【Shift+↑】键将文本移至文档以外的区域，在第35帧至第60帧之间创建补间动画，如图20-4所示。

玉帛集团

图20-3 输入文本

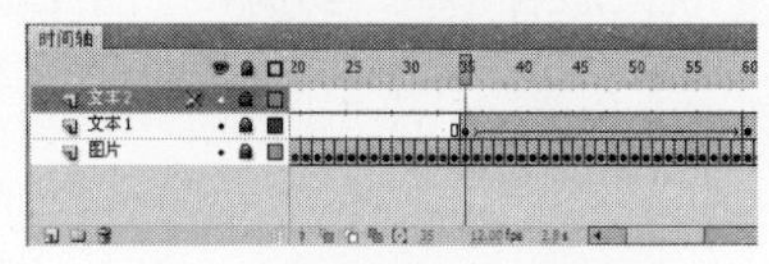

图20-4 创建补间动画

步骤 06 选择“文本1”图层的第35帧，在“属性”面板的“色彩效果”选项区中单击“样式”选项右侧的下三角按钮，在弹出的下拉列表中选择Alpha选项，并在下方的Alpha文本框中输入0，如图20-5所示。

步骤 07 选择“文本2”图层的第60帧，按【F6】键插入关键帧。选择工具箱中的文本工具T，在“属性”面板中设置“系列”为Times New Roman、“字体大小”为26、“颜色”为蓝色（#0000FF），在舞台中输入YUBO GROUP文本，如图20-6所示。

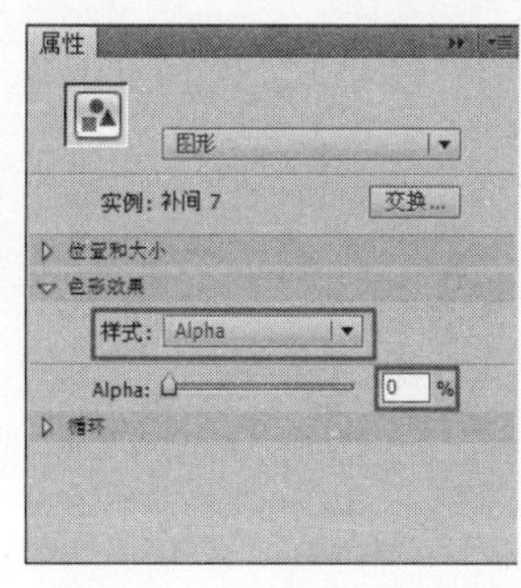

图20-5 设置“属性”面板

YUBO GROUP

图20-6 输入文本

步骤 08 选择“文本2”图层的第85帧，按【F6】键插入关键帧。选择“文本2”图层的第60帧，按【Shift+↓】键将文本移至文档以外的区域，在第60帧至第85帧之间创建补间动画，如图20-7所示。选择第60帧的文本，在“属性”面板中设置Alpha值为0%。

步骤 09 单击“控制”|“测试影片”|“测试”命令，测试动画效果，如图20-8所示。

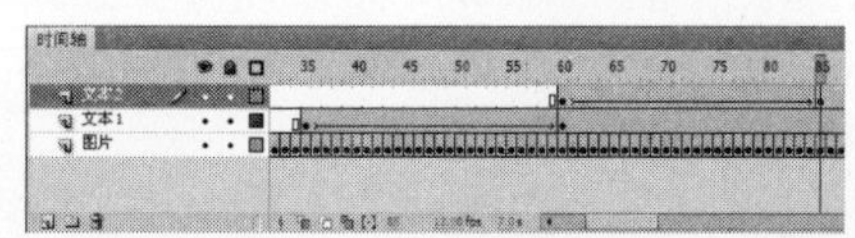

图20-7 创建补间动画

图20-8 测试动画效果

第3章 文字特效

实例21 淘宝小店
实例22 店内公告
实例23 欧丽雅
实例24 爱·情牵
实例25 别墅风情
实例26 听风
实例27 钻石人生
实例28 雅怡花苑
实例29 雅志汽车
实例30 凯悦大酒店
实例31 海乐手机
实例32 音乐天堂
实例33 爱的表白
实例34 别克君威
实例35 星语心愿
实例36 建设美好家园
实例37 上岛咖啡
实例38 舞动奇迹
实例39 音乐飞翔
实例40 湘江北尚

实例 21 淘宝小店

效果欣赏	实例导航
	素材文件：素材\第3章\实例21
	效果文件：效果\第3章\实例21.fla
	视频文件：视频\第3章\实例21.swf
	知识点睛：打散文本、创建关键帧、修改颜色

步骤 01 按【Ctrl+N】键新建一个Flash文档，按【Ctrl+J】键弹出“文档设置”对话框，在“尺寸”选项区中设置“宽”为552、“高”为100、“背景颜色”为白色、“帧频”为12，单击“确定”按钮。单击“文件”|“另存为”命令，将其保存为“实例21.fla”文件。

步骤 02 单击“文件”|“导入”|“导入到舞台”命令，导入一幅GIF格式的动画图像，在“属性”面板中分别设置各关键帧中对象的位置，即X和Y的值分别为0和27，效果如图21-1所示。

步骤 03 单击“时间轴”面板中的“新建图层”按钮，创建“图层2”图层。选择工具箱中的文本工具，在“属性”面板中设置“系列”为“宋体”、“字体大小”为15、“颜色”为黑色，在舞台的左上角输入“淘宝小店：”文本，如图21-2所示。

图21-1 导入并调整图像的位置

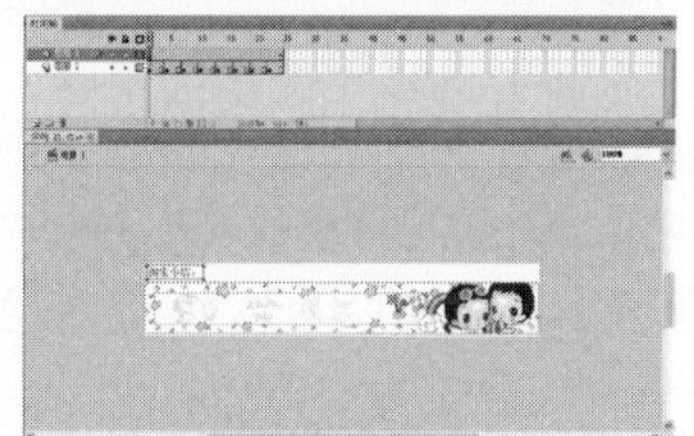

图21-2 输入文本

步骤 04 单击“时间轴”面板中的“新建图层”按钮，创建“图层3”图层。选择工具箱中的文本工具，在“属性”面板中设置“系列”为“黑体”、“字体大小”为30、“颜色”为红色（#FF0000），在舞台中输入“欢迎光临婴童生活馆”文本，如图21-3所示。

步骤 05 选择输入的文本，按两次【Ctrl+B】键将文本全部打散，选择工具箱中的墨水瓶工具，设置“笔触颜色”为黄色（#FFFF00）、“笔触”为0.1，依次在打散的文本上单击鼠标，为其描边，效果如图21-4所示。

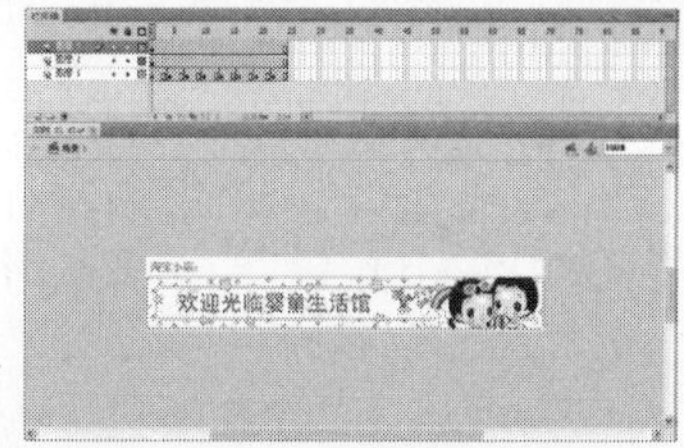

图21-3 输入另一文本

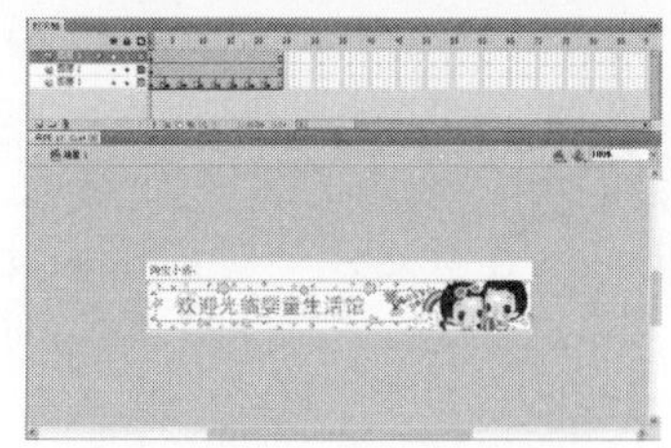

图21-4 为文本描边

步骤 06 分别选择“图层3”图层的第4帧、第7帧、第10帧、第13帧、第16帧、第19帧、第22帧，单击鼠标右键，在弹出的快捷菜单中选择“插入关键帧”选项，插入关键帧，如

图21-5所示。

步骤 07 选择第4帧，选择工具箱中的选择工具，框选文本部分，在“属性”面板中更改其“填充颜色”为鲜绿色（#00FF00），如图21-6所示。同理，更改第7帧、第10帧、第13帧、第16帧、第19帧、第22帧的文本颜色依次为#0000FF、#00FFFF、#FF00FF、#99FF00、#660066、#FF0099。

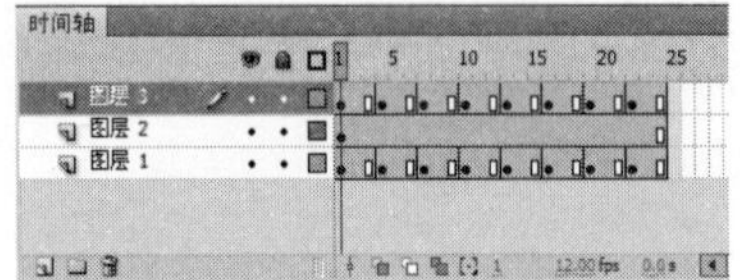
图21-5 插入关键帧

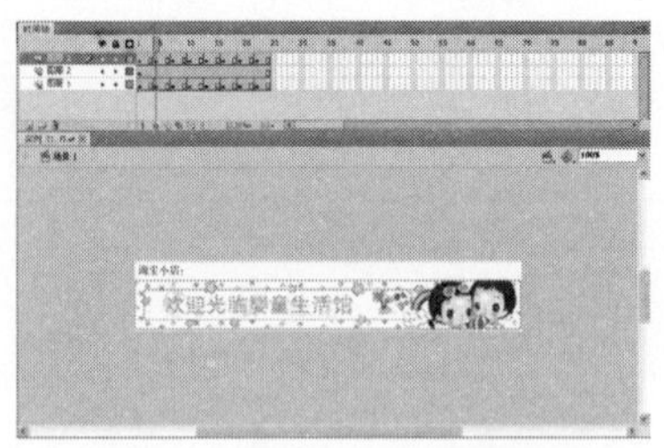

图21-6 改变对象的颜色

步骤 08 单击“控制”|“测试影片”|“测试”命令，测试动画效果，如图21-7所示。

图21-7 测试动画效果

实例 22 店内公告

效果欣赏	实例导航
 	素材文件：素材\第3章\实例22
	效果文件：效果\第3章\实例22.fla
	视频文件：视频\第3章\实例22.swf
	知识点睛：创建元件、设置渐变颜色、创建遮罩层

步骤 01 按【Ctrl+N】键新建一个Flash文档，按【Ctrl+J】键弹出“文档设置”对话框，在“尺寸”选项区中设置“宽”为560、“高”为460、“背景颜色”为白色、“帧频”为8，单击“确定”按钮。单击“文件”|“另存为”命令，将其保存为“实例22.fla”文件。

步骤 02 单击“插入”|“新建元件”命令，弹出“创建新元件”对话框，设置“名称”为“渐变条”、“类型”为“图形”，如图22-1所示。单击“确定”按钮，进入图形编辑模式。

步骤 03 单击“窗口”|“颜色”命令，弹出“颜色”面板，在其中设置填充颜色为由#FF0000、#006600、#FF00FF到#0000FF的线性渐变，如图22-2所示。

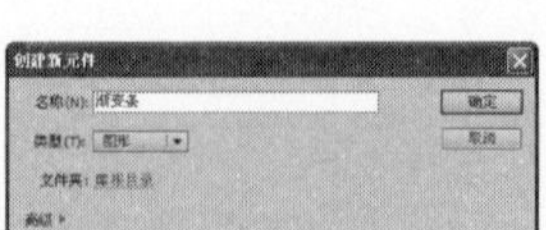
图22-1 “创建新元件”对话框

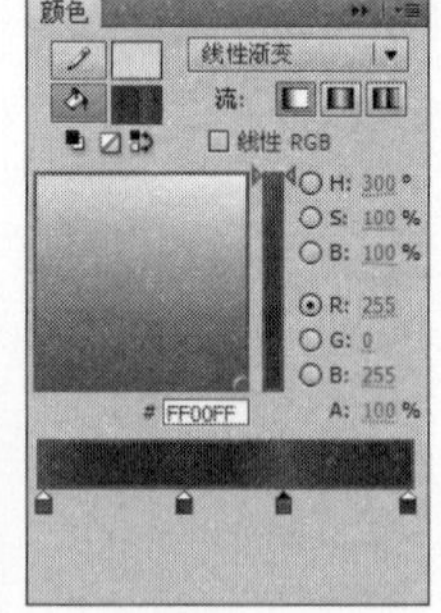

图22-2 设置“颜色”面板

步骤 04 选择工具箱中的矩形工具，在“属性”面板中设置其“笔触颜色”为“无”、“填充颜色”为刚刚设置的线性渐变色，在舞台中绘制一个“宽度”为327.6、“高度”为299.7的矩形，如图22-3所示。

步骤 05 选择绘制的矩形，单击“修改”|“变形”|“顺时针旋转90度”命令，将矩形顺时针旋转90°，效果如图22-4所示。

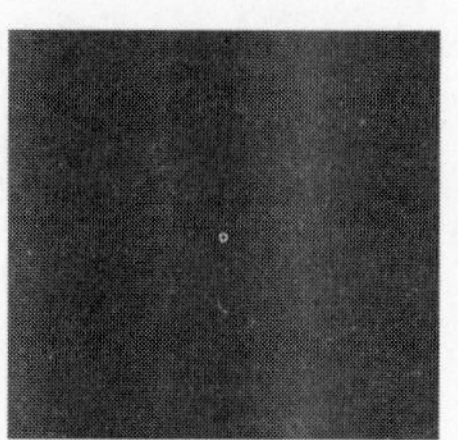

图22-3 绘制矩形

图22-4 将矩形旋转

步骤 06 创建一个名为“文字”的图形元件，进入文字元件编辑模式。选择工具箱中的文本工具，设置“系列”为“黑体”、“字体大小”为20、“颜色”为黑色，在舞台中输入“店内公告”等文本。选择标题“店内公告”，更改其“字体大小”为30，并选择所有文字，设置其行距为8，效果如图22-5所示。

步骤 07 单击“场景”标签，返回“场景1”编辑模式，将“图层1”图层重命名为“背景”。单击“文件”|“导入”|“导入到舞台”命令，导入一幅图像，如图22-6所示。最后选择“背景”图层的第100帧，按【F5】键插入普通帧。

店内公告

为答谢各位网友长期以来对婴童生活馆淘宝店的支持，特在小店满一周年、值六一儿童节之际，推出以下优惠让利活动。
购物金额满200元，9折优惠。
购物金额满400元，8折优惠。
购物金额满600元，7折优惠。
活动时间为6月1日至6月7日，过期将恢复原价，不再优惠，请有意者抓紧时间下单。

2009年5月30

图22-5 编辑文本的效果 图22-6 导入图像到舞台

步骤 08 单击“时间轴”面板中的“新建图层”按钮，创建一个图层，并将其命名为“渐变条”。从“库”面板中将“渐变条”元件拖曳到舞台中，并调整其位置，使其与背景图中的白色部分正好吻合，如图22-7所示。

步骤 09 创建“文字”图层，从“库”面板中将“文字”元件拖曳到“渐变条”元件的底部，如图22-8所示。

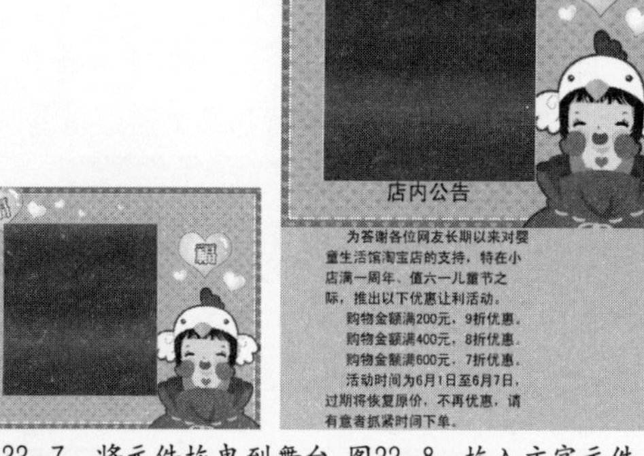

图22-7 将元件拖曳到舞台 图22-8 拖入文字元件

步骤 10 选择“文字”图层的第100帧，按【F6】键插入关键帧，此时的“时间轴”面板如图22-9所示。

步骤 11 选择“文字”图层第100帧中的对象，按【Shift+↑】键快速向上移动文本，将其移至“渐变条”元件顶部以外的区域，如图22-10所示。

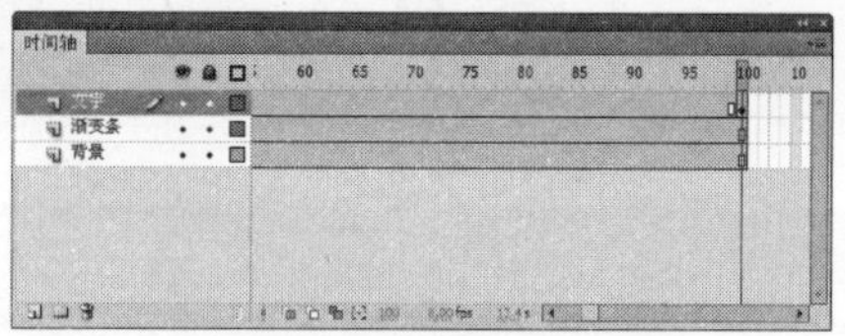

图22-9 “时间轴”面板

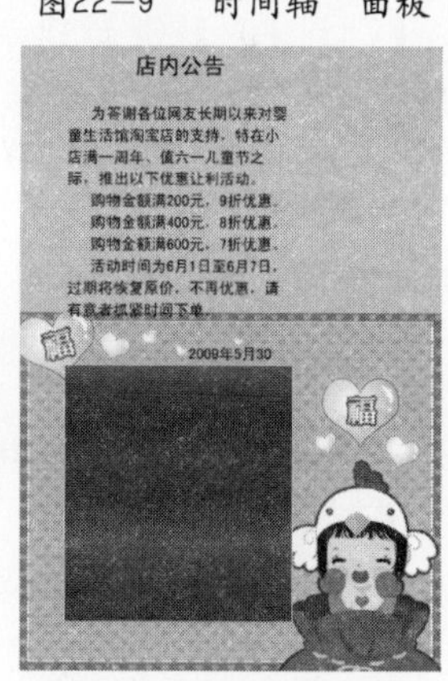

图22-10 向上移动文本

步骤 12 选择“文字”图层的第1帧，单击鼠标右键，在弹出的快捷菜单中选择“创建传统补间”选项，创建补间动画，如图22-11所示。

步骤 13 在“文字”图层上单击鼠标右键，在弹出的快捷菜单中选择“遮罩层”选项，添加遮罩层，效果如图22-12所示。

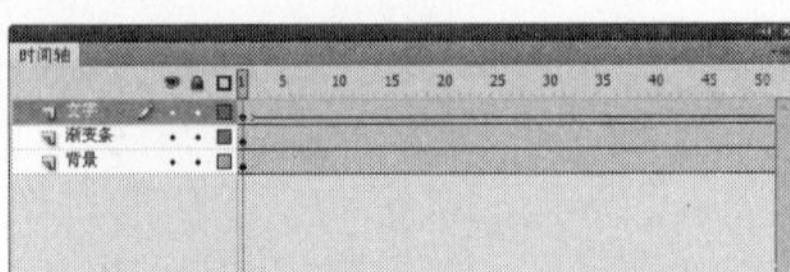

图22-11 创建补间动画

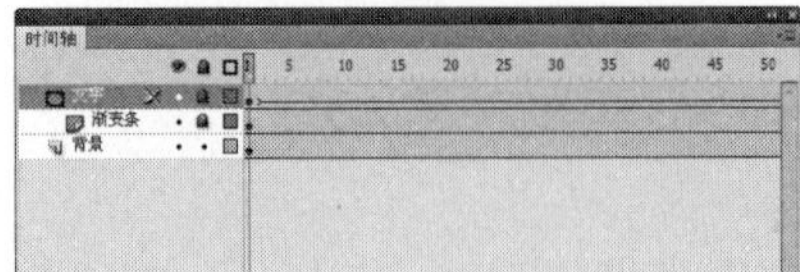

22-12 添加遮罩层

步骤 14 单击“控制”|“测试影片”|“测试”命令，测试动画效果，如图22-13所示。

图22-13 测试动画效果

实例 23 欧丽雅

<table>
<tr><th>效果欣赏</th><th>实例导航</th></tr>
<tr><td rowspan="4"> 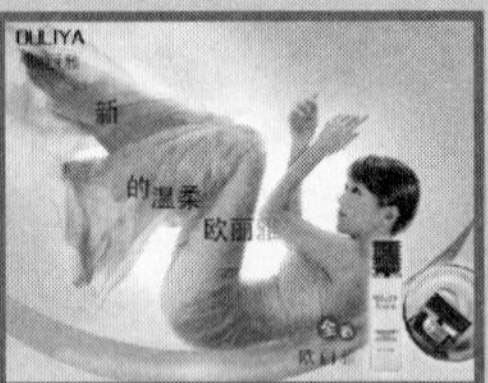</td><td>素材文件：素材\第3章\实例23</td></tr>
<tr><td>效果文件：效果\第3章\实例23.fla</td></tr>
<tr><td>视频文件：视频\第3章\实例23.swf</td></tr>
<tr><td>知识点睛：变形文本、分散到图层、设置Alpha值</td></tr>
</table>

步骤 01 按【Ctrl+N】键新建一个Flash文档，按【Ctrl+J】键弹出“文档设置”对话框，在“尺寸”选项区中设置“宽”为600、“高”为434、“背景颜色”为白色、“帧频”为8，单击“确定”按钮。单击“文件”|“另存为”命令，将其保存为“实例23.fla”文件。

步骤 02 双击“图层1”图层，将其重命名为“背景”。单击“文件”|“导入”|“导入到舞台”命令，导入一幅图像，并调整其大小使其正好覆盖整个舞台，效果如图23-1所示。选择第43帧，按【F5】键插入普通帧。

步骤 03 单击“时间轴”面板中的“新建图层”按钮，创建“图层2”图层，并将其命名为“文字”，如图23-2所示。

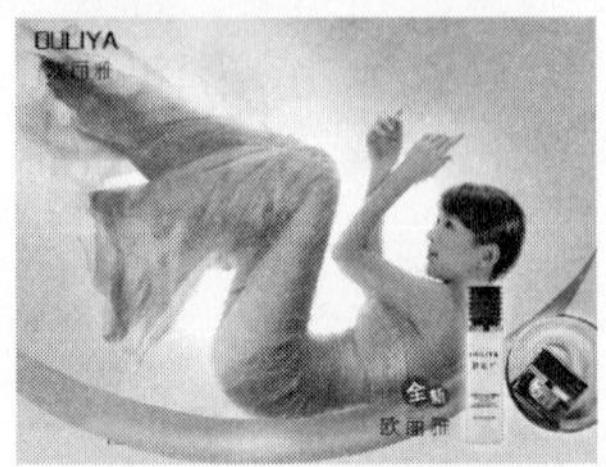

图23-1 导入图像到舞台

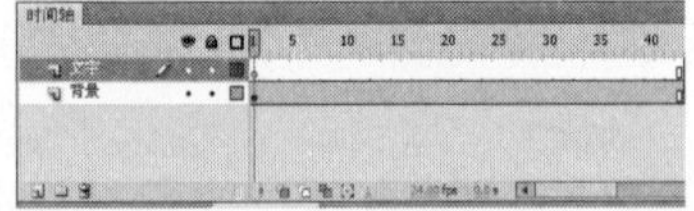

图23-2 创建图层

步骤 04 选择“文字”图层的第1帧，选择工具箱中的文本工具，在“属性”面板中设置“系列”为“黑体”、“字体大小”为30、“行距”为6、“颜色”为紫罗兰（#660066），在舞台中输入“纯粹清新的温柔 欧丽雅丝柔”文本，如图23-3所示。

步骤 05 选择文本，单击“修改”|“分离”命令，将文字打散，效果如图23-4所示。

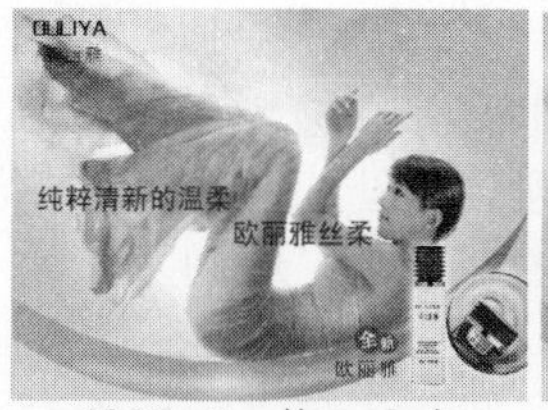

图23-3 输入文本

图23-4 打散文字

步骤 06 锁定“背景”图层，单击“修改”|“时间轴”|“分散到图层”命令，分别将文字分散到每一个独立的图层中，并调整图层的位置，如图23-5所示。此时所有文字在舞台上的位置保持不变，只是被分到对应的图层中。

步骤 07 依次选择每一个图层中的文字，按【F8】键，在弹出的“转换为元件”对话框中设置各文字对应的名称和类型，将其转换为影片剪辑元件，此时的“库”面板如图23-6所示。

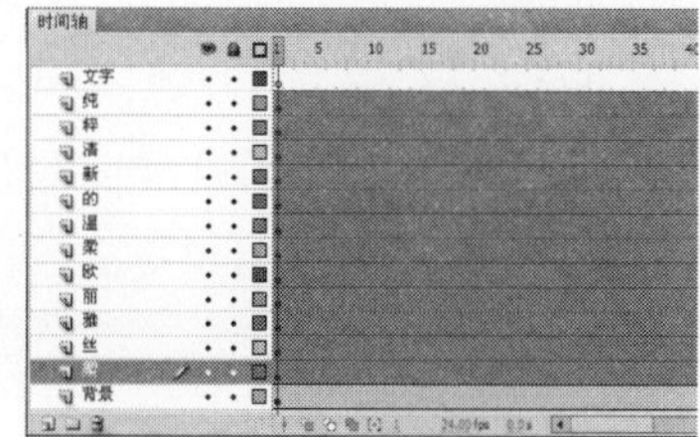

图23-5 将文字分散到图层

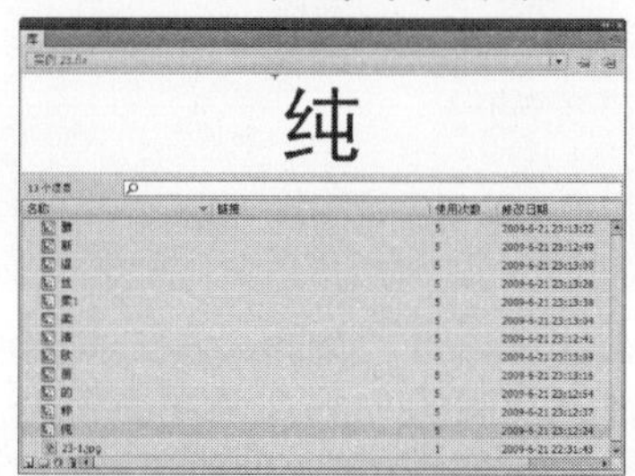

图23-6 “库”面板

步骤 08 分别单击各个文字图层的第6帧、第7帧、第15帧和第21帧，按【F6】键插入关键帧，然后删除“文字”图层，如图23-7所示。

步骤 09 选择所有文字图层的第1帧至第5帧，将文字移至舞台右下角，如图23-8所示。

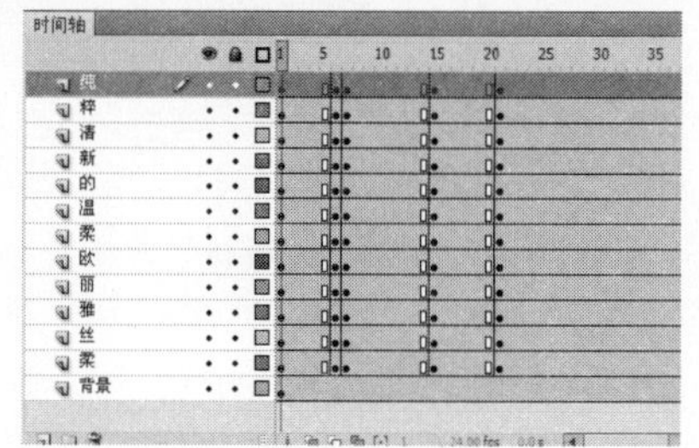

图23-7 插入关键帧并删除“文字”图层

图23-8 将文字移至舞台右下角

步骤 10 继续保持文字的选中状态，单击“修改”|“变形”|“垂直翻转”命令，对文字进行变形处理，效果如图23-9所示。

步骤 11 选择文字，将其适当缩小，并随意摆放各文字的位置，如图23-10所示。选择所有的文字元件，在“属性”面板中设置其Alpha值为0%。

图23-9 对文字进行变形处理

图23-10 缩小并移动文字的位置

步骤 12 选择第6帧的所有文字元件，设置Alpha值为30%，效果如图23-11所示。

步骤 13 选择所有第21帧中的文字元件，将其移至舞台的上方，并应用任意变形工具将其适当缩小，然后将其倾斜，效果如图23-12所示。

图23-11 设置元件Alpha值的效果

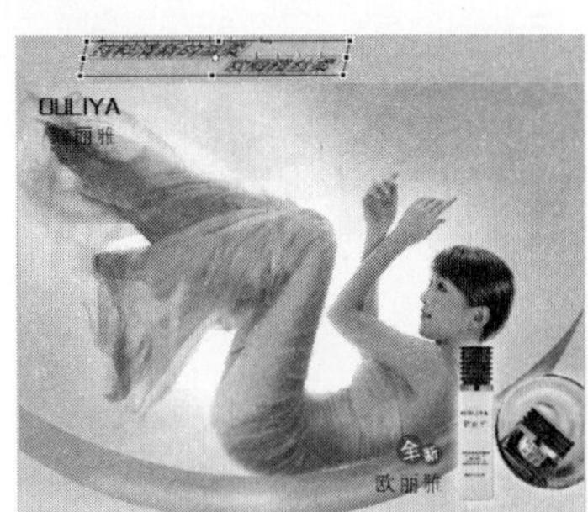

图23-12 倾斜文字元件

步骤 14 然后改变各文字元件的位置，使其凌乱地排列在舞台上方，如图23-13所示。设置所有文字的颜色样式Alpha值为0%。

步骤 15 选择所有文字图层第1帧至第5帧中的任意一帧，单击鼠标右键，在弹出的快捷菜单中选择“创建传统补间”选项，最后在“属性”面板中设置其补间“缓动”值均为100，如图23-14所示。

图23-13 调整各文字元件的位置

图23-14 设置“属性”面板

步骤 16 选择所有文字图层第15帧至第20帧中的任意一帧，单击鼠标右键，在弹出的快捷菜单中选择“创建传统补间”选项，并在“属性”面板中设置其补间“缓动”值均为-100，效果如图23-15所示。

步骤 17 选择并移动“纯”图层之外的所有文字图层的帧，使每一层相对于上一层延迟2个帧进入舞台，此时的“时间轴”面板如图23-16所示。

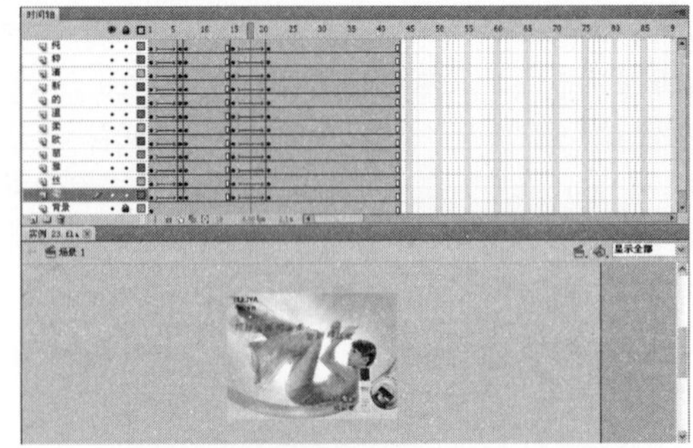

图23-15 创建补间动画

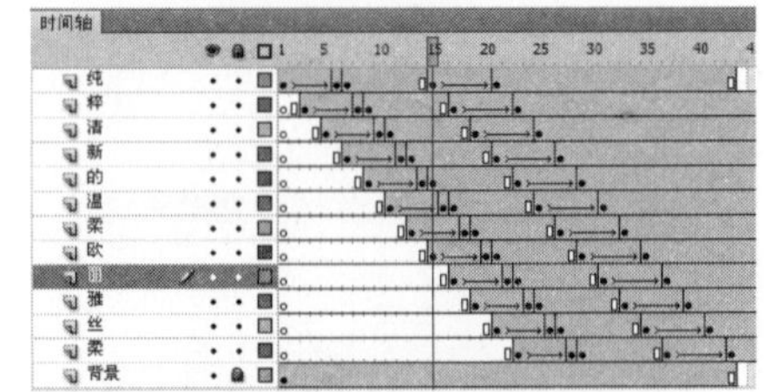

图23-16 “时间轴”面板

步骤 18 选择所有图层第43帧后的帧，单击鼠标右键，在弹出的快捷菜单中选择“删除帧”选项，删除这些帧，如图23-17所示。

步骤 19 单击“控制”|“测试影片”|“测试”命令，测试动画效果，如图23-18所示。

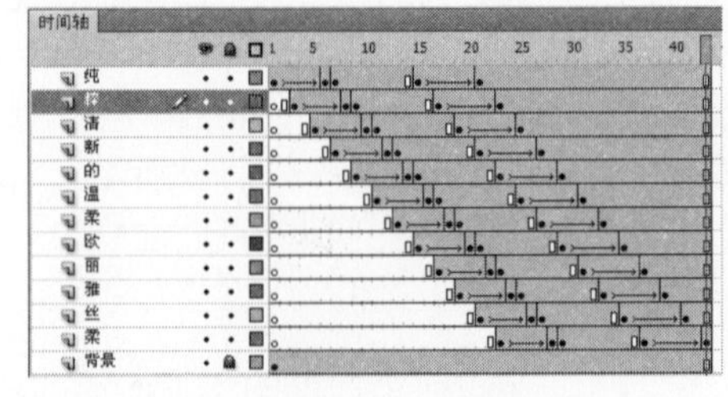

图23-17 整理“时间轴”面板

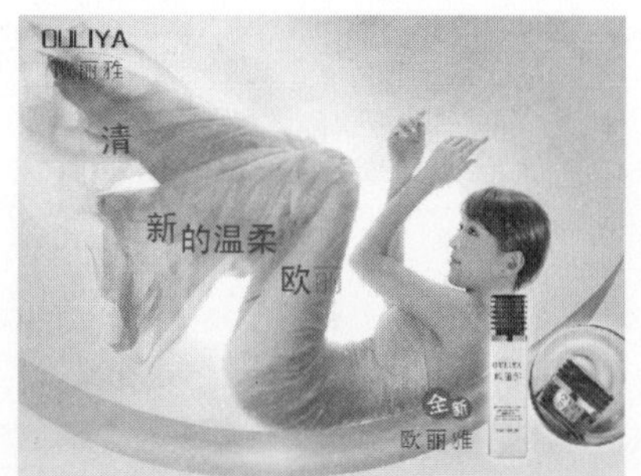

图23-18 测试动画效果

实例 24 爱·情牵

效果欣赏	实例导航
 	素材文件：素材\第3章\实例24
	效果文件：效果\第3章\实例24.fla
	视频文件：视频\第3章\实例24.swf
	知识点睛：创建动态文本、设置变量、添加脚本

步骤 01 按【Ctrl+N】键新建一个Flash文档，按【Ctrl+J】键，弹出“文档设置”对话框，在“尺寸”选项区中设置“宽”为500、“高”为410、“背景颜色”为白色、“帧频”为8，单击“确定”按钮。单击“文件”|“另存为”命令，将其保存为“实例 24.fla”文件。

步骤 02 双击“图层1”图层，将其重命名为“背景”，单击“文件”|“导入”|“导入到舞台”命令，导入一幅图像，并调整其大小和位置，使其正好覆盖整个舞台，效果如图24-1所示。选择该图层的第4帧，按【F5】键插入普通帧。

步骤 03 单击“时间轴”面板中的“新建图层”按钮，创建一个“文字”图层，如图24-2所示。

图24-1 导入到舞台图像

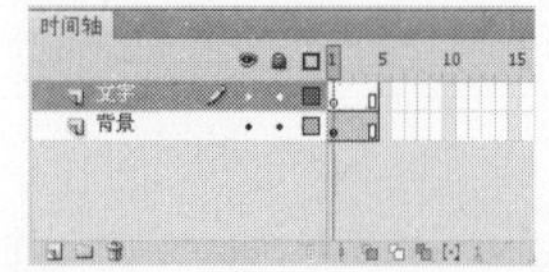

图24-2 创建“文字”图层

步骤 04 选择“文字”图层的第1帧，选择工具箱中的文本工具，在“属性”面板中设置文本类型为“动态文本”、“系列”为黑体、“字体大小”为25、“颜色”为白色，在舞台中输入如图24-3所示的文本内容。

步骤 05 选择工具箱中的选择工具，选择舞台中的动态文本框，在其“属性”面板中设置“变量”为mytext，如图24-4所示。

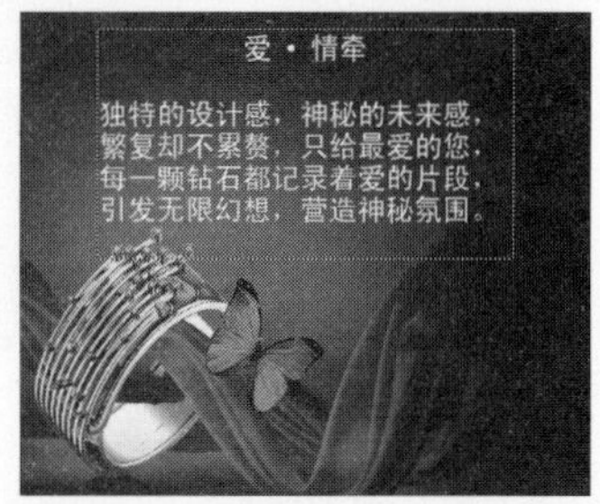

图24-3 输入动态文本

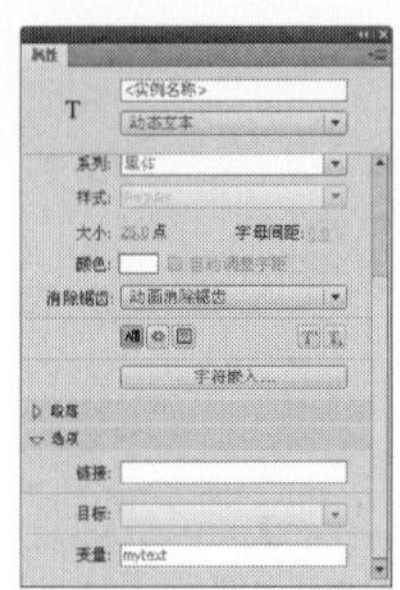

图24-4 设置第1帧中对象的变量

步骤 06 选择“文字”图层的第2帧，单击鼠标右键，在弹出的快捷菜单中选择“插入关键帧”选项，插入关键帧。使用选择工具选择第2帧中的动态文本，在其“属性”面板中设置“变量”为newtext，如图24-5所示。

步骤 07 在“文字”图层的上方新建一个“动作”图层。选择该图层的第1帧，按【F9】键，在弹出的“动作-帧”面板中添加脚本语句，如图24-6所示。

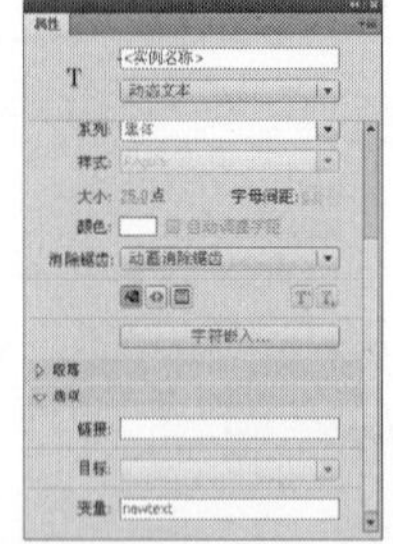

图24-5 设置第2帧中对象的变量

图24-6 为第1帧添加脚本

步骤 08 分别选择“动作”图层的第2和第4帧，单击鼠标右键，在弹出的快捷菜单中选择“插入空白关键帧”选项，插入空白关键帧。选择第2帧，在“动作-帧”面板中添加脚本语句，如图24-7所示。

步骤 09 选择“动作”图层的第4帧，在“动作-帧”面板中添加脚本语句，如图24-8所示。

图24-7 为第2帧添加脚本

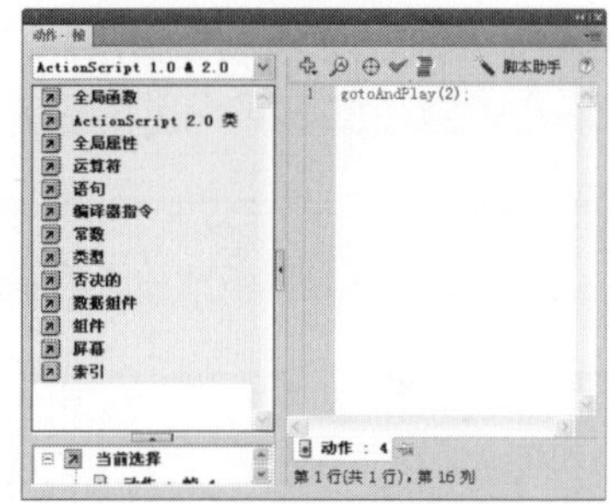

图24-8 为第4帧添加脚本

步骤 10 关闭“动作-帧”面板，返回场景中，此时的“时间轴”面板如图24-9所示。

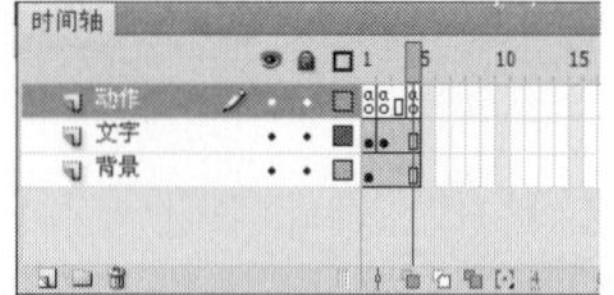

图24-9 添加脚本后的“时间轴”面板

步骤 11 单击“控制”|“测试影片”|“测试”命令，测试动画效果，如图24-10所示。

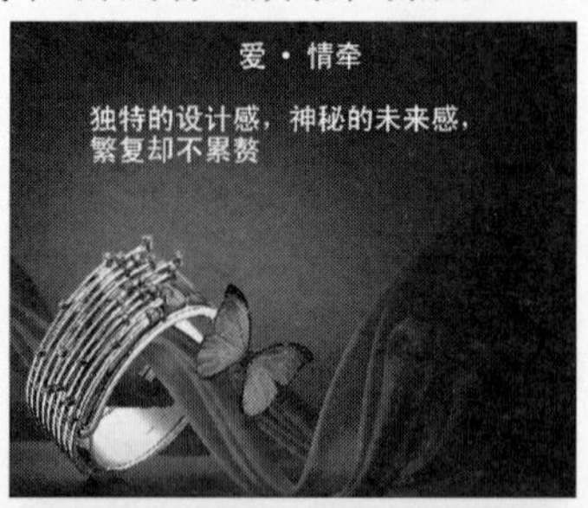

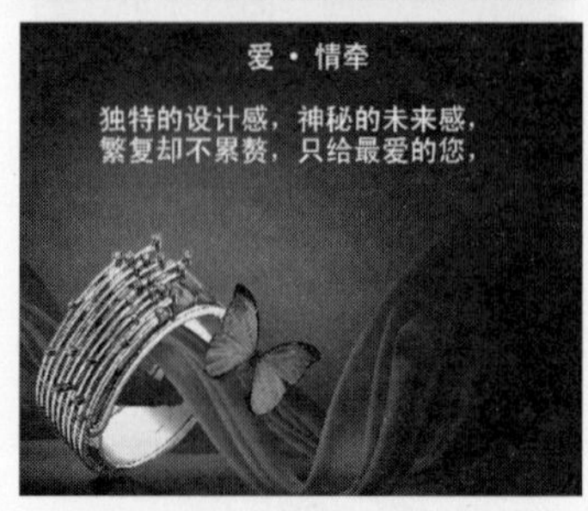

图24-10 测试动画效果

实例 25 别墅风情

效果欣赏	实例导航
	素材文件：素材\第3章\实例25
	效果文件：效果\第3章\实例25.fla
	视频文件：视频\第3章\实例25.swf
	知识点睛：创建文本、设置图像属性、创建遮罩层

步骤 01 按【Ctrl+N】键新建一个Flash文档，按【Ctrl+J】键弹出“文档设置”对话框，在“尺寸”选项区中设置“宽”为700、“高”为500、“背景颜色”为白色、“帧频”为12，单击“确定”按钮。单击“文件”|“另存为”命令，将其保存为“实例 25.fla”文件。

步骤 02 单击“文件”|“导入”|“导入到舞台”命令，导入一幅素材图像，并调整其大小和位置，使其正好覆盖整个舞台，如图25-1所示。

步骤 03 选择工具箱中的文本工具，在“属性”面板中设置“系列”为“方正大黑简体”、“字体大小”为100、“颜色”为墨绿色（#125862），在舞台中输入“别墅风情”文本，如图25-2所示。按【Ctrl+B】键将文本打散，按【Ctrl+C】键将其复制到剪贴板中。

图25-1 导入图像到舞台中

图25-2 输入文本

步骤 04 单击“时间轴”面板中的“新建图层”按钮，创建一个“图层2”图层。选择第1帧，单击“编辑”|“粘贴到当前位置”命令，粘贴复制的文字，再按一次【Ctrl+B】键图层将文本打散，如图25-3所示。

步骤 05 单击两次“时间轴”面板中的“新建图层”按钮，创建 “图层3”和“图层4”图层，分别选择“图层3”图层和“图层4”图层的第1帧，单击“编辑”|“粘贴到当前位置”命令，粘贴复制的文字，并再次将文字打散，此时的“时间轴”面板如图25-4所示。

别墅风情

图25-3 打散文本

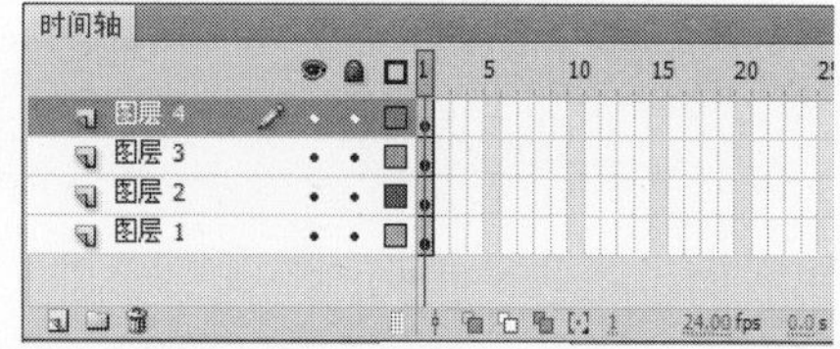

图25-4 “时间轴”面板

步骤 06 切换到“图层3”图层，单击“新建图层”按钮，创建“图层5”图层，按【Ctrl+R】键导入一幅素材图像，并设置大小及位置，效果如图25-5所示。

步骤 07 分别选择“图层1”、“图层2”、“图层3”和“图层4”图层的第40帧，按【F5】键插入普通帧；选择“图层5”的第40帧，按【F6】键插入关键帧，如图25-6所示。

图25-5 导入素材图像

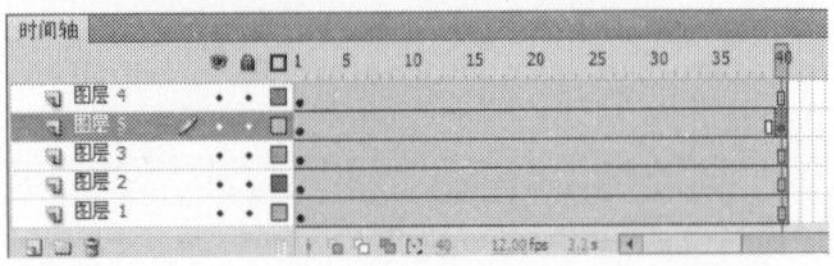

图25-6 插入普通帧和关键帧

步骤 08 在“图层5”图层中选择第40帧中的对象，即第2幅背景图片，调整其位置，效果如图25-7所示。

步骤 09 选择“图层5”图层的第1帧，单击鼠标右键，在弹出的快捷菜单中选择“创建传统补间”选项，创建补间动画，如图25-8所示。

图25-7 调整图像位置

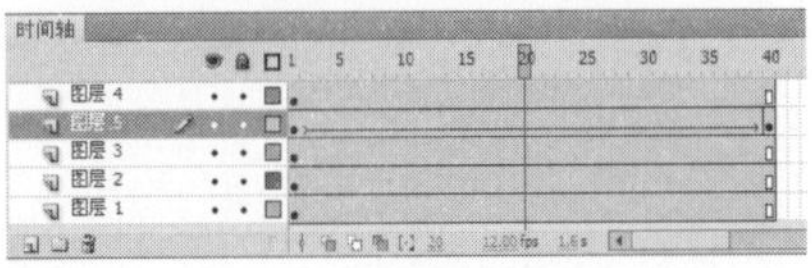

图25-8 创建补间动画

步骤 10 在“时间轴”面板中的“图层4”图层上单击鼠标右键，在弹出的快捷菜单中选择“遮罩层”选项，创建一个遮罩层，此时的“时间轴”面板如图25-9所示。

步骤 11 隐藏“图层3”、“图层4”和“图层5”图层，选择“图层2”图层中第1帧的对象，单击工具箱中的“填充颜色”按钮，在弹出的调色板中将填充颜色更改为黑色，并向右下方微移，如图25-10所示。

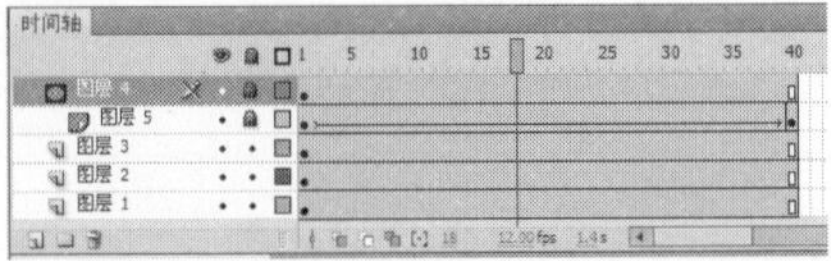

图25-9 创建一个遮罩层

图25-10 调整文字的颜色和位置

步骤 12 显示“图层3”图层，选择“图层3”图层第1帧中的对象，将“颜色”更改为白色，并向左上方进行微移，如图25-11、图25-12所示。

图25-11 隐藏“图层4”和“图层5”的效果

图25-12 显示所有图层的效果

步骤 13 单击“控制”|“测试影片”|“测试”命令，测试动画效果，如图25-13所示。

图25-13 测试动画效果

实例 26 听风

效果欣赏	实例导航
 	素材文件：素材\第3章\实例26
	效果文件：效果\第3章\实例26.fla
	视频文件：视频\第3章\实例26.swf
	知识点睛：转换为元件、设置实例名称、添加脚本

步骤 01 按【Ctrl+N】键新建一个Flash文档，按【Ctrl+J】键弹出“文档设置”对话框，在“尺寸”选项区中设置“宽”为550、“高”为424、“背景颜色”为白色、“帧频”为8，单击“确定”按钮。单击“文件”|“另存为”命令，将其保存为“实例26.fla”文件。

步骤 02 单击“文件”|“导入”|“导入到舞台”命令，导入幅素材图像，并调整其大小和位置，使其正好覆盖整个舞台，如图26-1所示。

步骤 03 单击“时间轴”面板中的“新建图层”按钮，创建一个图层，并将其命名为“文字”。选择工具箱中的文本工具，在舞台中输入“听风……”（“系列”为“方正行楷简体”、“字体大小”为50、“颜色”为白色）和“V820心灵的感受”（“系列”为“方正行楷简体”、“字体大小”为30、“颜色”为#FFFF00）文本，如图26-2所示。

步骤 04 选择文字，单击“修改”|“分离”命令，将文字打散。选择工具箱中的选择工具，选择“听”字，按【F8】键弹出“转换为元件”对话框，设置“名称”为“听”、“类型”为“影片剪辑”，如图26-3所示，单击“确定”按钮。

图26-1 导入素材图像

图26-2 输入文本

图26-3 “转换为元件”对话框

步骤 05 同理，将其他的文字转换为影片剪辑元件。此时的“库”面板，如图26-4所示。

步骤 06 分别选择“文字”图层中的各文字元件，在其“属性”面板的实例名称文本框中依次输入T1至T13。图26-5所示的是为“听”文字元件设置的实例名称。

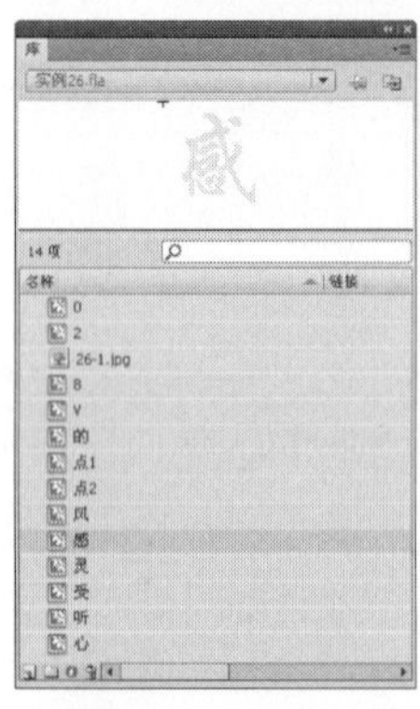

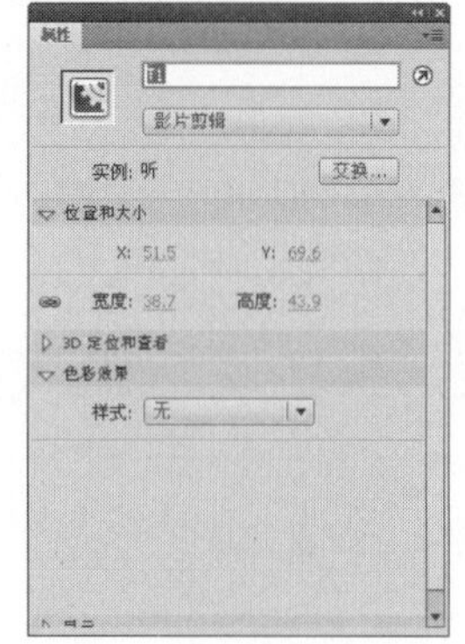

图26-4 “库”面板　图26-5 设置的实例名称

步骤 07 单击“时间轴”面板中的“新建图层”按钮，创建一个图层，并将其命名为“动作”。选择第1帧，按【F9】键，在弹出的“动作-帧”面板中输入脚本语句，如图26-6所示。

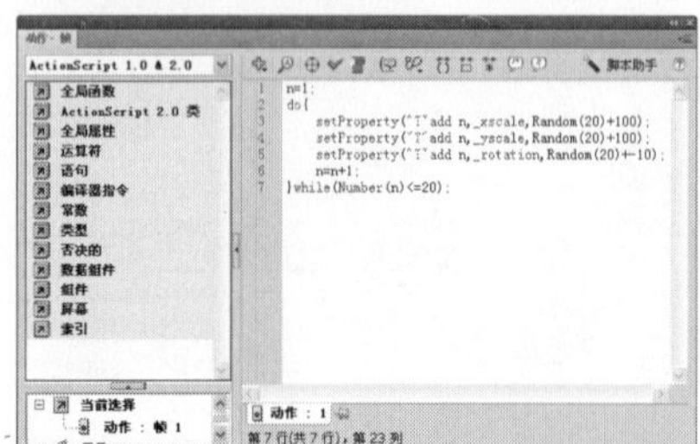

图26-6 第1帧中的脚本语句

步骤 08 选择“动作”图层的第2帧，单击鼠标右键，在弹出的快捷菜单中选择“插入关键帧”选项，插入关键帧，在“动作-帧”面板中添加脚本语句，如图26-7所示。

步骤 09 分别单击“图层1”图层与“文字”图层的第2帧，单击鼠标右键，在弹出的快捷菜单中选择“插入帧”选项，插入普通帧，如图26-8所示。

步骤 10 单击“文件”|“发布设置”命令，弹出“发布设置”对话框，切换至Flash选项卡，分别设置“播放器”为Flash Player 7、“脚本”为Actionscript 1.0，如图26-9所示。单击“确定”按钮，发布设置。

图26-7 第2帧中的脚本语句

图26-8 插入普通帧　图26-9 “发布设置”对话框

步骤 10 单击“控制”|“测试影片”|“测试”命令，测试动画效果，如图26-10所示。

图26-10 测试动画效果

实例 27 钻石人生

效果欣赏	实例导航
 	素材文件：素材\第3章\实例27
	效果文件：效果\第3章\实例27.fla
	视频文件：视频\第3章\实例27.swf
	知识点睛：创建图层、复制帧，创建补间动画

步骤 01 按【Ctrl+N】键新建一个Flash文档，按【Ctrl+J】键弹出“文档设置”对话框，在“尺寸”选项区中设置“宽”为800、“高”为724、“背景颜色”为白色、“帧频”为12，单击“确定”按钮。单击“文件”|“另存为”命令，将其保存为“实例27.fla”文件。

步骤 02 单击“文件”|“导入”|“导入到舞台”命令，导入幅素材图像，并调整其大小和位置，使其正好覆盖整个舞台，如图27-1所示。

步骤 03 单击“时间轴”面板中的“新建图层”按钮，创建一个图层，并将其命名为“幸福女人”。选择工具箱中的文本工具，设置其字体为“汉仪菱心体简”、字体颜色为#990099、字体大小为50，在舞台中输入“幸福女人”文本，如图27-2所示。

图27-1 导入素材图像

图27-2 输入文本

步骤 04 单击“时间轴”面板中的“新建图层”按钮，依次创建“钻”、“石”、“人”、“生”4个图层，单击“新建文件夹”按钮，分别创建“幸福女人”和“钻石人生”两个图层文件夹，并将相应的图层拖入相应的图层文件夹中，如图27-3所示。

步骤 05 选择工具箱中的文本工具，在“属性”面板中设置“系列”为“楷体_GB2312”、“字体大小”为35、“颜色”为黑色，分别在“钻”、“石”、“人”、“生”4个图层中依次输入与图层名称相同的文字，效果如图27-4所示。

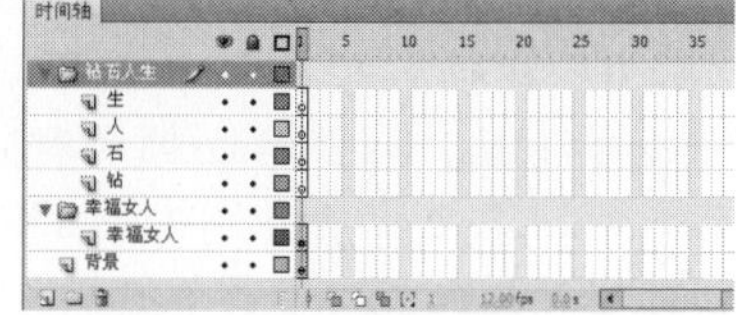

图27-3 创建图层和图层文件夹

图27-4 输入相应的文本

步骤 06 选择所有图层的第100帧，按【F5】键插入普通帧。单击“时间轴”面板中的“新建图层”按钮，创建图层并分别更名为“矩形1”和“矩形2”，将其移至“幸福女人”图层文件夹中，如图27-5所示。

步骤 07 选择“矩形2”图层所对应的第1帧，选取工具箱中的矩形工具，在“颜色”面板中设置“笔触颜色”为“无”、“填充颜色”为#990099、在“幸福女人”的右下角绘制一个“宽”和“高”分别为10和7的矩形，效果如图27-6所示。

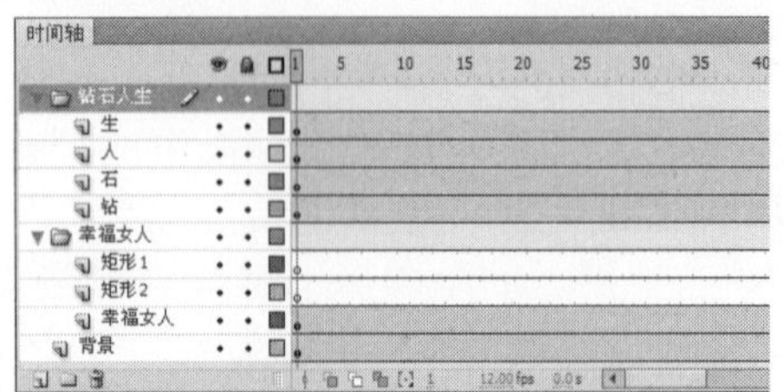

图27-5 “时间轴”面板

图27-6 绘制矩形

步骤 08 选择“矩形2”图层所对应的第16帧，按【F6】键插入关键帧。选取工具箱中的任意变形工具，调整第16帧所对应矩形的“宽度”和“高度”值分别为216和7的矩形，并将其放置在如图27-7所示的位置上。

步骤 09 选择“矩形2”图层所对应的第1帧并单击鼠标右键，在弹出的快捷菜单中选择“创建补间形状”选项，创建补间形状动画，如图27-8所示。

图27-7 调整矩形的大小

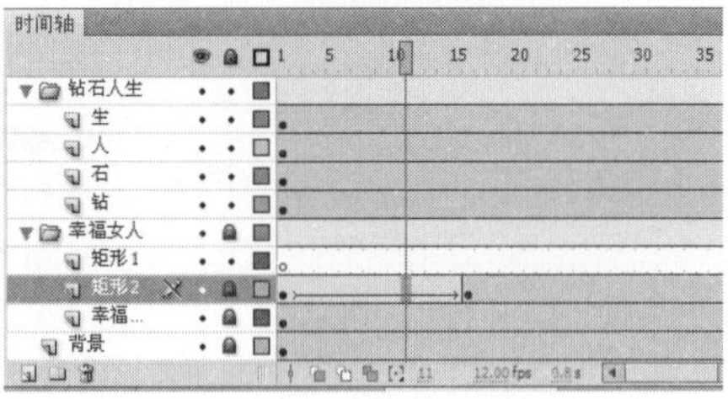

图27-8 创建补间动画

步骤 10 选择“矩形2”图层中的第16帧所对应的矩形，按【Ctrl+C】键复制矩形图像，选择“矩形1”图层所对应的第16帧，按【F6】键插入关键帧，如图27-9所示。

步骤 11 选择“矩形1”中的第16帧，单击“编辑”|“粘贴到当前位置”命令，将矩形图像粘贴至该帧。使用任意变形工具调整矩形的大小与位置，效果如图27-10所示。

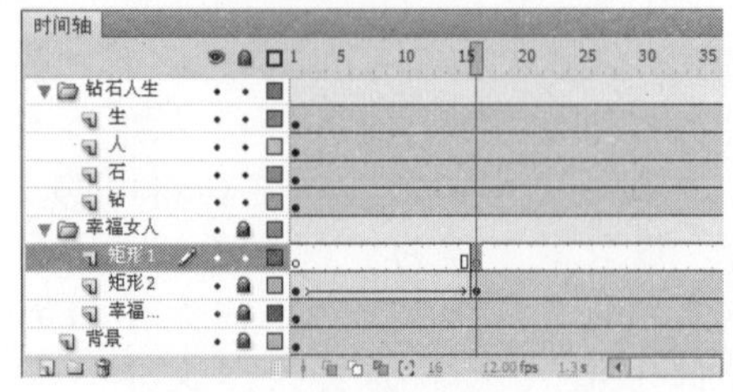

图27-9 插入关键帧

图27-10 调整矩形的大小及位置

步骤 12 选择“矩形1”图层的第16帧，复制矩形图形。选择“矩形1”图层所对应的第22帧，按【F6】键插入关键帧，如图27-11所示。

步骤 13 选择第22帧中的矩形，使用任意变形工具调整矩形的位置，将其与“矩形1”图层中第16帧的矩形首尾相接，效果如图27-12所示。

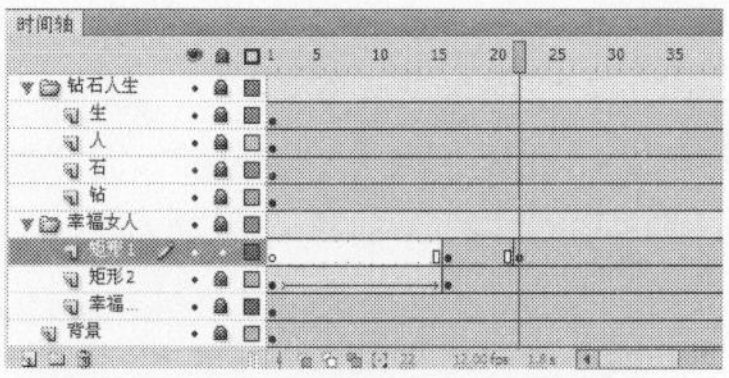

图27-11 插入关键帧

图27-12 调整矩形的位置

步骤 14 分别选择“矩形1”图层的第31帧、第34帧和第35帧，按【F6】键插入关键帧。使用选择工具选择第34帧所对应的矩形，按【Ctrl+T】键，在弹出的“变形”面板中设置“旋转”为-31，如图27-13所示，

步骤 15 按【Enter】键确认，变形矩形，效果如图27-14所示。

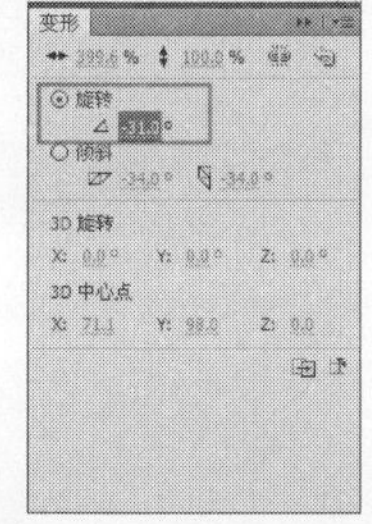

图27-13 设置“变形”面板

图27-14 旋转角度后的矩形

步骤 16 选择第31帧至第34帧之间的任意一帧，单击鼠标右键，在弹出的快捷菜单中选择“创建传统补间”选项，创建补间动画，如图27-15所示。

步骤 17 选择第31帧至第35帧，单击鼠标右键，在弹出的快捷菜单中选择“复制帧”选项，复制帧。分别选择第40帧、第49帧，第58帧，单击鼠标右键，在弹出的快捷菜单中选择“粘贴帧”选项，粘贴帧。此时的“时间轴”面板如图27-16所示。

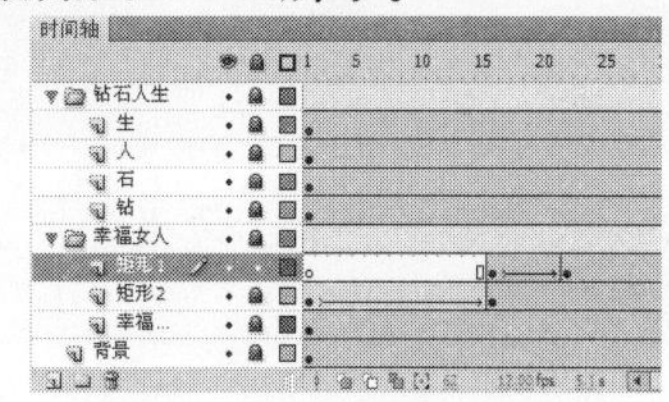

图27-15 创建补间动画

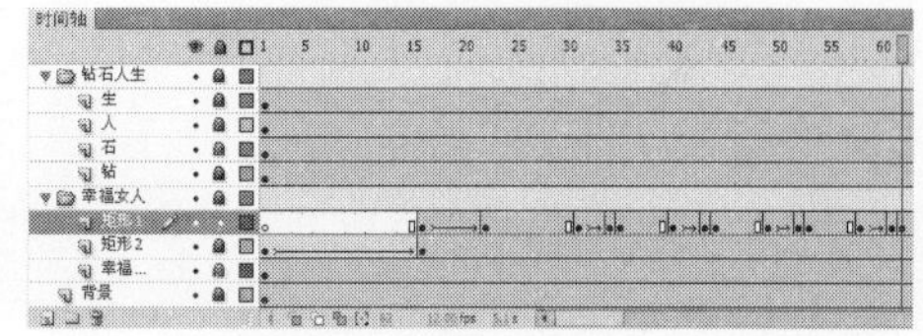

图27-16 “时间轴”面板

步骤 18 选择“矩形1”图层中的第101帧至第112帧，单击鼠标右键，在弹出的快捷菜单中选择“删除帧”选项。在“钻”图层中将第1帧移至第26帧的位置，分别选择第31帧、第34帧、第38帧，按【F6】键插入关键帧，如图27-17所示。

步骤 19 单击“视图”|“标尺”命令，显示标尺。将鼠标指针移至左侧标尺上，向右拖曳鼠标，在矩形的中心处添加一条垂直辅助线。选择第26帧，并将该帧所对应的“钻”字放置在舞台之外，效果如图27-18所示。

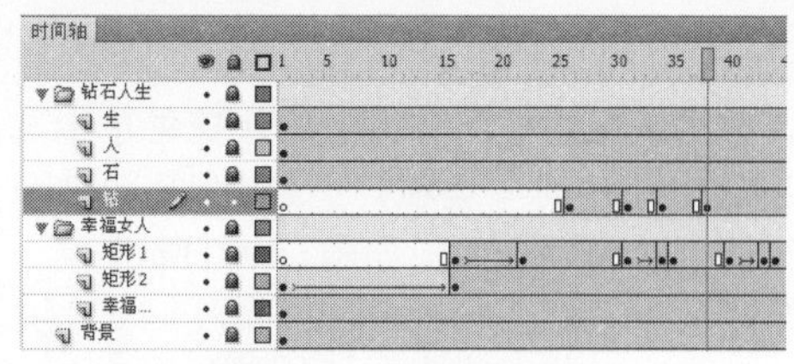

图27-17 插入关键帧

图27-18 调整第26帧中的文字位置

步骤 20 选择第31帧所对应的“钻”字图形，将其放置在水平矩形之上，效果如图27-19所示（图为隐藏“石”、“人”和“生”图层时的效果）。

步骤 21 选择第34帧所对应的“钻”字图形，将其放置在如图27-20所示的位置。

图27-19 调整第31帧中的文字位置

图27-20 调整第34帧中的文字位置

步骤 22 分别选择第26帧、第31帧和第34帧，单击鼠标右键，在弹出的快捷菜单中选择“创建传统补间”选项，创建3个补间动画，此时的“时间轴”面板如图27-21所示。

步骤 23 同理，制作“石”、“人”、“生”3个字的动画效果，完成弹跳文字动画制作，其“时间轴”面板如图27-22所示。

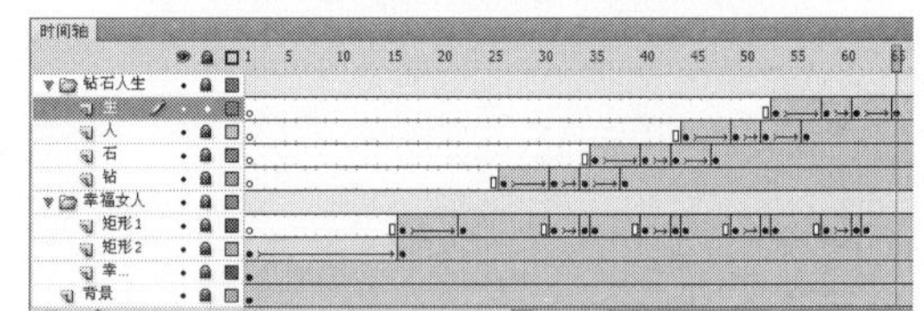

图27-21 创建补间动画

图27-22 “时间轴”画板

步骤 24 单击“控制”|“测试影片”|“测试”命令，测试动画效果，如图27-23所示。

图27-23 测试动画效果

实例 28 雅怡花苑

效果欣赏	实例导航
 	素材文件：素材\第3章\实例28
	效果文件：效果\第3章\实例28.fla
	视频文件：视频\第3章\实例28.swf
	知识点睛：创建文本、变形文字、创建补间动画

步骤 01 按【Ctrl+N】键新建一个Flash文档，按【Ctrl+J】键弹出“文档设置”对话框，在“尺寸”选项区中设置“宽”为550、“高”为453、“背景颜色”为白色、“帧频”为12，单击“确定”按钮。单击“文件”|“另存为”命令，将其保存为“实例28.fla”文件。

步骤 02 双击“图层1”图层，将其重命名为“背景”。单击“文件”|“导入”|“导入到舞台”命令，导入幅素材图像，并调整其大小和位置，使其正好覆盖整个舞台，如图28-1所示。选择第40帧，按【F5】键插入普通帧。

步骤 03 单击“时间轴”面板中的“新建图层”按钮，创建一个“文本”图层。选择工具箱中的文本工具，在“属性”面板中设置“系列”为“方正综艺简体”、“字体大小”为25、“颜色”为白色，在舞台中输入“雅静天地 美丽生活”文本，如图28-2所示。

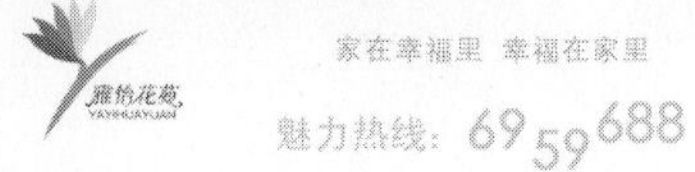

图28-1 导入素材图像

图28-2 输入文本

步骤 04 选择刚输入的文本，按【Ctrl+C】键将其复制到剪贴板上，并按【Ctrl+V】键进行粘贴；选择粘贴后的文本，设置其颜色为红色（#CC0000），并调整其位置，效果如图28-3所示。选择粘贴前后的两组文本，按【Ctrl+G】键将其组合。

步骤 05 选择“文本”图层的第30帧，按【F6】键插入关键帧；单击“窗口”|“变形”命令，在弹出的“变形”面板中单击“约束”按钮来约束文字的高和宽，设置“缩放宽度”值为210，此时的文本效果如图28-4所示。

步骤 06 选择“文本”图层的第40帧，按【F6】键插入关键帧，按【Delete】键将该帧的文本删除。选择第1帧的文本，按【Ctrl+C】键将其复制到剪贴板上，选择第40帧，单击“编辑”|“粘贴到当前位置”选项，将其粘贴，效果如图28-5所示。

图28–3 复制并粘贴文字后的效果

图28–4 变形后的文本效果

图28–5 粘贴帧的效果

步骤 07 分别选择“文本”图层的第1帧和第30帧，单击鼠标右键，在弹出的快捷菜单中选择“创建传统补间”选项，创建补间动画。同理，在第30帧和第40帧之间创建补间动画，如图28–6所示。

图28–6 创建补间动画

步骤 08 单击“控制”|“测试影片”|“测试”命令，测试动画效果，如图28–7所示。

图28–7 测试动画效果

实例 29 雅志汽车

效果欣赏	实例导航
 	素材文件：素材\第3章\实例29
	效果文件：效果\第3章\实例29.fla
	视频文件：视频\第3章\实例29.swf
	知识点睛：创建元件、为文字添加轮廓线、复制帧

步骤 01 按【Ctrl+N】键新建一个Flash文档，按【Ctrl+J】键弹出“文档设置”对话框，在“尺寸”选项区中设置“宽”为550、“高”为557、“背景颜色”为#6699FF、“帧频”为12，单击“确定”按钮。单击“文件”|“另存为”命令，将其保存为“实例 29.fla”文件。

步骤 02 双击“图层1”图层，将其重命名为“背景”。单击“文件”|“导入”|“导入到舞台”命令，导入幅素材图像，并调整大小和位置，使其正好覆盖整个舞台，如图29-1所示。

步骤 03 单击“插入”|“新建元件”命令，弹出“创建新元件”对话框，设置“名称”为“文本”、“类型”为“图形”，如图29-2所示。

图29-1 导入素材图像

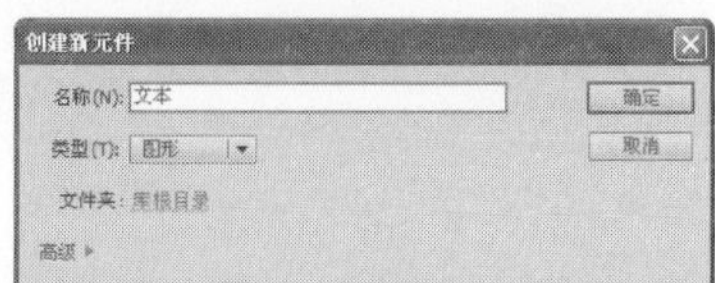

图29-2 “创建新元件”对话框

步骤 04 单击“确定”按钮，进入图形编辑模式，选择工具箱中的文本工具，在“属性”面板中设置“系列”为“汉仪菱心体简”、“字体大小”为60、“颜色”为白色，在舞台中输入“雅志汽车”文本，如图29-3所示。

步骤 05 选择文本内容，连续按按两次【Ctrl+B】键分离文本并将其转换为图形，选择工具箱中的墨水瓶工具，设置“笔触颜色”为黄色（#FFFF99）、“笔触高度”为2，在文字上单击鼠标，为文字添加轮廓线，如图29-4所示。

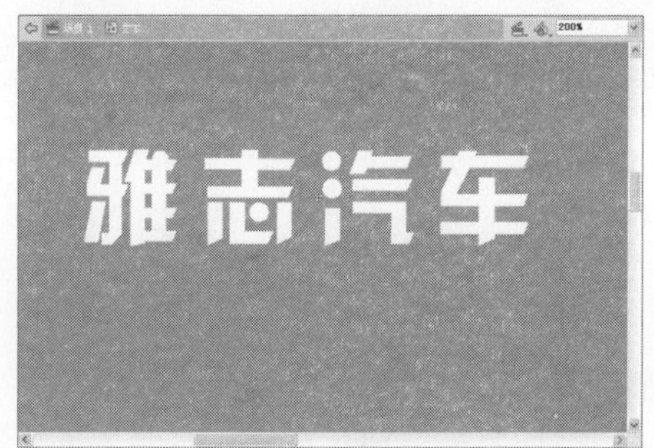

图29-3 输入文本

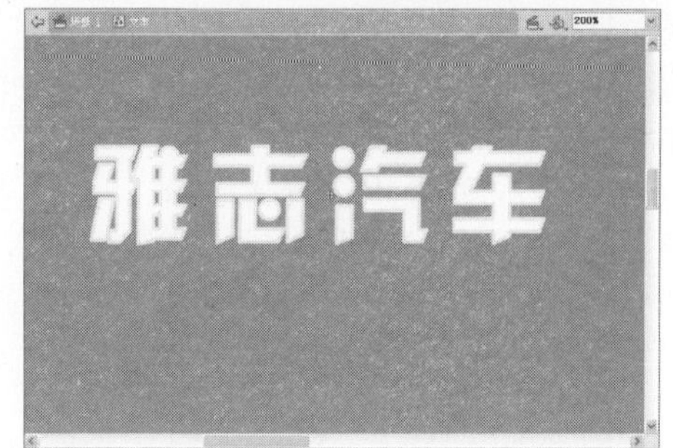

图29-4 为文字添加轮廓线

步骤 06 选择填充颜色，按【Delete】键将其删除。选择分离后的所有文本，按【Ctrl+G】键进行组合，效果如图29-5所示。

步骤 07 同理，创建一个名为“文本动画”的影片剪辑。在影片剪辑编辑区中，拖动“文本”元件到舞台中央，选择“图层1”图层第1帧中的文本内容，按【Ctrl+C】键进行复制。单击“新建图层”按钮，新建“图层2”图层，选择新建图层的第1帧，单击“编辑”|“粘贴到当前位置”命令，进行原地粘贴，如图29-6所示。

图29-5 文本组合后的效果

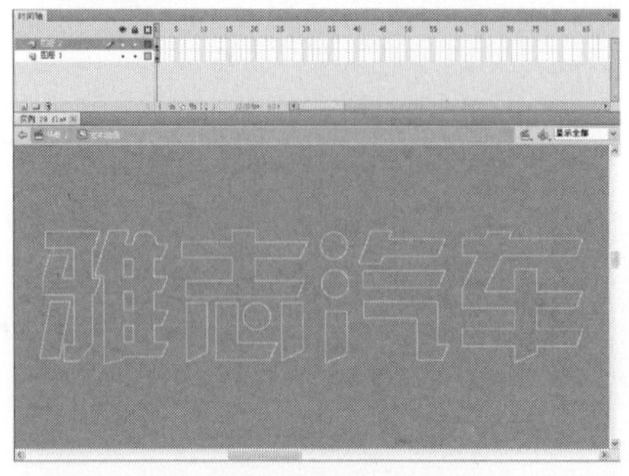

图29-6 原地粘贴文本

步骤 08 选择“图层2”图层的第17帧，按【F6】键插入关键帧，选择工具箱中的任意变形工具，将第17帧中的文本内容放大，同时要保持中心点不变，如图29-7所示。

步骤 09 选择“图层2”图层的第17帧中的文本内容，在“属性”面板中的“色彩效果”样式下拉列表中选择Alpha，并设置其值为0%。选择“图层2”图层的第1帧，单击鼠标右键，在弹出的快捷菜单中选择“创建传统补间”选项，完成后的效果如图29-8所示。

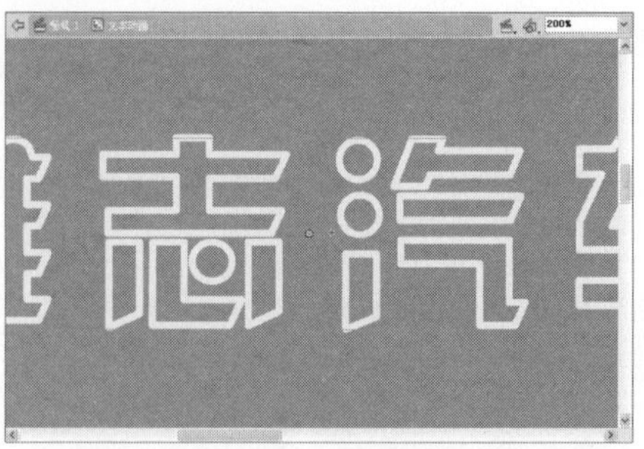

图29-7 放大文本

图29-8 创建补间动画

步骤 10 单击3次“新建图层”按钮，创建“图层3”、“图层4”、“图层5”图层。选择“图层2”图层中的所有帧，单击鼠标右键，在弹出的快捷菜单中选择“复制帧”选项。然后单击鼠标右键，在弹出的快捷菜单中选择“粘贴帧”选项，将选择的帧分别粘贴到“图层3”图层的第4帧，“图层4”图层的第7帧，“图层5” 图层的第10帧中。选择“图层1”图层的第30帧，按【F5】键插入普通帧，如图29-9所示。

步骤 11 删除多余的帧，如图29-10所示。

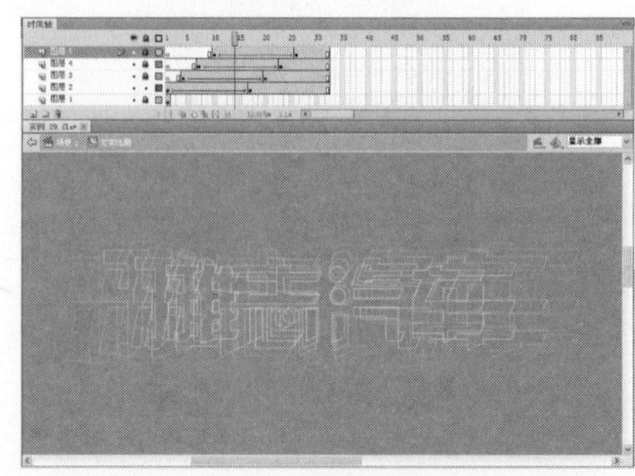

图29-9 插入普通帧

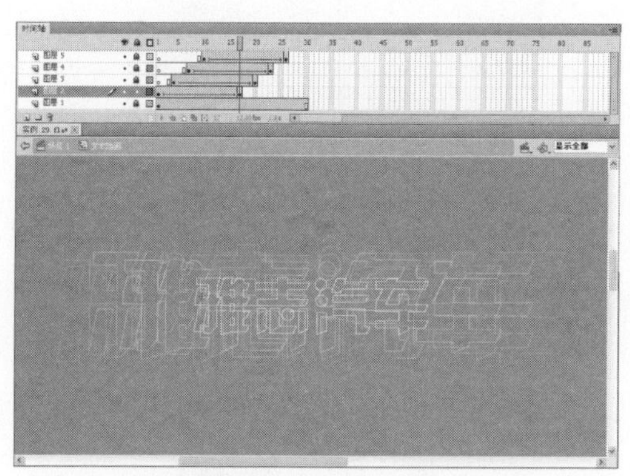

图29—10 删除多余的帧

步骤 12 按【Ctrl+E】键返回舞台，在“库”面板中将“文本动画”元件拖曳到舞台区合适的位置，如图29—11所示。

图29—11 将元件拖入舞台区

步骤 13 单击“控制”|“测试影片”|“测试”命令，测试动画效果，如图29—12所示。

图29—12 测试动画效果

实例 30 凯悦大酒店

效果欣赏	实例导航
	素材文件：素材\第3章\实例30
	效果文件：效果\第3章\实例30.fla
	视频文件：视频\第3章\实例30.swf
	知识点睛：创建新元件、绘制正圆、变形元件

步骤 01 按【Ctrl+N】键新建一个Flash文档，按【Ctrl+J】键弹出“文档设置”对话框，在“尺寸”选项区中设置“宽”为550、“高”为422、“背景颜色”为蓝色（#0000FF）、

“帧频”为8，单击“确定”按钮。单击“文件”|“另存为”命令，将其保存为“实例30.fla”文件。

步骤 02 双击“图层1”图层，将其重命名为“背景”。单击“文件”|“导入”|“导入到舞台”命令，导入一幅图像，并调整其大小，使其正好覆盖整个舞台，如图30-1所示。选择第80帧，按【F5】键插入普通帧。

步骤 03 按【Ctrl+F8】键弹出“创建新元件”对话框，设置“名称”为“文本”、“类型”为“图形”，如图30-2所示。单击“确定”按钮，进入图形编辑模式。

图30-1 导入图像到舞台中

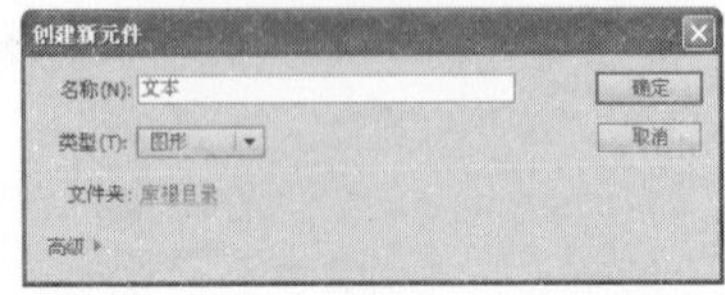

图30-2 “创建新元件”对话框

步骤 04 选择工具箱中的椭圆工具，在“属性”面板中设置“笔触颜色”为黄色(#FFFF00)、“填充颜色”为“无”、“笔触样式”为“实线”，在舞台中按住【Shift】键的同时拖曳鼠标绘制一个正圆，并在“属性”面板中设置其宽和高均为180，效果如图30-3所示。

步骤 05 选择工具箱中的文本工具，在“属性”面板中设置“系列”为“华文行楷”、“字体大小”为20、“颜色”为红色，在舞台中输入“伴您度过五彩缤纷每一天”文本，如图30-4所示。选择创建的文本，按【Ctrl+B】键将其打散。

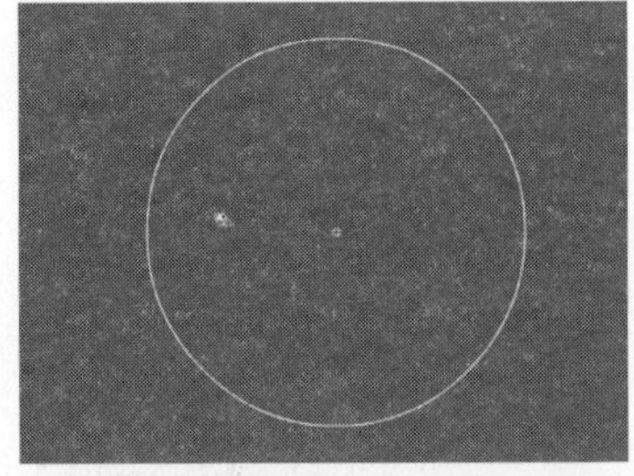
图30-3 绘制正圆

图30-4 创建文本

步骤 06 选择工具箱中的选择工具，在舞台区中依次选择各文字，按【Ctrl+C】键进行复制，再按【Ctrl+V】键进行粘贴，然后将它们的位置移至正圆处。选择工具箱中的任意变形工具，调整文字的方向和大小，效果如图30-5所示。

步骤 07 选择绘制的圆，按【Delete】键将其删除，只保留文字，效果如图30-6所示。

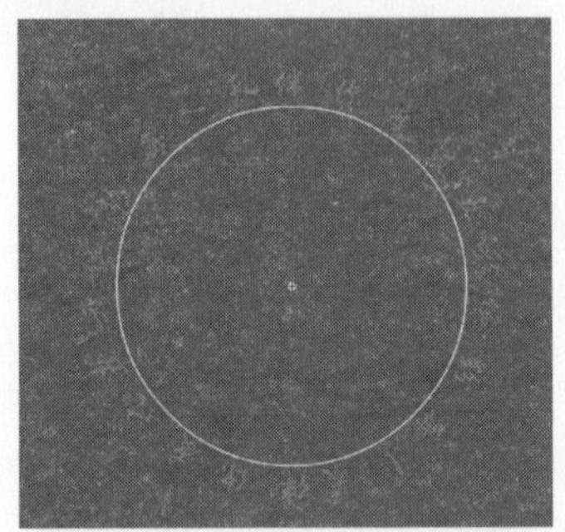
图30-5 调整各文字的方向和大小

图30-6 删除绘制的圆

步骤 08 参照前面的操作，新建一个名为“文本动画”的影片剪辑元件，在“创建新元件”对话框中设置各选项，如图30-7所示。

步骤 09 选择“图层1”图层的第1帧，将“文本”图形元件拖曳到舞台中央，选择第200帧，按【F6】键插入关键帧，并使用任意变形工具将该帧中的图形元件旋转至一定的角度，效果如图30-8所示。

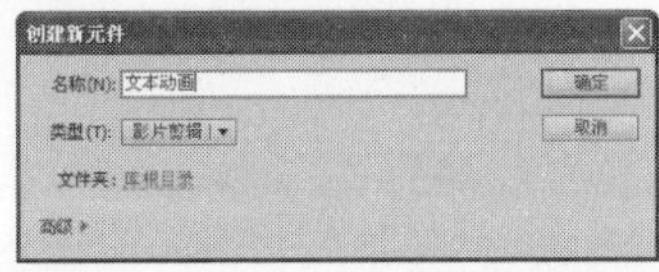

图30-7 创建“文本动画”元件

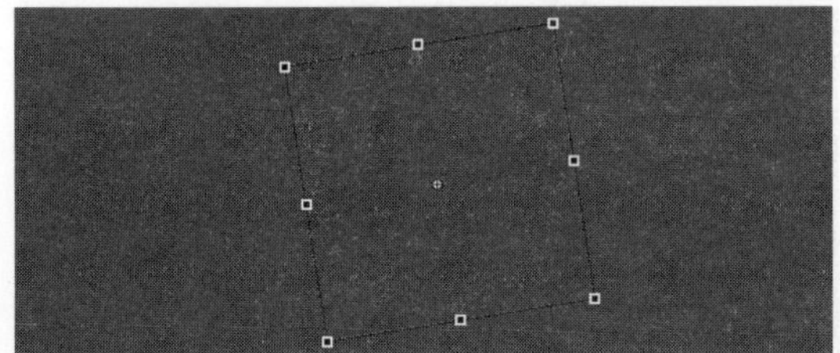

图30-8 调整元件的角度

步骤 10 选择“图层1”图层的第1帧，单击鼠标右键，在弹出的快捷菜单中选择“创建传统补间”选项，创建补间动画，并在“属性”面板中设置补间“缓动”为0、“旋转”为“顺时针”、“旋转次数”为1，如图30-9所示。

步骤 11 单击“场景1”标签，返回“场景1”编辑模式。单击“时间轴”面板中的“新建图层”按钮两次，创建“图层2”和“图层3”图层，如图30-10所示。

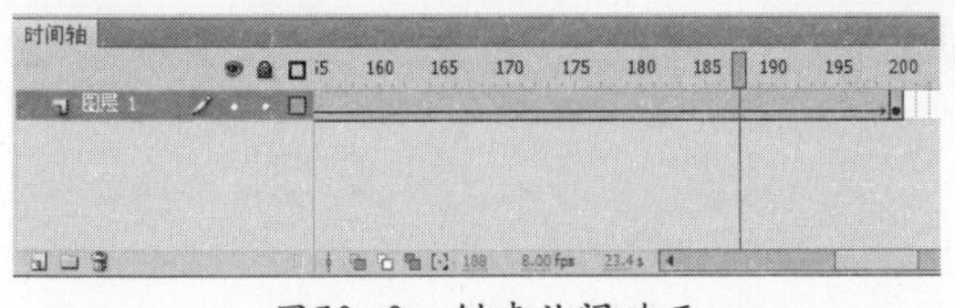

图30-9 创建补间动画

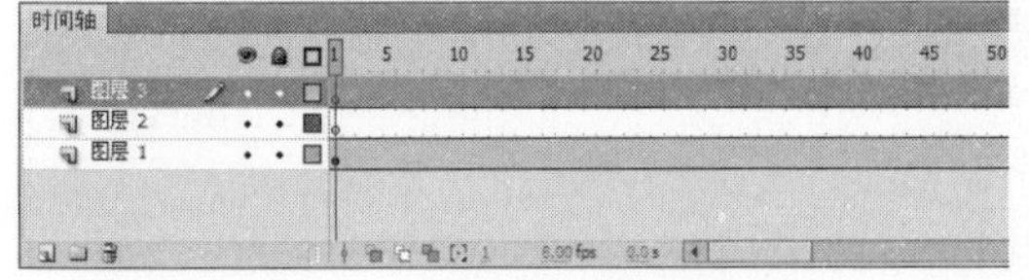

图30-10 新建两个图层

步骤 12 选择“图层2”图层的第1帧，将“库”面板中的“文本动画”影片剪辑元件拖曳到舞台中，并调整其位置，效果如图30-11所示。

步骤 13 分别选择“图层2”图层的第40帧、第80帧，按【F6】键插入关键帧。选择第80帧，在“变形”面板中设置“缩放宽度”和“缩放高度”分别为137.9%和144.2%、“水平倾斜”和“垂直倾斜”分别为45.2和15.2，效果如图30-12所示。创建各关键帧间的补间动画。

图30-11 将元件拖曳到舞台

图30-12 调整第80帧中的元件

步骤 14 选择“图层2”图层中的所有帧，单击鼠标右键，在弹出的快捷菜单中选择“复制帧”选项。选择“图层3”图层的第1帧，单击鼠标右键，在弹出的快捷菜单中选择“粘贴帧”选项，并删除该图层第80帧后的所有帧，此时的“时间轴”面板如图30-13所示。

步骤 15 选择“图层3”的第80帧，在“变形”面板调整该帧中元件的宽和高，并将该帧中元件的Alpha值设置为20%，再将第40帧和第1帧中元件的Alpha值也设置为20%，效果如图30-14所示。

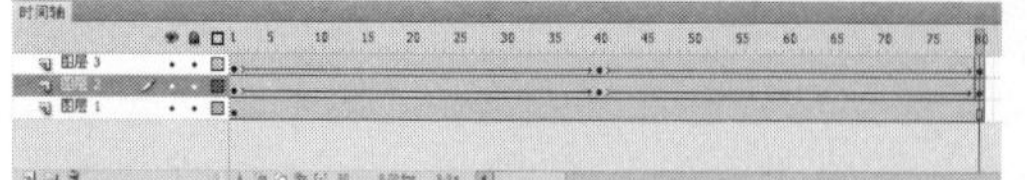

图30-13 “时间

图30-14 调整元件Alpha值的效果

步骤 16 单击“控制”|“测试影片”|“测试”命令，测试动画效果，如图30-15所示。

图30-15 测试动画效果

实例 31 海乐手机

效果欣赏	实例导航
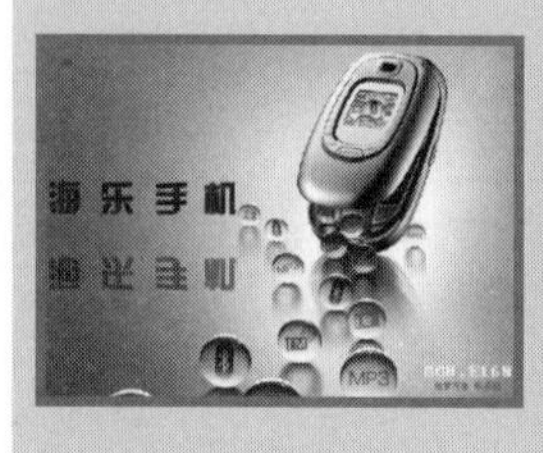 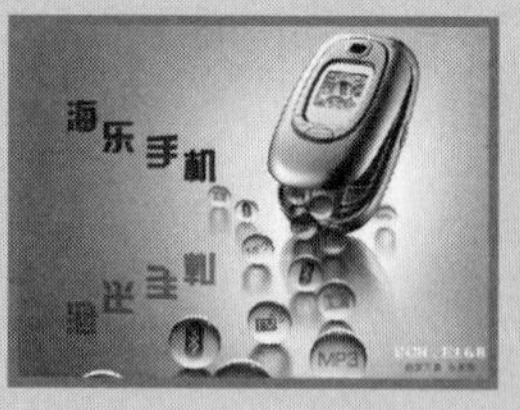	素材文件：素材\第3章\实例31
	效果文件：效果\第3章\实例31.fla
	视频文件：视频\第3章\实例31.swf
	知识点睛：创建元件、转换为元件、创建补间动画

步骤 01 按【Ctrl+N】键新建一个Flash文档，按【Ctrl+J】键弹出“文档设置”对话框，在“尺寸”选项区中设置“宽”为550、“高”为412、“背景颜色”为蓝灰色（#8A9ABB）、“帧频”为12，单击“确定”按钮。单击“文件”|“另存为”命令，将其保存为“实例 31.fla”文件。

步骤 02 将“图层1”图层重命名为“背景”，单击“文件”|“导入”|“导入到舞台”命令，导入一幅图像，并调整其大小，使其正好覆盖整个舞台，如图31-1所示。

步骤 03 单击“插入”|“新建元件”命令，弹出“创建新元件”对话框，设置“名称”为“海”、“类型”为“影片剪辑”，如图

31–2所示。单击“确定”按钮，进入图形编辑模式。

图31–1 导入图像到舞台中

图31–2 “创建新元件”对话框

步骤 04 选择工具箱中的文本工具，在“属性”面板中设置“系列”为“汉仪菱心体简”、“字体大小”为40、“颜色”为深蓝色（#0A0C61），在舞台中输入“海”文本，如图31–3所示。

步骤 05 选择工具箱中的选择工具，选择输入的文本，按【F8】键弹出“转换为元件”对话框，设置“名称”为“元件1”、“类型”为“图形”，如图31–4所示，单击“确定”按钮。

图31–3 输入文本

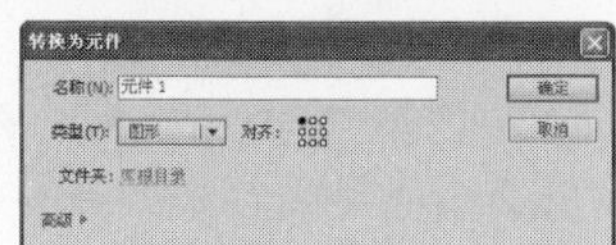
图31–4 “转换为元件”对话框

步骤 06 选择“图层1”图层的第10帧，按【F6】键插入关键帧，并将图形向上移至合适位置，如图31–5所示。

步骤 07 选择第20帧，按【F6】键插入关键帧，并将图形元件移至与第1帧图形相同的位置。选择第30帧，按【F5】键插入普通帧，分别选择第1帧和第10帧，单击鼠标右键，在弹出的快捷菜单中选择“创建传统补间”选项，创建补间动画，如图31–6所示。

图31–5 将图形元件向上移动

图31–6 创建补间动画

步骤 08 创建一个名为“乐”的影片剪辑元件，并进入其编辑模式，在“图层1”图层的第1帧中输入与“海”字相同的参数设置“乐”字，并将其转换为“元件2”图形元件，效果如图31–7所示。

步骤 09 分别选择“图层1”图层的第3帧、第13帧和第23帧，按【F6】键插入关键帧。选择第30帧，按【F5】键插入普通帧，如图31–8所示。

步骤 10 选择第13帧，将图形元件向上移至合适位置，如图31–9所示。

图31–7 将输入的文本转化为元件

图31-8　插入关键帧和普通帧

图31-9　将元件向上移动

步骤 11 分别选择第3帧与第13帧，单击鼠标右键，在弹出的快捷菜单中选择“创建传统补间”选项，创建补间动画，如图31-10所示。

图31-10　创建补间动画

步骤 12 创建一个名为“手”的影片剪辑元件，并进入其编辑模式，在“图层1”图层的第1帧中输入“手”字，并设置其属性与“海”字的属性相同，效果如图31-11所示。

步骤 13 分别选择“图层1”的第5帧、第15帧和第25帧，按【F6】键插入关键帧。选择第30帧，按【F5】键插入普通帧，如图31-12所示。

步骤 14 选择第15帧，将图形元件向上移动，如图31-13所示。

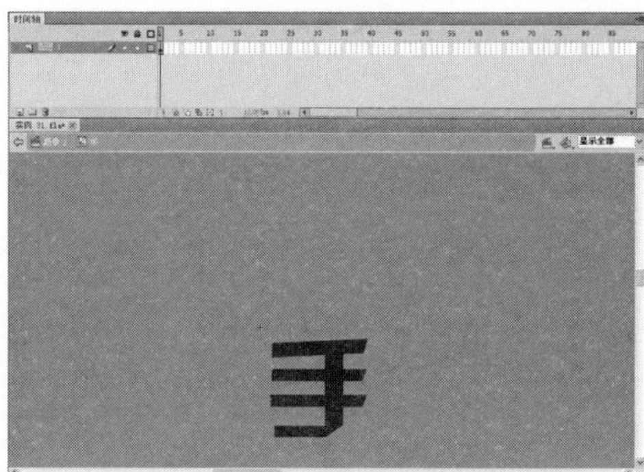

图31-11　输入文本

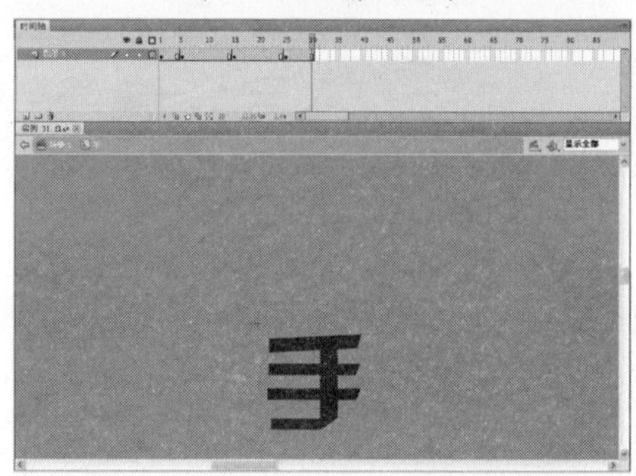

图31-12　插入关键帧和普通帧

图31-13　将元件向上移动

步骤 15 分别选择第5帧与第15帧，单击鼠标右键，在弹出的快捷菜单中选择“创建传统补间”选项，创建补间动画，如图31-14所示。

图31-14　创建传统补间动画

步骤 16 创建一个名为“机”的影片剪辑元件，并进入其编辑模式，在“图层1”图层的第1帧中输入“机”字，并设置其属性与“海”字的属性相同，接着将其转换为“元件4”图形元件，效果如图31-15所示。

步骤 17 分别选择“图层1”图层的第7帧、第17帧和第27帧，按【F6】键插入关键帧。选择第30帧，按【F5】键插入普通帧，如图31-16所示。

图31-15 输入文本

图31-16 插入关键帧和普通帧

步骤 18 选择第17帧，将图形元件向上移至合适位置，如图31-17所示。

步骤 19 分别选择第7帧、第17帧，单击鼠标右键，在弹出的快捷菜单中选择“创建传统补间”选项，创建补间动画，如图31-18所示。

图31-17 将元件向上移动

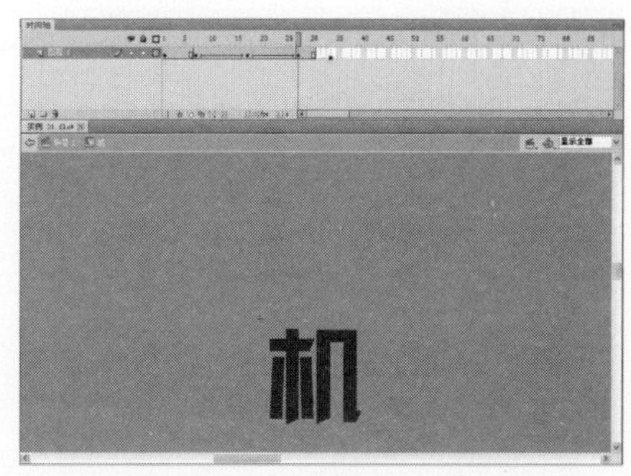

图31-18 创建传统补间动画

步骤 20 单击“场景”标签，返回“场景1”编辑模式，单击“时间轴”面板的“新建图层”按钮，创建“图层2”图层，将“手”和“机”元件从“库”面板中拖曳到舞台中，每个元件拖曳两次，一个位于舞台的上方，另一个位于舞台的下方，效果如图31-19所示。

步骤 21 选择位于舞台中下方的元件，单击“修改”|“变形”|“垂直翻转”命令，在“属性”面板中设置Alpha值为50%，效果如图31-20所示。

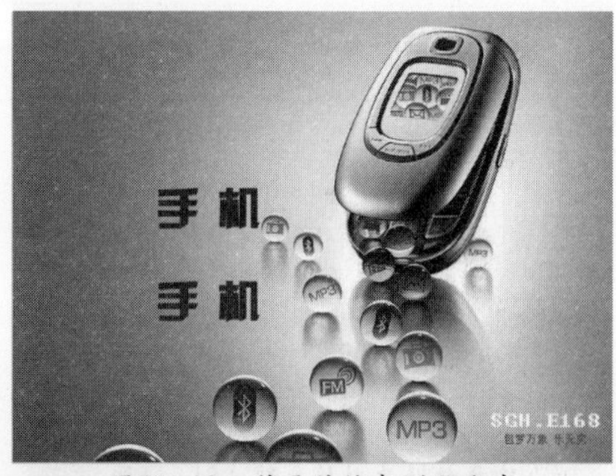

图31-19 将元件拖曳到舞台中

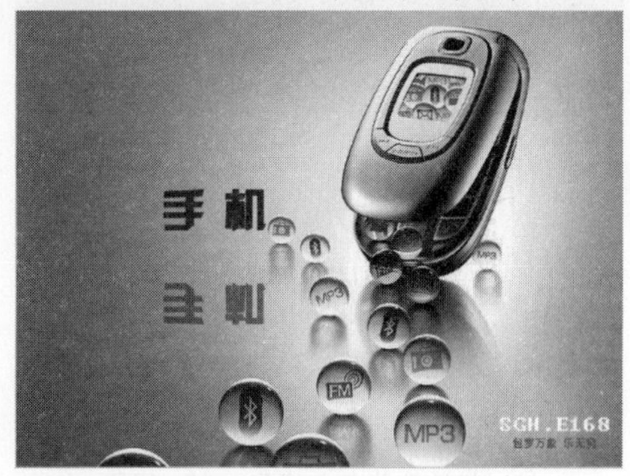

图31-20 变形元件并设置Alpha值

步骤 22 单击“时间轴”面板的“新建图层”按钮，创建“图层3”图层，将“海”和

"乐"影片剪辑元件拖曳到舞台，并用以上同样的方法，对其进行相应的设置，效果如图31–21、图31–22所示。

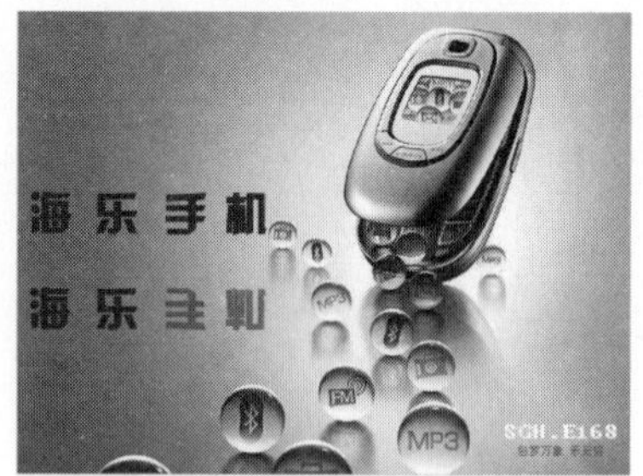

图31–21　将元件拖曳到舞台

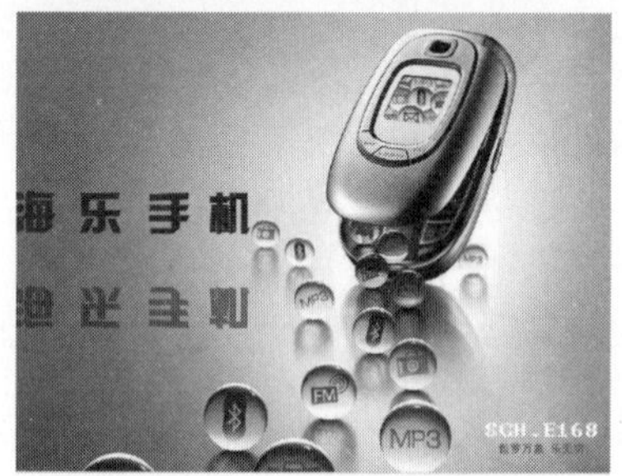

图31–22　变形元件并设置Alpha值

步骤 23 单击"控制"|"测试影片"|"测试"命令，测试动画效果，如图31–23所示。

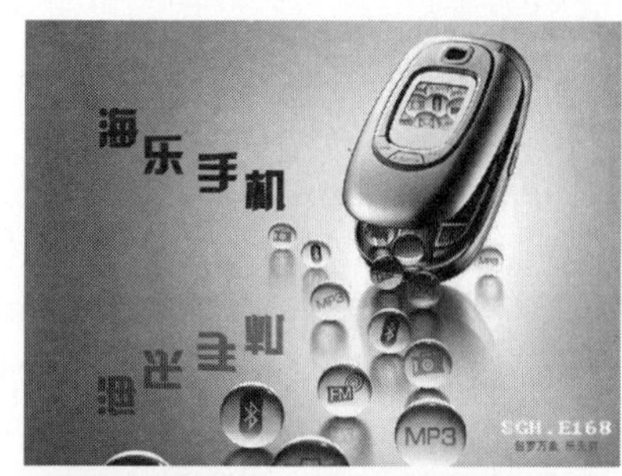

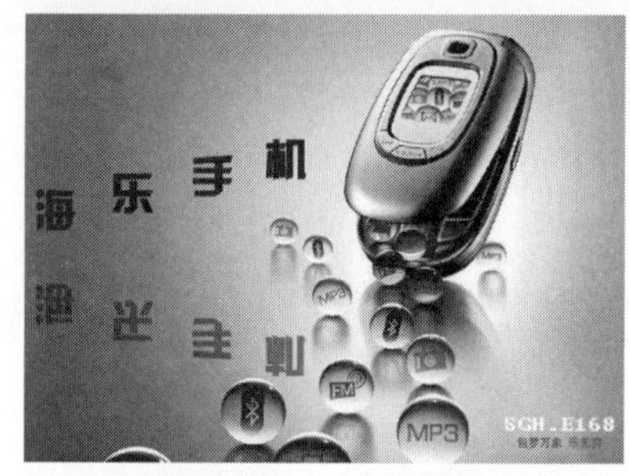

图31–23　测试动画效果

实例 32　音乐天堂

<table>
<tr><th>效果欣赏</th><th>实例导航</th></tr>
<tr><td rowspan="4"></td><td>素材文件：素材\第3章\实例32</td></tr>
<tr><td>效果文件：效果\第3章\实例32.fla</td></tr>
<tr><td>视频文件：视频\第3章\实例32.swf</td></tr>
<tr><td>知识点睛：设置图形色彩效果、描边文本、修改填充颜色</td></tr>
</table>

步骤 01 按【Ctrl+N】键新建一个Flash文档，按【Ctrl+J】键弹出"文档设置"对话框，在"尺寸"选项区中设置"宽"为425、"高"为313、"背景颜色"为白色、"帧频"为12，单击"确定"按钮。单击"文件"|"另存为"命令，将其保存为"实例32.fla"文件。

步骤 02 将"图层1"图层重命名为"背景"，单击"文件"|"导入"|"导入到舞台"命令，导入一幅图像，并调整其大小，使其正好覆盖整个舞台，如图32–1所示。按【Ctrl+B】键将图像分离。

步骤 03 分别选择第4帧、第7帧，单击鼠标右键，在弹出的快捷菜单中选择"插入关键帧"选项，插入关键帧。选择第9帧，单击鼠标右键，在弹出的快捷菜单中选择"插入帧"选项，插入普通帧，如图32–2所示。

图32-1 导入图像到舞台中

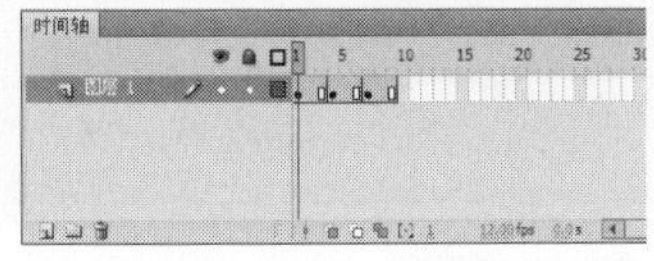

图32-2 插入普通帧

步骤 04 选择“背景”图层第4帧中的对象，将其转换成名为“元件1”的图形元件。选择该帧中的对象，在“色彩效果”选项区中的“样式”下拉列表框中选择“高级”选项，并在“蓝”数值框中输入50，如图32-3所示。

步骤 05 同理，将“背景”图层中第7帧的对象转换为“元件2”图形元件，并对该帧中的图形元件进行颜色调整，其中各参数设置如图32-4所示。

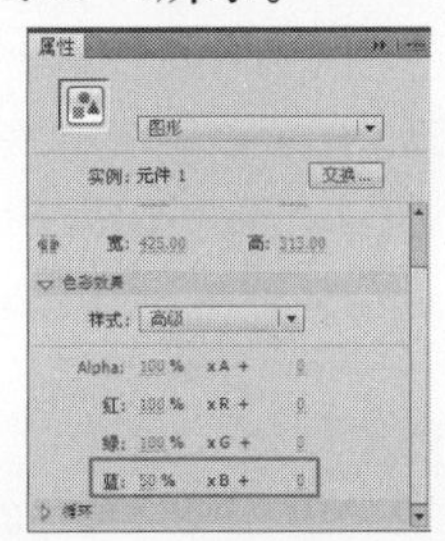

图32-3 设置第4帧中对象的颜色

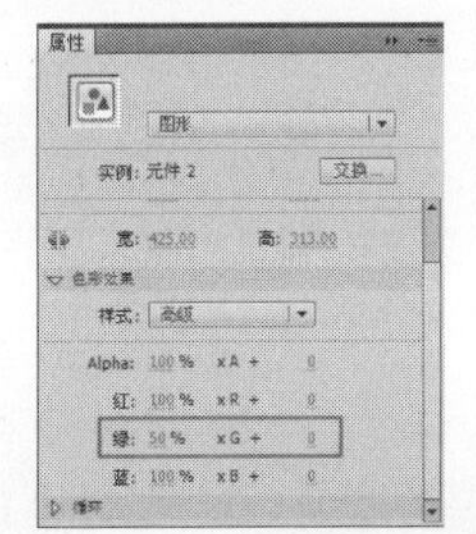

图32-4 设置第7帧中对象的颜色

步骤 06 单击“时间轴”面板中的“新建图层”按钮，创建一个名为“文本”的图层。选择工具箱中的文本工具，在“属性”面板中设置“系列”为“华文彩云”、“字体大小”为70、“颜色”为黄色（#FFFF00），并在舞台中输入“音乐天堂”文本，如图32-5所示。选择创建的文字，按【Ctrl+B】键将其打散。

步骤 07 选择工具箱中的墨水瓶工具，在“属性”面板中设置“笔触颜色”为绿色、“笔触高度”为2、“笔触样式”为“实线”，并在舞台区“音”字上单击鼠标，为文字添加边线，效果如图32-6所示。

图32-5 创建文本 图32-6 为“音”字添加边线

步骤 08 选择工具箱中的颜料桶工具，在“属性”面板中设置“填充颜色”为红色，在“音”字上单击鼠标，为文字填充颜色，效果如图32-7所示。

步骤 09 同理，为其余3个文字填充相应的边线，颜色分别为橙色（#FF6600）、蓝色（#0000FF）、品红色（#FF3299），并设置文字的填充色依次为蓝色（#0000FF）、洋红色（#FF00FF）、浅蓝色（#00FFFF），效果如图32-8所示。

图32-7 为“音”字填充颜色

图32-8 为文字添加边线并填充颜色

步骤 10 选择“文本”图层的第4帧，按【F6】键插入关键帧，修改该帧中文字的填充色和文字的边线颜色，效果如图32-9所示。

步骤 11 选择“文本”图层的第7帧，按【F6】键插入关键帧，修改该帧中文字的填充色和文字的边线颜色，效果如图32-10所示。

图32-9 设置第4帧文字填充色和边线颜色

图32-10 设置第7帧文字填充色和边线颜色

步骤 12 单击“控制”|“测试影片”|“测试”命令，测试动画效果，如图32-11所示。

图32—11　测试动画效果

实例 33　爱的表白

效果欣赏	实例导航
	素材文件：素材\第3章\实例33
	效果文件：效果\第3章\实例33.fla
	视频文件：视频\第3章\实例33.swf
	知识点睛：创建文本、修改各帧中的文本、创建关键帧

步骤 01 按【Ctrl+N】键新建一个Flash文档，按【Ctrl+J】键弹出“文档设置”对话框，在“尺寸”选项区中设置“宽”为550、“高”为317、“背景颜色”为白色，“帧频”为5，单击“确定”按钮。单击“文件”|“另存为”命令，将其保存为“实例33.fla”文件。

步骤 02 将“图层1”图层重命名为“背景”，单击“文件”|“导入”|“导入到舞台”命令，导入一幅图像，并调整其大小，使其正好覆盖整个舞台，如图33-1所示。

步骤 03 选择“背景”图层的第1帧，选择工具箱中的文本工具，在“属性”面板中设置文本类型为“动态文本”，并在舞台输入如图33-2所示的文本。

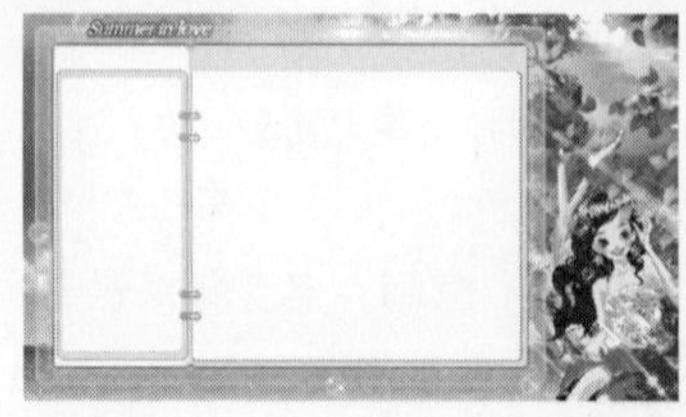

图33—1　导入图像到舞台中

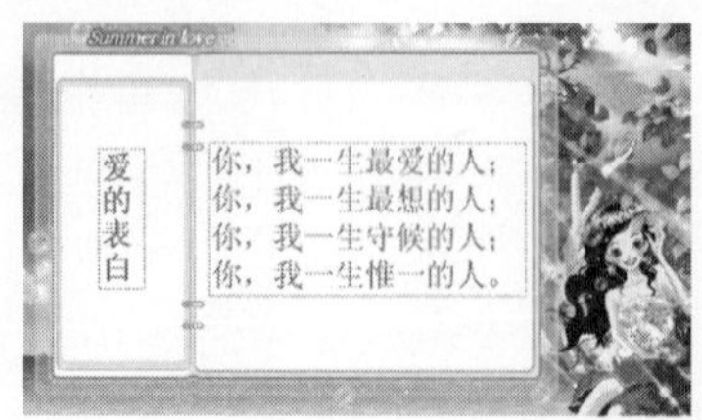

图33—2　输入文本

步骤 04 选择左边的文字，在“属性”面板中设置“系列”为“方正卡通繁体”、“字体大小”为30、“填充颜色”为红色、“段落格式”为“居中对齐”，单击“文本”|“样式”|“仿粗体”命令。再选择右边的文字，设置“系列”为“隶书”、“字体大小”为25、“颜色”为红色、“段落格式”为“居中对齐”、“行距”为10，效果如图33-3所示。

步骤 05 选择“背景”图层的第1帧至第49帧，按【F6】键插入关键帧，如图33-4所示。

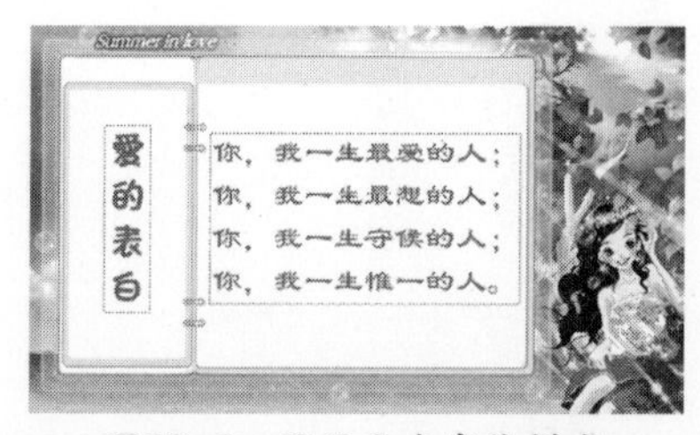

图33-3　设置文本字体样式

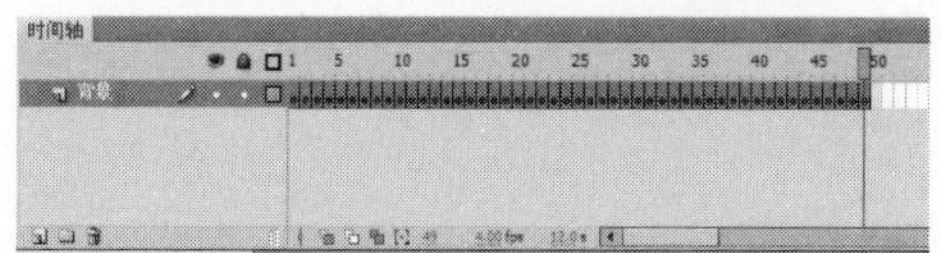

图33-4　插入关键帧

步骤 06 选择“背景”图层的第1帧，将左边文字中除“爱”字之外的所有文本删除，如图33-5所示。

步骤 07 选择“背景”图层的第2帧，将左边文字中除“爱的”字之外的所有文本删除，如图33-6所示。

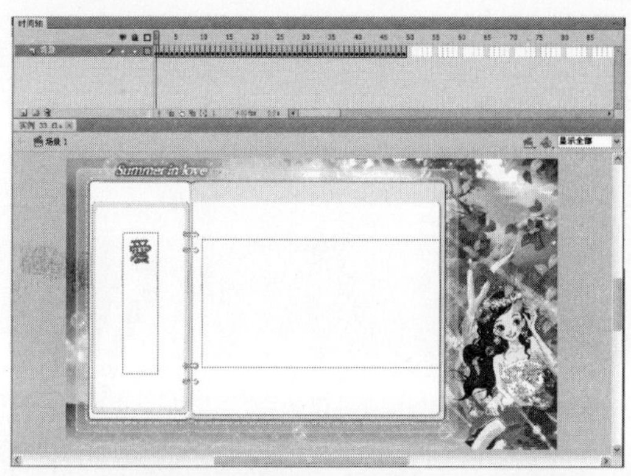

图33-5　建立第1帧的对象

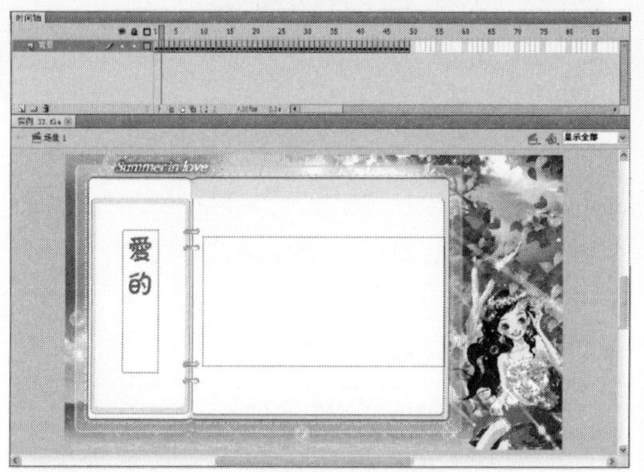

图33-6　建立第2帧的对象

步骤 08 选择“背景”图层的第3帧，将左边文本中除“爱的表”3个字之外的所有文本删除，如图33-7所示。

步骤 09 同理，将“背景”图层中第4帧的文字保留为“爱的表白”，其余的文本全部删除，如图33-8所示。

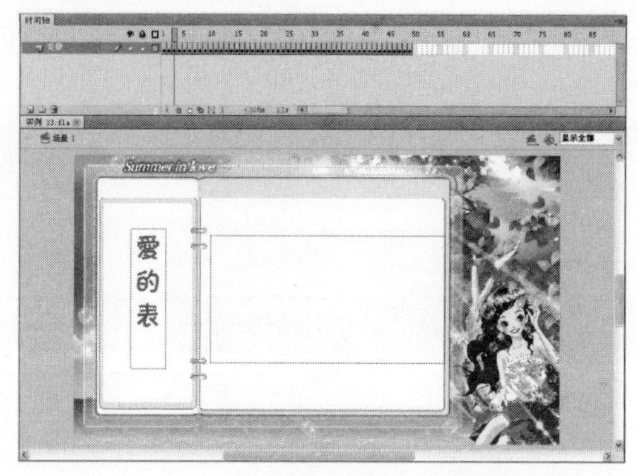

图33-7　建立第3帧的对象

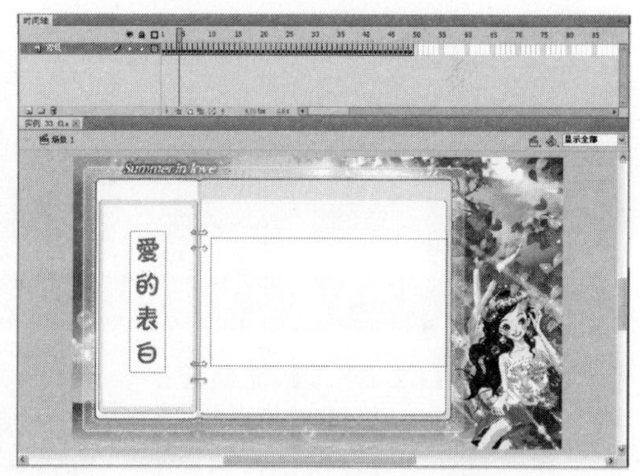

图33-8　建立第4帧的对象

步骤 10 同理，对其他关键帧中的部分文字进行删除，帧数为几保留的字符数就为几，如图33-9所示。

步骤 11 单击“控制”|“测试影片”|“测试”命令，测试动画效果，如图33-10所示。

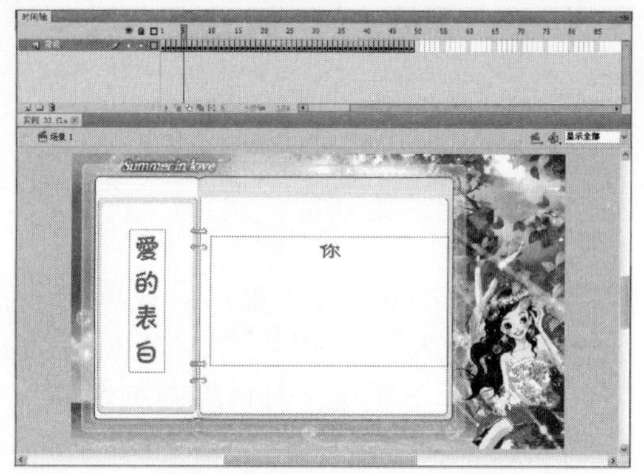

图33-9　建立其他帧的对象

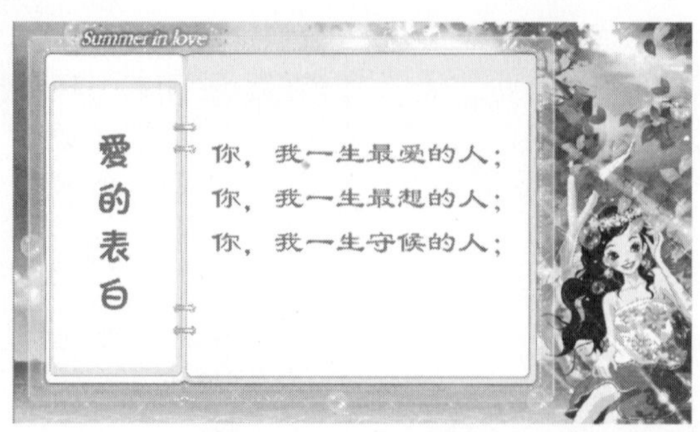

图33-10　测试动画效果

实例 34　别克君威

效果欣赏	实例导航
 	素材文件：素材\第3章\实例34
	效果文件：效果\第3章\实例34.fla
	视频文件：视频\第3章\实例34.swf
	知识点睛：创建艺术字、设置线性渐变填充颜色、创建遮罩层

步骤 01 按【Ctrl+N】键新建一个Flash文档，按【Ctrl+J】键弹出“文档设置”对话框，在“尺寸”选项区中设置“宽”为550、“高”为350、“背景颜色”为白色、“帧频”为12，单击“确定”按钮。单击“文件”|“另存为”命令，将其保存为“实例34.fla”文件。

步骤 02 单击3次“时间轴”面板中的“新建图层”按钮，创建“图层2”、“图层3”和“图层4”图层。选择“图层1”图层的第1帧，单击“文件”|“导入”|“导入到舞台”命令，导入一幅图像，并调整其大小，使其正好覆盖整个舞台，如图34-1所示。选择所有图层的第40帧，按【F5】键插入普通帧。

步骤 03 运行Word应用程序，在Word窗口中单击“插入”|“图片”|“艺术字”命令，弹出“艺术字库”对话框，如图34-2所示。

图34-1　导入图像到舞台中

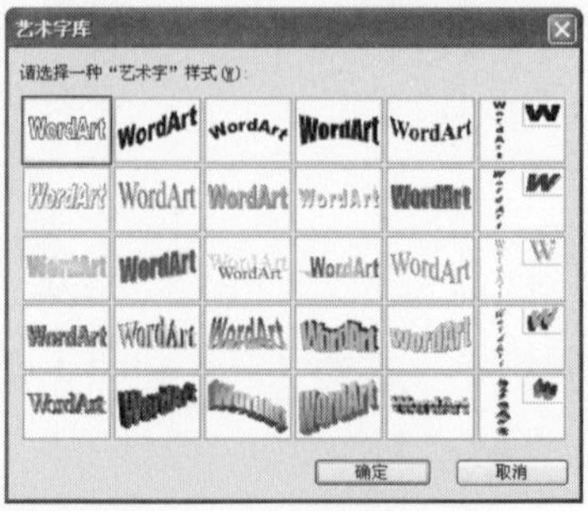

图34-2　“艺术字库”对话框

步骤 04 在对话框中选择一种艺术字样式，单击“确定”按钮，弹出的“编辑‘艺术字’文字”对话框，设置“系列”为“方正超粗黑简体”、“字号”为32，在“文字”文本框中输入所需文本，如图34-3所示。

步骤 05 单击“确定”按钮，制作文本艺术字效果，如图34-4所示。

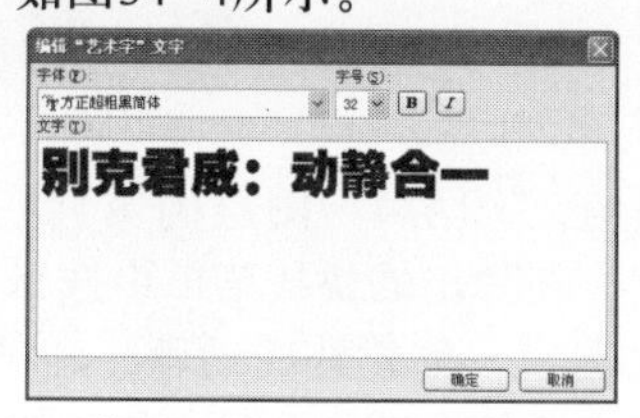

图34-3 “编辑‘艺术字’文字”对话框

别克君威：动静合一

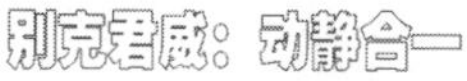

图34-4 文本艺术字效果

步骤 06 单击“绘图”工具栏上的“三维效果样式”按钮，在弹出的快捷菜单中选择“三维设置”选项，打开“三维设置”工具栏，单击工具栏中的“深度”按钮，在弹出的选项面板中设置深度值为10，如图34-5所示。

步骤 07 即可为艺术文字添加三维效果，如图34-6所示。

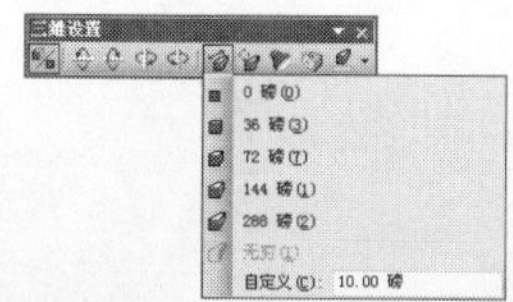

别克君威：动静合一

图34-5 “三维设置”工具栏 图34-6 添加三维的效果

步骤 08 在“三维设置”工具栏，单击“三维颜色”按钮，在弹出的颜色面板中选择“青色”选项，如图34-7所示。

步骤 09 单击“表面效果”按钮，在弹出的面板中选择“金属效果”选项，效果如图34-8所示。

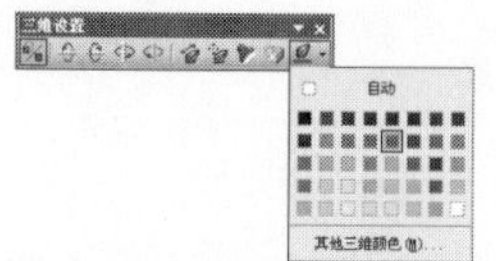

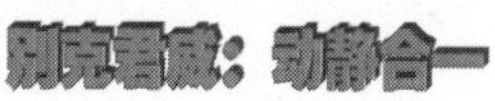

别克君威：动静合一

图34-7 设置三维颜色 图34-8 设置表面效果

步骤 10 选择添加的艺术字，按【Ctrl+C】键将其复制到剪贴板上。按【Alt+Tab】键返回到Flash CS5窗口，选择“图层2”图层的第1帧，按【Ctrl+V】键粘贴剪贴板上的文字内容，并适当调整其在舞台中的位置，如图34-9所示。

步骤 11 选择“图层3”图层的第1帧，选择工具箱中的文本工具，在“属性”面板中设置其字体与艺术字相同，“字体大小”为42、“颜色”为任意色，输入与前面步骤相同的文字并调整大小，效果如图34-10所示。

图34-9 粘贴并调整艺术字

图34-10 输入文字并调整大小

步骤 12 选择“图层4”图层，并将其置于“图层3”图层的下方，单击“窗口”|“颜色”命令，弹出“颜色”面板，设置一个由#14262A、#73A7B4、#FFFFFF、#6699CC、#73A7B4、#14262A、#FFFFFF到#6699CC的线性渐变，如图34-11所示。

步骤 13 选择工具箱中的矩形工具，设置其“笔触颜色”为“无”、“填充颜色”为设置的线性渐变色，通过拖曳鼠标在舞台中绘制一个与舞台等长的矩形，并按【Ctrl+G】键将其组合，效果如图34-12所示。

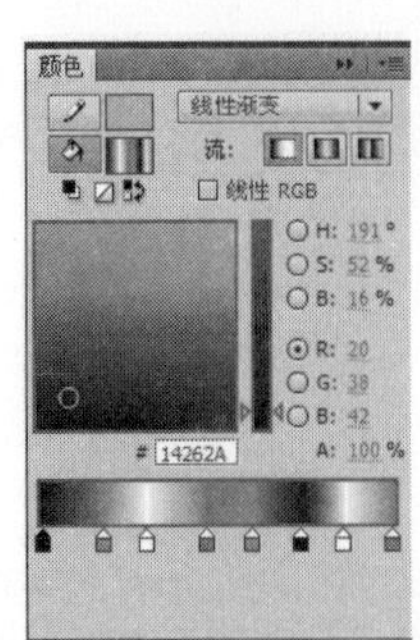

图34-11 “颜色”面板

图34-12 绘制矩形并将其组合

步骤 14 运用选择工具选择矩形，单击“编辑”|“直接复制”命令，复制一个矩形，选择复制的矩形。单击“修改”|“变形”|“水平翻转”命令，将其水平翻转，并将其拖曳至舞台的左边，如图34-13所示。

步骤 15 选择两个矩形长条，按【Ctrl+G】键将两个矩形组合，选择“图层4”图层的第40帧，按【F6】键插入关键帧，并将该帧的矩形拖曳至舞台右侧，如图34-14所示。

图34-13 调整矩形位置

图34-14 再次调整矩形位置

步骤 16 在“图层4”图层的第1帧上，单击鼠标右键，在弹出的快捷菜单中选择“创建传统补间”选项，创建补间动画。在“图层3”图层上单击鼠标右键，在弹出的快捷菜单中选择“遮罩层”选项，效果如图34-15所示。

步骤 17 按【Ctrl+Enter】键测试动画效果，如图34-16所示。

图34-15 创建遮罩层

图34-16 测试动画效果

实例 35 星语心愿

效果欣赏	实例导航
	素材文件：素材\第3章\实例35
	效果文件：效果\第3章\实例35.fla
	视频文件：视频\第3章\实例35.swf
	知识点睛：创建元件、设置变量、添加脚本语句

步骤 01 按【Ctrl+N】键新建一个Flash文档，按【Ctrl+J】键弹出“文档设置”对话框，在“尺寸”选项区中设置“宽”为550、“高”为412、“背景颜色”为黑色、“帧频”为12，单击“确定”按钮。单击“文件”|“另存为”命令，将其保存为“实例35.fla”文件。

步骤 02 将“图层1”图层重命名为“背景”，按【Ctrl+R】键导入一幅图像，并调整其大小，使其正好覆盖整个舞台，如图35-1所示。选择第3帧，按【F5】键插入普通帧。

步骤 03 按【Ctrl+F8】键弹出“创建新元件”对话框，设置“名称”Star、“类型”为“图形”，如图35-2所示。单击“确定”按钮，进入图形编辑模式。

图35-1 导入图像到舞台中

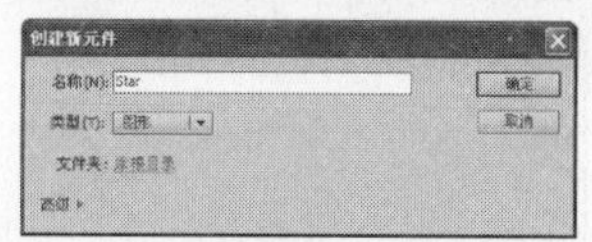

图35-2 “创建新元件”对话框

步骤 04 选择工具箱中的椭圆工具，在“属性”面板中设置“笔触颜色”为“无”。单击“窗口”|“颜色”命令，在弹出的“颜色”面板中设置“类型”为“径向渐变”、“填充颜色”从左到右依次为白色和黄色（#FECE41），并将黄色的Alpha值更改为0%，如图35-3所示。

步骤 05 按住【Shift】键的同时，在舞台向右下角拖曳鼠标至合适位置，绘制一个正圆。选择工具箱中的矩形工具，设置“笔触颜色”为“无”，在“颜色”面板中设置“填充颜色”为#FFFFFF、#66CCFF到#FFFFFF的线性渐变，并设置线性渐变中两端颜色的Alpha值均为0%，在舞台中绘制一个小矩形，如图35-4所示。

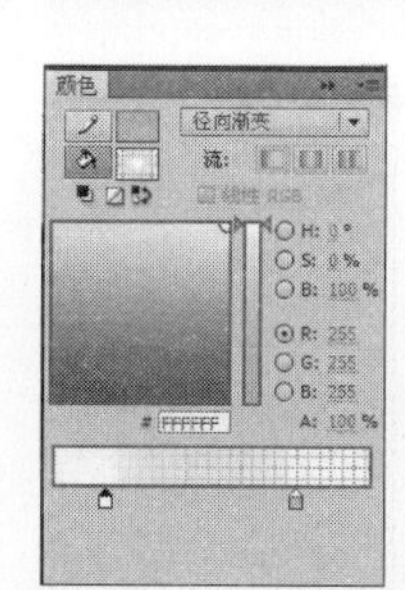

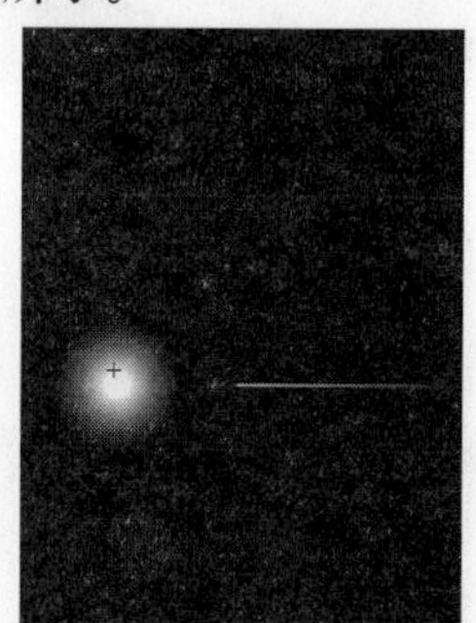

图35-3 “颜色”面板 图35-4 绘制正圆及矩形

步骤 06 选择绘制的矩形，按【Ctrl+C】键将其复制到剪贴板中，按【Ctrl+V】键进行粘贴，并连续粘贴多次，接着使用任意变形工具调整位置，效果如图35-5所示。

步骤 07 按【Ctrl+A】键选择正圆以及所有矩形，单击“修改”|“组合”命令，将正圆和矩形群组。按【F8】键弹出“转换为元件”对话框，将组合对象转换为图形元件，如图35-6所示。

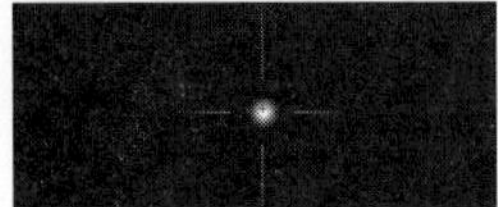
图35–5　复制并旋转矩形

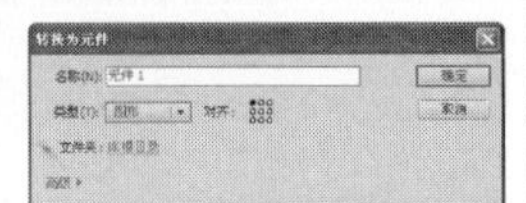
图35–6　“转换为元件”对话框

步骤 08 分别选择第15帧和第30帧，按【F6】键插入关键帧。选择第15帧的图形，在“属性”面板中设置Alpha值为20%。分别选择第1帧和第15帧，单击鼠标右键，在弹出的快捷菜单中选择“创建传统补间”选项，创建补间动画，如图35–7所示。

步骤 09 按【Ctrl+F8】键创建一个名为Stars的图形元件。进入Stars元件的编辑模式，选择工具箱中的刷子工具，设置刷子不同的大小及形状，绘制一些图形来代表星星，如图35–8所示。

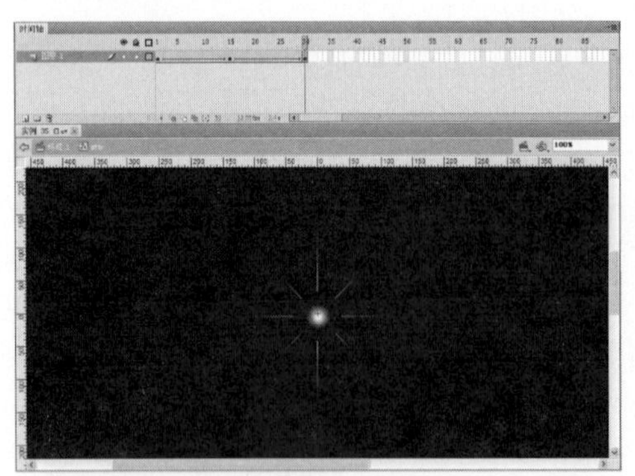
图35–7　创建补间动画

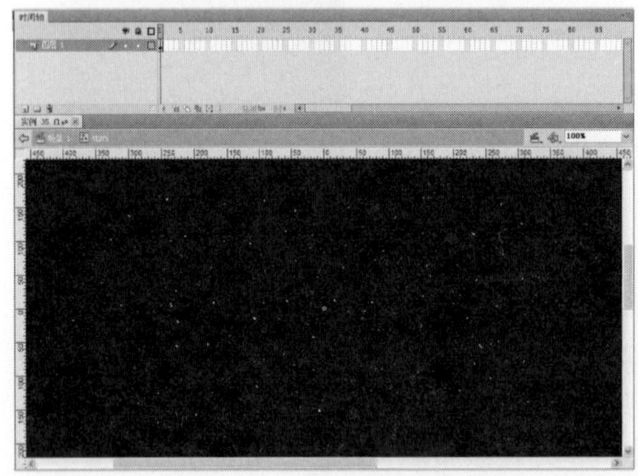
图35–8　绘制一些图形

步骤 10 在“库”面板中，两次拖曳Star元件到舞台中，分别放在舞台的左上方和右下方，并调整它们的大小，如图35–9所示。

步骤 11 同理，再创建一个名为“旋转的星空”影片剪辑元件，并进入该元件编辑模式。拖曳Stars元件到舞台中央，选择第40帧，按【F6】键插入关键帧，选择第1帧的元件，单击“修改”|“变形”|“缩放和旋转”命令，弹出“缩放和旋转”对话框并设置各选项，如图35–10所示，单击“确定”按钮。

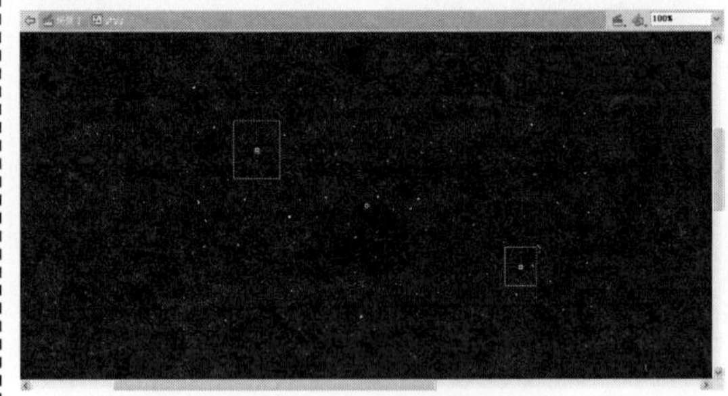
图35–9　调整元件的位置和大小

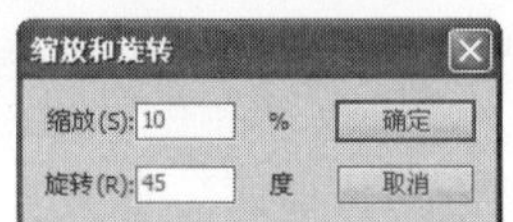

图35–10　“缩放和旋转”对话框

步骤 12 选择第1帧，单击鼠标右键，在弹出的快捷菜单中选择“创建传统补间”选项，创建补间动画。创建“图层2”图层，并将其拖曳到“图层1”图层的下方，再选择该图层的第1帧，拖曳Stars元件到舞台中央。选择第40帧，按【F6】键插入关键帧，如图35–11所示。

步骤 13 选择“图层2”图层中第40帧的元件，单击“修改”|“变形”|“缩放和旋转”命令，弹出“缩放和旋转”对话框，设置“缩放”为150、“旋转”为–45，单击“确定”按钮，对其进行旋转缩放处理，设置该帧元件的Alpha值为20%，并创建第1帧至第40帧之间的补间动画，效果如图35–12所示。

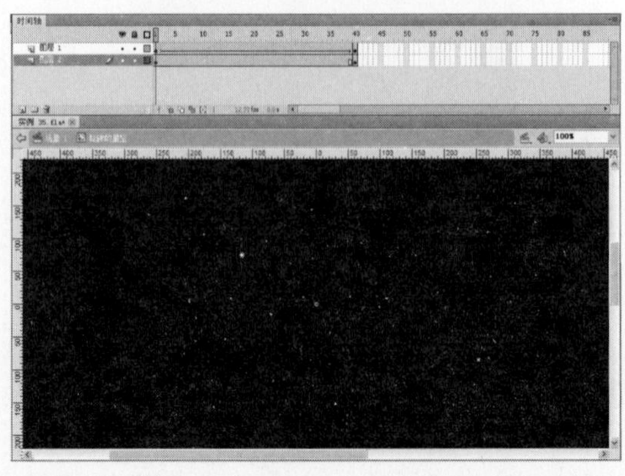
图35–11　拖曳Stars元件到舞台中央

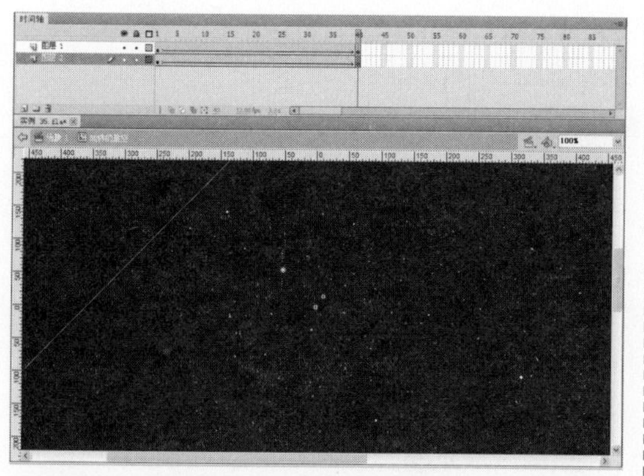

图35-12 创建补间动画

步骤 14 单击“场景”标签，返回“场景1”编辑模式，单击“时间轴”面板中的“新建图层”按钮，创建一个图层，并将其命名为“文本”图层。拖曳4次“旋转的星空”元件到舞台中，运用任意变形工具对其进行缩放，即每个元件占舞台的四分之一，分别将其放置在舞台的左上、右上、左下和右下部分，并使其刚好占满整个舞台，如图35-13所示。

图35-13 将元件拖曳到舞台

步骤 15 创建一个名为text1的影片剪辑元件，并进入该元件编辑模式。选择工具箱中的文本工具，在编辑区中输入“？”，在“属性”面中的文本类型下拉列表中选择“动态文本”选项，设置“系列”为“华文新魏”、“字体大小”为28、“颜色”为白色，“变量”为text1，如图35-14所示。

步骤 16 单击“场景”标签，返回“场景1”编辑模式，选择工具箱中的文本工具，在“属性”面板中设置“系列”为“华文新魏”、“字体大小”为40、“颜色”为粉红色（#FF65FF），在“行为”下拉列表中选择“多行”选项，在舞台中输入相应的文字，如图35-15所示。并在“变量”文本框中输入text2。

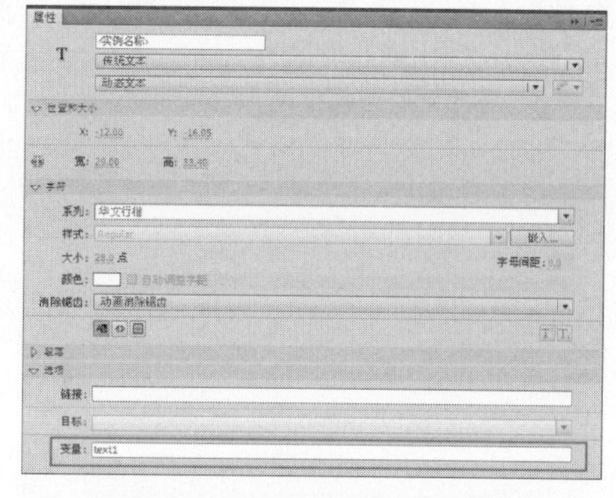

图35-14 创建文本并设置变量

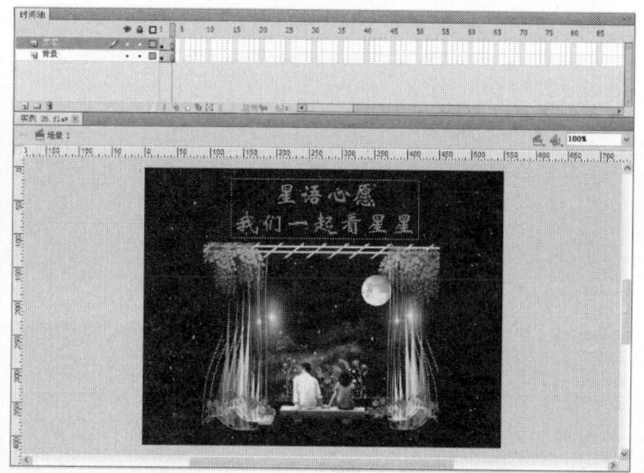

图35-15 输入相当的文字

步骤 17 拖曳text1影片剪辑元件到文本内容的下面，选择该元件，设置“属性”面板中的实例名称为Drag。单击“新建图层”按钮，创建一个名为“动作”的图层，选择第2帧和第3帧，按【F6】键插入关键帧，效果如图35-16所示。

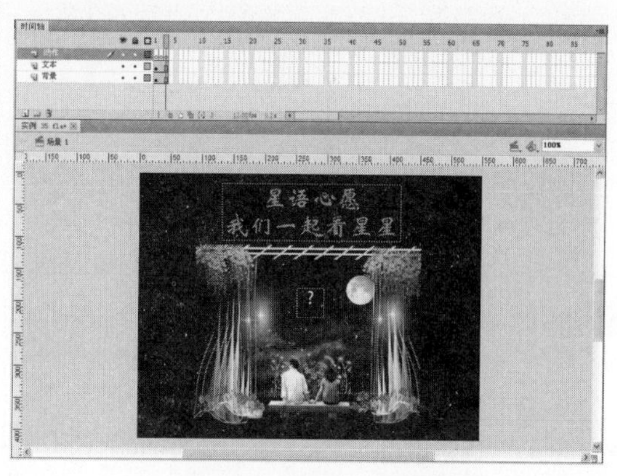

图35-16 插入关键帧

步骤 18 选择“动作”图层的第1帧，按【F9】键，在弹出的“动作-帧”面板中添加脚本语句，如图35-17所示。

步骤 19 选择“动作”图层的第2帧，按【F9】键，在弹出的“动作-帧”面板中添加脚本语句，如图35-18所示。

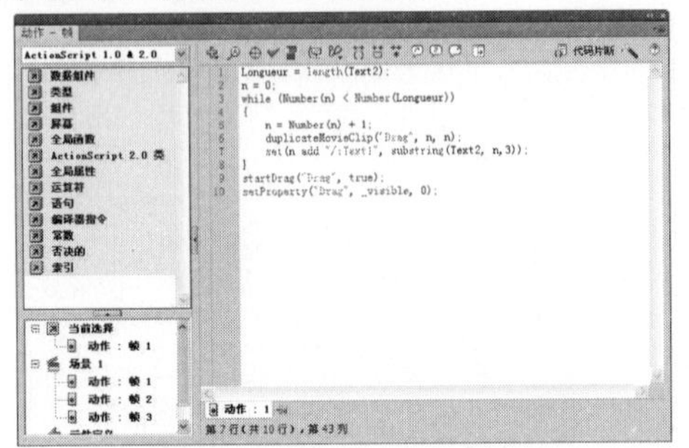

图35-17 为第1帧添加脚本语句

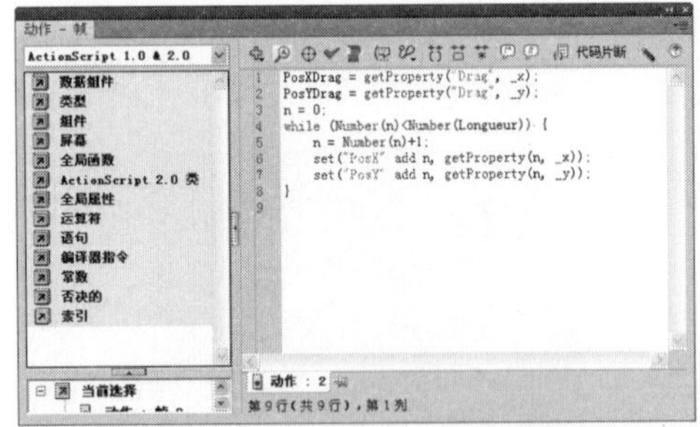

图35-18 为第2帧添加脚本语句

步骤 20 选择“动作”图层的第3帧，按【F9】键，在弹出的“动作-帧”面板中添加脚本语句，如图35-19所示。

步骤 21 单击“文件”|“发布设置”命令，弹出“发布设置”对话框，切换至Flash选项卡，设置“播放器”为Flash Player 7，单击“确定”按钮，发布设置。单击“控制”|“测试影片”|“测试”命令，测试动画效果，如图35-20所示。

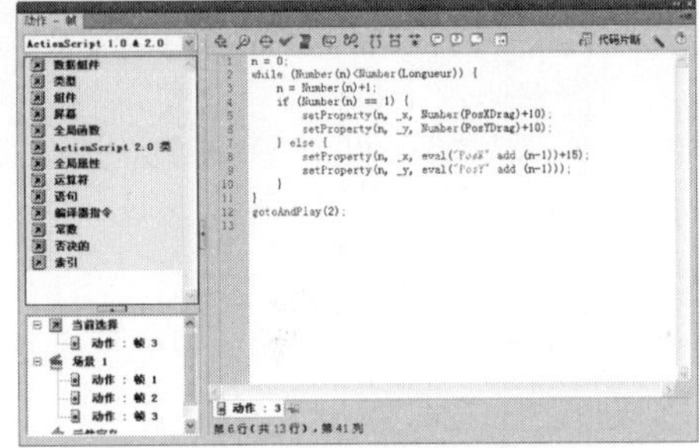

图35-19 为第3帧添加脚本语句

图35-20 测试动画效果

实例 36 建设美好家园

效果欣赏	实例导航
	素材文件：素材\第3章\实例36
	效果文件：效果\第3章\实例36.fla
	视频文件：视频\第3章\实例36.swf
	知识点睛：创建元件、变形图形、复制帧

步骤 01 按【Ctrl+N】键新建一个Flash文档，按【Ctrl+J】键弹出“文档设置”对话框，在“尺寸”选项区中设置“宽”为500、“高”为340、“背景颜色”为蓝色（#3A6CC1）、“帧频”为12，单击“确定”按钮。单击“文件”|“另存为”命令，将其保存为“实例36.fla”文件。

步骤 02 选择“图层1”图层，按【Ctrl+R】键导入一幅图像，并调整其大小，使其正好覆盖整个舞台，如图36-1所示。选择第38

帧，按【F5】键插入普通帧。

步骤 03 按【Ctrl+F8】键弹出“创建新元件”对话框，设置“名称”为“发光”、“类型”为“图形”，如图36-2所示。单击“确定”按钮，进入图形元件编辑模式。

图36-1 导入图像到舞台中

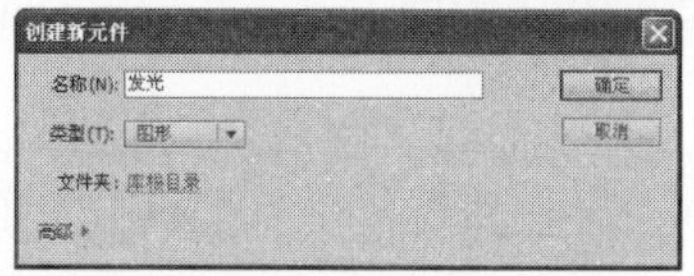

图36-2 “创建新元件”对话框

步骤 04 单击“窗口”|“颜色”命令，弹出“颜色”面板，在“类型”下拉列表中选择“线性渐变”选项，设置左侧色标的“填充颜色”为#FBF9D0、Alpha值为0%，并设置右侧色标的“填充颜色”为#FBF9D0、Alpha值为100%，如图36-3所示。

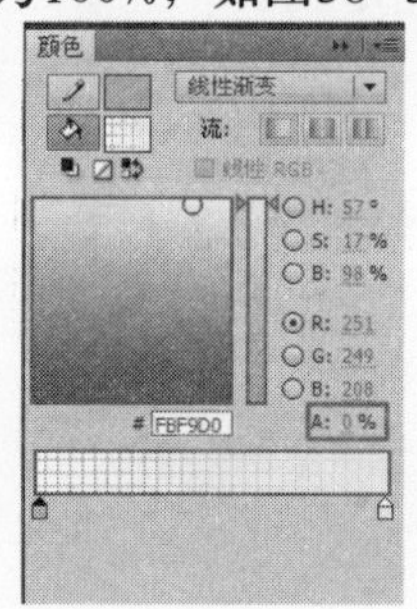
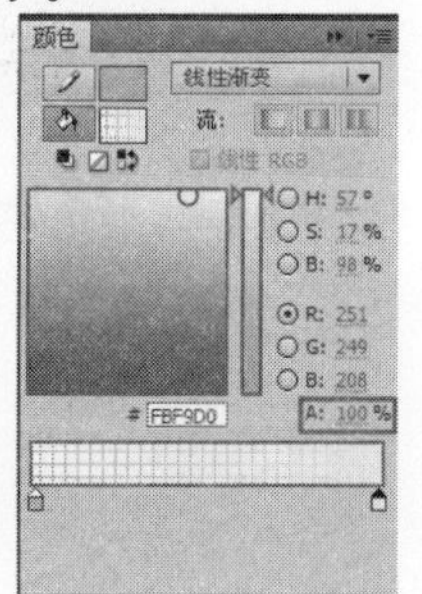

图36-3 设置色标颜色

步骤 05 选择工具箱中的矩形工具，设置矩形的“笔触颜色”为“无”、“填充颜色”为设置的线性渐变色，在舞台区中拖曳鼠标绘制一个矩形，并设置其“宽度”为256.6、“高度”29，如图36-4所示。

步骤 06 选择绘制的矩形，单击“修改”|“变形”|“扭曲”命令，矩形的周围出现变形控制点，按住【Shift】键的同时拖曳变形控制点，使矩形变形为梯形，如图36-5所示。

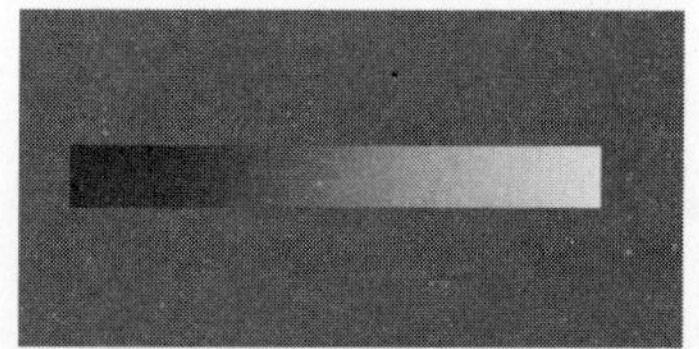

图36-4 绘制矩形

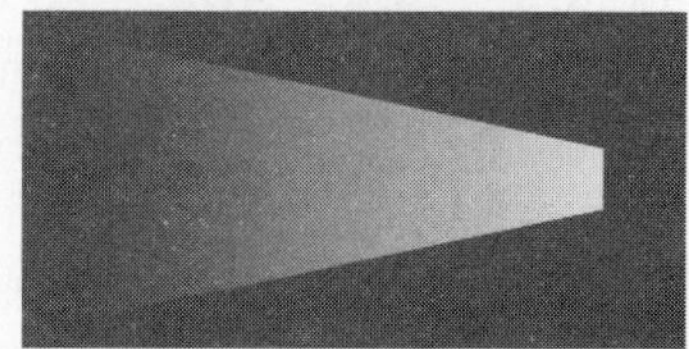

图36-5 将矩形变形为梯形

专家提醒

当切换到任意变形工具时，按住【Shift】键的同时拖曳鼠标可以等比例或对称变形；按住【Alt】键的同时拖曳鼠标可以以中心点为准进行变形；按住【Ctrl】键可切换到扭曲变形；这3个键也可以进行组合使用。

步骤 07 取消选择刚变形的梯形，选择工具箱中的选择工具，将鼠标光标定位于梯形顶部，拖曳鼠标使梯形顶部呈现弧度，如图36-6所示。

步骤 08 拖曳至合适位置后释放鼠标左键，完成变形处理，效果如图36-7所示。

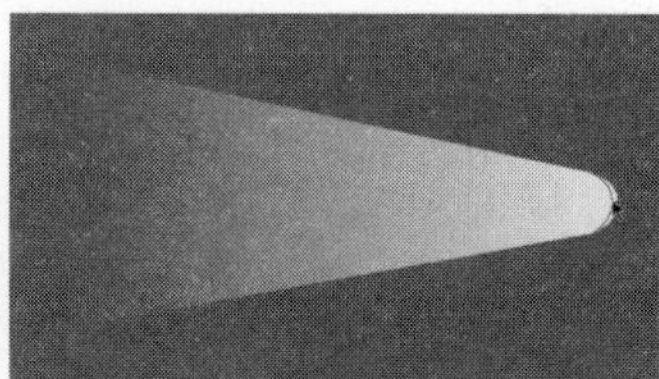

图36-6 调整梯形的顶部

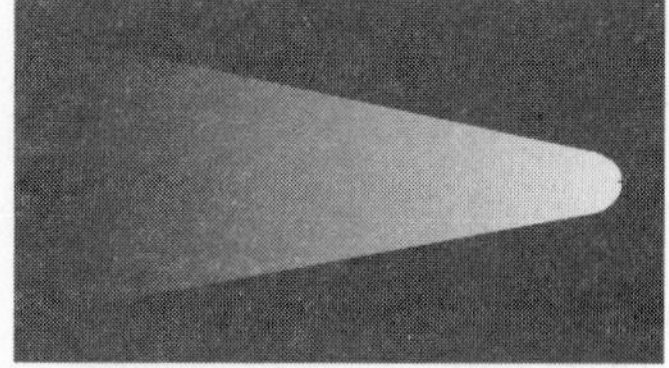

图36-7 变形图形的效果

步骤 09 单击“场景1”标签，返回“场景1”编辑模式，单击“时间轴”面板中的“新建图层”按钮，创建“图层2”图层。选择工具箱中的文本工具，在“属性”面板中设置

“系列”为“隶书”、“字体大小”为45、“颜色”为淡黄色（#FFFFCE），并设置“字符间距”为10，在舞台中央输入文本内容，如图36-8所示。

步骤 10 单击“时间轴”面板中的“新建图层”按钮，创建“图层3”图层。按【Ctrl+L】键，在弹出的“库”面板中将“发光”元件拖曳至舞台中，使“光照”图形元件右端部分覆盖在“建”字的上方，如图36-9所示。分别选择第8帧和第21帧，按【F6】键插入关键帧。

图36-8　输入文本

图36-9　拖曳元件到文字上方

步骤 11 选择“图层3”图层中第1帧的图形元件，在“属性”面板中设置其Alpha值为0%，如图36-10所示。

步骤 12 选择“图层3”图层的第8帧，按【Ctrl+T】键弹出“变形”面板，设置“宽度”为70%，如图36-11所示。即可将第8帧中实例对象的宽度缩小为70%，并设置其Alpha值为80%。

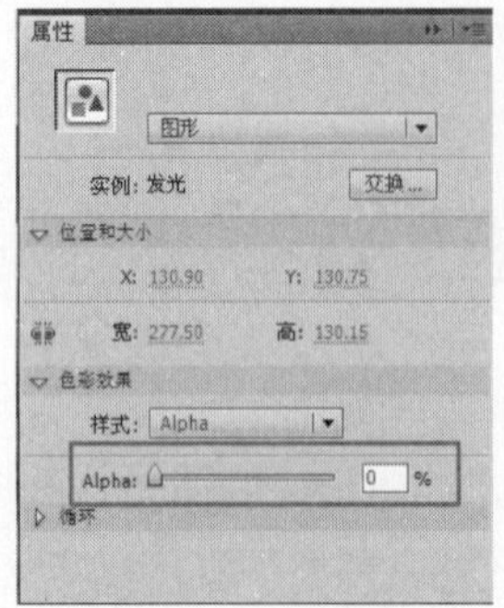

图36-10　设置Alpha值

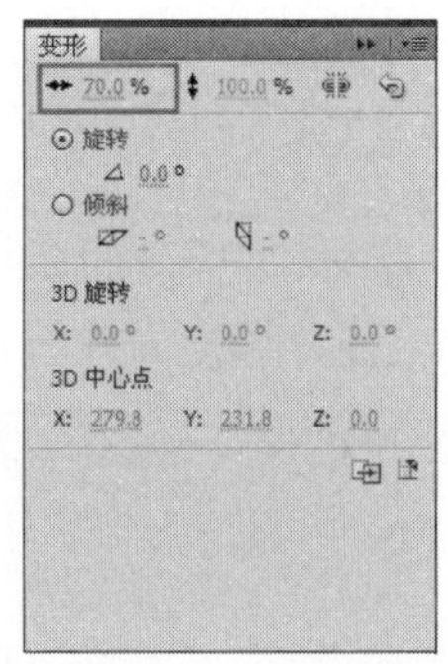

图36-11　调整对象宽度

步骤 13 同理，将第21帧中实例对象的宽度缩小为30%、Alpha值设置为0%，分别调整第8帧和第21帧中实例对象的位置，使其右端部分覆盖在“建”字的上方，并调整其位置，效果如图36-12所示。

步骤 14 分别选择“图层3”图层中的第1帧和第8帧，单击鼠标右键，在弹出的快捷菜单中选择“创建传统补间”选项，创建补间动画，效果如图36-13所示。

图36-12　调整各帧对象的位置

图36-13　创建补间动画

步骤 15 选择“图层3”图层的第1帧至第21帧，单击鼠标右键，在弹出的快捷菜单中选择“复制帧”选项，创建一个“图层4”图层。

在第4帧处单击鼠标右键，在弹出的快捷菜单中选择“粘贴帧”选项，并统一调整各个关键帧的实例对象至“设”字上（即各帧实例对象的X值均为189.15、Y值均为130.75），效果如图36-14所示。

步骤 16 同理，创建“图层5”图层至“图层8”图层，使其余的各个文字也具有相应的光芒效果，并将各层第38帧以后的帧删除，效果如图36-15所示。

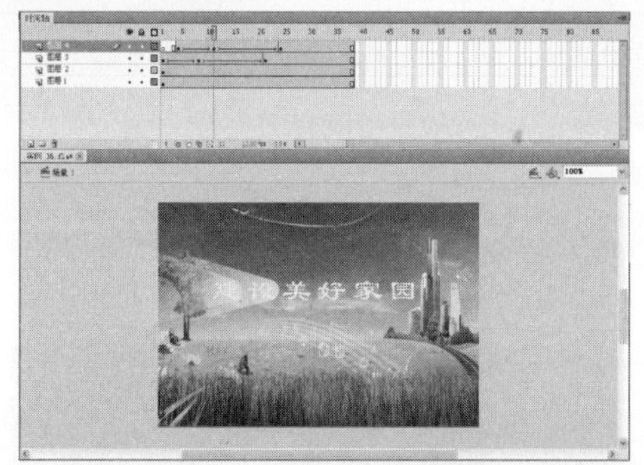

图36-14　调整各帧对象的位置

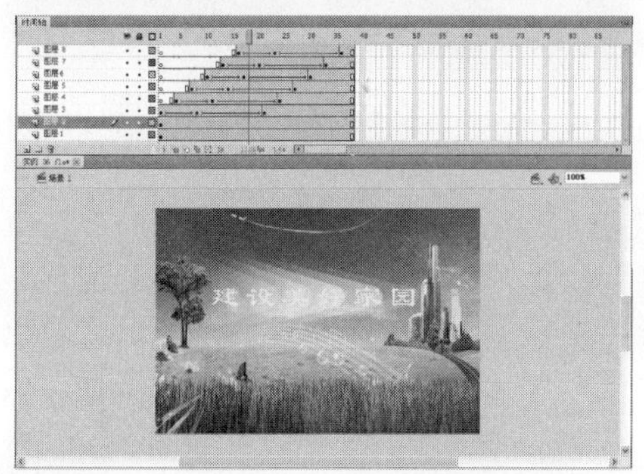

图36-15　设置文字的光芒动画效果

步骤 17 按住【Ctrl】键的同时，依次单击“图层2”中的第4帧、第7帧、第10帧、第13帧、第16帧、第19帧，按【F6】键插入关键帧，如图36-16所示。

图36-16　插入关键帧

步骤 18 将“图层2”图层中第1帧的文字删除，第4帧中的文字只剩下“建”字，随后在各个关键中依次增加文字，直至“建设美好家园”字样全部显示，如图36-17所示。

图36-17　删除各帧多余的文字

步骤 19 单击“控制”|“测试影片”|“测试”命令，测试动画效果，如图36-18所示。

图36-18　测试动画效果

实例 37 上岛咖啡

<table>
<tr><th>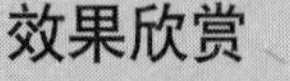效果欣赏</th><th>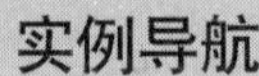实例导航</th></tr>
<tr><td rowspan="4">

</td><td>素材文件：素材\第3章\实例37</td></tr>
<tr><td>效果文件：效果\第3章\实例37.fla</td></tr>
<tr><td>视频文件：视频\第3章\实例37.swf</td></tr>
<tr><td>知识点睛：绘制矩形、创建补间动画、创建遮罩层</td></tr>
</table>

步骤 01 按【Ctrl＋N】键新建一个Flash文档，按【Ctrl＋J】键弹出“文档设置”对话框，在“尺寸”选项区中设置“宽”为550、“高”为365、“背景颜色”为墨绿色（#0E2831）、“帧频”为12，单击“确定”按钮。单击“文件”|“另存为”命令，将其保存为“实例 37.fla”文件。

步骤 02 将“图层1”图层重命名为“背景”，按【Ctrl＋R】键，导入一幅图像，并调整其大小，使其正好覆盖整个舞台，如图37–1所示。选择第40帧，按【F5】键插入普通帧。

步骤 03 单击“时间轴”面板中的“新建图层”按钮，创建一个名为“文字”的图层。选择工具箱中的文本工具，在“属性”面板中设置“系列”为“华文行楷”、“字体大小”为60、“颜色”为橙色（#FFAC00），在舞台中输入“上岛咖啡 用心品味”文本，如图37–2所示。选择创建的文字，按两次【Ctrl+B】键将其打散。

图37–1 导入图像到舞台中

图37–2 创建文本

步骤 04 单击“时间轴”面板中的“新建图层”按钮，创建一个名为“光”的图层，单击“窗口”|“颜色”命令，弹出“颜色”面板，在“类型”下拉列表框中选择“线性渐变”选项，设置“填充颜色”为淡黄色（#EFF847）到白色（#FFFFFF）再到淡黄色（#EFF847）的线性渐变，并设置渐变中两个淡黄色的Alpha值均为0%，如图37–3所示。

步骤 05 选择工具箱中的矩形工具，在“属性”面板中设置“笔触颜色”为“无”、“填充颜色”为设置的线性渐变色，在舞台中拖曳鼠标绘制一个矩形，效果如图37–4所示。

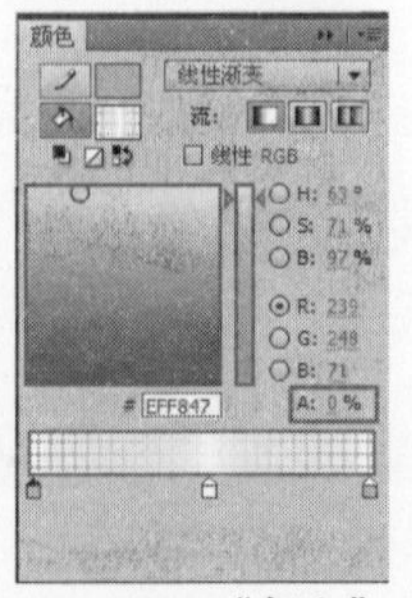

图37–3 设置“颜色”面板

图37-4 绘制矩形

步骤 06 选择该矩形，单击“修改”|“变形”|“逆时针旋转90度”命令，并将其移至文字的下方，如图37-5所示。选择矩形，按【F8】键将其转换为名为“光”的图形元件。

步骤 07 选择“光”图层的第40帧，按【F6】键插入关键帧，选择该帧处的图形对象，按【Shift+↑】键快速将图形移动到文字上方，效果如图37-6所示。

图37-5 将矩形逆时针旋转

图37-6 将图形移动到文字上方

步骤 08 选择“光”图层中第1帧至第40帧之间的任意一帧，单击鼠标右键，在弹出的快捷菜单中选择“创建传统补间”选项，创建补间动画，如图37-7所示。

步骤 09 单击“时间轴”面板中的“新建图层”按钮，创建一个名为“文字遮罩”的图层。选择工具箱中的选择工具，将所有文字全部选中，并按【Ctrl+C】键进行复制，选择“文字遮罩”图层的第1帧，单击“编辑”|“粘贴到当前位置”命令，原地粘贴文字对象，效果如图37-8所示。

图37-7 创建补间动画

图37-8 原地粘贴文字

步骤 10 在“文字遮罩”图层上单击鼠标右键，在弹出的快捷菜单中选择“遮罩层”选项，将该图层转换为遮罩层，如图37-9所示。

步骤 11 单击“控制”|“测试影片”|“测试”命令，测试动画效果，如图37-10所示。

图37-9　将普通图层转换为遮罩层

图37-10　测试动画效果

实例 38　舞动奇迹

效果欣赏	实例导航
	素材文件：素材\第3章\实例38
	效果文件：效果\第3章\实例38.fla
	视频文件：视频\第3章\实例38.swf
	知识点睛：修改文字填充色、创建形状补间动画

步骤 01 按【Ctrl+N】键新建一个Flash文档，按【Ctrl+J】键弹出“文档设置”对话框，在“尺寸”选项区中设置“宽”为550、“高”为412、“背景颜色”为“黑色”（#000000）、“帧频”为12，单击“确定”按钮，修改文档设置。单击“文件”|“另存为”命令，将其保存为“实例 38.fla”文件。

步骤 02 双击“图层1”图层，将其重命名为“背景”图层。按【Ctrl+R】键，导入一幅图像，并调整其大小，使其正好覆盖整个舞台，如图38-1所示。选择第25帧，按【F5】键插入普通帧。

步骤 03 单击“时间轴”面板中的“新建图层”按钮，创建一个图层并将其命名为“文字”。选择工具箱中的文本工具，在“属性”面板中设置“系列”为“汉仪菱心体简”、“字体大小”为65、“颜色”为橙黄色（#FFCC32）、“方向”为“垂直，从左到右”，在舞台中输入“舞动奇迹”文本，如图38-2所示。

图38-1　导入图像到舞台中

图38-2　创建文本

步骤 04 选择工具箱中的选择工具，选择文字，单击“修改”|“分离”命令，将文本打散。单击“修改”|“时间轴“|”分散到图层“命令，将文字分散到不同图层，按

【Ctrl+B】键再次分离文字，删除"文字"图层，单击“窗口”|“颜色”命令，在弹出的“颜色”面板中设置由白色（#FFFFFF）到黑色（#000000）的径向渐变填充，如图38-3所示，选择工具箱中的颜料桶工具，单击分离后所有的文本。

步骤 05 选择工具箱中的墨水瓶工具，在其属性面板中设置“笔触颜色”为橙色（#FFCC33）、“笔触高度”为2，逐一单击文本，为文字描边，效果如图38-4所示。

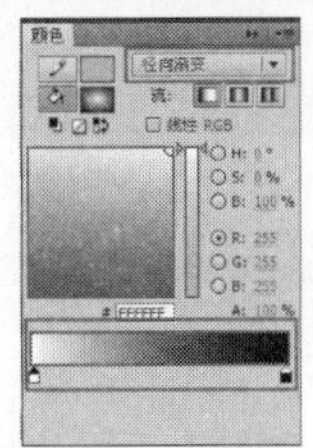

图38-3 设置“颜色”面板 图38-4 文字描边效果

步骤 06 选择所有文字图层的第5帧，按【F6】键插入关键帧。改变文本的“填充颜色”为由红色（#FF0000）到黑色（#000000）的径向渐变填充、“笔触颜色”为#00FFFF，此时的“颜色”面板如图38-5所示。填充填充颜色和笔触颜色后的效果，如图38-6所示。

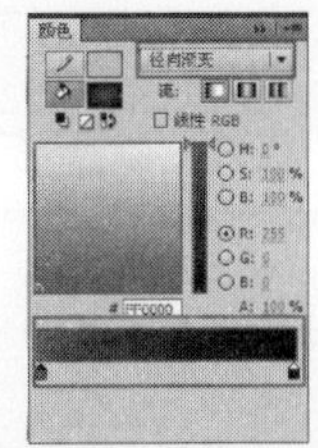

图38-5 “颜色”面板 图38-6 第5帧的文字效果

步骤 07 选择所有文字图层的第10帧，按【F6】键插入关键帧，改变文本的“填充颜色”为由绿色（#00FF00）到黑色（#000000）的径向渐变、“笔触颜色”为浅绿色（#CCFF99），此时的“颜色”面板如图38-7所示。填充填充颜色和笔触颜色后的效果，如图38-8所示。

步骤 08 选择所有文字图层的第15帧，按【F6】键插入关键帧，改变文本的“填充颜色”为由深蓝色（#5731CE）到黑色（#000000）的径向渐变、“笔触颜色”为#FF6600，此时的“颜色”面板如图38-9所示。填充填充颜色和笔触颜色后的效果，如图38-10所示。

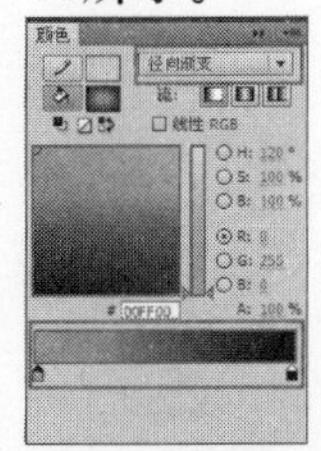

图38-7 “颜色”面板 图38-8 第10帧的文字效果

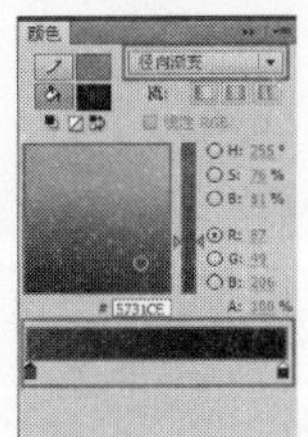

图38-9 “颜色”面板 图38-10 第15帧的文字效果

步骤 09 选择所有文字图层的第20帧，按【F6】键插入关键帧，改变文本的“填充颜色”为由#FF0000、#FFFF00、#00FF00、#00FFFF、#0000FF、#FF00FF到#FF0000的线性渐变，“笔触颜色”为#FFFFFF，此时的“颜色”面板如图38-11所示。填充填充颜色和笔触颜色后的效果，如图38-12所示。

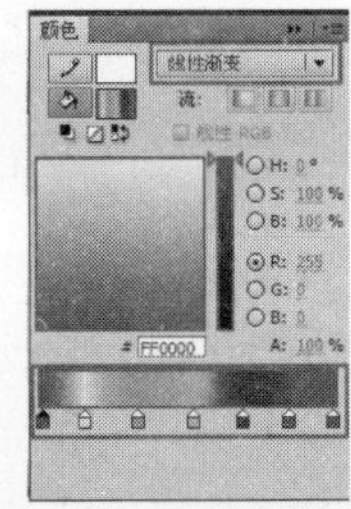

图38-11 “颜色”面板 图38-12 第20帧的文字效果

步骤 10 选择所有文字图层的第25帧，按【F6】键插入关键帧。选择”舞“图层，在第1帧上单击鼠标右键，在弹出的快捷菜单中选择“复制帧”选项；在第25帧中单击鼠标右键，在弹出的快捷菜单中选择“粘贴帧”选项，将第1帧的文本内容粘贴到第25帧处，依次为其他文字图层进行同样处理，此时“时间轴”面板如图38-13所示。

步骤 11 分别选择所有文字图层的第1帧、第5帧、第10帧、第15帧、第20帧，单击鼠标右键，在弹出的快捷菜单中选择“创建补间形状”选项，创建形状补间动画，如图38-14所示。

图38-13 “时间轴”面板

图38-14 创建形状补间动画

步骤 12 按【Shfit+Ctrl+F12】键弹出“发布设置”对话框，切换至Flash选项卡，设置“播放器”为Flash Player 7，单击“确定”按钮，发布设置。

步骤 13 单击“控制”|“测试影片”|“测试”命令，测试动画效果，如图38-15所示。

图38-15 测试动画效果

实例 39 音乐飞翔

效果欣赏	实例导航
	素材文件：素材\第3章\实例39
	效果文件：效果\第3章\实例39.fla
	视频文件：视频\第3章\实例39.swf
	知识点睛：变形文字、复制帧、创建补间动画

步骤 01 按【Ctrl+N】键新建一个Flash文档，按【Ctrl+J】键弹出“文档设置”对话框，在“尺寸”选项区中设置“宽”为550、“高”为290、“背景颜色”为白色（#FFFFFF）、“帧频”为12，单击“确定”按钮，修改文档设置。单击“文件”|“另存为”命令，将其保存为“实例39.fla”文件。

步骤 02 双击“图层1”图层，将其重命名为“背景”。按【Ctrl+R】键，导入一幅图像，并调整其大小，使其正好覆盖整个舞台，如图39-1所示。选择第30帧，按【F5】

键插入普通帧。

步骤 03 单击“时间轴”面板上的“新建图层”按钮，创建“文字”图层。选择工具箱中的文本工具，在“属性”面板中设置“系列”为“方正行楷简体”、“字体大小”为35、“颜色”为白色（#FFFFFF），在舞台中输入“鹤舞戏水 音乐飞翔”文本，如图39-2所示。

图39-1 导入图像到舞台中

图39-2 创建文本

步骤 04 选择工具箱中的选择工具，选择文字，按两次【Ctrl+B】键将文字打散。选择第10帧，按【F6】键插入关键帧。选择第1帧，单击“修改”|“变形”|“封套”命令，文字上出现多个节点，如图39-3所示。

步骤 05 拖曳相应的节点，调整文字呈波浪形状，如图39-4所示。

图39-3 使用封套命令

图39-4 变形后的文字效果

步骤 06 选择“文字”图层的第10帧，单击“修改”|“变形”|“封套”命令，将文字的波浪转换成与刚才调整的波纹相反的形状，如图39-5所示。

步骤 07 选择“文字”图层的第1帧，单击鼠标右键，在弹出的快捷菜单中选择“复制帧”选项，在该图层的第20帧处单击鼠标右键，在弹出的快捷菜单中选择“粘贴帧”选项，复制并粘贴帧，效果如图39-6所示。

图39-5 再次变形后的文字效果

图39-6 复制并粘贴帧

步骤 08 同理，将“文字”图层的第10帧复制，并在第30帧上粘贴复制该帧，效果如图39-7所示。

步骤 09 分别选择“文字”图层的第1帧、第10帧和第20帧，单击鼠标右键，在弹出的快捷菜单中选择“创建补间形状”选项，创建形状补间动画，效果如图39-8所示。

图39-7 再次复制并粘贴帧

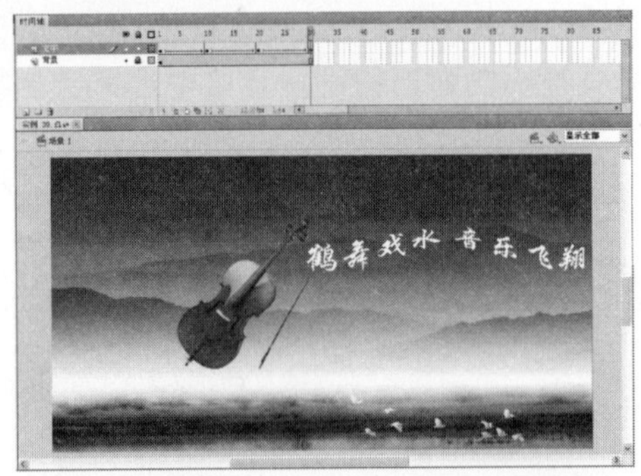

图39-8 创建形状补间动画

步骤 10 单击“控制”|“测试影片”|“测试”命令，测试动画效果，如图39-9所示。

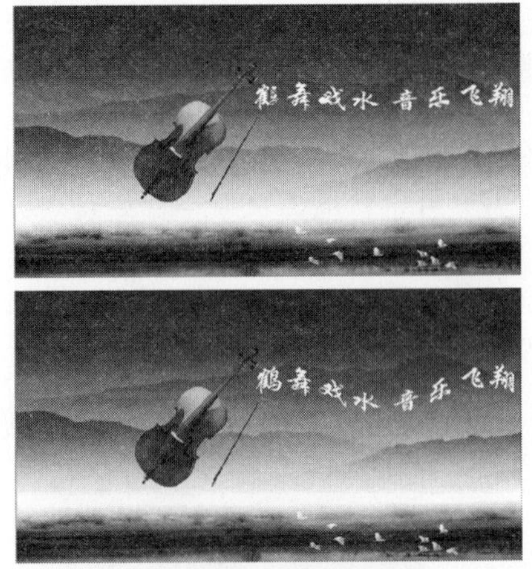

图39-9 测试动画效果

实例 40 湘江北尚

效果欣赏	实例导航
	素材文件：素材\第3章\实例40 效果文件：效果\第3章\实例40.fla 视频文件：视频\第3章\实例40.swf 知识点睛：创建元件、设置“属性”面板、创建遮罩层

步骤 01 按【Ctrl+N】键新建一个Flash文档，按【Ctrl+J】键弹出“文档设置”对话框，在“尺寸”选项区中设置“宽”为600、“高”为490、“背景颜色”为棕色（#382F1E）、“帧频”为12，单击“确定”按钮，修改文档设置。单击“文件”|“另存为”命令，将其保存为“实例40.fla”文件。

步骤 02 双击“图层1”图层，将其重命名为“背景”。按【Ctrl+R】键，导入一幅图像，并调整其大小，使其正好覆盖整个舞台，如图40-1所示。选择第10帧，按【F5】键插入普通帧。

步骤 03 单击“插入”|“新建元件”命令，在弹出的“创建新元件”对话框中设置“名称”为“文字”、“类型”为“图形”，如图40-2所示。

图40-1 导入图像到舞台中

图40-2 “创建新元件”对话框

步骤 04 单击“确定”按钮，进入图形元件编辑模式，选择工具箱中的文本工具，在“属

性”面板中设置“系列”为“华文中宋”、“字体大小”为66、“颜色”为白色，并输入“湘江北尚 江景名盘”文本，如图40-3所示。

步骤 05 选择刚输入的文本，单击“文本”|“样式”|“仿粗体”命令，将文本转换为粗体，效果如图40-4所示。

图40-3 创建文本

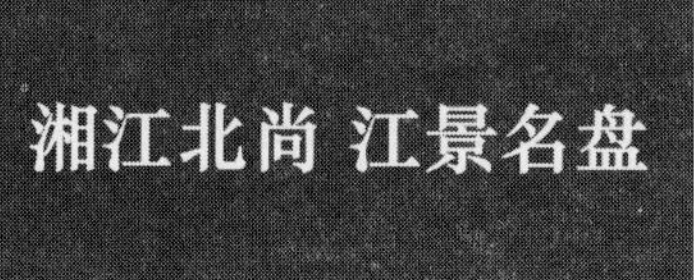

图40-4 转换文本样式

步骤 06 单击“场景1”标签，返回“场景1”编辑模式。同理，新建一个名为“遮罩”的图形元件，进入该图形元件编辑模式，选择工具箱中的椭圆工具，在“属性”面板中设置“笔触颜色”为黑色、“填充颜色”为白色，按住【Shift】键的同时，在编辑区中拖曳鼠标绘制一个正圆（其宽度和高度均为141），如图40-5所示。

步骤 07 选择刚绘制的圆，单击“窗口”|“变形”命令，在弹出的“变形”面板中单击“重制选区和变形”按钮，在弹出的对话框中设置“缩放宽度”和“缩放高度”均为70%，将会得到一个小一点的同心圆，删除小圆的填充部分和所有边线，得到一个圆环，如图40-6所示。

图40-5 绘制正圆

图40-6 制作圆环

步骤 08 按【Ctrl+E】键返回“场景1”编辑模式。连续单击3次“时间轴”面板中的“新建图层”按钮，创建3个图层，并分别命名为“中心文字”、“淡化文字”、“遮罩”，如图40-7所示。

步骤 09 选择“中心文字”图层的第1帧，将“库”面板中的“文字”元件拖曳到舞台中，并在“属性”面板中设置“宽度”和“高度”分别为560和79、X和Y轴值分别为20.1和71.5。选择第10帧，按【F6】键插入关键帧，效果如图40-8所示。

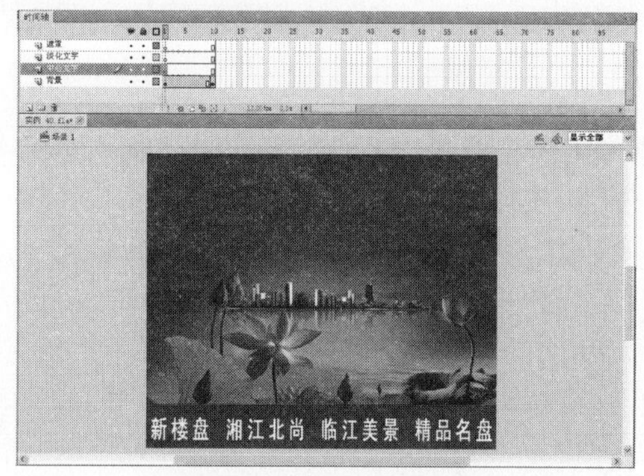

图40-7 新建3个图层

图40-8 插入关键帧

步骤 10 选择“淡化文字”图层的第1帧，将“库”面板中的“文字”元件拖曳到舞台中，在“属性”面板中设置“宽度”和“高度”分别为511.8和68.3、X和Y轴值分别为39和74.9、Alpha值为80%，效果如图40-9所示。

步骤 11 选择“淡化文字”图层的第10帧，按【F6】键插入关键帧，并选择该帧处的元件，在“属性”面板中将其宽和高分别更改为573.5和107，X和Y轴值分别为13.6和57.5，效果如图40-10所示。

图40-9 设置文字属性

图40-10 修改文字的位置

步骤 12 选择“淡化文字”图层的第1帧，单击鼠标右键，在弹出的快捷菜单中选择“创建传统补间”选项，创建补间动画，效果如图40-11所示。

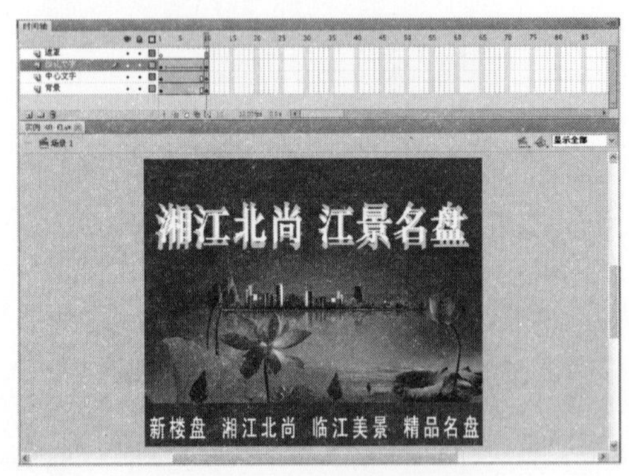

图40-11 创建补间动画

步骤 13 选中“遮罩”图层的第1帧，将“库”面板中的“遮罩”元件拖曳到舞台，并将其移到文字的中间位置，在“属性”面板中设置“宽度”和“高度”均为27，效果如图40-12所示。

步骤 14 选中“遮罩”图层的第10帧，按【F6】键插入关键帧，并选择该帧处的元件，再使用任意变形工具将该帧处的元件放到最大（覆盖整个文字区域），效果如图40-13所示。

图40-12 调整元件的大小和位置

图40-13 放大第10帧的对象

步骤 15 选中“遮罩”图层的第1帧，单击鼠标右键，在弹出的快捷菜单中选择“创建传统补间”选项，创建补间动画，效果如图40-14所示。

图40-14 创建补间动画

步骤 16 选择“遮罩”图层，单击鼠标右键，在弹出的快捷菜单中选择“遮罩层”选项，创建遮罩动画，效果如图40-15所示。

步骤 17 按【Ctrl+Enter】键或单击“控制”|“测试影片”|“测试”命令，测试动画效果，如图40-16所示。

图40-15 创建遮罩动画

图40-16 测试动画效果

第4章

图像动画

本章重点

实例41 模糊过渡

实例42 美女变装

实例43 四季美景

实例44 落红缤纷

实例45 蝶舞飞扬

实例46 山水欣赏

实例47 水中倒影

实例48 电子相册

实例49 情景剧场

实例50 电影过渡

实例51 小狗赛跑

实例52 手机秀场

实例53 百叶窗动画

实例54 古画书卷欣赏

实例55 会飞的花仙子

实例56 全景展视动画

实例57 电影下载进度条

实例58 云雾动画效果

实例59 数码相机展览

实例60 360° 旋转

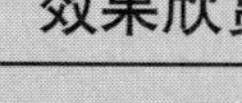

实例 41 模糊过渡

效果欣赏	实例导航
	素材文件：素材\第4章\实例41
	效果文件：效果\第4章\实例41.fla
	视频文件：视频\第4章\实例41.swf
	知识点睛：添加模糊滤镜、使用脚本创建遮罩

步骤 01 按【Ctrl+N】键新建一个Flash文档。单击“修改”|“文档”命令，弹出“文档设置”对话框，设置“宽”为400、“高”为300、“背景颜色”为白色、“帧频”为12，单击“确定”按钮，设置文档设置。单击“文件”|“另存为”命令，将其保存为“实例 41.fla”文件。

步骤 02 单击“文件”|“导入”|“导入到舞台”命令，导入一幅素材图像至舞台中，如图41-1所示。选择“图层1”图层的第40帧，按【F5】键插入帧。

步骤 03 选择刚导入的图像，单击“修改”|“转换为元件”命令，弹出“转换为元件”对话框。设置“名称”为“图片1”、“类型”为“影片剪辑”，如图41-2所示。单击“确定”按钮，将图像转换为元件。

图41-1 导入图像到舞台中

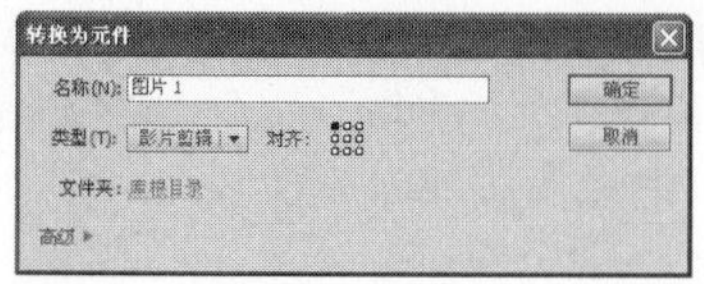

图41-2 “转换为元件”对话框

步骤 04 新建“图层2”图层，并选择第25帧，按【F6】键插入关键帧，单击“文件”|“导入”|“导入到舞台”命令，导入一幅素材图像至舞台中，如图41-3所示。

步骤 05 同理，将其转换为名为“图片2”的影片剪辑，在“属性”面板中设置实例名称为pic2，并勾选“显示”选项区中的“缓存为位图”复选框，如图41-4所示。选择“图层2”图层的第80帧，按【F5】键插入帧。

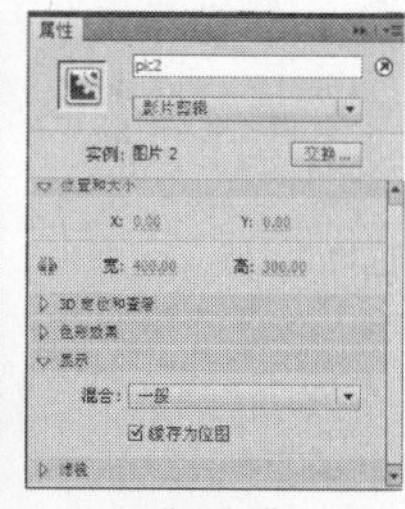

图41-3 导入的素材图像 图41-4 设置“属性”面板

步骤 06 新建“图层3”图层，选择“图层1”图层的第1帧，单击鼠标右键，在弹出的快捷菜单中选择“复制帧”选项。选择“图层3”图层的第65帧，单击鼠标右键，在弹出的快捷菜单中选择“粘贴帧”选项，效果如图41-5所示。

步骤 07 选择“图层3”图层第65帧的影片剪辑，在“属性”面板中设置其实例名称为pic1，并勾选“显示”选项区中的“缓存为位图”复选框，如图41-6所示。

图41-5　粘贴帧的效果

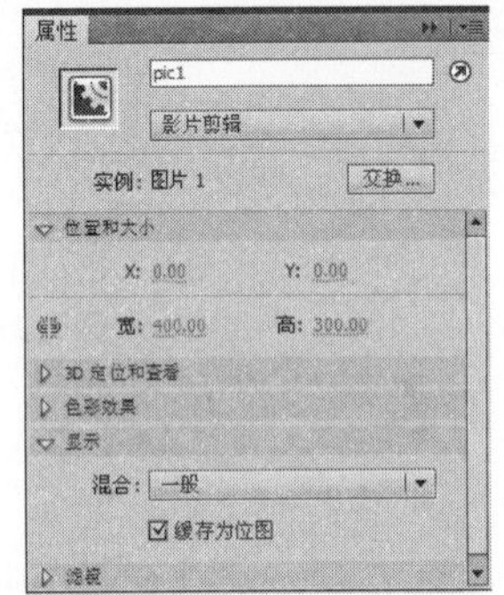

图41-6　设置“属性”面板

步骤 08 新建“动态遮罩”图层，并选择第25帧，按【F6】键插入关键帧，选择工具箱中的椭圆工具，设置“填充颜色”为黑色，绘制一个“宽度”和“高度”分别为163和94，并将其转换为名为cover的影片剪辑，效果如图41-7所示。

步骤 09 选择“动态遮罩”图层第25帧的cover影片剪辑，在“属性”面板中设置实例名称为cover，单击“添加滤镜”按钮，在弹出的下拉菜单中选择“模糊”选项，展开“模糊”卷展栏并设置各参数，如图41-8所示。

图41-7　绘制的椭圆

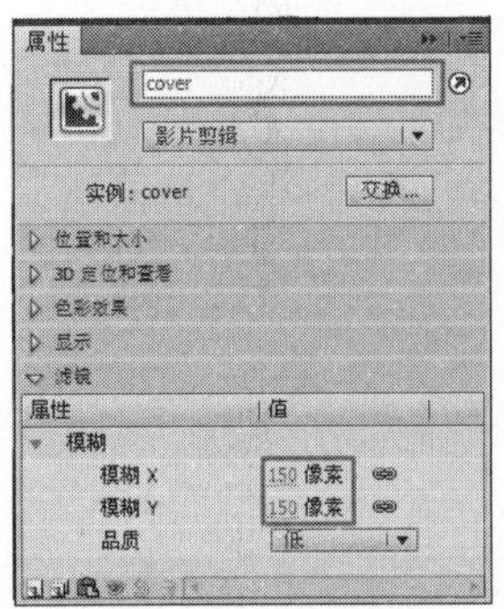

图41-8　设置“属性”面板

步骤 10 选择“动态遮罩”图层的第40帧，按【F6】键插入关键帧，并调整对象至合适大小。选择“动态遮罩”图层的第25帧，单击鼠右键，在弹出的快捷菜单中选择“创建传统补间”选项，创建补间动画，如图41-9所示。选择第41帧，按【F7】键插入空白关键帧。

步骤 11 选择“动态遮罩”图层的第25帧至40帧，单击鼠标右键，在弹出的快捷菜单中选择“复制帧”选项，复制帧。选择“动态遮罩”图层的第65帧至80帧，单击鼠标右键，在弹出的快捷菜单中选择“粘贴帧”选项，粘贴帧内容，如图41-10所示。

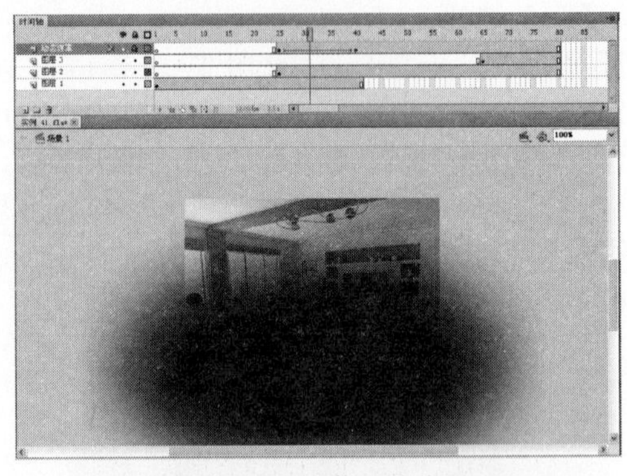

图41-9　创建补间动画

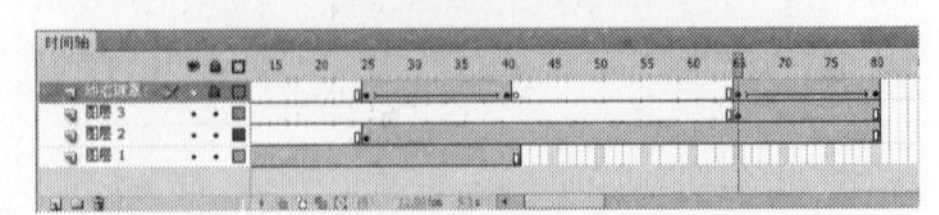

图41-10　粘贴帧效果

步骤 12 选择“动态遮罩”图层的第25帧，单击“窗口”|“动作”命令，在弹出的“动作-帧”面板中添加如下脚本：

```
pic2.setMask(cover);
```

步骤 13 选择“动态遮罩”图层的第65帧，

单击“窗口”|“动作”命令，在弹出的“动作-帧”面板中添加如下脚本：

```
pic1.setMask(cover);
```

步骤 14 单击“控制”|“测试影片”|“测试”命令，测试影片效果，在其中观看模糊过渡效果，如图41-11所示。

图41-11　测试动画效果

实例 42　美女变装

效果欣赏	实例导航
 	素材文件：素材\第4章\实例42
	效果文件：效果\第4章\实例42.fla
	视频文件：视频\第4章\实例42.swf
	知识点睛：导入图像、绘制按钮、添加脚本语句

步骤 01 按【Ctrl+N】键新建一个Flash文档。单击“修改”|“文档”命令，弹出“文档设置”对话框，在“尺寸”选项区中设置“宽”为550、“高”为642、“背景颜色”为绿色（#95CD15）、“帧频”为12，单击“确定”按钮，修改文档设置。单击“文件”|“另存为”命令，将其保存为“实例42.fla”文件。

步骤 02 双击“图层1”图层，将其重命名为“背景”。按【F7】键插入3个空白关键帧，单击“文件”|“导入”|“导入到舞台”命令，连续导入4张JPEG图像，分布在各关键帧中，并调整其大小（所有图像“宽度”均为550、“高度”均为642、X和Y轴值均为0），效果如图42-1所示。

步骤 03 单击“时间轴”面板中的“新建图层”按钮，创建“文字”图层。选择工具箱中的文本工具，在人物的右下方输入“美女变装”文本，并设置“系列”为“华文行楷”、“字体大小”为60、“颜色”为红色（#FF0000），"文字方向"为“垂直”，如图42-2所示。

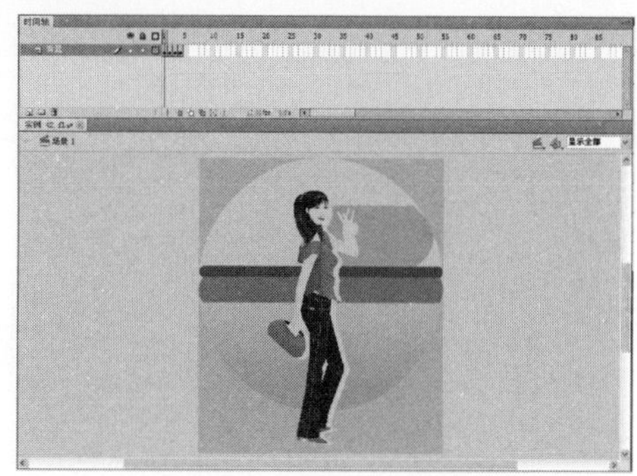

图42-1　导入4张JPEG图像

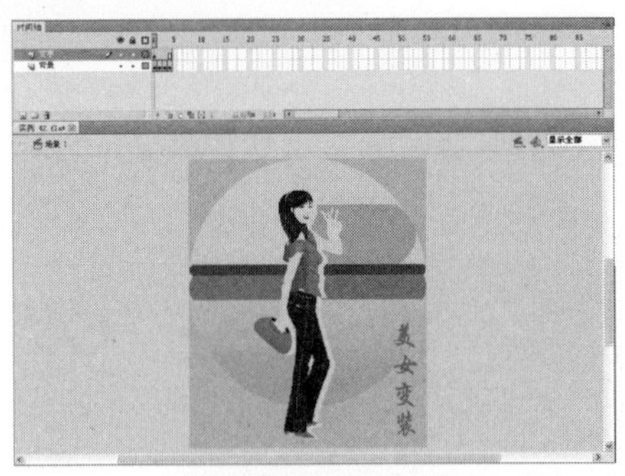

图42-2　创建文本

步骤 04 选择“文字”图层的第2帧、第3帧、第4帧，按【F6】键插入关键帧，并分别将第2帧、第3帧、第4帧中的文字颜色依次更改为墨绿色（#006600）、黄色（#FFFF07）、洋红色（#FF0098），效果如图42-3所示。

步骤 05 创建“按钮”图层，选择工具箱中的椭圆工具，在“属性”面板中设置“笔触颜色”为无、“填充颜色”为橘黄色（#F89C10），按住【Shift】键的同时，在人物图形的左下方绘制一个正圆，并使用星形工具，绘制一个黑色三角形图形，效果如图42-4所示。

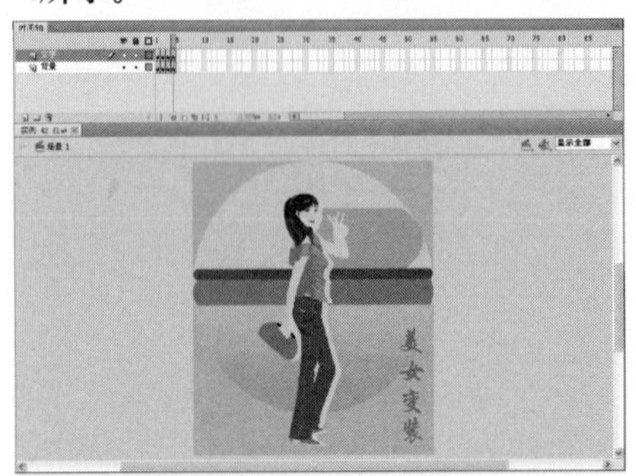

图42-3　更改各帧中文字的颜色

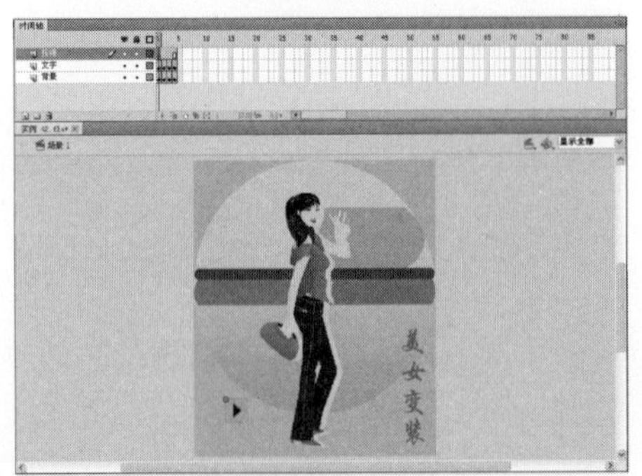

图42-4　绘制三角形图形

步骤 06 选择绘制的按钮，单击“修改”|“转换为元件”命令，在弹出的“转换为元件”对话框中设置“名称”为“换衣服”、“类型”为“按钮”，如图42-5所示。单击“确定”按钮，将其转换为“按钮”元件。

步骤 07 双击“换衣服”按钮元件，进入该元件的编辑模式。在“图层1”中选择“指针经过”帧，按【F6】键插入一个关键帧，将该帧按钮上的三角形颜色更改为红色（#FF0000），如图42-6所示。

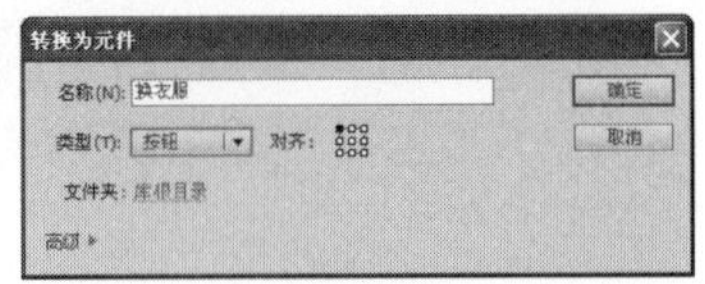

图42-5　“转换为元件”对话框

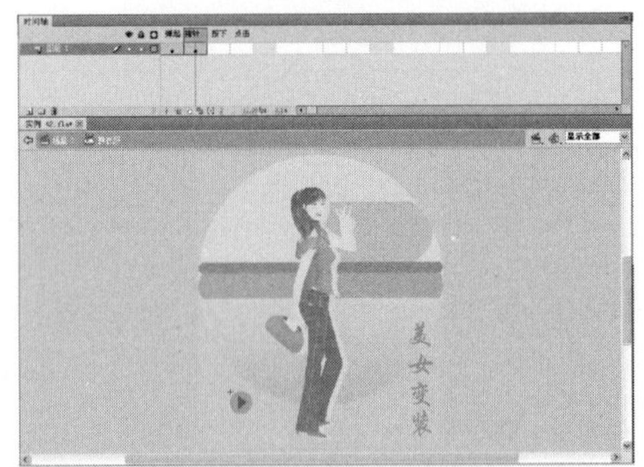

图42-6　更改三角形的颜色

步骤 08 选择“点击”帧，按【F6】键插入一个关键帧，此时的“时间轴”面板如图42-7所示。

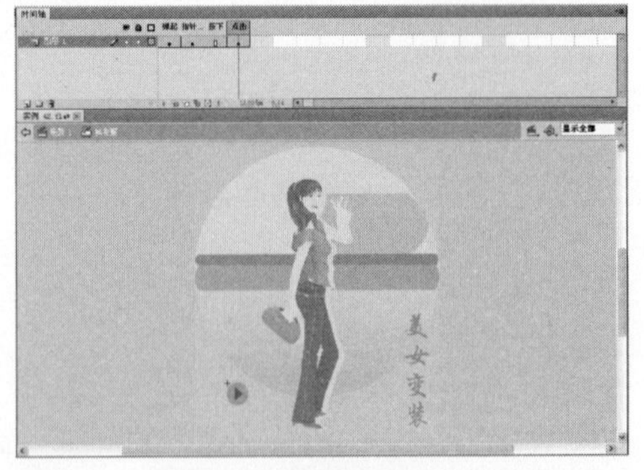

图42-7　“时间轴”面板

步骤 09 单击“场景1”标签，返回“场景1”编辑模式。选择“按钮”图层的“换衣服”按钮元件，单击“窗口”|“动作”命令，在弹出的“动作”面板中添加动作脚本语句，如图42-8所示。

图42-8 为按钮添加动作脚本语句

步骤 10 在“按钮”图层的上方创建“动作”图层，分别选择第2帧、第3帧和第4帧，按【F7】键插入空白关键帧，如图42-9所示。

图42-9 插入空白关键帧

步骤 11 单击“动作”层的第1帧，在“动作”面板中添加动作脚本语句，如图42-10所示。

图42-10 为第1帧添加动作脚本语句

步骤 12 同理，分别为第2帧、第3帧和第4帧添加相同的脚本语句，效果如图42-11所示。

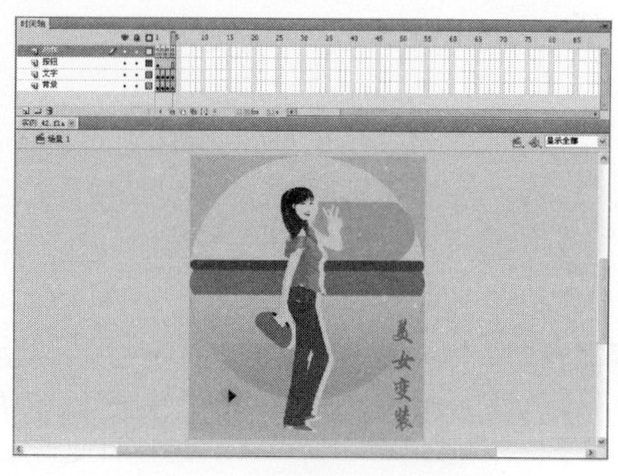

图42-11 为其他帧添加脚本

步骤 13 单击“控制”|“测试影片”|“测试”命令，测试动画效果，如图42-12所示。

图42-12 测试动画效果

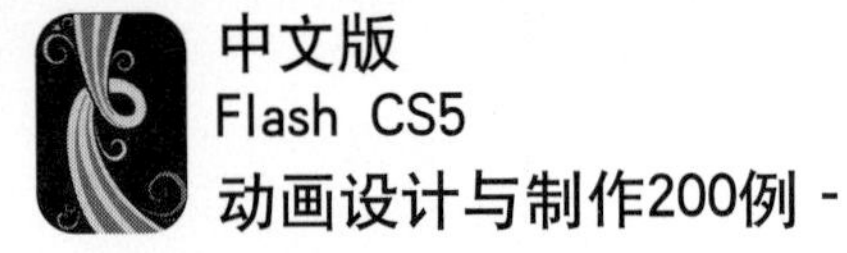

实例43 四季美景

效果欣赏	实例导航
	素材文件：素材\第4章\实例43
	效果文件：效果\第4章\实例43.fla
	视频文件：视频\第4章\实例43.swf
	知识点睛：创建元件、设置图像属性、复制元件

步骤 01 按【Ctrl+N】键新建一个Flash文档。单击“修改”|“文档”命令，弹出“文档设置”对话框，设置“宽”为400、“高”为300、“背景颜色”为白色（#FFFFFF）、“帧频”为8，单击“确定”按钮，修改文档设置。单击“文件”|“另存为”命令，将其保存为“实例43.fla”文件。

步骤 02 单击“文件”|“导入”|“导入到库”命令，弹出“导入到库”对话框，从中选择所需的图像文件，单击“打开”按钮导入图片，此时“库”面板如图43-1所示。

步骤 03 双击“图层1”图层，将其重命名为“春季”图层，并从“库”面版中拖曳春季美景图片至舞台中，并将其缩放到舞台的大小，如图43-2所示。

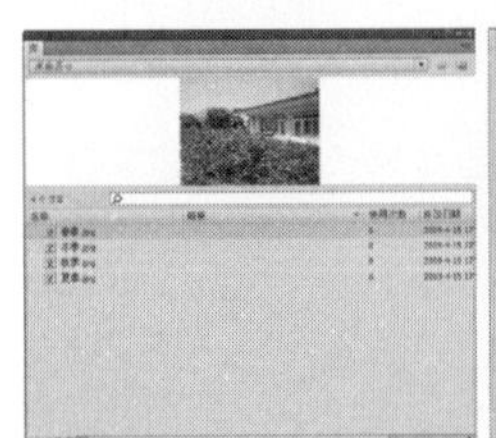

图43-1 将图像导入到“库”面板

图43-2 拖入图像到舞台中

步骤 04 选择刚才拖入舞台的图片，单击“修改”|“转换为元件”命令，在弹出的“转换为元件”对话框中设置“名称”为“春”、“类型”为”图形”，如图43-3所示。单击“确定”按钮，将其转换为图形元件。

步骤 05 分别单击“春季”图层的第6帧、第11帧和第16帧，按【F6】键插入关键帧。分别选择这一层中的所有关键帧，单击鼠标右键，在弹出的快捷菜单中选择“创建传统补间”选项，创建补间动画，如图43-4所示。

图43-3 “转换为元件”对话框

图43-4 创建补间动画

步骤 06 选择“春季”图层的第1帧中的图形元件，在“属性”面板中设置其Alpha值为30%。同理，设置第16帧的Alpha值为20%，效果如图43-5所示。

步骤 07 创建“夏季”图层，在第15帧上按【F7】键插入空白关键帧，并从“库”面板中的将夏季美景图片拖曳舞台中，调整大小后居中放置，效果如图43-6所示。接着将其转换为名为“夏”的图形元件。

图43-5 设置第1帧和第16帧的Alpha值

图43-6 将图片拖入到舞台中央

步骤 08 在“夏季”图层分别选择第20帧、第25帧和第30帧，按【F6】键插入关键帧；分别在第15帧、第20帧、第25帧上单击鼠标右键，在弹出的快捷菜单中选择“创建传统补间”选项，创建补间动画，效果如图43-7所示。

图43-7 创建补间动画

步骤 09 选择“夏季”图层第15帧的元件，在“属性”面板中设置Alpha值为30%，设置第30帧中的图像Alpha值为20%，效果如图43-8所示。

步骤 10 同理，创建“秋季”图层，在第29帧、第34帧、第39帧和第44帧上拖入元件，并创建补间动画，设置第29帧的Alpha值为30%、第44帧的Alpha值为20%，效果如图43-9所示。

图43-8 设置Alpha值的效果

图43-9 创建“秋季”图层的补间动画

步骤 11 同理，创建“冬季”图层，在“冬季”层的第43帧、第48帧、第53帧和第58帧上拖入元件，并创建补间动画，设置第43帧的Alpha值为30%、第58帧的Alpha值为20%，效果如图43-10所示。

步骤 12 单击“插入”|“新建元件”命令，弹出“创建新元件”对话框，创建一个名为“春字”的图形元件。选择工具箱中的文本工具，在其“属性”面板中设置“系列”为“华文行楷”、“字体大小”为50、“颜色”为绿色（#009900），并单击“文本”|“样式”|“仿粗体”命令，以粗体显示。在舞台中输入“春”文本，效果如图43-11所示。

步骤 13 在“库”面板中选择“春字”元件，单击鼠标右键，在弹出的快捷菜单中选择“直接复制”选项，弹出“直接复制元件”对话框，将其复制为一个名为“夏字”的图形元件，如图43-12所示，单击“确定”按钮。

图43-10　创建“冬季”图层的补间动画

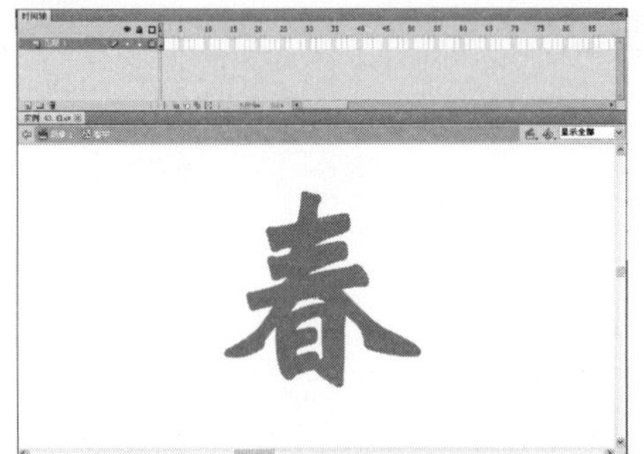

图43-11　创建“春字”图形元件

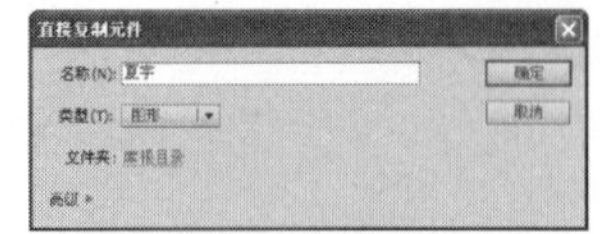
图43-12　“直接复制元件”对话框

步骤 14 双击“库”面板中的“夏字”图形元件，进入其编辑模式，将舞台中的“春”字更改为“夏”字，并改变其颜色为黄绿色（#CBFF00），如图43-13所示。

图43-13　创建“夏字”图形元件

步骤 15 同理，依次创建“秋字”和“冬字”图形元件，并分别将舞台中的“秋”和“冬”字的“颜色”设置为桔红（#FF6600）和白色（#FFFFFF），如图43-14所示。（右图为将背景色改为黑色时的显示效果）

步骤 16 单击“场景1”标签，返回“场景1”编辑模式，创建“春”图层，并从“库”面板中将“春字”元件拖曳至舞台的左上角处，如图43-15所示。

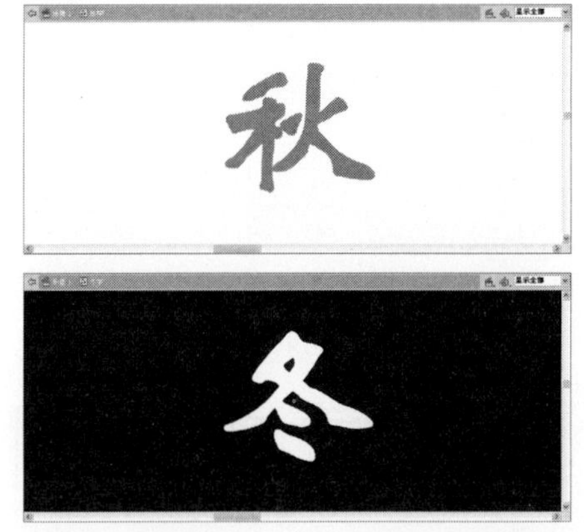

图43-14　创建“秋字”和“冬字”图形元件

图43-15　将元件拖曳到舞台中

步骤 17 在“春”图层的第6帧上，按【F6】键插入关键帧，将第1帧中的图形元件向右移动至合适位置，并设置该帧中对象的Alpha值为30%，如图43-16所示。接着在第1帧至第6帧之间创建补间动画，在12帧上按【F7】键插入空白关键帧。

图43-16　调整对象的位置和Alpha值

步骤 18 创建“夏”图层，用与上同样的方法，制作“夏字”元件的动画，在第15帧至

第20帧之间创建补间动画，并在第25帧上插入空白关键帧，效果如图43-17所示。

步骤 19 同理，创建“秋”和“冬”图层，分别在两个图层中创建“秋字”和“冬字”的补间动画，效果如图43-18所示。

图43-17 创建“夏字”的补间动画

图43-18 创建补间动画

步骤 20 单击“控制”|“测试影片”|“测试”命令，测试动画效果，如图43-19所示。

图43-19 测试动画效果

实例 44 落红缤纷

效果欣赏	实例导航
	素材文件：素材\第4章\实例44
	效果文件：效果\第4章\实例44.fla
	视频文件：视频\第4章\实例44.swf
	知识点睛：创建元件、设置元件属性、创建运动引导层

步骤 01 按【Ctrl＋N】键新建一个Flash文档。单击“修改”|“文档”命令，弹出“文档设置”对话框，在“尺寸”选项区中设置“宽”为550、“高”为400、“背景颜色”为白色、“帧频”为12，单击“确定”按钮，修改文档设置。单击“文件”|“另存为”命令，将其保存为“实例44.fla”文件。

步骤 02 单击“插入”|“新建元件”命

令，在弹出的“创建新元件”对话框中设置“名称”为“花”、“类型”为“图形”，如图44-1所示。单击“确定”按钮，进入图形元件编辑模式。

步骤 03 单击“文件”|“导入”|“导入到舞台”命令，在弹出的“导入”对话框中选择一个花的素材图片文件，单击“打开”按钮，导入到舞台中，并调整其大小和位置，效果如图44-2所示。

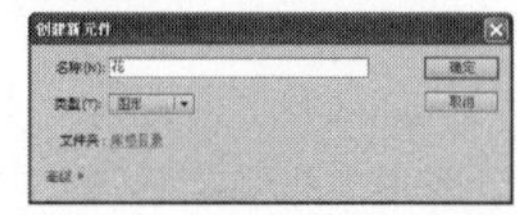

图44-1 “创建新元件”对话框

图44-2 导入花朵图像

步骤 04 新建一个名为“花1”的影片剪辑元件，进入该影片剪辑元件的编辑模式。按【Ctrl+L】键弹出“库”面板，并将“花”图形元件拖入到舞台中。选择第20帧，按【F6】键插中入关键帧，如图44-3所示。

步骤 05 选择“图层1”图层，单击鼠标右键，在弹出的快捷菜单中选择“添加传统运动引导层”选项，新建一个引导层。选择工具箱中的铅笔工具，在“引导层”上绘制一条曲线作为花飘落的路径，如图44-4所示。

步骤 06 选择“图层1”图层中第1帧上的“花”图形元件，将其中心点与引导线上方的端点对齐，如图44-5所示。

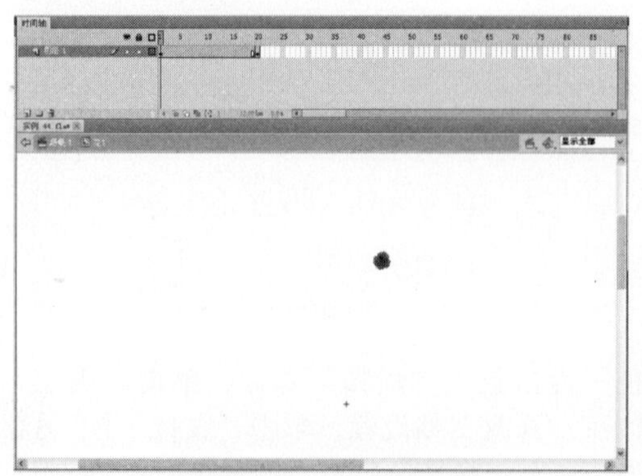

图44-3 插入关键帧

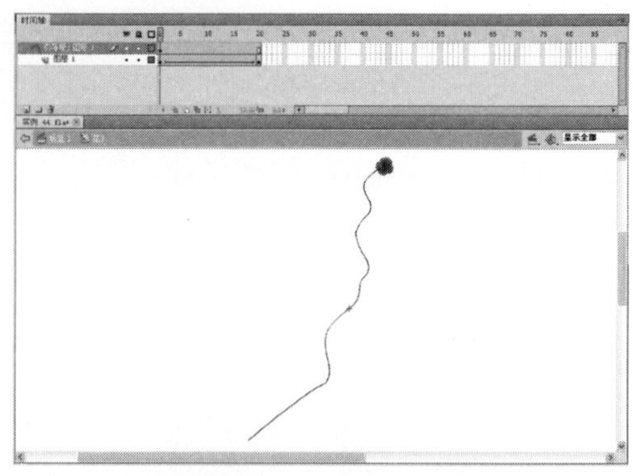

图44-4 绘制路径

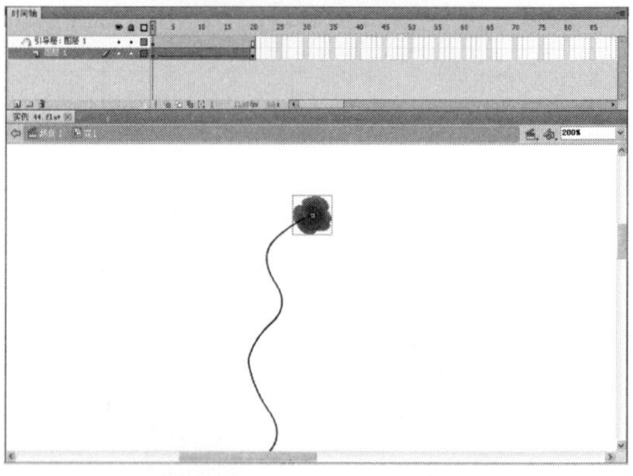

图44-5 将元件中心点与引导线的起点对齐

步骤 07 同理，将“图层1”图层中第20帧上的“花”图形元件的中心点与引导线的另一端点对齐，如图44-6所示。并创建第1帧至第20帧的补间动画。

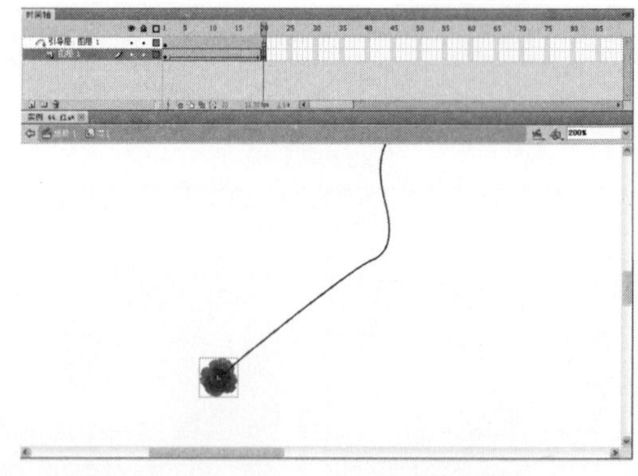

图44-6 将元件中心点与引导线的终点对齐

步骤 08 同理，新建一个名为“花瓣”的图形元件，导入一个花瓣图形，如图44-7所示。

步骤 09 新建一个名为“花瓣1”的影片剪辑元件，并为其创建引导层动画，如图44-8所示。

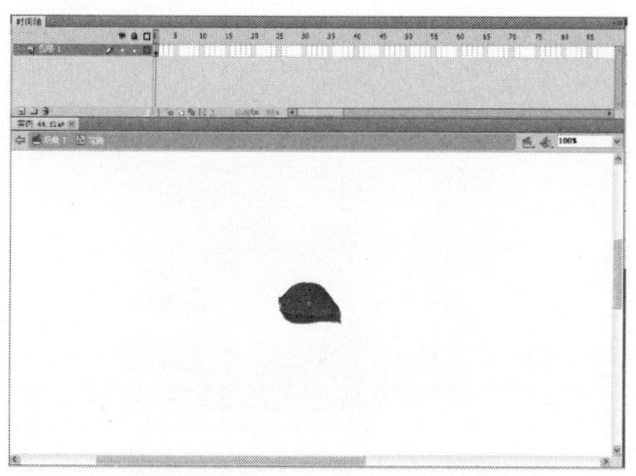

图44-7　创建一个图形元件

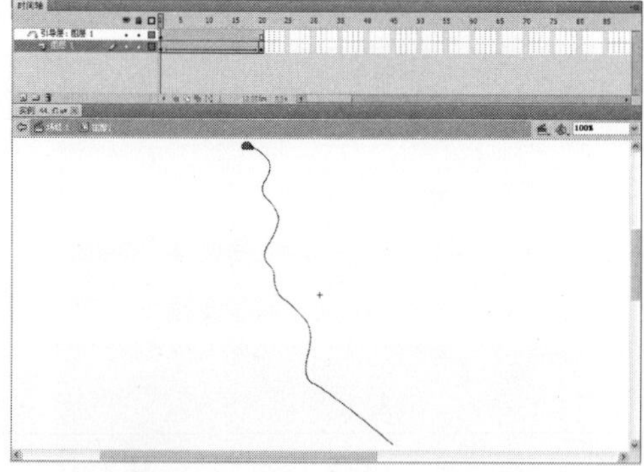

图44-8　创建一个影片剪辑元件

步骤 10 新建一个名为“花2”的影片剪辑元件，进入该影片剪辑元件编辑模式。选择“图层1”图层中的第1帧，将“库”面板中的“花1” 影片剪辑元件拖曳到舞台中，重复该操作连续拖入4个“花1”元件，放在舞台中的不同位置，并调整其大小，然后选择第20帧，按【F5】键插入一个普通帧，如图44-9所示。

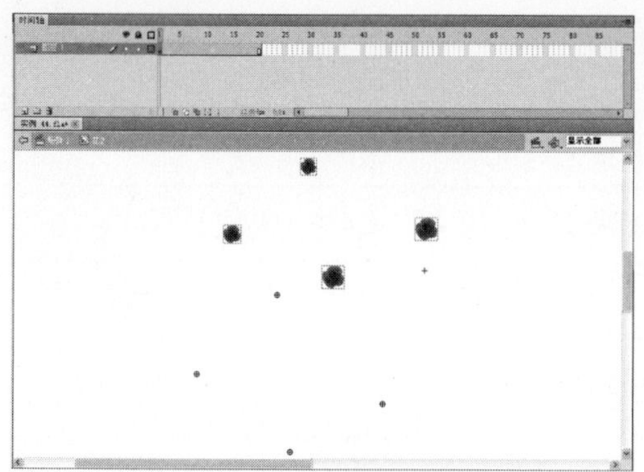

图44-9　拖曳元件至舞台中

步骤 11 创建“图层2”图层，选择第4帧，按【F6】插入关键帧，拖入4个“花1” 影片剪辑元件并将其放置在舞台中不同的位置，再选择第23帧，按【F5】键插入一个普通帧，如图44-10所示。

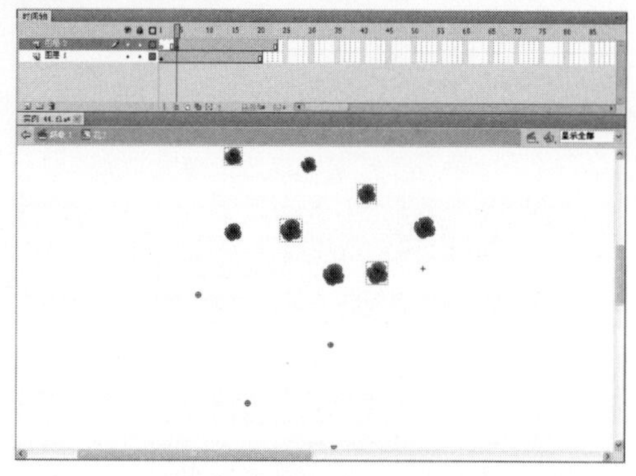

图44-10　创建“图层2”中各帧元件的布局

步骤 12 创建“图层3”图层，选择第8帧，按【F6】键插入关键帧，拖入4个键影片“花1” 剪辑元件并将其放置在舞台中不同的位置，再选择第26帧，按【F5】键插入一个普通帧，如图44-11所示。

步骤 13 同理，新建一个名为“花瓣2”的影片剪辑元件，创建两个图层，并分别布局各层中相应帧上的花瓣图形，效果如图44-12所示。

步骤 14 单击“场景1”标签，返回“场景1”编辑模式，选择“图层1”图层的第1帧，单击“文件”|“导入”|“导入到舞台”命令，在弹出的“导入”对话框中选择一幅背景图片，单击“打开”按钮导入到舞台，并调整其大小和位置，使其恰好覆盖整个场景，效果如图44-13所示。

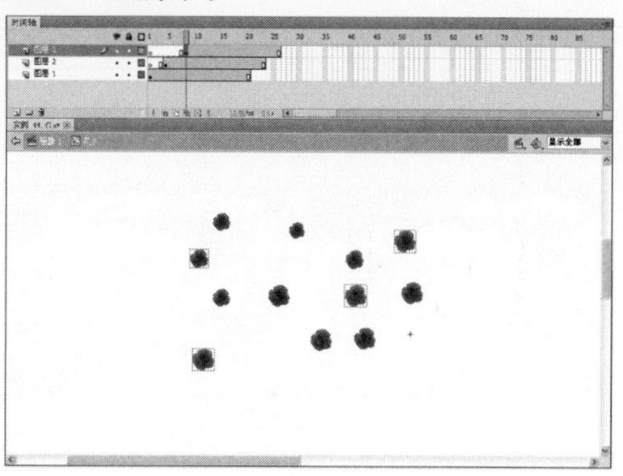

图44-11　创建“图层3”中各帧元件的布局

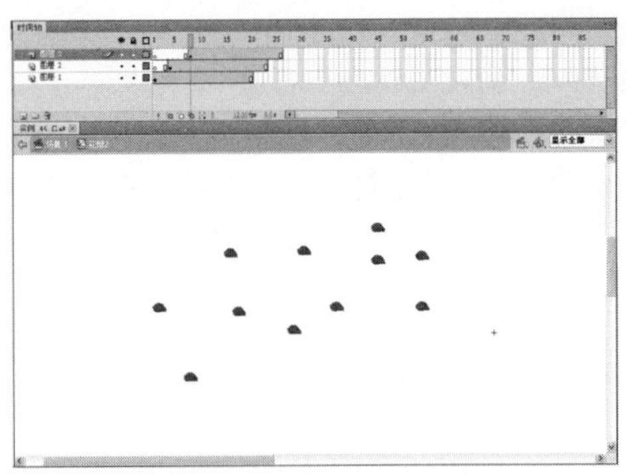

图44-12　创建影片剪辑元件

图44-13　导入背景图片

步骤 15 在“图层1”图层的上方创建“图层2”图层，将“库”面板中的“花2”、“花瓣2”影片剪辑元件拖曳到舞台中并调整其大小和位置，如图44-14所示。

步骤 16 单击“控制”|“测试影片”|“测试”命令，测试动画效果，如图44-15所示。

图44-14　将元件拖曳到舞台

图44-15　测试动画效果

实例 45　蝶舞飞扬

效果欣赏	实例导航
	素材文件：素材\第4章\实例45
	效果文件：效果\第4章\实例45.fla
	视频文件：视频\第4章\实例45.swf
	知识点睛：创建元件、创建动动引导层、变形元件

步骤 01 按【Ctrl+N】键新建一个Flash文档。单击“修改”|“文档”命令，弹出“文档设置”对话框，设置“宽”为550、“高”为412、“背景颜色”为白色（#FFFFFF）、“帧频”

为12，单击“确定”按钮，修改文档设置。单击“文件”|“另存为”命令，将其保存为“实例45.fla”文件。

步骤 02 单击“文件”|“导入”|“导入到舞台”命令，导入一幅图像，并调整大小使其正好覆盖整个舞台，效果如图45-1所示。选择第80帧，按【F5】键插入普通帧。

步骤 03 单击“插入”|“新建元件”命令，在弹出的“创建新元件”对话框中设置“名称”为“蝴蝶”、“类型”为“图形”，如图45-2所示。单击“确定”按钮，进入图形元件编辑模式。

图45-1 导入图像到舞台中

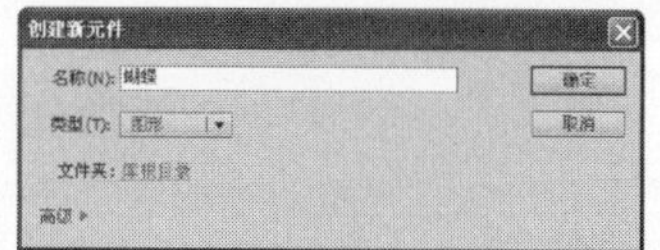

图45-2 “创建新元件”对话框

步骤 04 单击“文件”|“导入”|“导入到舞台”命令，导入一幅蝴蝶图片，并适当调整大小和位置，效果如图45-3所示。

步骤 05 单击“场景1”标签，返回“场景1”编辑模式，在“图层1”图层上单击鼠标右键，在弹出的快捷菜单中选择“添加传统运动引导层”选项，新建一个引导层。选择工具箱中的钢笔工具，在引导层上绘制一条曲线，作为蝴蝶飞舞的路径，效果如图45-4所示。

图45-3 导入蝴蝶图片

图45-4 绘制路径

步骤 06 确定“图层1”图层为当前图层，单击“新建图层”按钮创建“图层2”图层，从“库”面板中将“蝴蝶”元件拖曳到舞台中，并调整其大小及位置，效果如图45-5所示。

步骤 07 分别在“图层2”图层的第10帧、第25帧、第30帧、第45帧、第50帧、第55帧、第65帧、第72帧、第80帧处按【F6】键插入关键帧，并在每一个帧中将蝴蝶的位置移动到路径经过的相应花朵的花蕊处，并将蝴蝶适当旋转、缩小或放大。如图45-6所示为第45帧处的蝴蝶的位置。

图45-5 拖入“蝴蝶”元件

图45-6 调整蝴蝶位置和方向

步骤 08 分别选择“图层2”图层中的各个关键帧，单击鼠标右键，在弹出的快捷菜单中选择"创建传统补间"选项，创建各个关键帧之间的补间动画，如图45-7所示。

图45-7 创建补间动画

步骤 09 单击"控制"|"测试影片"|"测试"命令，测试动画效果，如图45-8所示。

图45-8 测试动画效果

实例 46 山水欣赏

效果欣赏	实例导航
	素材文件：素材\第4章\实例46
	效果文件：效果\第4章\实例46.fla
	视频文件：视频\第4章\实例46.swf
	知识点睛：创建矩形、创建遮罩层、添加形状提示标记

步骤 01 按【Ctrl＋N】键新建一个Flash文档。单击"修改"|"文档"命令，弹出"文档设置"对话框，设置"宽"为550、"高"为400、"背景颜色"为白色（#FFFFFF）、"帧频"为12，单击"确定"按钮，修改文档设置。单击"文件"|"另存为"命令，将其保存为"实例46.fla"文件。

步骤 02 单击"文件"|"导入"|"导入到舞台"命令，导入一幅图片到舞台中，并适当调整其大小与位置，使其刚好覆盖整个舞台，如图46-1所示。选择"图层1"图层的第30帧，按【F5】键插入帧，并单击"时间轴"面板中"图层1"图层外🔒列下的按钮，锁定该图层。

步骤 03 单击"时间轴"面板中的"新建图层"按钮，创建"图层2"图层。选择工具箱中的矩形工具，在舞台中绘制一个没有边框的黑色小矩形，如图46-2所示。

图46-1 导入一幅图片

图46-2 绘制矩形

步骤 04 选择第30帧，按【F6】键插入关键帧，在“图层2”图层的第1帧上单击鼠标右键，在弹出的快捷菜单中选择“创建传统补间”选项，创建补间动画。如图46-3所示。

步骤 05 选择第30帧，将矩形对象放大至整个舞台大小，使其完成覆盖图像，再在“图层2”图层上单击鼠标右键，在弹出的快捷菜单中选择“遮罩层”选项，创建遮罩层，效果如图46-4所示。

图46-3 插入关键帧

图46-4 创建遮罩层

步骤 06 在“图层1”图层的下方创建“图层3”图层，单击“文件”|“导入”|“导入到舞台”命令，导入另一幅图片到舞台中，调整其大小与位置，使其正好覆盖图像，如图46-5所示。

步骤 07 在“图层3”图层的下方创建“图层4”图层，选择“图层4”图层的第31帧，按【F6】键插入关键帧，接着单击“文件”|“导入”|“导入到舞台”命令，导入一幅图片到舞台中，并调其大小使其与前两幅图片的大小一样，如图46-6所示。在第60帧上按【F5】键插入普通帧。

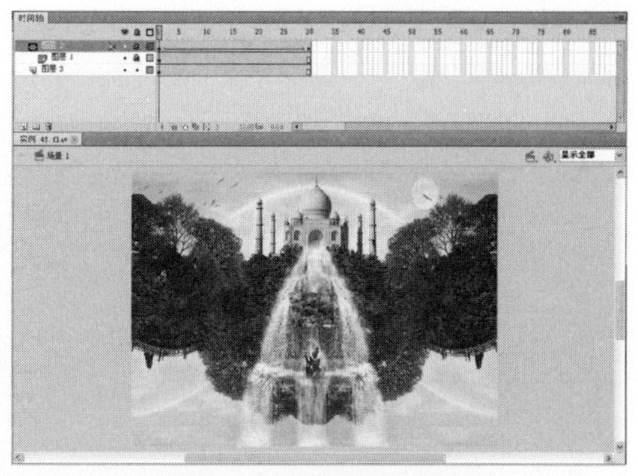

图46-5 导入另一幅图片

图46-6 再次导入一幅图片

步骤 08 在“图层4”图层的上方创建“图层5”图层，选择“图层5”图层的第31帧，按【F6】键插入关键帧，在图像上面绘制一个没有边框的黑色矩形，将其置于第3幅图像的左侧，如图46-7所示。

步骤 09 选择“图层5”图层的第60帧，按【F7】键插入空白关键帧，在该帧中绘制一个正好将舞台完全覆盖的没有边框的黑色矩形，最后在第31帧上单击鼠标右键，在弹出的快捷菜单中选择“创建补间形状”选项，创建形状补间动画，如图46-8所示。

图46-7 绘制矩形

图46-8 创建形状补间动画

步骤 10 选择“图层5”图层的第31帧，单击“修改”|“形状”|“添加形状提示”命令，此时在舞台上将出现一个形状提示标记ⓐ，将其移至矩形的右上角，重复该命令再将得到的形状提示标记ⓑ，移至矩形的右下角，再次重复该命令再将得到的形状提示标记ⓒ，移至矩形的中间位置，如图46-9所示。

步骤 11 选择第60帧，调整形状提示标记的位置，将其置于该帧中矩形对象左侧的两个顶点和中心位置上，如图46-10所示。

图46-9 添加形状提示标记

图46-10 移动形状提示标记的位置

步骤 12 在“图层5”图层上单击鼠标右键，在弹出的快捷菜单中选择“遮罩层”选项，创建遮罩层，效果如图46-11所示。

步骤 13 创建“图层6”图层，将其置于图层的最底端，按住【Shift】键的同时，选择“图层1”图层的第1帧至第30帧之间的所有帧，在选择的帧上面单击鼠标右键，在弹出的快捷菜单中选择“复制帧”选项。再在“图层6”图层的第31帧上单击鼠标右键，在弹出的快捷菜单中选择“粘贴帧”选项，并将第61帧至第90帧之间的帧删除，效果如图46-12所示。

图46-11 创建遮罩层

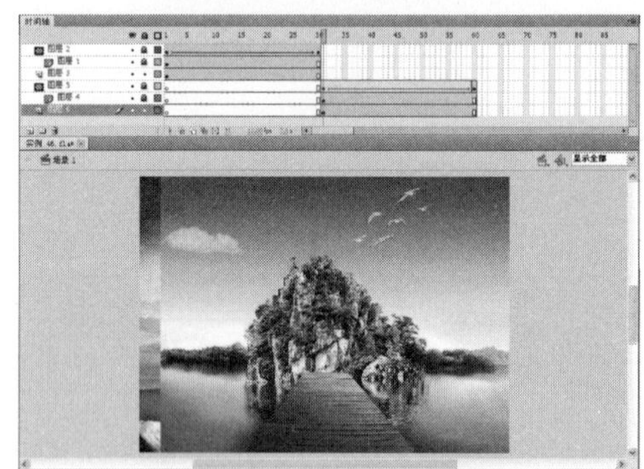

图46-12 复制帧和粘贴帧

步骤 14 单击“控制”|“测试影片”|“测试”命令，测试动画效果，如图46-13所示。

图46-13 测试动画效果

实例47　水中倒影

效果欣赏	实例导航
 	素材文件：素材\第4章\实例47
	效果文件：效果\第4章\实例47.fla
	视频文件：视频\第4章\实例47.swf
	知识点睛：复制和粘贴帧、创建遮罩层

步骤 01 按【Ctrl+N】键新建一个Flash文档。单击“修改”|“文档”命令，弹出“文档设置”对话框，设置“宽”为550、“高”为545、“背景颜色”为白色（#FFFFFF）、“帧频”为12，单击“确定”按钮，修改文档设置。单击“文件”|“另存为”命令，将其保存为“实例47.fla”文件。

步骤 02 双击“图层1”图层，将其更名为“建筑物”。单击“文件”|“导入”|“导入到舞台”命令，导入一幅图片到舞台中，并调整其大小及位置，效果如图47-1所示。按【F8】键，将其转换为“建筑物”图形元件，选择第40帧，按【F5】键插入普通帧。

步骤 03 创建“倒影”图层，在“建筑物”图层中选择第1帧，单击鼠标右键，在弹出的快捷菜单中选择“复制帧”选项；选择“倒影”图层的第1帧，单击鼠标右键，在弹出的快捷菜单中选择“粘贴帧”选项，复制一个建筑物图片到“倒影”图层中，如图47-2所示。

图47-1　导入图像到舞台中

图47-2　复制帧和粘贴帧

步骤 04 选择“倒影”图层中的图片，单击“修改”|“变形”|“垂直翻转”命令，垂直翻转复制的建筑物图片，并适当调整其位置，效果如图47-3所示。

步骤 05 同理，创建“透明倒影”图层，并将“倒影”图层中的图片复制到该图层，接着再垂直向下移动至适当位置，如图47-4所示。

图47-3　垂直翻转复制的图片

图47-4 复制“倒影”图层中的图片

步骤 06 选择“倒影透明”图层中的图片，在“属性”面板中“色彩效果”的“样式”列表框中选择“高级”选项，将Alpha的值更改为60%，其他保持默认设置，如图47-5所示。

步骤 07 创建“遮罩”图层，锁定并隐藏除“遮罩”图层以外的所有图层；选择工具箱中的矩形工具，设置“笔触颜色”设置为无、“填充颜色”为黑色，在舞台中绘制一个“宽度”为550、“高度”为10的矩形，如图47-6所示。

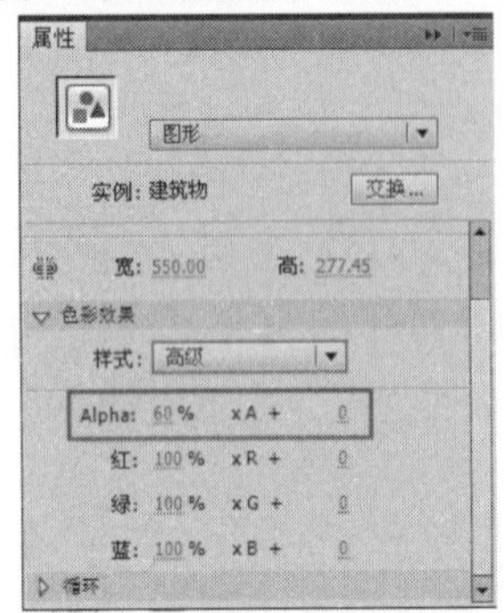

图47-5 设置“属性”面板

图47-6 绘制矩形

步骤 08 按【Ctrl+C】键复制矩形，并按【Ctrl+V】键粘贴复制的矩形，接着再连续复制8个矩形，并调整其位置，如图47-7所示。

步骤 09 选择所有矩形，按【Ctrl+K】键弹出“对齐”面板，取消选中“与舞台对齐”复选框，在“对齐”选项区中单击“水平中齐”按钮，在“分布”选项区中单击“垂直中间分布”按钮，对齐并均匀布置矩形，如图47-8所示。

图47-7 复制8个矩形

图47-8 对齐并均匀分布矩形

步骤 10 选择所有矩形，按【Ctrl+G】键将其组合成一个整体图形。创建一个“名称”为“栅格”的图形元件。显示所有隐藏的图层，在“遮罩”图层中选择“栅格”元件并将其移动至合适位置，如图47-9所示。选择第40帧，按【F6】键插入一个关键帧。

步骤 11 选择“遮罩”图层中第40帧处的栅格元件，按【Shift+↓】键将栅格向下移动至合适位置，如图47-10所示。

图47-9 创建“栅格”元件

图47—10 栅格向下移动

步骤 12 选择“遮罩”图层的第1帧，单击鼠标右键，在弹出的快捷菜单中选择“创建传统补间”选项，创建第1帧至第40帧间的补间动画，此时的“时间轴”面板如图47—11所示。

步骤 13 在“遮罩”图层上，单击鼠标右键，在弹出的快捷菜单中选择“遮罩层”选项，创建遮罩层，此时的“时间轴”面板如图47—12所示。

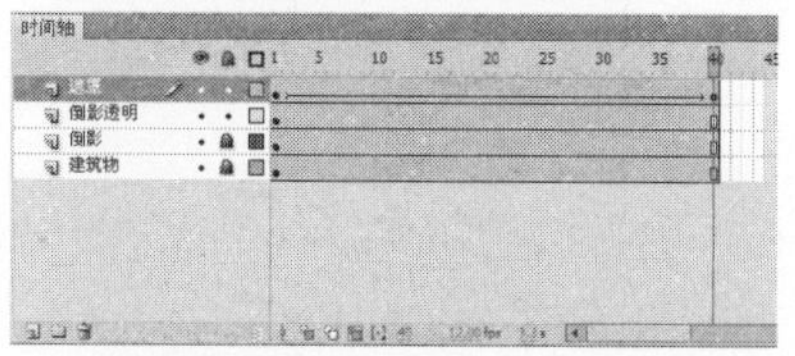

图47—11 创建补间动画

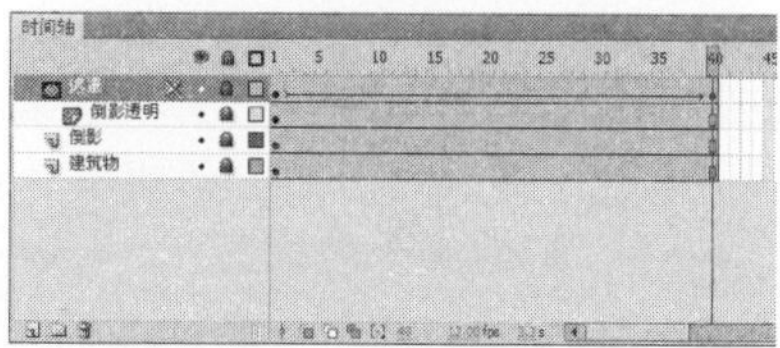

图47—12 创建遮罩层

步骤 14 单击“控制”|“测试影片”|“测试”命令或者按【Ctrl+Enter】键，测试动画效果，如图47—13所示。

图47—13 测试动画效果

实例 48 电子相册

效果欣赏	实例导航
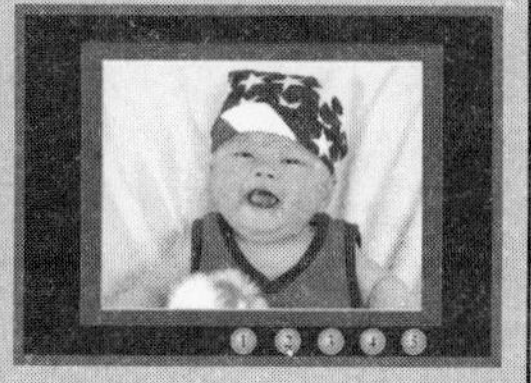	素材文件：素材\第4章\实例48 效果文件：效果\第4章\实例48.fla 视频文件：视频\第4章\实例48.swf 知识点睛：创建元件、创建遮罩层、添加形状

步骤 01 按【Ctrl+N】键新建一个Flash文档。单击“修改”|“文档”命令，弹出“文档设置”对话框，设置“宽度”为550、“高度”为400、“背景颜色”为“白色”

（#FFFFFF）、“帧频”为12，单击“确定”按钮，修改文档设置。单击“文件”|“另存为”命令，将其保存为“实例48.fla”文件。

步骤 02 单击“文件”|“导入”|“导入到库”命令，弹出“导入到库”对话框，从中选择所需的图像文件，单击“打开”按钮导入图片，此时的“库”面板如图48-1所示。

步骤 03 单击“插入”|“新建元件”命令，在弹出的“创建新元件”对话框中设置“名称”为“元件1”、“类型”为“影片剪辑”，如图48-2所示。单击“确定”按钮，进入影片剪辑元件编辑模式。

图48-1 “库”面板

图48-2 “创建新元件”对话框

步骤 04 单击“窗口”|“库”命令，从弹出的“库”面版中拖曳一幅图像至舞台中，并适当调整大小，如图48-3所示。

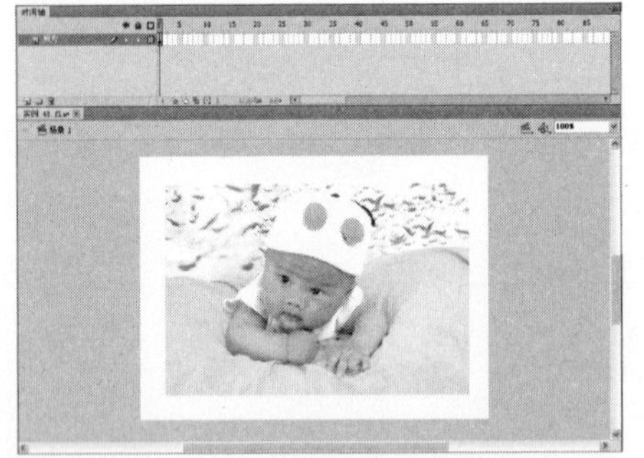

图48-3 拖曳图像到舞台中

步骤 05 同理，创建其他几幅图像的影片剪辑元件，并分别命名为“元件2”、“元件3”、“元件4”和“元件5”，此时的“库”面板如图48-4所示。

步骤 06 单击“场景1”标签，返回“场景1”编辑模式。双击“图层1”图层，并将其命名为“照片”。连续单击3次“时间轴”面板中的“新建图层”按钮，创建3个图层，并将其分别命名为“矩形”图层、“按钮”图层和“动作”图层，如图48-5所示。

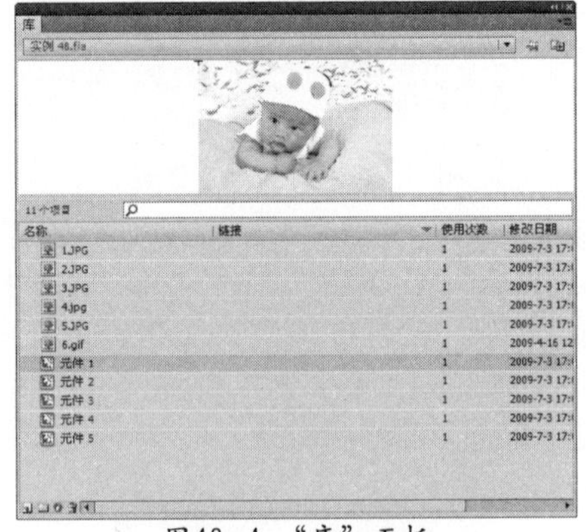

图48-4 “库”面板

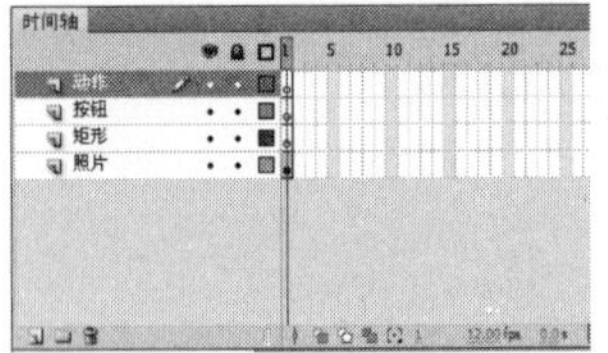

图48-5 新建图层

步骤 07 选择“矩形”图层，将“库”面板中的矩形元件拖曳到舞台中，并调整大小使其覆盖整个舞台，效果如图48-6所示。选择第50帧，按【F5】键插入普通帧。

图48-6 将矩形元件拖曳到舞台中

步骤 08 锁定“矩形”图层，选择“照片”图层，分别选择第10帧、第20帧、第30帧和第40帧，按【F6】键插入关键帧，将“库”面板中的“元件1”至“元件5”元件，依次拖入到各关键帧中，并调整其大小和位置。选择第50帧，按【F5】键插入一个普通帧，效果如图48-7所示。

步骤 09 单击“文件”|“导入”|“打开外部库”命令，打开一个按钮素材文件，弹出“库-按钮.FLV”面板，如图48-8所示。

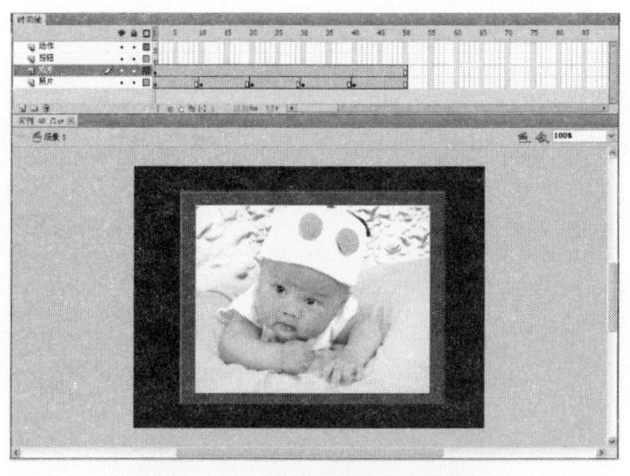

图48-7　将各元件拖入到舞台

图48-8　“库—按钮.FLV”面板

步骤 10 选择“按钮”图层的第1帧，将刚打开的按钮元件插曳到舞台区，然后再复制4个，并依次排列在矩形框的下方，如图48-9所示。

步骤 11 选择工具箱中的文本工具，在按钮元件上依次输入1、2、3、4、5，设置其“系列”均为Times New Roman、“颜色”均为“黑色”、“字体大小”均为20，如图48-10所示。选择第50帧，按【F5】键插入一个普通帧。

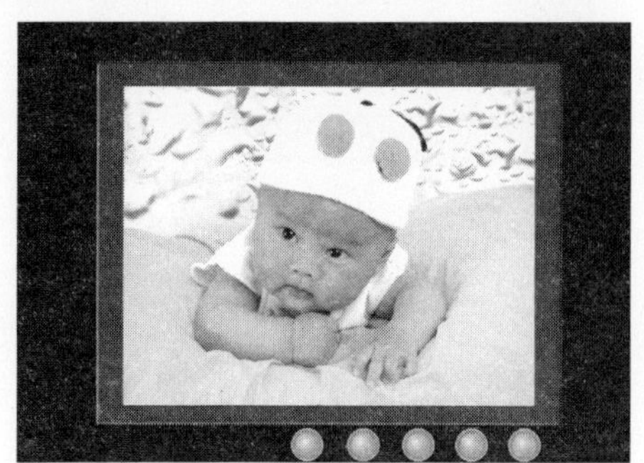

图48-9　拖曳元件至舞台区

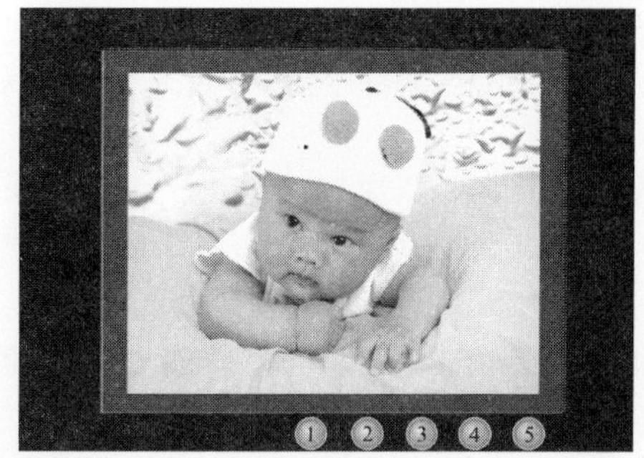

图48-10　在按钮上输入文字

步骤 12 选择“动作”图层的第9帧、第19帧、第29帧和第39帧，按【F7】键插入空白关键帧。依次为各关键帧，添加相同的脚本语句。图48-11所示的是为第1帧添加的脚本语句。

步骤 13 选择“照片”图层的第1帧，在“属性”面板的“标签”选项区中设置“类型”为“名称”，在“名称”文本框中输入1，如图48-12所示。

图48-11　添加脚本语句

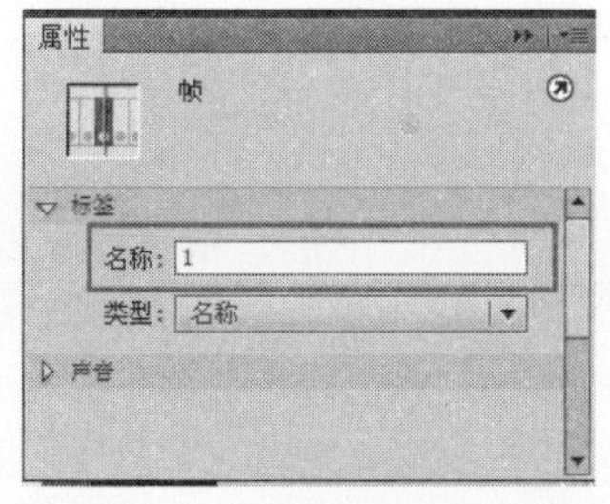

图48-12　设置“属性”面板

专家提醒

使用名称帧标签可以为帧命名，并使用户能够在编辑脚本时用帧标签的名称代替帧的位置。在使用帧标签功能时，注意要将当前文档的ActionScript版本改为2.0版本。

步骤 14 选择“照片”图层的第10帧，在“属性”面板中设置帧标签为2，效果如图48-13所示。

步骤 15 同理，依次在“照片”图层的第20帧、第30帧、第40帧处添加帧标签，效果如图48-14所示。

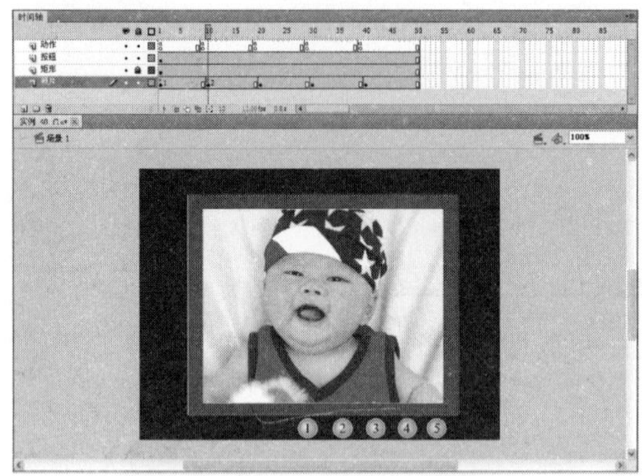

图48-13 为第10帧命名帧标签

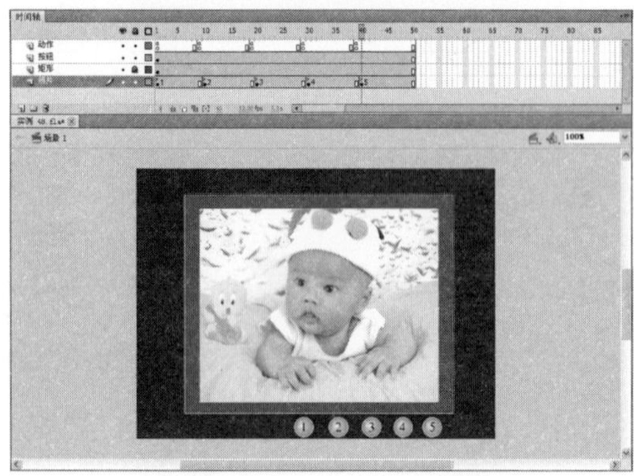

图48-14 为其余帧命名帧标签

步骤 16 选择按钮1图形，按【F9】键，在弹出的“动作-按钮”面板中添加脚本语句，如图48-15所示。

步骤 17 选择按钮2图形，按【F9】键，在弹出的“动作-按钮”面板中添加脚本语句，如图48-16所示。同理，为其他3个按钮添加脚本语句。

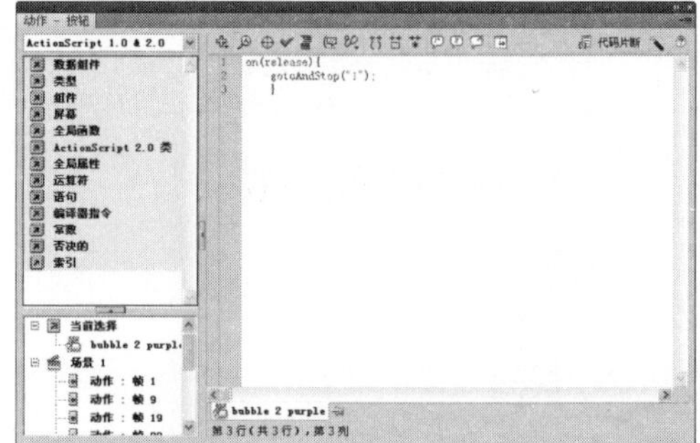

图48-15 为按钮1添加脚本语句

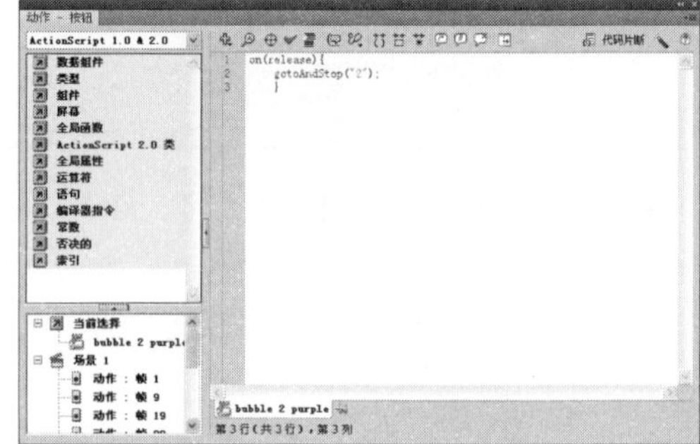

图48-16 为按钮2添加脚本语句

步骤 18 单击“控制”|“测试影片”|“测试”命令，测试动画效果，如图48-17所示。

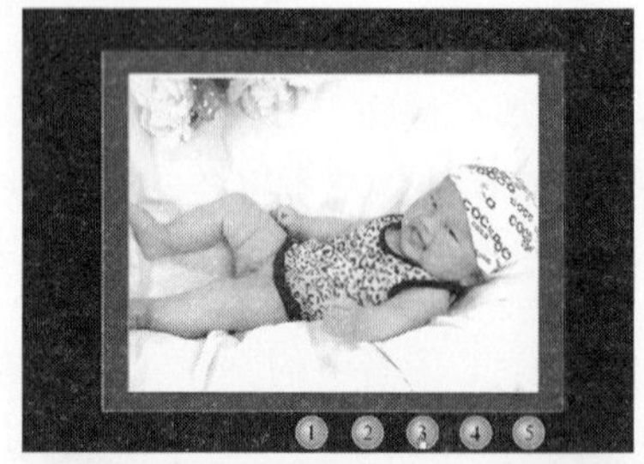

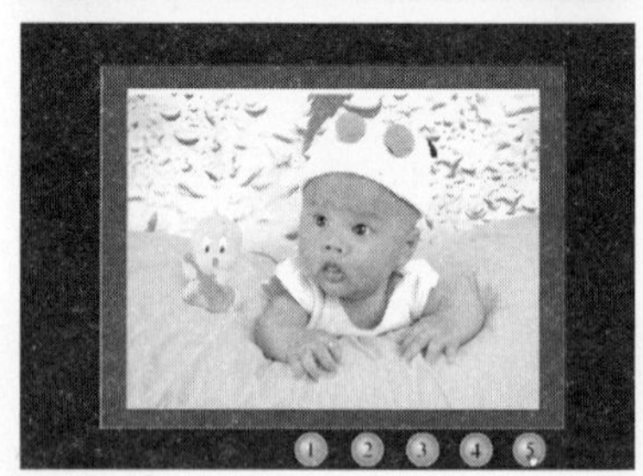

图48-17 测试动画效果

实例 49 情景剧场

效果欣赏	实例导航
 	素材文件：素材\第4章\实例49
	效果文件：效果\第4章\实例49.fla
	视频文件：视频\第4章\实例49.swf
	知识点睛：创建元件、创建文本、设置图像属性

步骤 01 按【Ctrl+N】键新建一个Flash文档。单击“修改”|“文档”命令，弹出“文档设置”对话框，设置“宽”为425、“高”为291、“背景颜色”为粉紫色（#EA9AFE）、“帧频”为2.5，单击“确定”按钮，修改文档设置。单击“文件”|“另存为”命令，将其保存为“实例49.fla”文件。

步骤 02 单击“文件”|“导入”|“导入到舞台”命令，将要制作影片需要的6幅图像全部导入到舞台中，如图49-1所示。

图49-1 导入多幅图像

步骤 03 选择最上面的图像，单击鼠标右键，在弹出的快捷菜单中选择“转换为元件”选项，将其转换为“元件6”图形元件，然后按【Delete】键将其删除。同理，依次将舞台中的图像转换为“元件5”、“元件4”、“元件3”、“元件2”和“元件1”图形元件，此时的“库”面板如图49-2所示。

步骤 04 将“图层1”图层重命名为“图片1”图层，在舞台中新建6个图层，并将图层依次命名为“图片2”、“黑幕”、“图片3”、“图片4”、“图片5”和“文字”图层，如图49-3所示。

步骤 05 确定“图片1”图层为当前图层，从“库”面板中将“元件1”元件拖曳到舞台中，并在其“属性”面板中设置“宽度”和“高度”分别为320和228.5、X和Y轴值均为0，效果如图49-4所示。接着选择“图片1”图层的第15帧，按【F6】键插入关键帧。

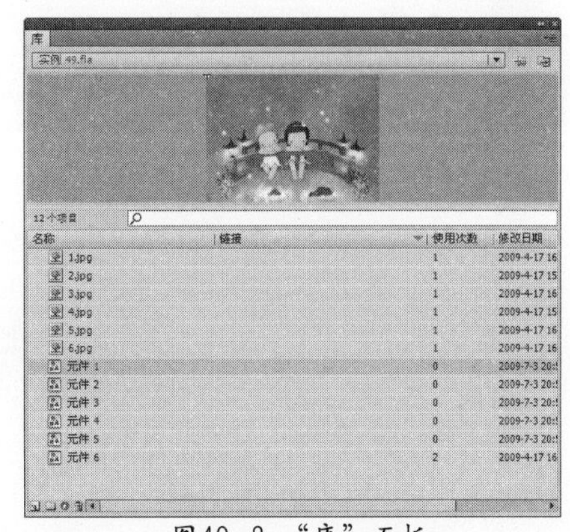

图49-2 “库”面板

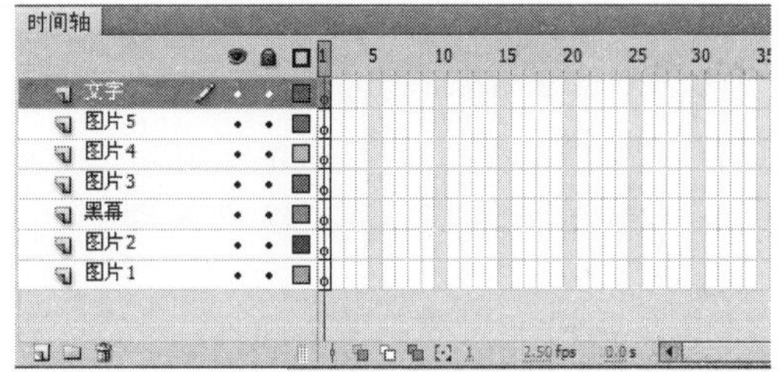

图49-3 创建图层

图49-4 将元件拖曳到舞台中

步骤 06 选择“文字”图层的第1帧，选择工具箱中的文本工具，在“属性”面板中设置“系列”为“宋体”、“字体大小”为14、“颜色”为白色，在“消除锯齿”下拉列表中选择“位图文本［无消除锯齿］”选项，接着在舞台的右侧输入所需文本，效果如图49-5所示。再在舞台的下方输入“爱的缘份”文本，并设置其“系列”为“华文行楷”、“字体大小”为30，如图49-6所示。

图49-5 输入所需文本

图49-6 完成第1个场景的创建

步骤 07 在“图片2”图层的第15帧处按【F7】键插入空白关键帧，将“元件2”元件拖曳至舞台中，并在“属性”面板中设置“宽度”和“高度”值分别为320和240、X和Y轴值均为0，效果如图49-7所示。

步骤 08 选择“文字”图层的第15帧，按【F7】键插入空白关键帧。选择工具箱中的文本工具，在“属性”面板中设置与第1段文字一样的属性（唯一不同的就是将标题文字“后来”加粗），在舞台的右侧输入文本内容，效果如图49-8所示。选择“图片2”图层的第24帧，按【F5】键插入帧。

图49-7 将元件拖曳到舞台中

图49-8 完成第2个场景的创建

步骤 09 在“黑幕”图层的第25帧上按【F7】键插入空白关键帧，选择工具箱中的矩形工具，绘制一个与舞台大小相同的无边框黑色矩形，在第39帧处按【F5】键插入帧，接着在“文字”图层的第25帧上按【F7】键插入空白关键帧，并在舞台中输入文本，如图49-9所示。

步骤 10 在“图片3”图层的第40帧插入空白关键帧，拖曳“元件3”元件至舞台中，并设置“宽度”和“高度”值分别为320和240、X和Y轴值均为0，效果如图49-10所示。接着选择第60帧，按【F6】键插入关键帧。

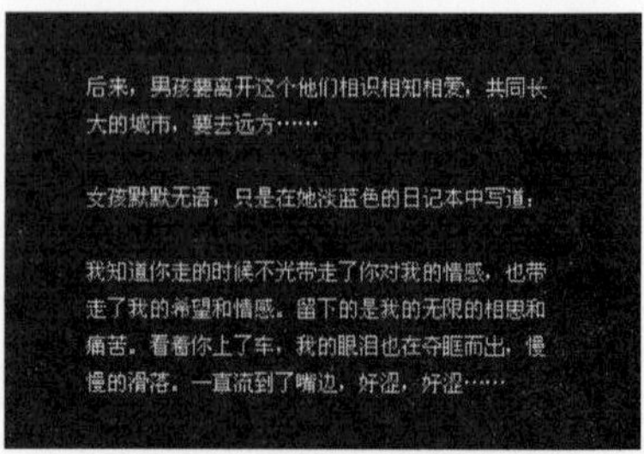

图49-9 在舞台区输入文本

图49-10　将元件拖曳到舞台中

步骤 11 选择“文字”图层的第40帧，按【F7】键插入空白关键帧，接着在舞台中输入文本，如图49-11所示。

步骤 12 在“图片4”图层的第60帧插入空白关键帧，拖曳“元件4”元件至舞台中，并设置“宽度”和“高度”值分别为320和240、X和Y轴值均为0。选择第69帧，按【F5】键插入帧，如图49-12所示。

图49-11　完成第4个场景的创建

图49-12　将元件拖曳到舞台中

步骤 13 选择“文字”图层的第60帧，按【F7】键插入空白关键帧，接着在舞台中输入文本，如图49-13所示。

步骤 14 在“图片5”图层的第70帧按【F7】键插入空白关键帧，将“元件5”元件拖曳到舞台并设置与上一元件相同的大小和位置，如图49-14所示。选择该图层的第99帧，按【F5】键插入帧。

步骤 15 选择“文字”图层的第70帧，按【F7】键插入空白关键帧，接着在舞台中输入文本，如图49-15所示。

图49-13　完成第5个场景的创建

图49-14　将元件拖曳到舞台中

图49-15　完成第6个场景的创建

步骤 16 在第100帧处按【F7】键插入空白关键帧，将“元件6”元件拖曳到舞台中，并设置“宽度”和“高度”值分别为320和230.25、X和Y轴值均为0。选择工具箱中的文字工具，在舞台中输入文本，如图49-16所示。

图49-16　完成第7个场景的创建

步骤 17 选择“图片1”图层的第10帧，按【F6】键插入关键帧，在“属性”面板中将该帧中对象的Alpha值设置为70%，接着将该层中第15帧中对象的Alpha值设置为0%。并在第10帧上单击鼠标右键，在弹出的快捷菜单中选择“创建传统补间”选项，创建补间动画，如图49-17所示。

步骤 18 同理，在“图片3”图层的第55帧处按【F6】键插入关键帧，将该帧中对象的Alpha值设置为70%，将第60帧中对象的Alpha值设置为0%，并创建第55帧至第60帧之间的动作补间动画，效果如图49-18所示。

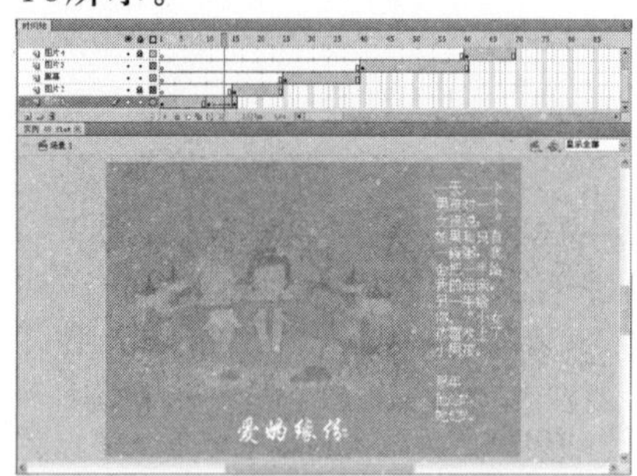

图49-17 创建补间动画

图49-18 创建另一补间动画

步骤 19 选择“文字”图层的第100帧，按【F9】键弹出“动作-帧”面板并添加脚语句，如图49-19所示。

步骤 20 单击“控制”|“测试影片”|“测试”命令，测试动画效果，如图49-20所示。

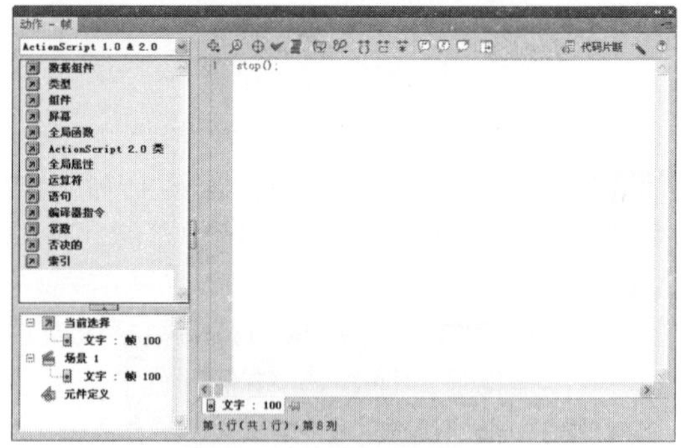

图49-19 添加脚本语句

图49-20 测试动画效果

实例 50 电影过渡

效果欣赏	实例导航
	素材文件：素材\第4章\实例50
	效果文件：效果\第4章\实例50.fla
	视频文件：视频\第4章\实例50.swf
	知识点睛：创建遮罩层、绘制星形

步骤 01 按【Ctrl+N】键新建一个Flash文档。单击“修改”|“文档”命令，弹出“文档设置”对话框，设置“宽”为550、“高”为400、“背景颜色”为淡黄色（#FFFFCC）、“帧频”为12，单击“确定”按钮，修改文档设置。单击“文件”|“另存为”命令，将其保存为

“实例50.fla”文件。

步骤 02 单击“文件”|“导入”|“导入到舞台”命令，导入一幅图像到舞台中，并适当调整大小与位置，使其刚好覆盖整个舞台，如图50-1所示。

步骤 03 选择“图层1”图层的第35帧，单击“插入”|“时间轴”|“帧”命令，插入帧。单击“时间轴”面板中的“新建图层”按钮，创建“图层2”图层，如图50-2所示。

图50-1 导入图像

图50-2 插入帧和新建图层

步骤 04 选择工具箱中的多角星形工具，在“属性”面板中设置“笔触颜色”为无、“填充颜色”为黄色，并在“工具设置”选项区中单击“选项”按钮，弹出“工具设置”对话框，在“样式”下拉列表框中选择“星形”选项，设置“边数”为5、“星形顶点大小”为0.5，如图50-3所示。

步骤 05 单击“确定”按钮，设置星形属性。在舞台中拖曳鼠标绘制一个星形，如图50-4所示。

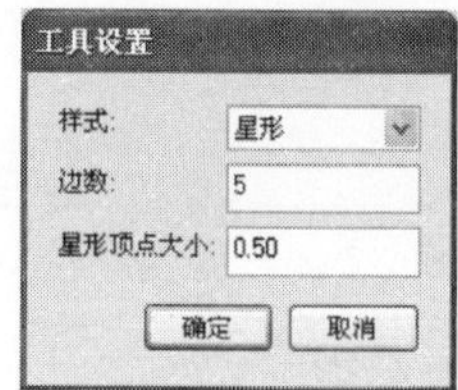

图50-3 “工具设置”对话框

图50-4 绘制星形

步骤 06 选择工具箱中的部分选取工具，在星形的边缘单击鼠标，选择星形。选取的星形周围将出现一些白色小方格控制点，并拖曳其控制点，将星形变形，效果如图50-5所示。

步骤 07 在“图层2”图层的第35帧处，按【F6】键插入关键帧，选择工具箱中的任意变形工具，调整大小，使其超出整个舞台，如图50-6所示。

图50-5 变换星形

图50-6 调整第35帧中对象的大小

步骤 08 选择“图层2”图层的第1帧，

选择舞台上的星形，在“属性”面板设置“宽度”和“高度”均为1、X和Y轴值分别为274.5和199.5，效果如图50-7所示。

步骤 09 选择“图层2”图层的第1帧，单击鼠标右键，在弹出的快捷菜单中选择“创建补间形状”选项，创建形状补间动画，如图50-8所示。

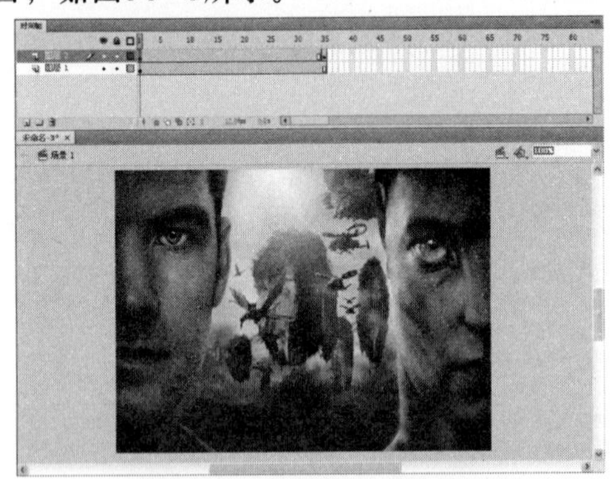

图50-7 设置第1帧中对象的大小

图50-8 创建形状补间动画

步骤 10 在“图层2”图层名称上单击鼠标右键，在弹出的快捷菜单中选择“遮罩层”选项，创建遮罩动画，如图50-9所示。

步骤 11 单击“控制”|“测试影片”|“测试”命令，测试动画效果，如图50-10所示。

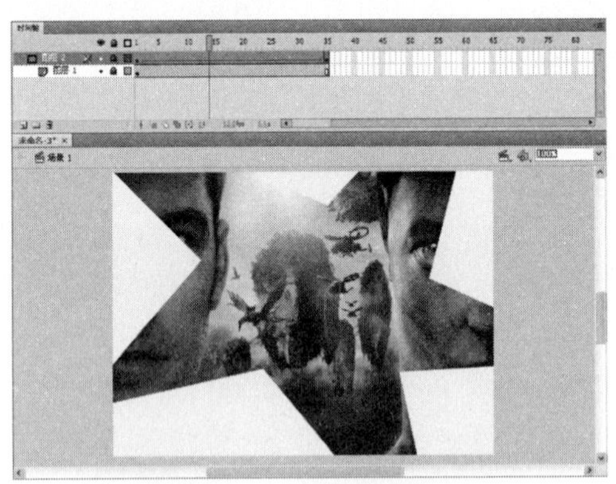

图50-9 创建遮罩动画

图50-10 “电影过渡”图像动画效果

实例 51 小狗赛跑

效果欣赏	实例导航
	素材文件：素材\第4章\实例51
	效果文件：效果\第4章\实例51.fla
	视频文件：视频\第4章\实例51.swf
	知识点睛：导入SWF文件、创建元件、创建补间动画

步骤 01 按【Ctrl+N】键新建一个Flash文档。单击“修改”|“文档”命令，弹出“文档设置”对话框，设置“宽”为550、“高”为366、“背景颜色”为白色（#FFFFFF）、“帧频”为12，单击“确定”按钮，修改文档设置。单击“文件”|“另存为”命令，将其保存为“实例51.fla”文件。

步骤 02 单击“插入”|“新建元件”命令，在弹出的“创建新元件”对话框中设置“名称”为“小狗”、“类型”为“影片剪辑”，如图51-1所示。单击“确定”按钮，进入影片剪辑元件编辑模式。

步骤 03 单击“文件”|“导入”|“导入到舞台”命令，导入一段小狗奔跑的动画，如图51-2所示。

图51-1 “创建新元件”对话框

图51-2 导入一段动画

步骤 04 单击“场景1”标签，返回“场景1”编辑模式。双击“图层1”图层，将其命名为“背景”。单击“文件”|“导入”|“导入到舞台”命令，导入一幅背景图像，并调整其位置，使图像与舞台完全重合，并在第40帧上按【F5】键插入帧，如图51-3所示。

步骤 05 创建“狗1”图层，单击“窗口”|“库”命令，弹出“库”面板，从中拖曳“小狗”元件到舞台的左下方，如图51-4所示。

步骤 06 创建“狗2”图层，从“库”面板中拖曳“小狗”元件到舞台的左侧以外的区域，使其位于“狗1”图层中“小狗”元件的上方，如图51-5所示。

图51-3 导入图像并插入帧

图51-4 将元件拖曳至舞台左下方

图51-5 将元件拖至舞台左侧以外区域

步骤 07 单击“控制”|“测试影片”|“测试”命令，测试动画效果，如图51-6所示。

图51-6 测试动画效果

实例 52 手机秀场

效果欣赏	实例导航
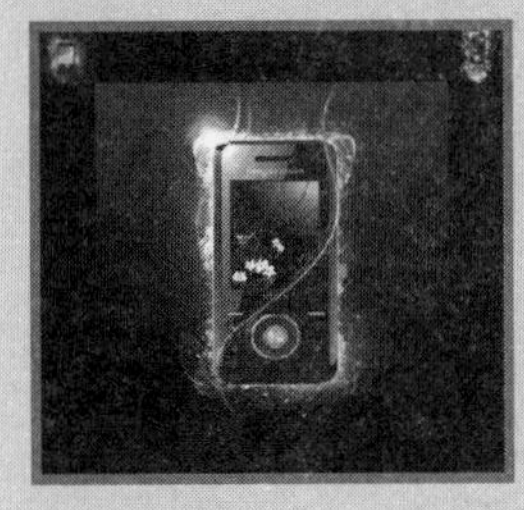 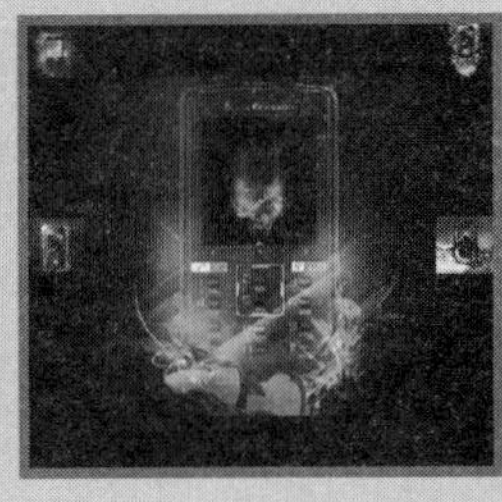	素材文件：素材\第4章\实例52
	效果文件：效果\第4章\实例52.fla
	视频文件：视频\第4章\实例52.swf
	知识点睛：设置图片属性、创建补间动画

步骤 01 按【Ctrl+N】键新建一个Flash文档。单击“修改”|“文档”命令，弹出“文档设置”对话框，设置“宽”为400、“高”为372、“背景颜色”为黑色（#000000）、“帧频”为12，单击“确定”按钮，修改文档设置。单击“文件”|“另存为”命令，将其保存为“实例52.fla”文件。

步骤 02 单击“文件”|“导入”|“导入到库”命令，弹出“导入到库”对话框，选择所需的手机图片文件，单击“确定”按钮，将其导入到“库”面板中，“库”面板如图52-1所示。

步骤 03 从“库”面板中拖曳第1个手机图片对象到舞台上，并调整其大小和位置，如图52-2所示。

步骤 04 在拖入的手机图片对象上单击鼠标右键，在弹出的快捷菜单中选择“转换为元件”选项，弹出“转换为元件”对话框，设置“名称”为“手机1”、“类型”为“图形”，如图52-3所示。单击“确定”按钮，将其转换为元件。

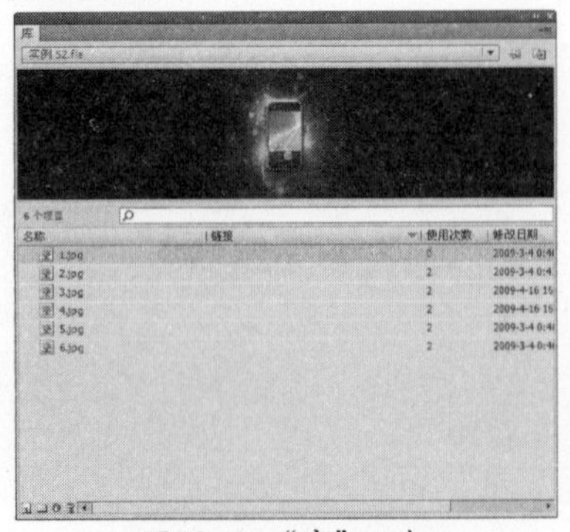

图52-1 “库”面板

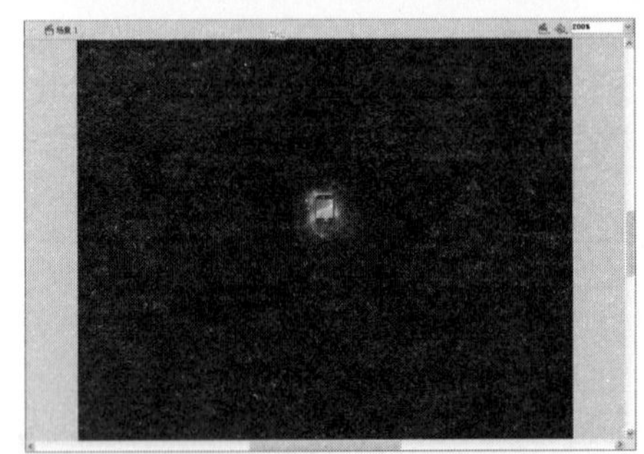

图52-2 拖入手机图片

图52-3 “转换为元件”对话框

步骤 05 选择“图层1”图层的第6帧，按【F6】键插入关键帧。在第1帧上单击鼠标右键，在弹出的快捷菜单中选择“创建传统补间”选项，创建一个补间动画，此时的“时间轴”面板如图52-4所示。

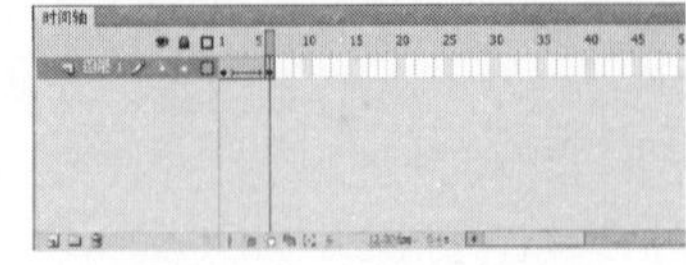

图52-4 创建补间动画

步骤 06 选择工具箱中的任意变形工具，在第6帧中将“手机1”元件放大，并将其调整到舞台的中心位置，效果如图52-5所示。接着选择“图层1”图层的第30帧，按【F5】键插入普通帧，再分别选择第31帧和第36帧，按【F6】键插入关键帧。

步骤 07 选择第36帧，在舞台上将手机图片缩小后移动到舞台左上方。选择第186帧，按【F5】键插入普通帧。在第31帧上单击鼠标右键，在弹出的快捷菜单中选择“创建传统补间”选项，创建一个补间动画，如图52-6所示。

图52-5 调整元件的大小和位置

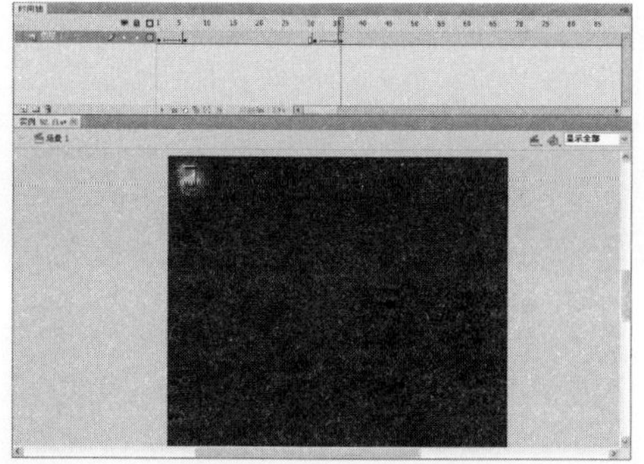

图52-6 创建补间动画

步骤 08 创建“图层2”图层，并从第31帧开始，参照第1幅手机图片展示的方法，创建该手机图片的展示效果，如图52-7所示。

步骤 09 同理，完成其他所有手机图片展示的制作，此时的“时间轴”面板及效果如图52-8所示。

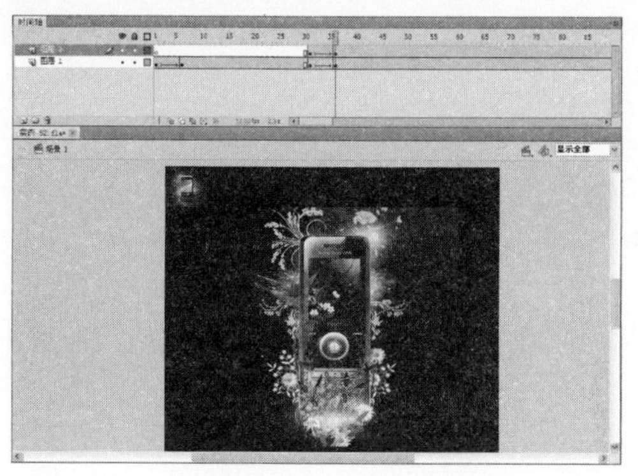

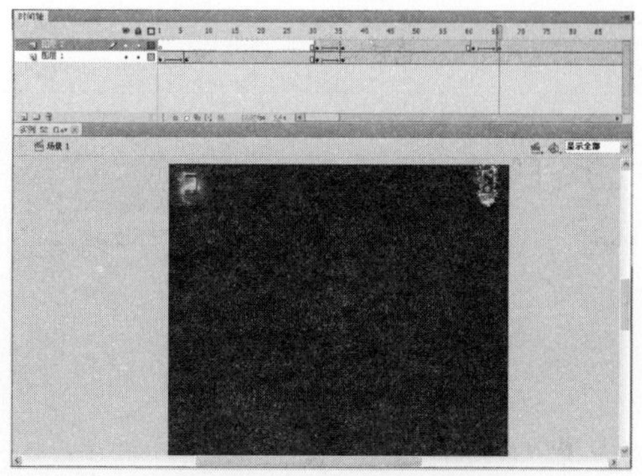

图52-7 创建第2幅手机图片的动画展示

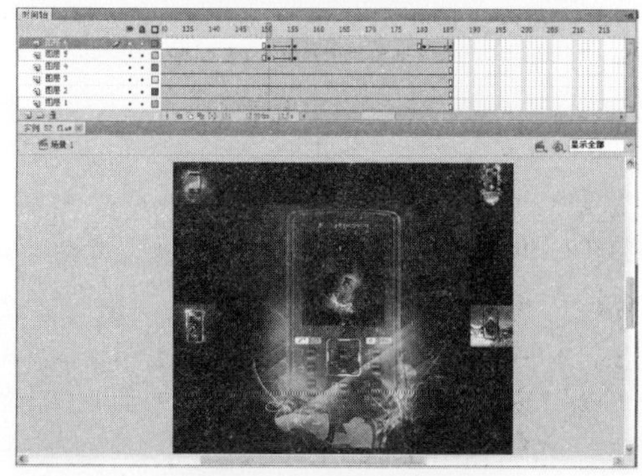

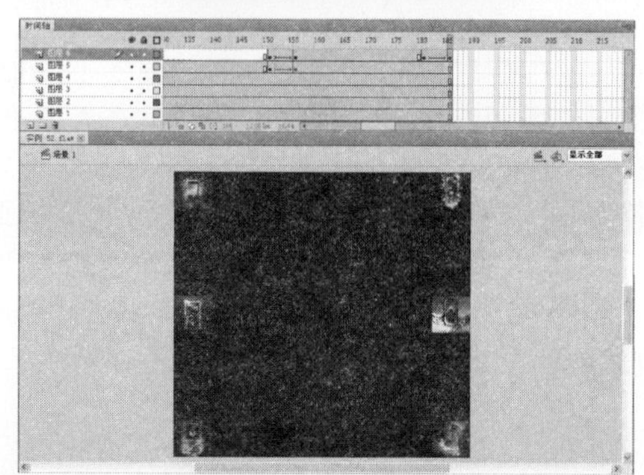

图52-8 完成其他手机图片的动画展示

步骤 10 单击“控制”|“测试影片”|“测试”命令，测试动画效果，如图52-9所示。

图52-9 测试动画效果

实例 53 百叶窗动画

效果欣赏	实例导航
 	素材文件：素材\第4章\实例53
	效果文件：效果\第4章\实例53.fla
	视频文件：视频\第4章\实例53.swf
	知识点睛：创建元件、创建遮罩层、创建补间动画

步骤 01 按【Ctrl+N】键新建一个Flash文档。单击“修改”|“文档”命令，弹出“文档设置”对话框，设置“宽”为550、“高”为400、“背景颜色”为灰色（#999999）、“帧频”为12，单击“确定”按钮，修改文档设置。单击“文件”|“另存为”命令，将其保存为“实例53.fla”文件。

步骤 02 单击“插入”|“新建元件”命令，在弹出的“创建新元件”对话框中设置“名称”为“图片1”、“类型”为“图形”，如图53-1所示。单击“确定”按钮，进入图形元件编辑模式。

步骤 03 单击“文件”|“导入”|“导入到舞台”命令，导入一幅图像，并调整其大小和位置（宽度为550、高度为400、X和Y轴值分别为-275和-200），效果如图53-2所示。

图53-1 “创建新元件”对话框

图53-2 导入图像到舞台中

步骤 04 同理，新建一个名为“图片2”的图形元件，在编辑模式中导入另一幅图像，如图53-3所示。

步骤 05 单击“插入”|“新建元件”命令，新建一个名为“框”的图形元件，然后进入其编辑模式。选择工具箱中的线条工具，设置“笔触颜色”为“黑色”、“笔触高度”为1，在舞台中绘制几根竖直线条，如图53-4所示，并将绘制的线条组合成一个整体。

图53-3 创建图形元件

图53-4 绘制竖直线条

步骤 06 单击“场景1”标签，返回“场景1”编辑模式，双击“图层1”图层，并将其命名为“图片1”。单击“窗口”|“库”命令，弹出“库”面板，从中拖曳“图片1”元件到舞台中，并调整其大小和位置使其正好覆盖整个舞台，选择该图层的第40帧，按【F5】键插入帧，如图53-5所示。

步骤 07 创建两个图层，并分别将其命名为“图片2”和“框”，再分别将“库”面板中的“图片2”和“框”元件拖曳到舞台中，效果如图53-6所示。

图53-5 导入元件并插入帧

图53-6 将元件拖曳到舞台中

步骤 08 创建“图层4”图层，并将其命名为“窗框”图层。单击“文件”|“导入”|“导入到舞台”命令，导入一幅窗框图像，并调整其大小和位置，效果如图53-7所示。

步骤 09 在“图片2”图层的上方，创建“蒙版”图层，隐藏“窗框”图层，并锁定除“蒙版”的所有图层。选择工具箱中的矩形工具，在舞台的左侧绘制一个无边框的红色矩形，效果如图53-8所示。

图53-7 导入一幅窗框图像

图53-8 绘制无边框的红色矩形

步骤 10 按住【Alt】键的同时拖曳绘制的矩形，连续复制3个矩形，依次排列在不同边框线的右侧，如图53-9所示。

图53-9 复制红色矩形

步骤 11 选择“蒙版”图层的第7帧，按【F6】键插入关键帧。选择工具箱中的任意变形工具，依次将4个矩形放大，如图53-10所示。

步骤 12 选择“蒙版”图层的第1帧至第7帧之间的任意一帧，单击鼠标右键，在弹出的快捷菜单中选择“创建补间形状”选项，创建形状补间动画，如图53-11所示。

图53-10　放大矩形

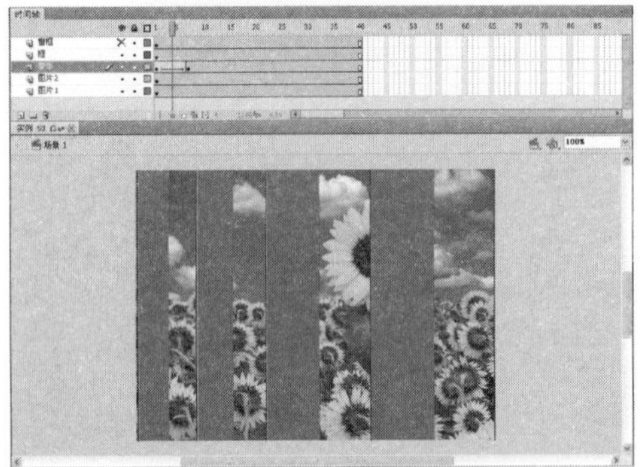

图53-11　创建形状补间动画

步骤 13 按住【Shift】键的同时，选择“蒙版”图层的第1帧至第7帧之间所有的帧，然后将其移动到第7帧至第13帧，并在第14帧处按【F7】键插入空白关键帧，效果如图53-12所示。

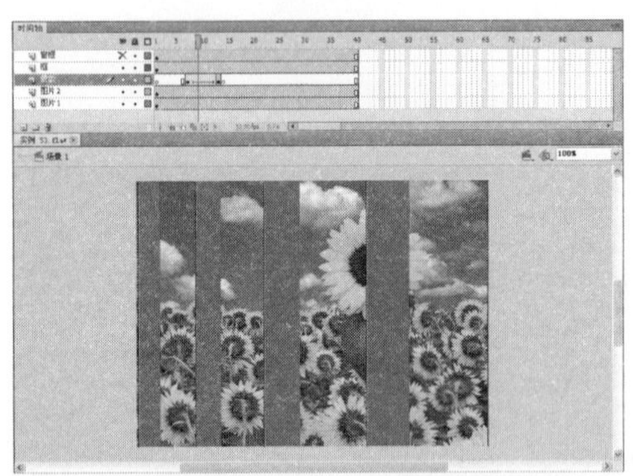

图53-12　插入空白关键帧

步骤 14 选择第7帧至第14帧之间所有的帧，按住【Alt】键的同时，将其移动到第29帧后，并删除36帧后面的所有帧，如图53-13所示。

步骤 15 在“蒙版”图层上单击鼠标右键，在弹出的快捷菜单中选择“遮罩层”选项，添加遮罩层，如图53-14所示。

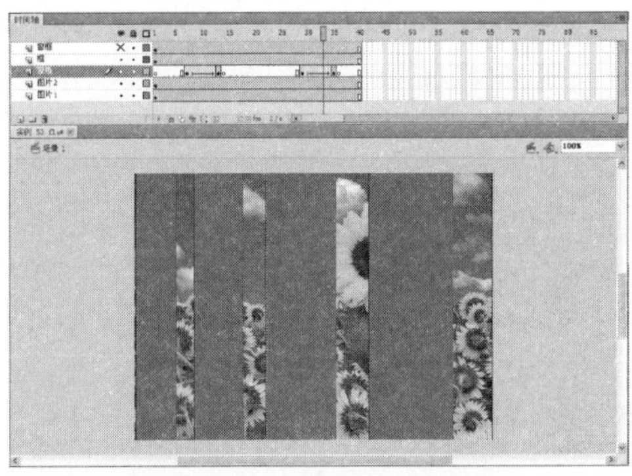

图53-13　调整图层上的帧

图53-14　创建遮罩层

步骤 16 单击“控制”|“测试影片”|“测试”命令，测试动画效果，如图53-15所示。

图53-15　测试动画效果

实例 54　古画书卷欣赏

效果欣赏	实例导航
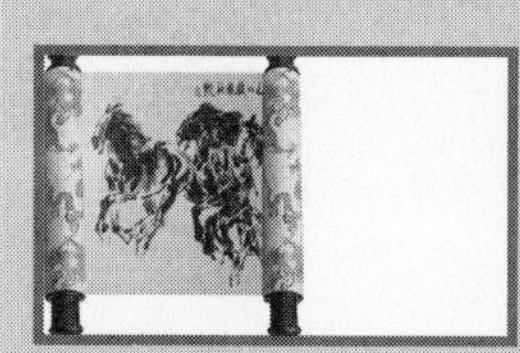 	素材文件：素材\第4章\实例54
	效果文件：素材\第4章\实例54.fla
	视频文件：视频\第4章\实例54.swf
	知识点睛：复制帧、创建遮罩层、创建补间动画

步骤 01 按【Ctrl+N】键新建一个Flash文档。单击“修改”|“文档”命令，弹出“文档设置”对话框，设置“宽”为600、“高”为366、“背景颜色”为白色（#FFFFFF）、“帧频”为3，单击“确定”按钮，修改文档设置。单击“文件”|“另存为”命令，将其保存为“实例54.fla”文件。

步骤 02 单击3次“时间轴”面板底部的“新建图层”按钮，并依次将图层重命名为“八马图”、“遮罩”、“卷轴”、“动态轴”图层。选择“卷轴”图层的第1帧，如图54-1所示。

专家提醒

图层的顺序千万不要排错，若放置错误所做出的蒙版效果就会截然不同。

步骤 03 单击“文件”|“导入”|“导入到舞台”命令，导入一幅卷轴图像，并调整大小及位置，效果如图54-2所示。选择第30帧，按【F5】键插入普通帧。

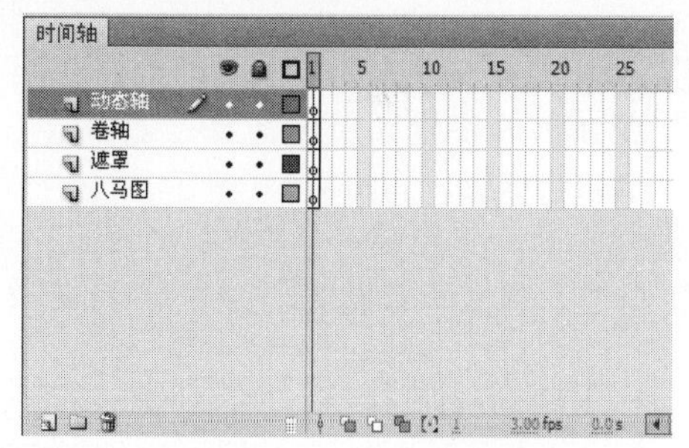

图54-1　新建图层

图54-2　导入卷轴图像

步骤 04 选择“卷轴”图层中的所有帧，单击鼠标右键，在弹出的快捷菜单中选择“复制帧”选项。再选择“动态轴”图层的第1帧，单击鼠标右键，在弹出的快捷菜单中选择“粘贴帧”选项，粘贴帧，如图54-3所示。

步骤 05 选择“动态轴”的第30帧，按【F6】键插入关键帧，并将该帧中的卷轴图像水平移至舞台的最左侧，效果如图54-4所示。

图54-3　复制并粘贴帧

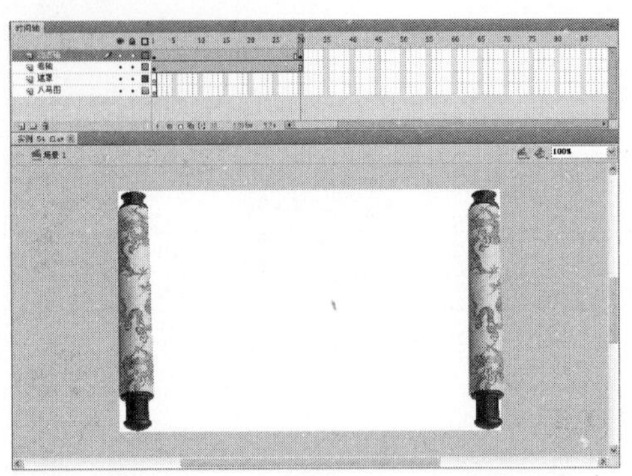
图54-4　移动卷轴的位置

步骤 06 选择“动态轴”图层的第1帧，单击鼠标右键，在弹出的快捷菜单中选择“创建传统补间”选项，创建补间动画，如图54-5所示。

步骤 07 选择“八马图”图层的第1帧，单击“文件”|“导入”|“导入到舞台”命令，导入一幅八马图图像，并调整其大小，效果如图54-6所示。选择第30帧，按【F5】键插入普通帧。

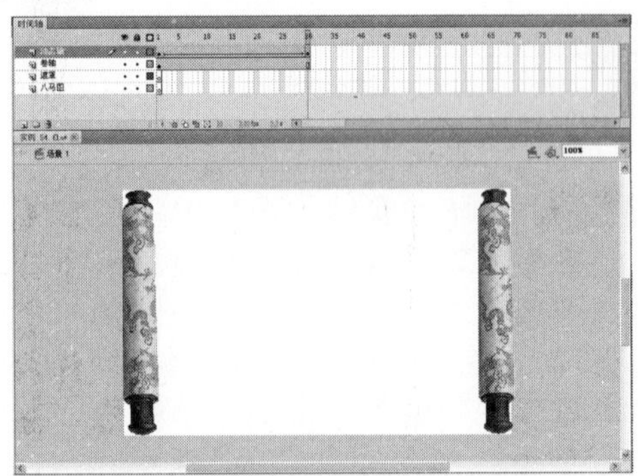
图54-5　创建补间动画

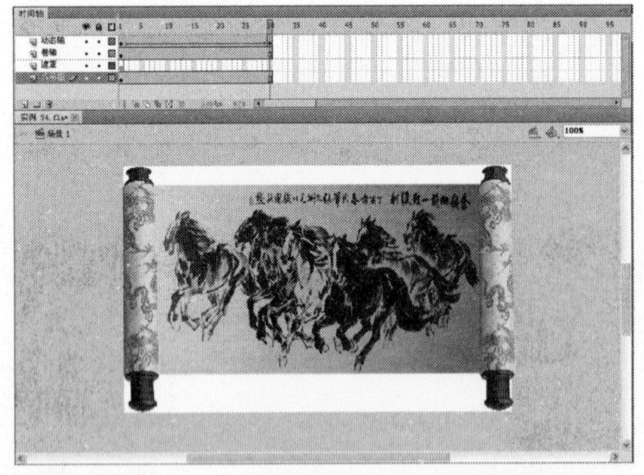
图54-6　导入图像并调整其大小

步骤 08 选择“遮罩”图层的第1帧，选择工具箱中的矩形工具，在舞台的最左侧绘制一个没有边框的橙色矩形（#FFCC00），设置“宽度”和“高度”分别为600和366，效果如图54-7所示。

步骤 09 选择“遮罩”图层的第30帧并按【F6】键插入关键帧，然后向右移动矩形至合适位置，如图54-8所示。

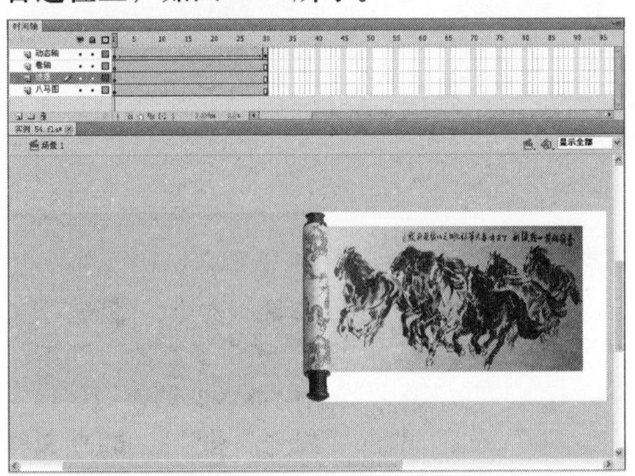
图54-7　绘制矩形

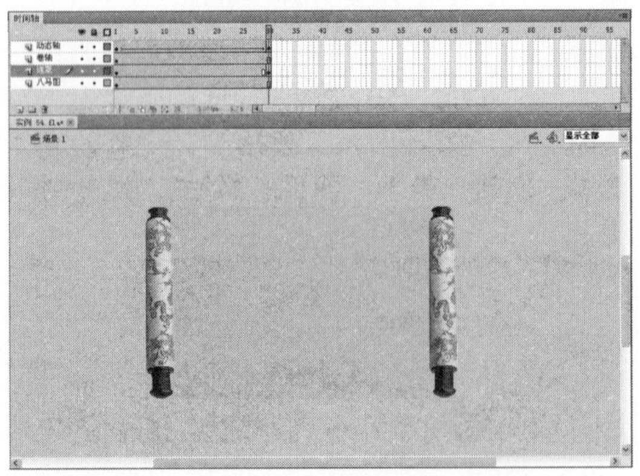
图54-8　移动矩形

步骤 10 选择“遮罩”图层的第1帧，单击鼠标右键，在弹出的快捷菜单中选择“创建传统补间”选项，创建补间动画，如图54-9所示。

步骤 11 选择“遮罩”图层，单击鼠标右键，在弹出的快捷菜单中选择“遮罩层”选项，添加遮罩层，如图54-10所示。

步骤 12 单击“控制”|“测试影片”|“测试”命令，测试动画效果，如图54-11所示。

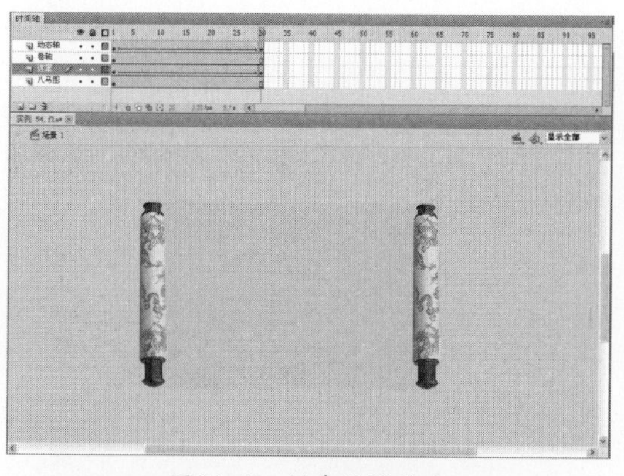
图54-9 创建补间动画

图54-10 添加遮罩层

图54-11 测试动画效果

实例 55 会飞的花仙子

效果欣赏	实例导航
 	素材文件：素材\第4章\实例55 效果文件：效果\第4章\实例55.fla 视频文件：视频\第4章\实例55.swf 知识点睛：创建元件、修改元件、创建补间动画

步骤 01 按【Ctrl+N】键新建一个Flash文档。单击“修改”|“文档”命令，弹出“文档设置”对话框，设置“宽”为600、“高”为400、“背景颜色”为白色（#FFFFFF）、“帧频”为12，单击“确定”按钮，修改文档设置。单击“文件”|“另存为”命令，将其保存为“实例55.fla”文件。

步骤 02 单击“插入”|“创建新元件”命令，弹出“创建新元件”对话框，创建一个名为“花仙子”的影片剪辑元件，如图55-1所示。单击“确定”按钮，进入元件编辑模式。

步骤 03 单击“文件”|“导入”|“导入到舞台”命令，导入一幅GIF格式的图像，如图55-2所示。

图55-1 “创建新元件”对话框

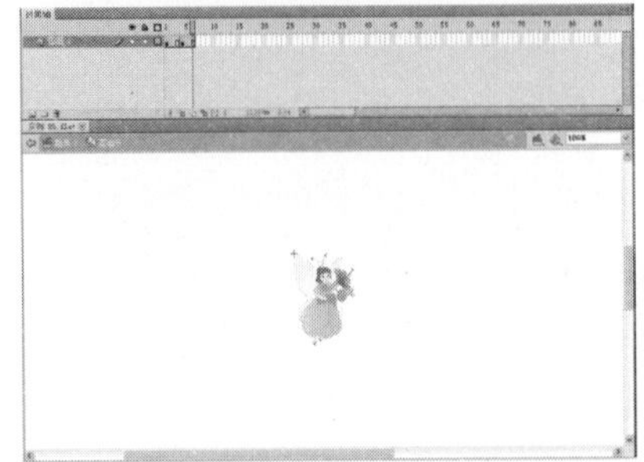
图55-2 导入GIF格式的图像

步骤 04 单击“场景1”标签，返回“场景1”编辑模式。双击“图层1”图层，将其命名为“背景”。单击“文件”|“导入”|“导入到舞台”命令，导入一幅SWF格式的背景图像，并调整至与舞台大小，如图55-3所示。选择第40帧，按【F5】键插入帧，并锁定“背景”图层。

步骤 05 单击“时间轴”面板上的“新建图层”按钮，创建一个“图层2”图层，并将其命名为“花仙子”。从“库”面板中拖曳“花仙子”元件到舞台中，放置在窗口的左上角，如图55-4所示。

图55-3 导入背景图片

图55-4 将元件拖曳至舞台

步骤 06 分别单击“花仙子”图层的第10帧、第25帧和第40帧，按【F6】键插入关键帧，使用任意变形工具，分别对各关键帧中的“花仙子”元件进行移动和缩放处理，效果如图55-5所示。

第1帧

第10帧

第25帧

第40帧

图55-5 调整各关键帧中“花仙子”元件的大小和位置

步骤07 分别在“花仙子”图层的第1帧、第10帧和第25帧上，单击鼠标右键，在弹出的快捷菜单中选择“创建传统补间”选项，创建补间动画，如图55-6所示。

步骤08 选择“花仙子”图层的第40帧，按【F9】键在弹出“动作-帧”面板中添加脚本语句，如图55-7所示。

图55-6 创建补间动画

图55-7 添加脚本语句

步骤09 单击“控制”|“测试影片”|“测试”命令，测试动画效果，如图55-8所示。

图55-8 测试动画效果

实例56 全景展视动画

效果欣赏	实例导航
 	素材文件：素材\第4章\实例56
	效果文件：效果\第4章\实例56.fla
	视频文件：视频\第4章\实例56.swf
	知识点睛：创建元件、移动元件、创建补间动画

步骤01 按【Ctrl+N】键新建一个Flash文档。单击“修改”|“文档”命令，弹出“文档设置”对话框，在“尺寸”选项区中设置“宽”为550、“高”为300、“背景颜色”为白色（#FFFFFF）、“帧频”为12，单击“确定”按钮，修改文档设置。单击“文件”|“另存为”命令，将其保存为“实例56.fla”文件。

步骤02 单击“插入”|“创建新元件”命令，弹出“创建新元件”对话框，创建一个名为“元件1”的影片剪辑元件，如图56-1所示。单击“确定”按钮，进入元件编辑模式。

步骤 03 单击“文件”|“导入”|“导入到舞台”命令，导入一幅家装全景图像，调整其大小和位置（“宽度”和“高度”分别为2000和285、X和Y轴值均为0），效果如图56-2所示。

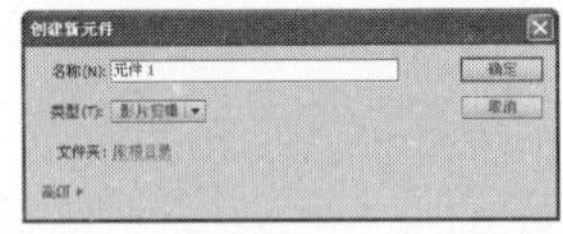

图56-1 “创建新元件”对话框

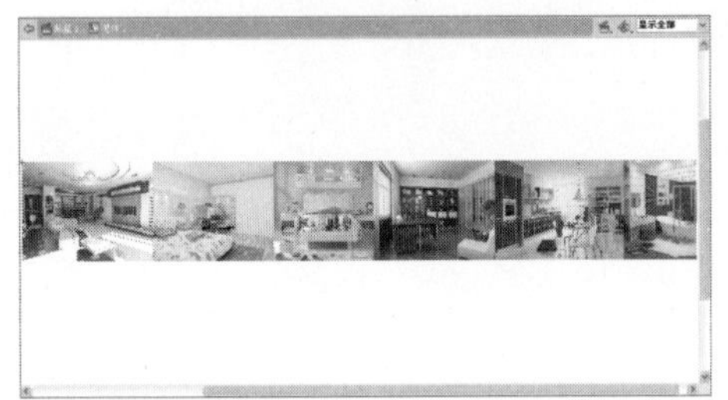

图56-2 导入家装全景图像

步骤 04 选择导入的图像，按【Ctrl+C】键复制图像，再按【Ctrl+V】键在舞台中粘贴复制的图像，将其与原有图片并排拼贴在一起，使其左侧与原图像的右侧相连，如图56-3所示。

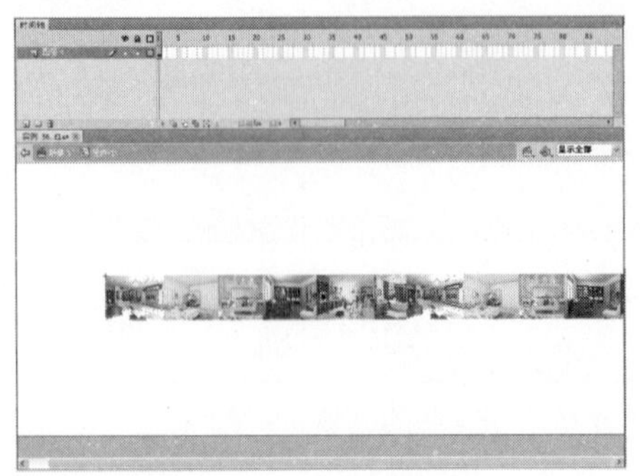

图56-3 复制并粘贴图像

步骤 05 单击“场景1”按标签，返回“场景1”编辑模式。单击“窗口”|“库”命令，弹出“库”面板，拖曳“元件1”元件到舞台中，并将其右侧边界的中点与场景的中心点对齐（X和Y轴分别为-2314和6.25），效果如图56-4所示。

步骤 06 选择“图层1”图层的第140帧，按【F6】键插入关键帧，将该帧中的对象中心点与舞台的中心点对齐（X轴为-882）。在第1帧上单击鼠标右键，在弹出的快捷菜单中选择“创建传统补间”选项，创建补间动画，如图56-5所示。

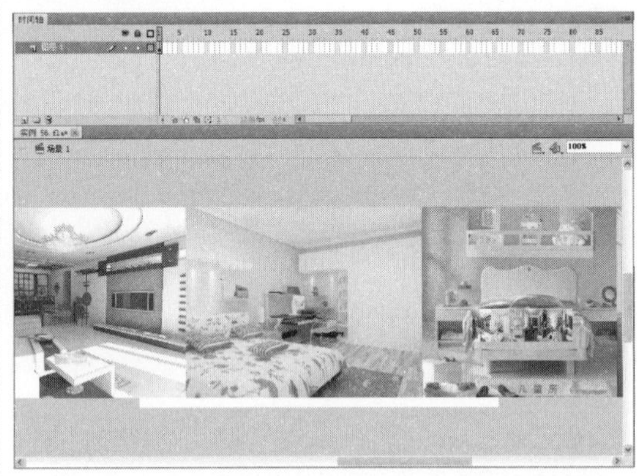

图56-4 拖曳元件至舞台中

图56-5 创建补间动画

步骤 07 单击“控制”|“测试影片”|“测试”命令，测试动画效果，如图56-6所示。

图56-6 测试动画效果

实例 57 电影下载进度条

效果欣赏	实例导航
 	素材文件：素材\第4章\实例57
	效果文件：效果\第4章\实例57.fla
	视频文件：视频\第4章\实例57.swf
	知识点睛：创建元件、修改元件属性、创建文本

步骤 01 按【Ctrl+N】键新建一个Flash文档。单击“修改”|“文档”命令，弹出“文档设置”对话框，设置“宽”为550、“高”为412、“背景颜色”为黑色（#000000）、“帧频”为12，单击“确定”按钮，修改文档设置。单击“文件”|“另存为”命令，将其保存为“实例57.fla”文件。

步骤 02 将“图层1”图层重命名为“背景”。单击“文件”|“导入”|“导入到舞台”命令，导入一幅素材图像，并调整其大小和位置，使其正好覆盖整个舞台，效果如图57-1所示。接着选择第85帧，按【F5】键插入普通帧。

步骤 03 单击“插入”|“新建元件”命令，在弹出的“创建新元件”对话框中设置“名称”为“进度条”、“类型”为“图形”，如图57-2所示。单击“确定”按钮，进入图形元件编辑模式。

图57-1 导入素材图像

创建新元件

名称(N): 进度条 确定

类型(T): 图形 取消

文件夹: 库根目录

高级

图57-2 “创建新元件”对话框

步骤 04 选择工具箱中的矩形工具，设置“笔触颜色”为无、“填充颜色”为红色，在舞台中绘制一个矩形（“宽度”和“高度”分别为83.3和19.6、X和Y轴分别为0和-9.8），如图57-3所示（编者为了方便读者查看效果，将背景色暂时更改为白色）。

步骤 05 单击“场景1”标签，返回“场景1”编辑模式。选择“背景”图层的第1帧，选择工具箱中的文本工具，在“属性”面板中设置“系列”为“隶书”、“字体大小”为30、“颜色”为白色，在舞台中输入所需文本，如图57-4所示。

图57-3 绘制矩形

图57-4 创建文本

步骤 06 创建“下载进度”图层，单击“窗口”|“库”命令，从弹出的“库”面板中拖动“进度条”元件至舞台中（“宽度”和“高度”分别为22.8和19.6、X和Y轴值分别为65.55和393.65 ），选择工具箱中的任意变形工具，拖曳中心点至矩形条的左侧，如图57-5所示。

步骤 07 分别选择“下载进度”图层的第10帧、第20帧、第30帧、第40帧和第50帧，按【F6】键插入关键帧。选择第10帧，更改矩形的宽度（“宽度”为80.8），效果如图57-6所示。

图57-5 调整中心点的位置

图57-6 修改矩形的宽度

步骤 08 在“属性”面板中分别对矩形设置第20帧的“宽度”为146.3、30帧的“宽度”为247.6、40帧的“宽度”为327.7、50帧的“宽度”为431.7，效果如图57-7所示。选择第85帧，按【F6】键插入关键帧，选择该帧中的对象，在“属性”面板中设置Alpha值为0%。

步骤 09 分别在“下载进度”图层中的第1帧、第10帧、第20帧、第30帧、第40帧和第50帧上单击鼠标右键，在弹出的快捷菜单中选择“创建传统补间”选项，创建补间动画，如图57-8所示。

图57-7 修改矩形的属性

图57-8 创建补间动画

步骤 10 选择“下载进度”图层的第1帧，选择工具箱中的文本工具，在“属性”面板中，设置“系列”为“华文行楷”、“字体大小”为20、“颜色”为黄色，在矩形上方输入1%文本，如图57-9所示。

步骤 11 选择“下载进度”图层的第10帧，在对应矩形的上方输入20%文本。同理，对第20帧、第30帧、第40帧和第50帧做相应的处理，分别输入40%、60%、80%和100%文本，如图57-10所示。将第1帧中的矩形和文字颜色的Alpha值均设置为0%。

步骤 12 单击“控制”|“测试影片”|“测试”命令，测试动画效果，如图57-11所示。

图57-9 在矩形上方输入文本

图57-10 在其他帧中输入相应的文本

图57-11 测试动画效果

实例 58 云雾动画效果

效果欣赏	实例导航
	素材文件：素材\第4章\实例58
	效果文件：效果\第4章\实例58.fla
	视频文件：视频\第4章\实例58.swf
	知识点睛：转换为影片剪辑元件、创建补间动画

步骤 01 单击“文件”|“新建”命令，创建一个新的空白的Flash文档。单击“修改”|“文档”命令，弹出“文档设置”对话框，设置“宽”为550、“高”为400、“背景颜色”为黑色、“帧频”为12，单击“确定”按钮。单击“文件”|“另存为”命令，将其保存为“实例58.fla”文件。

步骤 02 单击“文件”|“导入”|“导入到库”命令，导入两幅素材图像至“库”面板中，如图58-1所示。

步骤 03 选择“图层1”图层的第1帧，将“库”面板中的素材图像拖曳至舞台中，并调整其位置，如图58-2所示。并选择“图层1”图层的第180帧，按【F5】键插入帧。

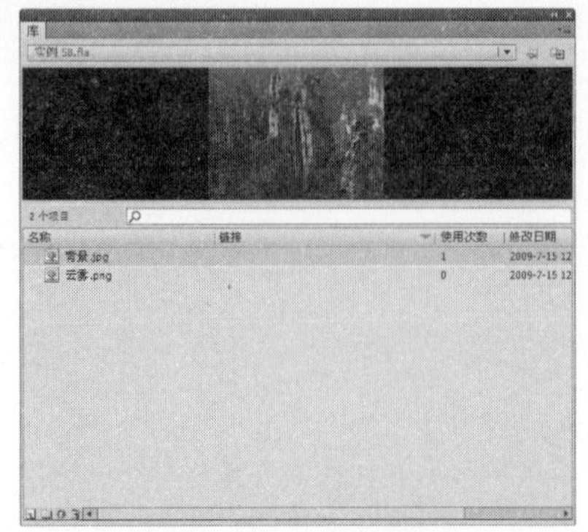

图58–1 “库”面板

图58–2 导入的素材图像

步骤 04 新建“图层2”图层，选择“库”面板中的云雾素材图像，将其拖曳至舞台的左侧，左对齐舞台，如图58–3所示。

步骤 05 单击“修改”|“转换为元件”命令，弹出“转换为元件”对话框，设置“名称”为“云雾”、“类型”为“图形”，如图58–4所示，并单击“确定”按钮。

图58–3 导入的云雾图像

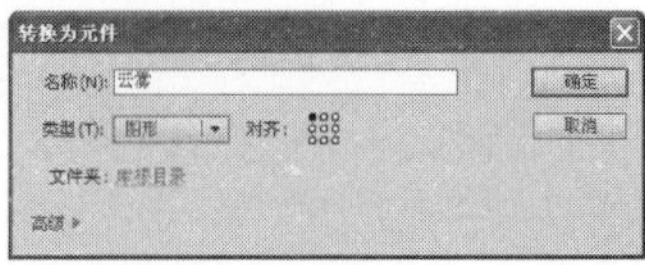

图58–4 “转换为元件”对话框

步骤 06 选择“图层2”图层的第180帧，单击鼠标右键，在弹出的快捷菜单中选择“转换为关键帧”选项，转换为关键帧，并调整“云雾”图形元件至舞台右侧对齐，如图58–5所示。

步骤 07 选持“图层2”图层的第1帧，单击鼠标右键，在弹出的快捷菜单中选择“创建传统补间动画”选项，插入补间动画效果，如图58–6所示。

图58–5 转换为关键帧

图58–6 创建补间动画

步骤 08 单击“控制”|“测试影片”|“测试”命令或按者【Ctrl+Enter】键，测试动画效果，如图58–7所示。

图58-7 测试动画效果

实例 59 数码相机展览

效果欣赏	实例导航
	素材文件：素材\第4章\实例59
	效果文件：效果\第4章\实例59.fla
	视频文件：视频\第4章\实例59.swf
	知识点睛：创建元件、设置元件色调、创建遮罩层

步骤 01 单击“文件”|“新建”命令，创建一个新的空白的Flash文档。单击“修改”|“文档”命令，弹出“文档设置”对话框，设置“宽”为430、“高”为200、“背景颜色”为蓝色（#0000FF）、“帧频”为12，单击“确定”按钮，修改文档设置。单击“文件”|“另存为”命令，将其保存为“实例59.fla”文件。

步骤 02 单击“文件”|“导入”|“导入到舞台”命令，导入一幅数码相机图片，调整尺寸为200×150像素，并左对齐舞台，如图59-1所示。选择第50帧，按【F5】键插入普通帧。

步骤 03 单击“插入”|“新建元件”命令，在弹出的“创建新元件”对话框中设置“名称”为“图片”、“类型”为“图形”，如图59-2所示。单击“确定”按钮，进入图形元件编辑模式。

步骤 04 导入一系列图片（各图片尺寸均为200×150像素），并对其进行复制和粘贴，并按照如图59-3所示的场景进行布置。

步骤 05 单击“场景1”标签，返回“场景1”编辑模式。创建“图层2”图层，单击“窗口”|“库”命令，在弹出的“库”面板中，将“图片”元件拖曳到舞台中，并调整其位置。在“样式”下拉列表中选择“色调”选项，并在“色调”右侧的文本框中输入50%，设置“着色”为红色、“色调”为50%，调整色调，效果如图59-4所示。

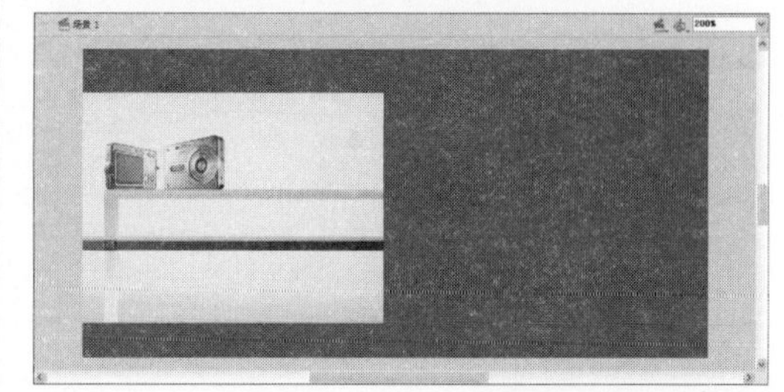

图59-1 导入一幅图片

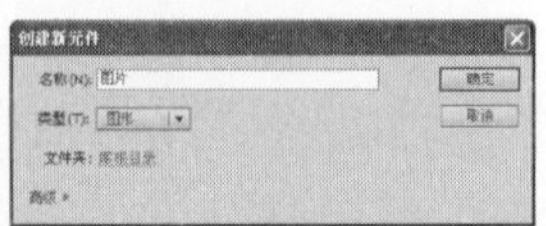

图59-2 “创建新元件”对话框

图59-3 导入一系列图片

图59-4 调整元件色调

步骤 06 选择“图层2”图层的第50帧，按【F6】键插入关键帧，选择该帧处的图形元件，向右移动至合适位置。选择第1帧至第50帧之间的任一帧，单击鼠标右键，在弹出的快捷菜单中选择“创建传统补间”选项，创建补间动画，如图59-5所示。

步骤 07 单击“时间轴”面板中的“新建图层”按钮，在“图层2”图层的上方创建“图层3”图层。选择工具箱中的文本工具，在“属性”面板中设置“系列”为“华文行楷”、“字体大小”为30、“颜色”为黄色（#FFFF00），在舞台中合适位置输入“数码相机展览”文本，如图59-6所示。

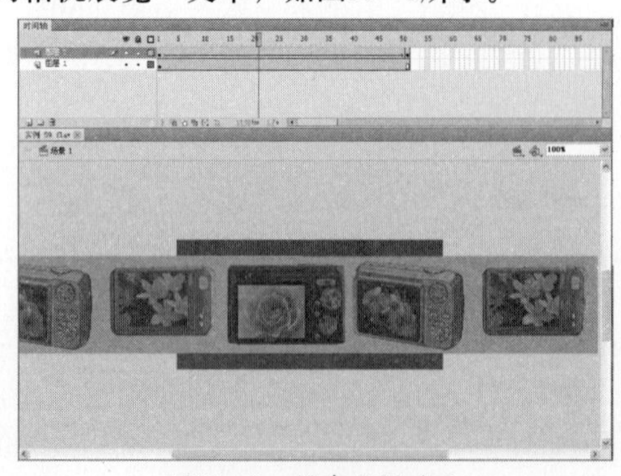

图59-5 创建补间动画

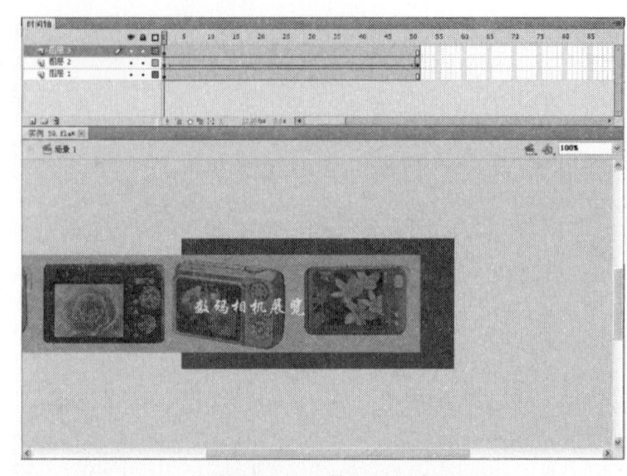

图59-6 输入文本

步骤 08 创建“图层4”、“图层5”图层。选择“图层5”图层的第1帧，运用矩形工具，在“属性”面板中设置“笔触颜色”为无、“填充颜色”为黄色（#FFFF00），绘制一个“宽度”和“高度”分别为200和150的矩形，并移动至合适位置，如图59-7所示。

步骤 09 选择“图层4”图层的第1帧，将“库”面板中的“图片”图形元件拖曳到舞台中的合适位置，效果如图59-8所示。

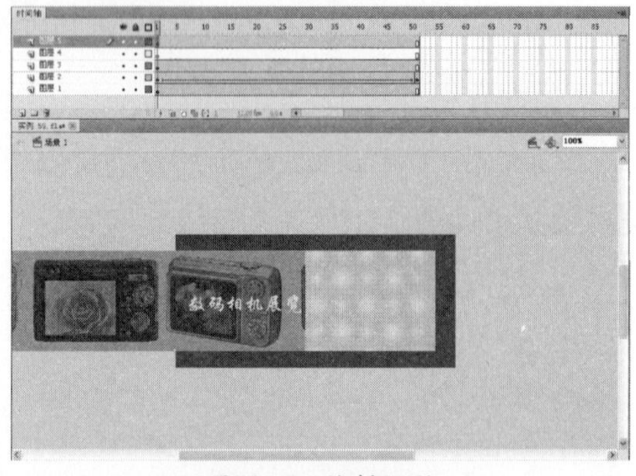

图59-7 绘制矩形

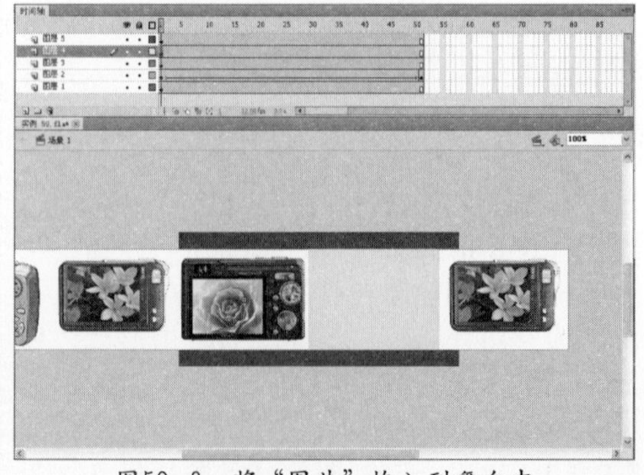

图59-8 将“图片”拖入到舞台中

步骤 10 选择“图层4”图层的第50帧，按【F6】键插入关键帧。并选择该帧上的图形元件，向右移动至合适位置，效果如图59-9所示。

步骤 11 在“图层4”图层的第1帧至第50帧之间的任意帧上单击鼠标右键，在弹出的快捷菜单中选择“创建补间动画”选项，创建补间动画，如图59-10所示。

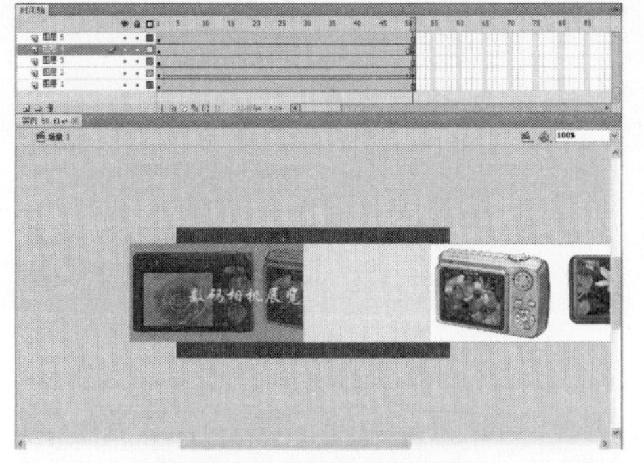

图59-9 调整元件的位置

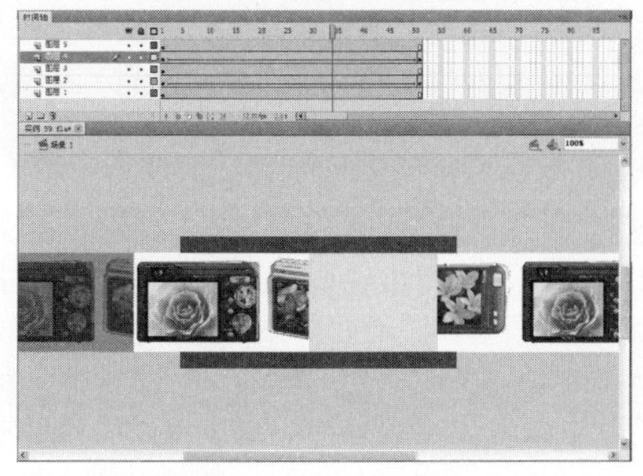

图59-10 创建补间动画

步骤 12 分别在“图层3”和“图层5”图层上单击鼠标右键，在弹出的快捷菜单中选择“遮罩层”选项，创建遮罩层，效果如图59-11所示。

步骤 13 单击“控制”|“测试影片”|“测试”命令，测试动画效果，如图59-12所示。

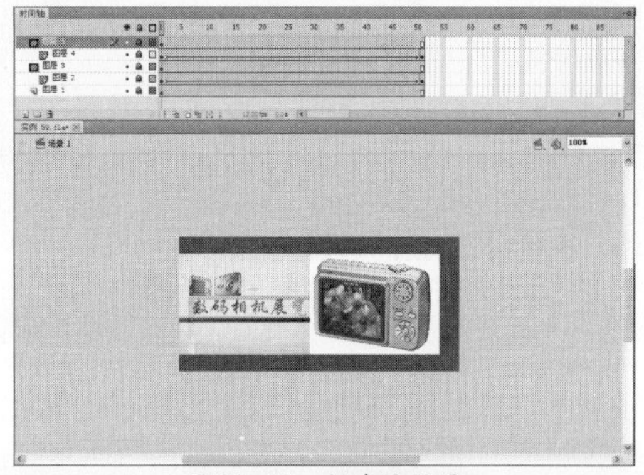

图59-11 创建遮罩层

图59-12 测试动画效果

实例 60 360° 旋转

效果欣赏	实例导航
	素材文件：素材\第4章\实例60 效果文件：效果\第4章\实例60.fla 视频文件：视频\第4章\实例60.swf 知识点睛：填充渐变颜色、使用预设动画

步骤 01 按【Ctrl+N】键新建一个ActionScript 3.0的Flash文档。单击“修改”|“文档”命令，弹出“文档设置”对话框，设置“宽”为550、“高”为400，

“背景颜色”为白色（#FFFFFF）、“帧频”为12，单击“确定”按钮，修改文档设置。单击“文件”|“另存为”命令，将其保存为“实例60.fla”文件。

步骤 02 单击“窗口”|“颜色”命令，弹出“颜色”面板，设置“类型”为“径向渐变”，“颜色”从左到右分别为蓝色（#0186E0）和黑色，如图60-1所示。

步骤 03 选择矩形工具，设置“笔触”为无，在“图层1”图层中绘制一个与舞台同样大小的矩形，如图60-2所示。并选择第50帧，按【F5】键插入帧。

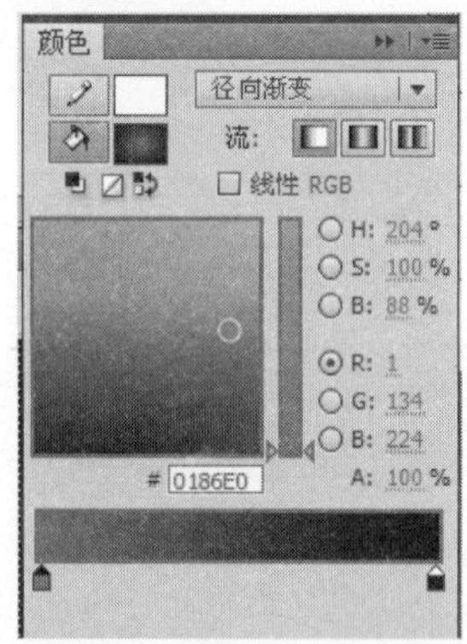

图60-1 设置“颜色”面板

图60-2 绘制的矩形

步骤 04 新建“图层2”图层，单击“文件”|“导入”|“导入到舞台”命令，导入一幅素材图像至舞台中，如图60-3所示。

步骤 05 单击“修改”|“转换为元件”命令，弹出“转换为元件”对话框，设置“名称”为“发光效果”、“类型”为“影片剪辑”，并选择中心点中间的方块，如图60-4所示。单击“确定”按钮，进入元件编辑模式。

图60-3 导入素材图像

图60-4 “转换为元件”对话框

步骤 06 保持“发光效果”影片剪辑的选中状态，单击“属性”面板底部的“添加滤镜”按钮，在弹出的快捷菜单中选择“发光”选项，设置“模糊X”和“模糊Y”均为20像素、“颜色”为白色，效果如图60-5所示。

步骤 07 选择“发光效果”影片剪辑，单击鼠标右键，在弹出的快捷菜单中选择“转换为元件”选项，弹出“转换为元件”对话框，设置“名称”为“旋转”、“类型”为“影片剪辑”，选择中心点中间的方块，如图60-6所示。单击“确定”按钮，进入元件编辑模式。

图60-5 添加发光滤镜效果

图60-6 “转换为元件”对话框

步骤 08 单击“窗口”|“动画预设”命令，弹出“动画预设”面板，选择“默认预设”|“3D螺旋”选项，如图60-7所示。

步骤 09 选择“旋转”影片剪辑，单击“动画预设”面板中的“应用”按钮，即可应用动画预设效果，如图60-8所示。

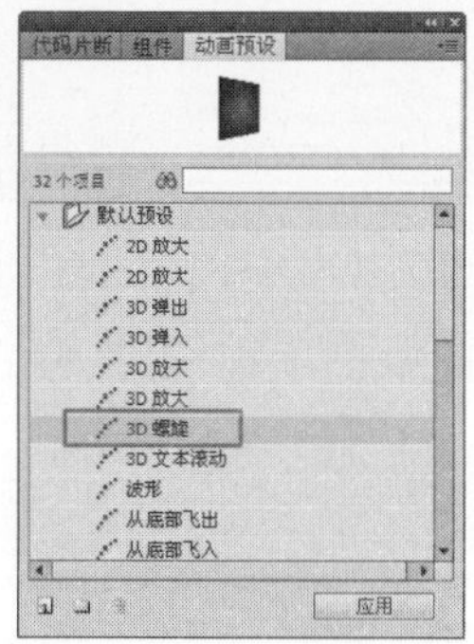

图60-7 “动画预设”面板

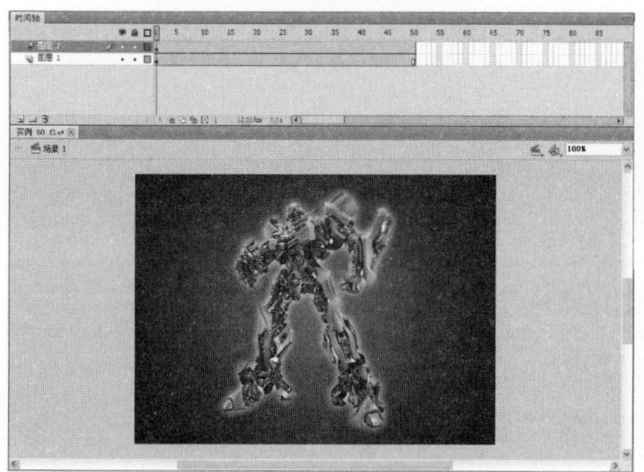

图60-8 应用预设效果

步骤 10 单击“控制”|“测试影片”|“测试”命令或者按【Ctrl+Enter】键测试动画效果，如图60-9所示。

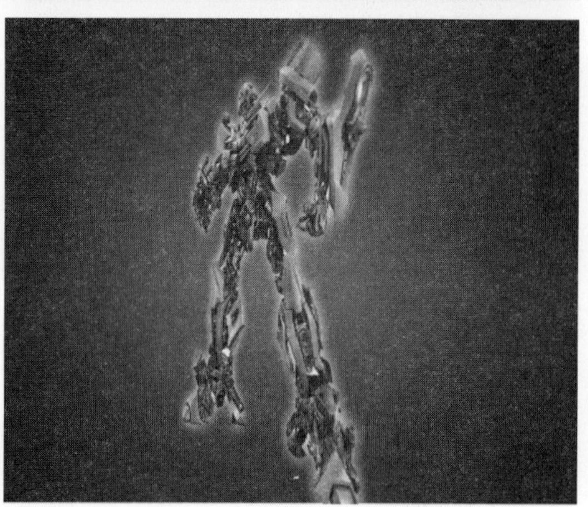

图60-9 测试动画效果

第5章

图形动画

实例61　下雨天

实例62　来电话啦

实例63　星光灿烂

实例64　璀璨烟花

实例65　幸福像花儿

实例66　游泳去了

实例67　枫叶纷飞

实例68　雪中梅花

实例69　比翼双飞

实例70　气泡情缘

实例 61 下雨天

效果欣赏	实例导航
	素材文件：素材\第5章\实例61
	效果文件：效果\第5章\实例61.fla
	视频文件：视频\第5章\实例61.swf
	知识点睛：创建元件、添动脚本语句

步骤 01 按【Ctrl+N】键新建一个Flash文档。单击“修改”|“文档”命令，弹出“文档设置”对话框，设置“宽”为500、“高”为400、“背景颜色”为黑色（#000000）、“帧频”为12，单击“确定”按钮，修改文档设置。单击“文件”|“另存为”命令，将其保存为“实例61.fla”文件。

步骤 02 双击“图层1”图层，将其更名为“背景”。单击“文件”|“导入”|“导入到舞台”命令，导入一幅素材图片，并调整大小和位置，使其正好覆盖整个舞台，效果如图61–1所示。

步骤 03 单击“插入”|“新建元件”命令，弹出“创建新元件”对话框，设置“名称”为rain、“类型”为“图形”，如图61–2所示，单击“确定”按钮。

图61–1 导入图片到舞台中

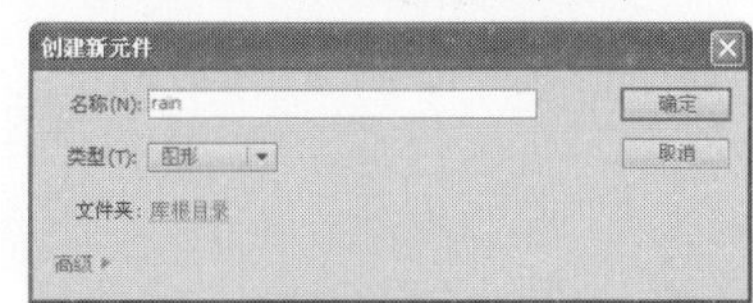

图61–2 “创建新元件”对话框

步骤 04 选择工具箱中的椭圆工具，绘制一个无边框的白色椭圆，运用选择工具进行修改，得到一个雨滴形状的图案，效果如图61–3所示。

步骤 05 新建一个名为rain1的影片剪辑元件，并进入编辑模式。单击“窗口”|“库”命令，在弹出的“库”面板中选择rain图形元件，将其拖曳到rain1影片剪辑编辑窗口中，如图61–4所示。

图61–3 绘制雨滴图案

图61–4 拖入到图形元件

步骤 06 选择rain图形元件，并运用任意变形工具，修改其大小、形状、倾斜度以及位置，效果如图61–5所示。

步骤 07 在“属性”面板中设置雨滴的大小和位置的参数，如图61–6所示。

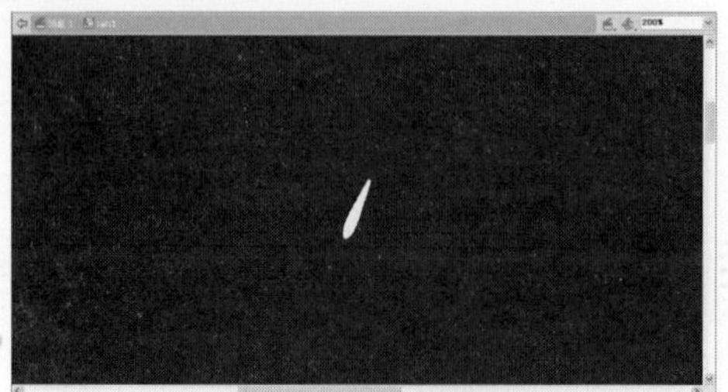

图61–5 修改元件的形状

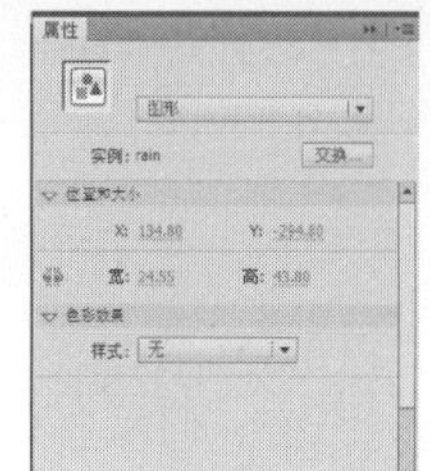

图61–6 设置“属性”面板

步骤 08 选择“图层1”图层的第15帧，按【F6】键插入一个关键帧。选择雨滴图形，在“属性”面板中设置X为–108.80、Y为270.8，并移动其位置，如图61–7所示。

步骤 09 选择“图层1”图层的第1帧，单击鼠标右键，在弹出的快捷菜单中选择“创建传统补间”选项，创建补间动画，效果如图61–8所示。

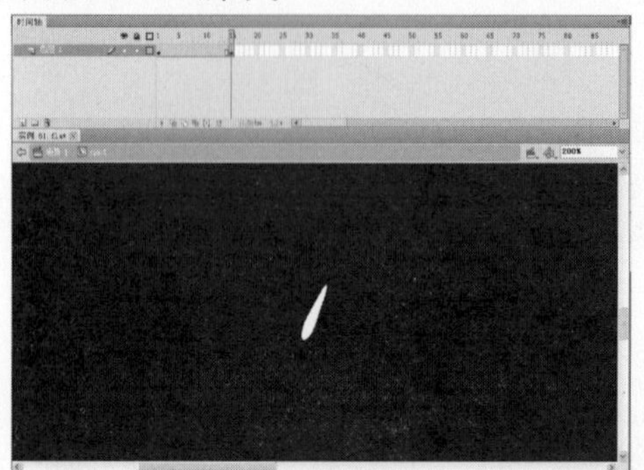

图61–7 修改图形的位置

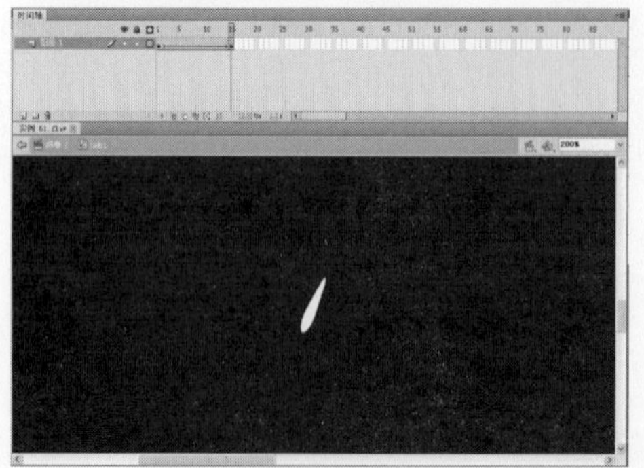

图61–8 创建补间动画

步骤 10 按【Ctrl+F8】键，新建“水波”图形元件，并进入其编辑模式。选择工具箱中的椭圆工具，设置“笔触颜色”为“灰色”（#CCCCCC）、“填充颜色”为无、“宽度”和“高度”别为165.0和56.0、X和Y的值为–85.0和–25.0、“笔触高度”为5、“样式”为“实线”，绘制一个椭圆，如图61–9所示。

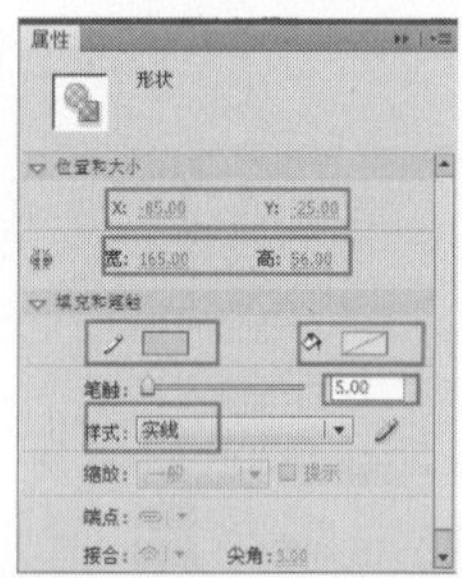

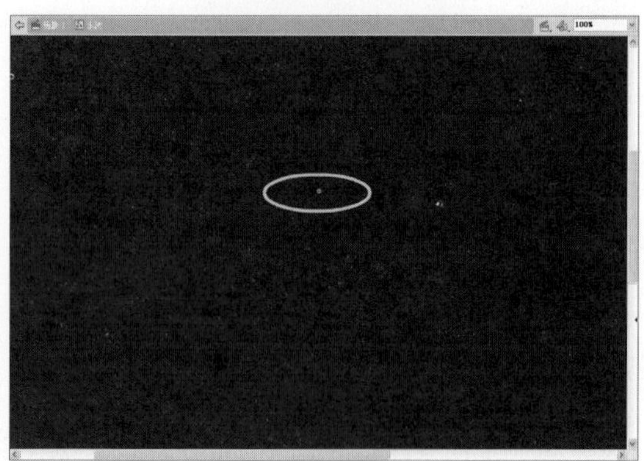

图61–9 设置“属性”面板和创建“水波”图形元件

步骤 11 单击窗口右上角的“编辑元件”按钮，在弹出的下拉菜单中选择rain1选项，进入rain1影片剪辑元件的编辑窗口。在“时间轴”面板中单击“新建图层”按钮，创建“图层2”图层，选择第16帧，按【F6】建插入一个关键帧，如图61–10所示。

步骤 12 在“库”面板中将“水波”元件拖曳到舞台中，在“属性”面板中设置“宽度”和“高度”分别为20.9和10.2、X和Y的值分别为–117.1和290.9，效果如图61–11所示。

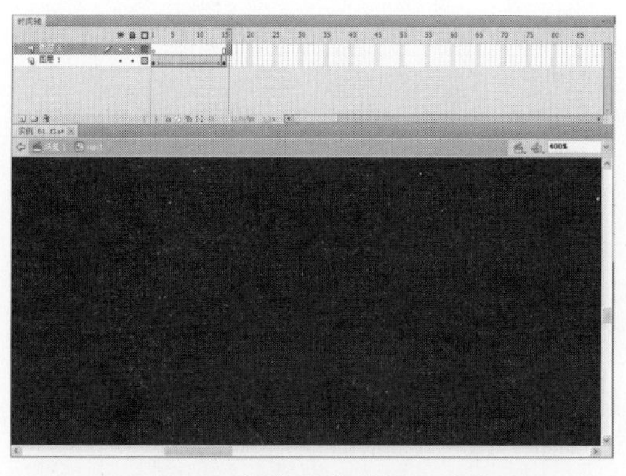

图61-10 新建图层并插入关键帧

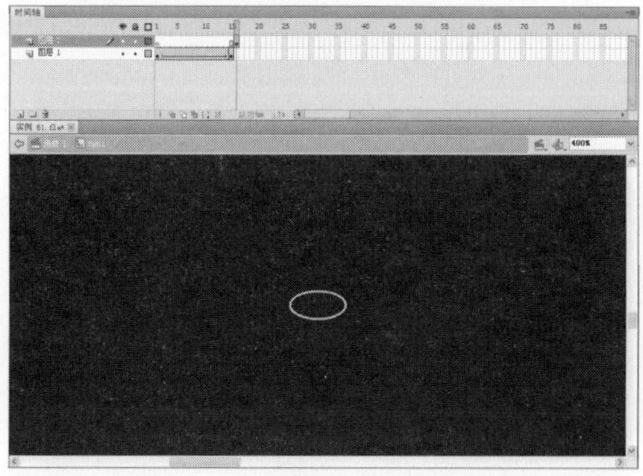

图61-11 创建“水波”元件

步骤 13 选择“图层2”图层的第30帧，按【F6】键插入一个关键帧。选择该帧的水波图形，在“属性”面板中设置“宽度”和“高度”分别为108.9和35.3、X和Y的值分别设置为-115.9和289.6，效果如图61-12所示。

步骤 14 选择“图层2”的第15帧，单击鼠标右键，在弹出的快捷菜单中选择“创建传统补间”选项，单击“绘图纸外观”按钮和“编辑多个帧”按钮，雨滴动画效果如图61-13所示。

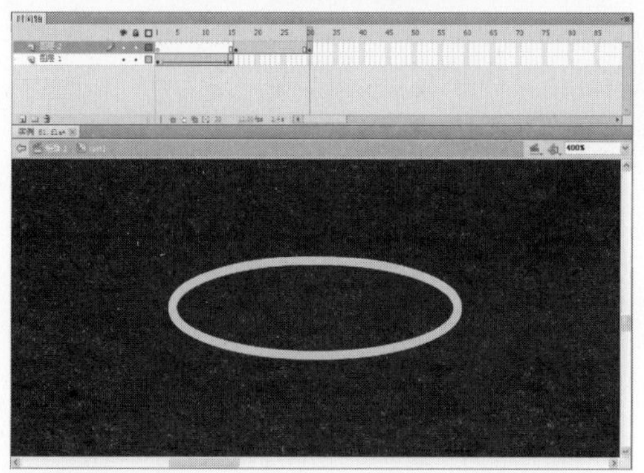

图61-12 修改对象的大小和位置

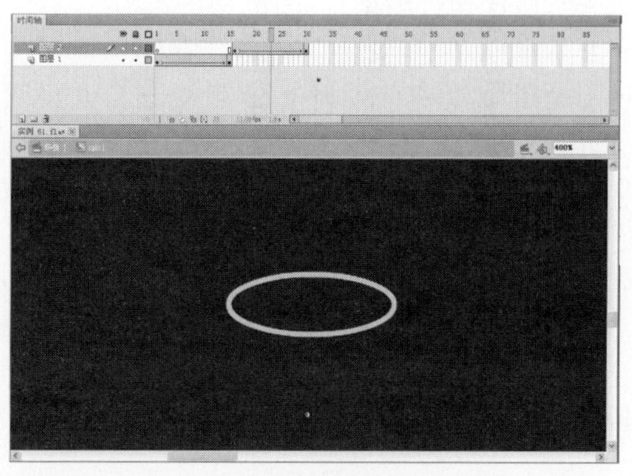

图61-13 创建雨滴动画效果

步骤 15 单击“场景1”标签，返回“场景1”编辑模式。创建“雨滴1”和“雨滴2”图层，将“库”面板中的rain1元件拖曳到“雨滴1”图层的舞台中，并在“属性”面板中设置“宽度”和“高度”分别为14.6和29.8、X和Y的值分别为147.3和216.9，效果如图61-14所示。

步骤 16 将rain1元件拖曳到“雨滴2”图层的舞台中，设置“宽度”和“高度”分别为12.5和21.8、X和Y的值分别为85.15和184.3，效果如图61-15所示。

图61-14 调整对象大小及位置

图61-15 再次调整对象大小及位置

步骤 17 选择“雨滴1”图层中的rain1元件，单击“窗口”|“变形”命令，在弹出的“变形”面板中选中“倾斜”单选按钮，并设置“垂直倾斜”为180，如图61-16所示。同理，将“雨滴2”图层的rain1元件选中，设置“垂直倾斜”为180。

步骤 18 选择“雨滴2”图层中的雨滴，并在“属性”面板中设置其实例名称为di，选择“雨滴1”图层中的雨滴，设置其实例名称为dida，如图61-17所示。

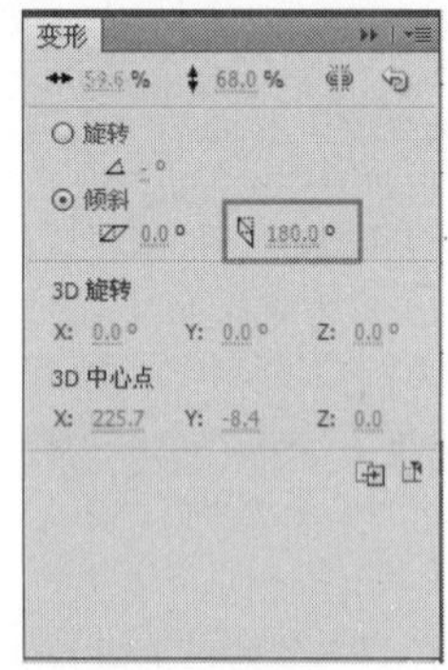

图61-16 “变形”面板

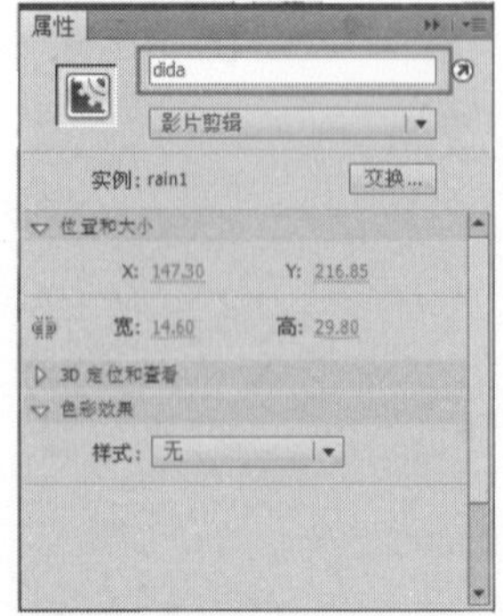

图61-17 “属性”面板

步骤 19 选择“雨滴1”图层，按【F9】键，在弹出的“动作-帧”面板中添加脚本语句，如图61-18所示（具体代码见“素材\第5章\实例61\61-18.txt”）。

步骤 20 选择“雨滴2”图层，按【F9】键，在弹出的“动作-帧”面板中添加脚本语句，如图61-19所示（具体代码见“61-19.txt”文件）。

步骤 21 单击“控制”|“测试影片”|“测试”命令或者按【Ctrl+Enter】键，测试动画效果，如图61-20所示。

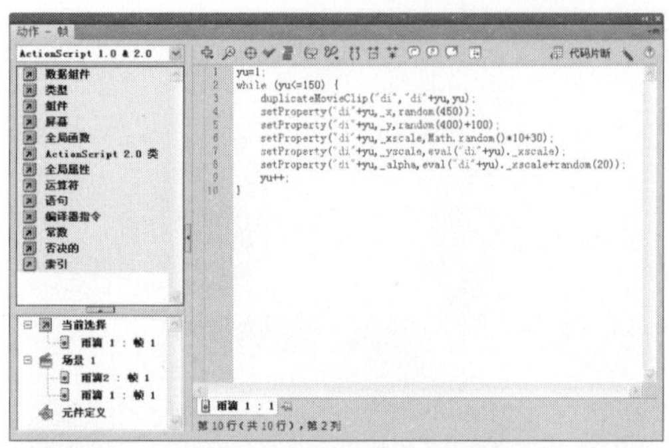

图61-18 为“雨滴1”图层添加脚本语句

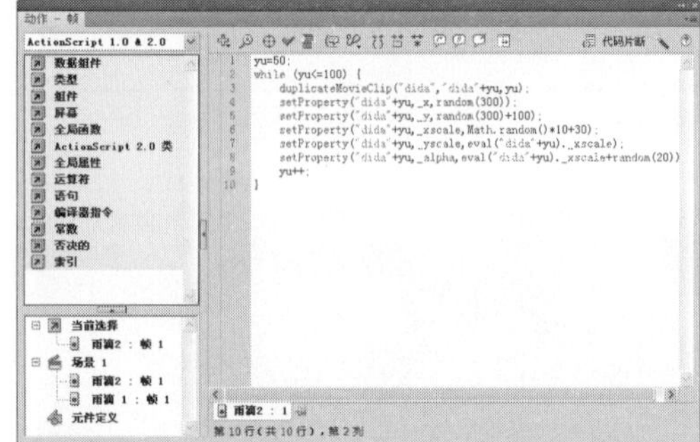

图61-19 为“雨滴2”图层添加脚本语句

图61-20 测试动画效果

实例 62 来电话啦

效果欣赏	实例导航
	素材文件：素材\第5章\实例62
	效果文件：效果\第5章\实例62.fla
	视频文件：视频\第5章\实例62.swf
	知识点睛：导入AI格式文件、创建元件、绘制正圆

步骤 01 单击“文件”|“打开”命令，打开一幅素材文件，如图62-1所示。单击“文件”|“另存为”命令，将其保存为“实例62.fla”文件。

步骤 02 单击“插入”|“新建元件”命令，弹出“创建新元件”对话框，设置“名称”为“手机”、“类型”为“图形”，单击“确定”按钮，进入图形元件编辑模式。

步骤 03 选择“图层1”图层的第1帧，单击“文件”|“导入”|“导入到舞台”命令，导入一幅AI格式的手机图形，并调整大小和位置（“宽度”和“高度”分别为300和260、X和Y轴值分别为-150和-129.55），效果如图62-2所示。

图62-1 打开素材文件

图62-2 导入手机图形

步骤 04 单击“场景1”标签，返回“场景1”编辑模式。选择舞台中的小女孩图形，单击“编辑”|“剪切”命令，再次进入“手机”图形元件编辑模式。单击“时间轴”面板中的“新建图层”按钮，创建“图层2”图层，选择第1帧，单击“编辑”|“粘贴到当前位置”命令，并调整位置（X和Y轴值分别为-163.25和-296），效果如图62-3所示。

步骤 05 选择工具箱中的钢笔工具，绘制一条黑色的曲线，如图62-4所示。

图62-3 粘贴人物图形

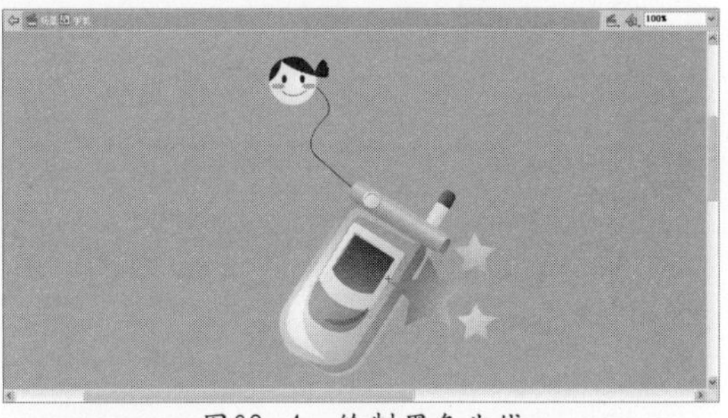

图62-4 绘制黑色曲线

步骤 06 单击“时间轴”面板中的“新建图层”按钮，创建“图层3”图层。选择第1帧，选择工具箱中的文本工具，在人物图形与手机图形之间输入相应的文本，并设置“系列”为“方正卡通繁体”、“字体大小”为30、“颜色”为“桔黄色”（#FF6600），效果如图62-5所示。

步骤 07 新建一个名为“闪烁”的影片剪辑元件，并进入其编辑区。创建一个名为“圆形”的图形元件，选择工具箱中的椭圆工具绘制一个无边线、填充颜色为红色的正圆（“宽度”和“高度”均为28），如图62-6所示。

图62-5 创建文本

图62-6 绘制正圆

步骤 08 选择工具箱中的椭圆工具，绘制两个大小不同的无边线、填充颜色为白色的椭圆，将其移至“圆形”图形元件上，效果如图62-7所示。

步骤 09 分别选择“图层1”图层的第4帧、第8帧、第12帧、第16帧和第20帧，按【F6】键插入一个关键帧，依次将各帧中正圆的填充色修改为绿色（#00FF00）、黄色（#FFFF00）、粉红色（#FF00FF）、青绿色（#00FFFF）和桔黄色（#FF6600），效果如图62-8所示。并选择第23帧，按【F5】键插入帧。

图62-7 在“圆形”元件上绘制椭圆

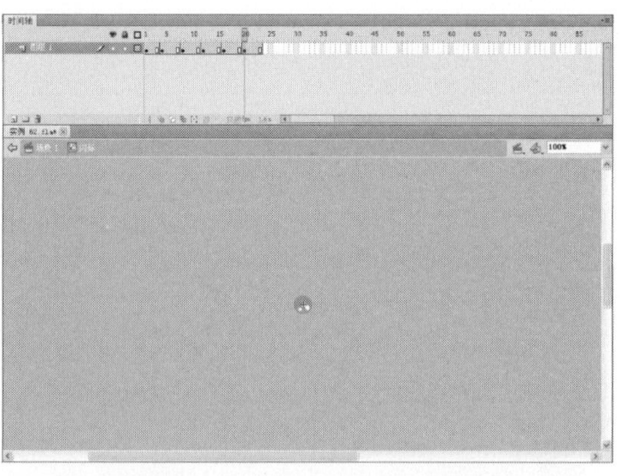

图62-8 修改各帧中对象的颜色

步骤 10 单击“场景1”标签，返回“场景1”编辑模式。单击“时间轴”面板中的“新建图层”按钮，创建“手机”图层。将“库”面板中的“手机”图形元件拖曳到舞台中，并调整其大小和位置，效果如图62-9所示。

步骤 11 选择“手机”图层的第1帧，将“库”面板中的“闪烁”影片剪辑元件拖曳到舞台中，并调整其大小和位置，效果如图62-10所示。

图62-9 将“手机”元件拖曳至舞台

图62-10 将元件拖曳到舞台中

步骤 12 单击“控制”|“测试影片”|“测试”命令，测试动画效果，如图62-11所示。

图62-11 测试动画效果

实例63 星光灿烂

效果欣赏	实例导航
	素材文件：素材\第5章\实例63
	效果文件：效果\第5章\实例63.fla
	视频文件：视频\第5章\实例63.swf
	知识点睛：创建元件、导入SWF文件、设置元件属性

步骤 01 按【Ctrl+N】键新建一个Flash文档。单击“修改”|“文档”命令，弹出“文档设置”对话框，设置“宽”为800、“高”为600、“背景颜色”为黑色（#000000）、“帧频”为12，单击“确定”按钮，修改文档设置。单击“文件”|“另存为”命令，将其保存为“实例63.fla”文件。

步骤 02 双击“图层1”图层，将其更名为“背景”。单击“文件”|“导入”|“导入到舞台”命令，导入一幅素材图片，如图63-1所示。选择第125帧并按【F5】键插入普通帧。

步骤 03 单击“插入”|“新建元件”命令，在弹出的“创建新元件”对话框中设置“名称”为“星星”、“类型”为“影片剪辑”，如图63-2所示。单击“确定”按钮，创建一个名为“星星”的影片剪辑元件。

图63-1 导入素材图片

图63-2 “创建新元件”对话框

步骤 04 依次选择“图层1”图层的第2帧至第14帧，按【F6】键插入关键帧，此时的“时间轴”面板如图63-3所示。

步骤 05 单击“文件”|“导入”|“打开外部库”命令，打开一个素材文件，弹出“星星.fla”文件的“库”面板，如图63-4所示。

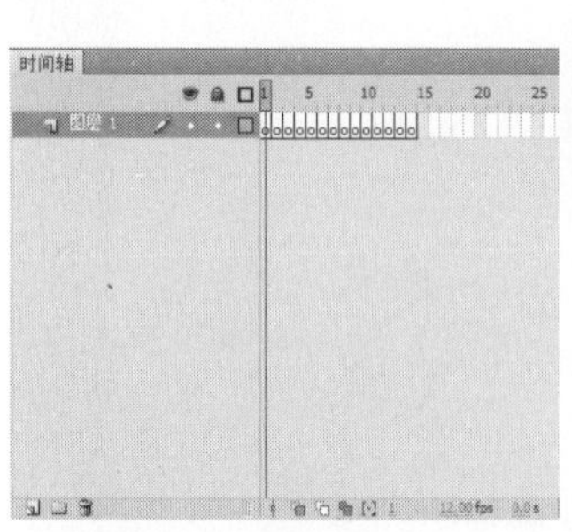
图63-3 插入关键帧

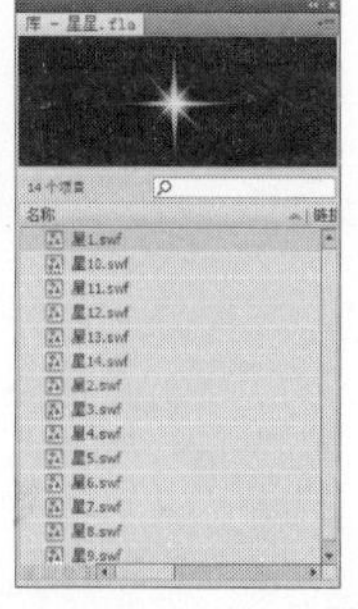
图63-4 “库”面板

步骤 06 选择第1帧，从“库”面板中将“星1.swf”拖曳到编辑区中，单击“窗口”|“对齐”命令，在弹出的“对齐”面板中选中“与舞台对齐”复选框、单击“水平中齐”按钮和“垂直中齐”按钮，使图形相对于舞台居中对齐，如图63-5所示。

步骤 07 选择“图层1”图层第2帧，从“库”面板中将“星2.swf”元件拖曳到编辑区中，在“对齐”面板中“水平中齐”按钮和“垂直中齐”按钮，使图形相对于舞台居中对齐，如图63-6所示。

图63-5 将“星1.swf”拖曳到编辑区

图63-6 将“星2.swf”拖曳到编辑区

步骤 08 同理，从“库”面板中将图片拖曳到相应的帧所在的编辑区中，并在“对齐”面板中设置图片相对于舞台“水平中齐”和“垂直中齐”，如图63-7所示。

图63-7 拖曳其他的元件到编辑区

步骤 09 选择第1帧处的星星图形，在“属性”面板中设置其Alpha值为0%，效果如图63-8所示。

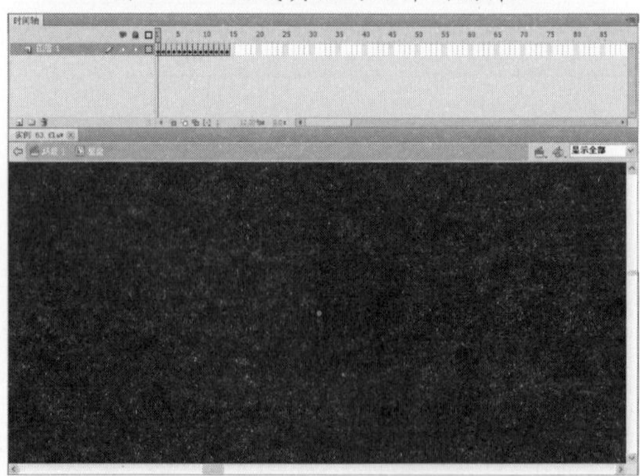
图63-8 设置对象的Alpha值

步骤 10 分别选择第2帧、第3帧、第4帧、第5帧、第6帧、第14帧处的星星元件，在“属性”面板中设置Alpha值分别为9%、14%、15%、17%、16%、0%，效果如图63-9所示。

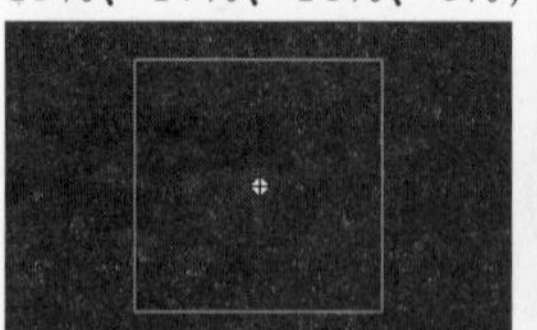
第2帧处的星星

第3帧处的星星

第4帧处的星星

第5帧处的星星

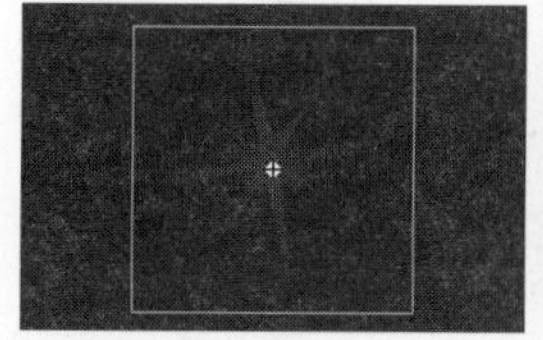

第6帧处的星星

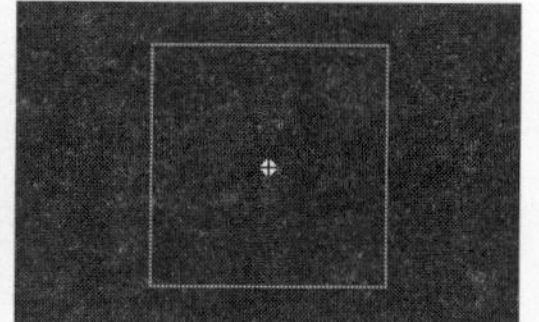

第15帧处的星星

图63-9 设置各帧星星元件的Alpha值

步骤 11 返回“场景1”编辑模式，在“时间轴”面板中单击“新建图层”按钮，创建“星星1”图层。从“库”面板中将“星星”影片剪辑元件拖曳到舞台上。选择该元件，在“属性”面板中设置“宽度”和“高”均为27。选择该元件，按住【Alt】键的同时拖曳鼠标，多次复制元件，将其铺满大半个舞台，如图63-10所示。

图63-10 在“星星1”图层中插入元件

步骤 12 创建“星星2”图层，选择第3帧，按【F6】键插入关键帧。从“库”面板中将“星星”影片剪辑元件拖曳到舞台上，在“属性”面板中设置其“宽度”和“高度”均为25。选择“星星” 影片剪辑元件，按住【Alt】键的同时拖曳鼠标，多次复制元件，将其铺满大半个舞台，如图63-11所示。

步骤 13 创建“星星3”图层，选择第5帧，按【F6】键插入关键帧。从“库”面板中将“星星”元件拖曳到舞台上，在“属性”面板中设置“宽”和“高度”均为27。选择“星星”元件，按住【Alt】键的同时拖曳鼠标，多次复制元件，将其铺满大半个舞台，如图63-12所示。

图63-11 在“星星2”图层中插入元件

图63-12 在“星星3”图层中“插入”元件

步骤 14 单击“控制”|“测试影片”|“测试”命令，测试动画效果，如图63-13所示。

图63-13 测试动画效果

实例 64 璀璨烟花

效果欣赏	实例导航
 	素材文件：素材\第5章\实例64 效果文件：效果\第5章\实例64.fla 视频文件：视频\第5章\实例64.swf 知识点睛：创建元件、设置元件属性、添动脚本语句

步骤 01 按【Ctrl+N】键新建一个Flash文档。单击“修改”|“文档”命令，弹出“文档设置”对话框，设置“宽”为800、“高”为600、“背景颜色”为蓝色（#6699FF）、“帧频”为12，单击“确定”按钮，修改文档设置。单击“文件”|“另存为”命令，将其保存为“实例64.fla”文件。

步骤 02 单击“插入”|“新建元件”命令，在弹出的“创建新元件”对话框中设置“名称”为“烟花元素”、“类型”为“图形”，如图64-1所示。单击“确定”按钮，进入图形元件编辑模式。

步骤 03 选择工具箱中的线条工具，在“属性”面板中设置“笔触颜色”为红色（#FF0000）、“笔触高度”为2、“笔触样式”为“实线”，在编辑区中绘制一条宽为130的水平直线，如图64-2所示。单击“修改”|“形状”|“将线条转换为填充”命令，将直线转换为可填充图形。

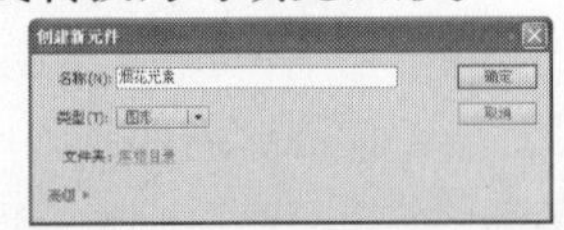

图64-1 “创建新元件”对话框

图64-2 绘制水平直线

步骤 04 选择填充图形，单击“窗口”|“颜色”命令，在弹出的“颜色”面板的“类型”下拉列表框中选择“线性渐变”选项，并从左至右分别设置4个色标的颜色为黄色（#FFFF00）、红色（#FF0000）、蓝色（#3300FF）、品红色（#FF00FF），如图64-3所示。填充后的效果如图64-4所示。

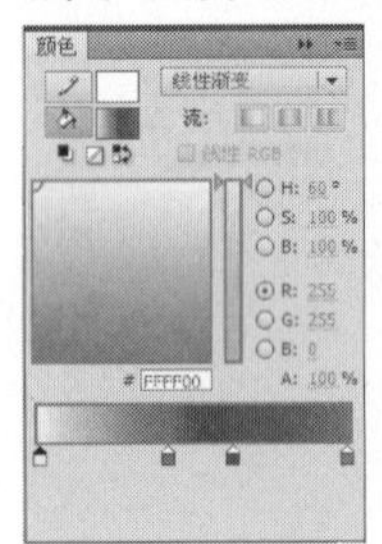

图64-3 设置“颜色”面板 图64-4 填充线性渐变色

步骤 05 选择填充好的直线，按【F8】键，将其转化成图形元件，选择工具箱中的任意变形工具，将直线上的中心点移至直线的左端，如图64-5所示。

步骤 06 单击“窗口”|“变形”命令，在弹出的“变形”面板中选中“旋转”单选按钮，在其下方的文本框中输入90，连续单击3次“重制选区和变形”按钮，复制直线，并适当调整各直线的位置，效果如图64-6所示。

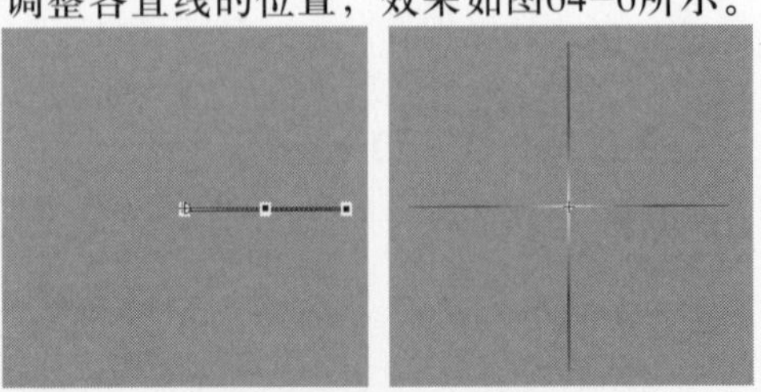

图64-5 移动中心点 图64-6 复制直线并调整其位置

步骤 07 新建一个名为“单个烟花”的影片

剪辑元件，并将刚创建的“烟花元素”图形元件从“库”面板中拖曳至该影片剪辑元件的编辑区中，如图64-7所示。

步骤 08 分别选择“图层1”图层的第20帧和第40帧，按【F6】键插入关键帧。选择第1帧至第20帧之间的任一帧，单击鼠标右键，在弹出的快捷菜单中选择“创建传统补间”选项，创建1帧至第20帧之间的补间动画；同理，创建第20帧至第40帧间的补间动画，如图64-8所示。

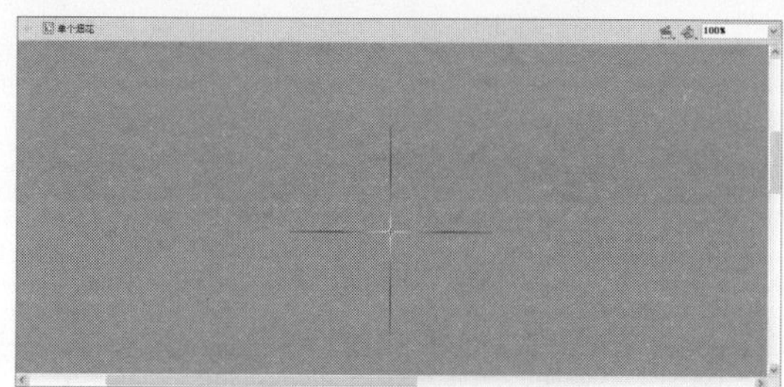

图64-7 将元件拖曳至编辑区

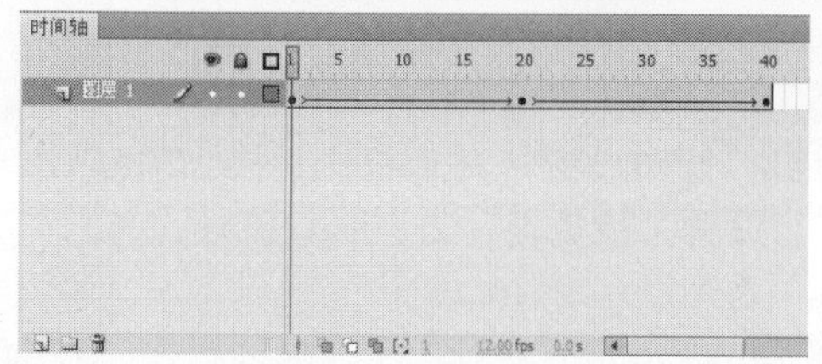

图64-8 创建补间动画

步骤 09 选择“图层1”图层的第1帧的图形元件，在“属性”面板中设置“宽度”和“高度”均为33.3，如图64-9所示。

步骤 10 选择刚才缩小的图形元件，在“属性”面板“色彩效果”选项区的“样式”下拉列表中选择“亮度”选项，并在右侧的文本框中输入81%，再选择“色调”选项，在右侧的文本框中输入100%，如图64-10所示。

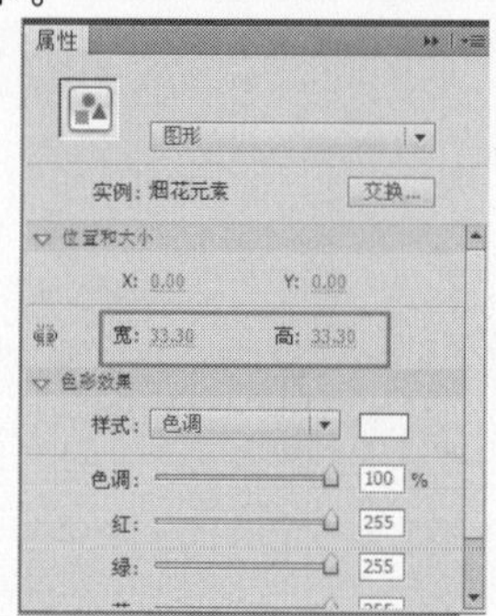

图64-9 设置第1帧对象的大小

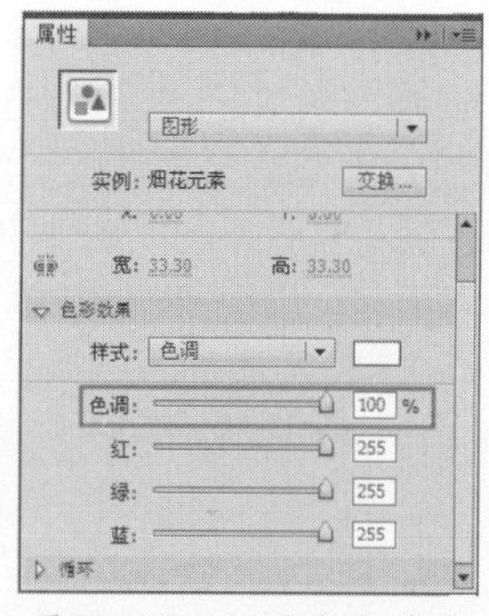

图64-10 设置色彩效果

步骤 11 同理，对第40帧处的烟花进行类似的设置，调整对象的大小比第20帧大，对象颜色的Alpha值为0%，这样烟花就呈现逐渐变大且逐渐黯淡消失的效果，效果如图64-11所示。

步骤 12 新建一个名为“一束烟花”的影片剪辑元件。将“单个烟花”影片剪辑元件插入到“一束烟花”的影片剪辑编辑区中，并在“属性”面板中将其实例名称设置为shine，如图64-12所示。选择“图层1”图层的第25帧，按【F5】键插入一个普通帧。

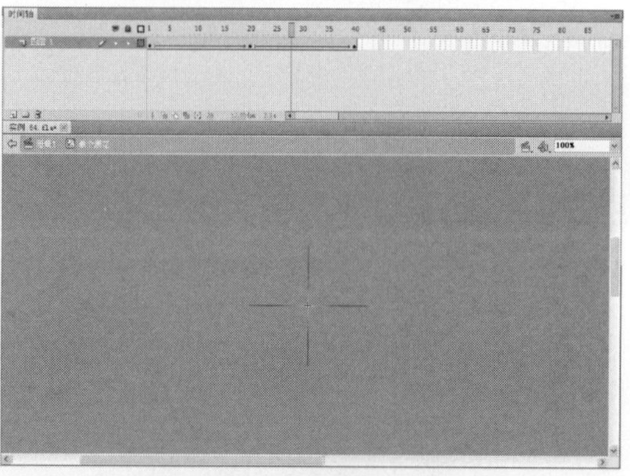

图64-11 创建烟花动画效果

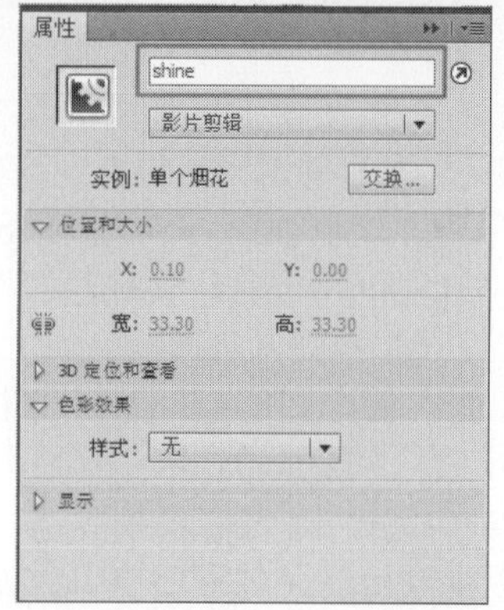

图64-12 设置元件的实例名称

步骤 13 单击“时间轴”面板中的“新建图层”按钮，创建“图层2”图层，选择第2帧，按【F7】键插入一个空白关键帧。继续选择该帧，按【F9】键，在弹出的“动作-帧”面板中添加动作脚本语句，如图64-13所示（具体代码见“素材\第5章\实例64\64-13.txt”）。

步骤 14 单击“场景1”标签，返回“场景1”编辑模式。选择 “图层1”图层的第1帧，单击“文件”|“导入”|“导入到舞台”命令，导入一幅素材图像至舞台中，并调整大小及位置，如图64-14所示。

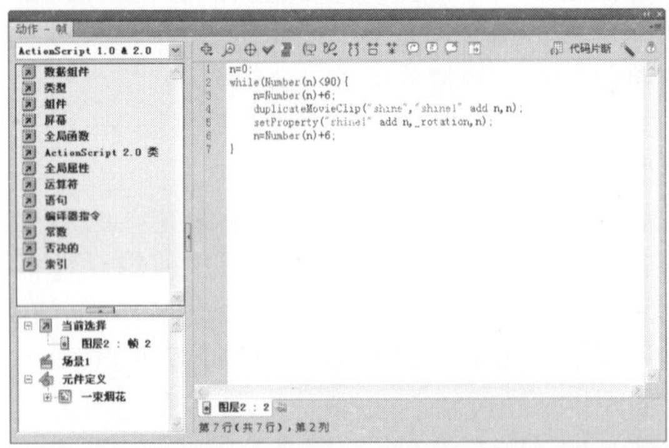

图64-13 添加脚本语句

图64-14 导入的素材图像

步骤 15 选择“图层1”图层的第1帧，将“一束烟花”影片剪辑元件拖曳到舞台中，调整位置（X和Y轴值分别为274.6和180），效果如图64-15所示。选择“图层1”图层的第50帧，按【F5】键插入普通帧。

步骤 16 依次创建“图层2”、“图层3”、“图层4”、“图层5”、“图层6”5个图层，在依次相差5帧的位置处导入“一束烟花”影片剪辑元件，位置随意，尽量不要重叠，效果如图64-16所示。

图64-15 将元件拖曳到舞台中

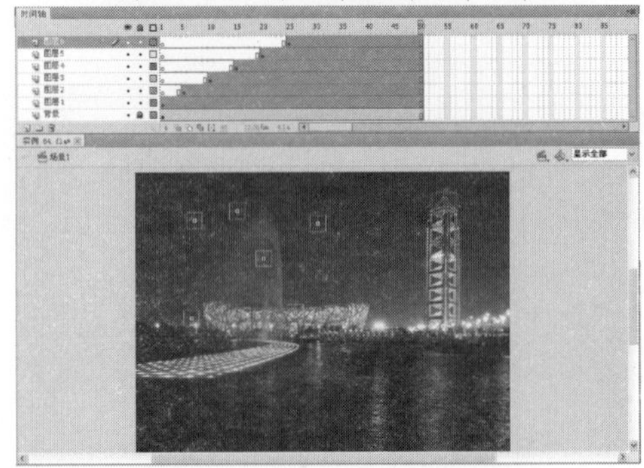
图64-16 拖曳多个元件到舞台中

步骤 17 单击“文件”|“发布设置”命令，弹出“发布设置”对话框，切换到Flash选项卡，设置“播放器”为Flash Player 6、“脚本”为ActionScript 1。

步骤 18 单击“控制”|“测试影片”|“测试”命令，测试动画效果，如图64-17所示。

图64-17 测试动画效果

实例 65　幸福像花儿

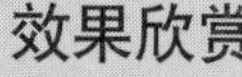

效果欣赏	实例导航
	素材文件：素材\第5章\实例65 效果文件：效果\第5章\实例65.fla 视频文件：视频\第5章\实例65.swf 知识点睛：使用元件、设置元件属性、添加作动脚本

步骤 01 单击“文件”|“打开”命令，打开一幅素材文件，双击图层名更改为“背景”，如图65-1所示。单击“文件”|“另存为”命令，将其保存为“实例65.fla”文件。

步骤 02 选择“背景”图层的第75帧，单击“插入”|“时间轴”|“帧”命令，插入帧。在“时间轴”面板中单击6次“新建图层”按钮，在其上方创建6个图层，从下至上依次将其命名为“花朵1”至“花朵6”，如图65-2所示。

图65-1　打开素材文件

图65-2　新建图层

步骤 03 选择“花朵1”图层的第1帧，单击“窗口”|“库”命令，弹出“库”面板，选择flower影片剪辑元件，如图65-3所示。将元件拖曳到舞台中，调整大小和位置（“宽度”和“高度”分别为13.5和13.6、X和Y轴值分别为318.9和50.7），如图65-4所示。

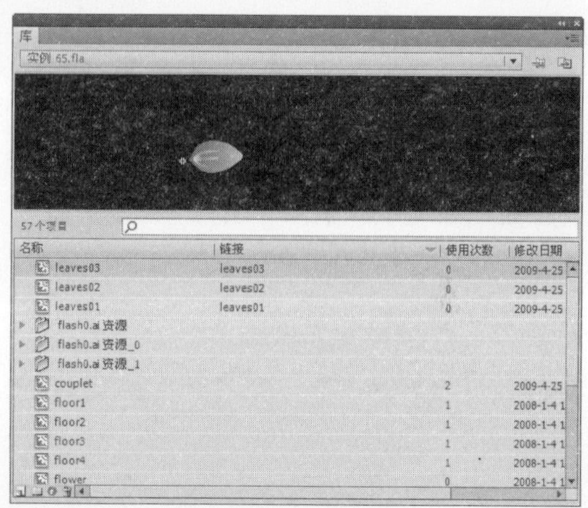

图65-3　“库”面板

图65-4　将元件拖曳到舞台中

步骤 04 选择“花朵2”图层的第75帧，按【F6】键插入关键帧。在“库”面板中选择flower影片剪辑元件，将其拖曳到舞台中并调整其大小和位置（设置其“宽度”和“高度”分别为15.2和15.3、X和Y轴值分别为118和327.2），效果如图65-5所示。

步骤 05 选择“花朵3”图层的第15帧，按【F6】键插入关键帧。在“库”面板中将flower影片剪辑元件拖曳到舞台中，调整大小和位置（“宽度”和“高度”分别为11.8和11.9、X和Y轴值分别为280.8和290.2），效果如图65-6所示。

图65-5 调整“花朵2”图层中的元件

图65-6 调整“花朵3”图层中的元件

步骤 06 选择“花朵4”图层的第56帧，按【F6】键插入关键帧。在“库”面板中选择flower影片剪辑元件，将其拖曳到舞台中，调整大小和位置（“宽度”和“高度”分别为15.2和15.4、X和Y轴值分别为209.3和92.6），效果如图65-7所示。

步骤 07 选择“花朵5”图层的第34帧，按【F6】键插入关键帧。在“库”面板中选择flower影片剪辑元件，将其拖曳到舞台中，调整大小和位置（“宽度”和“高度”分别为15和15.1、X和Y轴值分别为491.4和96.8），效果如图65-8所示。

图65-7 调整“花朵4”图层中的元件

图65-8 调整“花朵5”图层中的元件

步骤 08 选择“花朵6”图层的第3帧，按【F6】键插入关键帧。在“库”面板中选择flower影片剪辑元件，将其拖曳到舞台中，调整大小和位置（“宽度”和“高度”分别为10.1和10.3、X和Y轴值分别为98和74.7），效果如图65-9所示。

步骤 09 在“时间轴”面板中，单击“新建图层”按钮，创建“动作”图层，选择第75帧，单击“插入”|“时间轴”|“空白关键帧”命令，插入一个空白关键帧。按【F9】键，在弹出的“动作-帧”面板中添加脚本语句，如图65-10所示。

图65-9 调整“花朵6”图层中的元件

图65-10 添加脚本语句

步骤 10 单击“控制”|“测试影片”|“测试”命令，测试动画效果，如图65-11所示。

图65-11 测试动画效果

实例 66 游泳去了

<table>
<tr><th>效果欣赏</th><th>实例导航</th></tr>
<tr><td rowspan="4"> </td><td>素材文件：素材\第5章\实例66</td></tr>
<tr><td>效果文件：效果\第5章\实例66.fla</td></tr>
<tr><td>视频文件：视频\第5章\实例66.swf</td></tr>
<tr><td>知识点睛：设置元件属性、添加动作脚本</td></tr>
</table>

步骤 01 按【Ctrl+N】键新建一个Flash文档。单击“修改”|“文档”命令，弹出“文档设置”对话框，设置“宽”为400、“高”为300、“背景颜色”为黑色（#000000）、“帧频”为12，单击“确定”按钮，修改文档设置。单击“文件”|“另存为”命令，将其保存为“实例66.fla”文件。

步骤 02 双击“图层1”图层，将其更名为“背景”。单击“文件”|“导入”|“导入到舞台”命令，导入一幅素材图像到舞台中，并调整其大小和位置，使其正好覆盖整个舞台，效果如图66-1所示。

步骤 03 单击“插入”|“新建元件”命令，在弹出的“创建新元件”对话框中设置“名称”为“泡泡”、“类型”为“影片剪辑”，如图66－2所示。单击“确定”按钮，进入影片剪辑元件的编辑模式。

图66－1 导入素材图像

图66－2 “创建新元件”对话框

步骤 04 选择工具箱中的椭圆工具，在编辑区中绘制一个无边框、填充颜色为任意色、宽和高均为30的正圆，如图66－3所示。

步骤 05 单击“窗口”|“颜色”命令，在弹出的“颜色”面板中的“类型”列表框中选择“径向渐变”选项，设置左端的色标“颜色”为白色、右端的色标“颜色”为蓝色（#66CCFF），并将Alpha值设置为80%，如图66－4所示。使用颜料桶工具填充小圆，效果如图66－5所示。

图66－3 绘制正圆

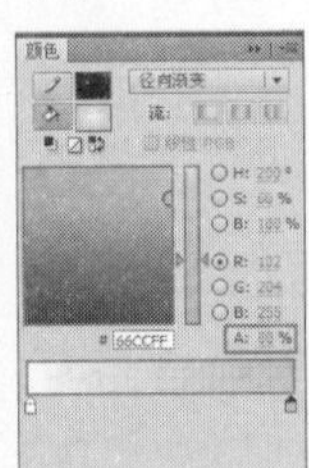
图66－4 设置“颜色”面板

图66-5 填充颜色

步骤 06 单击“时间轴”面板中的“新建图层”按钮，创建“图层2”图层。选择工具箱中的铅笔工具，绘制两个无边框线的无规则几何图形，如图66－6所示。并设置“填充颜色”为白色，然后将边框线去掉。

步骤 07 单击“场景1”标签，返回“场景1”编辑模式。单击“时间轴”面板中的“新建图层”按钮，创建“泡泡”图层。单击“窗口”|“库”命令，在弹出的“库”面板中将“泡泡”影片剪辑元件拖曳到舞台中。选择泡泡，在“属性”面板中设置“实例名称”为h1o、X和Y轴值分别为48.85和318.7，效果如图66－7所示。

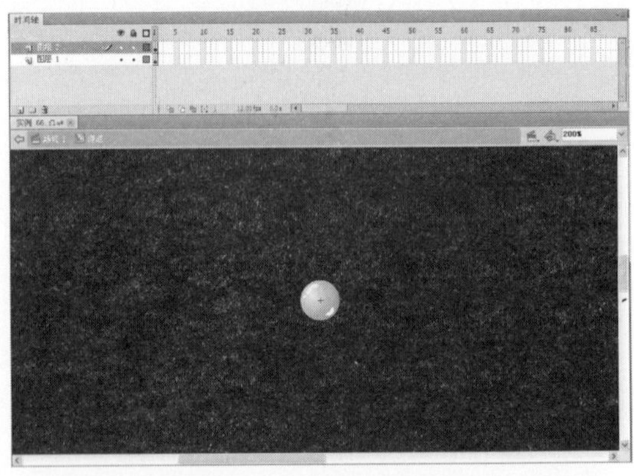
图66－6 绘制的几何图形

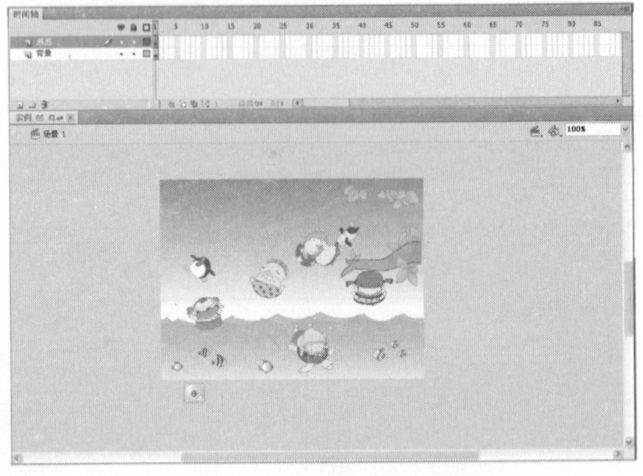
图66－7 将元件拖曳至舞台区

步骤 08 新建“动作”图层并选择第1帧，单击“窗口”|“动作”命令，在弹出的“动作－帧”面板中添加动作脚本语句，如图66－8所示（具体代码见“素材\第5章\实例66\66－8.txt”）。

步骤 09 选择舞台中的“泡泡”元件，在“动作－影片剪辑”面板中添加动作脚本语句，如图66－9所示。

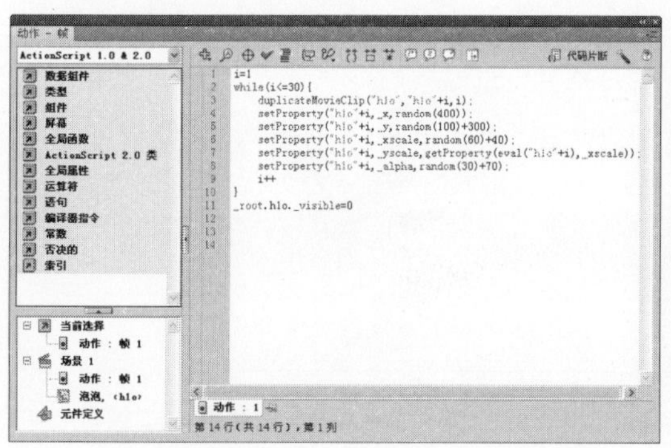

图66-8 为第1帧添加动作脚本语句

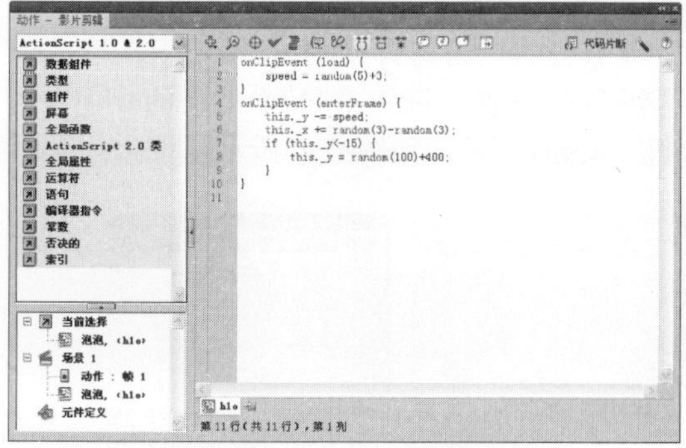

图66-9 为元件添加动作脚本语句

步骤 10 单击“控制”|“测试影片”|“测试”命令或按者【Ctrl+Enter】键，测试动画效果，如图66-10所示。

图66-10 测试动画效果

实例 67 枫叶纷飞

效果欣赏	实例导航
	素材文件：素材\第5章\实例67
	效果文件：效果\第5章\实例67.fla
	视频文件：视频\第5章\实例67.swf
	知识点睛：创建元件、编辑漂落动画、添加动作脚本

步骤 01 单击“文件”|“打开”命令，打开一幅素材文件，如图67-1所示。单击“文件”|“另存为”命令，将其保存为“实例67.fla”文件。

图67-1 打开的素材文件及其"库"面板

步骤 02 单击"插入"|"新建元件"命令，新建一个名为"枫叶动画1"的影片剪辑元件。选择"图层1"图层的第1帧，将"枫叶"元件添加到编辑区中，并设置"宽度"和"高度"分别为42和32.8 、X和Y值分别为-6.3和5.3，效果如图67-2所示。

步骤 03 分别选择第3帧、第4帧、第5帧、第6帧、第9帧和第12帧，按【F6】键插入关键帧，如图67-3所示。

图67-2 将元件添加到编辑区中

图67-3 插入关键帧

步骤 04 选择第3帧，单击"窗口"|"变形"命令，在弹出的"变形"面板中设置"垂直倾斜"为135，如图67-4所示。

步骤 05 同理，设置第4帧中对象的"垂直倾斜"值为157.5，如图67-5所示。

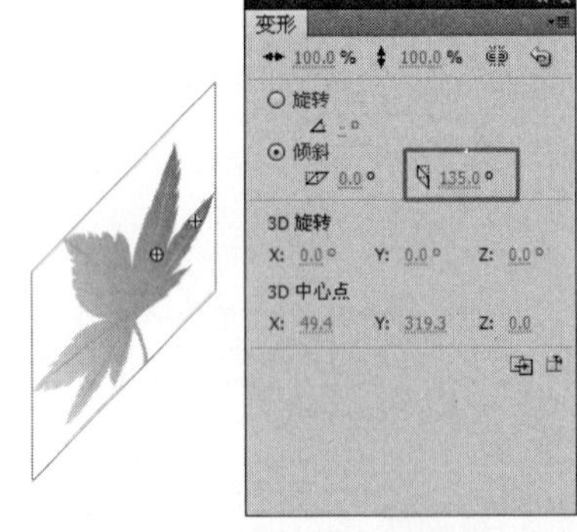

图67-4 变形第3帧中的对象

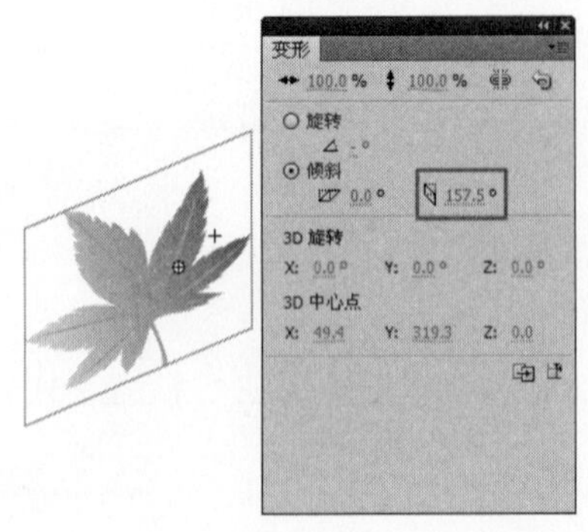

图67-5 变形第4帧中的对象

步骤 06 同理，分别修改第5帧和第6帧中的对象形状，如图67-6、图67-7所示。

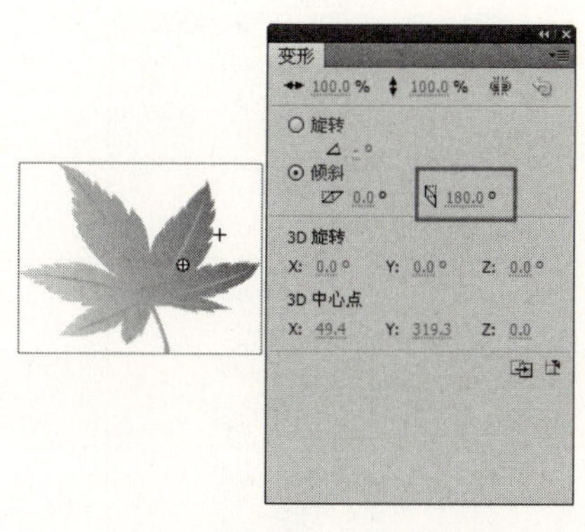

图67-6 变形第5帧中的对象

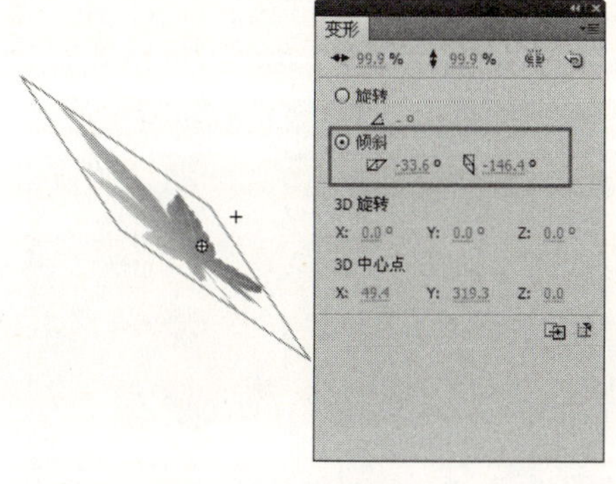

图67-7 变形第6帧中的对象

步骤 07 同理，分别修改第9帧和第12帧中的对象形状，如图67-8、图67-9所示。

步骤 08 分别选择各关键帧，单击鼠标右键，在弹出的快捷菜单中选择“创建传统补间”选项，创建补间动画，效果如图67-10所示。

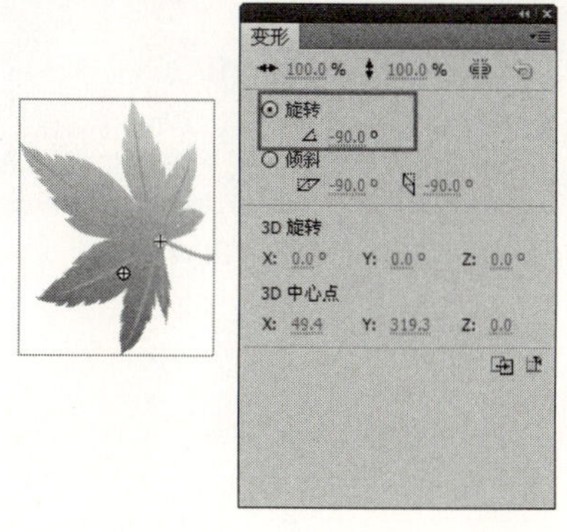

图67-8 变形第9帧中的对象

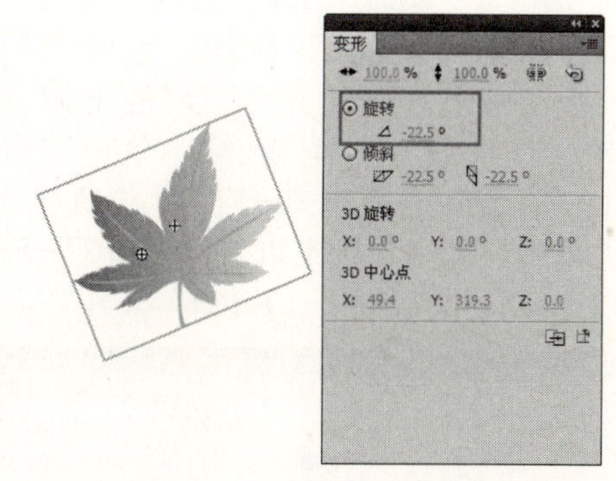

图67-9 变形第12帧中的对象

图67-10 创建补间动画

步骤 09 新建一个名为“枫叶动画2”的影片剪辑元件，并进入其编辑模式。选择“图层1”图层的第1帧，将“库”面板中的“枫叶动画1”元件拖曳到舞台的正中心，如图67-11所示。

图67-11 拖曳元件到舞台的正中心

步骤 10 在“图层1”图层的上方创建“图层2”图层，单击“窗口”|“动作”命令，在弹出的“动作-帧”面板中添加动作脚本语句，如图67-12所示（具体代码见

"素材\第5章\实例67\67-12.txt"）。

步骤 11 单击"场景1"标签，返回"场景1"编辑模式。在"背景"层的上方创建"动作"图层，选择第1帧，单击"窗口"|"动作"命令，在弹出的"动作-帧"面板中添加动作脚本语句，如图67-13所示（具体代码见"67-13.txt"文件）。

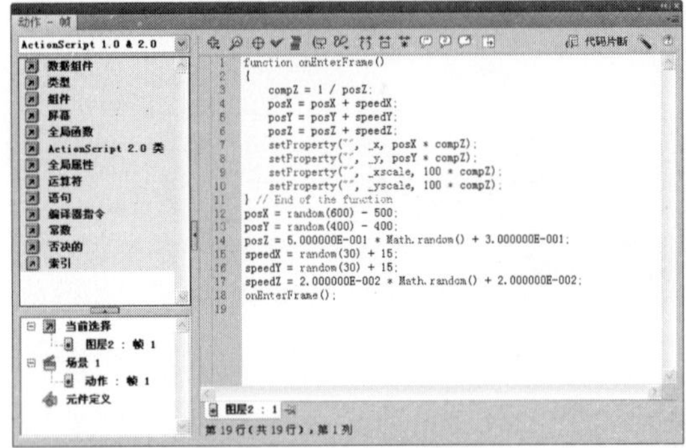

图67-12 添加脚本语句

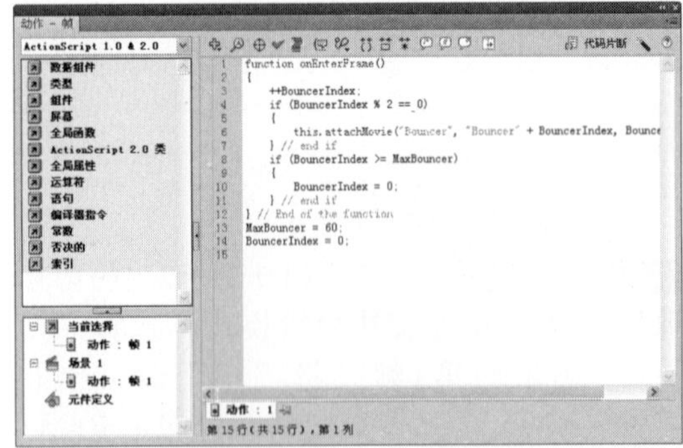

图67-13 添加另一脚本语句

步骤 12 单击"窗口"|"库"命令，弹出"库"面板，选中"枫叶动画2"影片剪辑，单击鼠标右键，在弹出的快捷菜单中选择"属性"选项，弹出"元件属性"对话框，单击"高级"按钮，勾选"为ActionScript导出"复选框，设置"标识符"为Bouncer，如图67-14所示。单击"确定"按钮，设置元件属性。

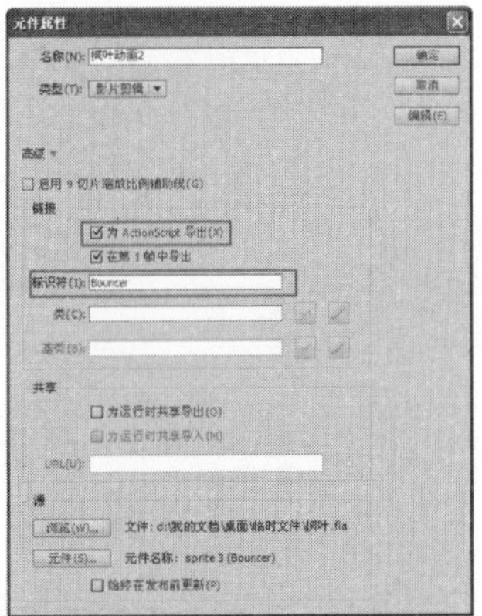

图67-14 "元件属性"对话框

步骤 13 单击"控制"|"测试影片"|"测试"命令，测试动画效果，如图67-15所示。

图67-15 测试图形动画效果

实例 68 雪中梅花

<table>
<tr><th>效果欣赏</th><th>实例导航</th></tr>
<tr><td rowspan="4"> </td><td>素材文件：素材\第5章\实例68</td></tr>
<tr><td>效果文件：效果\第5章\实例68.fla</td></tr>
<tr><td>视频文件：视频\第5章\实例68.swf</td></tr>
<tr><td>知识点睛：创建元件、柔化填充边缘、添加动作脚本</td></tr>
</table>

步骤 01 按【Ctrl+N】键新建一个Flash文档。单击“修改”|“文档”命令，弹出“文档设置”对话框，设置“宽”为800、“高”为620、“背景颜色”为黑色（#000000）、“帧频”为12，单击“确定”按钮，修改文档设置。单击“文件”|“另存为”命令，将其保存为“实例68.fla”文件。

步骤 02 双击“图层1”图层，将其重命名为“背景”。单击“文件”|“导入”|“导入到舞台”命令，导入一幅素材图像，并调整大小（“宽度”为748、“高度”为384、X和Y轴值分别为26和12），效果如图68–1所示。

步骤 03 创建“文字”的图层。选择工具箱中的文本工具，并设置“系列”为“华文行楷”、“方向”为“垂直”、“颜色”为白色、正文“行距”为28、正文“字体大小”为25、标题和作者名称的“字体大小”分别为40和30，在图像的下方输入文本，如图

图68–1 导入素材图像

图68–2 输入文本

步骤 04 单击“插入”|“新建元件”命令，在弹出的“创建新元件”对话框中设置“名称”为snowflake、“类型”为“影片剪辑”，如图68–3所示。单击“确定”按钮，进入影片剪辑元件编辑模式。

步骤 05 选择工具箱中的多角星形工具，在“属性”面板中的“工具设置”选项区中单击“选项”按钮，弹出“工具设置”对话框，设置如图68–4所示。

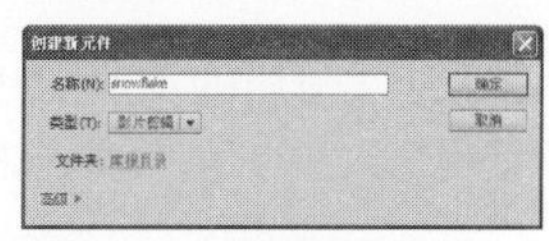

图68–3 “创建新元件”对话框

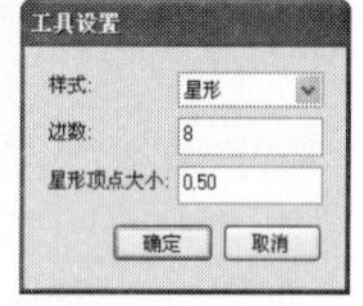

图68–4 “工具设置”对话框

步骤 06 将鼠标移至舞台中，拖曳鼠标绘制一个白色的星形，如图68–5所示。

步骤 07 在“图层1”图层上单击鼠标右键，在弹出的快捷菜单中选择“添加传统运动引导层”选项，新建一个引导层。选择工具箱中的铅笔工具，在引导层上绘制一条曲线，作为雪花飘落的路径，效果如图68-6所示。

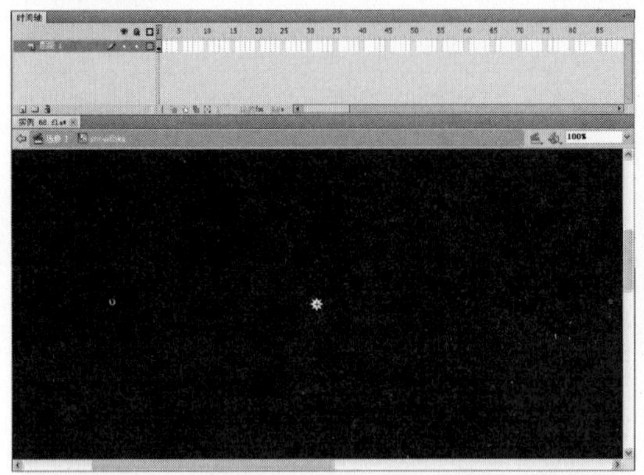

图68-5 绘制白色星形

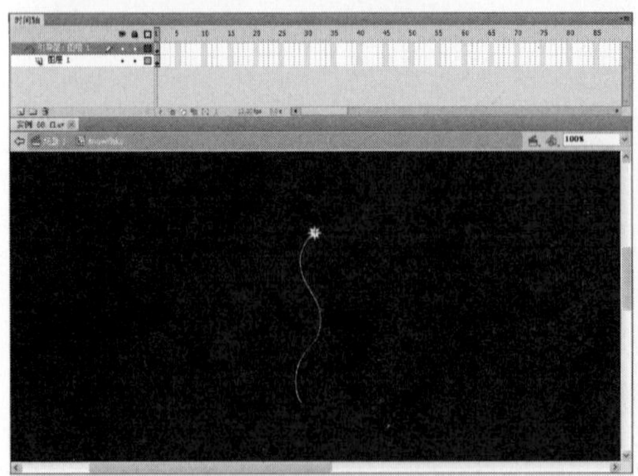

图68-6 绘制路径

步骤 08 选择“引导层”图层的第30帧，按【F5】键插入一个普通帧。选择“图层1”图层的第30帧，按【F6】键插入一个关键帧。运用任意变形工具，选择“图层1”图层第1帧上的雪花图形，将雪花图形的中心点与引导线的端点对齐，如图68-7所示。

步骤 09 同理，将“图层1”图层的第30帧上的雪花图形的中心点与引导线的另一端点对齐，如图68-8所示。

步骤 10 在“图层1”图层中的任意有效帧上单击鼠标右键，在弹出的快捷菜单中选择“创建传统补间”选项，此时的“时间轴”面板如图68-9所示。

步骤 11 分别双击“图层1”图层的第1帧和第30帧的星形图形，进入元件编辑模式，单击“修改”|“形状”|“柔化填充边缘”命令，弹出“柔化填充边缘”对话框，设置“距离”为10、“步骤数”为4、“方向”为“扩展”，如图68-10所示。

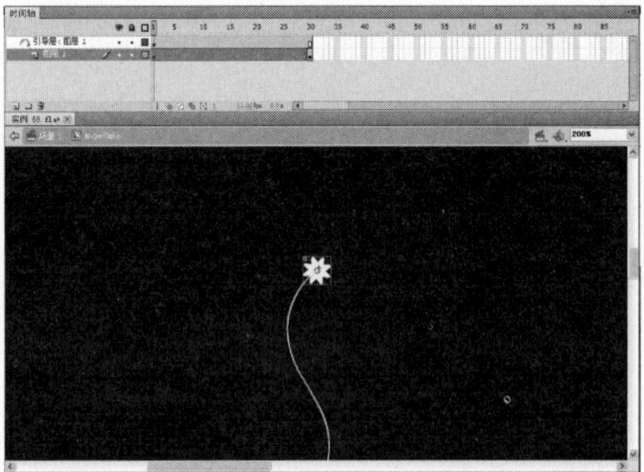

图68-7 对齐引导线的端点

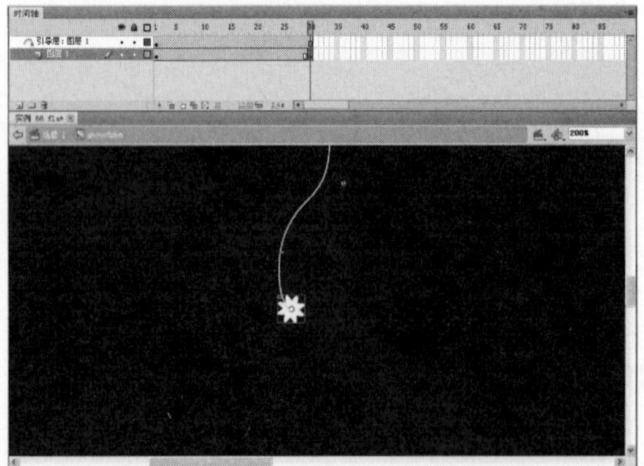

图68-8 对齐引导线的另一端点

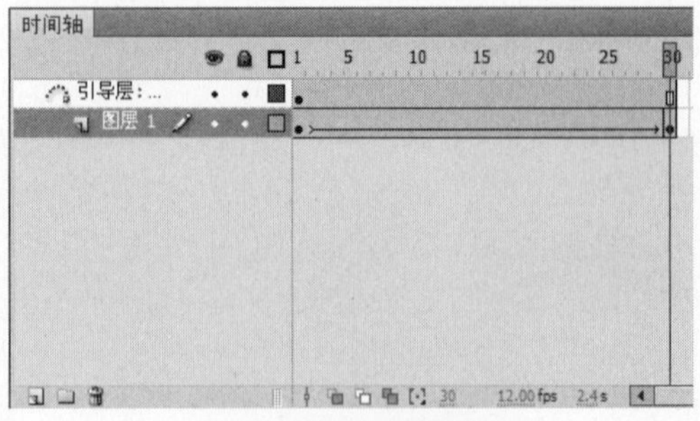

图68-9 创建补间动画

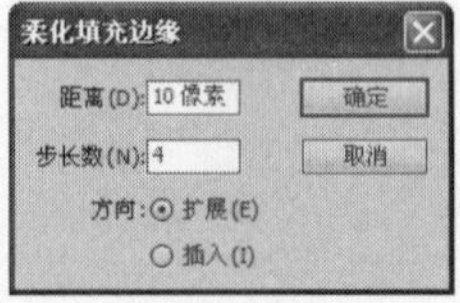

图68-10 “柔化填充边缘”对话框

专家提醒

用户需要注意的是，必须双击鼠标打开雪花组合图形至填充形式，才可以执行该命令。

步骤 12 单击“确定”按钮，对雪花进行柔化处理，效果如图68-11所示。

步骤 13 单击“场景1”标签，返回“场景1”编辑模式。创建“雪花”图层，将snowflake影片剪辑元件从“库”面板中拖曳到当前舞台中，并调整大小及位置，效果如图68-12所示。

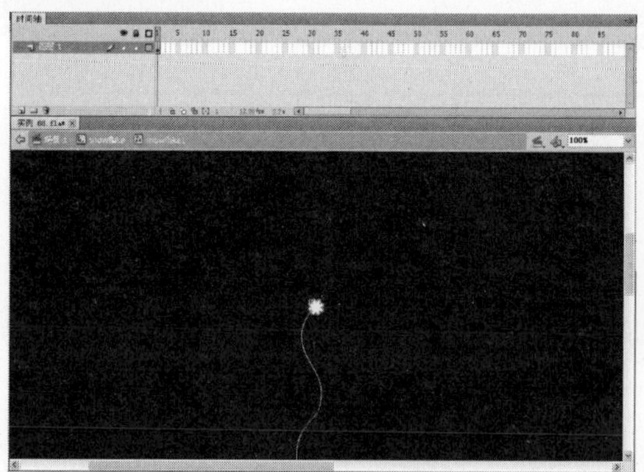

图68-11 柔化雪花图形

图68-12 将元件拖曳到舞台中

步骤 14 选择舞台上的snowflake元件，在“属性”面板上将其命名为snow，按【F9】键，在弹出的“动作-帧”面板中添加动作脚本语句，如图68-13所示（具体代码见“素材\第5章\实例68\68-13.txt”）。

步骤 15 选择“雪花”图层的第1帧，按【F9】键，在弹出的“动作-帧”面板中添加脚本语句，如图68-14所示（具体代码见“68-14.txt”文件）。

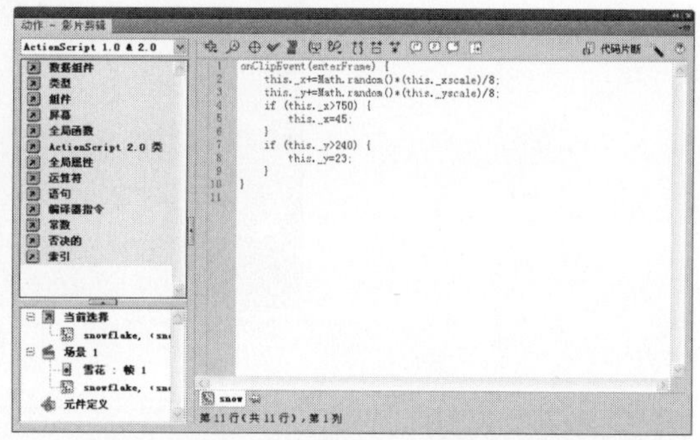

图68-13 为元件添加动作脚本语句

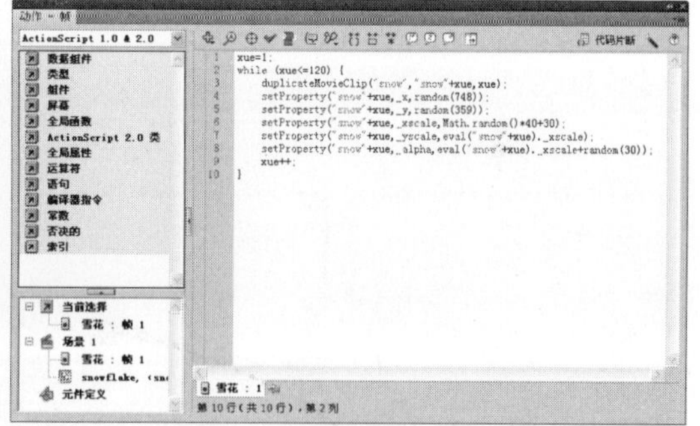

图68-14 为第1帧添加脚本语句

步骤 16 单击“控制”|“测试影片”|“测试”命令，测试动画效果，如图68-15所示。

图68-15 测试动画效果

实例 69 比翼双飞

效果欣赏	实例导航
 	素材文件：素材\第5章\实例69
	效果文件：效果\第5章\实例69.fla
	视频文件：视频\第5章\实例69.swf
	知识点睛：创建元件、设置元件属性、添加动作脚本

步骤 01 单击“文件”|“打开”命令，打开一幅素材文件，如图69-1所示。单击“文件”|“另存为”命令，将其保存为“实例69.fla”文件。

步骤 02 选择舞台中的最上方的鸟儿图形，单击“修改”|“转换为元件”命令，在弹出的“转换为元件”对话框中设置“名称”为“鸟儿1”、“类型”为“影片剪辑”，如图69-2所示。单击“确定”按钮，将其转换为影片剪辑元件。

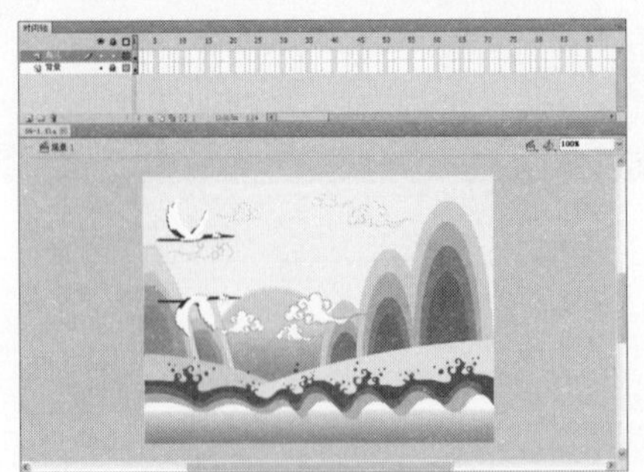

图69-1 打开素材文件

图69-2 “转换为元件”对话框

步骤 03 选择舞台下方的鸟儿图形，单击“编辑”|“剪切”命令，将内容复制到剪贴板上，再双击刚转换的“鸟儿1”影片剪辑元件，进入其编辑模式。选择第4帧，按【F7】键插入空白关键帧，单击“编辑”|“粘贴到当前位置”命令，将其粘贴到该帧处，如图69-3所示。选择第6帧，按【F5】键插入普通帧。

步骤 04 分别选择“图层1”图层的第1帧和第4帧，移动各帧中鸟儿图形的位置。第1帧处鸟儿图形位置的X、Y轴值分别为0和-62.3，第4帧处鸟儿图形位置的X、Y轴值分别为0和-10.2，效果如图69-4所示。

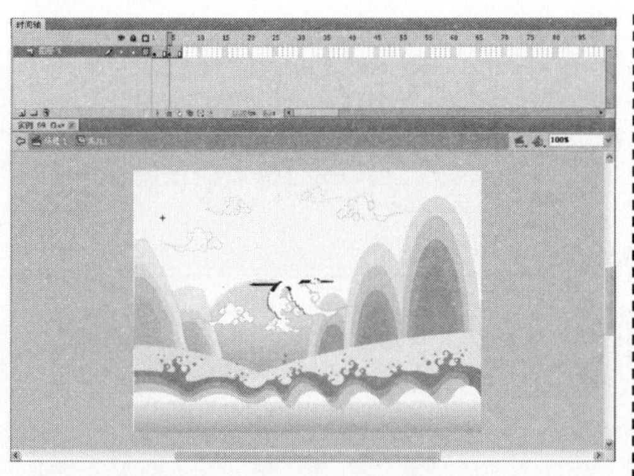

图69-3 复制并粘贴图形

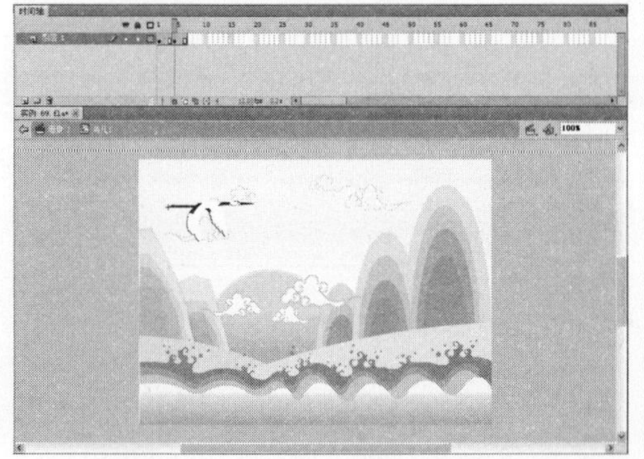

图69-4 调整各帧图形的位置

步骤 05 单击"窗口"|"库"命令，在弹出的"库"面板中选择刚创建的"鸟儿1"影片剪辑元件，单击鼠标右键，在弹出的快捷菜单中选择"直接复制"选项，弹出"直接复制元件"对话框，设置"名称"为"鸟儿2"，如图69-5所示，单击"确定"按钮。

步骤 06 在"库"面板中双击"鸟儿2"的影片剪辑元件，进入编辑模式。创建"图层2"图层，选择"图层1"图层的第4帧，单击鼠标右键，在弹出的快捷菜单中选择"复制帧"选项；再选择"图层2"图层的第1帧，单击鼠标右键，在弹出的快捷菜单中选择"粘贴帧"选项，将其贴粘到该帧处，如图69-6所示。

步骤 07 选择"图层2"图层的第4帧，按【F7】键插入空白关键帧。同理，将"图层1"图层的第1帧，复制到"图层2"图层的第4帧处，最后删除"图层1"图层，效果如图69-7所示。

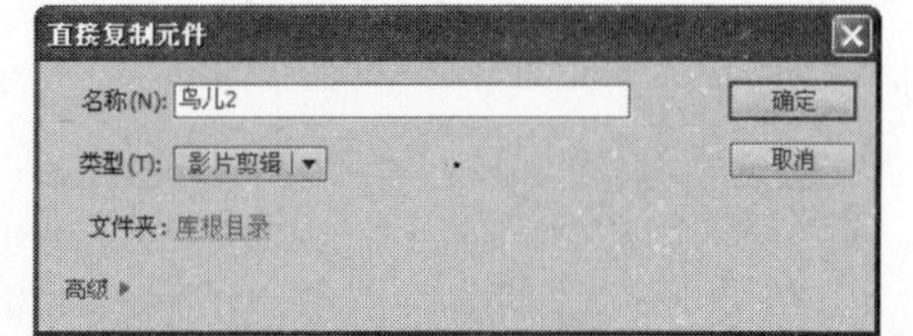

图69-5 "直接复制元件"对话框

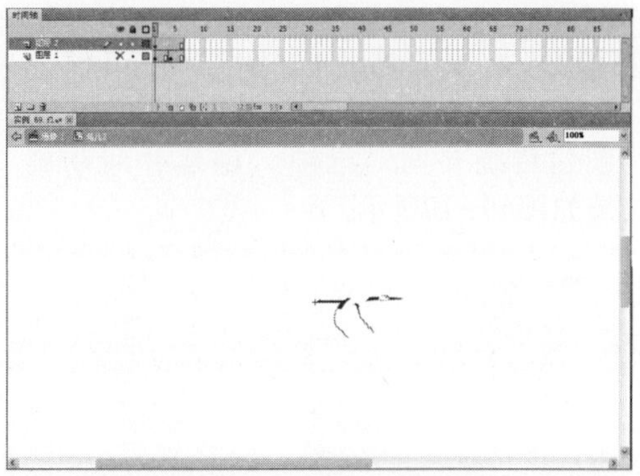

图69-6 复制并粘贴帧

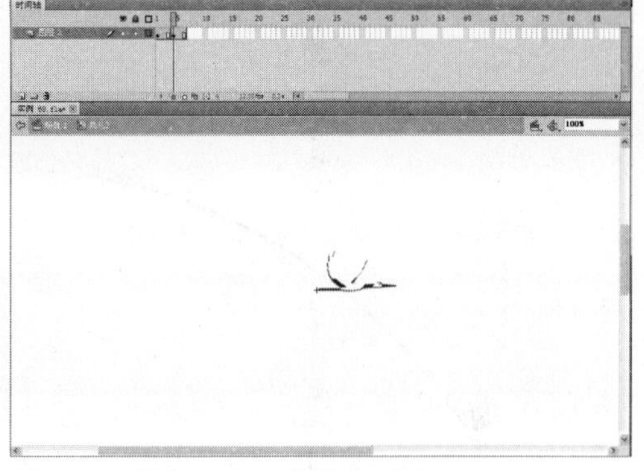

图69-7 场景的效果

步骤 08 单击"场景1"标签，返回"场景1"编辑模式。双击"鸟儿"图层，将其命名为"鸟儿1"。选择"背景"图层的第40帧，按【F5】键插入普通帧，并锁定"背景"图层，如图69-8所示。

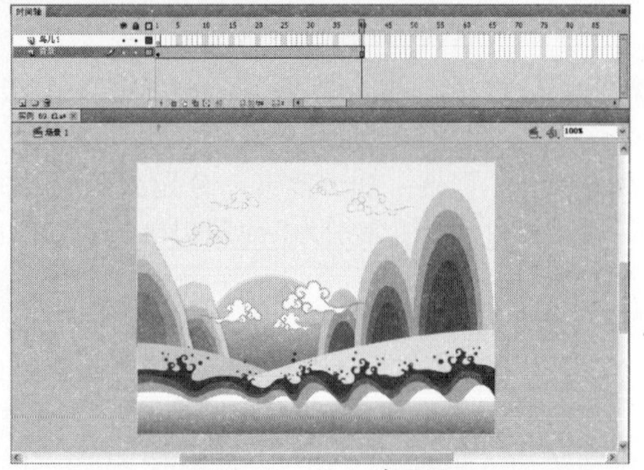

图69-8 插入普通帧

步骤 09 选择“鸟儿1”图层的第1帧，调整图形的大小和位置（X和Y轴值分别为45.6和72.7）。选择第40帧，按【F6】键插入关键帧，并调整该帧处“鸟儿1”元件的大小和位置（“宽度”和“高度”分别为60和30.9、X和Y轴值分别为628.7和72.7），效果如图69-9所示。

步骤 10 选择“鸟儿1”图层的第1帧，单击鼠标右键，在弹出的快捷菜单中选择“创建传统补间”选项，创建补间动画，效果如图69-10所示。

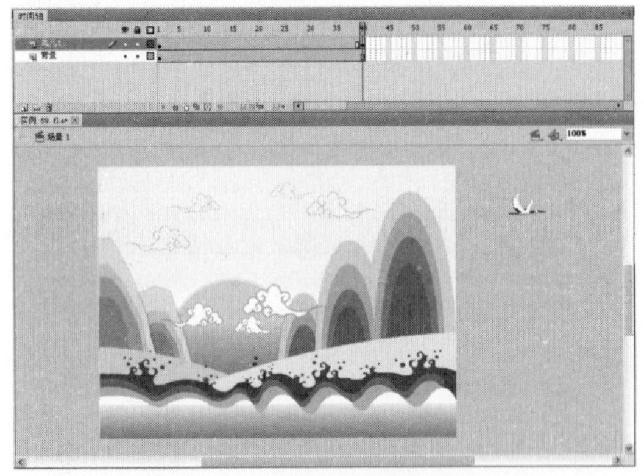

图69-9 调整元件的大小和位置

图69-10 创建补间动画

步骤 11 创建“鸟儿2”图层，从“库”面板中拖曳“鸟儿2”元件到舞台中，并设置大小和位置（“宽度”和“高度”分别为134.2和62.9、X和Y轴值分别为0.9和170.95），如图69-11所示。

图69-11 将元件拖曳到舞台中

步骤 12 选择第40帧，按【F6】键插入关键帧，并调整大小和位置（“宽度”和“高度”分别为60和28.1、其X和Y轴值分别为606和170.95），效果如图69-12所示。

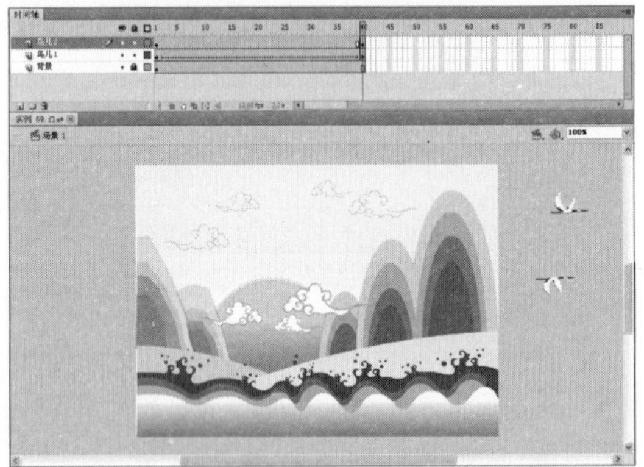

图69-12 调整元件的大小和位置

步骤 13 选择“鸟儿2”图层的第1帧，单击鼠标右键，在弹出的快捷菜单中选择“创建传统补间”选项，创建补间动画，效果如图69-13所示。

步骤 14 选择“鸟儿1”图层的第40帧，单击“窗口”|“动作”命令，在弹出“动作-帧”面板中添加脚本语句，如图69-14所示。

图69-13 创建补间动画

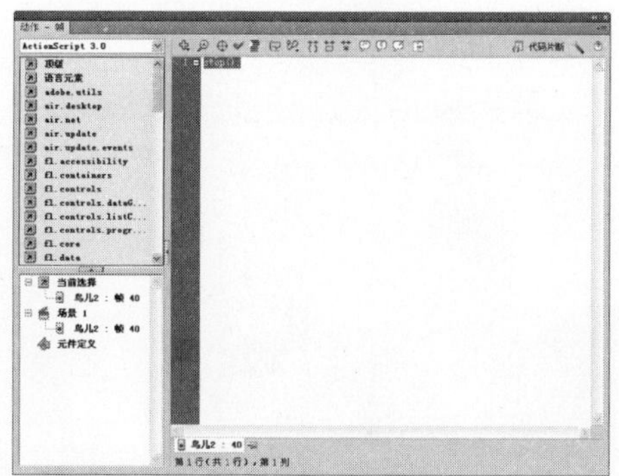

图69—14 添加脚本语句

步骤 15 单击“控制”|“测试影片”|“测试”命令，测试动画效果，如图69—15所示。

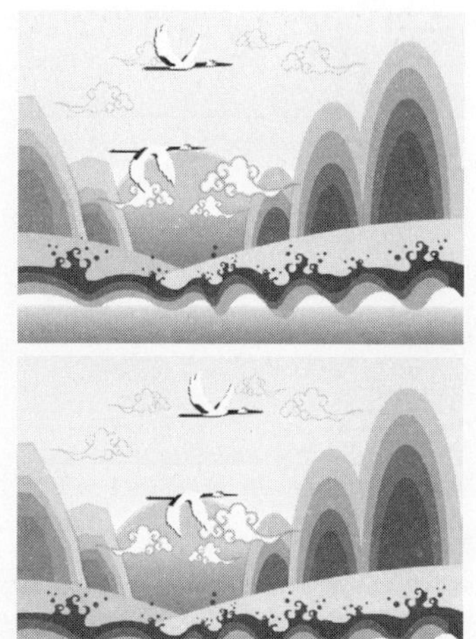

图69—15 测试动画效果

实例 70 气泡情缘

效果欣赏	实例导航
	素材文件：素材\第5章\实例70
	效果文件：效果\第5章\实例70.fla
	视频文件：视频\第5章\实例70.swf
	知识点睛：创建元件、创建补间动画

步骤 01 按【Ctrl+N】键新建一个Flash文档。单击“修改”|“文档”命令，弹出“文档设置”对话框，设置“宽”为550、“高”为412.5、“背景颜色”为黑色（#000000）、“帧频”为12，单击“确定”按钮，修改文档设置。单击“文件”|“另存为”命令，将其保存为“实例70.fla”文件。

步骤 02 双击“图层1”图层，将其更名为“背景”。单击“文件”|“导入”|“导入到舞台”命令，导入一幅素材图片，并调整大小和位置，使其正好覆盖整个舞台，效果如图70—1所示。选择第40帧，按【F5】键插入普通帧。

步骤 03 创建“图形”图层，选择工具箱中的椭圆工具，绘制一个正圆，并在“属性”面板中设置“笔触颜色”为白色、“笔触高度”为1、“宽度”和“高度”均为58.7、X和Y分别为266.4和154.6，效果如图70—2所示。

步骤 04 保持正圆的选择状态，单击“窗口”|“颜色”命令，在弹出的“颜色”面板的“类型”下拉列表中选择“径向渐变”选项，从左至右依次设置两个色标的“颜色”均为白色、Alpha分别为10%和50%，效果如图70—3所示。

图70—1 导入素材图片

图70-2　绘制正圆并调整其属性

图70-3　绘制好的透明球

步骤 05 同理，运用椭圆工具，在“图形”图层中绘制其他大小不一的透明正圆，效果如图70-4所示。

图70-4　绘制其他透明球

步骤 06 选择“图形”图层的第40帧，按【F7】键插入空白关键帧。运用椭圆工具，在“图形”图层中绘制其他大小不一的透明正圆，效果如图70-5所示。

步骤 07 选择“图形”图层中第1帧至第40帧之间的任意一帧，单击鼠标右键，在弹出的快捷菜单中选择“创建补间形状”选项，创建补间动画，如图70-6所示。

图70-5　绘制透明球

图70-6　创建补间动画

步骤 08 单击“控制”|“测试影片”|“测试”命令，测试动画效果，如图70-7所示。

图70-7　测试动画效果

第6章

按钮动画

本章重点

实例71 会员登录

实例72 普通登录

实例73 导航按钮

实例74 工具栏按钮

实例75 播放按钮

实例76 花藤按钮

实例77 圆形反光立体按钮

实例78 辉光按钮

实例79 礼花绽放

实例80 水晶按钮

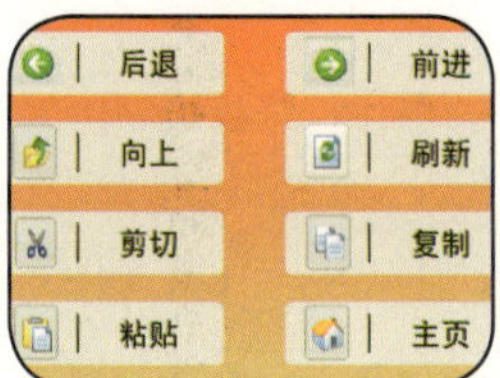

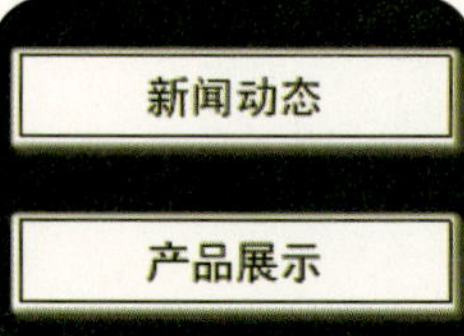

实例 71 会员登录

效果欣赏	实例导航
	素材文件：素材\第6章\实例71
	效果文件：效果\第6章\实例71.fla
	视频文件：视频\第6章\实例71.swf
	知识点睛：绘制矩形、创建元件、设置文字属性

步骤 01 新建一个“宽”为550、“高”为500、“背景颜色”为白色、“帧频”为24的Flash文档，创建一个“名称”为“按钮1”、“类型”为“按钮”的新元件。

步骤 02 选择工具箱中的矩形工具，在“属性”面板中，设置“笔触颜色”为无、“填充颜色”为红色（#990000），并在“矩形选项”选项区中设置“矩形边角半径”为10，将鼠标移至舞台区的合适位置，绘制一个矩形，如图71-1所示。

步骤 03 选择工具箱中的选择工具，选择绘制的矩形，并在矩形下方拖曳出一个矩形，按【Delete】键删除选择的部分，效果如图71-2所示。

图71-1 绘制矩形

图71-2 删除部分图形

步骤 04 选择工具箱中的线条工具，在“属性”面板的“填充和笔触”选项区中，设置“笔触”为3、“样式”为“点状线”，在舞台区的合适位置，按住【Shift】键的同时，水平向右拖曳鼠标至合适位置，绘制一条点状线，如图71-3所示。

步骤 05 单击“文件”|“导入”|“导入到舞台”命令，导入一幅图像，并调整其大小和位置，如图71-4所示。

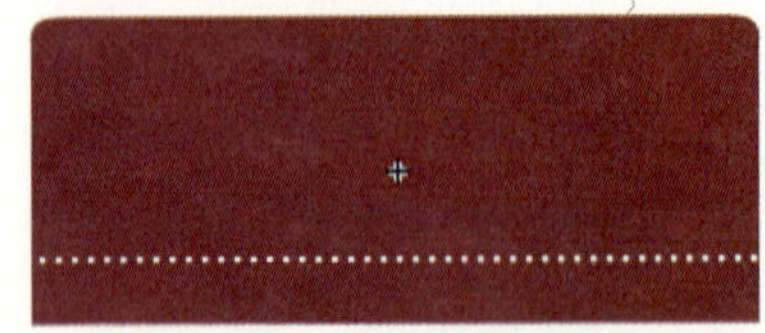

图71-3 绘制点状线

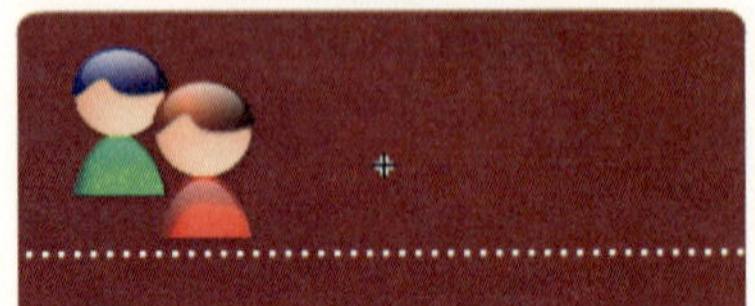

图71-4 导入图像至舞台中

步骤 06 在“时间轴”面板中创建“文字”图层，选择工具箱中的文本工具，在“属性”面板中设置“系列”为“黑体”、“字体大小”为30、“颜色”为白色（#FFFFFF），在舞台区的合适位置输入“会员登录”文本，如图71-5所示。

步骤 07 选择工具箱中的文本工具，在“属性”面板中设置“系列”为Times New Roman、“字体大小”为20、“颜色”为白色（#FFFFFF），在舞台区的合适位置输入MemberLogin文本，如图71-6所示。

图71-5 输入文本

图71-6 再次输入文本

步骤 08 同理，制作另外两个按钮元件，单击“场景1”标签，返回“场景1”编辑模式，从“库”面板中将“按钮1”、“按钮2”、“按钮3”元件拖曳至舞台合适位置。单击“控制”|“测试影片”|“测试”命令，测试动画效果，如图71-7所示。

图71-7 测试动画效果

实例 72 普通登录

效果欣赏	实例导航
登录 注册 提交 确定	素材文件：无
	效果文件：效果\第6章\实例72.fla
	视频文件：视频\第6章\实例72.swf
	知识点睛：绘制矩形、填充渐变颜色、创建元件

步骤 01 新建一个“宽”为550、“高”为250、“背景颜色”为白色、“帧频”为24的Flash文档，创建一个“名称”为“按钮1”、“类型”为“按钮”的新元件。

步骤 02 选择工具箱中的矩形工具，在“颜色”面板中设置“笔触颜色”为灰色（#666666）、“填充颜色”为灰色（#999999）到白色（#FFFFFF）的线性渐变，在舞台区的合适位置绘制一个矩形，如图72-1所示。

步骤 03 选择工具箱中的颜料桶工具，将鼠标移至矩形上方的合适位置，按住【Shift】的同时垂直向上拖曳鼠标至合适位置，效果如图72-2所示。

图72-1 绘制矩形

图72-2 填充渐变颜色

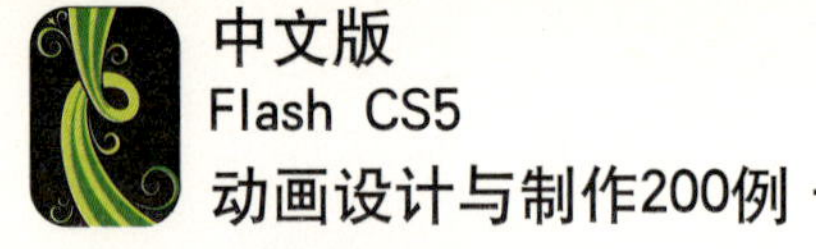

步骤 04 选择“时间轴”面板中的“按下”帧，按【F6】键插入关键帧，如图72-3所示。

步骤 05 选择工具箱中的矩形工具，在“属性”面板的“填充和笔触”选项区中设置“笔触颜色”为黑色（#000000）、“填充颜色”为灰色（#EFEFEF）、“笔触”为2、“样式”为“点状线”，如图72-4所示。

图72-3　插入关键帧

图72-4　设置“属性”面板

步骤 06 将鼠标移至舞台区的合适位置，绘制一个矩形，如图72-5所示。

步骤 07 单击“时间轴”面板中的“新建图层”按钮，新建“文本”图层，如图72-6所示。

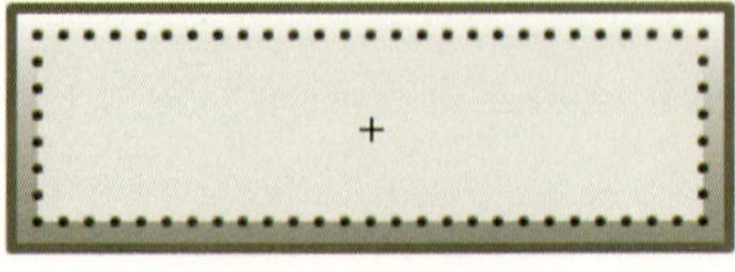
图72-5　绘制矩形

图72-6　新建图层

步骤 08 选择“文本”图层的“弹起”帧，选择工具箱中的文本工具T，在“属性”面板中设置“系列”为“黑体”、“字体大小”为25、“颜色”为黑色（#000000），在舞台区输入“登录”文本，如图72-7所示，并调整其位置。

步骤 09 同理，制作另外3个按钮元件。

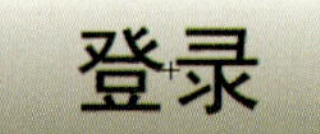

图72-7　输入文本

步骤 10 单击“场景1”标签，返回“场景1”编辑模式。从“库”面板中将“按钮1”、“按钮2”、“按钮3”、“按钮4”元件拖曳至舞台的合适位置。单击“控制”|“测试影片”|“测试”命令，测试动画效果，效果如图72-8示。

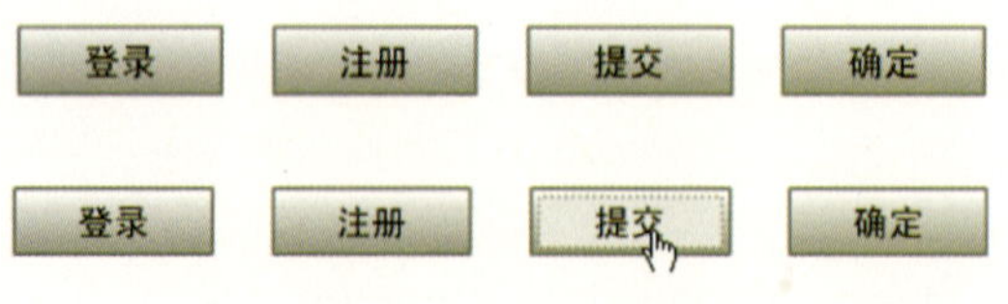

图72-8　测试动画效果

实例 73　导航按钮

效果欣赏	实例导航
网站首页 新闻动态 产品展示 在线订单 社区论坛 联系方式	素材文件：无
	效果文件：效果\第6章\实例73.fla
	视频文件：视频\第6章\实例73.swf
	知识点睛：绘制矩形、转化为图形元件

步骤 01 新建一个“宽”为550、“高”为450、“背景颜色”为黑色（#000000）、“帧频”为24的Flash文档。然后创建一个“名称”为“按钮1”、“类型”为“按钮”的新元件。

步骤 02 选择工具箱中的矩形工具，在“属性”面板中设置其“笔触颜色”为无、“填充颜色”为白色（#FFFFFF），在舞台区中绘制一个矩形，设置“宽度”和“高度”分别为180和38，如图73-1所示。然后将其转化为影片剪辑元件。

步骤 03 在“属性”面板的“滤镜”选项区中单击“添加滤镜”按钮，在弹出的下拉菜单中选择“模糊”选项，设置“模糊X”、“模糊Y”的值均为3，如图73-2所示。同理，制作矩形渐变发光效果，在“属性”面板中设置“距离”为3。

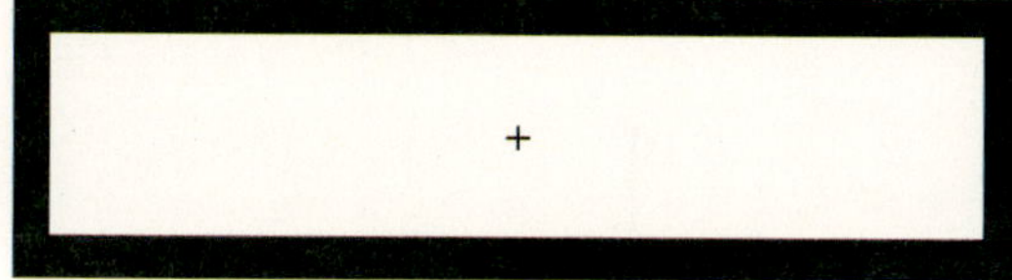

图73-1 绘制矩形

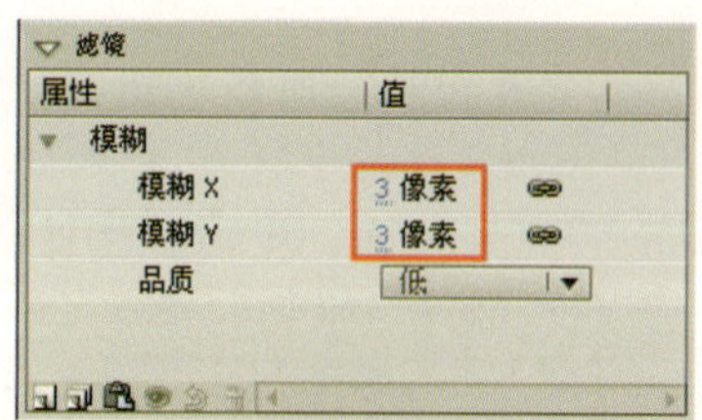

图73-2 设置“属性”面板

步骤 04 在“时间轴”面板中创建“图层2”、“图层3”两个图层。选择“图层2”图层的“弹起”帧，并选择工具箱中的矩形工具，在“属性”面板的“填充和笔触”选项区中设置“笔触颜色”为黑色（#000000）、“填充颜色”为无，在舞台区的矩形上绘制一个矩形，如图73-3所示。

步骤 05 选择“图层3”图层的“弹起”帧，在选择工具箱中的文本工具，在“属性”中设置“系列”为“黑体”、“字体大小”为18、“颜色”为黑色（#000000），在舞台区输入“网站首页”文本，如图73-4所示。

图73-3 绘制另一矩形

图73-4 输入文本

步骤 06 同理，制作其他按钮元件。单击“场景1”标签，返回“场景1”编辑模式，从“库”面板中将“按钮1”至“按钮6”元件拖曳至舞台合适位置。单击“控制”|“测试影片”|“测试”命令，测试动画效果，如图73-5所示。

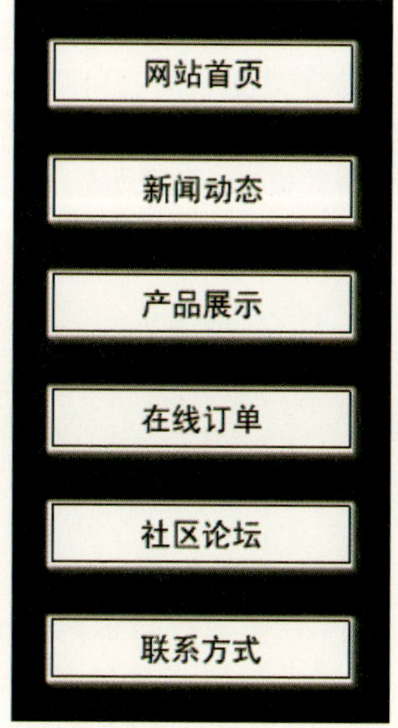

图73-5 测试动画效果

实例 74 工具栏按钮

效果欣赏	实例导航
	素材文件：素材\第6章\实例74
	效果文件：效果\第6章\实例74.fla
	视频文件：视频\第6章\实例74.swf
	知识点睛：绘制矩形、填充渐变颜色、创建元件

步骤 01 新建一个“宽”为600、“高”为400、“背景颜色”为白色（#FFFFFF）、“帧频”为24的Flash文档。

步骤 02 选择工具箱中的矩形工具，在“颜色”面板中设置“笔触颜色”为无、“填充颜色”为黄色（#FFCC99）到红色（#FD3535）的线性渐变，在舞台区的合适位置绘制一个矩形，并在“属性”面板中设置“宽度”为600、“高度”为400，如图74-1所示。

步骤 03 选择工具箱中的颜料桶工具，将鼠标移至矩形下方的合适位置，然后垂直向上拖曳鼠标至合适位置，效果如图74-2所示。

图74-1 绘制矩形　　图74-2 填充渐变颜色

步骤 04 创建一个“名称”为“按钮1”、“类型”为“按钮”的新元件。

步骤 05 选择工具箱中的矩形工具，在“属性”面板中设置“笔触颜色”为无、“填充颜色”为灰色（#EFE7DF），并在“矩形选项”选项中设置“矩形边角半径”为8，在舞台区中绘制一个矩形，设置“宽度”和“高度”分别为150和40，如图74-3所示。

步骤 06 选择工具箱中的线条工具，在舞台区矩形上方绘制一条垂直线，如图74-4所示。

图74-3 绘制矩形

图74-4 绘制垂直线

步骤 07 在“时间轴”面板中依次创建“图层2”、“图层3”两个图层，选择“图层2”图层的“弹起”帧，单击“文件”|“导入”|“导入到舞台”命令，导入一幅图片，并调整至合适位置，如图74-5所示。

步骤 08 选择“图层3”图层的“弹起”帧，选择工具箱中的文本工具，在“属性”面板中设置“系列”为“黑体”、“字体大小”为20、“颜色”为黑色（#000000），在舞台区的合适位置输入“后退”文本，如图74-6所示。

图74-5 导入图片至舞台

图74-6 输入文本

步骤 09 同理，制作其他按钮元件，单击“场景1”标签，返回“场景1”编辑模式，从“库”面板中将“按钮1”至“按钮6”元件拖曳至舞台的合适位置。单击“控制”|“测试影片”|“测试”命令，测试动画效果，如图74-7所示。

图74-7 测试动画效果

实例 75 播放按钮

效果欣赏	实例导航
	素材文件：无
	效果文件：效果\第6章\实例75.fla
	视频文件：视频\第6章\实例75.swf
	知识点睛：绘制矩形、填充渐变颜色、创建元件

步骤 01 新建一个“宽”为600、“高”为300、“背景颜色”为白色、“帧频”为24的Flash文档。

步骤 02 选择工具箱中的矩形工具，在“颜色”面板中设置“笔触颜色”为无、“填充颜色”为灰色（#CCCCCC）到黑色（#000000）的线性渐变，将鼠标移至舞台区的合适位置，绘制一个矩形，如图75-1所示。

步骤 03 选择工具箱中的颜料桶工具，将鼠标移至矩形上方的合适位置，垂直向下拖曳鼠标，效果如图75-2所示。

图75-1 绘制矩形

图75-2 填充渐变颜色

步骤 04 创建一个“名称”为“按钮1”、“类型”为“按钮”的新元件。

步骤 05 选择工具箱中的矩形工具，在“属性”面板中设置“笔触颜色”为无、“填充颜色”为黑色，将鼠标移至舞台区合适位置，绘制一个矩形，并在“属性”面板中设置“宽度”为63、“高度”为38，如图75-3所示。

步骤 06 选择“图层1”图层的“按下”帧，按【F6】键插入关键帧，并在“属性”面板中设置“填充颜色”为白色（#FFFFFF），效果如图75-4所示。

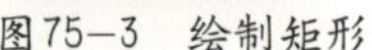

图75-3 绘制矩形　　图75-4 插入关键帧

步骤 07 在“时间轴”面板中创建“图层2”图层，如图75-5所示。选择“图层2”图层的“弹起”帧。

步骤 08 选择工具箱中的矩形工具，保持“属性”面板的原始值不变，将鼠标移至舞台区的合适位置，绘制一个矩形。选择工具箱中的任意变形工具，将矩形调整成三角形，如图75-6所示。

图75-5 创建图层　图75-6 将矩形调整成三角形

步骤 09 选择工具箱中的选择工具，选择舞台区“图层2”图层上的对象，按住【Ctrl】键的同时水平向右拖曳鼠标至合适位置，复制一个对象，效果如图75-7所示。

步骤 10 选择“时间轴”面板中的“按下”帧，按【F6】键插入关键帧，并在“属性”面板中设置“填充颜色”为黑色（#000000），效果如图75-8所示。

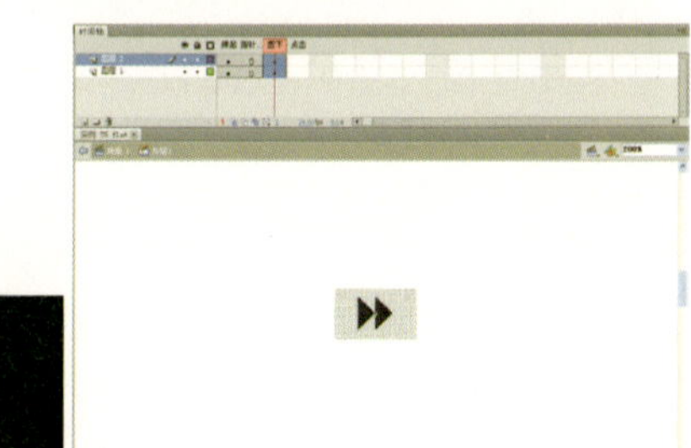

图75-7 复制对象　　图75-8 设置对象颜色

步骤 11 同理，制作另外8个按钮元件。

步骤 12 单击“场景1”标签，返回“场景1”编辑模式。从“库”面板中将“按钮1”、“按钮2”、“按钮3”、“按钮4”、“按钮5”、“按钮6”、“按钮7”、“按钮8”、“按钮9”元件拖曳至舞台的合适位置。单击“控制”|“测试影片”|“测试”命令，测试动画效果，如图75-9所示。

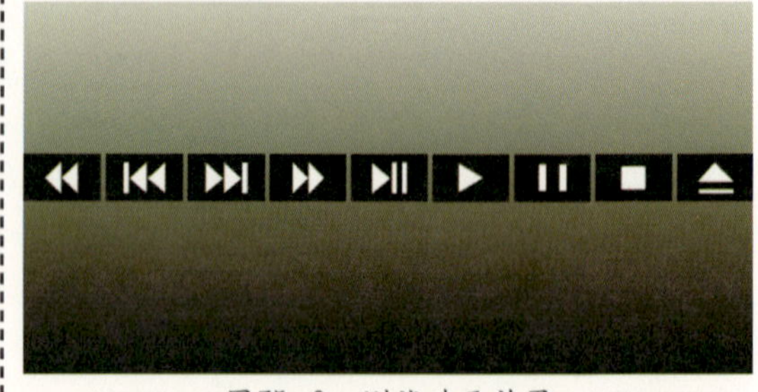

图75-9 测试动画效果

实例 76 花藤按钮

效果欣赏	实例导航
按钮1 按钮2 按钮3	素材文件：素材\第6章\实例76
	效果文件：效果\第6章\实例76.fla
	视频文件：视频\第6章\实例76.swf
	知识点睛：创建元件、插入关键帧

步骤 01 新建一个“宽”为550、“高”为400、“背景颜色”为黑色（#000000）、“帧频”为24的Flash文档，并保存为“实例76.fla”创建一个“名称”为“花藤动画”、“类

型”为“影片剪辑”的新元件。

步骤 02 单击“文件”|“导入”|“导入到舞台”命令，导入一幅图片，并调整其大小和位置，如图76-1所示。

步骤 03 选择“时间轴”面板中“图层1”图层的第40帧，按【F6】插入关键帧，在舞台区按【Shift+→】键将花藤移至合适的位置。选择第1帧，单击鼠标右键，在弹出的快键菜单中选择“创建传统补间”选择，创建补间动画，如图76-2所示。

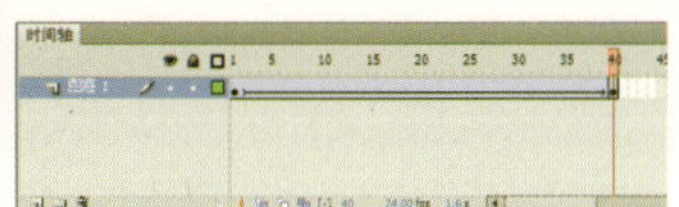

图76-1 导入图片至舞台中 图76-2 创建补间动画

步骤 04 创建一个“名称”为“按钮1”、“类型”为“按钮”的新元件。

步骤 05 选择工具箱中的矩形工具，在“颜色”面板中设置“笔触颜色”为无、“填充颜色”为蓝色（#092DBB）到白色（#FFFFFF）的线性渐变，将鼠标移至舞台区合适位置，绘制一个矩形，并在“属性”面板中设置“宽度”为295、“高度”为36，如图76-3所示。

步骤 06 选择工具箱中的颜料桶工具，将鼠标移至矩形下方的合适位置，然后垂直向上拖曳鼠标至合适位置，效果如图76-4所示。

图76-3 绘制矩形

图76-4 填充渐变颜色

步骤 07 单击“时间轴”面板中的“新建图层”按钮，依次创建“文本”、“花藤”两个图层，如图76-5所示。

步骤 08 选择“文本”图层的“弹起”帧，选择工具箱中的文本工具，在“属性”面板中设置“系列”为“黑体”、“字体大小”为20、“颜色”为白色（#FFFFFF），在舞台区的合适位置输入“按钮1”文本，如图76-6所示。

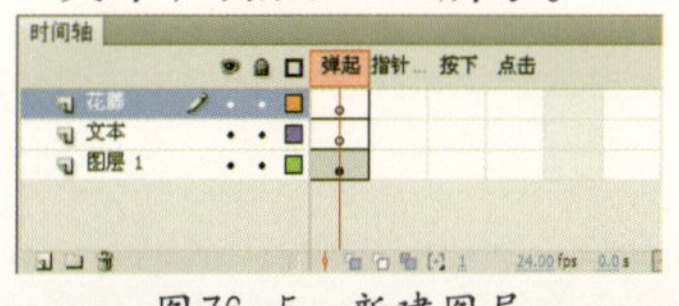

图76-5 新建图层

图76-6 输入文本

步骤 09 同时选择“图层1”、“花藤”、“文本”图层的“指针经过”帧，按【F6】插入关键帧。选择“花藤”图层的“指针经过”帧，从“库”面板中将“花藤动画”元件拖曳至舞台区的合适位置，如图76-7所示。

步骤 10 同理，制作另外两个按钮元件。

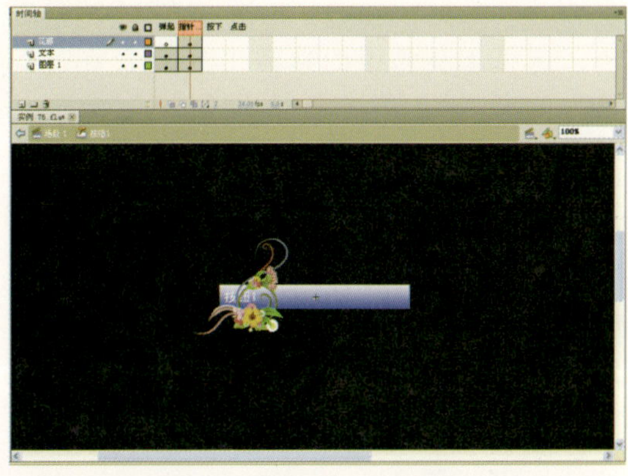

图76-7 拖曳元件至舞台区

步骤 11 单击“场景1”标签，返回“场景1”编辑模式，从“库”面板中将“按钮1”、“按钮2”、“按钮3”元件拖曳至舞台的合适位置。单击“控制”|“测试影片”|“测试”命令，测试动画效果，如图76-8所示。

图76-8 测试动画效果

实例 77 圆形反光立体按钮

效果欣赏	实例导航
	素材文件：无
	效果文件：效果\第6章\实例77.fla
	视频文件：视频\第6章\实例77.swf
	知识点睛：绘制正圆、填充颜色、创建元件

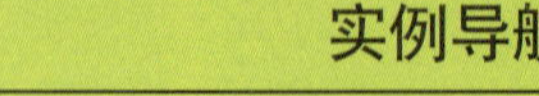

步骤 01 新建一个“宽”为550、“高”为300、“背景颜色”为黑色（#000000）、“帧频”为24的Flash文档。

步骤 02 创建一个“名称”为“按钮1”、“类型”为“按钮”的新元件。

步骤 03 选择“图层1”图层的“弹起”帧，选择工具箱中的椭圆工具，在“颜色”面板中设置“笔触颜色”为浅灰色（#B3B3B3）到黑色（#515151）的线性渐变、“填充颜色”为无，在“属性”面板中设置“笔触大小”为4，在舞台区的合适位置绘制一个圆，如图77–1所示。

步骤 04 选择工具箱中的渐变变形工具，调整好渐变色，效果如图77–2所示。并选择“指针经过”、“按下”帧，按【F6】键插入关键帧。

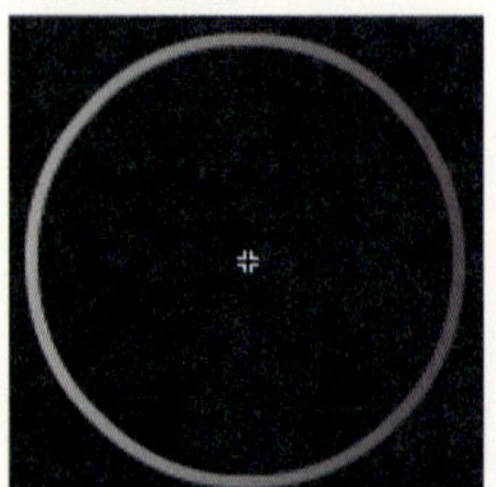

图77–1 绘制圆形

图77–2 调整渐变色

步骤 05 单击“时间轴”面板中的“新建图层”按钮，创建“图层2”、“图层3”两个图层，选择“图层2”图层的“按下”帧，按【F6】键插入关键帧，如图77–3所示。

步骤 06 选择工具箱中的椭圆工具，在“颜色”面板中设置“笔触颜色”为无、“填充颜色”为黑色（#333333）到深绿色（#00A8A8）的线性渐变，在圆形内再绘制一个圆形，在“属性”面板中设置“宽度”和“高度”均为130，并调整好渐变色，如图77–4所示。

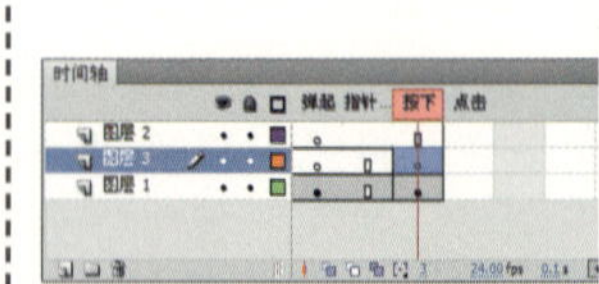

图77–3 插入关键帧

图77–4 填充渐变颜色

步骤 07 选择“图层3”图层的“弹起”帧，选择工具箱中的矩形工具，绘制两个矩形，并将其调整成一个向下的箭头状，如图77–5所示。

步骤 08 选择“图层3”图层的“按下”帧，按【F6】键插入关键帧，如图77–6所示。

图77–5 绘制向下的箭头

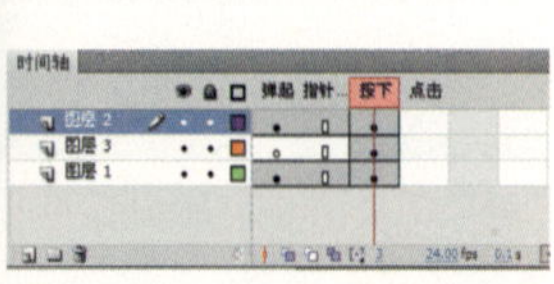

图77–6 插入关键帧

步骤 09 同理，制作其他的按钮元件。

步骤 10 单击“场景1”标签，返回“场景1”编辑模式，从“库”面板中将“按钮1”、“按钮2”、“按钮3”、“按钮4”、“按钮5”、“按钮6”元件拖曳至舞台合适

位置。单击“控制”|“测试影片”|“测试”命令，测试动画效果，如图77-7所示。

图77-7 测试动画效果

实例 78 辉光按钮

效果欣赏	实例导航
蓝色辉光 绿色辉光 红色辉光 黄色辉光	素材文件：无
	效果文件：效果\第6章\实例78.fla
	视频文件：视频\第6章\实例78.swf
	知识点睛：绘制矩形，填充渐变颜色、创建元件

步骤 01 新建一个“宽”为550、“高”为300、“背景颜色”为灰色（#CCCCCC）、“帧频”为12的Flash文档，单击“文件”|“另存为”命令，将其保存为“实例78.fla”文件。然后创建一个“名称”为“光晕”、“类型”为“影片剪辑”的新元件。

步骤 02 选择工具箱中的椭圆工具，在“颜色”面板中设置“笔触颜色”为无、“填充颜色”为绿色（#35FA1F）到白色（#FFFFFF）的放射性渐变，设置白色的Alpha的值为0。将鼠标移至舞台区的合适位置，按住【Shift】键的同时，绘制一个“宽度”和“高度”均为145的圆，并将其转化为“图形”元件，如图78-1所示。

步骤 03 选择“时间轴”面板中“图层1”图层的第40帧，按【F6】插入关键帧。选择工具箱中的任意变形工具，将鼠标移至正圆右下角，鼠标指针呈双向箭头形状时，按住【Shift】的同时，向右下角拖曳鼠标至合适位置，将正圆放大至合适位置，在第1帧至第40帧之间创建补间动画，如图78-2所示。

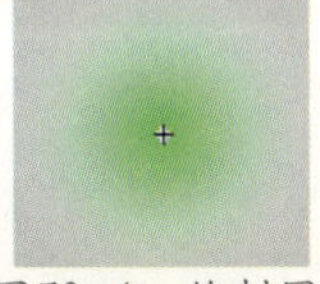

图78-1 绘制圆

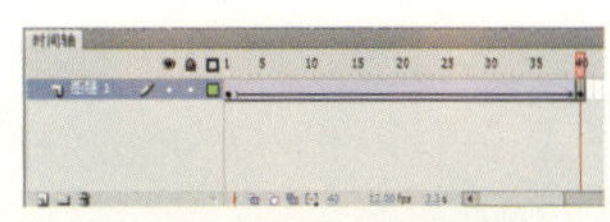

图78-2 创建补间动画

步骤 04 创建一个“名称”为“按钮1”、“类型”为“按钮”新元件。

步骤 05 选择工具箱中的矩形工具，在“颜色”面板中设置“笔触颜色”为无、“填充颜色”为蓝色（#000080）到白色（#FFFFFF）的线性渐变，将鼠标移至舞台区的合适位置，绘制一个矩形，并在“属性”面板中设置“宽度”为206、“高度”为75，如图78-3所示。

步骤 06 选择工具箱中的颜料桶工具，将鼠标移至矩形上方的合适位置，然后再垂直向下拖曳鼠标填充渐变色，效果如图78-4所示。

图78-3 绘制矩形

图78-4 填充渐变颜色

步骤 07 单击“时间轴”面板中的“新建图层”按钮，依次创建“光晕”、“文本”两个图层，如图78-5所示。

步骤 08 选择“文本”图层的“弹起”帧，选择工具箱中的文本工具，在“属性”面板中设置“系列”为“黑体”、“字体大小”为30、“颜色”为白色（#FFFFFF），在舞台区的合适位置输入“蓝色辉光”文本，如图78-6所示。

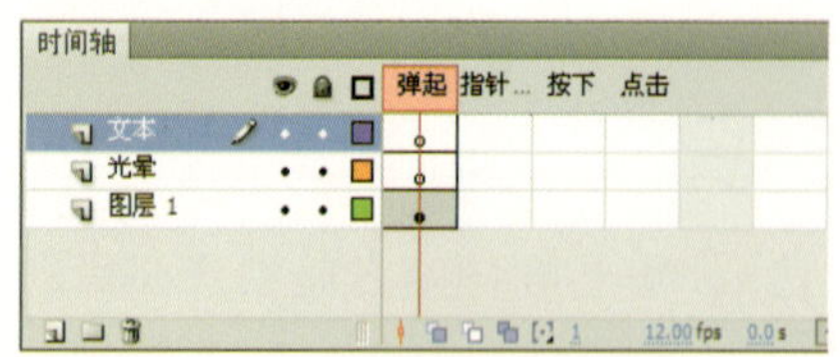

图78-5 新建图层

蓝色辉光

图78-6 输入文本

步骤 09 同时选择“图层1”、“光晕”、“文本”图层的“指针经过”帧，按【F6】插入关键帧。选择“光晕”图层的“指针经过”帧，从“库”面板中将“光晕”元件拖曳至舞台的合适位置，并在“属性”面板中设置“色调”为蓝色（#1C1C8D），如图78-7所示。

步骤 10 同理，制作另外3个按钮元件。

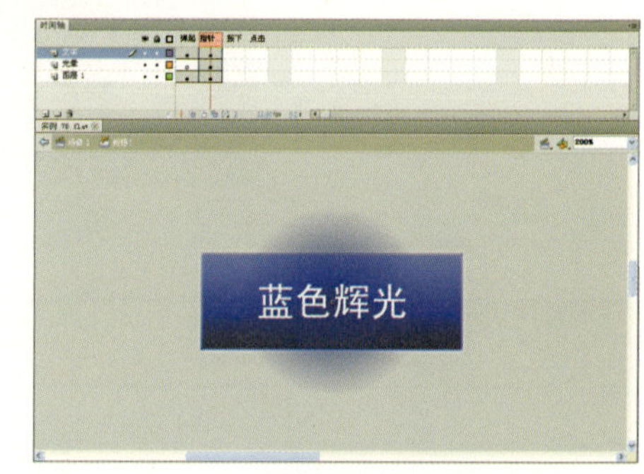

图78-7 拖曳元件至舞台区

步骤 11 单击“场景1”标签，返回“场景1”编辑模式，从“库”面板中将“按钮1”、“按钮2”、“按钮3”、“按钮4”元件拖曳至舞台合适位置。单击“控制”|“测试影片”|“测试”命令，测试动画效果，如图78-8所示。

图78-8 测试动画效果

实例 79 礼花绽放

效果欣赏	实例导航
	素材文件：素材\第6章\实例79
	效果文件：效果\第6章\实例79.fla
	视频文件：视频\第6章\实例79.swf
	知识点睛：创建元件、插入关键帧

步骤 01 新建一个“宽”为550、“高”为300、“背景颜色”为黑色（#000000）、“帧频”为24的Flash文档。选择工具箱中的矩形工具，在“属性”面板中设置“笔触颜色”为无、“填充颜色”为红色（#FF0000）到黑色（#000000）的径向渐变，如图79-1所示。

步骤 02 将鼠标移至舞台区的合适位置，绘制一个矩形，并在“属性”面板中设置“宽度”为550、“高度”为300，如图79-2所示。

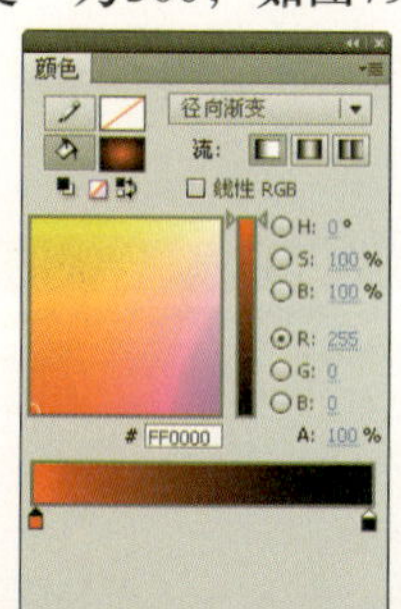

图79-1 设置“颜色”面板

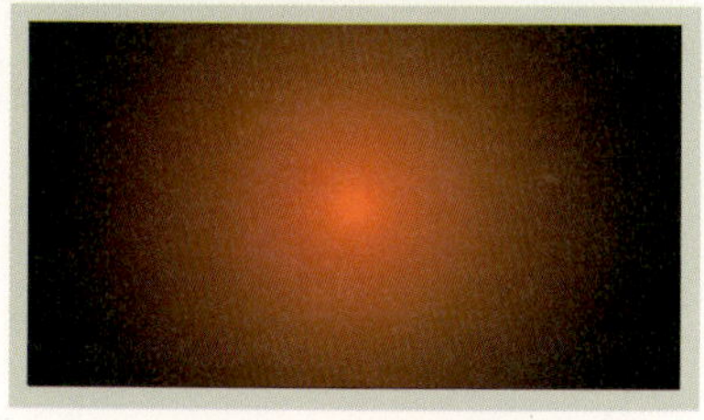

图79-2 绘制矩形

步骤 03 创建一个“名称”为“礼花动画”、“类型”为“影片剪辑”的新元件。

步骤 04 单击“文件”|“导入”|“导入到舞台”命令，导入一幅图片，并调整其大小和位置，如图79-3所示。

步骤 05 选择“时间轴”面板中“图层1”图层的第30帧，按【F6】插入关键帧，在第1帧至第30帧之间创建补间动画，如图79-4所示。

图79-3 导入图片到舞台区

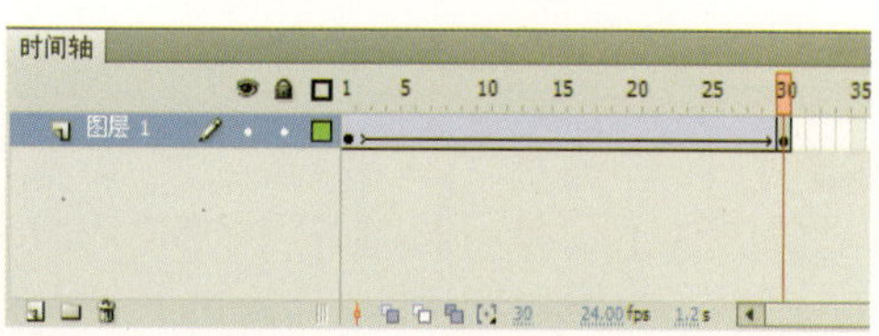

图79-4 创建补间动画

步骤 06 选择“图层1”图层第1帧的对象，选择工具箱中的任意变形工具，将图片缩小至合适大小，并在“属性”面板的“补间”选项区中设置“旋转”为“顺时针”，顺时针旋转图片，如图79-5所示。

步骤 07 创建“名称”为“按钮”、“类型”为“按钮”的新元件。

步骤 08 选择工具箱的矩形工具，在“属性”面板中设置“笔触颜色”为白色、“填充颜色”为红色（#FF0000）到白色

（#FFFFFF）的线性渐变，并在“矩形选项”选项区中设置“边角半径”为8，将鼠标移至舞台区的合适位置，绘制一个矩形，并调整其位置，如图79-6所示。

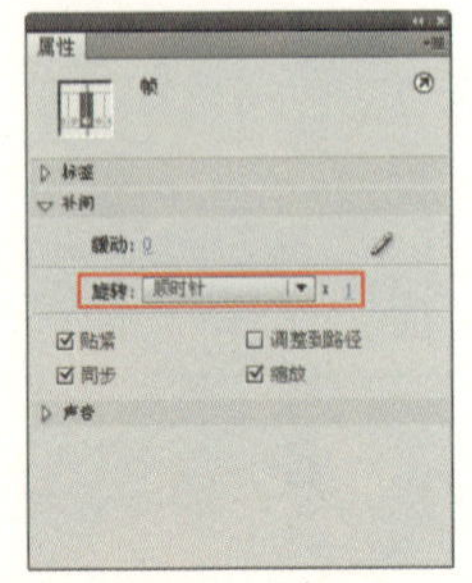

图79-5　设置“属性”面板

图79-6　绘制矩形

步骤 09 选择工具箱中的颜料桶工具，按住【Shift】键的同时，在舞台区的矩形上方从下往上拖曳鼠标，效果如图79-7所示。

步骤 10 在“时间轴”面板上依次创建“文本”、“礼花”两个图层，选择“文本”图层的“弹起”帧，选择工具箱中的文本工具，在“属性”面板中设置“系列”为“黑体”、“字体大小”为20、“颜色”为白色（#000000），在舞台区输入“礼花绽放”文本，如图79-8所示。

步骤 11 同时选择“图层1”、“文本”图层的“按下”帧，按【F5】键插入普通帧。选择“礼花”图层的“按下”帧，按【F6】键插入关键帧，从“库”面板中将“礼花动画”元件拖曳至舞台区的合适位置，如图79-9所示。

图79-7　填充渐变颜色

图79-8　输入文本

图79-9　拖曳元件至舞台区

步骤 12 单击“场景1”标签，返回“场景1”编辑模式，从“库”面板中将“按钮”元件拖曳至舞台中间。单击“控制”|“测试影片”|“测试”命令，测试动画效果，如图79-10所示。

图79-10　测试动画效果

实例 80 水晶按钮

效果欣赏	实例导航
	素材文件：素材\第6章\实例80
	效果文件：效果\第6章\实例80.fla
	视频文件：视频\第6章\实例80.swf
	知识点睛：导入图片、创建文本

步骤 01 新建一个“宽”为550、“高”为300、“背景颜色”为白色（#FFFFFF）、“帧频”为24的Flash文档，然后再创建一个“名称”为“按钮1”、“类型”为“按钮”的新元件。

步骤 02 选择“图层1”图层的“弹起”帧，单击“文件”|“导入”|“导入到舞台”命令，导入一幅图片，并调整其位置和大小，如图80-1所示。

步骤 03 选择“图层1”图层的“指针经过”帧，按【F6】键插入关键帧，在舞台区将图片放大至合适大小。在“时间轴”面板中创建“图层2”图层，如图80-2所示。

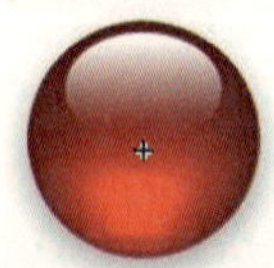

图80-1 导入图片至舞台中

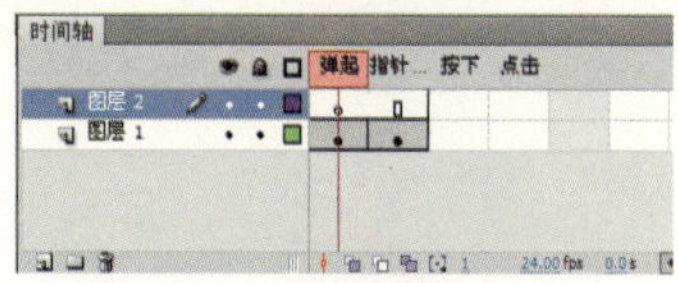

图80-2 新建图层

步骤 04 选择“图层2”图层的“弹起”帧，并选择工具箱中的文本工具T，设置“系列”为“黑体”、“字体大小”为15、“颜色”为黑色（#000000），在舞台区的合适位置输入“作品展示”文本，如图80-3所示。

步骤 05 选择“图层2”图层的“指针经过”帧，按【F6】键插入关键帧。在舞台区选择文本，在“属性”面板中设置“字体大小”为18，其他属性值保持不变，如图80-4所示。

图80-3 输入文本

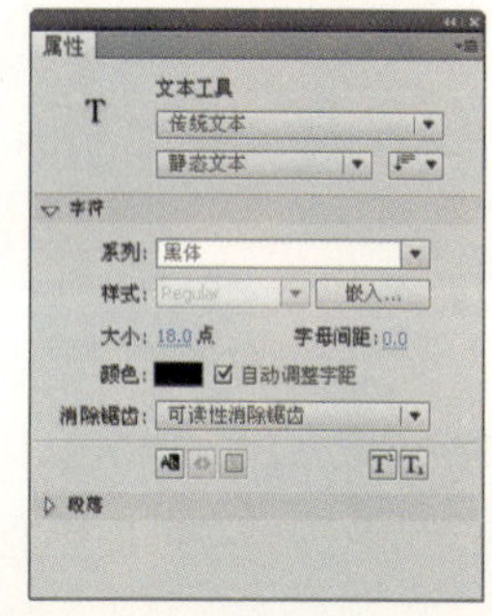

图80-4 设置“属性”面板

步骤 06 同理，制作其他按钮元件。

步骤 07 单击“场景1”标签，返回“场景1”编辑模式，从“库”面板中将“按钮2”、“按钮3”、“按钮4”元件拖曳至舞台的合适位置。单击“控制”|“测试影片”|“测试”命令，测试动画效果，如图80-5所示。

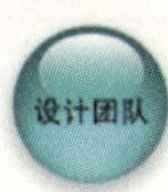

图80-5 测试动画效果

第7章

鼠标动画

实例81　生日烛光

实例82　蝶恋花

实例83　海洋精灵

实例84　擦玻璃窗

实例85　苹果水珠

实例86　美女钻戒

实例87　涟漪阵阵

实例88　心灵之约

实例89　魔幻达人

实例90　电影海报欣赏

实例 81 生日烛光

效果欣赏	实例导航
	素材文件：素材\第7章\实例81
	效果文件：效果\第7章\实例81.fla
	视频文件：视频\第7章\实例81.swf
	知识点睛：绘制图形、创建元件、添加脚本动作

步骤 01 单击“文件”|“打开”命令，打开一幅素材文件，如图81-1所示。单击“文件”|“另存为”命令，保存为“实例 81 .fla”文件。

步骤 02 单击“插入”|“新建元件”命令，在弹出的“创建新元件”对话框中设置“名称”为“火焰”、“类型”为“图形”，如图81-2所示。单击“确定”按钮，进入该图形元件编辑模式中。

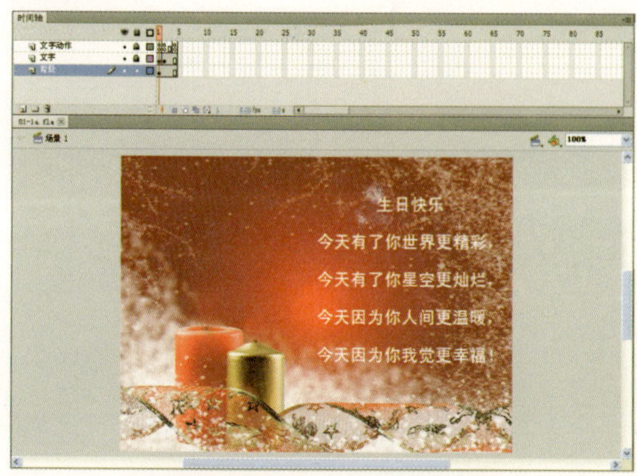

图81-1 打开的素材文件

图81-2 “创建新元件”对话框

步骤 03 单击“窗口”|“颜色”命令，在弹出的“颜色”面板中的“类型”下拉列表框中选择“径向渐变”选项，设置两个色标，从左至右依次为黄色（#E1F54E）、橙色（#F57529），如图81-3所示。

步骤 04 选择工具箱中的椭圆工具，在“属性”面板中设置“笔触颜色”为无、“填充颜色”为刚设置的渐变色，在舞台中绘制一个椭圆，运用选择工具调整椭圆的形状，效果如图81-4所示。

图81-3 设置“颜色”面板

图81-4 绘制椭圆并调整形状

步骤 05 选择“图层1”图层的第3帧，按【F6】键插入关键帧，运用选择工具，调整椭圆的形状。分别在第5帧、第7帧、第9帧、第11帧处插入关键帧，并调整各帧椭圆的形状，如图81-5所示。选择该层的第12帧，按【F5】键插入普通帧。

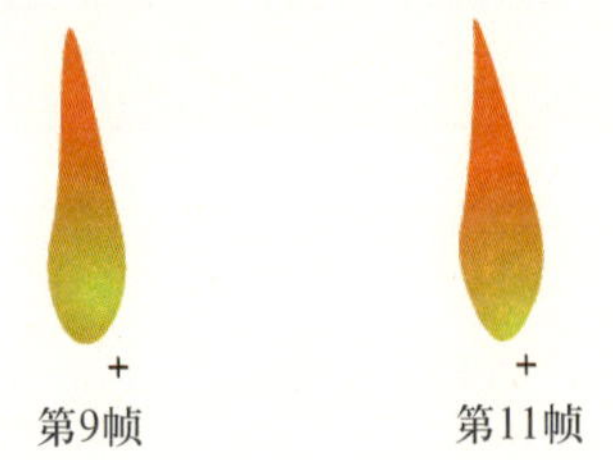

图81-5 调整各帧中椭圆的形状

步骤 06 新建一个名为“火柴”的影片剪辑元件。运用矩形工具和椭圆工具，在编辑区中绘制一个火柴的图形，如图81-6所示。

步骤 07 新建一个名为“点火1”的影片剪辑元件。按【Ctrl+L】键在弹出的“库”面板中将“火焰”图形元件和“火柴”影片剪辑元件拖曳到编辑区，如图81-7所示，并在第10帧处按【F5】键插入普通帧。

图81-6 绘制火柴图形 图81-7 拖曳元件到编辑区

步骤 08 新建一个名为“点火2”的影片剪辑元件。将“库”面板中的“点火1” 影片剪辑元件拖曳到编辑区，并运用任意变形工具进行调整，效果如图81-8所示。

步骤 09 选择第1帧，按【F9】键，在弹出的“动作”面板中添加动作脚本语句，如图81-9所示。

图81-8 拖曳元件到编辑区

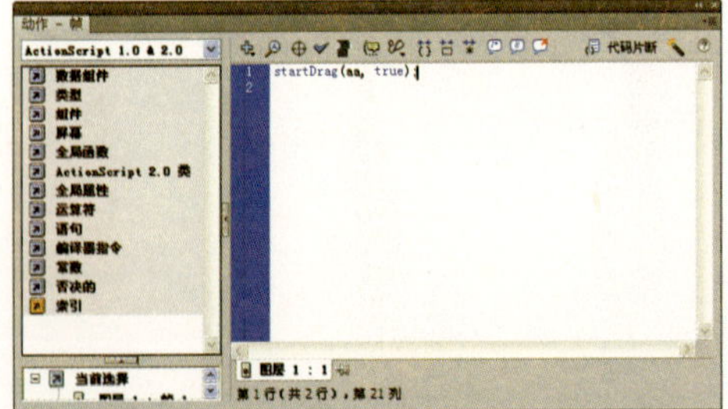

图81-9 添加动作脚本语句

步骤 10 新建一个名为“按钮”的按钮元件，选择“点击”帧，按【F6】键插入关键帧。运用矩形工具，在编辑区中绘制一个矩形，如图81-10所示。

步骤 11 新建一个名为“燃烧”的影片剪辑元件，将“库”面板中的按钮元件拖曳到编辑区，在第2帧处按【F6】键插入关键帧。将编辑区中的按钮元件删除，再将“库”面板中的“火焰1”元件拖曳到编辑区，放在原按钮元件所在位置，如图81-11所示。在第60帧处按【F5】键插入普通帧。

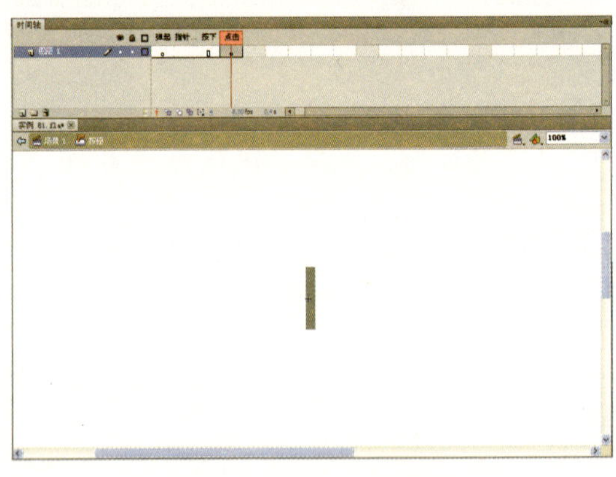

图81-10 绘制一个矩形

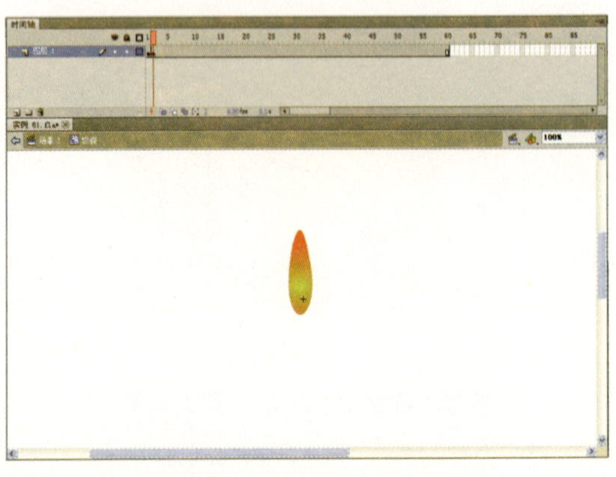

图81-11 拖曳元件到编辑区

步骤 12 选择第1帧，按【F9】键，在弹出的“动作”面板中添加动作脚本语句，如图81-12所示。

步骤 13 选择按钮元件，按【F9】键，在弹出的“动作”面板中添加动作脚本语句，如图81-13所示。

图81-12 为第1帧添加脚本语句

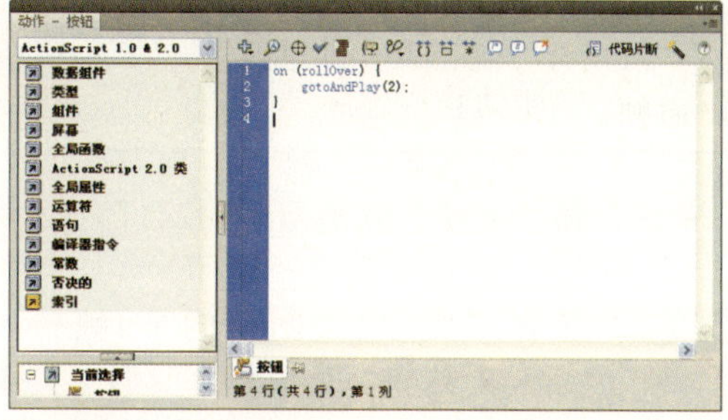

图81-13 为"按钮"元件添加脚本语句

步骤 14 单击"场景1"标签，返回"场景1"编辑模式。选择"背景"图层的第1帧，将"库"面板中的"点火2"影片剪辑元件拖曳到舞台中，如图81-14所示。并在"属性"面板中设置其实例名称为aa。

步骤 15 选择"背景"图层，单击"时间轴"面板中的"新建图层"按钮，新建"燃烧"图层，如图81-15所示。

图81-14 将元件拖曳到舞台中

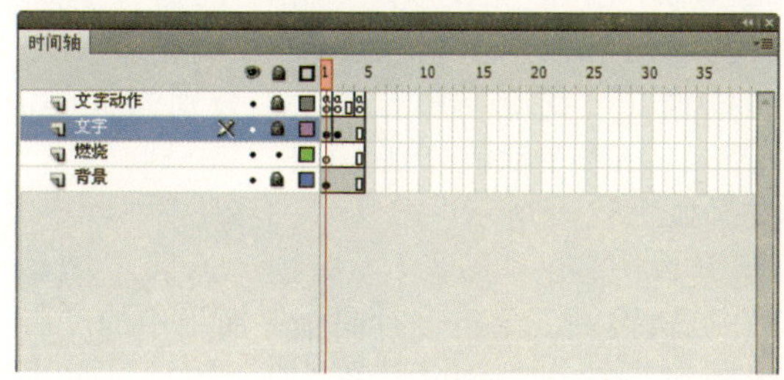

图81-15 新建图层

步骤 16 选择"燃烧"图层的第1帧，将"库"面板中的"燃烧"影片剪辑元件拖曳到舞台区中的蜡烛上，并适当调整其大小，如图81-16所示。

步骤 17 选择"文字"图层，单击"时间轴"面板中的"新建图层"按钮，创建"鼠标动作"图层，按【F9】键，在弹出的"动作"面板中添加动作脚本语句，如图81-17所示。

图81-16 拖曳元件到舞台区中

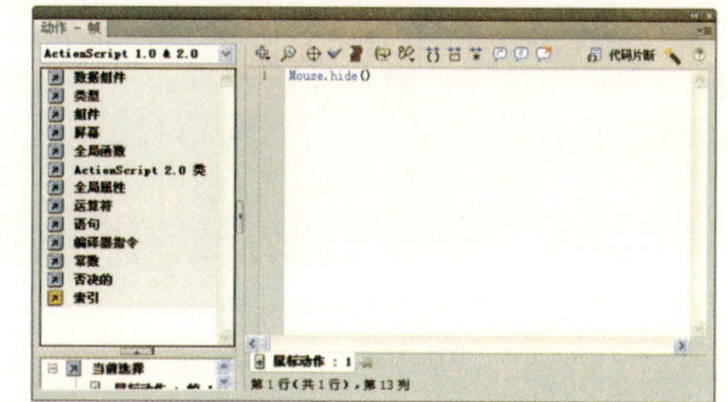

图81-17 添加动作脚本语句

步骤 18 单击"控制"|"测试影片"|"测试"命令或者按【Ctrl+Enter】键，测试动画效果，如图81-18所示。

图81-18 测试动画效果

实例 82 蝶恋花

效果欣赏	实例导航
 	素材文件：素材\第7章\实例82
	效果文件：效果\第7章\实例82.fla
	视频文件：视频\第7章\实例82.swf
	知识点睛：创建元件、设置实例名称、添加动作脚本

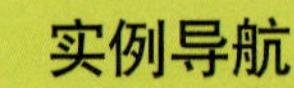

步骤 01 单击“文件”|“新建”命令，新建一个Flash文档。按【Ctrl+J】键弹出“文档设置”对话框，设置“宽”为600、“高”为450、“背景颜色”为白色、“帧频”为12，单击“确定”按钮，修改文档设置。

步骤 02 选择“图层1”图层的第1帧，单击“文件”|“导入”|“导入到舞台”命令，导入一幅图像，并调整大小及位置，使其正好覆盖整个舞台，效果如图82-1所示。

步骤 03 单击“插入”|“新建元件”命令，在弹出的“创建新元件”对话框设置“名称”为“蝴蝶”、“类型”为“影片剪辑”，如图82-2所示。单击“确定”按钮，进入该影片剪辑元件编辑模式。

图82-1 导入素材图像

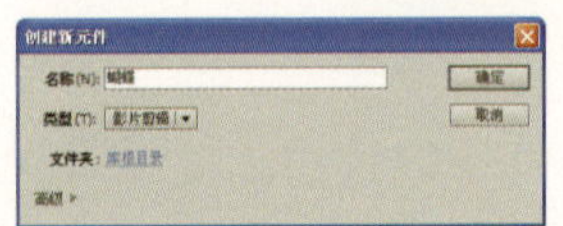

图82-2 “创建新元件”对话框

步骤 04 单击“文件”|“导入”|“导入到舞台”命令，导入一幅蝴蝶图像，并设置“宽度”和“高度”分别为30和24.75、X和Y轴值均为0，效果如图82-3所示。

步骤 05 选择“图层1”图层的第4帧，按【F6】键插入关键帧，运用任意变形工具调整图像（“宽度”为15），效果如图82-4所示。在关键帧之间创建传统补间动画。

图82-3 导入蝴蝶图像

图82-4 调整图像大小

步骤 06 创建一个名为“花”的影片剪辑元件，导入一幅素材文件，并调整其大小和位置（“宽度”和“高度”分别为100和128.4、X和Y轴值分别为-2.7和-34.7），效果如图82-5所示。

步骤 07 单击“场景1”标签，返回“场景1”编辑模式。单击“时间轴”面板中的“新建图层”按钮，创建“图层2”图层，单击“窗口”|“库”命令，在弹出的“库”面板

中将“蝴蝶”和“花”元件拖曳到舞台中，并将“蝴蝶”元件适当旋转一定的角度，效果如图82-6所示。

图82-5 创建的“花”影片剪辑元件

图82-6 将元件拖曳到舞台中

步骤 08 分别选择“蝴蝶”和“花”元件，在属性面板中的实例名称文本框中依次输入butterfly和lead，如图82-7所示。

图82-7 输入实例名称

步骤 09 选择“蝴蝶”元件，按【F9】键在弹出的“动作-影片剪辑”面板中输入脚本语句，如图82-8所示（具体代码见“素材\第7章\实例82\82-8.txt”）。

步骤 10 选择“花”元件，按【F9】键在弹出的“动作-影片剪辑”面板中输入脚本语句，如图82-9所示（具体代码见“82-9.txt”文件）。

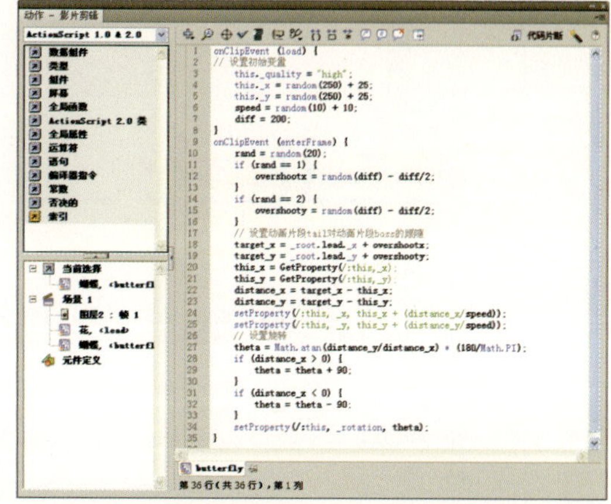

图82-8 为“蝴蝶”元件添加脚本语句

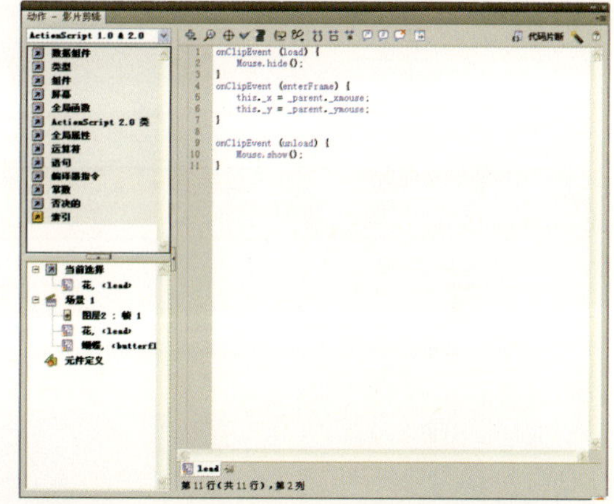

图82-9 为“花”元件添加脚本语句

步骤 11 选择“图层2”图层的第1帧，按【F9】键在弹出的“动作-帧”面板中输入脚本语句，如图82-10所示（具体代码见“82-10.txt”文件）。

步骤 12 单击“文件”|“发布设置”命令，弹出“发布设置”对话框，切换至Flash选项卡，设置“播放器”为Flash Player 5，如图82-11所示。单击“确定”按钮，发布设置。

步骤 13 单击“控制”|“测试影片”|“测试”命令或者按【Ctrl+Enter】键，测试动画效果，如图82-12所示。

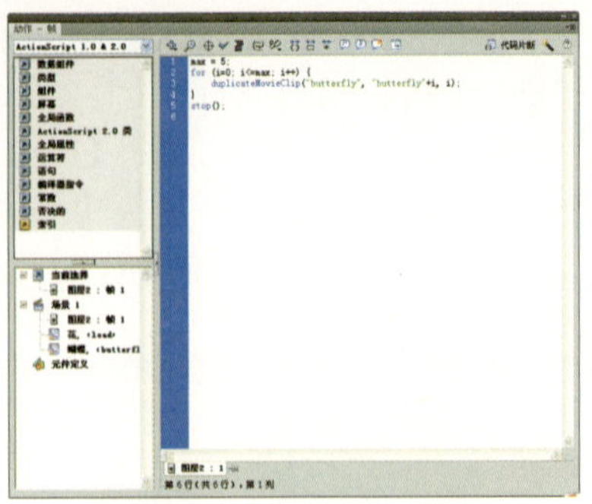
图82-10 添加脚本语句

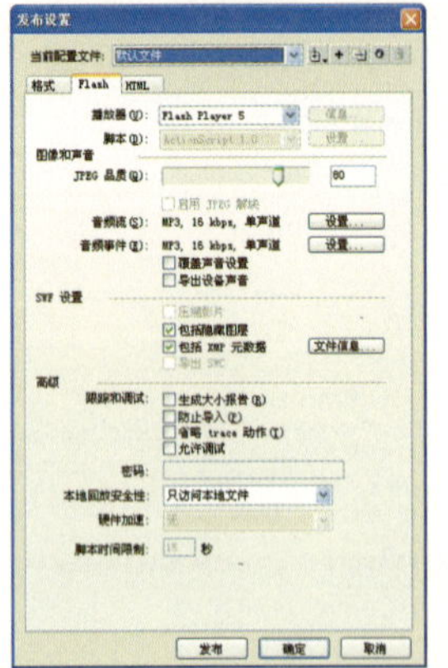
图82-11 “发布设置”对话框

图82-12 测试动画效果

实例83 海洋精灵

效果欣赏	实例导航
	素材文件：素材\第7章\实例83
	效果文件：效果\第7章\实例83.fla
	视频文件：视频\第7章\实例83.swf
	知识点睛：创建元件、绘制图形、添加动作脚本

步骤 01 单击“文件”|“新建”命令，新建一个Flash文档。按【Ctrl+J】键弹出“文档设置”对话框，设置“宽”为600、“高”为450、“背景颜色”为深蓝色（#0033CC）、“帧频”为48，单击“确定”按钮，修改文档设置。

步骤 02 选择“图层1”图层的第1帧，单击“文件”|“导入”|“导入到舞台”命令，导入一幅图像，并调整大小及位置，使其正好覆盖整个舞台，效果如图83-1所示。选择第3帧，按【F5】键插入一个普通帧。

步骤 03 单击“插入”|“新建元件”命令，在弹出的“创建新元件”对话框中设置“名称”为head、“类型”为“影片剪辑”，如图83-2所示。单击“确定”按钮，进入该影片剪辑元件编辑模式中。

图83-1 导入一幅图像

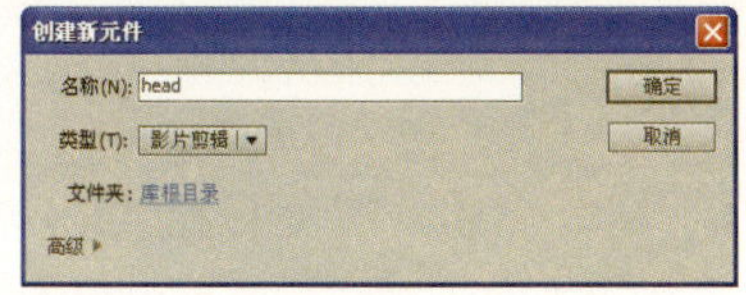

图83-2 “创建新元件”对话框

步骤 04 选择工具箱中的铅笔工具，在工具箱的“铅笔模式”列表框中选择“平滑”选项，在“属性”面板中设置“笔触颜色”为白色、“笔触样式”为“极细线”，在编辑区中拖曳鼠标绘制鱼的头部轮廓，如图83-3所示。

步骤 05 选择工具箱中的椭圆工具，在“属性”面板中设置“笔触颜色”为无、“填充颜色”为黄色（#CCCC00），在编辑区中拖曳鼠标绘制一个宽和高分别为7.4和3.5的椭圆，如图83-4所示。

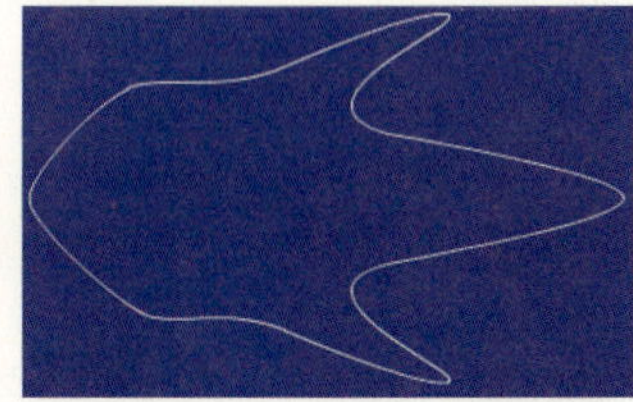

图83-3 绘制鱼的头部轮廓

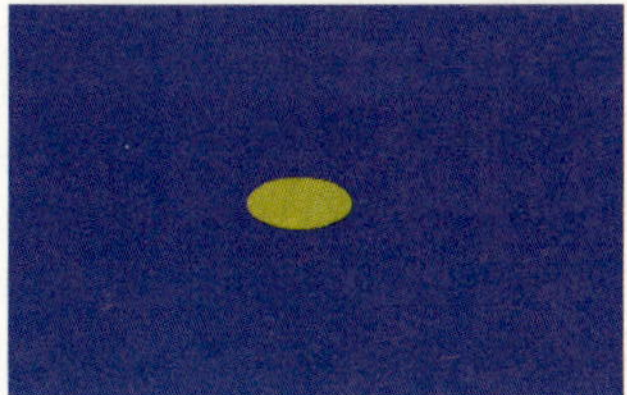

图83-4 绘制椭圆

步骤 06 选择绘制的椭圆，单击“窗口”|“变形”命令，在弹出的“变形”对话框中选中“旋转”单选按钮，并在其文本框中输入15，即将绘制的椭圆旋转15°。如图83-5所示。

步骤 07 继续保持选中状态，在“变形”面板中单击“重制选区和变形”按钮，并将旋转角度修改为-30，即复制一个椭圆并旋转-30°，将两个椭圆移至合适位置，如图83-6所示。

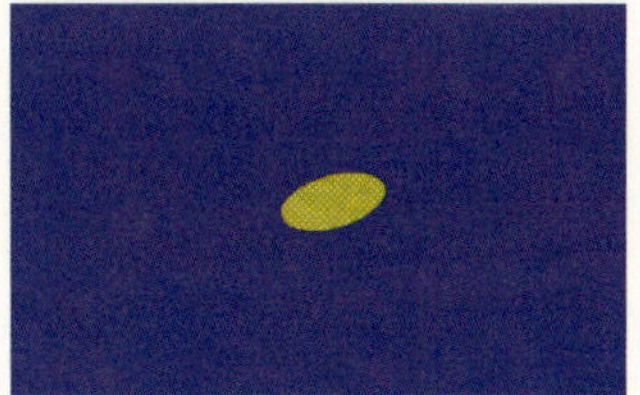

图83-5 旋转椭圆

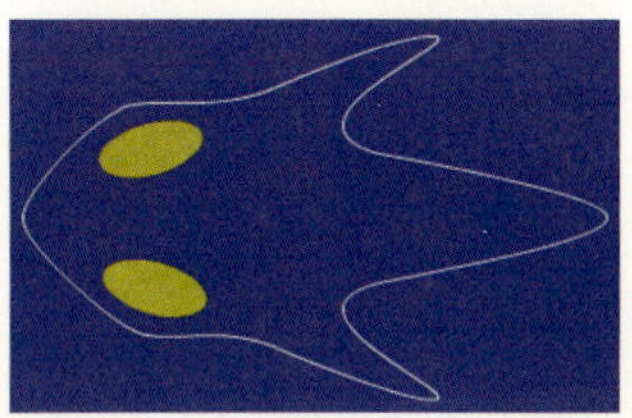

图83-6 将两个椭圆移至合适位置

步骤 08 单击“窗口”|“颜色”命令，在弹出的“颜色”面板中的“类型”下拉列表框中选择“线性渐变”选项，设置从左到右由白色（#FFFFFF）到绿色（#99CC00）的线性渐变，如图83-7所示。

步骤 09 选择工具箱中的颜料桶工具，在鱼的头部轮廓图形的最左边单击鼠标，并删除图形的白色边线，效果如图83-8所示。

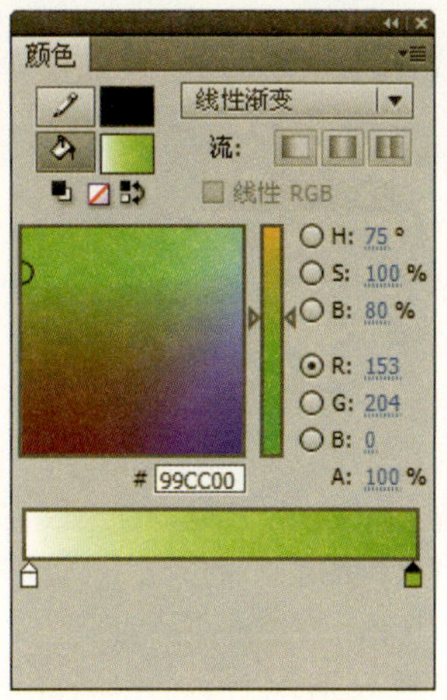

图83-7 设置“颜色”面板

图83-8 填充渐变色

步骤 10 选中填充后的图形，在“属性”面板中的X和Y文本框中分别输入-22.7和-12.6，移动其位置，效果如图83-9所示。

步骤 11 新建一个名为part的影片剪辑元件，进入该影片剪辑元件编辑模式。同理，绘制鱼的身体部分图形并填充线性渐变色，如图83-10所示。其“宽度”和“高度”分别为37.6和25.1、X和Y轴值分别为-18.8和-12.6。

图83-9 调整图形的位置

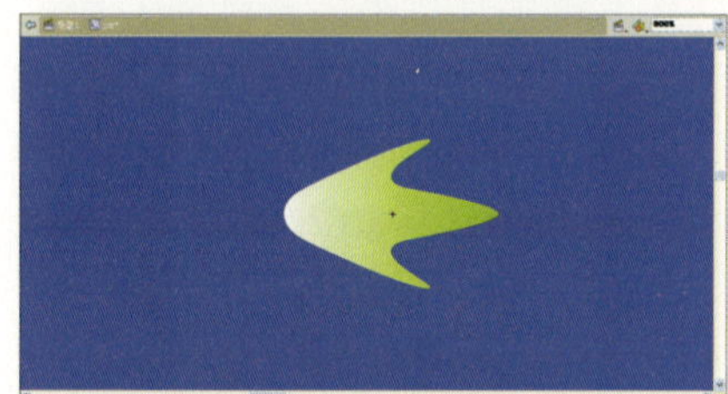
图83-10 填充线性渐变色

步骤 12 新建一个名为scale的影片剪辑元件。同理，绘制图形，并填充渐变色，设置“宽度”和“高度”分别为38.8和63.3、X和Y轴值分别为-18.8和-31.1，效果如图83-11所示。

步骤 13 单击“场景1”标签，返回“场景1”编辑模式。创建“图层2”图层，选择第2帧，单击鼠标右键，在弹出的快捷菜单中选择“插入空白关键帧”选项，插入一个空白关键帧。同理，在第3帧处插入空白关键帧，如图83-12所示。

图83-11 创建的scale影片剪辑元件

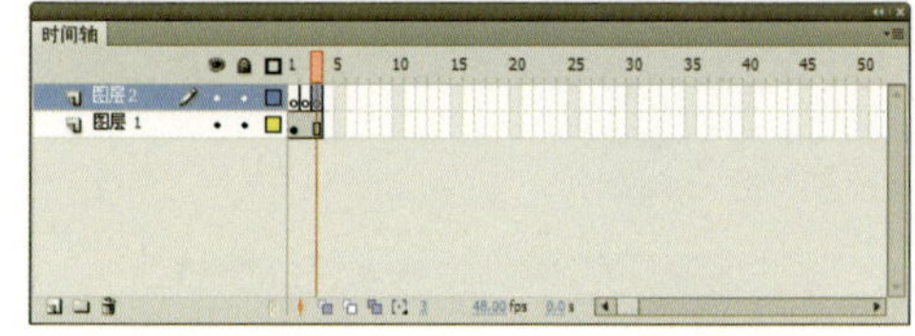

图83-12 插入空白关键帧

步骤 14 选择“图层2”图层的第1帧，按【F9】键在弹出的“动作”面板中输入脚本语句（“//”符号后面的均为说明文字），如图83-13所示（具体代码见“素材\第7章\实例83\83-13.txt”）。

步骤 15 选择“图层2”图层的第2帧，在“动作”面板中输入脚本语句，如图83-14所示（具体代码见“83-14.txt”文件）。

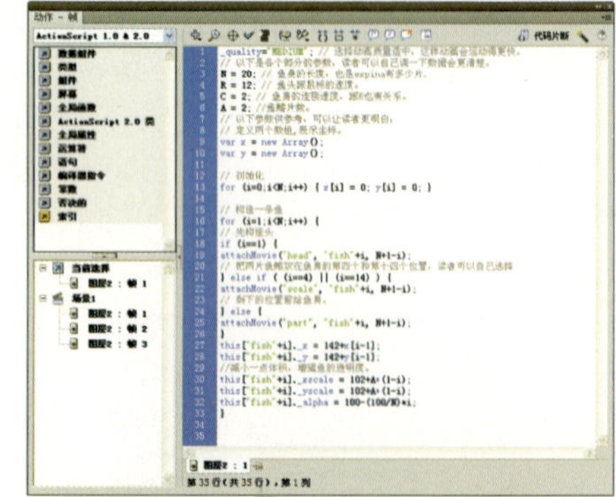
图83-13 为第1帧添加脚本语句

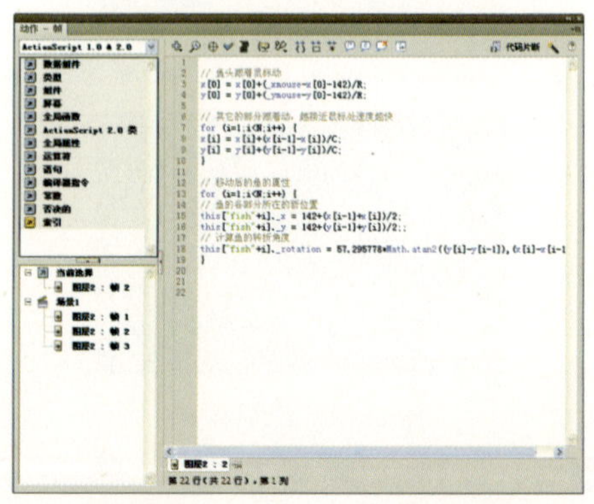
图83-14 为第2帧添加脚本语句

步骤16 选择“图层2”图层的第3帧，在“动作”面板中输入脚本语句，如图83-15所示（具体代码见“83-15.txt”文件）。

步骤17 单击“窗口”|“库”命令，弹出“库”面板，选择scale影片剪辑，并单击鼠标右键，在弹出的快捷菜单中选择“属性”选项，弹出“元件属性”对话框。单击“高级”按钮，勾选“为ActionScript导出”复选框，设置“标识符”为scale，如图83-16所示。单击“确定”按钮，更改元件属性。

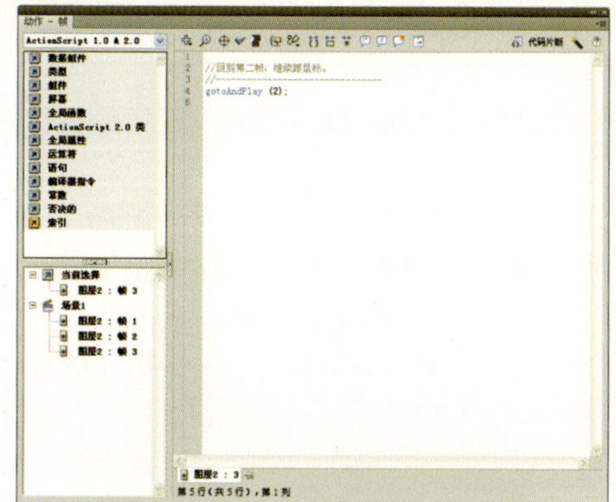

图83-15 为第3帧添加脚本语句

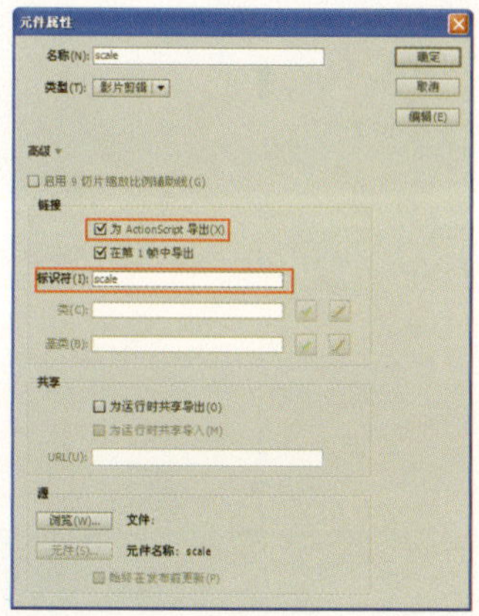

图83-16 “元件属性”对话框

步骤18 同理，设置“库”面板中的part和head影片剪辑的标识符分别为part和head，如图83-17所示。

步骤19 单击“文件”|“发布设置”命令，弹出“发布设置”对话框，切换至Flash选项卡，设置“播放器”为Flash Player 5、“脚本”为ActionScript 1.0，如图83-18所示，并设置“确定”按钮。

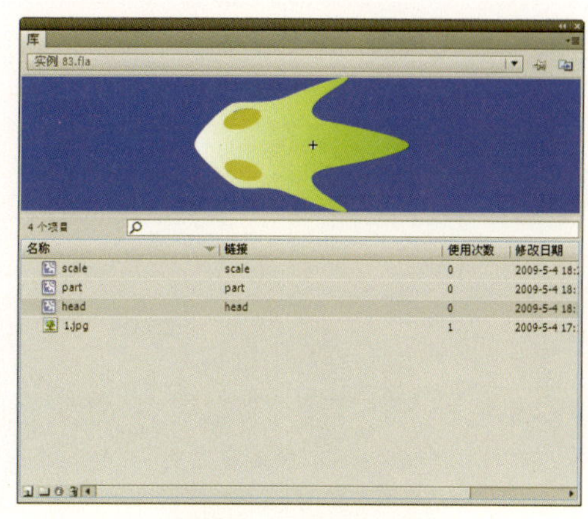

图83-17 设置标识符

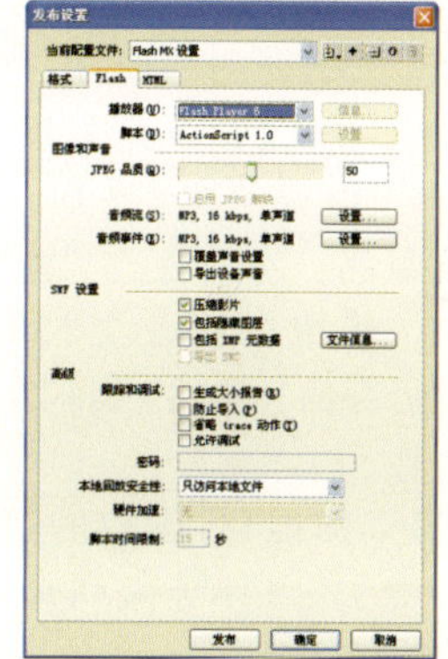

图83-18 “发布设置”对话框

步骤20 单击“控制”|“测试影片”|“测试”命令或者按【Ctrl+Enter】键，测试动画效果，如图83-19所示。

图83-19 测试动画效果

实例 84 擦玻璃窗

效果欣赏	实例导航
 	素材文件：素材\第7章\实例84
	效果文件：效果\第7章\实例84.fla
	视频文件：视频\第7章\实例84.swf
	知识点睛：创建元件、创建遮罩层、添加动作脚本

步骤 01 单击“文件”|“新建”命令，新建一个Flash文档。按【Ctrl+J】键弹出“文档设置”对话框，设置“宽”为600、“高”为412、“背景颜色”为黑色、“帧频”为30，单击“确定”按钮，修改文档设置。单击“文件”|“另存为”命令，将其保存为“实例84.fla”文件。

步骤 02 选择“图层1”图层的第1帧，单击“文件”|“导入”|“导入到舞台”命令，导入一幅图像，并调整大小及位置，使其正好覆盖整个舞台，效果如图84-1所示。选择第3帧，按【F5】键插入帧。

步骤 03 单击“插入”|“新建元件”命令，在弹出的“创建新元件”对话框中设置“名称”为“背景”、“类型”为“影片剪辑”，如图84-2所示。单击“确定”按钮，进入该影片剪辑元件编辑模式。

图84-1 导入一幅图像

图84-2 “创建新元件”对话框

步骤 04 选择“图层1”图层的第1帧，单击“文件”|“导入”|“导入到舞台”命令，导入一幅图像，设置“宽度”和“高度”分别为600和412，X和Y轴均为0，效果如图84-3所示。

图84-3 导入另一幅图像

步骤 05 同理，创建一个名为“遮罩”的影片剪辑元件，更改“图层1”图层名为“背景”，从“库”面板中拖曳“背景”元件至编辑区中，如图84-4所示。选择第3帧，按【F5】键插入帧。

图84-4 拖曳元件到编辑区

步骤 06 选择“背景”图层的第1帧中的对象，在“属性”面板中设置实例名称为scenery，如图84-5所示。

步骤 07 在“背景”图层的上方创建一个名为“蒙版”的图层，选择工具箱中的椭圆工具，按住【Shift】键的同时，在编辑区中绘制一个没有边框，且填充颜色为任意色的正圆（“宽度”和“高度”均为100），效果如图84-6所示（图为隐藏“背景”图层的效果）。

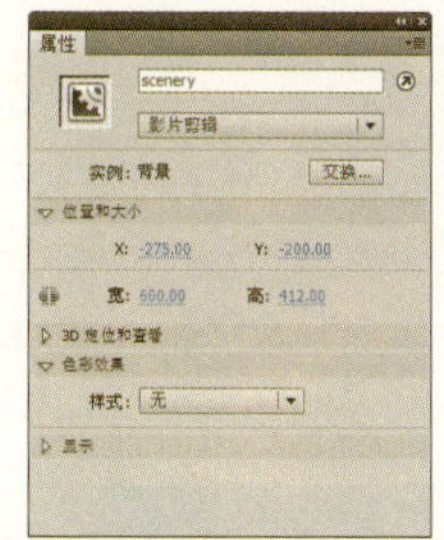

图84-5 设置实例名称

图84-6 绘制正圆

步骤 08 在“蒙版”图层上单击鼠标右键，在弹出的快捷菜单中选择“遮罩层”选项，创建一个遮罩层，如图84-7所示。

步骤 09 在“时间轴”面板中单击“新建图层”按钮，在“蒙版”层的上方创建一个“动作”图层，单击“动作”图层的第1帧，按【F9】键弹出“动作-帧”面板中添加脚本语句，如图84-8所示（具体代码见“素材\第7章\实例84\84-8.txt”）。

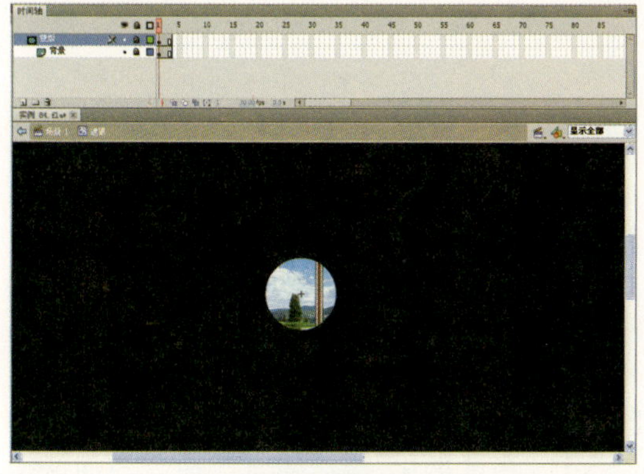

图84-7 创建遮罩层

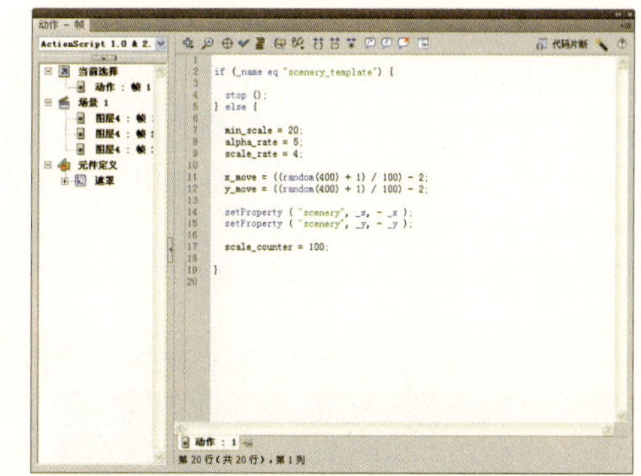

图84-8 为第1帧添加脚本语句

步骤 10 分别选择“动作”图层的第2帧和第3帧，按【F7】键插入空白关键帧。选择第2帧，在“动作-帧”面板中添加脚本语句，如图84-9所示（具体代码见“84-9.txt”文件）。

步骤 11 选择“动作”层的第3帧，在“动作-帧”面板中添加脚本语句，如图84-10所示（具体代码见“84-10.txt”文件）。

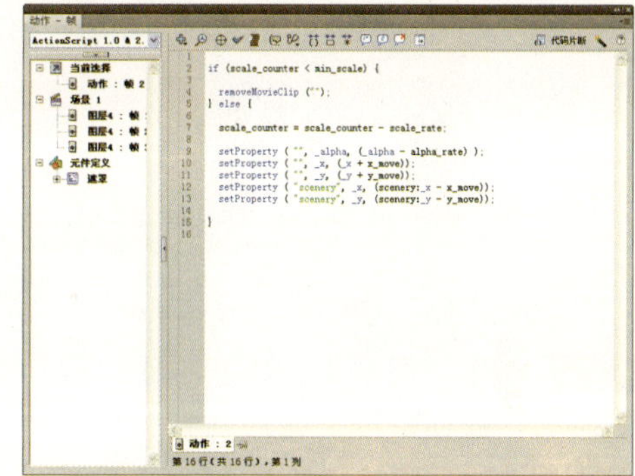

图84-9 为第2帧添加脚本语句

图84-10 为第3帧添加脚本语句

步骤 12 创建一个名为“鼠标跟踪”的影片剪辑元件，进入其编辑模式，在编辑区中不做任何设置，如图84-11所示。

步骤 13 单击“场景1”标签，返回“场景

1”编辑模式。创建“图层2”图层，单击“窗口”|“库”命令，弹出“库”面板，从中拖曳“遮罩”元件至舞台外侧的左上角，如图84-12所示。并在“属性”面板中设置实例名称为scenery_template。

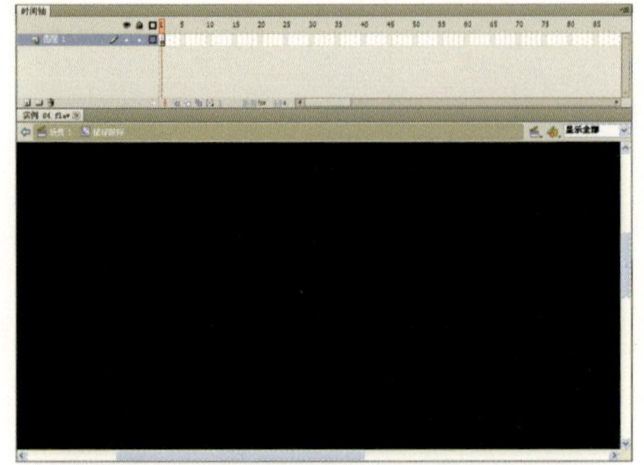
图84-11 “鼠标跟踪”元件的编辑模式

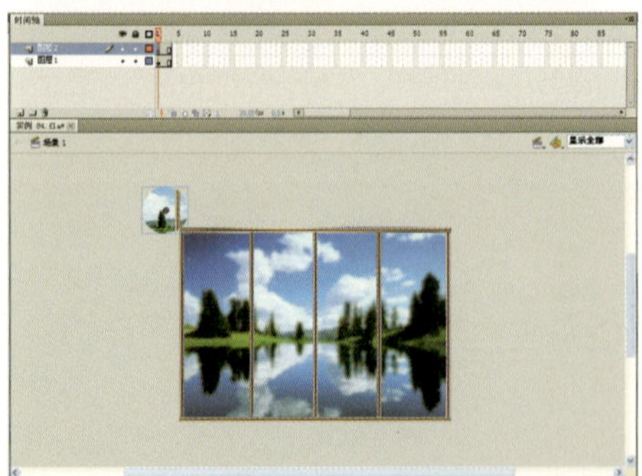
图84-12 拖曳元件至舞台外侧

步骤 14 创建“图层3”图层，从“库”面板中拖曳“鼠标跟踪”元件到舞台中，选择该元件，在“属性”面板中设置实例名称为mouse，如图84-13所示。

步骤 15 创建“图层4”图层，分别选择“图层4”图层的第2帧和第3帧，按【F7】键插入空白关键帧。选择第1帧，按【F9】键，在弹出的“动作”面板中添加脚本语句，如图84-14所示（具体代码见“84-14.txt”文件）。

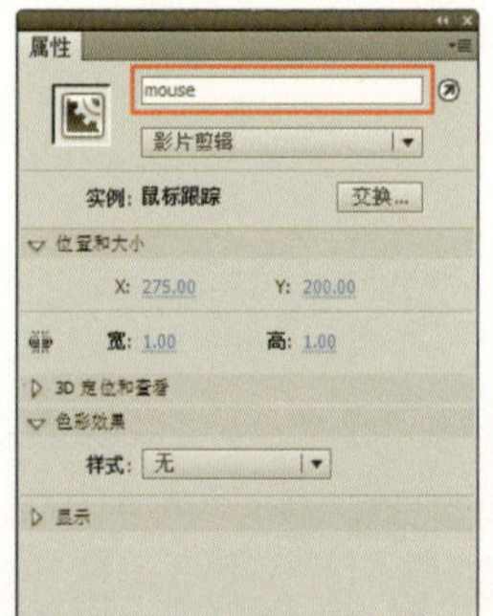

图84-13 设置实例名称

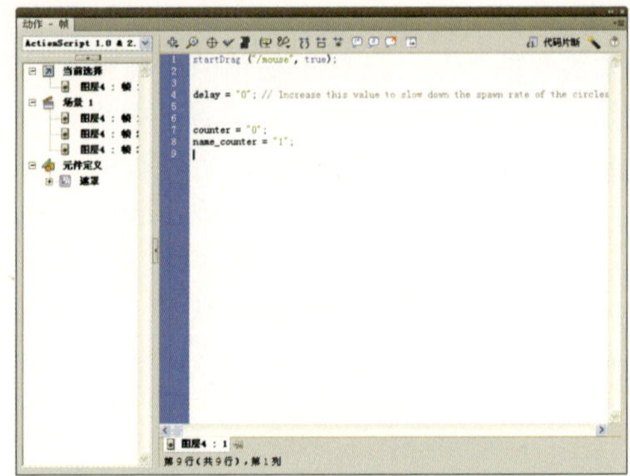
图84-14 为第1帧添加脚本语句

步骤 16 选择第2帧，在“动作-帧”面板中添加脚本语句，如图84-15所示。

步骤 17 选择第3帧，在“动作-帧”面板中添加脚本语句，如图84-16所示。

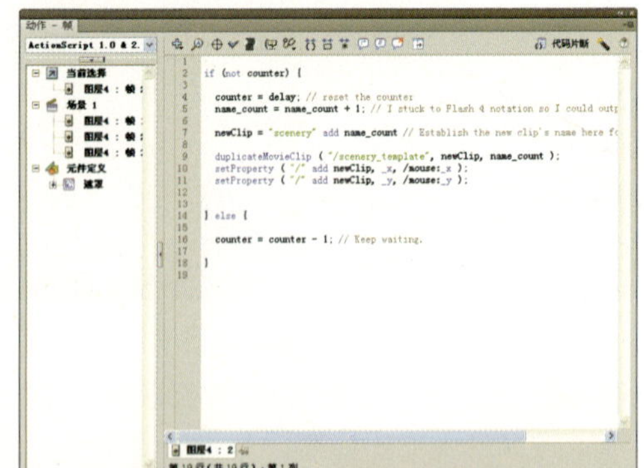
图84-15 第2帧添加脚本语句

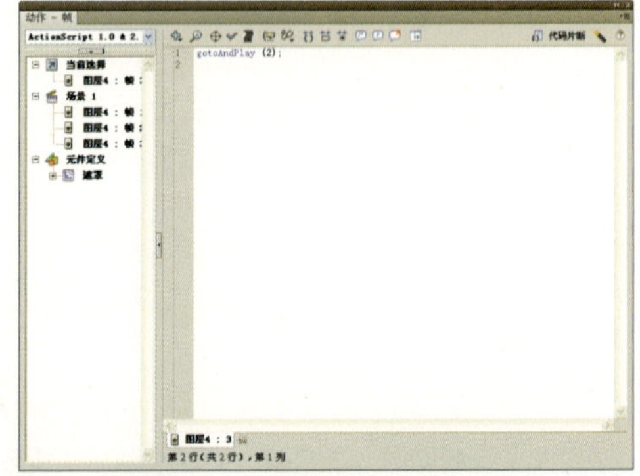
图84-16 为第3帧添加脚本语句

步骤 18 单击“文件”|“发布设置”命令，弹出“发布设置”对话框，切换至Flash选项卡，设置“播放器”为Flash Player 5，并单击“确定”按钮，发布设置。

步骤 19 按【Ctrl+Enter】键或单击“控制”|“测试影片”|“测试”命令，测试动画效果，如图84-17所示。

图84-17 测试动画效果

实例 85 苹果水珠

效果欣赏	实例导航
 	素材文件：素材\第7章\实例85
	效果文件：效果\第7章\实例85.fla
	视频文件：视频\第7章\实例85.swf
	知识点睛：创建元件、变形图形对象、添加动作脚本

步骤 01 单击“文件”|“打开”命令，打开一个包含素材图像的文件，如图85-1所示，其“库”面板如图85-2所示。单击“文件”|“另存为”命令，将其保存为“实例85.fla”文件。

步骤 02 选择“图层1”图层的第3帧，按【F5】键插入普通帧，如图85-3所示。

图85-1 打开素材图像文件

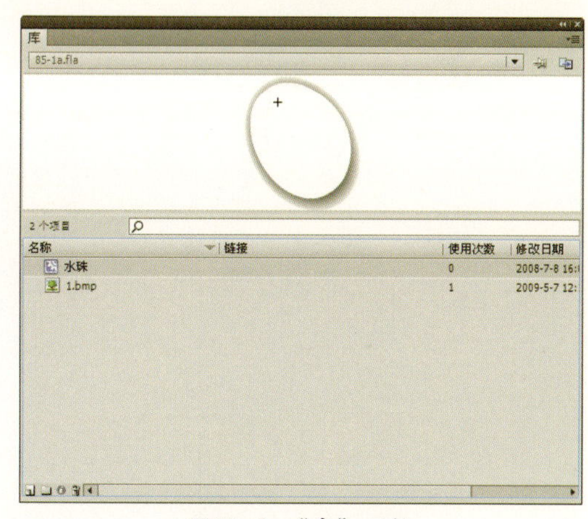

图85-2 “库”面板

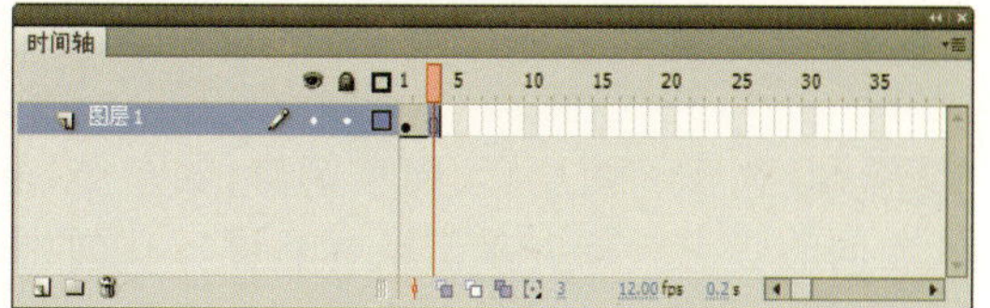

图85-3 插入普通帧

步骤 03 单击“插入”|“新建元件”命令，在弹出的“创建新元件”对话框中设置“名称”为“水滴”，“类型”为“影片剪辑”，如图85-4所示。单击“确定”按钮，进入该影片剪辑元件编辑模式。

图85-4 “创建新元件”对话框

步骤 04 将“库”面板中的“水珠”元件拖曳至编辑区中，如图85-5所示。选择第16帧，单击鼠标右键，在弹出的快捷菜单中选择“插入关键帧”选项，插入关键帧。

步骤 05 选择“图层1”图层的第1帧，选择该帧中的对象，单击“窗口”|“变形”命令，弹出“变形”面板，单击“约束”按钮，约束缩放比例，设置“缩放宽度”和“缩放高度”均为30，如图85-6所示，按【Enter】键确认变形操作。

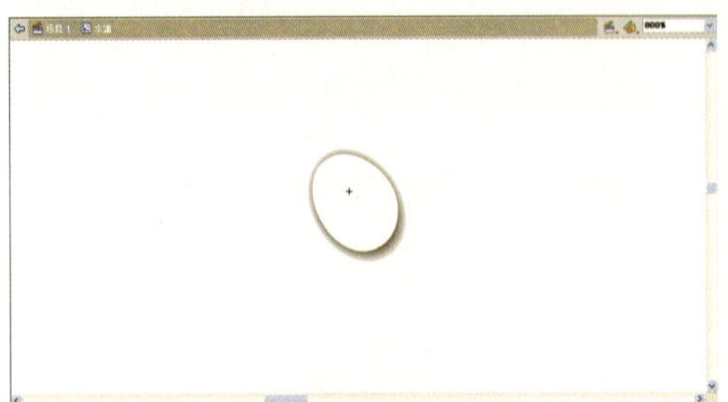
图85-5 拖曳元件至编辑区中

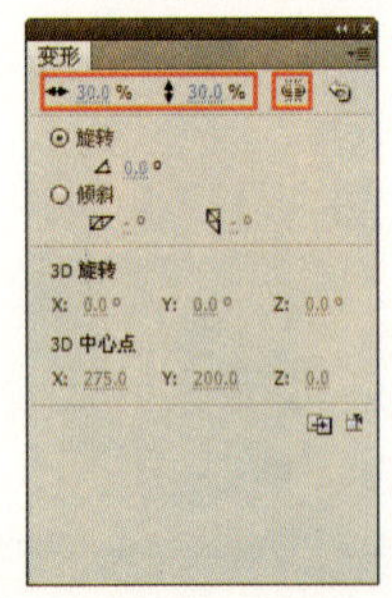

图85-6 设置“变形”面板

步骤 06 选择“图层1”图层的第1帧至第16帧之间的任意一帧，单击鼠标右键，在弹出的快捷菜单中选择“创建传统补间”选项。同理，分别为该图层的第17帧至第21帧插入关键帧，如图85-7所示。

步骤 07 选择“图层1”图层的第18帧，运用任意变形工具对该帧中的对象，进行适当的倾斜操作。选择第18帧，单击鼠标右键，在弹出的快捷菜单中选择“复制帧”选项。选择第20帧，单击鼠标右键，在弹出的快捷菜单中选择“粘贴帧”选项，效果如图85-8所示。

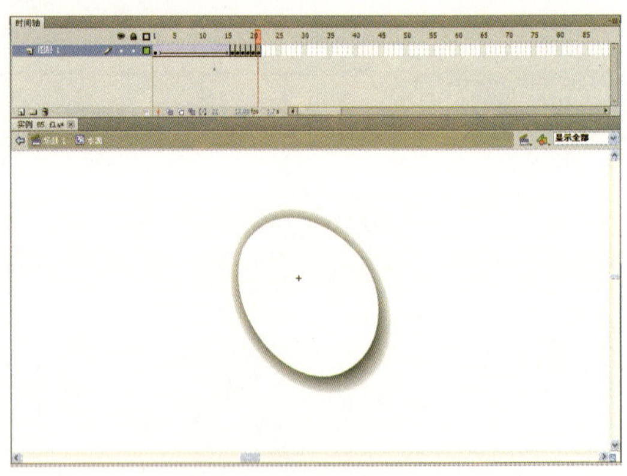
图85-7 插入关键帧

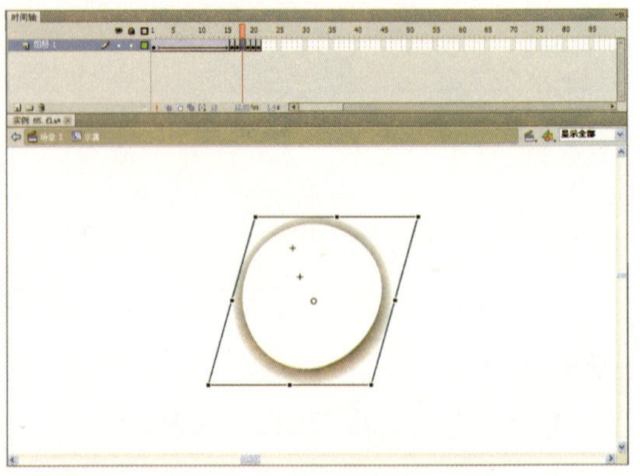
图85-8 复制并粘贴帧

步骤 08 同理，为“图层1”图层的第30帧插入关键帧，并创建传统补间，选择第30帧中的对象，向下移动至合适位置，如图85-9所示。

步骤 09 在“变形”面板中设置“缩放宽度”和“缩放高度”均为55%，并选择该图层的第21帧，在“属性”面板中设置“缓动值”为-100，效果如图85-10所示。

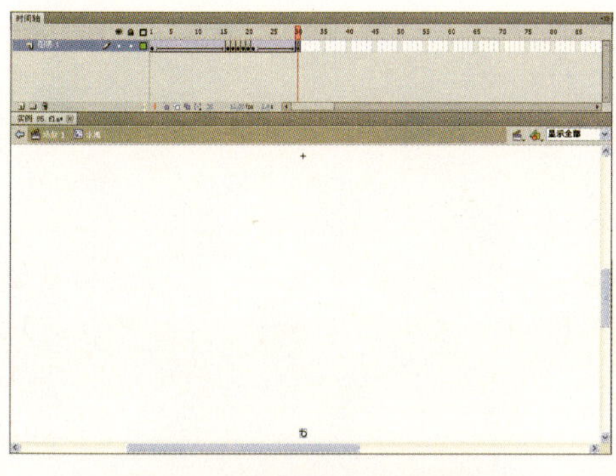

图85-9 移动对象至合适的位置

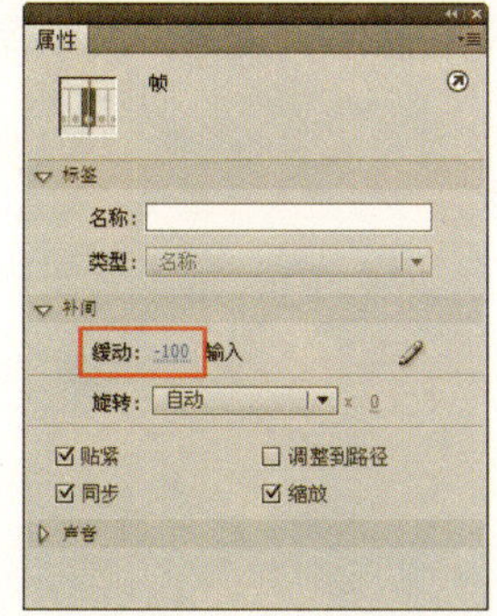

图85-10 设置缓动值

步骤 10 单击“插入”|“新建元件”命令，弹出“创建新元件”对话框，设置“名称”为“按钮”、”类型”为“按钮”，如图85-11所示。单击“确定”按钮，即可进入元件编辑模式。

步骤 11 选择“点击”帧，单击鼠标右键，在弹出的快捷菜单中选择“插入空白关键帧”选项。运用椭圆工具，绘制一个“笔触颜色”为无、“填充颜色”为任意色的圆形，如图85-12所示。

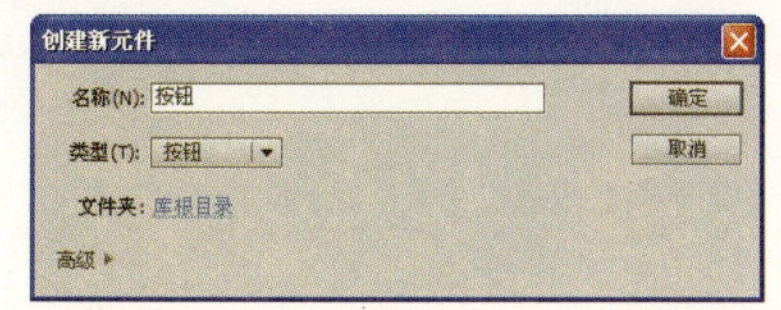

图85-11 “创建新元件”对话框

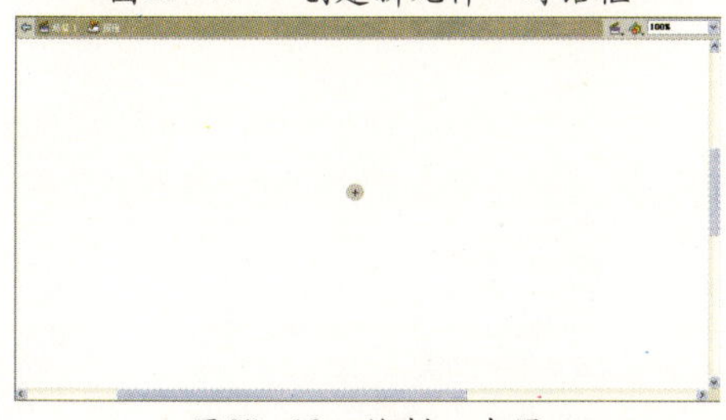

图85-12 绘制一个圆

步骤 12 双击“库”面板中的“水滴”元件，进入元件的编辑模式，创建“图层2”图层。将“库”面板中的“按钮”元件拖曳至舞台中的适当位置，并在第17帧插入空白关键帧，如图85-13所示。

步骤 13 创建“图层3”图层，分别在第16帧和第17帧插入空白关键帧，选择第1帧，在“属性”面板中设置“标帧签”为start；接着选择第17帧，设置其帧标签为over，如图85-14所示。

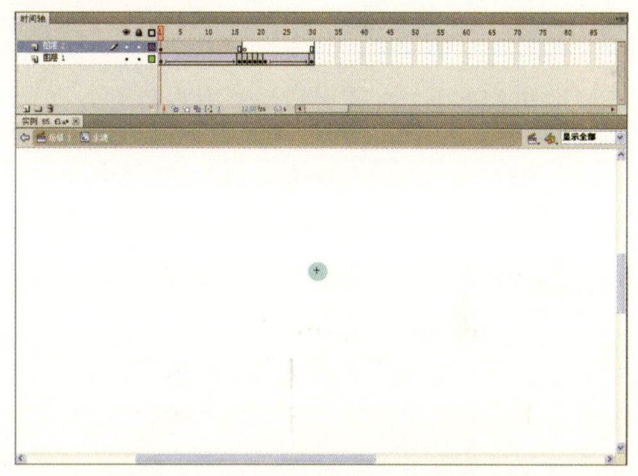

图85-13 拖曳元件至舞台区中

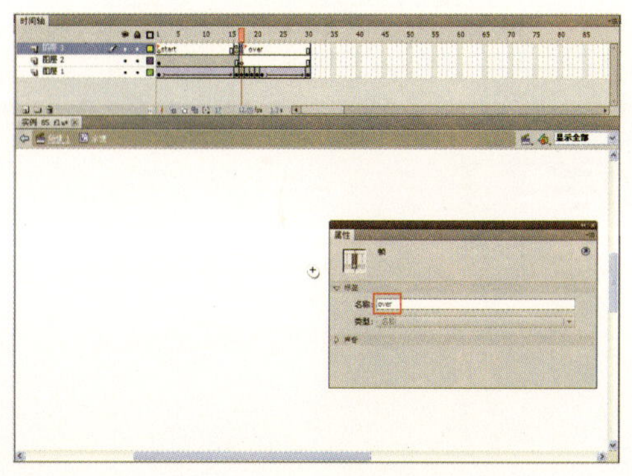

图85-14 设置帧标签

步骤 14 选择“图层3”图层的第16帧，按【F9】键，在弹出的“动作-帧”面板中添加脚本语句，如图85-15所示（具体代码见“素材\第7章\实例85\85-15.txt”）。

步骤 15 选择“图层3”的第17帧，按【F9】键，在弹出的“动作-帧”面板中添加脚本语句，如图85-16所示（具体代码见“85-16.txt”文件）。

步骤 16 在“图层2”图层中选择舞台中的“按钮”元件，按【F9】键，在弹出的“动作-按钮”面板中添加脚本语句，如图

85-17所示（具体代码见“85-17.txt”文件）。

图85-15 为第16帧添加脚本语句

图85-16 为第17帧添加脚本语句

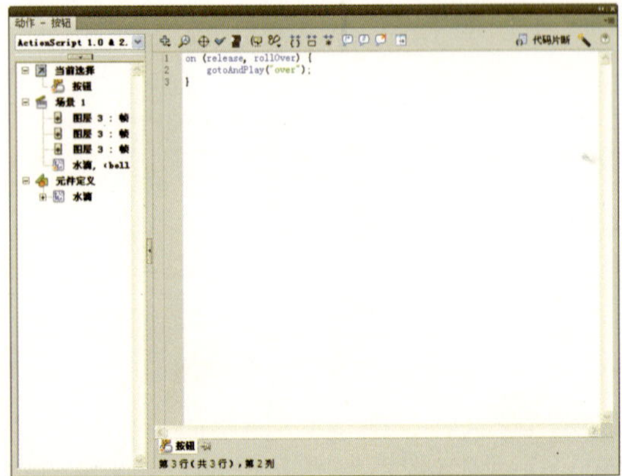

图85-17 为“按钮”元件添加脚本语句

步骤 17 单击“场景1”标签，返回“场景1”编辑模式，在“时间轴”面板中单击“新建图层”按钮，创建“图层2”图层，将“库”面板中的“水滴”元件拖曳至舞台中的适当位置，如图85-18所示。

步骤 18 选择舞台中的“水滴”元件，在“属性”面板中设置“实例名称”为boll，按【F9】键，弹出“动作-影片剪辑”面板添加脚本语句，如图85-19所示（具体代码见“85-19.txt”文件）。

图85-18 将元件拖曳至舞台中

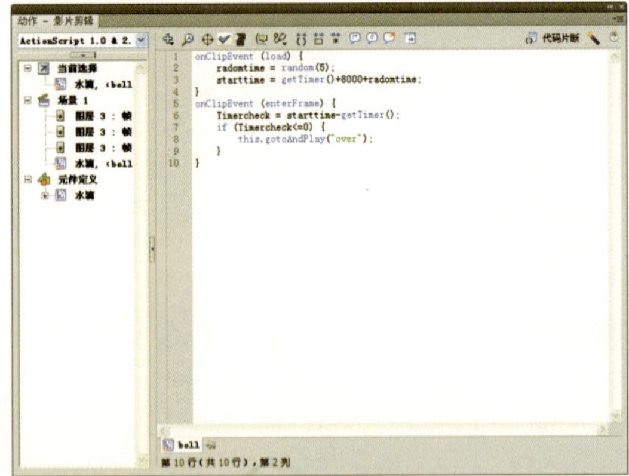

图85-19 为“水滴”元件添加脚本语句

步骤 19 创建“图层3”图层，分别选择第2帧和第3帧，按【F7】键插入空白关键帧。选择第1帧，按【F9】键弹出“动作-帧”面板添加脚本语句，如图85-20所示（具体代码见“85-20.txt”文件）。

图85-20 为第1帧添加脚本语句

步骤 20 选择“图层3”图层的第2帧，按【F9】键，弹出“动作-帧”面板添加脚本语句，如图85-21所示（具体代码见“85-21.txt”文件）。

步骤 21 选择“图层3”图层的第3帧，按【F9】键，弹出“动作-帧”面板添加脚本语句，如图85-22所示（具体代码见“85-22.txt”元件）。

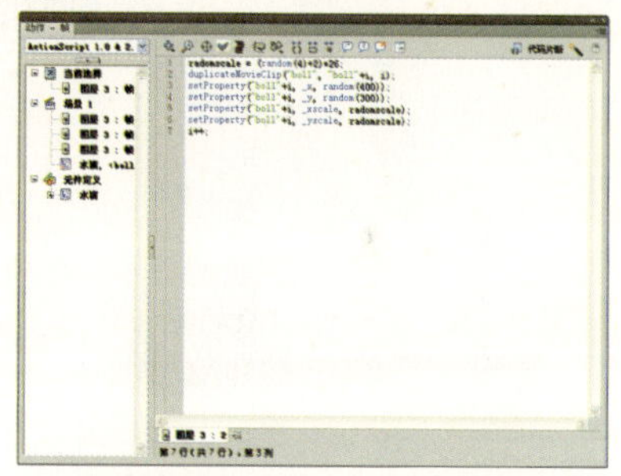

图85-21 为第2帧添加脚本语句

图85-22 为第3帧添加脚本语句

步骤 22 单击“控制”|“测试影片”|“测试”命令或者按【Ctrl+Enter】键，测试动画效果，如图85-23所示。

图85-23 测试动画效果

实例 86 美女钻戒

效果欣赏	实例导航
 	素材文件：素材\第7章\实例86 效果文件：效果\第7章\实例86.fla 视频文件：视频\第7章\实例86.swf 知识点睛：变形元件、设置元件属性、添加动作脚本

步骤 01 单击“文件”|“新建”命令，新建一个Flash文档。按【Ctrl+J】键弹出“文档设置”对话框，设置“宽”为400、“高”为300、“背景颜色”为白色、“帧频”为30，单击“确定”按钮，修改文档设置。

步骤 02 选择“图层1”图层的第1帧，单击“文件”|“导入”|“导入到舞台”命令，导入

一幅图像，并调整大小及位置，使其正好覆盖整个舞台，效果如图86-1所示。

步骤 03 单击“插入”|“新建元件”命令，在弹出的“创建新元件”对话框中设置“名称”为“按钮”、“类型”为“按钮”，如图86-2所示。单击“确定”按钮，进入该按钮元件编辑模式中。

图86-1 导入一幅图像

图86-2 “创建新元件”对话框

步骤 04 选择“图层1”图层的“弹起”帧，单击“文件”|“导入”|“导入到舞台”命令，导入一幅图像，并调整大小和位置（“宽度”和“高度”分别为40和38、X和Y轴值分别为-20和-19），效果如图86-3所示。

步骤 05 新建一个名为“滑落”的影片剪辑元件，并进入其元件编辑模式。单击“窗口”|“库”命令，弹出“库”面板，将刚创建的“按钮”元件拖曳到编辑区中，如图86-4所示。

图86-3 导入并调整图像

图86-4 将元件拖曳到编辑区中

步骤 06 分别选择“图层1”图层的第2帧、第10帧、第15帧，按【F6】键插入关键帧。选择第10帧中的元件对象，单击“窗口”|“变形”命令，在弹出的“变形”面板中设置“缩放宽度”和“缩放高度”分别为101.3%和98.6%、“水平倾斜”和“垂直倾斜”分别为30和31，如图86-5所示。

步骤 07 继续保持第10帧元件对象的选中状态，在“属性”面板中设置“色彩效果”选项区中“样式”的Alpha值为50%，如图86-6所示，并向下移动至合适位置。

图86-5 变形第10帧的元件对象

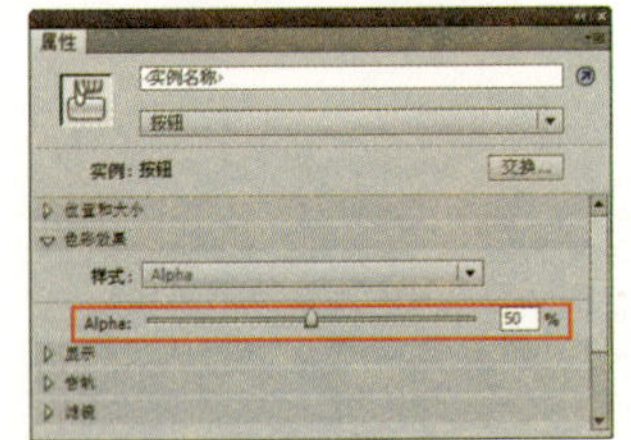

图86-6 设置第10帧对象的Alpha值

步骤 08 选择“图层1”图层的第15帧，在“变形”面板中设置“缩放宽度”和“缩放高度”分别为97%和97.1%、“水平倾斜”和“垂直倾斜”分别为-28.9和147，如图86-7所示。

步骤 09 继续保持第15帧元件对象的选中状态，在“属性”面板中设置“色彩效果”选项区中“样式”的Alpha值为1%，如图86-8所示，并向下移动至合适位置。

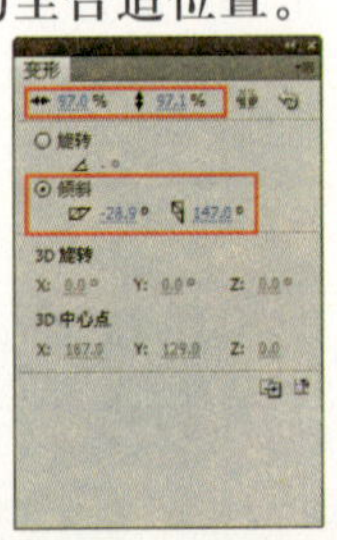

图86-7 变形第15帧的元件对象

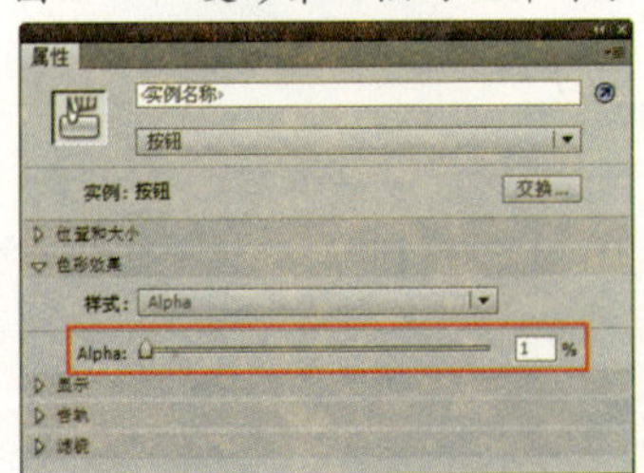

图86-8 设置第15帧对象的Alpha值

步骤 10 分别选择第2帧至第10帧、第10帧至第15帧间的任一帧，单击鼠标右键，在弹出的快捷菜单中选择“创建传统补间”选项，创建补间动画，如图86-9所示。

步骤 11 在“时间轴”面板中单击“新建图层”按钮，创建“图层2”图层，分别选择第2帧和第15帧，单击鼠标右键，在弹出的快捷菜单中选择“插入空白关键帧”选项，插入空白关键帧，如图86-10所示。

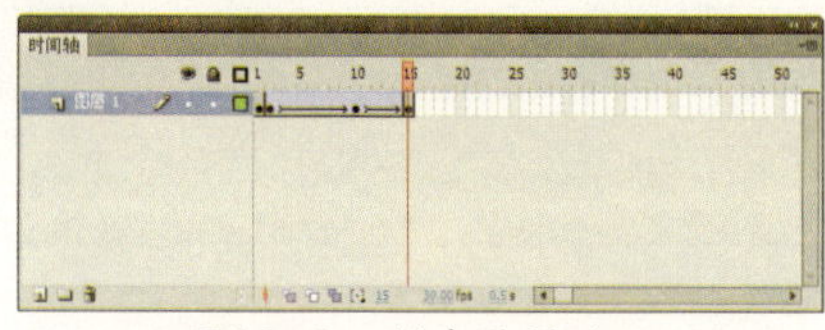

图86-9 创建补间动画

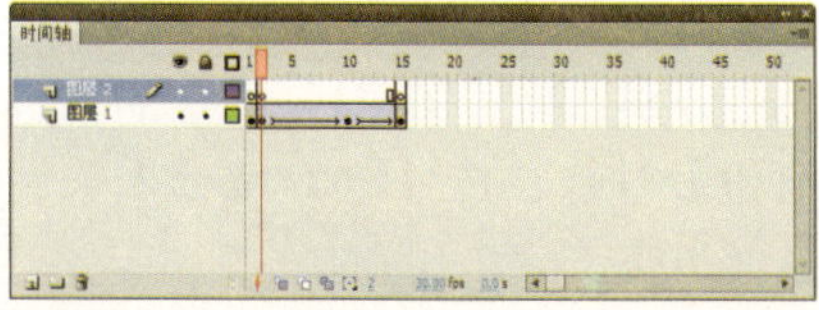

图86-10 新建图层并插入空白关键帧

步骤 12 选择“图层2”图层的第1帧，按【F9】键，弹出“动作-帧”面板并添加脚本语句，如图86-11所示。

步骤 13 选择“图层2”图层的第15帧，按【F9】键，在弹出“动作-帧”面板中添加脚本语句，如图86-12所示。

图86-11 为第1帧添加脚本语句

图86-12 为第15帧添加脚本语句

步骤 14 选中“图层1”图层第1帧中的“按钮”元件，按【F9】键弹出“动作-帧”面板添加脚本语句，如图86-13所示。

步骤 15 单击“场景1”标签，返回“场景1”编辑模式。在“时间轴”面板中单击“新建图层”按钮，创建“图层2”图层。将“库”面板中的“滑落”影片剪辑元件拖曳到舞台中，使用选择工具选择“滑落”元件，按住【Ctrl】键的同时拖曳鼠标，复制多个元件，并移动至合适位置，如图86-14所示。

图86-13 添加脚本语句

图86-14 复制多个元件并移动其位置

步骤 16 按【Ctrl+Enter】键或单击“控制”|“测试影片”|“测试”命令，测试动画效果，如图86-15所示。

图86-15 测试动画效果

实例 87 涟漪阵阵

效果欣赏	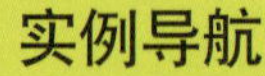 实例导航
 	素材文件：素材\第7章\实例87
	效果文件：效果\第7章\实例87.fla
	视频文件：视频\第7章\实例87.swf
	知识点睛：创建元件、设置元件属性、添加脚本

步骤 01 单击“文件”|“新建”命令，新建一个Flash文档。按【Ctrl+J】键弹出“文档设置”对话框，设置“宽”为600、“高”为450、“背景颜色”为黑色、“帧频”为12，单击“确定”按钮，修改文档设置。单击“文件”|“另存为”命令，将其保存为“实例87.fla”文件。

步骤 02 选择“图层1”图层的第1帧，单击“文件”|“导入”|“导入到舞台”命令，导入一幅图像，并调整大小及位置，使其正好覆盖整个舞台，效果如图87–1所示。

步骤 03 单击“插入”|“新建元件”命令，在弹出的“创建新元件”对话框中设置“名称”为“水波”、“类型”为“影片剪辑”，如图87–2所示。单击“确定”按钮，进入该影片剪辑元件的编辑模式中。

图87–1 导入一幅图像

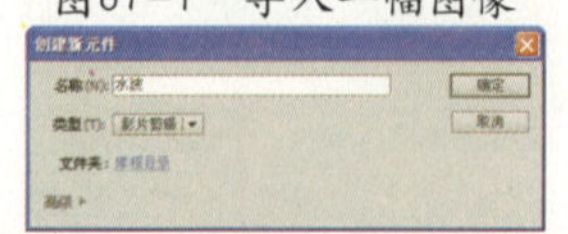

图87–2 “创建新元件”对话框

步骤 04 选择“图层1”图层的第2帧，并按【F7】键插入空白关键帧。选择工具箱中的椭圆工具，在编辑区中绘制一个无填充、白色边框的椭圆（“宽度”和“高度”分别为38和19、X和Y轴值均为–5）。选择椭圆，按【F8】键，将其转换为名为“椭圆”的图形元件，如图87–3所示。

步骤 05 分别选择“图层1”图层的第11帧、第21帧和第31帧，按【F6】键插入关键帧，如图87–4所示。

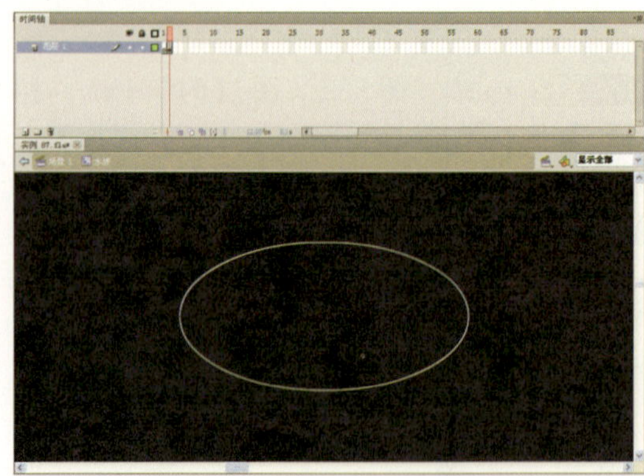

图87–3 创建“椭圆”图形元件

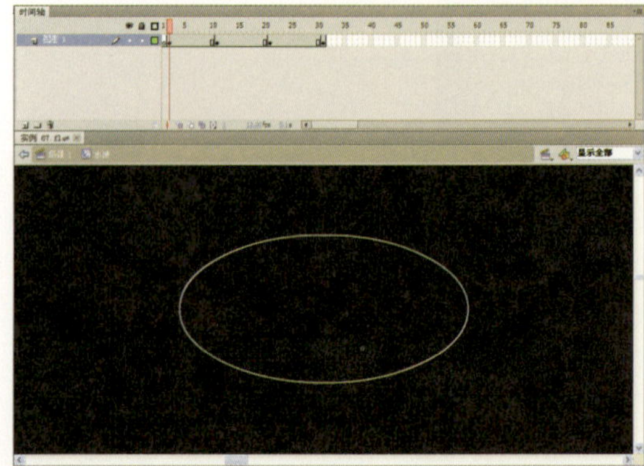

图87–4 插入关键帧

步骤 06 选择“图层1”图层的第2帧中的对象，在“属性”面板中设置Alpha值为80%。

选择第11帧中的对象，将其适当放大，并设置Alpha值为80%。选择第21帧中的对象，再将其放大，设置Alpha值为50%，如图87-5所示。

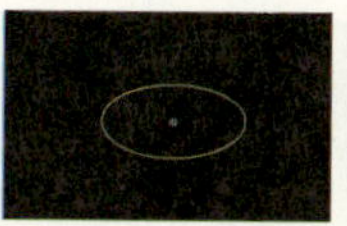

第2帧　第11帧　第21帧

图87-5　设置各关键帧对象的属性

步骤 07 将“图层1”图层的第31帧中的对象调整至与第21帧中对象同样大小，并设置Alpha值为0%，如图87-6所示。

步骤 08 分别在第2帧、第11帧和第21帧上单击鼠标右键，在弹出的快捷菜单中选择“创建传统补间”选项，此时的“时间轴”面板如图87-7所示。

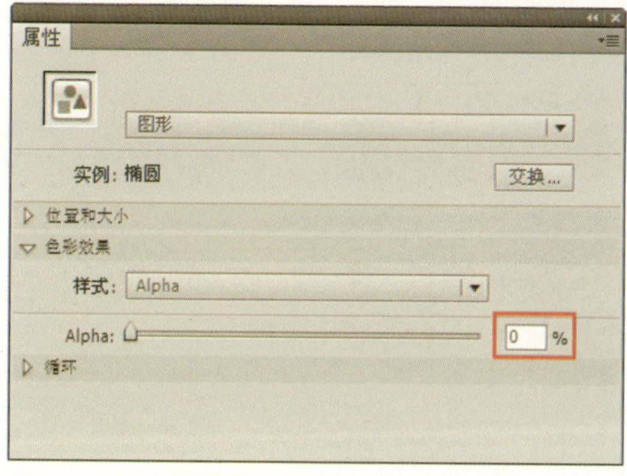

图87-6　设置对象的属性

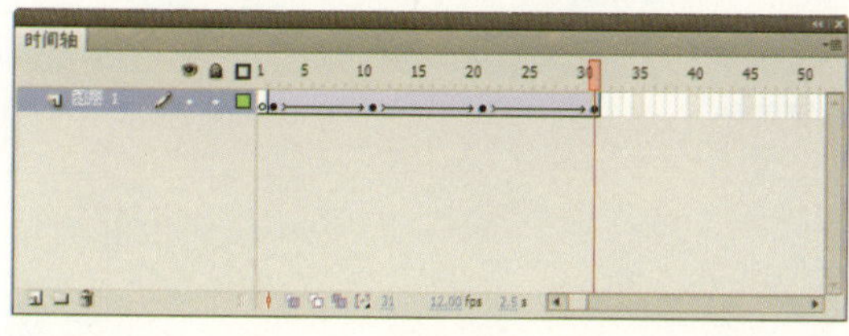

图87-7　“时间轴”面板

步骤 09 在“时间轴”面板中单击4次“新建图层”按钮，创建4个图层，选择“图层1”图层的第2帧至第31帧，按住【Alt】键的同时，将选中的帧拖至每一个图层中，并确保各图层间的帧是错开的，如图87-8所示。

步骤 10 创建一个名为“按钮”的按钮元件，进入其编辑模式。单击“点击”帧，按【F7】键插入空白关键帧，选择工具箱中的矩形工具，在编辑区中绘制一个没有边框、填充色为任意色的矩形，如图87-9所示。

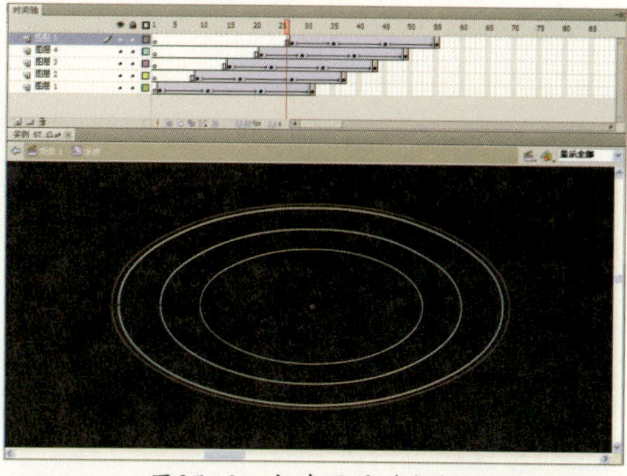

图87-8　新建图层并复制帧

图87-9　绘制矩形

步骤 11 在“库”面板中双击“水波”元件进入其编辑模式中。单击“时间轴”面板中的“新建图层”按钮，创建“图层6”图层，并将其置于最顶层。从“库”面板中拖曳“按钮”元件到编辑区中，将其放置适当位置，如图87-10所示。

步骤 12 选择“图层1”图层的第1帧，在“动作”面板中添加脚本语句，如图87-11所示。

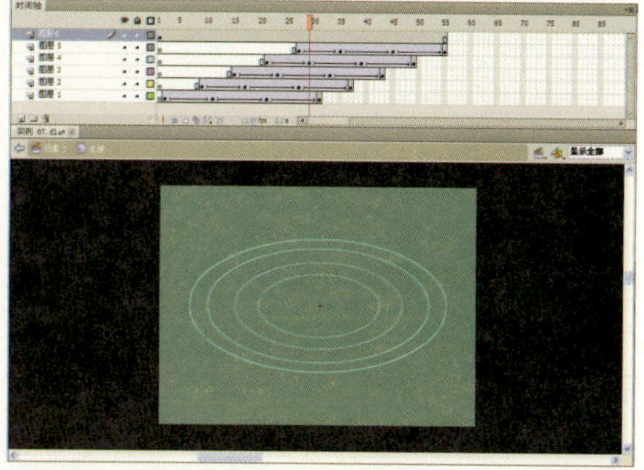

图87-10　拖入按钮元件

图87-11 添加脚本语句

步骤 13 选择编辑区中的“按钮”元件，在“动作”面板中添加脚本语句，如图87-12所示。

步骤 14 单击“场景1”标签，返回“场景1”编辑模式。单击“图层1”图层的第2帧，按【F5】键插入普通帧，如图87-13所示。

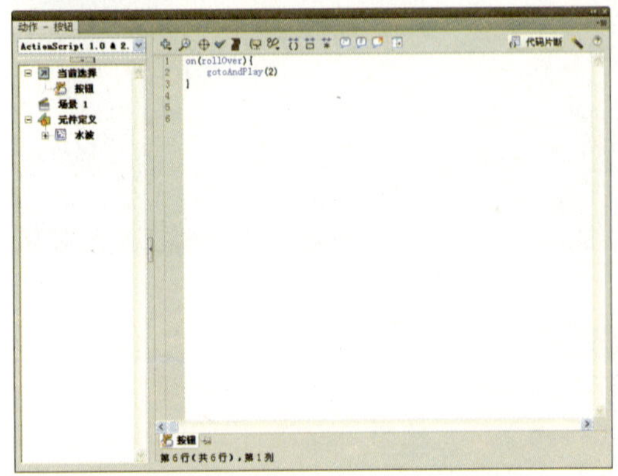

图87-12 为“按钮”元件添加脚本语句

图87-13 插入普通帧

步骤 15 在“图层1”图层的上方创建“图层2”图层，从“库”面板中拖曳多个“水波”元件到舞台中背景图片有水的位置，直到大致铺满为止（可根据实际情况适当调整水波元件的大小），如图87-14所示。

图87-14 拖入水波元件

步骤 16 单击“控制”|“测试影片”|“测试”命令或者按【Ctrl+Enter】键，测试动画效果，如图87-15所示。

图87-15 测试动画效果

实例 88 心灵之约

效果欣赏

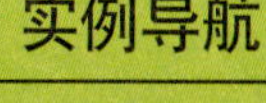

实例导航

素材文件：素材\第7章\实例88

效果文件：效果\第7章\实例88.fla

视频文件：视频\第7章\实例88.swf

知识点睛：创建元件、设置实例名称、添加动作脚本

步骤 01 单击“文件”|“新建”命令，新建一个Flash文档。按【Ctrl+J】键弹出“文档设置”对话框，设置“宽”为600、“高”为450、“背景颜色”为粉色（#FFCCFF）、“帧频”为30，单击“确定”按钮，修改文档设置。单击“文件”|“另存为”命令，将其保存为“实例88.fla”文件。

步骤 02 双击“图层1”图层，并将其更名为“图片”图层。单击“文件”|“导入”|“导入到舞台”命令，导入一幅图像，并调整大小及位置，使其正好覆盖整个舞台，效果如图88-1所示。

步骤 03 单击“插入”|“新建元件”命令，在弹出的“创建新元件”对话框中设置“名称”为“心”、“类型”为“影片剪辑”，如图88-2所示。单击“确定”按钮，进入该影片剪辑元件的编辑模式。

图88-1 导入一幅图像

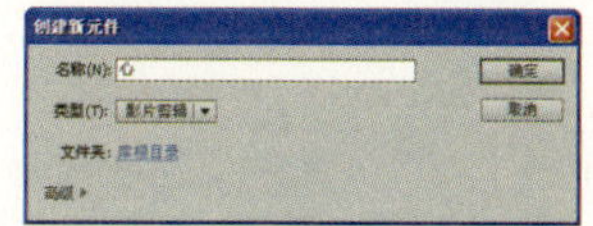

图88-2 “创建新元件”对话框

步骤 04 选择工具箱中的矩形工具，设置“填充颜色”为洋红色（#FF0099），按住【Shift】键的同时拖曳鼠标，在舞台中绘制一个正方形，在“属性”面板中设置“宽度”、“高度”均为20，如图88-3所示。

步骤 05 选择正方形，选择工具箱中的任意变形工具，按住【Shift】键的同时拖曳鼠标，将正方形旋转45°，效果如图88-4所示。

图88-3 绘制正方形

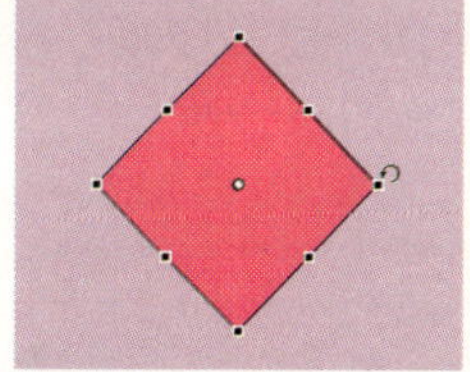

图88-4 旋转正方形

步骤 06 选择工具箱中的椭圆工具，按住【Shift】键的同时拖曳鼠标，在舞台中绘制一个正圆，设置“宽度”和“高度”均为20，再使用选择工具将其拖曳到菱形的左侧，如图88-5所示。

步骤 07 选择绘制的圆，按住【Alt】键的同时拖曳鼠标，复制一个圆到菱形的右侧，效果如图88-6所示。接着使用选择工具对其进行调整。

图88-5 绘制并移动正圆

图88-6 复制并移动正圆

步骤 08 选择心形图形，单击“窗口”|“颜色”命令，在弹出的“颜色”面板中设置

“类型”为“放射”、左右色标的“颜色”依次为红色（#FF0099）和黑色（#000000），填充心形，并将其移至舞台的中心，如图88-7所示。

步骤 09 选择刚填充渐变色的心形，在“属性”面板中设置“宽度”和“高度”分别为47和41，使用选择工具和填充变形工具进行适当的调整，效果如图88-8所示。

图88-7　填充并移动心形

图88-8　调整心形

步骤 10 选择“图层1”图层的第1帧中的心形，在“属性”面板中设置X和Y轴值分别为-23.9和-20.5。分别选择第13帧和第25帧，按【F6】键插入关键帧，运用填充变形工具调整第13帧心形图形的径向渐变色，效果如图88-9所示。

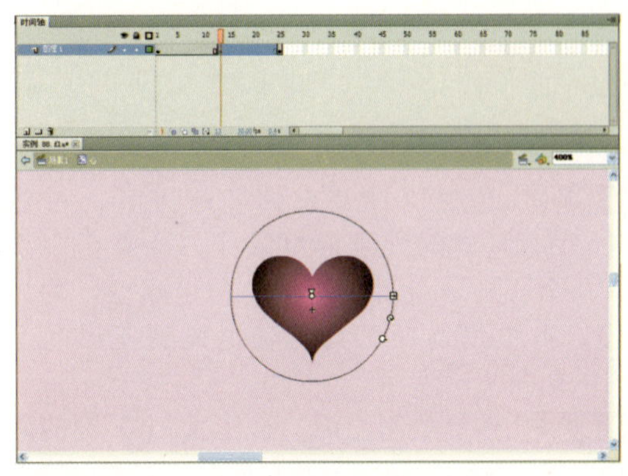

图88-9　调整心形的渐变色

步骤 11 选择第1帧，单击鼠标右键，在弹出的快捷菜单中选择“补间形状”选项，创建第1帧至第13帧的形状补间动画。同理，创建第15帧至第25帧的形状补间动画，此时的“时间”轴面板如图88-10所示。

步骤 12 单击“场景1”标签，返回“场景1”编辑模式，单击“时间轴”面板中的“新建图层”按钮，创建“心形”图层，单击“窗口”|“库”命令，在弹出的“库”面板中将“心”元件拖曳到舞台上，选择该元件，在“属性”面板中设置实例名称为circle0，如图88-11所示。

图88-10　创建形状补间动画

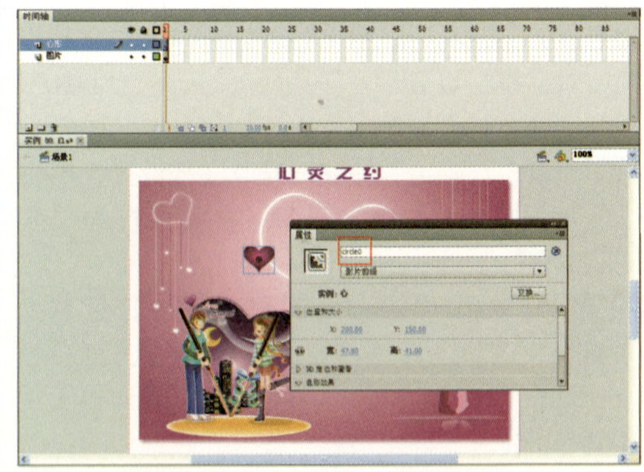

图88-11　拖入元件并设置实例名称

步骤 13 选择“心”图形元件，按【F9】键在弹出的“动作-帧”面板中添加动作脚本语句，如图88-12所示（具体代码见“素材\第7章\实例88\88-12.txt”）。

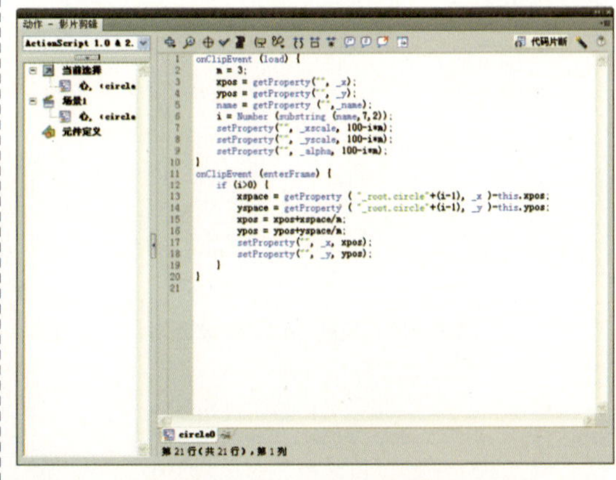

图88-12　添加脚本语句

步骤 14 创建“动作”图层，选择该图层

的第1帧，按【F9】键在弹出的“动作-帧”面板中添加动作脚本语句，如图88-13所示。

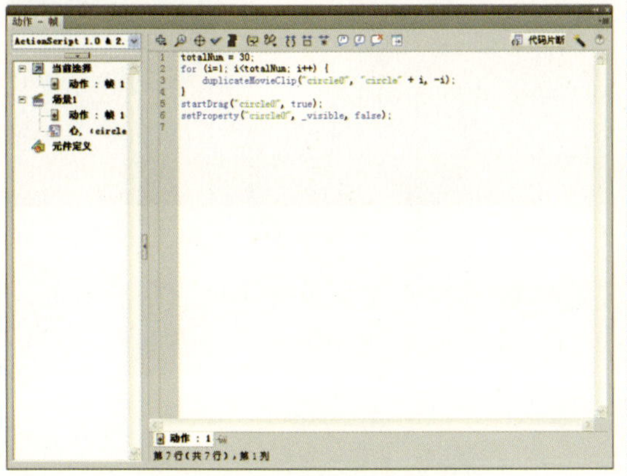

图88-13　添加另一脚本语句

步骤 15 按【Ctrl+Enter】键或者单击“控制”|“测试影片”|“测试”命令，测试动画效果，如图88-14所示。

图88-14　测试动画效果

实例 89　魔幻达人

效果欣赏	实例导航
 	素材文件：素材\第7章\实例89
	效果文件：效果\第7章\实例89.fla
	视频文件：视频\第7章\实例89.swf
	知识点睛：创建元件、设置元件属性、添加动作脚本

步骤 01 单击“文件”|“新建”命令，新建一个Flash文档。按【Ctrl+J】键弹出“文档设置”对话框，设置“宽”为600、“高”为450、“背景颜色”为黑色、“帧频”为24，单击“确定”按钮，修改文档设置。单击“文件”|“另存为”命令，将其保存为“实例89.fla”文件。

步骤 02 双击“图层1”图层，将其更名为“背景”图层。单击“文件”|“导入”|“导入到舞台”命令，导入一幅图像，并调整大小及位置，使其正好覆盖整个舞台，效果如图89-1所示。

图89-1　导入一幅图像

步骤 03 单击“插入”|“新建元件”命令，在弹出的“创建新元件”对话框中设置“名称”为“按钮”、“类型”为“按钮”，如图89-2所示。单击“确定”按钮，进入该按钮元件的编辑模式中。

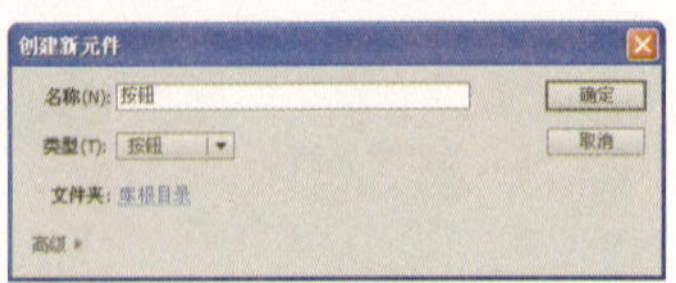
图89-2 “创建新元件”对话框

步骤 04 选择“弹起”帧，选择工具箱中的矩形工具，绘制一个“笔触颜色”为无、“填充颜色”为白色的矩形（“宽度”和“高度”分别为94和50、X和Y轴值分别为-47和-25），效果如图89-3所示。

步骤 05 新建一个名为“光晕”的影片剪辑元件。选择工具箱中的椭圆工具，在“属性”面板中设置“填充颜色”为白色、“笔触颜色”为无，在编辑区中绘制一个“宽度”和“高度”均为12的正圆，如图89-4所示。

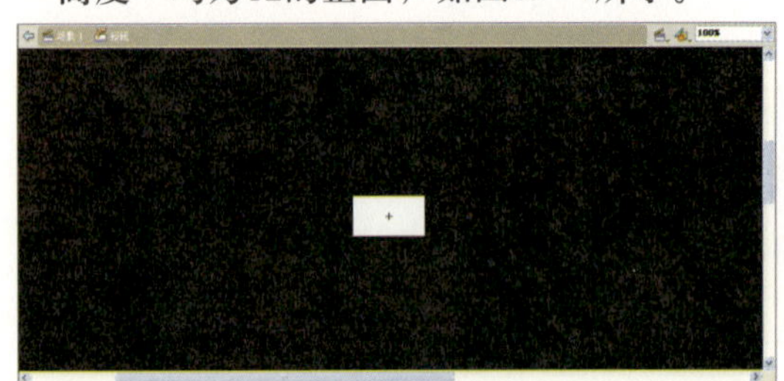
图89-3 绘制矩形

图89-4 绘制正圆

步骤 06 选择正圆，单击“修改”|“形状”|“柔化填充边缘”命令，在弹出的“柔化填充边”对话框中设置“距离”为10、“步骤数”为20，并选中“扩展”单选按钮，如图89-5所示。

步骤 07 单击“确定”按钮，柔化填充边缘，效果如图89-6所示。

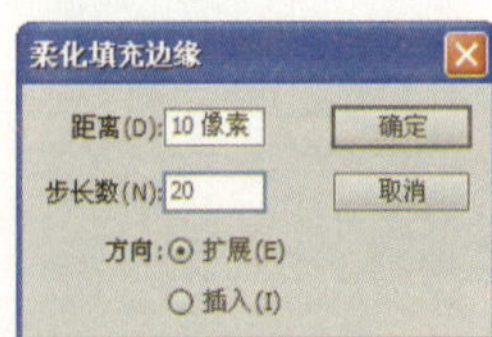

图89-5 “柔化填充边缘”对话框

图89-6 柔化填充边缘的效果

步骤 08 选择刚柔化填充边缘的图形对象，按【F8】键，在弹出的“转换为元件”对话框中设置“名称”为“大圆”、“类型”为“图形”，如图89-7所示。单击“确定”按钮，将其转换为图形元件。

步骤 09 在“光晕”影片剪辑元件中选择“图层1”图层的第10帧，按【F6】键插入关键帧，并使用任意变形工具放大该帧处的元件（“宽度”和“高度”均为38），在“属性”面板中设置Alpha值为20%，如图89-8所示。

图89-7 “转换为元件”对话框

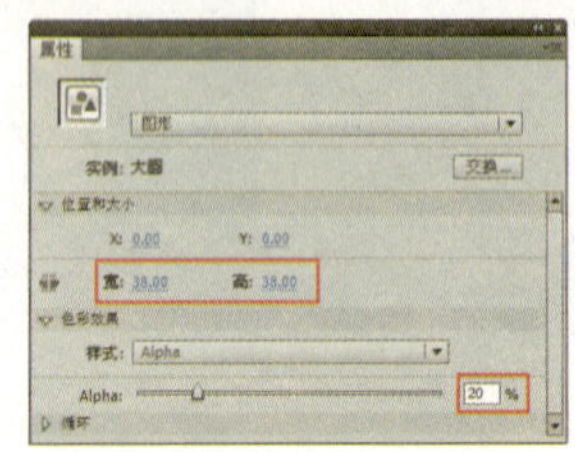
图89-8 设置元件的属性

步骤 10 选择“图层1”图层的第1帧，将该帧处的元件的Alpha值设置为50%，在该帧单击鼠标右键，在弹出的快捷菜单中选择“创建传统补间”选项，创建补间动画，如图89-9所示。

步骤 11 创建“图层2”图层，选择第1帧，选择工具箱中的椭圆工具，在“属性”面板中设置“填充颜色”为白色、“笔触颜色”为无，绘制一个“宽度”和“高度”均为8的正圆，并放在“大圆”图形元件的上方，效果如图89-10所示。

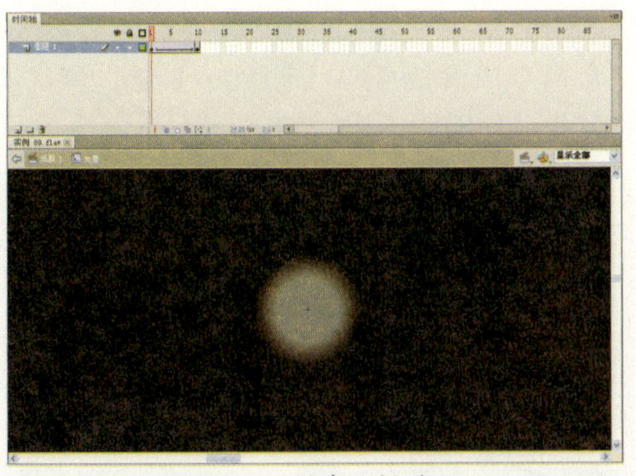

图89–9 创建补间动画

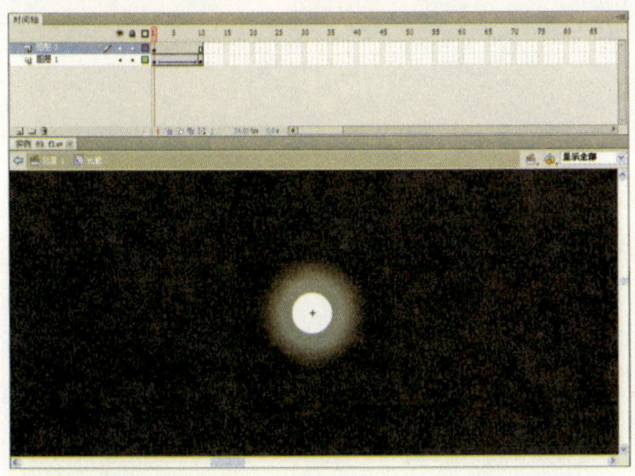

图89–10 绘制并移动正圆

步骤 12 将“图层2”图层中的圆形转换为“小圆”图形元件，如图89–11所示。

步骤 13 选择“图层2”图层的第10帧，按【F6】键插入关键帧，并选择该帧上的图形元件设置其Alpha值为0%，在该帧上单击鼠标右键，在弹出的快捷菜单中选择“创建传统补间”选项，创建补间动画，此时的“时间轴”面板如图89–12所示。

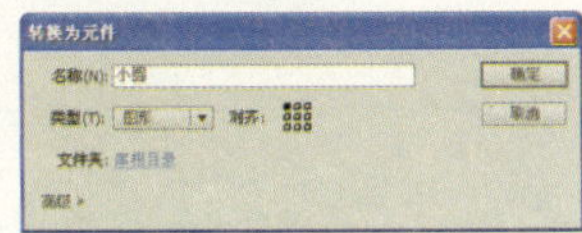

图89–11 “转换为元件"对话框

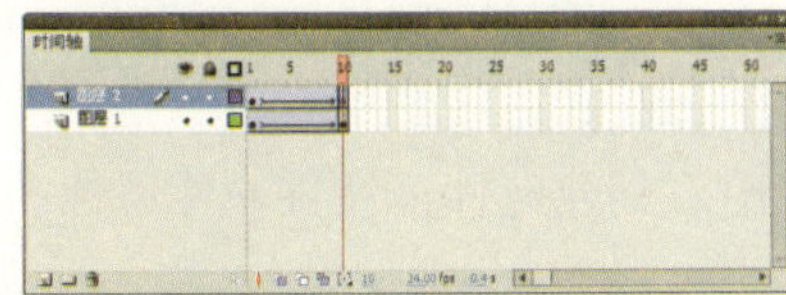

图89–12 “时间轴”面板

步骤 14 新建一个名为“光晕动画”的影片剪辑元件，选择第1帧，将“库”面板中的“按钮”元件拖曳至编辑区，并设置其Alpha值为0%，如图89–13所示。

步骤 15 选择该按钮元件，按【F9】键，在弹出的“动作”面板中添加动作脚本语句，如图89–14所示。

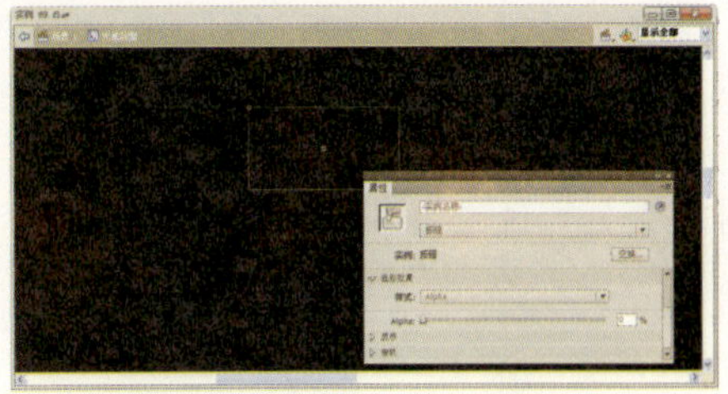

图89–13 拖入元件并设置其Alpha值

图89–14 添加脚本语句

步骤 16 选择“图层1”图层的第2帧，按【F7】键插入空白关键帧，将“库”面板中的“光晕”影片剪辑元件拖曳到编辑区中。选择该元件，在“属性”面板中设置其“宽度”和“高度”均为20、X和Y轴值均为10，如图89–15所示。

步骤 17 选择“图层1”图层第15帧，按【F6】键插入关键帧。选择该元件，在“属性”面板中设置其“宽度”和“高度”均为90、X和Y轴值分别为95和–85，如图89–16所示。

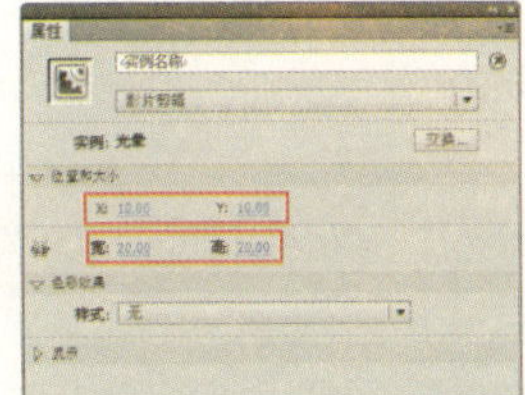

图89–15 设置第2帧的元件属性

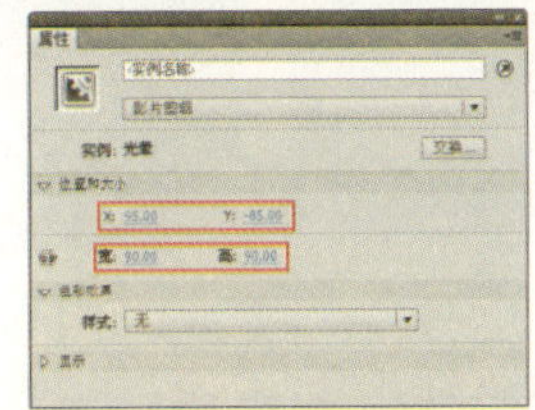

图89–16 设置第15帧的元件属性

步骤 18 选择“图层1”图层的第2帧，单击鼠标右键，在弹出的快捷菜单中选择“创建传统补间”选项，创建补间动画。选择第1帧，按【F9】键，在弹出的“动作”面板中添加动作脚本语句，如图89-17所示。

步骤 19 单击“场景1”标签，返回“场景1”编辑模式。创建“图层2”图层，选择“图层2”图层的第1帧，将“库”面板中的“光晕动画”影片剪辑元件拖曳到舞台中，使其铺满整个舞台，如图89-18所示。

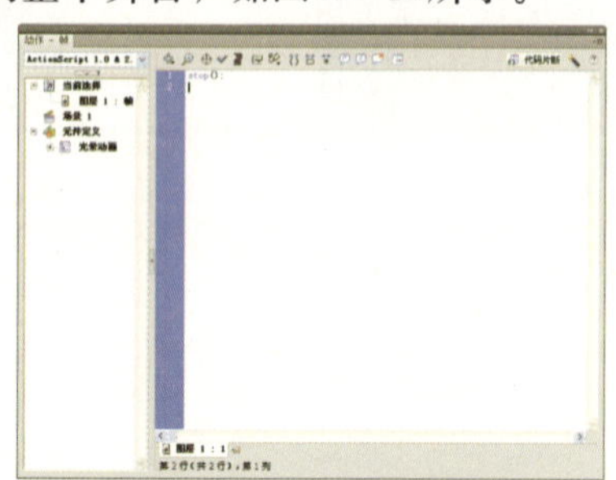
图89-17　添加脚本语句

图89-18　将元件铺满整个舞台

步骤 20 单击“控制”|“测试影片”|“测试”命令或者按【Ctrl+Enter】键，测试动画效果，如图89-19所示。

图89-19　测试动画效果

实例 90　电影海报欣赏

效果欣赏	实例导航
	素材文件：素材\第7章\实例90
	效果文件：效果\第7章\实例90.fla
	视频文件：视频\第7章\实例90.swf
	知识点睛：创建元件、设置元件属性、添加动作脚本

步骤 01 单击“文件”|“新建”命令，新建一个Flash文档。按【Ctrl+J】键弹出“文档设置”对话框，设置“宽”为1000、“高”为600、“背景颜色”为黑色、“帧频”为36，单击“确定”按钮，修改文档设置。单击“文件”|“另存为”命

令，将其保存为“实例90.fla”文件。

步骤 02 单击“插入”|“新建元件”命令，在弹出的“创建新元件”对话框中设置“名称”为picture0、“类型”为“影片剪辑”，如图90-1所示。单击“确定”按钮，进入该影片剪辑元件编辑模式。

步骤 03 单击“文件”|“导入”|“导入到舞台”命令，导入一幅图片，设置“宽度”和“高度”分别为400和300、X和Y轴值分别为-200和-150，如图90-2所示。

图90-1 “创建新元件”对话框

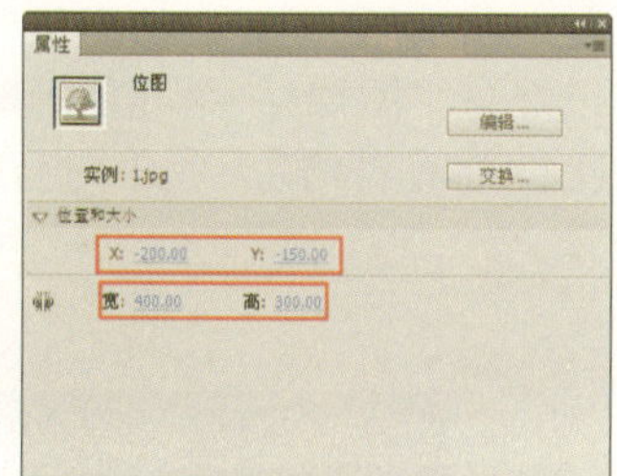

图90-2 设置“属性”面板

步骤 04 同理，创建10个电影海报素材元件，并依次命名为picture0至picture9，如图90-3所示。

picture0元件

picture1元件

picture2元件

picture3元件

picture4元件

picture5元件

picture6元件

picture7元件

picture8元件

picture9元件

图90-3　导入素材图片并将其转换为元件

步骤 05 单击“场景1”标签，返回“场景1”编辑模式。选择“图层1”图层的第2帧，按【F6】键插入一个关键帧，将“库”面板中的picture0元件拖曳到舞台的左下角（X和Y轴值分别为-171.3和501.8），如图90-4所示。

步骤 06 选择“图层1”图层的第2帧中的picture0元件，在“属性”面板中设置其实例名称为P0，如图90-5所示。

图90-4　拖曳元件至舞台中

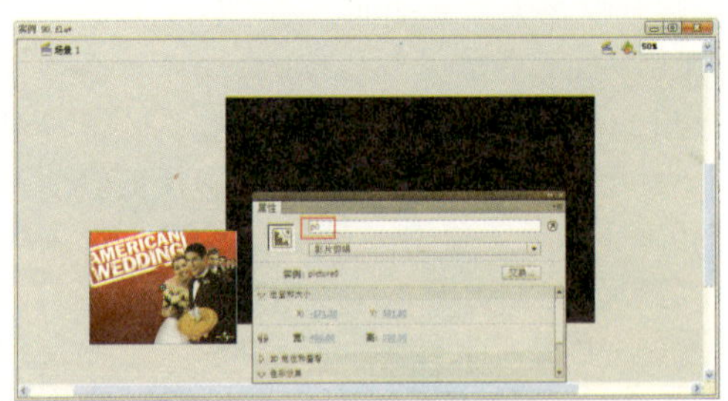

图90-5　设置元件属性

步骤 07 同理，分别将其他9个元件拖曳到相同的位置上，并依次设置影片剪辑的实例名称为P1至P9，如图90-6所示。

步骤 08 在“图层1”图层的上方创建“图层2”图层。选择“图层2”图层的第2帧，按【F6】键插入关键帧，将“库”面板中的元件拖到与“图层1”元件的相同位置，但元件的顺序正好与“图层1”中元件的顺序倒过来，并依次设置其实例名称为P19至P10，如图90-7所示。

图90-6　将其他元件拖曳到舞台中

图90-7　将元件拖曳到“图层2”中

步骤 09 分别选择两个图层的第3帧，按【F5】键插入一个普通帧，如图90-8所示。

步骤 10 在“图层2”图层的上方创建“图层3”图层，选择第1帧，单击“窗口”|“动作”命令，在弹出的“动作-帧”面板中添加脚本语句，如图90-9所示（具体代码见“素材\第7章\实例90\90-9.txt”）。

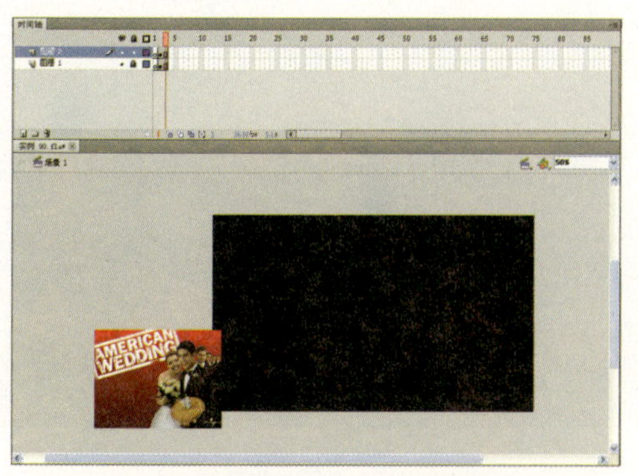

图90-8 插入普通帧

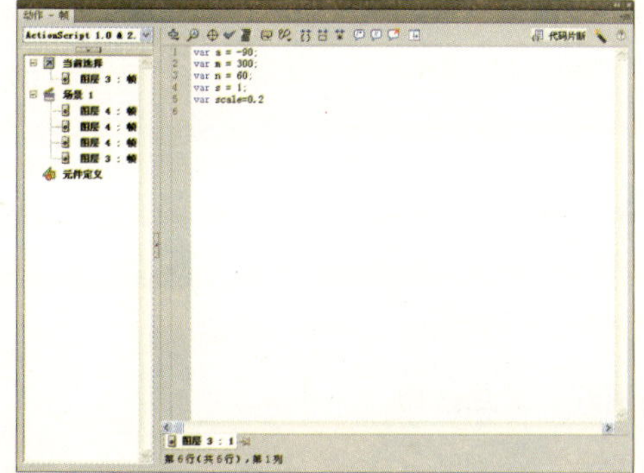

图90-9 为第1帧添加脚本语句

步骤 11 选择“图层3”图层，在“时间轴”面板中单击“新建图层”按钮，创建“图层4”图层，选择第1帧，单击“窗口”|“动作”命令，在弹出的“动作-帧”面板中添加脚本语句，如图90-10所示（具体代码见“90-10.txt”文件）。

步骤 12 选择“图层4”图层的第2帧，按【F6】键插入关键帧，单击“窗口”|“动作”命令，在弹出的“动作-帧”面板中添加脚本语句，如图90-11所示（具体代码见“90-11.txt”文件）。

图90-10 为“图层4”的第1帧添加脚本语句

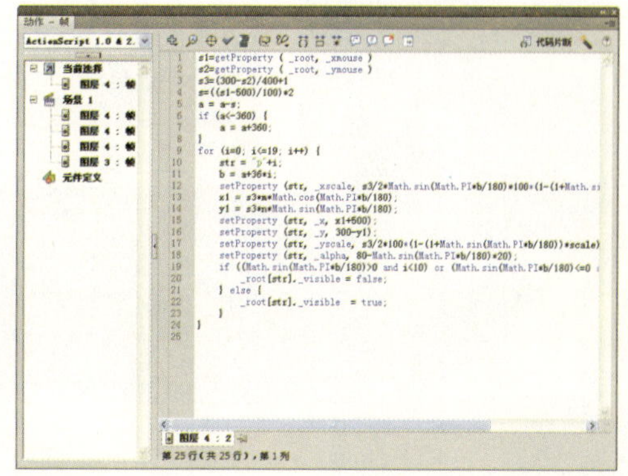

图90-11 为“图层4”的第2帧添加脚本语句

步骤 13 选择“图层4”图层的第3帧，按【F6】键插入关键帧，并添加动作脚本，如图90-12所示（具体代码见“90-12.txt”文件）。

步骤 14 单击“文件”|“发布设置”命令，弹出“发布设置”对话框，切换至Flash选项卡，设置“播放器”为Flash Player 5，并单击“确定”按钮。

步骤 15 单击“控制”|“测试影片”|“测试”命令或者按【Ctrl+Enter】键，测试动画效果，如图90-13所示。

图90-12 为“图层4”的第3帧添加脚本语句

图90-13 测试动画效果

第8章

交互动画

本章重点

实例91　个性日历

实例92　交互按钮

实例93　控制动画播放

实例94　汽车大展台

实例95　群鸟飞翔

实例96　小可爱跳舞

实例97　香车美女

实例98　时尚手表

实例99　鼠标追踪

实例100　数控风车

实例 91　个性日历

效果欣赏	实例导航
 	素材文件：素材\第8章\实例91
	效果文件：效果\第8章\实例91.fla
	视频文件：视频\第8章\实例91.swf
	知识点睛：创建日历组件、绑定组件实例

步骤 01 单击“文件”|“打开”命令，打开一个包含素材图像的文件，如图91-1所示。单击“文件”|“另存为”命令，将其保存为“实例 91 .fla”文件。

步骤 02 选择“图层1”图层的第1帧，单击“窗口”|“组件”命令，弹出“组件”面板，如图91-2所示。

图91-1　打开的素材文件

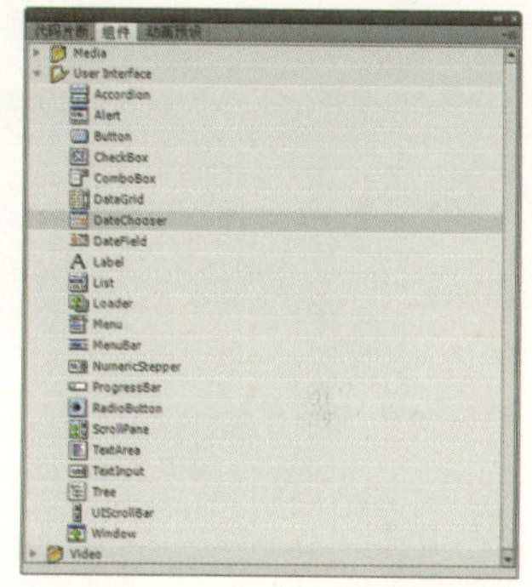

图91-2　“组件”面板

步骤 03 双击“组件”面板面板中的User Interface | DateChooser选项，在舞台中创建一个日期组件实例，并调整其位置，效果如图91-3所示。

步骤 04 选择刚创建的日期组件实例，在“属性”面板中设置实例名称为rl，如图91-4所示。

图91-3　创建日期组件实例

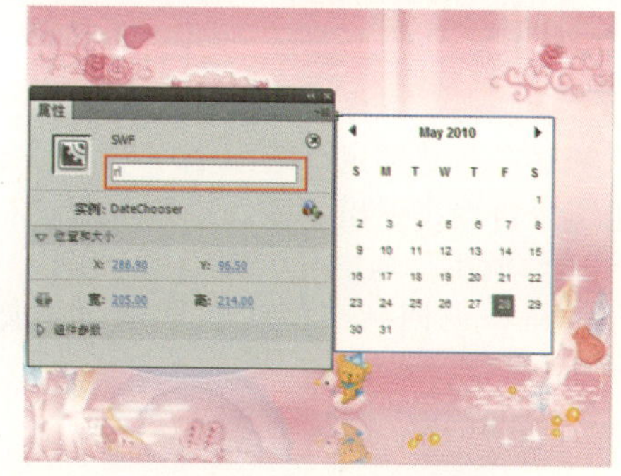

图91-4　设置实例名称

步骤 05 在“组件”面板的文本标签组件（Label）上双击鼠标，在舞台上创建一个文本标签组件实例，如图91-5所示。

步骤 06 保持文本标签组件实例的选中状态，在“属性”面板中设置实例名称为DTWB，单击“组件检查器”按钮，在弹出的“组件检查器”面板中单击“参数”标签，设置text值为“动态日期”，如图91-6所示。

图91-5 创建文本标签组件实例

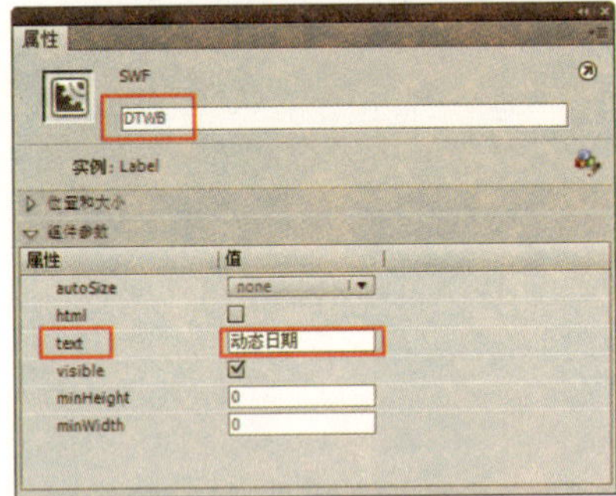

图91-6 “组件检查器”面板

专家提醒

DateChooser组件实例的属性允许访问选定的日期以及显示的月份和年份。在组件实例中可以设置日和月的名称，指明禁用的日期和可选的日期，如一个星期中的第一天，以及指明当前日期是否应加显示。

步骤 07 单击“组件检查器”面板中的“绑定”标签，在“绑定”选项卡中单击“添加绑定”按钮，弹出“添加绑定”对话框，如图91-7所示。选中其中的选项，单击“确定”按钮，返回到“绑定”选项卡，如图91-8所示。

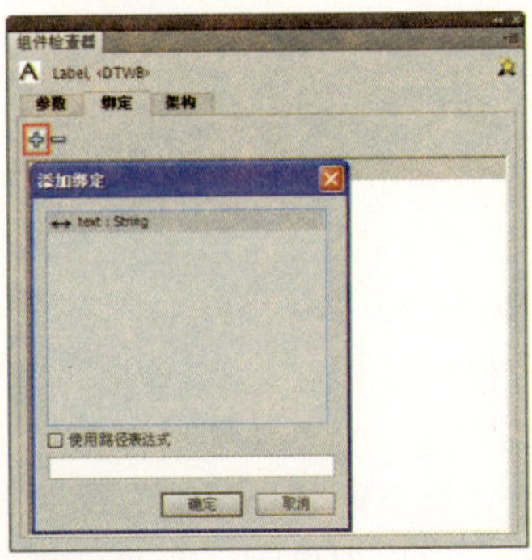

图91-7 “添加绑定”对话框

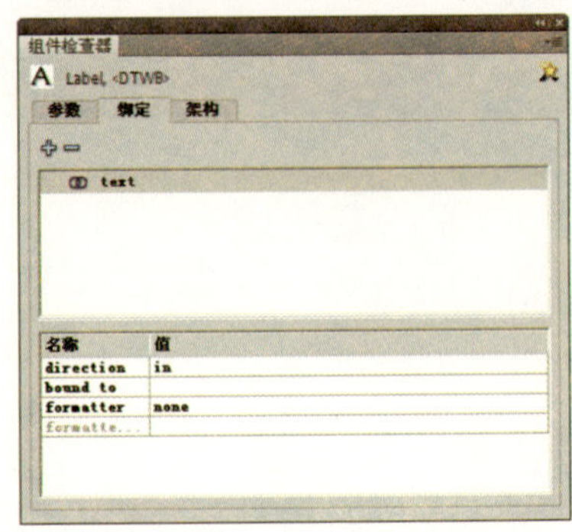

图91-8 “绑定”选项卡

步骤 08 单击direction选项右侧的列表框中选择in或out选项，单击bound to选项右侧的“搜索”按钮，弹出“绑定到”对话框，在“组件路径”列表框中选择“DateChooser,<rl>”选项，再在其右侧选择“selectedDate：Date”选项，如图91-9所示。

步骤 09 单击“确定”按钮，返回到“绑定”选项卡，如图91-10所示。

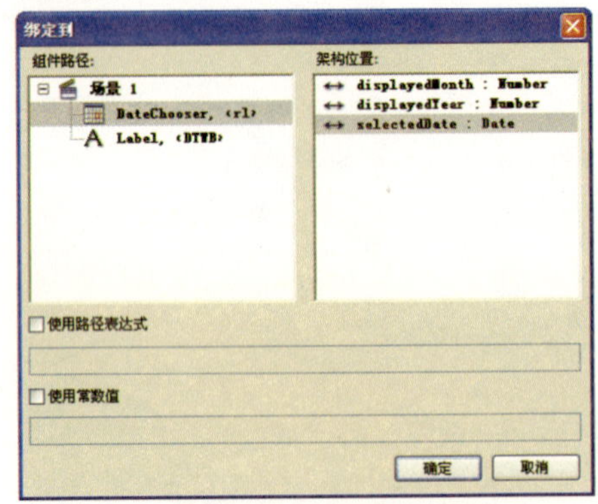

图91-9 设置“绑定到”对话框

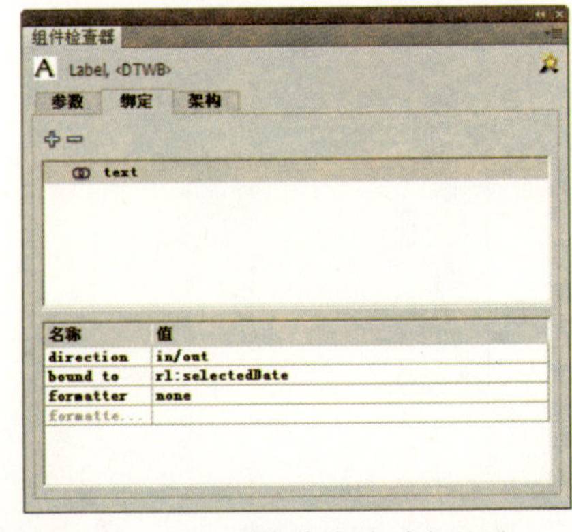

图91-10 完成绑定后的各设置

步骤 10 在“时间轴”面板中的“新建图

层”按钮，创建“图层2”图层，从“库”面板中拖曳star影片剪辑元件到舞台中，在“属性”面板中设置实例名称为star、“宽度”和“高度”均为20、X和Y轴值分别为66和27，效果如图91-11所示。

图91-11　拖曳元件到舞台中

步骤 11 选择“图层2”图层的第1帧，单击“窗口”|“动作”命令，在弹出的“动作”面板中添加脚本语句，如图91-12所示（具体代码见“素材\第8章\实例91\91-12.txt”）。

步骤 12 单击“控制”|“测试影片”|“测试”命令或者按【Ctrl+Enter】键，测试动画效果。在日期上单击鼠标，即可显示动态日期，效果如图91-13所示。

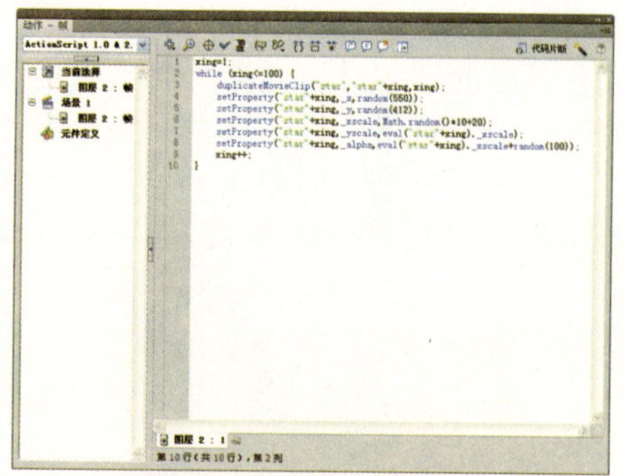

图91-12　添加脚本语句

图91-13　测试动画效果

实例 92　交互按钮

效果欣赏	实例导航
 	素材文件：素材\第8章\实例92
	效果文件：效果\第8章\实例92.fla
	视频文件：视频\第8章\实例92.swf
	知识点睛：创建元件、设置实例名称、添加动作脚本

步骤 01 按【Ctrl+N】键新建一个Flash文档。单击“修改”|“文档”命令，弹出“文档设置”对话框，设置“宽”为400、“高”为250、“背景颜色”为蓝色（#237BD3）、“帧频”为30，单击“确定”按钮，修改文档设置。单击“文件”|“另存为”命令，将其保存为“实例92.fla”文件。

步骤 02 双击“图层1”图层，将其命名为“背景”图层。选择工具箱中的矩形工具，绘制一个与舞台同样大小的无边框的矩形，填充颜色为从左到右依次由#FFFFFF到#0066CC渐变，如图92-1所示。

步骤 03 单击“插入”|“新建元件”命令，在弹出的“创建新元件”对话框中设置“名称”为“遮罩”、“类型”为“影片剪辑”，如图92-2所示。单击“确定”按钮，进入其影片剪辑元件编辑模式。

图92-1 绘制矩形并填充渐变色

图92-2 “创建新元件”对话框

步骤 04 选择工具箱的矩形工具，在编辑区中绘制一个没有边框、填充颜色为红色的矩形，并在“属性”面板中设置“宽度”和“高度”分别为380和200、X和Y轴值分别为-190和0，效果如图92-3所示。

步骤 05 单击“场景1”标签，返回“场景1”编辑模式。单击“时间轴”面板中的“新建图层”按钮，创建“遮罩”图层，从“库”面板中拖曳“遮罩”元件到舞台中，如图92-4所示。

图92-3 绘制矩形并设置其属性

图92-4 将元件拖曳到舞台中

步骤 06 锁定“背景”图层，创建“矩形”图层。选择工具箱中的矩形工具，设置“笔触颜色”为白色、“填充颜色”为#CD67CD，绘制一个“宽度”和“高度”分别为60和26.1的矩形，并按【Shift+Alt】键的同时拖曳鼠标，水平复制出4个矩形，并运用文本工具分别在5个矩形上输入1、2、3、4和5文本（“系列”为Times New Roman、“字体大小”为20、“颜色”为白色），如图92-5所示。

步骤 07 依次选择包括文字的5个矩形，按【F8】键，分别将其转换为名为m1、m2、m3、m4、m5的影片剪辑元件，此时的“库”面板如图92-6所示。

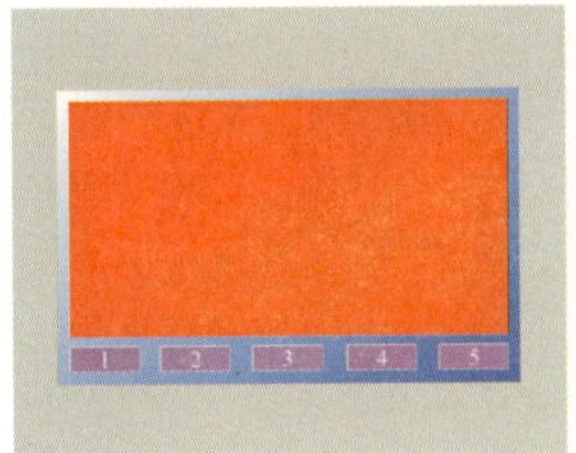

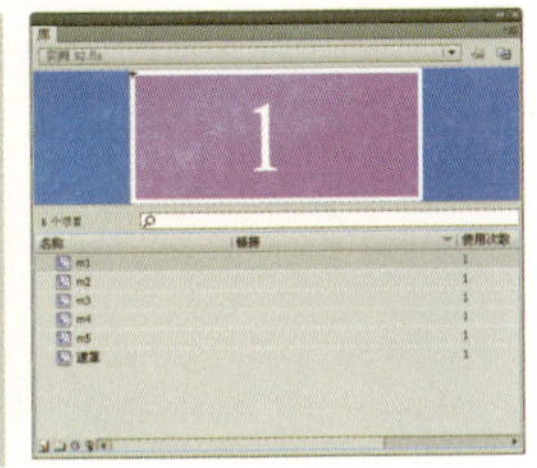

图92-5 绘制矩形并创建文本 图92-6 “库”面板

步骤 08 分别选择5个影片剪辑元件，在“属性”面板中设置实例名称分别为m1、m2、m3、m4和m5。如图92-7所示的为第1个影片剪辑元件设置的m1实例名称。

步骤 09 创建一个名为“图片1”的影片剪辑元件。单击“文件”|“导入”|“导入到舞台”命令，导入一幅图片，并调整大小和位置（“宽度”和“高度”分别为380和200、X和Y轴值分别为-190和0），效果如图92-8所示。

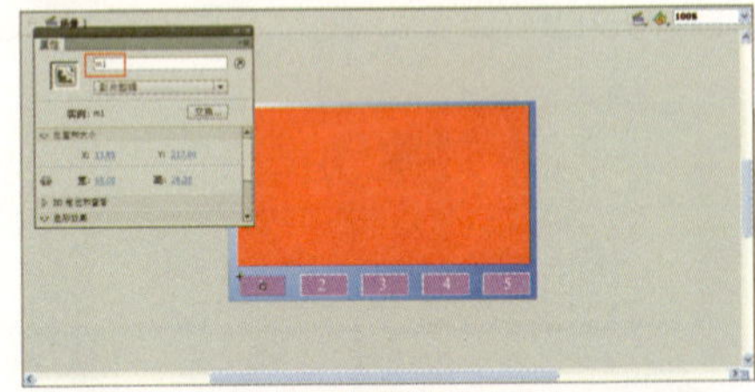
图92-7 设置实例名称

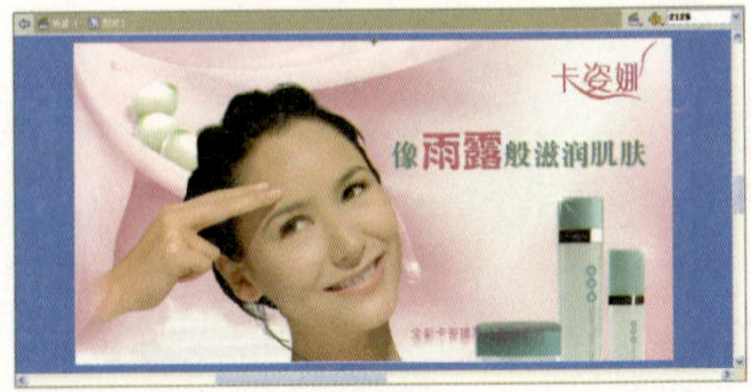

图92-8 创建“图片1”影片剪辑元件

步骤 10 新建4个名为“图片2”、“图片3”、“图片4”和“图片5”的影片剪辑元件，并导入图片，设置相同的大小和位置，效果如图92-9所示。

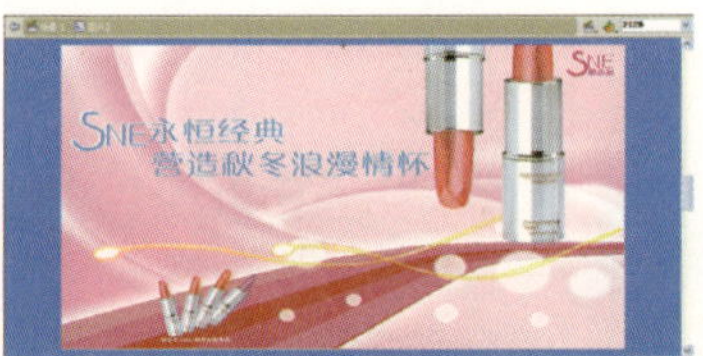

"图片2"元件

"图片3"元件

"图片4"元件

"图片5"元件

图92-9 创建4个影片剪辑元件

步骤 11 单击"场景1"标签，返回"场景1"编辑模式，在"矩形"图层的上方创建"图片"图层，如图92-10所示。

步骤 12 选择"图片"图层的第1帧，从"库"面板中分别将"图片1"至"图片5"元件拖曳到舞台中，将其全部放在与"遮罩"元件相吻合的位置上，如图92-11所示。接着在"属性"面板中将实例名称依次命名为pic1、pic2、pic3、pic4和pic5。

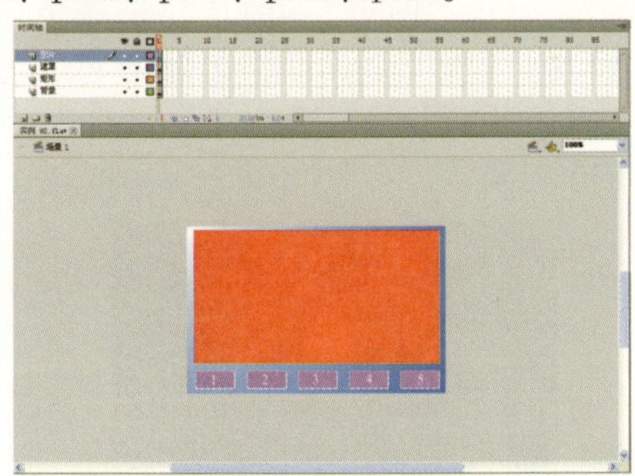

图92-10 新建图层

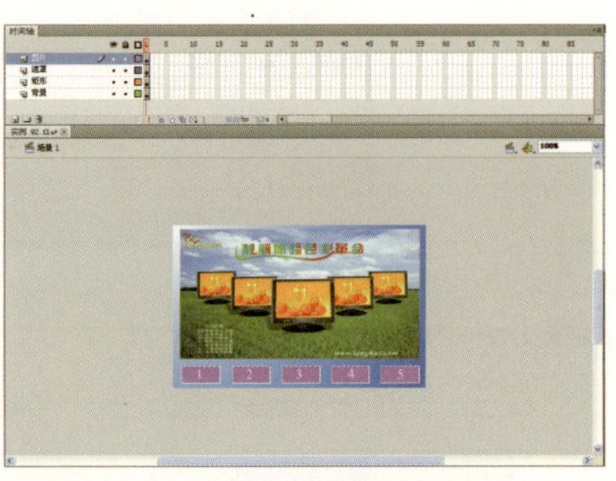

图92-11 将元件拖曳至舞台中

步骤 13 创建一个"动作"图层，选择第1帧，按【F9】键弹出"动作"面板，添加脚本语句，如图92-12所示（具体代码见"素材\第8章\实例92\92-12.txt"）。

步骤 14 选择"遮罩"图层，将其拖曳至"图片"图层的上方，接着单击鼠标右键，在弹出的快捷菜单中选择"遮罩层"选项，创建一个遮罩层，效果如图92-13所示。

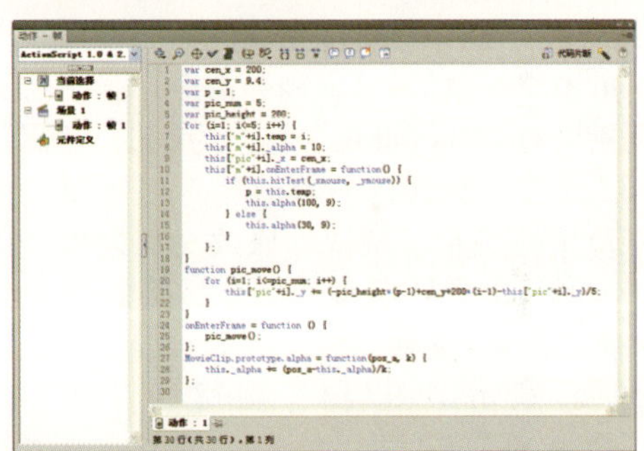

图92-12 添加脚本语句

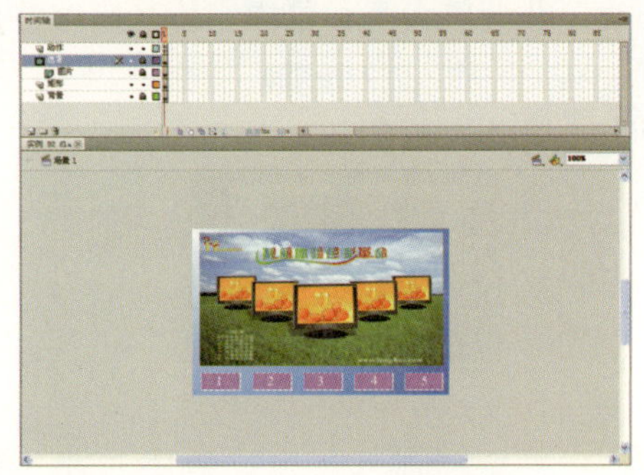

图92-13 创建遮罩层

步骤 15 单击"控制"|"测试影片"|"测试"命令或者按【Ctrl+Enter】键，测试动画效果，如图92-14所示。

图92-14　测试动画效果

实例 93　控制动画播放

效果欣赏	实例导航
 	素材文件：素材\第8章\实例93
	效果文件：效果\第8章\实例93.fla
	视频文件：视频\第8章\实例93.swf
	知识点睛：创建元件、设置实例名称、添加动作脚本

步骤 01 按【Ctrl+N】键新建一个Flash文档。单击“修改”|“文档”命令，弹出“文档设置”对话框，设置“宽”为800、“高”为533、“背景颜色”为黑色、“帧频”为12，单击“确定”按钮，修改文档设置。单击“文件”|“另存为”命令，将其保存为“实例93.fla”文件。

步骤 02 双击“图层1”图层，将其命名为“电视机”图层。单击“文件”|“导入”|“导入到舞台”命令，导入一幅电视机图片，并调整大小和位置，使其覆盖整个舞台，效果如图93-1所示。选择第30帧，按【F5】键插入普通帧。

图93-1　导入一幅图片

步骤 03 单击“插入”|“新建元件”命令，在弹出的“创建新元件”对话框中设置“名称”为PLAY、“类型”为“按钮”，如图93-2所示。单击“确定”按钮，进入按钮元件编辑模式。

步骤 04 选择椭圆工具，设置“笔触颜色”为深灰（#333333）、“填充颜色”为灰色（#595959），绘制一个直径为22的圆，如图93-3所示。

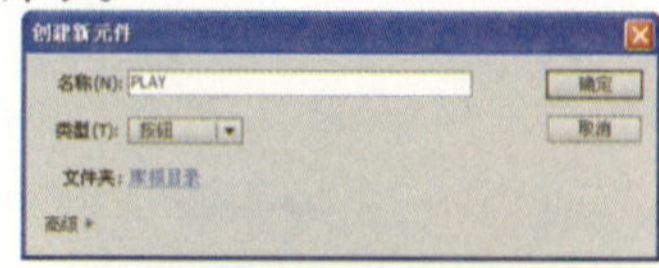

图93-2　“创建新元件”对话框

图93-3　绘制正圆

步骤 05 创建“图层2”图层，选择星形工具，设置“边数”为3、“笔触颜色”为白色、“填充颜色”为米黄色（#CBB492），绘制一个三角形，效果如图93-4所示。

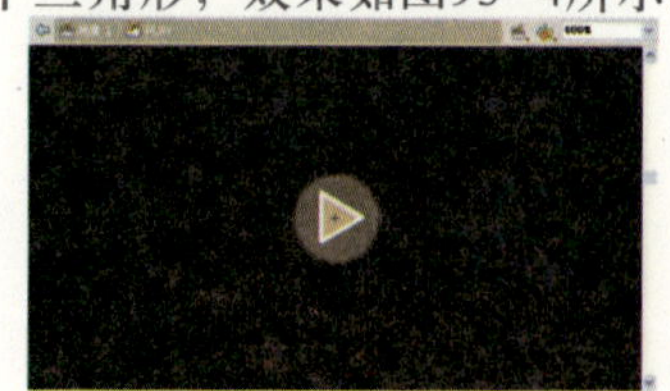

图93-4　绘制三角形

步骤 06 选中“图层1”和“图层2”图层的“按下”帧，按【F6】键插入关键帧，修改“图层2”图层的三角形的“填充颜色”为绿色（#99CC00），效果如图96-5所示。

步骤 07 单击“窗口”|“库”命令，在弹出的“库”面板中选择PLAY元件，单击鼠标右键，在弹出的快捷菜单中选择“直接复制”选项，弹出“直接复制元件”对话框，设置“名称”为TEXT、“类型”为“按钮”，如图93-6所示。单击“确定”按钮。

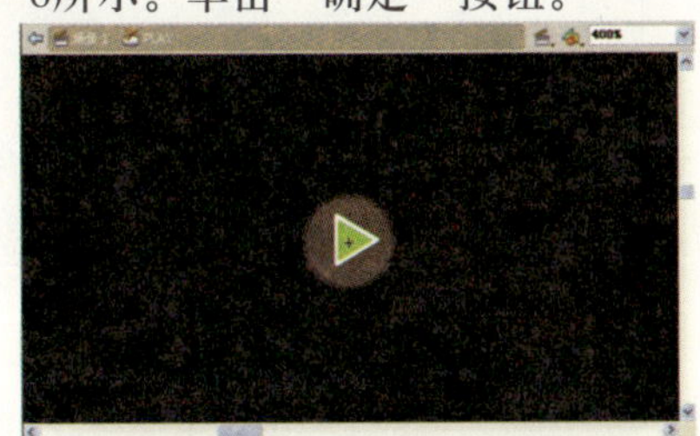

图93-5 修改填充颜色

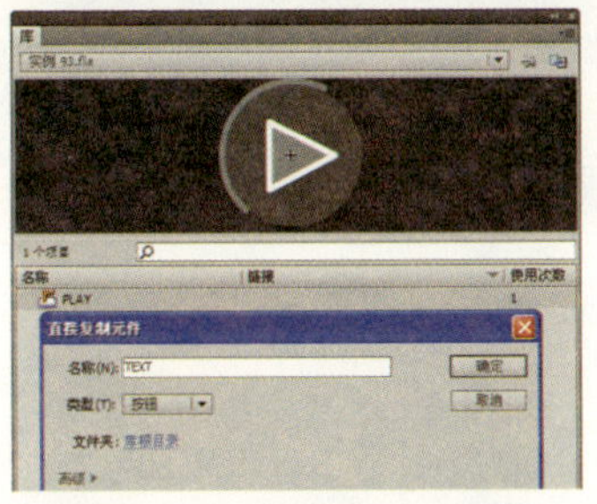

图93-6 直接复制PLAY元件

步骤 08 在“库”面板中双击TEXT按钮元件，进入其编辑模式，分别将“弹起”帧和“按下”帧中的三角形复制并粘贴，接着将两个三角形水平放置在按钮中，效果如图93-7所示。

步骤 09 同理，在TEXT按钮元件的基础上再复制一个PRE按钮元件。双击PRE按钮元件，进入其编辑模式，将“弹起”帧和“按下”帧中的两个三角形的位置水平翻转，效果如图93-8所示。

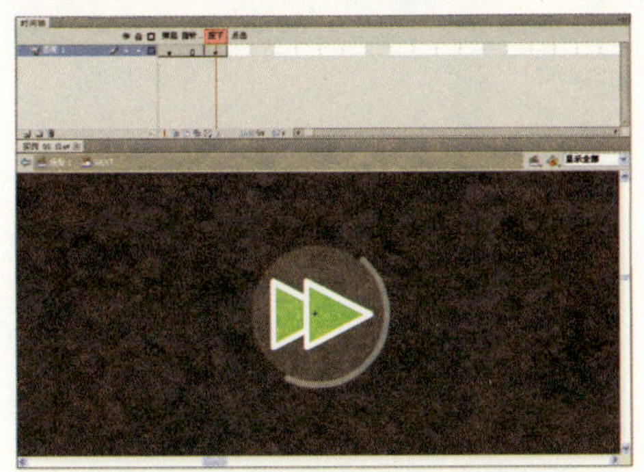

图93-7 编辑TEXT按钮元件

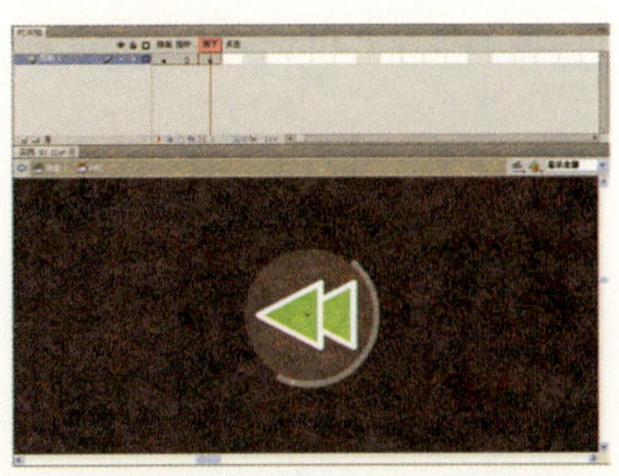

图93-8 编辑PRE按钮元件

步骤 10 在PRE按钮元件的基础上再复制出一个名为STOP的按钮元件，并分别将“弹起”帧和“按下”帧中的两个三角形更改为两个竖直矩形，如图93-9所示。

步骤 11 单击“场景1”标签，返回“场景1”编辑模式。单击“时间轴”面板中的“新建图层”按钮，创建“图片”图层。单击“文件”|“导入”|“导入到舞台”命令，导入一幅素材图片，并调整大小和位置，效果如图93-10所示。

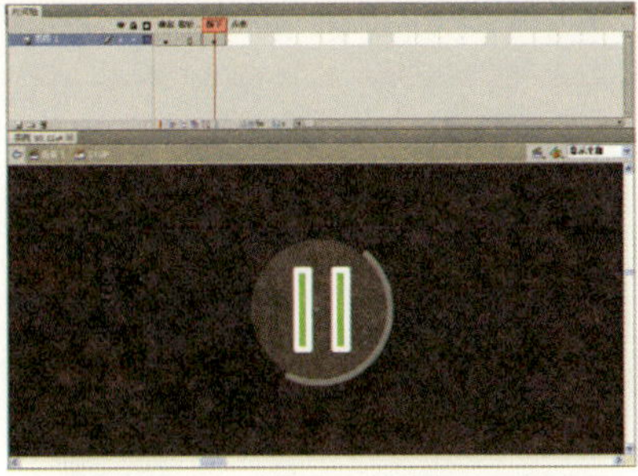

图93-9 编辑STOP按钮元件

图93-10 导入图片并调整大小和位置

步骤 12 选择“图片”图层的第30帧，按【F6】键插入关键帧。选择素材图片，向右移动至合适位置，如图93-11所示。

步骤 13 选择“图片”图层的第1帧至30帧之间的任一帧，单击鼠标右键，在弹出的快捷菜单中选择“创建传统补间”选项，创建传统补间动画，如图93-12所示。

图93-11 修改图片的位置

图93-12 创建补间动画

步骤 14 选择“图片”图层，单击“时间轴”面板中的“新建图层”按钮，创建“遮罩”图层，运用矩形工具绘制一个无边框、“填充颜色”为红色的矩形（“宽度”和“高度”分别为446和260、X和Y轴值分别为170和88），效果如图93-13所示。

步骤 15 选择“遮罩”图层，单击鼠标右键，在弹出的快捷菜单中选择“遮罩层”选项，创建遮罩动画，效果如图93-14所示。

图93-13 绘制矩形

图93-14 创建遮罩动画

步骤 16 在“遮罩”图层的上方，创建一个“按钮”图层。单击“窗口”|“库”命令，在弹出的“库”面板中将创建的4个按钮元件拖曳到舞台合适的位置，效果如图93-15所示。

步骤 17 选择“图片”图层的第1帧，按【F9】键弹出“动作”面板，添加脚本语句，如图93-16所示。

图93-15 将按钮元件拖曳至舞台中

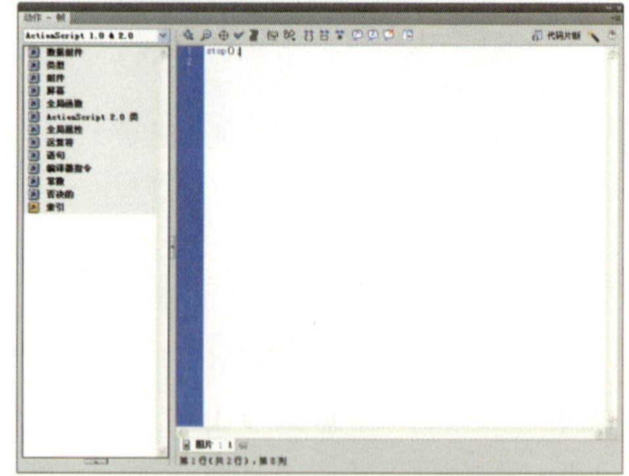

图93-16 为帧添加脚本语句

步骤 18 选择舞台中的PLAY按钮，在“动作”面板中添加脚本语句，如图93-17所示。

步骤 19 选择舞台中的NEXT按钮，在“动作”面板中添加脚本语句，如图93-18所示。

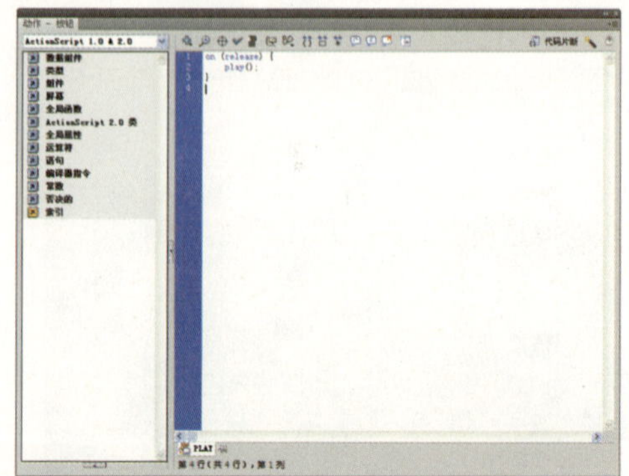

图93-17 为PLAY按钮添加脚本语句

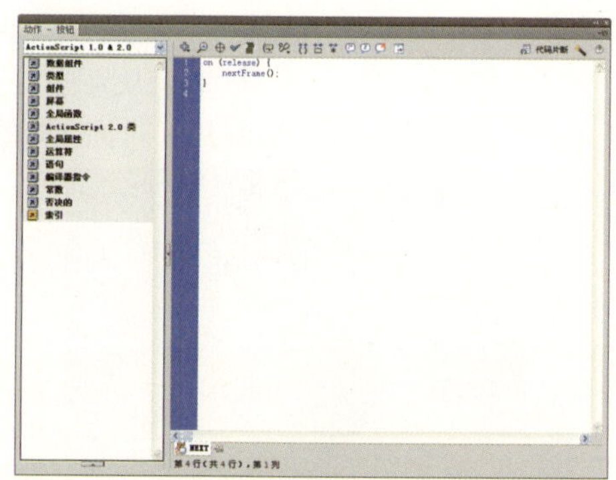

图93-18 为NEXT按钮添加脚本语句

步骤 20 选择舞台中的PRE按钮，在“动作”面板中添加脚本语句，如图93-19所示。

图93-19 为PRE按钮添加脚本语句

步骤 21 选择舞台中的STOP按钮，在“动作”面板中添加脚本语句，如图93-20所示。

步骤 22 单击“控制”｜“测试影片”｜“测试”命令或者按【Ctrl+Enter】键，测试动画效果，如图93-21所示。

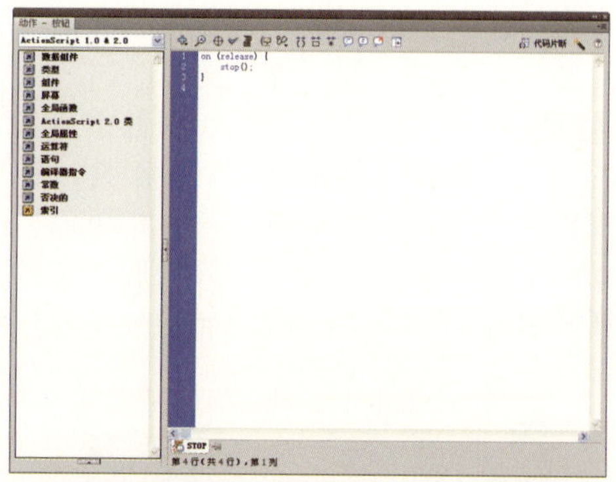

图93-20 为STOP按钮添加脚本语句

图93-21 测试动画效果

实例 94 汽车大展台

效果欣赏	实例导航
 	素材文件：素材\第8章\实例94 效果文件：效果\第8章\实例94.fla 视频文件：视频\第8章\实例94.swf 知识点睛：绘制矩形、添加按钮、添加脚本语句

步骤 01 单击“文件”｜“打开”命令，打开一个包含素材图像的文件，其“库”面板如图

94-1所示。单击“文件”|“另存为”命令，将其保存为“实例 94 .fla”文件。

步骤 02 双击“图层1”图层，将其重命名为“背景”。选择工具箱中的矩形工具，在舞台中绘制一个没有边框的、“填充颜色”的Alpha值为50%的#3399CC的矩形（宽度和高度分别为700和525、X和Y轴值分别为50和16.3），效果如图94-2所示。

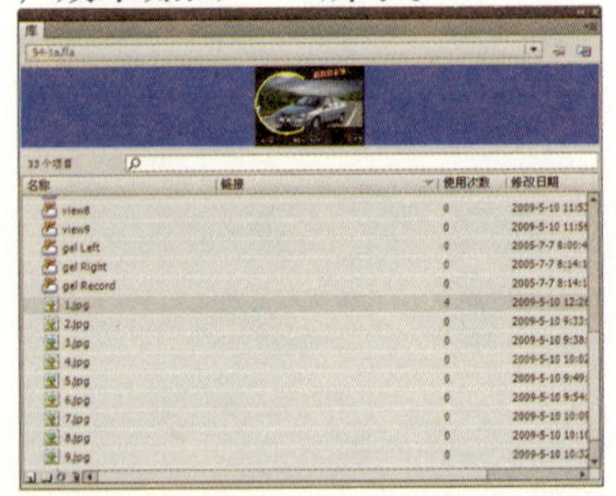
图94-1 “库”面板

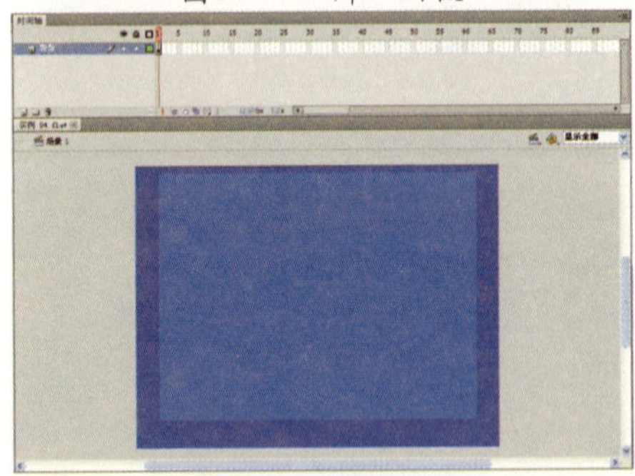
图94-2 绘制矩形

步骤 03 选择工具箱中的文字工具，在“属性”面板中设置“系列”为“方正行楷简体”、“字体大小”为50、“颜色”为白色，输入“汽车大展台”文本，如图94-3所示。选择第12帧，按【F5】键插入普通帧。

图94-3 创建文本

步骤 04 在“时间轴”面板中单击“新建图层”按钮，创建“按钮”图层。单击“窗口”|“库”命令，弹出“库”面板，分别将3个按钮元件拖曳至舞台中，并调整大小和位置，效果如图94-4所示。3个按钮从左到右分别表示前一幅图片、后一幅图片、返回菜单。

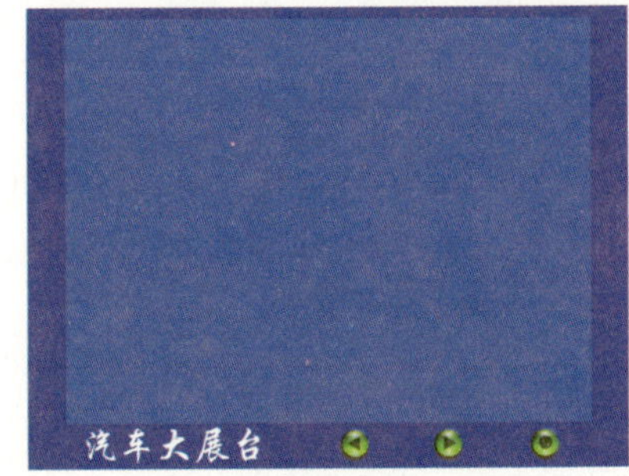

图94-4 拖入按钮元件

步骤 05 选择“按钮”图层的第1帧，从“库”面板中将view1至view9的按钮元件分别拖曳至舞台中，效果如图94-5所示。

步骤 06 选择“按钮”图层的第1帧，在“属性”面板的“声音”选项区中的“名称”下拉列表框中选择music.wav选项，如图94-6所示。

图94-5 将元件拖曳至舞台

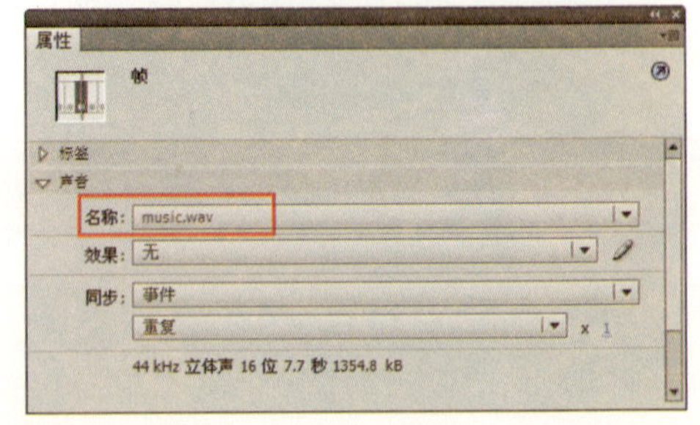

图94-6 设置“属性”面板

步骤 07 在“时间轴”面板中单击“新建图层”按钮，创建“图片”图层，在第4帧至第12帧上分别按【F7】键插入空白关键帧，如图94-7所示。

步骤 08 选择“图片”层的第4帧，从“库”面板中将movie1影片剪辑元件拖曳到第4帧的场景中，使其与view1按钮的位置

完全重叠，依次将movie2至movie9元件拖曳到第5帧至第12帧，并使图片的位置与大小与相应图片的按钮大小完全相同，效果如图94-8所示。

图94-7 插入空白关键帧

图94-8 将元件拖曳至舞台

步骤 09 选择“图片”图层的第4帧，按【F9】键，在弹出的“动作”面板中添加动作脚本语句，如图94-9所示。同理，为第5帧至第12帧，添加相同的脚本语句。

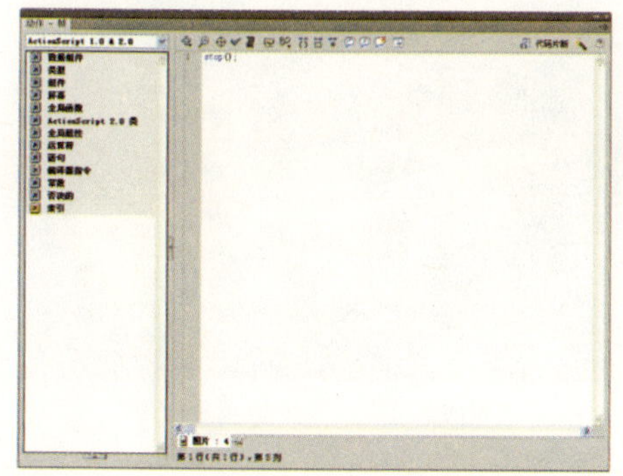

图94-9 为“图片”层第4帧添加脚本语句

步骤 10 选择“按钮”图层的第1帧，同理，为该帧添加相同的脚本语句，如图94-10所示。

步骤 11 选择“按钮”图层主画面中的view1按钮，按【F9】键，在弹出的“动作”面板中添加脚本语句，如图94-11所示。

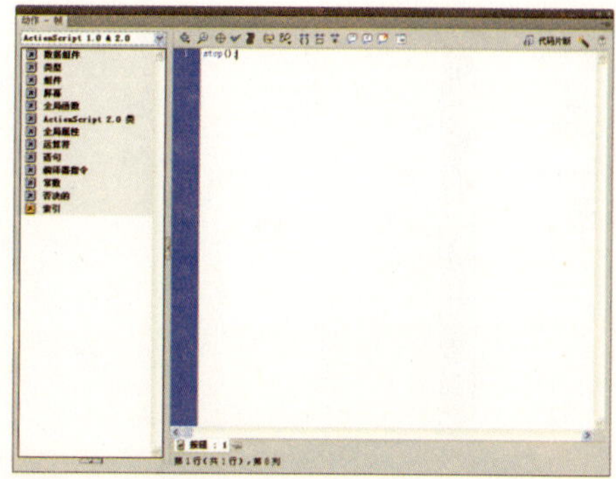

图94-10 为“按钮”层第1帧添加脚本语句

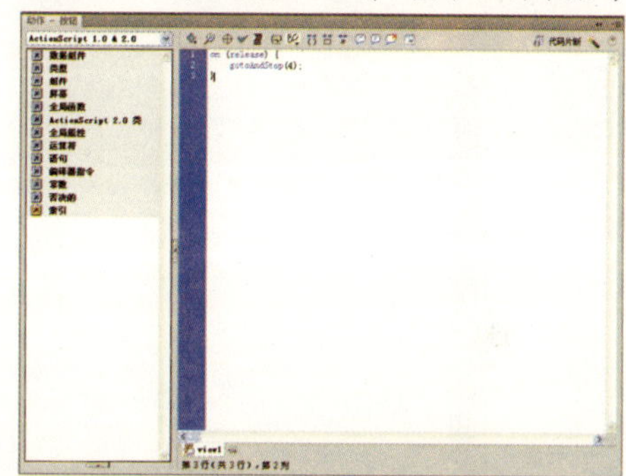

图94-11 为view1按钮添加脚本语句

步骤 12 选择“按钮”图层主画面中的view2按钮，按【F9】键，在弹出的“动作”面板中添加脚本语句，如图94-12所示。

图94-12 为view2按钮添加脚本语句

步骤 13 同理，为“按钮”图层主画面中名为view3至view9的按钮添加脚本语句，其语句与view1按钮中的脚本语句基本相同，只需将对应的脚本中的数字改为5至12。如图94-13所示，是为view9按钮添加的脚本语句。

步骤 14 选择“按钮”图层主画面中表示前一幅图片的按钮，按【F9】键在弹出的“动作”面板中添加脚本语句，如图94-14所示。

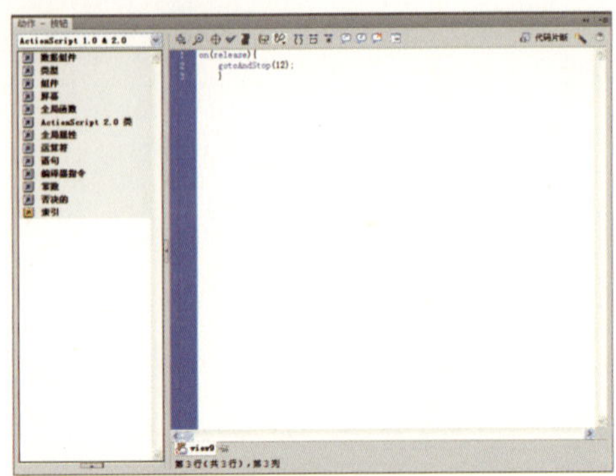

图94-13 为view9按钮添加的脚本语句

图94-14 为前一幅图片按钮添加脚本语句

步骤 15 选择“按钮”图层主画面中表示下一幅图片的按钮，按【F9】键在弹出的“动作”面板中添加脚本语句，如图94-15所示。

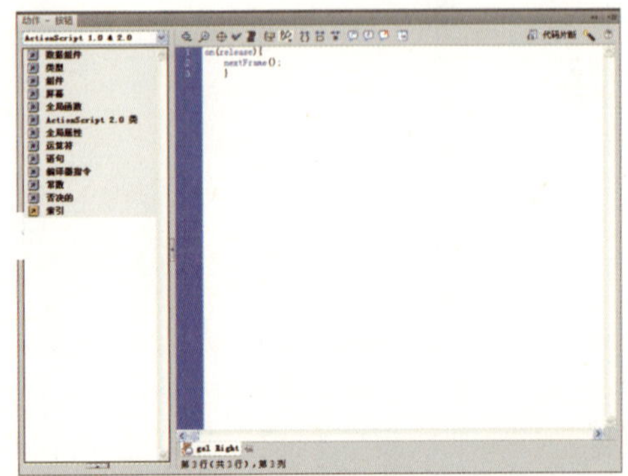

图94-15 为下一幅图片按钮添加脚本语句

步骤 16 选择“按钮”图层主画面中表示菜单的按钮，按【F9】键在弹出的“动作”面板中添加脚本语句，如图94-16所示。

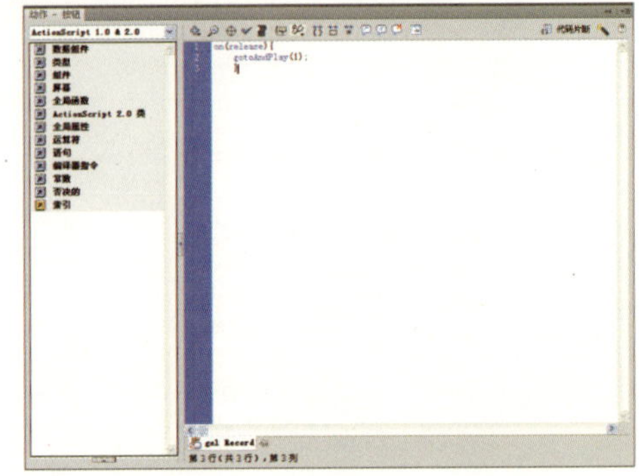

图94-16 为菜单按钮添加脚本语句

步骤 17 按【Ctrl+Enter】键或者单击“控制”|“测试影片”|“测试”命令，测试动画效果，如图94-17所示。

图94-17 测试动画效果

实例 95 群鸟飞翔

效果欣赏	实例导航
 	素材文件：素材\第8章\实例95
	效果文件：效果\第8章\实例95.fla
	视频文件：视频\第8章\实例95.swf
	知识点睛：创建文本、添加按钮实例、添加动作脚本

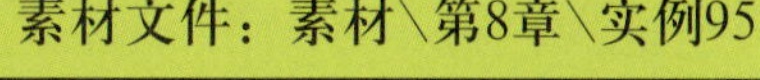

步骤 01 按【Ctrl+N】键新建一个Flash文档。单击“修改”|“文档”命令，弹出“文档设置”对话框，设置“宽”为600、“高”为450、“背景颜色”为白色、“帧频”为12，单击“确定”按钮，修改文档设置。单击“文件”|“另存为”命令，将其保存为“实例95.fla”文件。

步骤 02 双击“图层1”图层，将其命名为“背景”。单击“新建图层”按钮，从上往下依次创建“动作”、“按钮与文本”和“飞鸟”3个图层，此时的“时间轴”面板如图95-1所示。

图95-1 新建图层

步骤 03 选择“背景”图层的第1帧，单击“文件”|“导入”|“导入到舞台”命令，导入一幅背景图像至舞台，并调整大小和位置，效果如图95-2所示。

步骤 04 选择“按钮与文本”图层中的第1帧，选择工具箱中的文本工具，在舞台的右下角输入“增加”和“减少”文本，在“属性”面板中设置“系列”为“黑体”、“字体大小”为25、“颜色”为黑色，效果如图95-3所示。

图95-2 导入背景图像

图95-3 输入文本

步骤 05 单击“窗口”|“公用库”|“按钮”命令，弹出“库-BUTTONS.FLA”面板，依次单击classic buttons 和Arcade buttons选项，展开树状目录，如图95-4所示。

步骤 06 选择“按钮和文本”图层中的第1帧作为当前帧，在“库-BUTTONS.FLA”面板中选择arcade button-red按钮元件，将其添加至舞台。在“属性”面板中设置“宽度”和“高度”分别为50.0和47.4，并调整其位置，效果如图95-5所示。

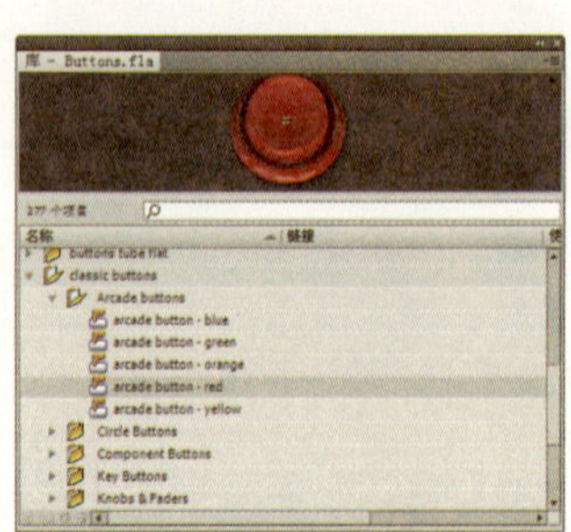

图95-4 “库-BUTTONS.FLA”面板

图95-5 添加按钮实例

步骤 07 同理，在“库-BUTTONS.FLA”面板中选择arcade button-yellow按钮元件，将其添加至舞台，放置在“减少”文本的右侧，在“属性”面板中设置“宽度”和“高度”分别为50.0和47.4，并调整其位置，效果如图95-6所示。

图95-6 添加另一按钮实例

步骤 08 单击“文件”|“导入”|“打开外部库”命令，选择“飞鸟动画.fla”素材文件，单击“打开”按钮，弹出“库-飞鸟动画.FLA”面板，如图95-7所示。

步骤 09 选择“飞鸟”图层中的第1帧，在“库-飞鸟动画.FLA”面板中选择“飞鸟”动画影片剪辑元件，将其拖曳到舞台，在“属性”面板中设置其“宽度”和“高度”分别为50.0和45.0、在X和Y文本框中分别输入56.7和61，并设置实例名称为bird，效果如图95-8所示。

图95-7 弹出“库-飞鸟动画”面板

图95-8 拖曳元件到舞台中

步骤 10 选择“动作”图层中的第1帧，单击“窗口”|“动作”命令，在弹出的“动作-帧”面板中添加脚本语句，如图95-9所示（具体代码见“素材\第8章\实例95\95-9.txt”）。

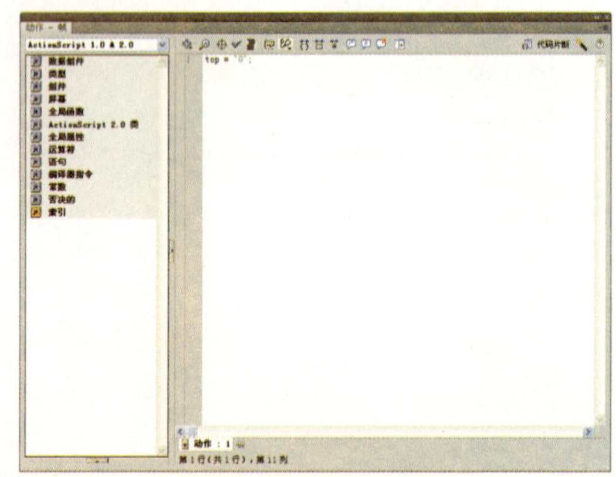

图95-9 为第1帧添加脚本语句

步骤 11 选择“增加”文本右侧的按钮实例，在“动作-按钮”面板中添加脚本语句，如图95-10所示（具体代码见“95-10.txt”文件）。

步骤 12 选择“减少”文本右侧的按钮实例，在“动作-按钮”面板中添加脚本语句，如图95-11所示。

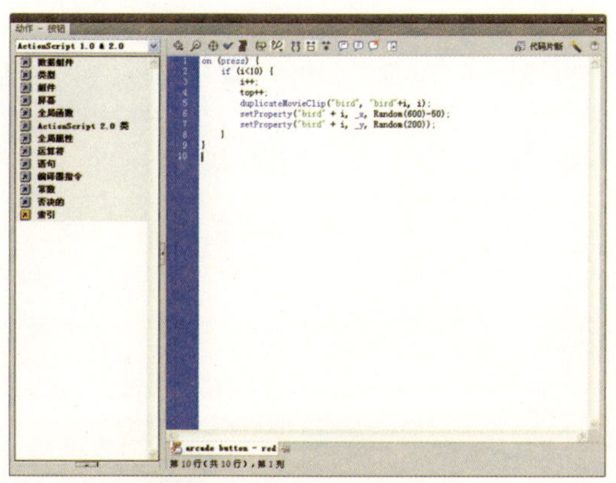

图95-10　为按钮添加脚本语句

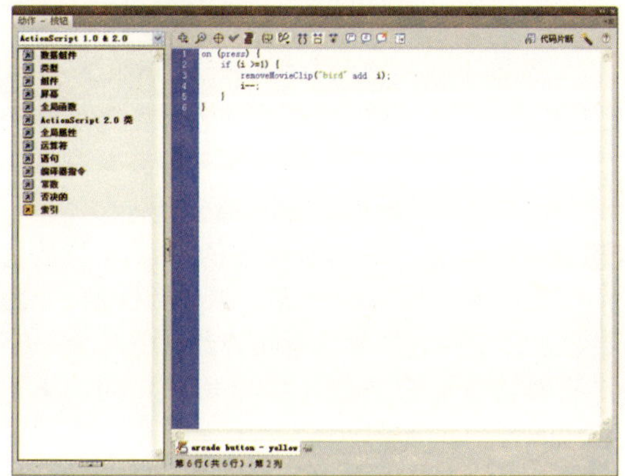

图95-11　添加脚本语句

步骤 13 单击“文件”｜“发布设置”命令，弹出“发布设置”对话框，切换至Flash选项卡，设置“播放器”为Flash Player 6、“脚本”为ActionScript 1.0，如图95-12所示。单击“确定”按钮，发布设置。

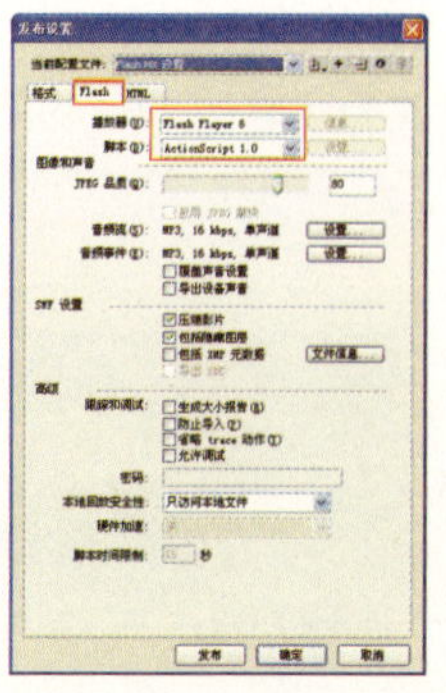

图95-12　“发布设置”对话框

步骤 14 单击“控制”｜“测试影片”｜“测试”命令或者按【Ctrl+Enter】键，测试动画效果，效果如图95-13所示。

图95-13　测试动画效果

实例 96　小可爱跳舞

<table>
<tr><th>效果欣赏</th><th>实例导航</th></tr>
<tr><td rowspan="4"> </td><td>素材文件：素材\第8章\实例96</td></tr>
<tr><td>效果文件：效果\第8章\实例96.fla</td></tr>
<tr><td>视频文件：视频\第8章\实例96.swf</td></tr>
<tr><td>知识点睛：创建元件、设置实例名称、添加动作脚本</td></tr>
</table>

步骤 01 单击“文件”｜“打开”命令，打开一个包含素材图像的文件，如图96-1所示，其“库”

面板如图96-2所示。单击“文件”|“另存为”命令，将其保存为“实例 96 .fla”文件。

图96-1 打开的素材文件

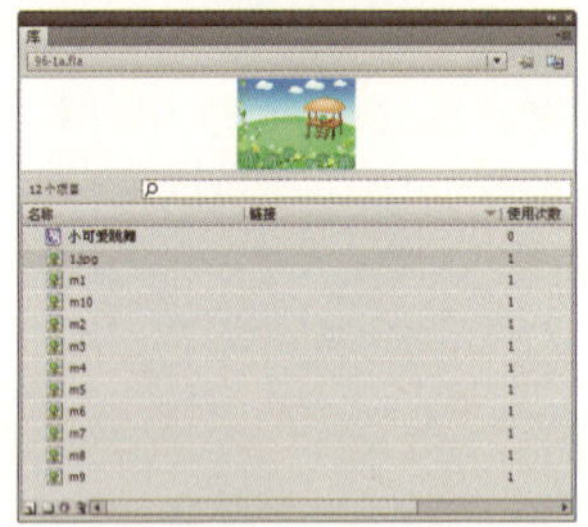
图96-2 “库”面板

步骤 02 单击“插入”|“新建元件”命令，在弹出的“创建新元件”对话框中设置“名称”为“按钮”、“类型”为“按钮”，如图96-3所示。单击“确定”按钮，进入按钮元件编辑模式。

步骤 03 选择“弹起”帧，运用星形工具，设置“边数”为3、“笔触颜色”为紫色（#660066）、“填充颜色”为橙色（#FF6600），绘制一个三角形，如图96-4所示。

图96-3 “创建新元件”对话框

图96-4 绘制三角形

步骤 04 分别选择“指针经过”、“按下”和“点击”帧，单击鼠标右键，在弹出快捷菜单中选择“插入关键帧”选项，将“指针经过”帧中的三角形填充颜色更改为红色（#FF0000），如图96-5所示。

步骤 05 选择“库”面板中的“按钮”元件，单击鼠标右键，在弹出的快捷菜单中选择“直接复制”选项，弹出“直接复制元件”对话框，设置“名称”为“放大”，如图96-6所示。单击“确定”按钮即可直接复制一个元件。

图96-5 更改三角形填充颜色

图96-6 “直接复制元件”对话框

步骤 06 同理，将“按钮”元件直接复制一个“名称”为“缩小”的按钮元件，复制按钮元件后的“库”面板，如图96-7所示。

步骤 07 双击“库”面板中的“放大”按钮元件，进入元件编辑模式，创建“图层2”图层，选择“弹起”帧，运用直线工具绘制一个“笔触颜色”为黑色（#000000）的“+”形状的图形，如图96-8所示。并在该图层的“点击”帧中插入空白关键帧。

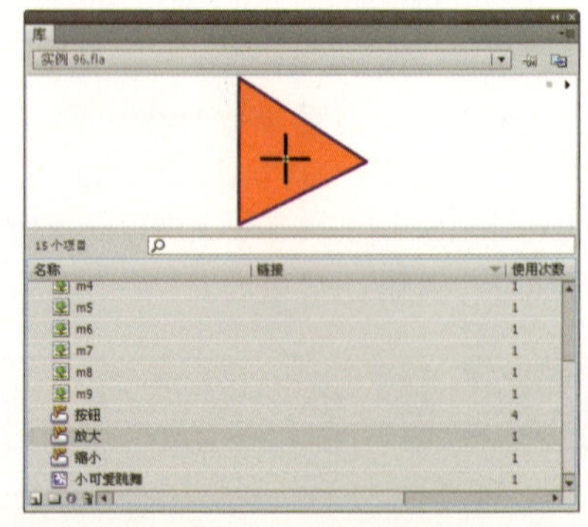
图96-7 “库”面板

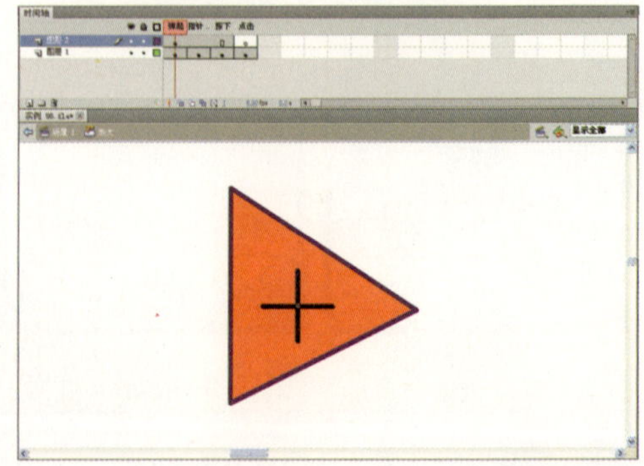
图96-8 绘制图形

步骤 08 双击“库”面板的“缩小”按钮元件，进入元件编辑模式，创建“图层2”图层。同理，在“弹起”帧绘制一个“—”形状的图形，如图96-9所示。并在该图层的“点击”帧中插入空白关键帧。

步骤 09 单击“场景1”标签，返回“场景1”编辑模式。创建“小可爱”图层，将“库”面板中“小可爱跳舞”影片剪辑元件拖曳至舞台区中的适当位置，如图96-10所示。并在“属性”面板中设置其实例名称为dance。

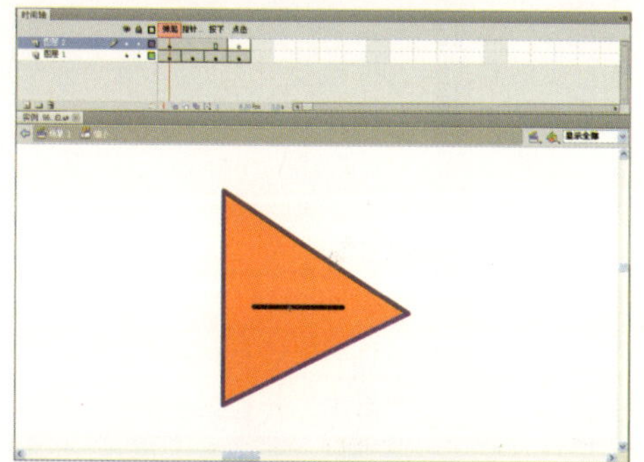

图96-9 绘制另一个图形

图96-10 拖曳元件至舞台区

步骤 10 创建“按钮”图层，从“库”面板中拖曳4个“按钮”元件至舞台，并调整大小及位置，如图96-11所示。

图96-11 拖曳4个“按钮”元件至舞台

步骤 11 选择工具箱中的任意变形工具，对第1个、第3个和第4个按钮元件进行旋转并调整位置，如图96-12所示。

图96-12 旋转元件并调整位置

步骤 12 将“库”面板中的“放大”和“缩小”按钮元件，拖曳至舞台区的适当位置，如图96-13所示。

步骤 13 选择工具箱中的文本工具，在“属性”面板中设置“系列”为“黑体”、“字体大小”为16、“颜色”为橙色（#FF6600），单击“文本”|“样式”|“仿粗体”命令，加粗字体，并在舞台中输入相应的文本，如图96-14所示。

图96-13 拖曳元件至舞台区

图96-14 输入相应的文本

步骤 14 选择“向左”按钮，按【F9】键弹出“动作-按钮”面板，在脚本编辑窗口中输入脚本语句，如图96-15所示（具体代码见“素材\第8章\实例96\96-15.txt”）。

步骤 15 选择“向右”按钮，按【F9】键弹出“动作-按钮”面板，在脚本编辑窗口中输入脚本语句，如图96-16所示（具体代码见“96-16.txt”文件）。

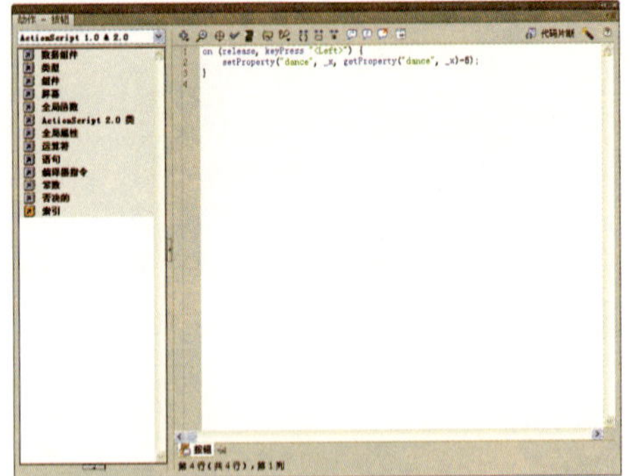

图96-15 为“向左”按钮添加脚本语句

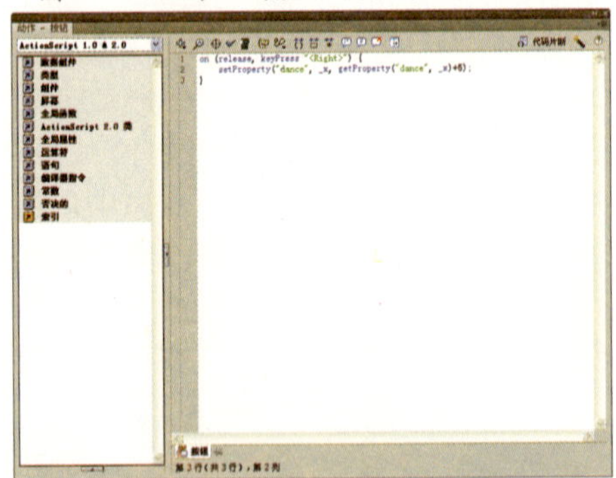

图96-16 为“向右”按钮添加脚本语句

步骤 16 选择“向上”按钮，按【F9】键弹出“动作-按钮”面板，在脚本编辑窗口中输入脚本语句，如图96-17所示（具体代码见“96-17.txt”文件）。

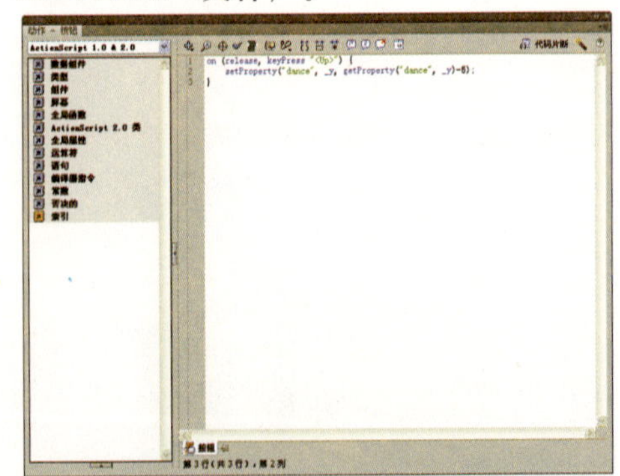

图96-17 为“向上”按钮添加脚本语句

步骤 17 选择“向下”按钮，按【F9】键弹出“动作-按钮”面板，在脚本编辑窗口中输入脚本语句，如图96-18所示（具体代码见“96-18.txt”文件）。

步骤 18 选择“放大”按钮，按【F9】键弹出“动作-按钮”面板，在脚本编辑窗口中输入脚本语句，如图96-19所示（具体代码见“96-19.txt”文件）。

图96-18 为“向下”按钮添加脚本语句

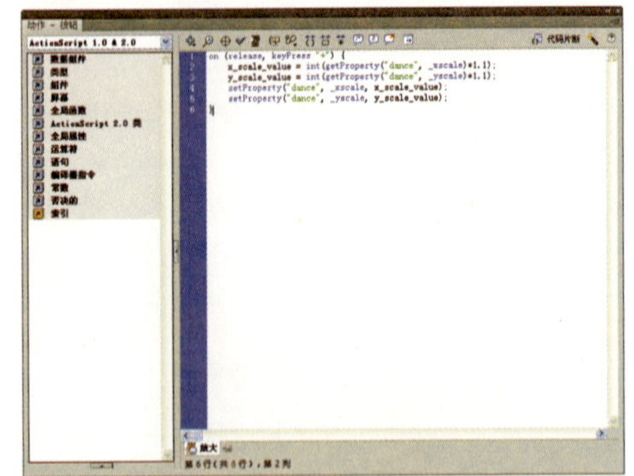

图96-19 为“放大”按钮添加脚本语句

步骤 19 选择“缩小”按钮，按【F9】键，弹出“动作-按钮”面板，在脚本编辑窗口中输入脚本语句，如图96-20所示（具体代码见“96-20.txt”文件）。

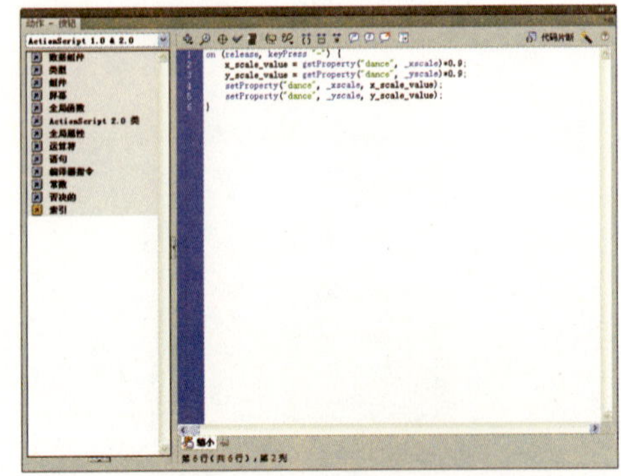

图96-20 为“缩小”按钮添加脚本语句

步骤 20 单击“控制”|“测试影片”|“测试”命令或者按【Ctrl+Enter】键，进行效果的测试，如图96–21所示。

图96–21 测试动画效果

实例 97 香车美女

效果欣赏	实例导航
 	素材文件：素材\第8章\实例97 效果文件：效果\第8章\实例97.fla 视频文件：视频\第8章\实例97.swf 知识点睛：应用setSwatchColo函数、添加动作脚本

步骤 01 单击“文件”|“打开”命令，打开一幅素材图像，如图97–1所示。

步骤 02 在打开的素材图像中有3个调节滑块分别用来返回范围在255以内的数值，返回的数值分别存放在R、G、B这3个变量中，当调整这3个滑块时，它会调用一个名为setSwatchColor()的函数，这个函数需要自定义。舞台上还有一个名为swatch的影片剪辑实例，人物的衣服即为该实例对象，如图97–2所示。

图97–1 打开的素材图像

图97–2 swatch影片剪辑实例

步骤 03 创建“动作”图层，选择第1帧，单击“窗口”|“动作”命令，弹出“动作–帧”面板，添加脚本语句，如图97–3所示（具体代码见“素材\第8章\实例97\97–3.txt”），即可实现调节swatch实例的颜色功能。

专家提醒

图97–3所示的“动作”面板中的文字为脚本语句的说明文字。

步骤 04 添加脚本语句后的文件如图97-4所示。单击“文件”|“另存为”命令，将其保存为“实例 97.fla”文件。

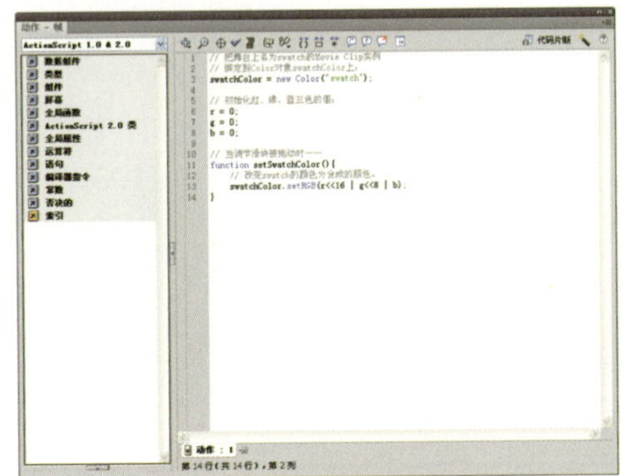
图97-3　添加脚本语句

图97-4　添加脚本语句后的文件

步骤 05 按【Ctrl+Enter】键或者单击“控制”|“测试影片”|“测试”命令，测试动画效果。此时拖动滑块，即可调整人物衣服的颜色（swatch实例），效果如图97-5所示。

图97-5　测试动画效果

实例 98　时尚手表

效果欣赏	实例导航
	素材文件：素材\第8章\实例98
	效果文件：效果\第8章\实例98.fla
	视频文件：视频\第8章\实例98.swf
	知识点睛：函数的应用、类的应用

步骤 01 单击“文件”|“打开”命令，打开一个包含素材图像的文件，如图98-1所示。其“库”面板如图98-2所示。单击“文件”|“另存为”命令，将其保存为“实例98 .fla”文件。

步骤 02 选择“手表”图层，在“时间轴”面板中单击3次“新建图层”按钮，新建“秒针”、“分针”和“时针”3个图层，如图98-3所示。

图98-1 打开的素材文件

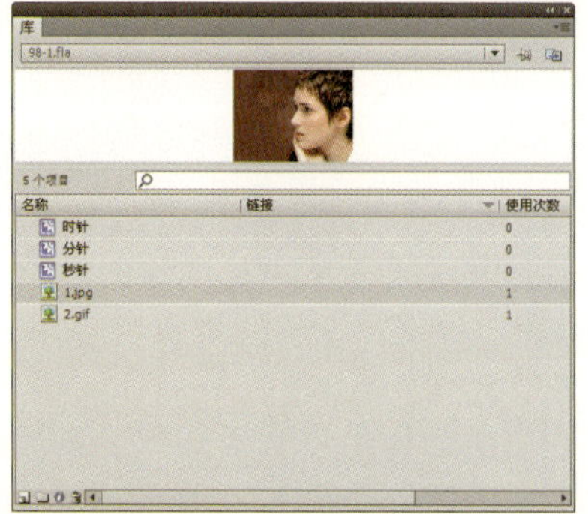

图98-2 “库”面板

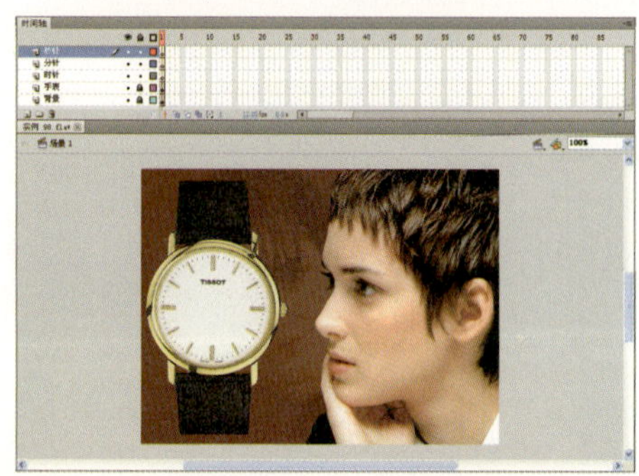

图98-3 新建图层

步骤 03 选择“秒针”图层的第1帧，单击“窗口”|“库”命令，在弹出的“库”面板中将“秒针”影片剪辑元件拖曳至舞台中，并设置X和Y轴值分别为110.7和203.9，效果如图98-4所示。

步骤 04 选择“分针”图层的第1帧，在弹出的“库”面板中将“分针”影片剪辑元件拖曳至舞台中，并设置X和Y轴值分别为110.6和203.6，效果如图98-5所示。

步骤 05 选择“时针”图层的第1帧，在弹出的“库”面板中将“时针”影片剪辑元件拖曳至舞台中，并设置X和Y轴值分别为110.5和203.4，效果如图98-6所示。

图98-4 拖入“秒针”影片剪辑元件

图98-5 拖入“分针”影片剪辑元件

图98-6 拖入“时针”影片剪辑元件

步骤 06 选择“秒针”影片剪辑元件，单击“窗口”|“动作”命令，在弹出的“动作-影片剪辑”面板中添加脚本语句，如图98-7所示（具体代码见“素材\第8章\实例98\98-7.txt”）。

步骤 07 选择“分针”影片剪辑元件，单击“窗口”|“动作”命令，在弹出的“动作-影片剪辑”面板中添加脚本语句，如图98-8所示（具体代码见“98-8.txt”文件）。

步骤 08 选择“时针”影片剪辑元件，单击“窗口”|“动作”命令，在弹出的“动作-影片剪辑”面板中添加脚本语句，如图98-9所示（具体代码见“98-9.txt”文件）。

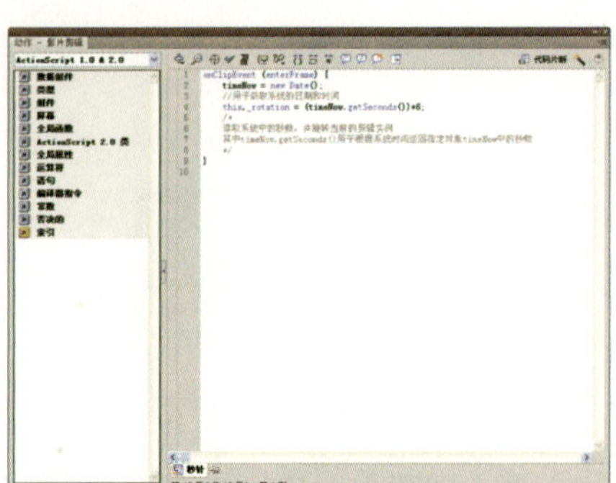

图98-7 为“秒针”元件添加脚本语句

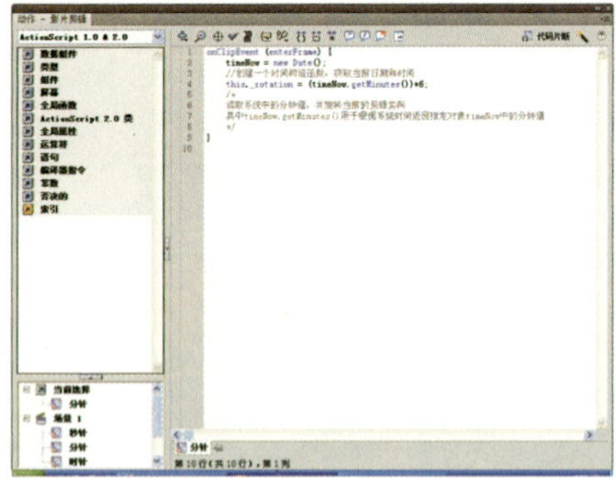

图98-8 为“分针”元件添加脚本语句

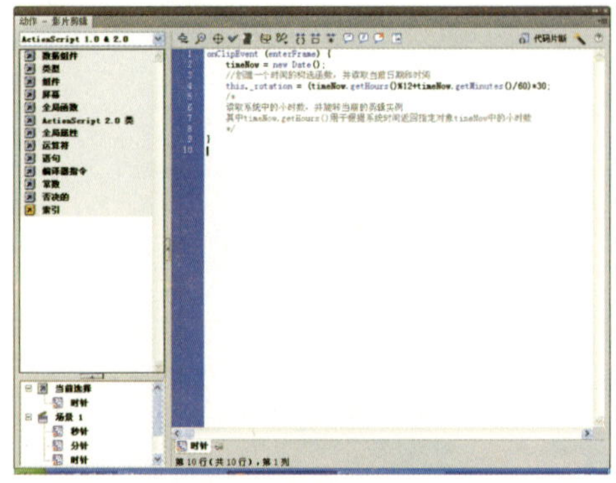

图98-9 为“时针”元件添加脚本语句

步骤 09 单击“控制”|“测试影片”|“测试”命令或者按【Ctrl+Enter】键，测试动画效果，如图98-10所示。

图98-10 测试动画效果

专家提醒

在 Flash 中，实现某一方面功能的所有函数称为一类，而类中的单个函数称为类的方法。ActionScript 3.0 中提供了 30 多种类，常用类的含义如下。

Math 类：提供了常用的数学函数和常量（常量称为类的属性），用于解决脚本中的绝大多数基本数学问题。

Date 类：主要用于提供对时间的访问。如果要使用 Date 类，就必须创建一个 Date 类的构造函数。

Color 类：该类是 Flash 的专用类，用于获取和设置影片剪辑对象的颜色。

TextFormat 类：用来描述文本格式。

TextFled 类：用于改变文本实例（主要是文本框）的显示特性。

Sound 类：用于提供对 SWF 文件中声音的控制。

实例 99 鼠标追踪

效果欣赏	实例导航
	素材文件：素材\第8章\实例99
	效果文件：效果\第8章\实例99.fla
	视频文件：视频\第8章\实例99.swf
	知识点睛：创建元件、设置实例名称、添加动作脚本

步骤 01 单击“文件”|“打开”命令，打开一幅素材文件，如图99-1所示。单击“文件”|“另存为”命令，将其保存为“实例99.fla”文件。

步骤 02 单击“插入”|“新建元件”命令，弹出“创建新元件”对话框，设置“名称”为“圆”、“类型”为“影片剪辑”，如图99-2所示。单击“确定”按钮，进入元件编辑模式。

图99-1 打开的素材文件

图99-2 “创建新元件”对话框

步骤 03 选择工具箱中的椭圆工具，按住【Shift】键的同时，在编辑区中绘制一个“笔触颜色”为白色、“填充颜色”为无的圆形，如图99-3所示。

步骤 04 同理，创建一个“名称”为“追踪器”、“类型”为“影片剪辑”的元件。进入元件的编辑模式，运用直线工具和椭圆工具，在舞台中的适当位置绘制图形，效果如图99-4所示，并在“图层1”图层的第15帧插入普通帧。

图99-3 绘制圆形

图99-4 绘制图形

步骤 05 创建“图层2”图层，将“库”面板中的“圆”元件拖曳至舞台中的适当位置，在该图层的第5帧插入关键帧。选择第1帧中的对象，运用任意变形工具适当放大图形，如图99-5所示。选择第5帧中的对象，将其向中心缩放成一个小圆点。

步骤 06 在“图层2”图层的第1帧至第5帧之间创建补间动画，选择“圆形”的第6帧，单击鼠标右键，在弹出的快捷菜单中选择“插入空白关键帧”选项，插入空白关键帧，如图99-6所示。

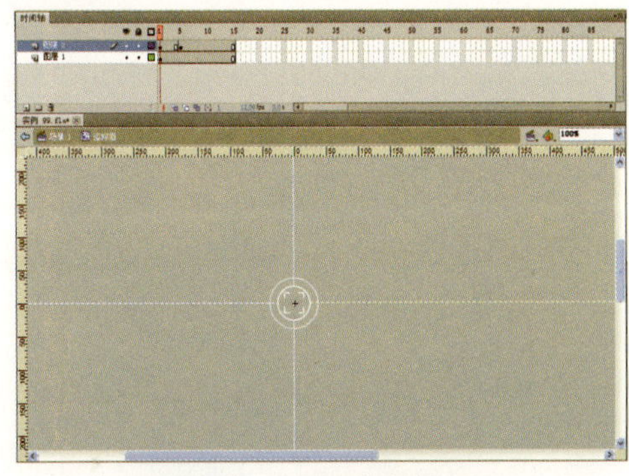

图99-5 调整对象的大小

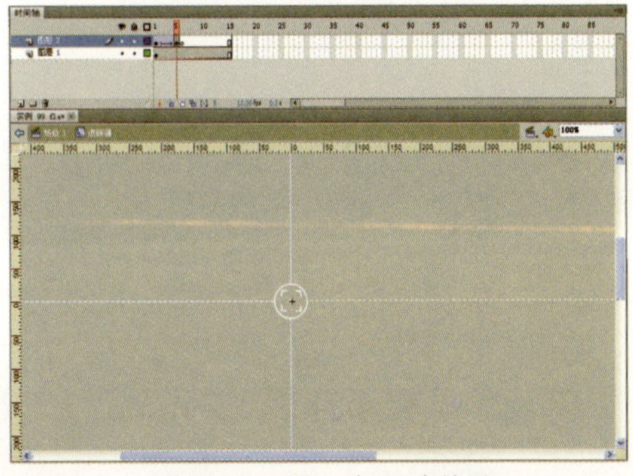

图99-6 插入空白关键帧

步骤 07 同理，创建一个“名称”为“遮罩”的影片剪辑元件，选择工具箱中的椭圆工具，按住【Shift】键的同时，在舞台中绘制一个“笔触颜色”为无、“填充颜色”为灰色（#999999）的圆，如图99-7所示。

步骤 08 创建一个“名称”为“界面”的影片剪辑元件。单击“编辑”|“编辑文档”命令，返回到“场景1”编辑模式，在“背景”图层的上方创建“界面”图层，将“库”面板中的“界面”元件拖曳至舞台中的适当位置。再创建“遮罩”图层，将“库”面板中的“遮罩”元件拖曳至舞台中的适位置，如图99-8所示。

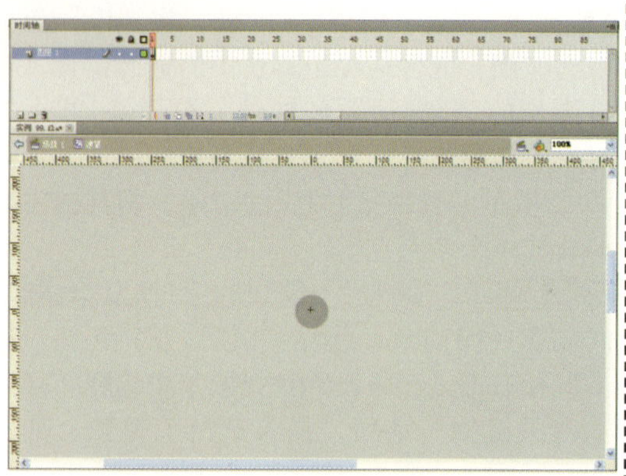

图99-7 绘制一个圆

图99-8 拖曳元件至舞台中

步骤 09 选择舞台中的“遮罩”元件，在“属性”面板中设置实例名称为mask，选择“遮罩”图层，单击鼠标右键，在弹出的快捷菜单中选择“遮罩层”选项，效果如图99-9所示。

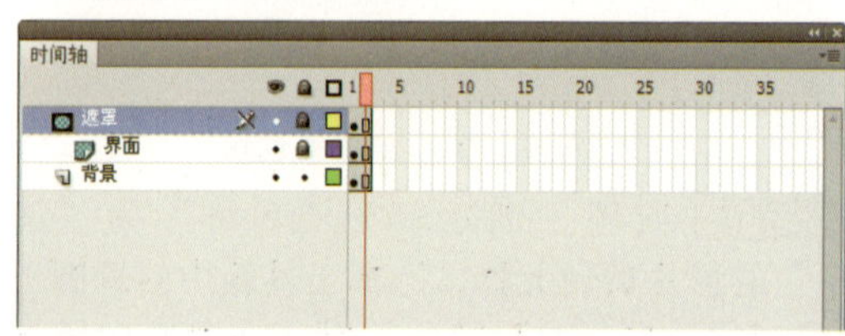

图99-9 创建遮罩层

步骤 10 选择“遮罩”图层的第1帧，按【F9】键在弹出的“动作-帧”面板中添加脚本语句，如图99-10所示（具体代码见“素材\第8章\实例99\文本文档99-10.txt”）。

步骤 11 在“遮罩”图层的上方创建“追踪器”图层，将“库”面板中的“追踪器”元件拖曳至舞台中的适当位置，如图99-11所示。

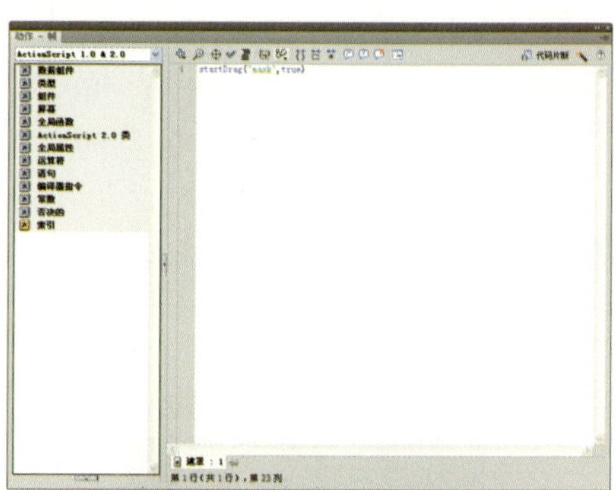

图99-10 添加脚本语句

图99-11 拖曳元件至舞台中

步骤 12 选择舞台中的“追踪器”元件，按【F9】键，在弹出的“动作-影片剪辑”面板中添加脚本语句，如图99-12所示（具体代码见“99-12.txt”文件）。

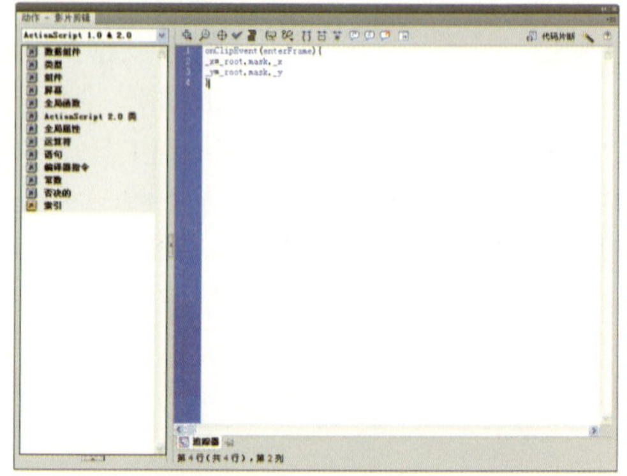

图99-12 添加脚本语句

步骤 13 在“追踪器”图层的上方创建“对象”图层。选择第1帧，单击“文件”|“导入”|“打开外部库”命令，导入MC.fla素材文件，并弹出“库-MC. FAL”面板，如图99-13所示。

步骤 14 选择“库-MC. FAL”面板中的MC影片剪辑元件，并将其拖曳到舞台中，将该元件的实例添加至舞台，效果如图99-14所示。在“属性”面板中设置实例名称为mc。

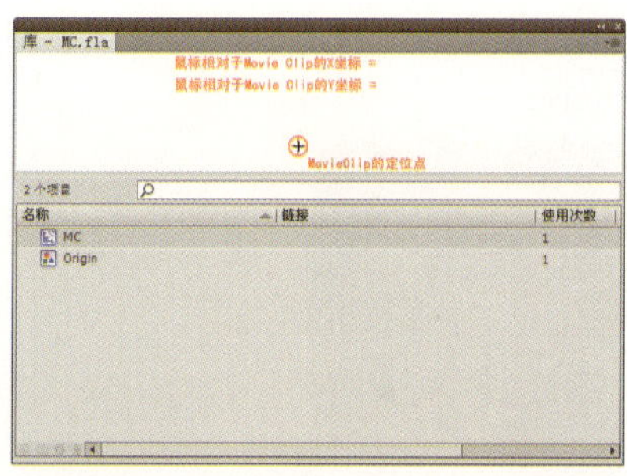

图99-13 “库-MC.FLA”面板

图99-14 插入MC影片剪辑元件

知识链接

MC影片剪辑实例中添加如下代码（具体代码见“文本文档99-14.txt”文件）：

```
onClipEvent (mouseDown) {
  // 当鼠标键按下时允许拖曳
  startDrag(this);
}
onClipEvent (mouseUp) {
  // 当鼠标键松开时停止拖曳
  stopDrag();
```

步骤 15 在MC实例上双击鼠标，进入MC元件编辑模式。运用选择工具，选择文本及文本框，如图99-15所示。按【Ctrl+C】键复制对象。

图99-15 选择文本及文本框

步骤 16 单击“场景1”标签，返回“场景1”编辑模式。选择“对象”图层中的第1帧，按【Ctrl+V】键粘贴复制的文本及文本框，并调用位置及修改文本内容，效果如图99-16所示。

图99-16 粘贴并修改文本后的效果

步骤 17 在“对象”图层的上方创建“动作”图层，选择该层的第1帧，按【F9】键，在弹出的“动作”面板中添加脚本语句，如图99-17所示（具体代码见“99-17.txt”文件）。

步骤 18 选择“动作”图层中的第2帧，单击鼠标右键，在弹出的快捷菜单中选择“转换为空白关键帧”选项。选择该空白关键帧，按【F9】键，在弹出的“动作”面板中添加脚本语句，如图99-18所示。

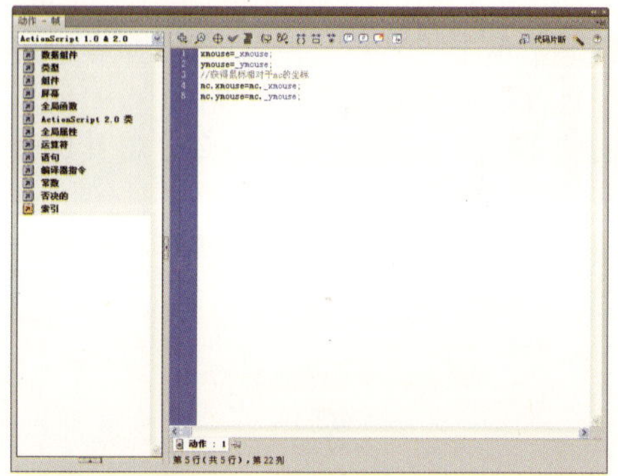

图99-17 为第1帧添加脚本语句

图99-18 为第2帧添加脚本语句

步骤 19 按【Ctrl+Enter】键测试动画效果。此时将鼠标指针移至画面，显示鼠标相对于当前影片剪辑所在舞台的坐标系和相对坐标，如图99-19所示。

图99-19 测试动画效果

实例 100 数控风车

效果欣赏	实例导航
	素材文件：素材\第8章\实例100
	效果文件：效果\第8章\实例100.fla
	视频文件：视频\第8章\实例100.swf
	知识点睛：setProperty和getProperty语句的应用

步骤 01 单击“文件”|“打开”命令，打开一个包含素材图像的文件，如图100-1所示。单击“文件”|“另存为”命令，将其保存为“实例100.fla”文件。

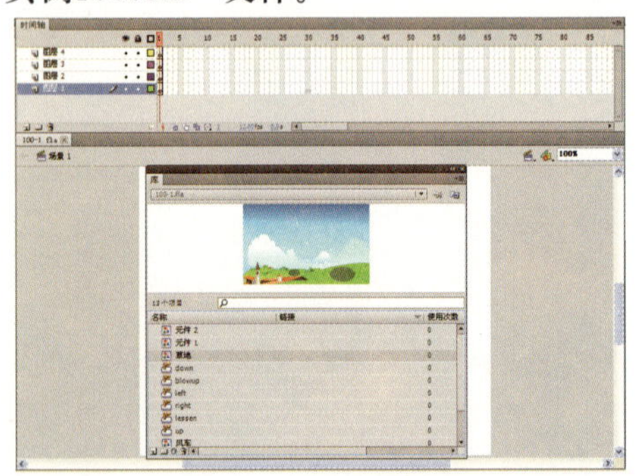

图100-1 打开素材文件

步骤 02 选择“图层1”图层的第1帧，单击“窗口”|“库”命令，在弹出的“库”面板中选择“元件1”元件并将其拖曳至舞台的底部，如图100-2所示。

步骤 03 选择第1帧，在“库”面板中选择“元件2”元件并将其拖曳至舞台中，放置在舞台的顶部，效果如图100-3所示。

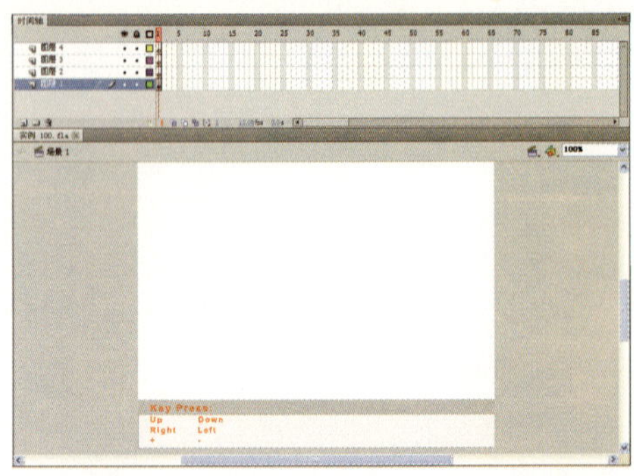

图100-2 拖曳元件1至舞台的底部

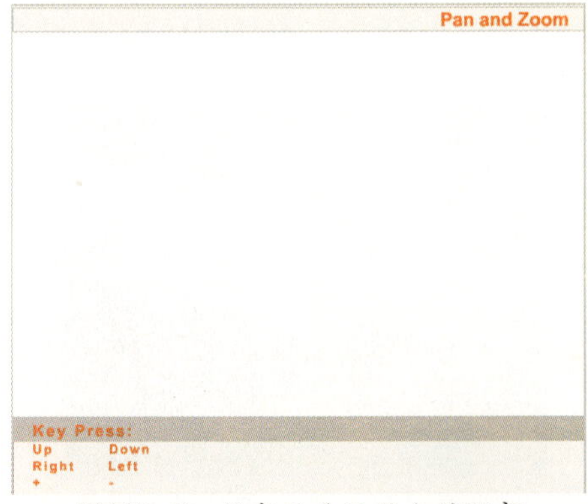

图100-3 拖曳元件至舞台的顶部

步骤 04 选择“图层2”图层的第1帧，将“库”面板中的“草地”元件拖曳至舞台，并设置X和Y轴值分别为34.3和57.1，效果如图100-4所示。

步骤 05 选择“图层3”图层的第1帧，将“风车转”元件添加至舞台，设置“宽度”和“高度”分别为161.9和204.6、X和Y轴值分别为396.8和237.9、实例名称为aerovane，效果如图100-5所示。

图100-4 将“草地”元件拖曳至舞台

图100-5 拖曳元件至舞台中

步骤 06 运用选择工具，按住【Ctrl】键的同时拖曳鼠标，复制实例，在“属性”面板中设置“宽度”和“高度”分别为76.7和97.1、X和Y轴值分别为224.1和276.9，效果如图100-6所示。

步骤 07 选择“图层4”图层的第1帧，将up元件添加至舞台，并设置“宽度”和“高度”均为25、X和Y轴值分别为275和41.9，效果如图100-7所示。

图100-6 复制元件并修改其属性

图100-7 将up元件添加至舞台

步骤 08 保持实例的选中状态，在“属性”面板的“色彩效果”选项区中设置“样式”为“色调”、色调的“颜色”为红色、“色彩数量”为100%，如图100-8所示。

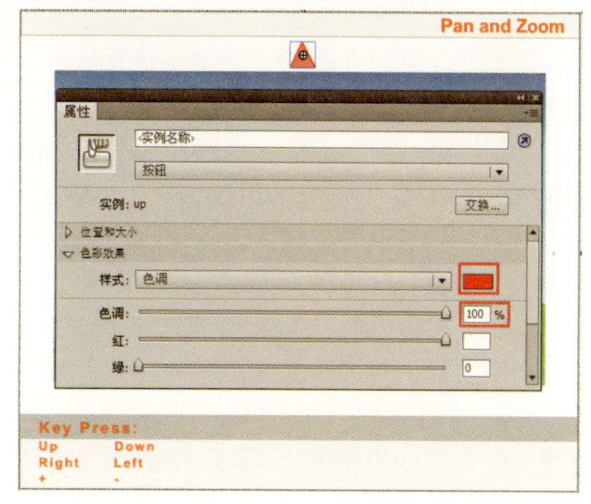

图100-8 设置up元件的颜色样式

步骤 09 同理，依次将down、left、

right、lessen和blowup元件添加到舞台中并调整大小、位置及颜色样式，效果如图100-9所示。

步骤 10 选择up元件，单击“窗口”|“动作”命令，在弹出的“动作”面板中添加脚本语句，如图100-10所示（具体代码见“素材\第8章\实例100\100-10.txt”）。

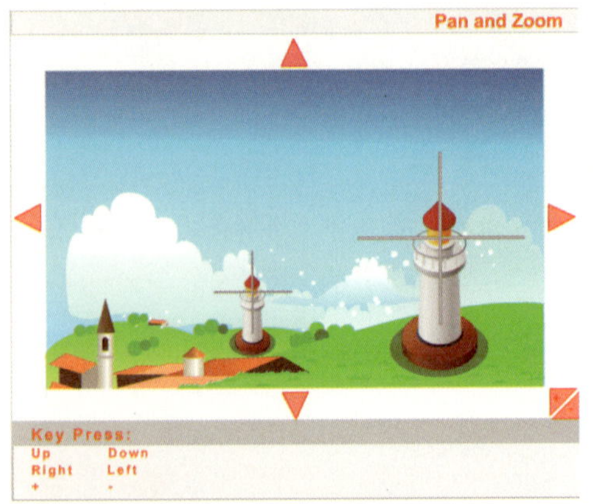

图100-9 添加其他元件后的舞台效果

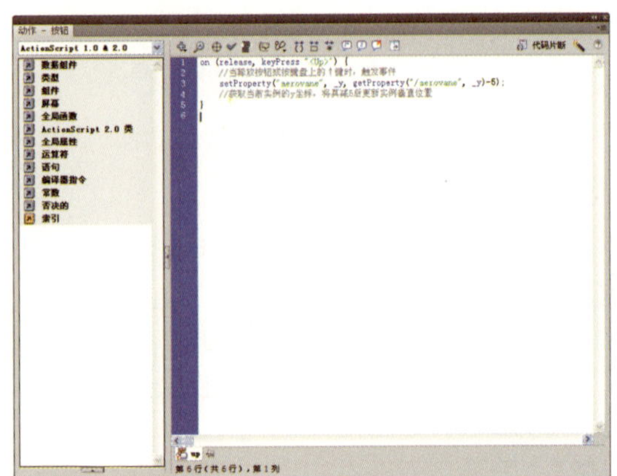

图100-10 为up元件添加脚本语句

步骤 11 选择down元件，单击“窗口”|“动作”命令，在弹出的“动作”面板中添加脚本语句，如图100-11所示（具体代码见“100-11.txt”文件）。

步骤 12 选择left元件，单击“窗口”|“动作”命令，在弹出的“动作”面板中添加脚本语句，如图100-12所示（具体代码见“100-12.txt”文件）。

步骤 13 选择right元件，单击“窗口”|“动作”命令，在弹出的“动作”面板中添加脚本语句，如图100-13所示（具体代码见“100-13.txt”文件）。

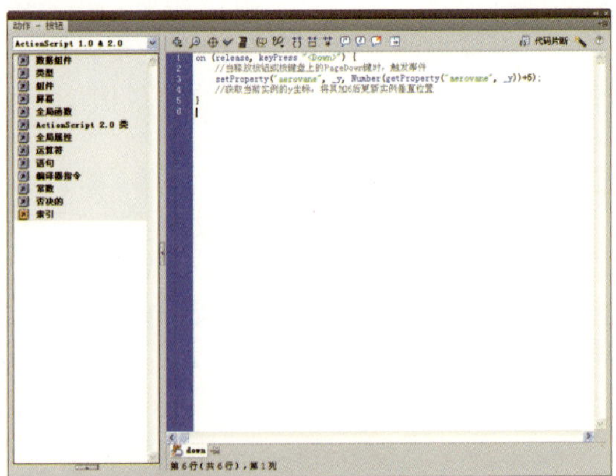

图100-11 为down元件添加脚本语句

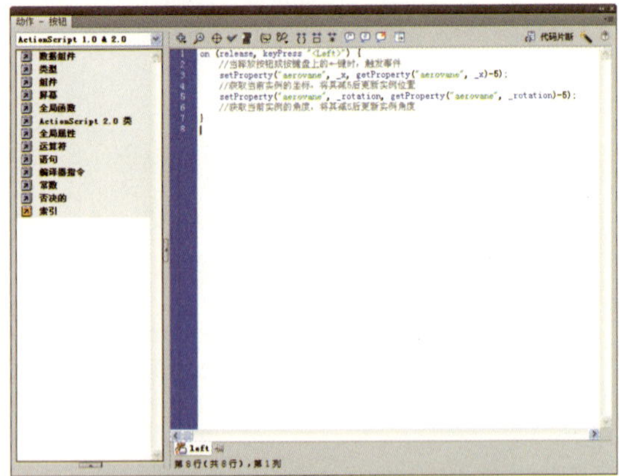

图100-12 为left元件添加脚本语句

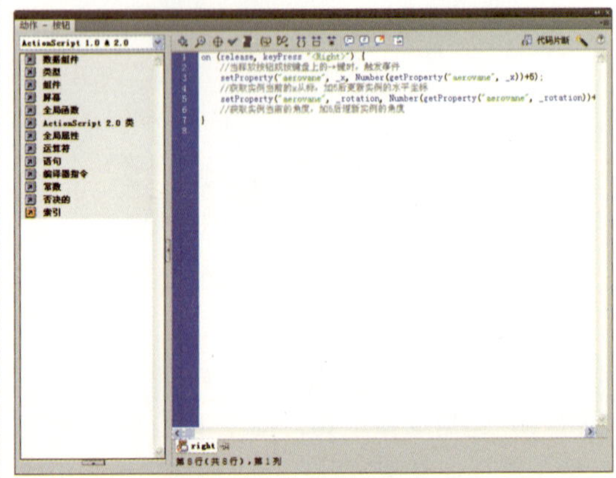

图100-13 为right元件添加脚本语句

步骤 14 选择lessen元件，单击“窗口”|“动作”命令，在弹出的“动作”面板中添加脚本语句，如图100-14所示（具体代码见“100-14.txt”文件）。

步骤 15 选择blowup元件，单击“窗口”|“动作”命令，在弹出的“动作”面板

中添加脚本语句，如图100-15所示（具体代码见“100-15.txt”文件）。

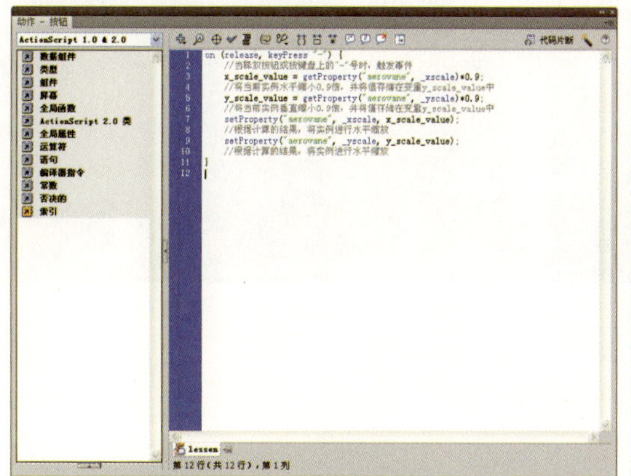

图100-14 为lessen元件添加脚本语句

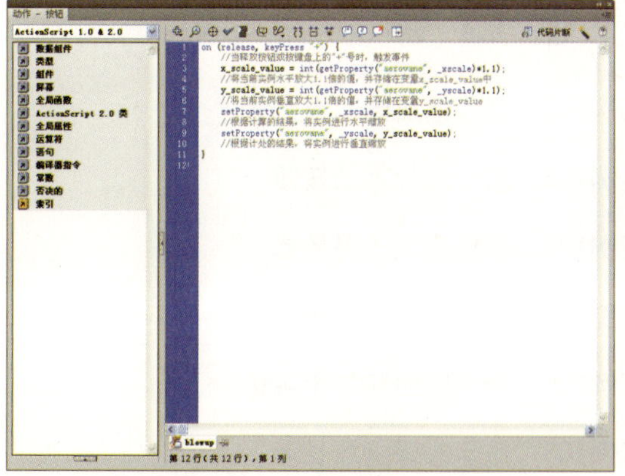

图100-15 为blowup元件添加脚本语句

步骤 16 单击“控制”|“测试影片”|“测试”命令或者按【Ctrl+Enter】键，测试动画效果。单击相应的方向按钮或按键盘上相应的方向键控制风车动画，如图100-16所示。

图100-16 测试动画效果

第9章
音乐播放器

本章重点

实例101　制作播放器的界面

实例102　制作播放器的按钮

实例103　制作简单的播放器

实例104　显示音乐缓冲进度

实例105　显示歌曲和歌手名称

实例106　显示音乐播放长度

实例107　显示音乐播放进度

实例108　制作静音按钮

实例109　制作动画特效一

实例110　制作动画特效二

实例 101 制作播放器的界面

<table>
<tr><th>效果欣赏</th><th>实例导航</th></tr>
<tr><td rowspan="4"></td><td>素材文件：素材\第9章\实例101</td></tr>
<tr><td>效果文件：效果\第9章\实例101.fla</td></tr>
<tr><td>视频文件：视频\第9章\实例101.swf</td></tr>
<tr><td>知识点睛：制作播放器皮肤、添加屏幕图片</td></tr>
</table>

步骤 01 单击“文件”|“打开”命令，打开一个包含素材图像的文件，其“库”面板如图101−1所示。单击“文件”|“另存为”命令，将其保存为“实例101.fla”文件。

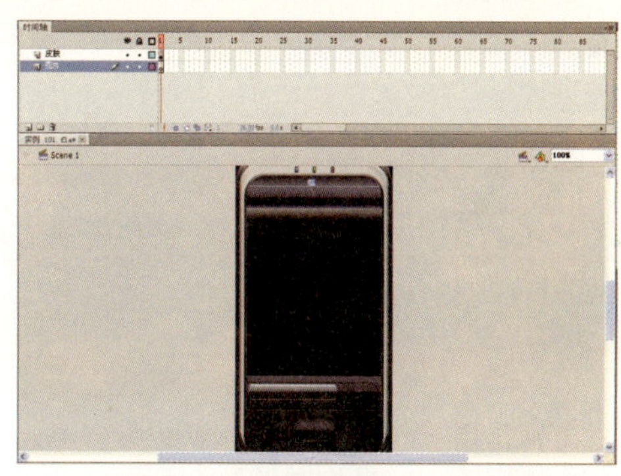

图101−1 “库”面板

步骤 02 双击“图层1”图层，将其命名为“皮肤”图层，单击“窗口”|“库”命令，在弹出的“库”面板中选择“播放器界面.gif”元件，将其拖曳至舞台中，使其覆盖整个舞台。在“时间轴”面板中单击“新建图层”按钮，在“皮肤”图层的下方创建“图片”图层，如图101−2所示。

步骤 03 选择“图片”图层的第1帧，在“库”面板中选择“图片.jpg”，将其拖曳至舞台，在“属性”面板中设置“宽度”和“高度”分别为249和215.5、X和Y轴值分别为−0.1和122，如图101−3所示。

步骤 04 按【Enter】键确认设置，效果如图101−4所示。

图101−2 拖入元件并新建图层

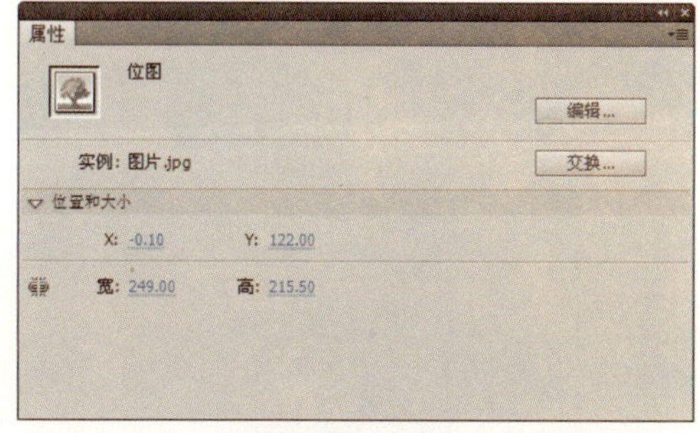

图101−3 设置图片属性

图101−4 添加的图片

实例 102 制作播放器的按钮

效果欣赏	实例导航
	素材文件：素材\第9章\实例102
	效果文件：效果\第9章\实例102.fla
	视频文件：视频\第9章\实例102.swf
	知识点睛：制作播放器的基本按钮

步骤 01 单击“文件”|“打开”命令，打开“实例101.fla”文件，单击“文件”|“另存为”命令，将其保存为“实例102.fla”文件。

步骤 02 在“时间轴”面板中单击“新建图层”按钮，在“皮肤”图层的上方创建“按钮”图层。

步骤 03 选择“按钮”图层，单击“窗口”|“库”命令，在弹出的“库”面板中选择“播放”按钮元件并将其拖曳至舞台，调整其大小和位置，效果如图102-1所示。

步骤 04 在“库”面板中将“上一曲”按钮元件拖曳至舞台，并调整其大小和位置，效果如图102-2所示。

图102-1 拖曳元件至舞台中

图102-2 拖入“上一曲”按钮元件

步骤 05 在“库”面板中将“下一曲”按钮元件拖曳至舞台中，并调整其大小和位置，效果如图102-3所示。

步骤 06 在“库”面板中将“暂停”按钮元件拖曳至舞台中，并调整其大小和位置，效果如图102-4所示。

图102-3 拖入“下一曲”按钮元件

图102-4 拖入“暂停”按钮元件

步骤 07 在“库”面板中将“停止”按钮元件拖曳至舞台中，并调整其大小和位置，效果如图102-5所示。

步骤 08 在“库”面板中将“元件1”影片剪辑元件其拖曳至舞台中，并调整其大小和位置，如图102-6所示，接着设置其实例名称为yinliang。

图102-5 拖入“停止”按钮元件

图102-6 拖入“元件1”影片剪辑元件

步骤 09 在“库”面板中将“音量”影片剪辑元件拖曳至舞台的“元件1”元件，效果如图102-7所示。将其实例名称设置为yinliang，如图102-8所示。

图102-7 拖入“音量”影片剪辑元件

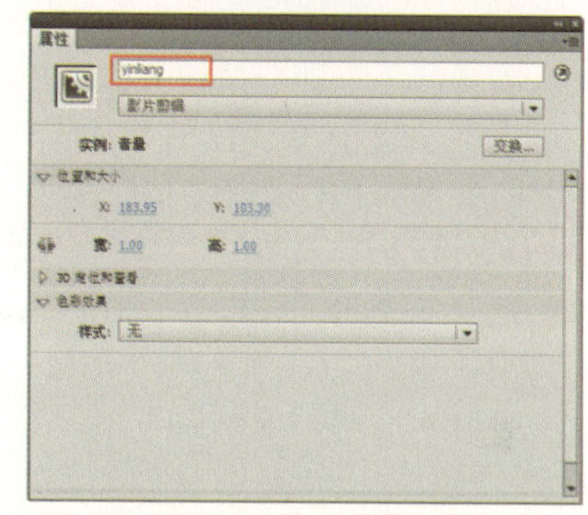

图102-8 设置实例名称

实例 103 制作简单的播放器

效果欣赏	实例导航
 	素材文件：素材\第9章\实例103 效果文件：效果\第9章\实例103.fla 视频文件：视频\第9章\实例103.swf 知识点睛：给播放器各按钮添加动作脚本

步骤 01 单击“文件”|“打开”命令，打开文件，单击“文件”|“另存为”命令，将其保存为“实例103.fla”.fla”文件。

步骤 02 选择“上一曲”按钮元件，单击“窗口”|“动作”命令，在弹出的“动作-按钮”面板中添加脚本语句，如图103-1所示（具体代码见“素材\第9章\实例103\文本文档103-1.txt”）。

步骤 03 选择“播放”按钮元件，单击“窗口”|“动作”命令，在弹出的“动作-按钮”面板中添加脚本语句，如图103-2所示（具体代码见“103-2.txt”文件）。

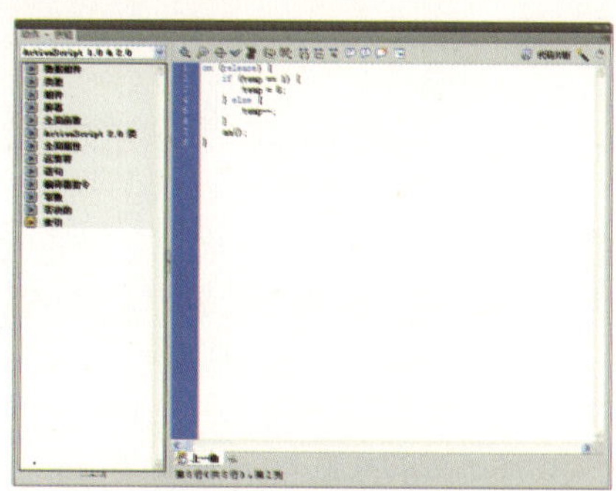

图103-1 为“上一曲”元件添加脚本

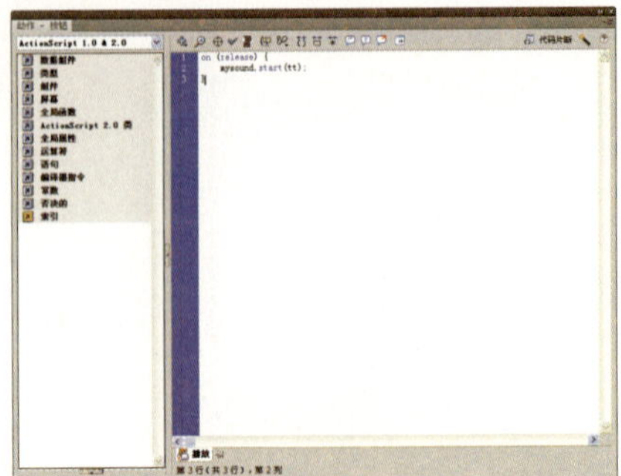

图103-2　为“播放”元件添加脚本

步骤 04 选择“下一曲”按钮元件，单击“窗口”|“动作”命令，在弹出的“动作-按钮”面板中添加脚本语句，如图103-3所示（具体代码见“103-3.txt”文件）。

步骤 05 选择“暂停”按钮元件，单击“窗口”|“动作”命令，在弹出的“动作-按钮”面板中添加脚本语句，如图103-4所示（具体代码见“103-4.txt”文件）。

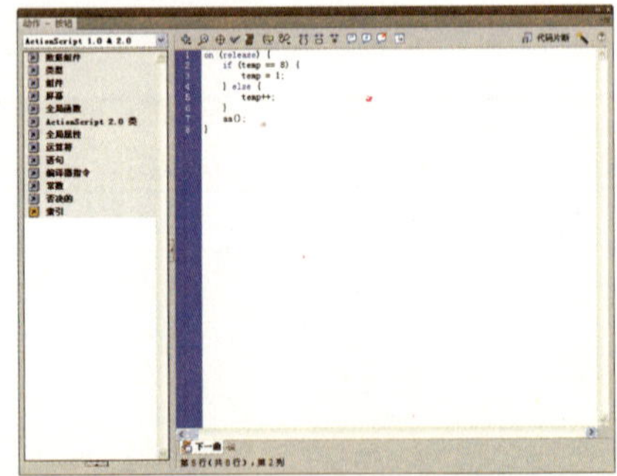

图103-3　为“下一曲”元件添加脚本

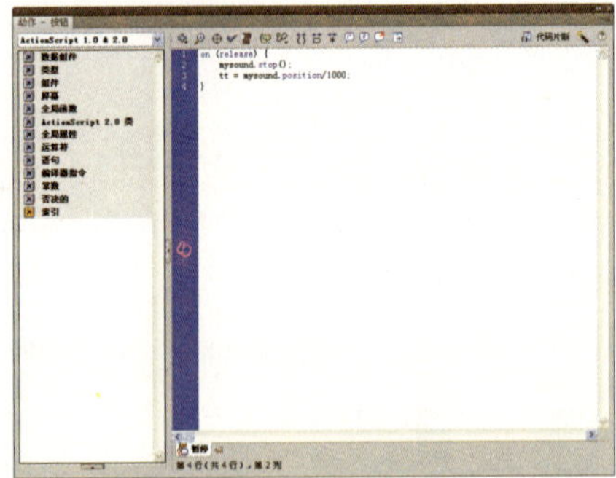

图103-4　为“暂停”元件添加脚本

步骤 06 选择“停止”按钮元件，单击“窗口”|“动作”命令，在弹出的“动作-按钮”面板中添加脚本语句，如图103-5所示（具体代码见“文本文档103-5.txt”文件）。

步骤 07 在“时间轴”面板中单击“新建图层”按钮，在“按钮”图层的上方创建一个图层并将其命名为“代码”，如图103-6所示。

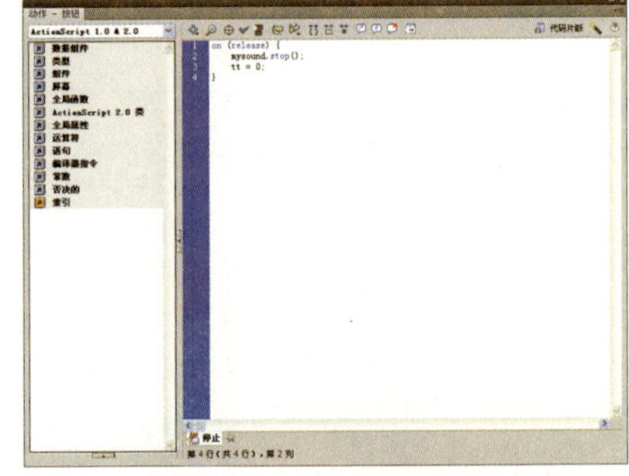

图103-5　为“停止”元件添加脚本

图103-6　新建图层

步骤 08 加载音乐。选择“代码”图层的第1帧，单击“窗口”|“动作”命令，在弹出的“动作”面板中添加脚本语句，如图103-7所示（具体代码见“103-7.txt”　文件）。

步骤 09 设置如果声音加载成功就开始播放的代码。继续选择“代码”图层的第1帧，在“动作”面板中添加脚本语句，如图103-8所示（具体代码见“103-8.txt”文件）。

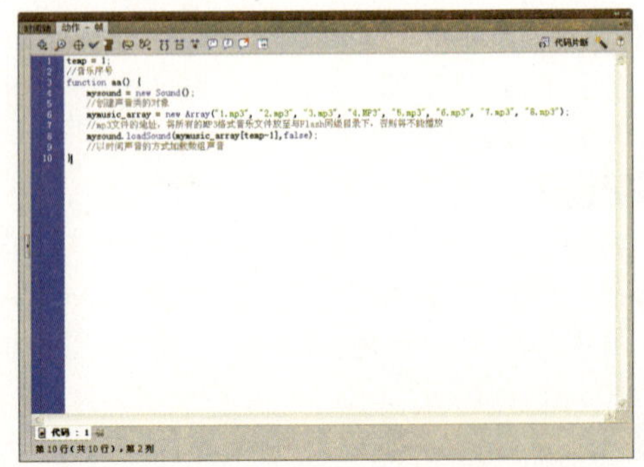

图103-7　以时间声音的方式加载数组声音

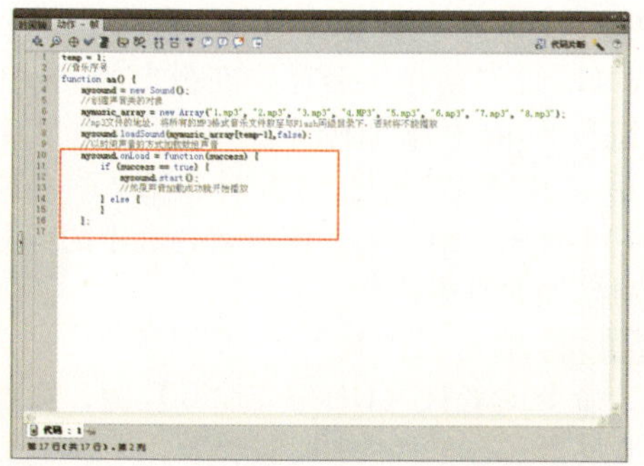

图103-8 声音加载成功就开始播放

专家点拨

用户应该将所有的MP3格式音乐文件放至与Flash同级目录下，否则将不能播放。

步骤 10 设置循环播放。继续选择“代码”图层的第1帧，在“动作”面板中添加脚本语句，如图103-9所示（具体代码见“103-9.txt”文件）。

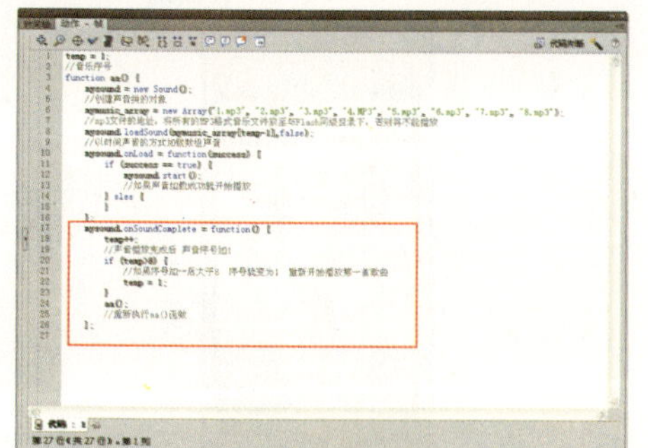

图103-9 设置循环播放音乐的代码

步骤 11 设置音量。量继续选择“代码”图层的第1帧，在“动作”面板中添加脚本语句，如图103-10所示（具体代码见“103-10.txt”文件）。

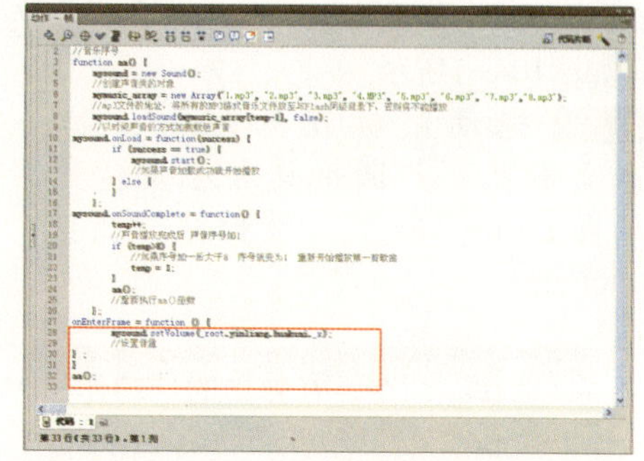

图103-10 设置音量的代码

步骤 12 单击“控制”|“测试影片”|“测试”命令或者按【Ctrl+Enter】键，测试简单音乐播放器，效果如图103-11所示。

图103-11 测试动画效果

实例 104 显示音乐缓冲进度

<table>
<tr><th>效果欣赏</th><th>实例导航</th></tr>
<tr><td rowspan="4"></td><td>素材文件：素材\第9章\实例104</td></tr>
<tr><td>效果文件：效果\第9章\实例104.fla</td></tr>
<tr><td>视频文件：视频\第9章\实例104.swf</td></tr>
<tr><td>知识点睛：绘制动态文本框、添加动作脚本</td></tr>
</table>

步骤 01 单击“文件”|“打开”命令，打开“实例103.fla”文件，单击“文件”|“另存为”命

令，将其保存为“实例104.fla”文件。

步骤 02 选择“按钮”层的第1帧，选择工具箱中的文本工具，在“属性”面板中设置“文本类型”为“动态文本”、“序列”为Mangal、“字体大小”为10、“颜色”为白色，如图104-1所示。

步骤 03 拖动鼠标在舞台中绘制一个动态文本框，并调整其大小及位置，效果如图104-2所示。设置其“变量”为huanchong。

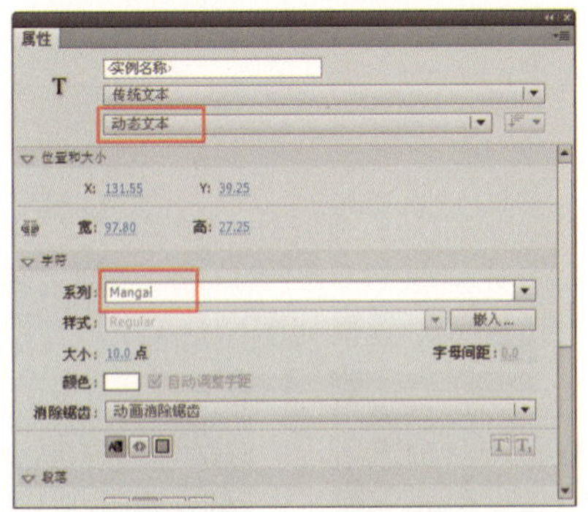

图104-1 设置动态文本属性

图104-2 创建动态文本框

步骤 04 选择“代码”图层的第1帧，单击“窗口”|“动作”命令，在弹出的“动作-按钮”面板中添加脚本语句，如图104-3所示（具体代码见“素材\第9章\实例104\104-3.txt”），图中蓝色选中的部分即为刚添加的脚本语句。

步骤 05 单击“控制”|“测试影片”|“测试”命令或者按【Ctrl+Enter】键，测试音乐播放器，效果如图104-4所示。

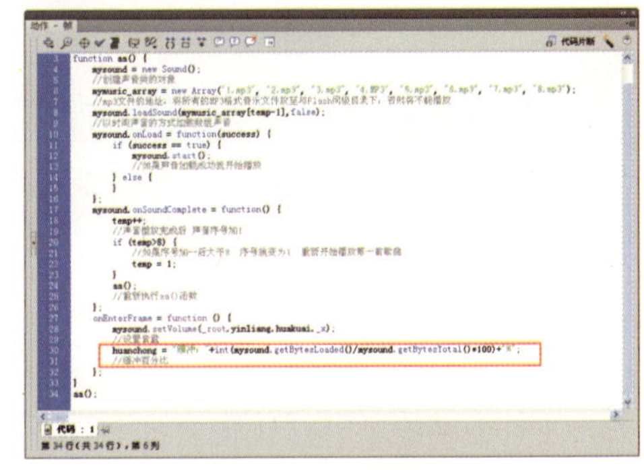

图104-3 添加脚本代码

图104-4 测试动画效果

实例 105 显示歌曲和歌手名称

效果欣赏	实例导航
	素材文件：素材\第9章\实例105
	效果文件：效果\第9章\实例105.fla
	视频文件：视频\第9章\实例105.swf
	知识点睛：绘制动态文本框、添加动作脚本

步骤 01 单击“文件”|“打开”命令，打开“实例104.fla”文件，单击“文件”|“另存为”

命令，将其保存为“实例105.fla”文件。

步骤 02 选择“按钮”图层的第1帧，选择工具箱中的文本工具，在“属性”面板中设置“文本类型”为“动态文本”、“系列”为Mangal、“字体大小”为12、“颜色”为蓝色（#0098FF），如图105-1所示。

步骤 03 拖动鼠标在舞台中绘制一个动态文本框，调整大小及位置，效果如图105-2所示，并设置“变量”为music_name。

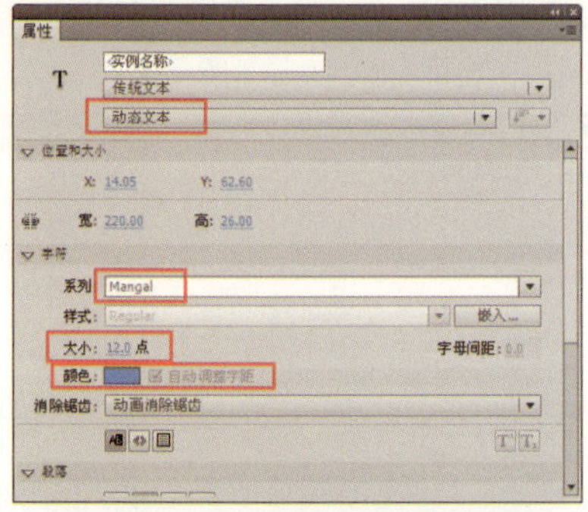

图105-1　设置动态文本框属性

图105-2　创建动态文本框

步骤 04 选择“代码”层的第1帧，单击“窗口”|“动作”命令，在弹出的“动作-按钮”面板中添加脚本语句，如图105-3所示（具体代码见“素材\第9章\实例105\105-3.txt”），图中蓝色选中的部分即为刚添加的脚本语句。

步骤 05 单击“控制”|“测试影片”|“测试”命令或者按【Ctrl+Enter】键，测试音乐播放器，效果如图105-4所示。

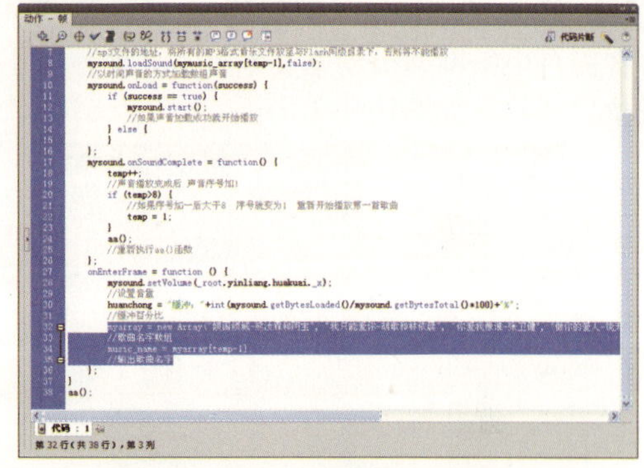

图105-3　添加脚本语句

图105-4　测试动画效果

实例 106 显示音乐播放长度

效果欣赏	实例导航
	素材文件：素材\第9章\实例106
	效果文件：效果\第9章\实例106.fla
	视频文件：视频\第9章\实例106.swf
	知识点睛：绘制动态文本框、添加动作脚本

步骤 01 单击“文件”|“打开”命令，打开“实例105.fla”文件，单击“文件”|“另存为”命令，将其保存为“实例106.fla”文件。

步骤 02 选择工具箱中的文本工具，在其“属性”面板中设置“文本类型”为“动态文本”、“系列”为Mangal、“字体大小”为10、“颜色”为“灰色”（#CCCCCC），如图106-1所示。

步骤 03 选择“按钮”图层的第1帧，拖动鼠标在舞台中绘制两个动态文本框，并调整大小及位置，效果如图106-2所示。

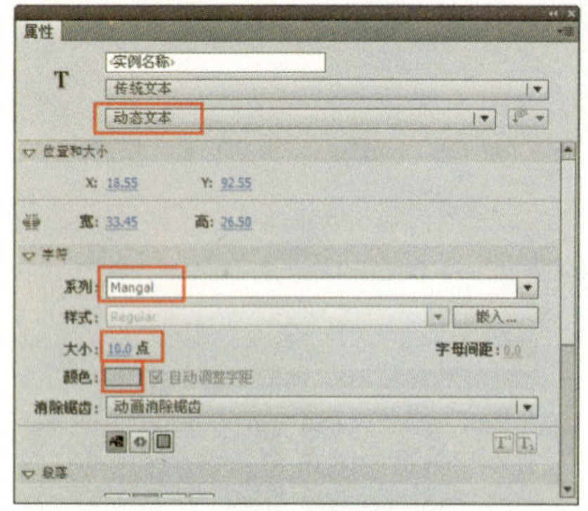

图106-1 设置动态文本的属性

图106-2 创建动态文本框

步骤 04 设置左侧的动态文本框的“变量”为yibofang、右侧的动态文本框“变量”为zongchangdu。选择“代码”图层的第1帧，单击“窗口”|“动作”命令，在弹出的“动作-按钮”面板中添加脚本语句，如图106-3所示（具体代码见“素材\第9章\实例106\106-3.txt”），图中选中部分即为刚添加的脚本语句。

步骤 05 单击“控制”|“测试影片”|“测试”命令或者按【Ctrl+Enter】键，测试音乐播放器，效果如图106-4所示。

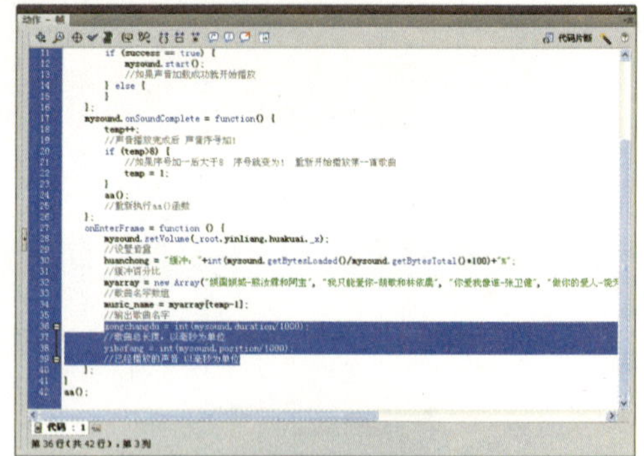

图106-3 添加脚本语句

图106-4 测试动画效果

实例 107 显示音乐播放进度

效果欣赏	实例导航
	素材文件：素材\第9章\实例107
	效果文件：效果\第9章\实例107.fla
	视频文件：视频\第9章\实例107.swf
	知识点睛：设置音乐播放进度

步骤 01 单击“文件”|“打开”命令，打开“实例106.fla”文件，单击“文件”|“另存为”命令，将其保存为“实例107.fla”文件。

步骤 02 选择“按钮”图层，单击“窗口”|“库”命令，在弹出的“库”面板中选择“播放条”影片剪辑元件，将其拖曳至舞台，并调整其大小和位置，效果如图107-1所示。

步骤 03 选择“播放条”影片剪辑元件，在“属性”面板中设置实例名称为bofangtiao，如图107-2所示。

图107-1 添加元件至舞台中

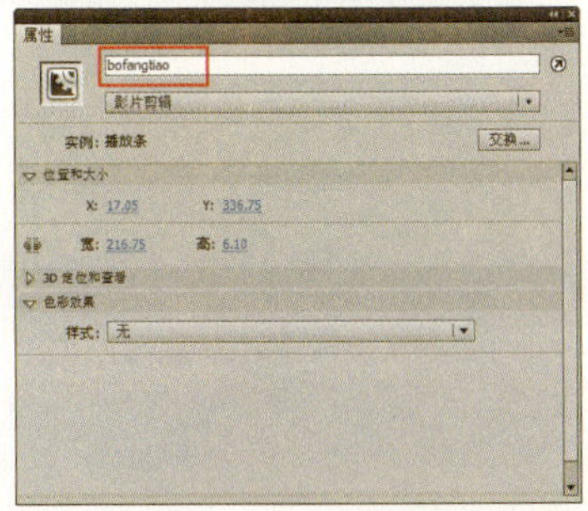

图107-2 设置实例名称

步骤 04 选择“代码”层的第1帧，单击“窗口”|“动作”命令，在弹出的“动作-按钮”面板中添加脚本语句，如图107-3所示（具体代码见“素材\第9章\实例107\107-3.txt”），图中选中部分即为刚添加的脚本语句。

步骤 05 单击“控制”|“测试影片”|“测试”命令或按者【Ctrl+Enter】键，测试音乐播放器，效果如图107-4所示。

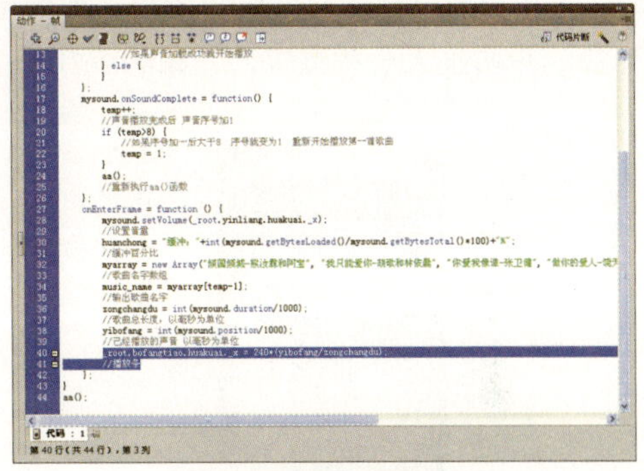

图107-3 添加脚本语句

图107-4 测试动画效果

实例 108 制作静音按钮

效果欣赏	实例导航
	素材文件：素材\第9章\实例108
	效果文件：效果\第9章\实例108.fla
	视频文件：视频\第9章\实例108.swf
	知识点睛：制作静音按钮

步骤 01 单击“文件”|“打开”命令，打开“实例107.fla”文件，单击“文件”|“另存为”命令，将其保存为“实例108.fla”文件。

步骤 02 选择“按钮”图层的第1帧，单击“窗口”|“库”命令，在弹出的“库”面板中选择“静音”按钮元件，将其拖曳至舞台，并调整其大小和位置，效果如图108-1所示。

步骤 03 继续选择“按钮”图层的第1帧，在“库”面板中将“静音线”影片剪辑元件拖曳至舞台，并调整大小和位置，效果如图108-2所示。

图108-1 拖曳按钮元件至舞台中

图108-2 拖曳影片剪辑元件到舞台中

步骤 04 选择舞台中的“静音”按钮元件，在“属性”面板中设置实例名称为jingyin，如图108-3所示。

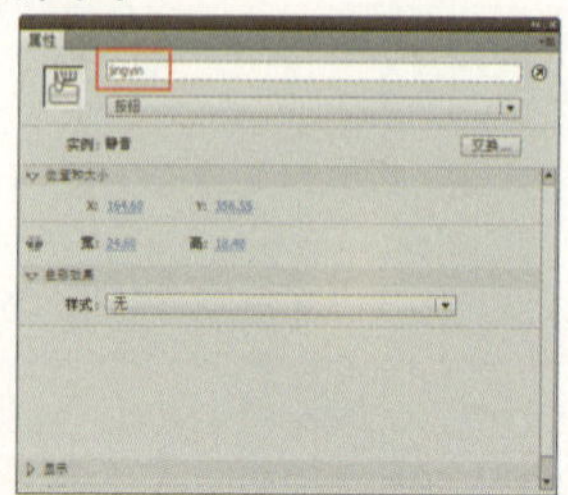

图108-3 设置按钮元件的实例名称

步骤 05 选择舞台中的“静音线”影片剪辑元件，在“属性”面板中设置实例名称为jingyinxian，如图108-4所示。

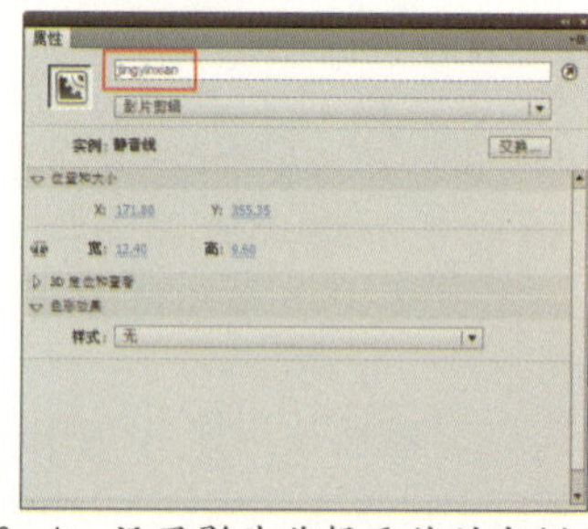

图108-4 设置影片剪辑元件的实例名称

步骤 06 选择“代码”图层的第1帧，单击“窗口”|“动作”命令，在弹出的“动作-按钮”面板中添加脚本语句，如图108-5所示（具体代码见“素材\第9章\实例108\108-5.txt”），图中选中部分即为刚添加的脚本语句。

步骤 07 单击“控制”|“测试影片”|“测试”命令或者按【Ctrl+Enter】键，测试音乐播放器，效果如图108-6所示。

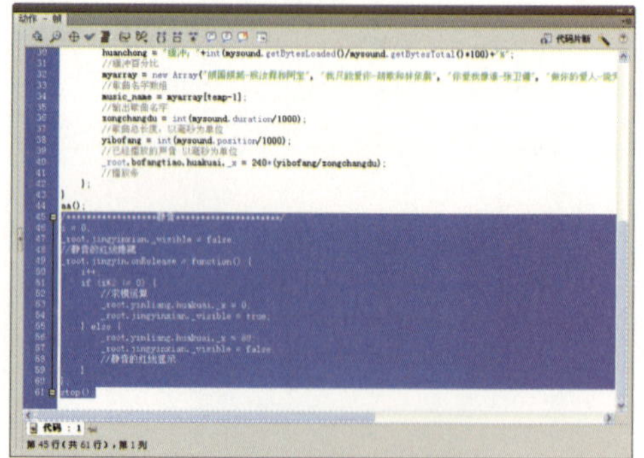

图108-5 添加脚本语句

图108-6 测试动画效果

实例 109 制作动画特效一

效果欣赏	实例导航
 	素材文件：素材\第9章\实例109
	效果文件：效果\第9章\实例109.fla
	视频文件：视频\第9章\实例109.swf
	知识点睛：添加元件、设置颜色效果样式

步骤 01 单击“文件”|“打开”命令，打开“实例108.fla”文件，单击“文件”|“另存为”命令，将其保存为“实例109.fla”文件。

步骤 02 选择“代码”图层，单击4次“时间轴”面板底部的“新建图层”按钮，依次创建“图形1”、“图形2”、“图形3”和“图形4”图层，如图109-1所示。

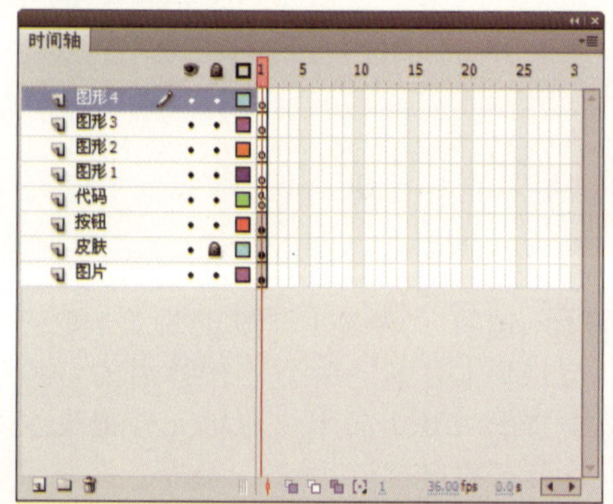

图109-1 新建图层

步骤 03 选择“图形1”图层的第1帧，单击“窗口”|“库”命令，在弹出的“库”面板中将Symbol 3影片剪辑元件拖曳至舞台，设置“宽度”和“高度”分别为2.6和1.3、X和Y轴值分别为32和244，效果如图109-2所示。

步骤 04 选择“图形2”图层的第1帧，在“库”面板中将Symbol 3影片剪辑元件拖曳至舞台，并设置“宽度”和“高度”分别为2.6和1.3、X和Y轴值分别为34和247，效果如图109-3所示。

图109-2 添加元件并设置其属性

图109-3 “圆形2”图层中的Symbol 3元件

步骤 05 选择“图形3”图层的第1帧，在“库”面板中将Symbol 3影片剪辑元件拖曳至舞台，并设置“宽度”和“高度”分别为1.6和1.3、X和Y轴值分别为217.9和286，如图109-4所示。

图109-4 “圆形3”图层中的Symbol 3元件

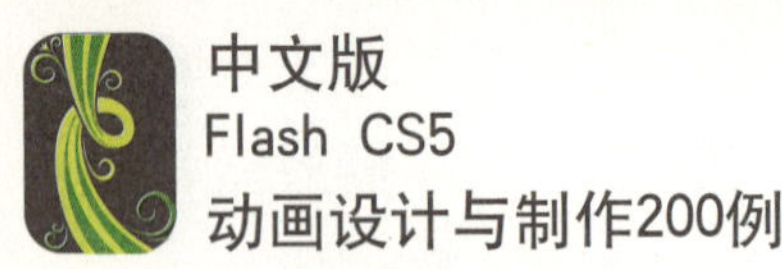

步骤 06 选择“图形4”图层的第1帧，在“库”面板中将Symbol 3影片剪辑元件拖曳至舞台，并设置“宽度”和“高度”分别为1.6和1.3、X和Y轴值分别为215.9和259，效果如图109-5所示。

图109-5 “圆形4”图层中的Symbol 3元件

步骤 07 单击“控制”|“测试影片”|“测试”命令或者按【Ctrl+Enter】键，测试音乐播放器，效果如图109-6所示。

109-6 测试动画效果

实例 110 制作动画特效二

效果欣赏	实例导航
	素材文件：素材\第9章\实例110
	效果文件：效果\第9章\实例110.fla
	视频文件：视频\第9章\实例110.swf
	知识点睛：变形元件、设置颜色效果样式

步骤 01 单击“文件”|“打开”命令，打开“实例109.fla”文件，单击“文件”|“另存为”命令，将其保存为“实例110.fla”文件。

步骤 02 选择“图形2”图层，单击两次“时间轴”面板底部的“新建图层”按钮，创建“光芒1”、“光芒2”两个图层，如图110-1所示。

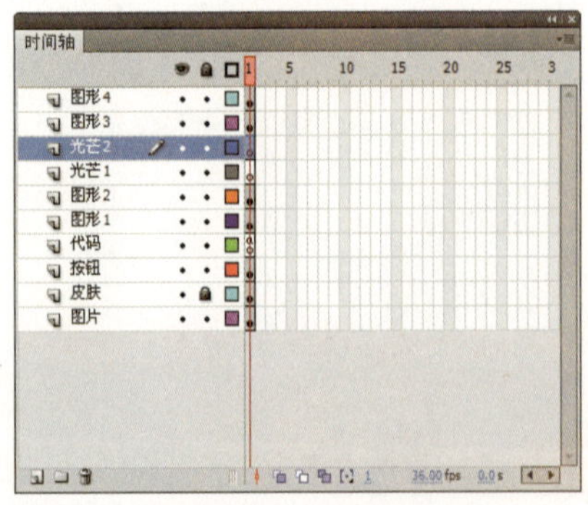

图110-1 新建图层

步骤 03 选择“光芒1”图层的第1帧，单击“窗口”|“库”命令，在弹出的“库”面板中将Symbol 6影片剪辑元件拖曳至舞台，单击“窗口”|“变形”命令，在弹出的“变形”面板中设置“缩放宽度”和“缩放高度”分别为28.3%和28.5%、“旋转”为120，如图110-2所示。

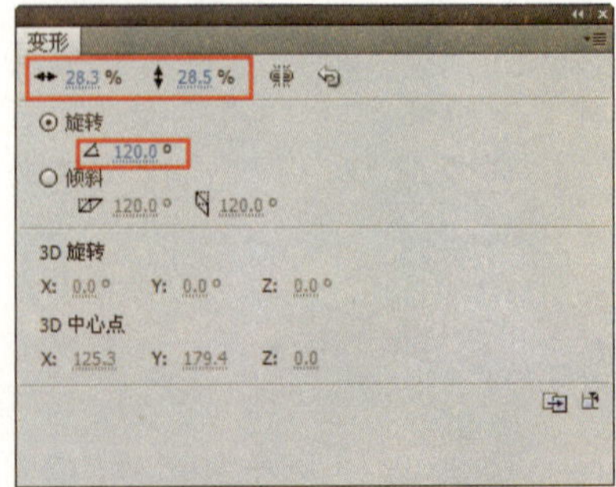

图110-2 “变形”面板

步骤 04 继续选择刚拖入舞台的Symbol 6影片剪辑元件，在“属性”面板中设置X和Y轴值分别为120.8和和174.2，效果如图110-3所示（图中选中的对象）。

步骤 05 选择“光芒2”图层的第1帧，在“库”面板中将Symbol 6影片剪辑元件拖曳至舞台，单击“窗口”|“变形”命令，在弹出的“变形”面板中设置“缩放宽度”和“缩放高度”均为41.7%、“旋转”为-120，如图110-4所示。

图110-3 设置“光芒1”图层中对象的属性

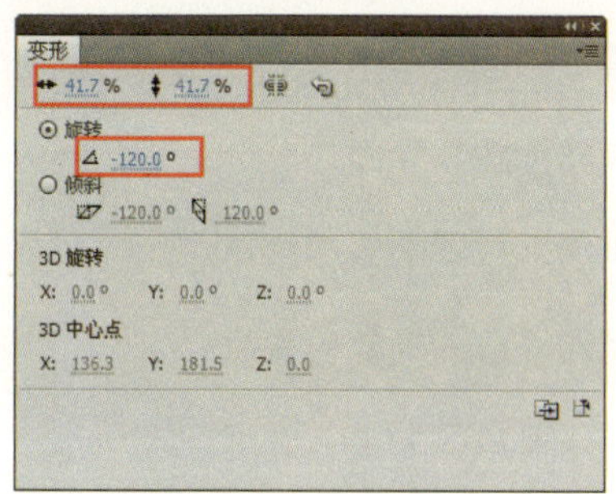

图110-4 “变形”面板

步骤 06 继续选择“光芒2”图层中的对象，在“属性”面板中设置其X和Y轴值分别为146.4和179.6，如图110-5所示（图中选中的对象）。

步骤 07 单击“控制”|“测试影片”|“测试”命令或者按【Ctrl+Enter】键，测试音乐播放器，效果如图110-6所示。

图110-5 设置“光芒2”图层中对象的属性

图110-6 测试动画效果

第10章 视频播放器

本章重点

实例111　制作视频主界面

实例112　制作主界面按钮

实例113　添加相应的脚本

实例114　制作播放器界面

实例115　制作播放器的播放按钮

实例116　制作播放器的暂停按钮

实例117　制作播放器的播放进度条

实例118　制作返回主界面按钮

实例119　制作视频播放器

实例120　制作视频展示

实例 111 制作视频主界面

效果欣赏	实例导航
	素材文件：素材\第10章\实例111
	效果文件：效果\第10章\实例111.fla
	视频文件：视频\第10章\实例111.swf
	知识点睛：导入图像、创建文本

步骤 01 按【Ctrl+N】键新建一个Flash文档。单击“修改”|“文档”命令，弹出“文档设置”对话框，设置“宽”为550、“高”为450、“背景颜色”为白色、“帧频”为10，单击“确定”按钮，修改文档设置。

步骤 02 双击“图层1”图层，将其重命名为“界面”图层，选择第1帧，单击“文件”|“导入”|“导入到舞台”命令，导入一幅素材图像，并调整大小和位置，使其覆盖整个舞台，效果如图111-1所示。

步骤 03 选择工具箱中的文本工具，在“属性”面板中设置“系列”为“汉仪菱心体简”、“字体大小”为60、“颜色”为红色（#CC0000），在舞台上输入“贺卡欣赏”文本，并调整其位置，效果如图111-2所示。

图111-1 导入素材图像

图111-2 输入文本

步骤 04 继续选中第1帧，选择工具箱中的文本工具，在“属性”面板中设置“系列”为“黑体”、“字体大小”为40、“颜色”为红色（#CC0000），输入相应文本，如图111-3所示。

步骤 05 单击“文件”|“另存为”命令，将其保存为文件名为“实例111.fla”的文件。单击“控制”|“测试影片”|“测试”命令，测试动画效果，如图111-4所示。

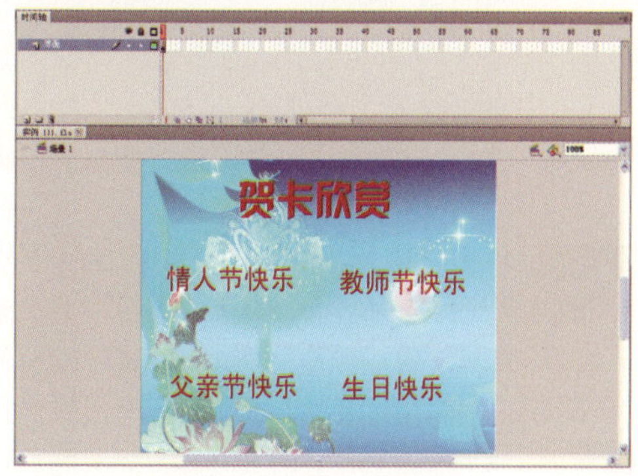

图111-3 输入其他文本

图111-4 测试动画效果

实例 112 制作主界面按钮

效果欣赏	实例导航
	素材文件：素材\第10章\实例112
	效果文件：效果\第10章\实例112.fla
	视频文件：视频\第10章\实例112.swf
	知识点睛：创建按钮元件、添加按钮声音

步骤 01 单击“文件”|“打开”命令，打开一个包含素材图像的文件，如图112-1所示。单击“文件”|“另存为”命令，将其保存为“实例112.fla”文件。

图112-1 打开素材文件

步骤 02 单击“插入”|“新建元件”命令，弹出“创建新元件”对话框，设置“名称”为“矩形”、“类型”为“影片剪辑”，如图112-2所示。单击“确定”按钮，进入元件的编辑模式。

步骤 03 选择工具箱中的矩形工具，在“属性”面板中设置“笔触颜色”为无、“填充颜色”为蓝色（#113B92），绘制一个“宽度”和“高度”分别为155和40的矩形，如图112-3所示。

图112-2 “创建新元件”对话框

图112-3 创建“矩形”元件

步骤 04 同理，新建一个名为“隐形按钮”的按钮元件，并进入其编辑模式中，选择“指针经过”帧，按【F6】键插入关键帧。将“矩形”元件拖曳至编辑区，并设置X和Y轴值分别为-2和-1、Alpha值为40%，效果如图112-4所示。

图112-4　编辑“隐形按钮”元件

步骤 05 在“图层1”图层的“按下”帧插入关键帧，设置X和Y轴值均为1，选择“点击”帧，按【F5】键插入普通帧，如图112-5所示。

步骤 06 单击“文件”|“导入”|“打开外部库”命令，在弹出的“作为库打开”对话框中选择“按钮声音.fla”文件，如图112-6所示。

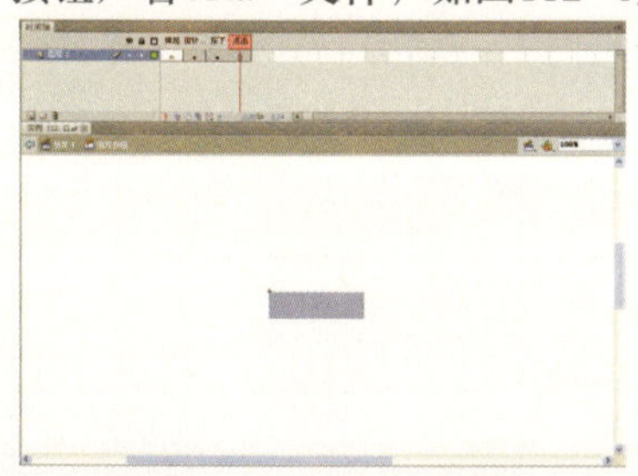

图112-5　插入普通帧

图112-6　“作为库打开”对话框

步骤 07 单击“打开”按钮，弹出“库-按钮声音.FLA”面板，如图112-7所示。

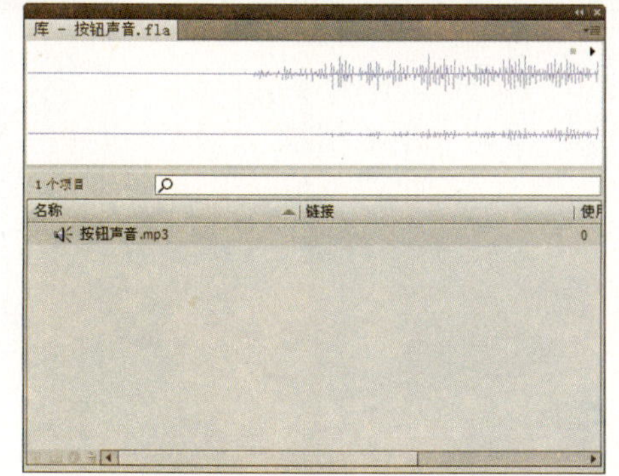

图112-7　“库-按钮声音.FLA”面板

步骤 08 在“图层1”图层的上方新建“图层2”图层，分别选择“指针经过”帧和“按下”帧，按【F7】键插入空白关键帧。选择“指针经过”帧，将“库-按钮声音.FLA”面板中的“按钮声音”元件拖曳至编辑区中，完成添加按钮声音的操作，此时的“时间轴”面板如图112-8所示。

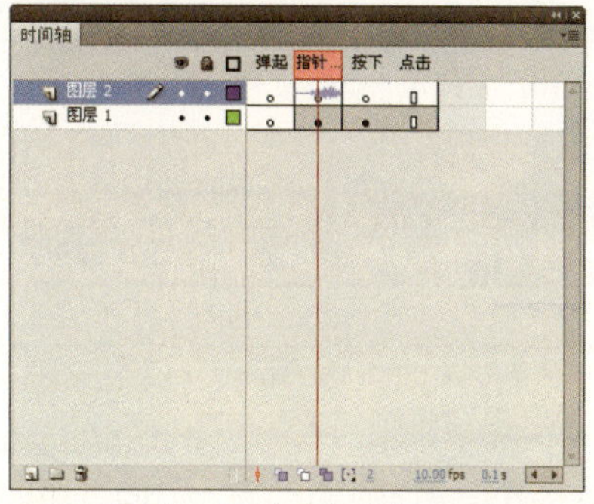

图112-8　“时间轴”面板

步骤 09 单击“场景1”标签，到“场景1”编辑模式。在“界面”图层的上方创建“隐形按钮”图层，选择第1帧，将刚创建的“隐形按钮”元件拖曳至舞台区4次，并调整其大小及位置，效果如图112-9所示。

图112-9　拖曳元件到舞台上

步骤 10 选择“隐形按钮”元件，按照从左至右、从上至下的原则，依次将各按钮元件的实例名称设置为btn1、btn2、btn3、btn4。图112-10所示的是左侧第1个按钮设置的实例名称。

步骤 11 单击“控制”|“测试影片”|“测试”命令或者按【Ctrl+Enter】键测试动画。当鼠标经过各隐形按钮时，会发出按钮声音，效果如图112-11所示。

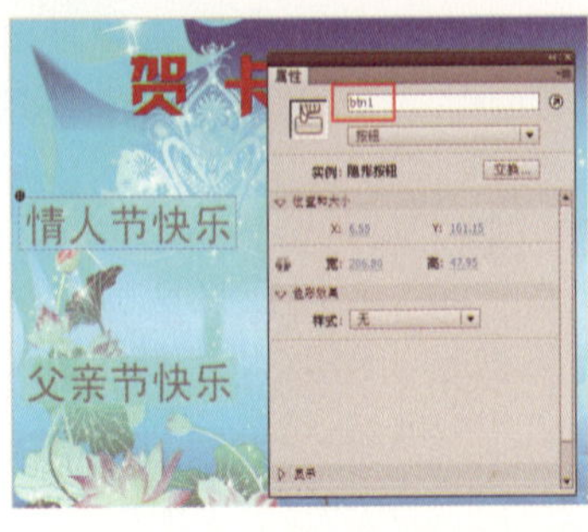

图112-10　左侧第1个按钮的实例名称

图112-11　测试动画效果

实例 113　添加相应的脚本

实例导航	
素材文件：素材\第10章\实例113	视频文件：视频\第10章\实例113.swf
效果文件：效果\第10章\实例113.fla	知识点睛：添加动作脚本

步骤 01 单击“文件”|“打开”命令，打开一个包含素材图像的文件，如图113-1所示。单击“文件”|“另存为”命令，将其保存为“实例113.fla”文件。

步骤 02 在“隐形按钮”图层的上方创建“脚本”图层。选择第1帧，单击“窗口”|“动作”命令，在弹出的“动作”面板中添加脚本语句，如图113-2所示（具体代码见“素材\第10章\实例113\113-2.txt.”）。

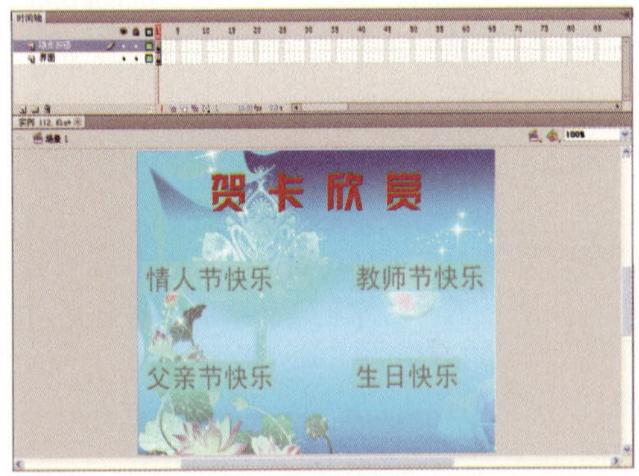

图113-1　打开的素材文件

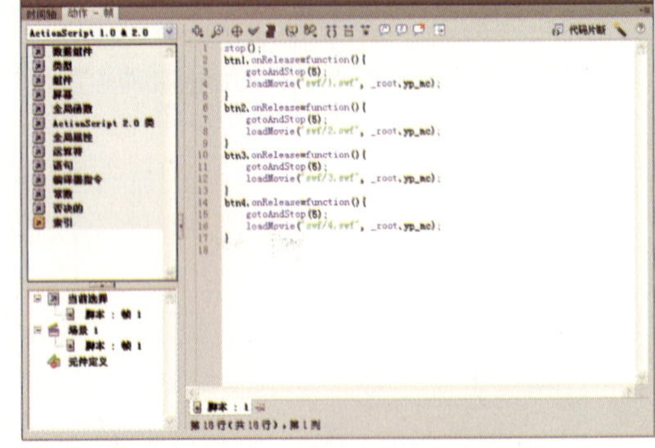

图113-2　添加的脚本语句

专家提醒

脚本“loadMovie("swf/1.swf", _root.yp_mc);”的其含义是将SWF文件夹中的1.swf文件加载至yp_mc影片中，所以一定要保证Flash同级目录下的SWF文件要存在相对应的影片中才能正常进行加载与播放。

实例 114 制作播放器界面

效果欣赏	实例导航
	素材文件：素材\第10章\实例114 效果文件：效果\第10章\实例114.fla 视频文件：视频\第10章\实例114.swf 知识点睛：制作播放器界面、加载影片

步骤 01 单击“文件”|“打开”命令，打开一个包含素材图像的文件，如图114-1所示。单击“文件”|“另存为”命令，将其保存为“实例114.fla”文件。

步骤 02 分别选择“界面”图层和“隐形按钮”图层的第5帧，单击鼠标右键，在弹出的快捷菜单中选择“插入空白关键帧”选项，插入空白关键帧，效果如图114-2所示。

图114-1 打开的素材文件

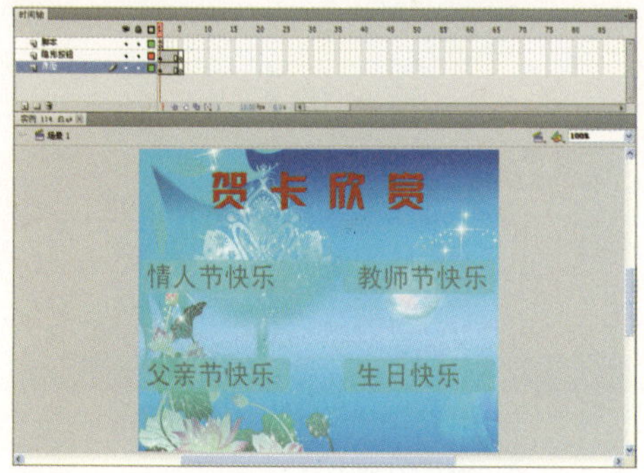

图114-2 插入空白关键帧

步骤 03 选择“界面”图层的第5帧，单击“文件”|“导入”|“导入到舞台”命令，导入一幅播放器界面图像，并调整大小和位置，使其覆盖整个舞台，效果如图114-3所示。

步骤 04 在“界面”图层的下方创建“视频”图层，选择第5帧，插入空白关键帧，如图114-4所示。

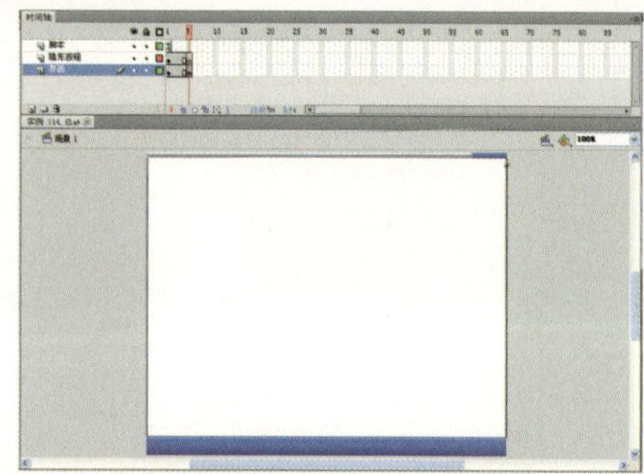

图114-3 导入播放器界面图像

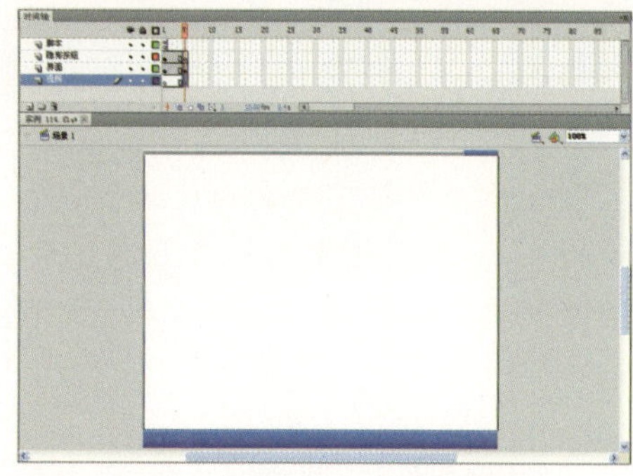

图114-4 插入空白关键帧

步骤 05 单击“插入”|“新建元件”命令，弹出“创建新元件”对话框，设置“名称”为“加载影片”、“类型”为“影片剪辑”，单

击“确定”按钮，进入元件的编辑区，如图114-5所示。

步骤 06 在该编辑区中不做任何修改，单击“场景1”标签，返回“场景1”编辑模式。选择“视频”图层的第5帧，将刚创建的“加载影片”元件拖曳至舞台，并设置X和Y轴值分别为1.8和9.3、实例名称为yp_mc，如图114-6所示。

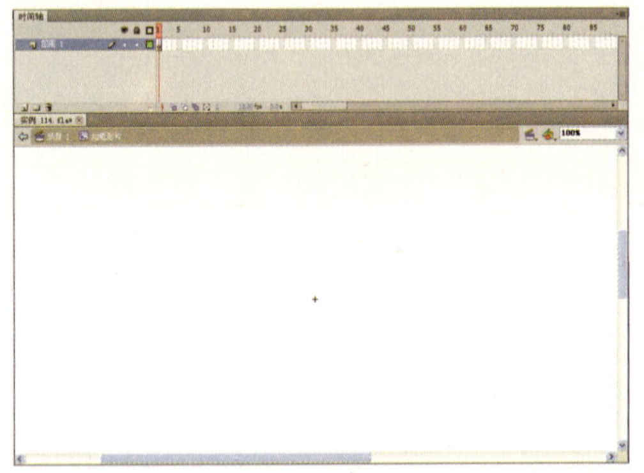

图114-5 创建“加载影片”元件

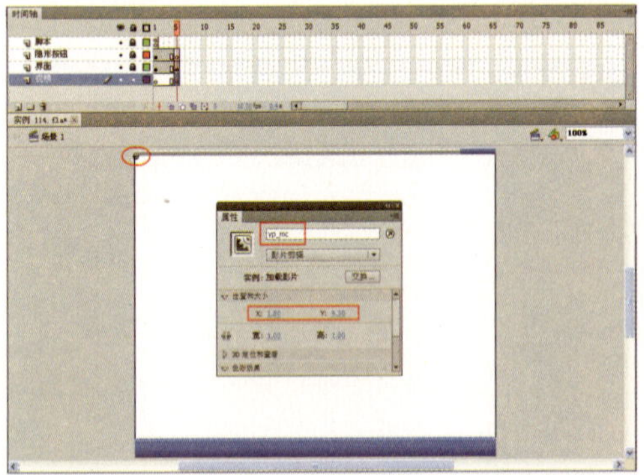

图114-6 设置“加载影片”元件的属性

专家提醒

从上面可以看到，设置影片剪辑的实例名称为yp_mc，即实例名称的后缀名为_mc。_mc在Flash中是表示影片剪辑对象的变量后缀，在“脚本”面板中输入“yp_mc.”时，会弹出影片剪辑对象的相应脚本提示，如图114-7所示。如果对脚本代码的拼写不是很熟悉，直接从中选择所需的脚本即可。

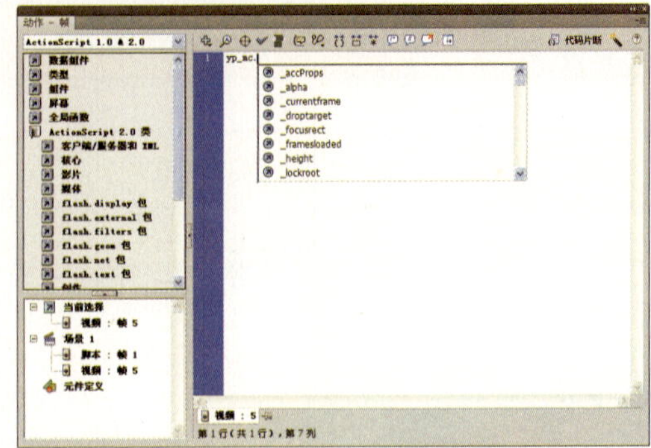

图114-7 影片剪辑对象类的脚本提示

步骤 07 单击“控制”|“测试影片”|“测试”命令或者按【Ctrl+Enter】键，测试动画。当在主界面中单击相应的按钮，Flash将自动切换到播放器界面中并播放贺卡动画，效果如图114-8所示。

图114-8 测试动画效果

实例 115 制作播放器的播放按钮

<table>
<tr><th>效果欣赏</th><th>实例导航</th></tr>
<tr><td rowspan="4"> </td><td>素材文件：素材\第10章\实例115</td></tr>
<tr><td>效果文件：效果\第10章\实例115.fla</td></tr>
<tr><td>视频文件：视频\第10章\实例115.swf</td></tr>
<tr><td>知识点睛：打开外部库、添加播放按钮、添加动作脚本</td></tr>
</table>

步骤 01 单击“文件”|“打开”命令，打开一个包含素材图像的文件，如图115-1所示。单击“文件”|“另存为”命令，将其保存为“实例115.fla”文件。

步骤 02 在“隐形按钮”图层的上方创建“控制条”图层，选择第5帧，插入空白关键帧，如图115-2所示。

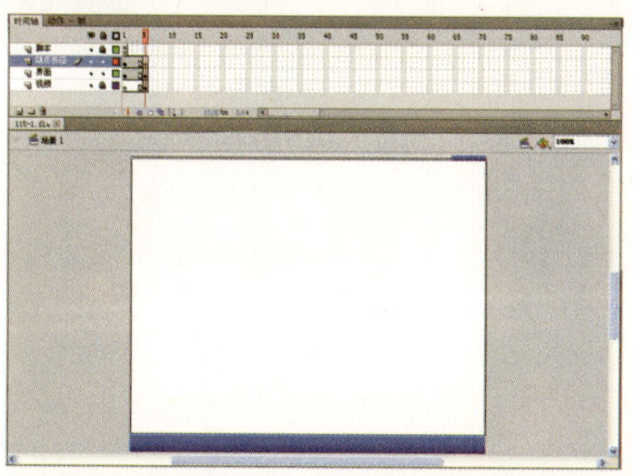

图115-1 打开的素材文件

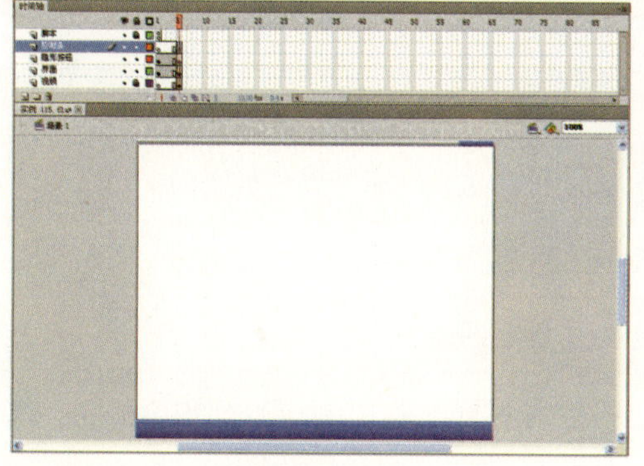

图115-2 插入空白关键帧

步骤 03 单击“文件”|“导入”|“打开外部库”命令，在弹出的“作为库打开”对话框中选择“控制条.fla”文件，如图115-3所示。

步骤 04 单击“打开”按钮，弹出“库-控制条.FLA”面板，如图115-4所示。

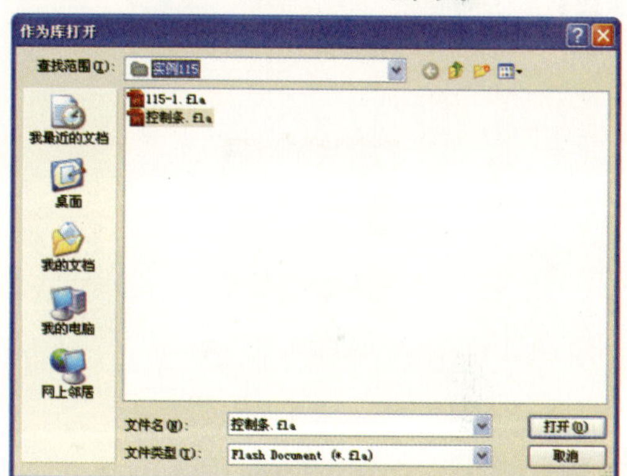

图115-3 “作为库打开”对话框

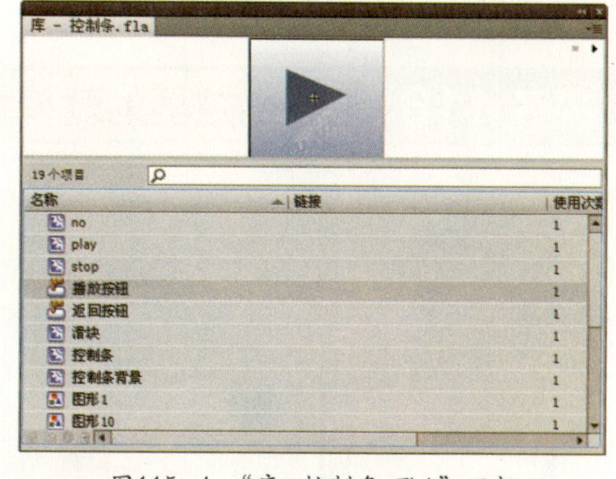

图115-4 “库-控制条.FLA”面板

步骤 05 选择“控制条”图层的第5帧，将“库-控制条.FLA”面板中的“播放按钮”元件拖曳至舞台，并调整其大小及位置，效果如图115-5所示。

步骤 06 选择“播放按钮”元件，在“属性”面板中设置其实例名称为play_mc，如图115-6所示。

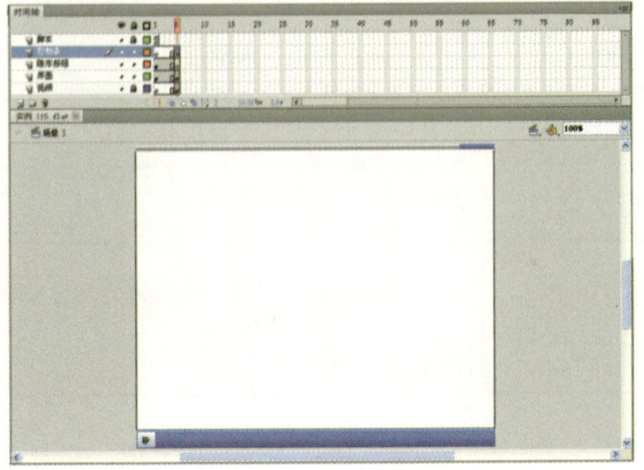

图115-5 添加“播放按钮”元件

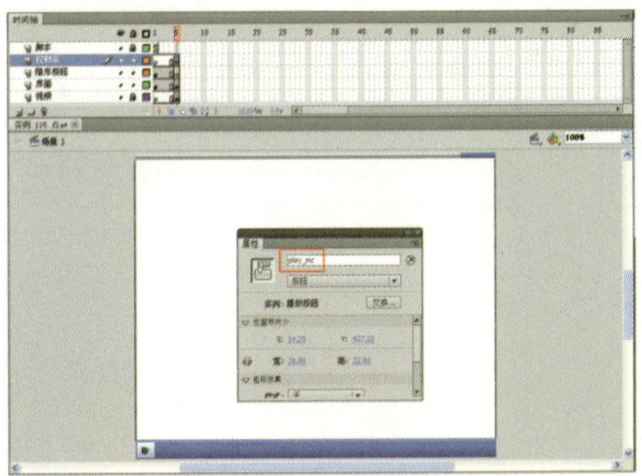

图115-6 设置实例名称

步骤 07 选择“脚本”图层的第5帧，插入空白关键帧，在该帧的“动作-帧”面板中添加脚本语句，如图115-7所示（具体代码见“素材\第10章\实例115\115-7.txt.”）。

步骤 08 单击“控制”|“测试影片”|“测试”命令或者按【Ctrl+Enter】键测试动画。当在主界面中单击相应的按钮，Flash将自动切换到播放器界面中并播放贺卡动画，效果如图115-8所示。

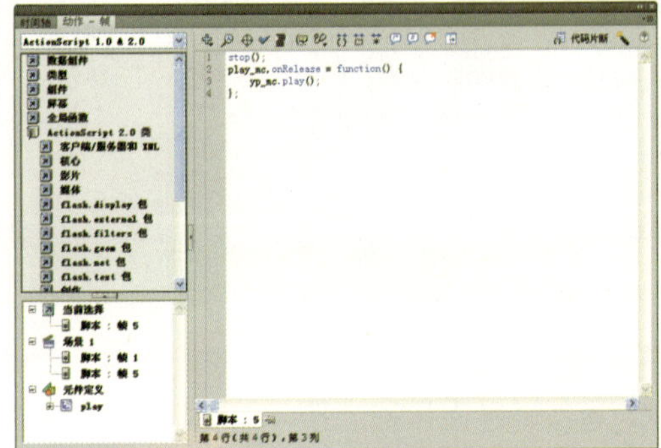

图115-7 添加脚本语句

图115-8 测试动画效果

实例 116 制作播放器的暂停按钮

效果欣赏	实例导航
	素材文件：素材\第10章\实例116
	效果文件：效果\第10章\实例116.fla
	视频文件：视频\第10章\实例116.swf
	知识点睛：打开外部库、添加暂停按钮、添加动作脚本

步骤 01 单击“文件”|“打开”命令，打开一个包含素材图像的文件，如图116-1所示。单击“文件”|“另存为”命令，将其保存为“实例116.fla”文件。

步骤 02 选择“控制条”图层的第5帧，运用实例115中打开外部库面板的方法，打开“库-控制条.FLA”面板，将“暂停按钮”元件拖曳到舞台，并调整其大小及位置，效果如图116-2所示。

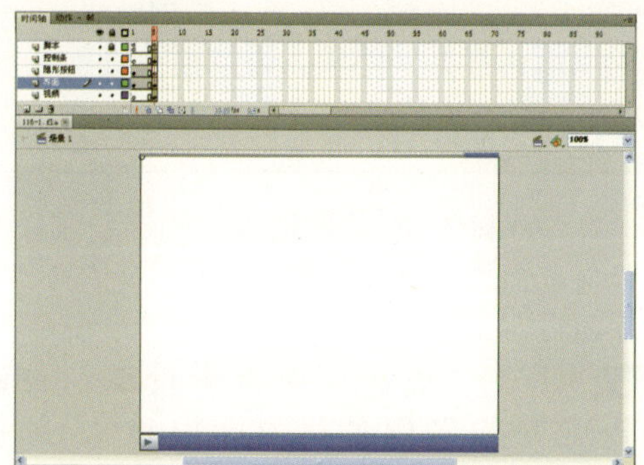

图116-1 打开的素材文件

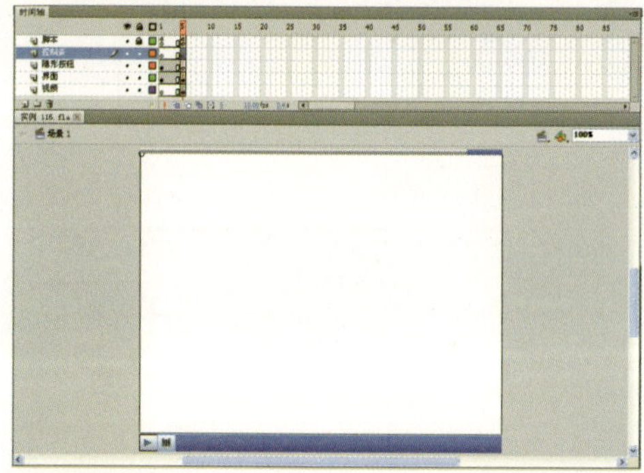

图116-2 添加“暂停按钮”元件

步骤 03 选择“暂停按钮”元件，在“属性”面板中设置实例名称为stop_mc，如图116-3所示。

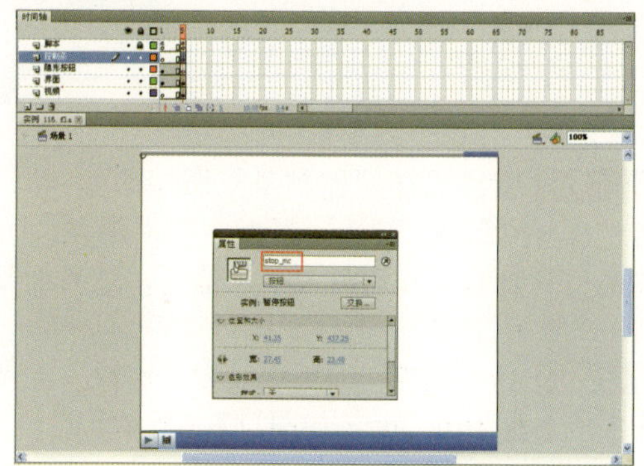

图116-3 设置实例名称

步骤 04 选择“脚本”图层的第5帧，在该帧的“动作”面板中添加脚本语句，如图116-4所示（具体代码见“素材\第10章\实例116\116-7.txt”）。

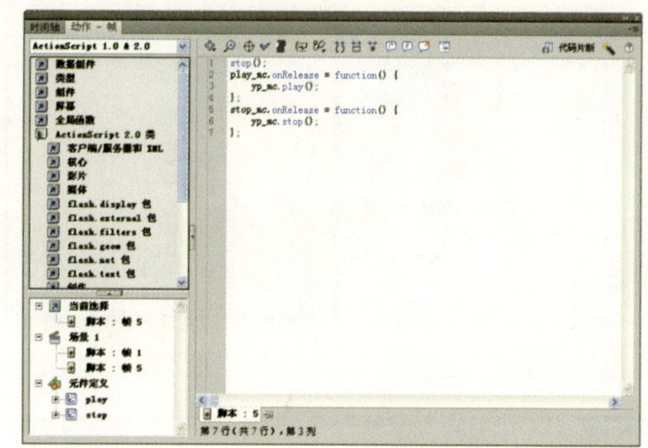

图116-4 添加脚本语句

步骤 05 单击“控制”|“测试影片”|“测试”命令或者按【Ctrl+Enter】键测试动画。当在主界面中单击相应的按钮，Flash将自动切换到播放器界面中并播放电子贺卡，这时可以通过暂停按钮和播放按钮来控制电子贺卡的播放，效果如图116-5所示。

图116-5 测试动画效果

实例117 制作播放器的播放进度条

效果欣赏	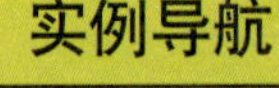 实例导航
 	素材文件：素材\第10章\实例117
	效果文件：效果\第10章\实例117.fla
	视频文件：视频\第10章\实例117.swf
	知识点睛：打开外部库、添加播放进度条、添加脚本

步骤 01 单击“文件”|“打开”命令，打开一个包含素材图像的文件，如图117–1所示。单击“文件”|“另存为”命令，将其保存为“实例117.fla”文件。

步骤 02 选择“控制条”图层的第5帧，打开外部库“库–控制条.FLA”面板，将“控制条背景”元件拖曳到舞台，并调整其大小及位置，效果如图117–2所示。

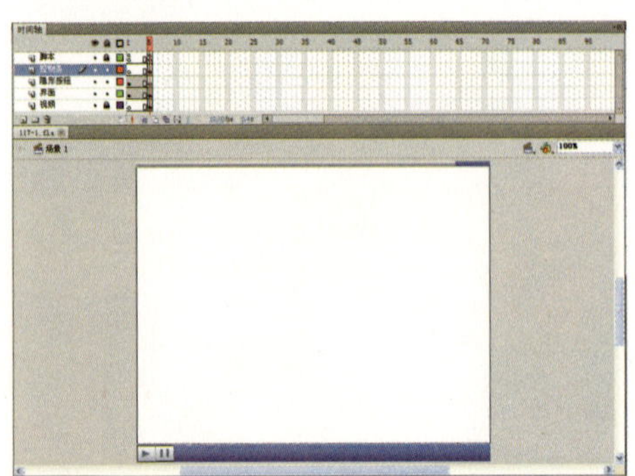

图117–1 打开素材文件

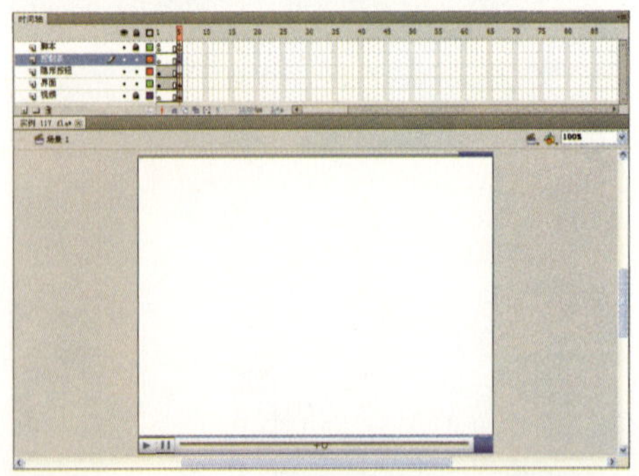

图117–2 添加“控制条背景”元件

步骤 03 继续选择“控制条”图层的第5帧，将“库–控制条.FLA”面板中的“控制条”元件拖曳到舞台中，并调整其大小及位置，效果如图117–3所示。

步骤 04 在“属性”面板中设置“控制条”元件的实例名称为jdt_mc，如图117–4所示。

图117–3 添加“控制条”元件

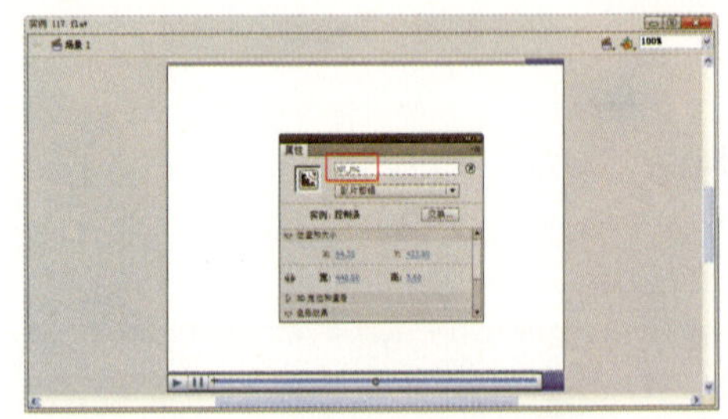

图117–4 设置实例名称

步骤 05 继续选择“控制条”图层的第5帧，将“库–控制条.FLA”面板中的“滑块”元件拖曳到舞台中，并调整大小及位置，效果如图117–5所示。

步骤 06 在“属性”面板中设置“滑块”元件的实例名称为hk_mc，如图117–6所示。

图117-5　添加“滑块”元件

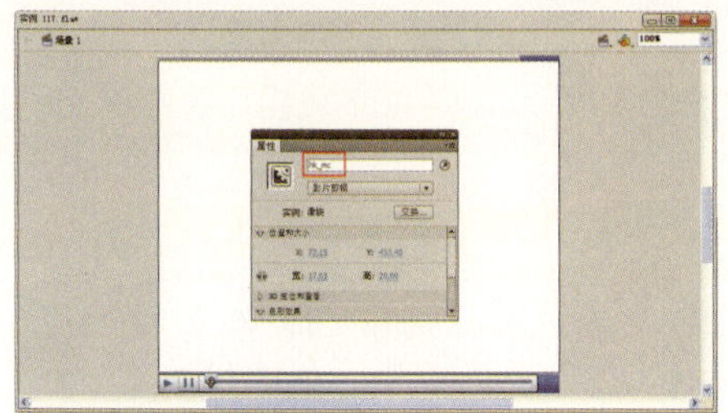

图117-6　设置实例名称

步骤 07 选择“脚本”图层的第5帧，单击“窗口”|“动作”命令，在弹出的“动作-帧”面板中添加脚本，如图117-7所示（具体代码见“素材\第10章\实例117\117-7.txt.”）。

步骤 08 单击“控制”|“测试影片”|“测试”命令或者按【Ctrl+Enter】键测试动画，效果如图117-8所示。

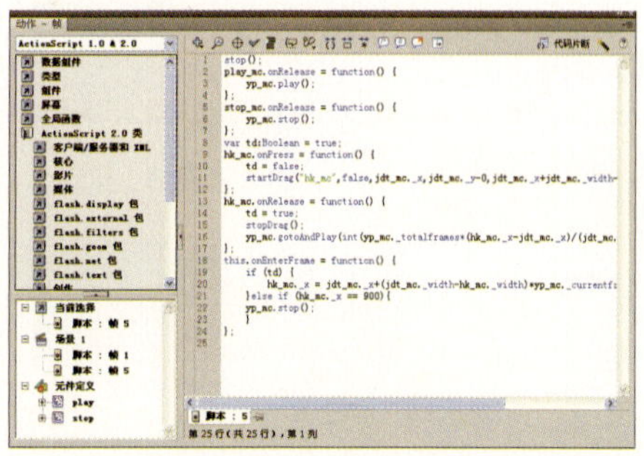

图117-7　添加脚本语句

图117-8　测试动画效果

实例 118　制作返回主界面按钮

效果欣赏

实例导航	
素材文件：	素材\第10章\实例118
效果文件：	效果\第10章\实例118.fla
视频文件：	视频\第10章\实例118.swf
知识点睛：	添加返回主界面按钮、添加动作脚本

步骤 01 单击“文件”|“打开”命令，打开一个包含素材图像的文件，如图118-1所示。单击“文件”|“另存为”命令，将其保存为“实例118.fla”文件。

步骤 02 选择“控制条”图层的第5帧。打开外部库的“库-控制条.FLA”面板，将“返回按钮”元件拖曳到舞台中，并调整其大小及位置，效果如图118-2所示。

步骤 03 选择“返回按钮”元件，单击“窗口”|“动作”命令，在弹出的“动作”面板

中添加脚本语句，如图118-3所示。

图118-1　打开的素材文件

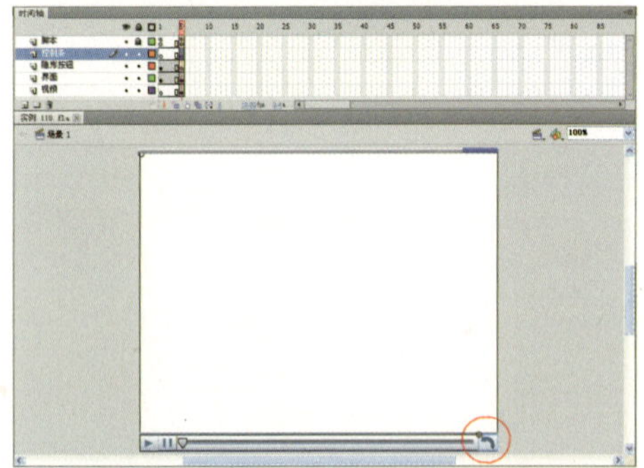

图118-2　添加“返回按钮”元件

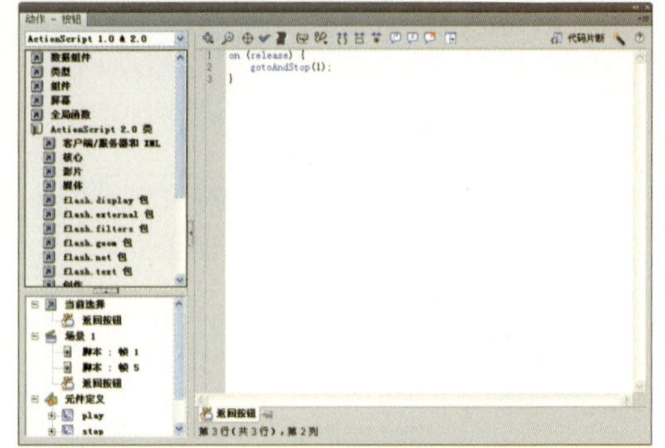

图118-3　添加脚本语句

步骤 04 单击“控制”|“测试影片”|“测试”命令或者按【Ctrl+Enter】键测试“贺卡欣赏”视频动画效果，如图118-4所示。

图118-4　测试视频播放效果

实例 119　制作视频播放器

效果欣赏	实例导航
	素材文件：素材\第10章\实例119
	效果文件：效果\第10章\实例119.fla
	视频文件：视频\第10章\实例119.swf
	知识点睛：导入视频、使用Flash CS4自带的播放器

步骤 01 单击“文件”|“新建”命令，新建一个Flash文档。单击“修改”|“文档”命令，弹出“文档设置”对话框，设置“宽”为800、“高”为640、“背景颜色”为白色、“帧频”为10，单击“确定”按钮，修改文档设置。

步骤 02 单击“文件”|“导入”|“导入视频”命令，弹出“导入视频”对话框，如图119-1所示。

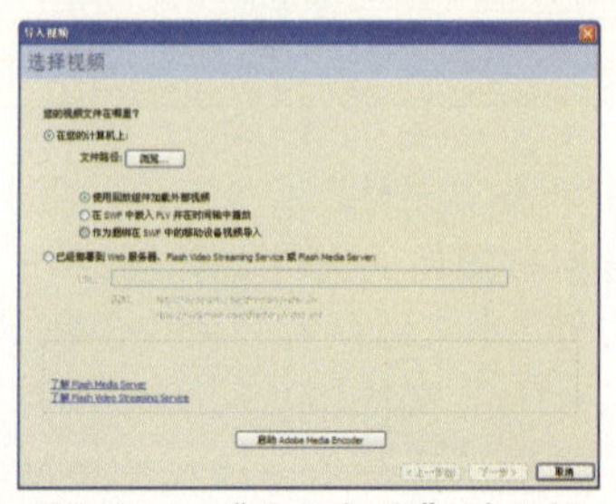

图119-1　“导入视频”对话框

步骤 03 选中“在您的计算机上：”单选按钮，单击“浏览”按钮，弹出“打开”对话框，如图119-2所示。

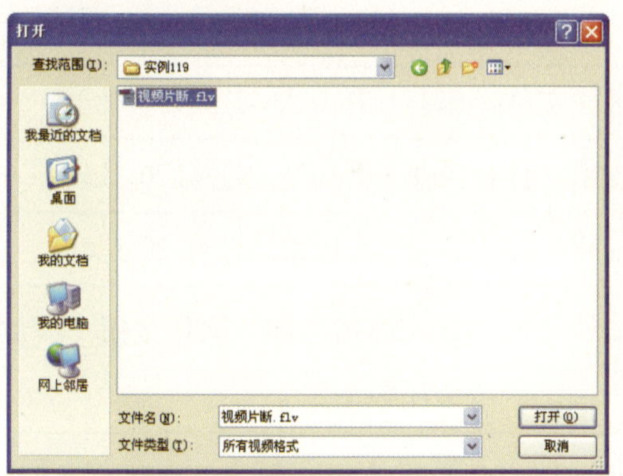

图119-2 “打开”对话框

步骤 04 选择需要打开的视频，单击“打开”按钮，返回到“选择视频”界面，单击“下一步”按钮，在“外观”界面中设置外观和外观颜色，如图119-3所示。

步骤 05 单击“下一步”按钮，进入“完成视频导入”界面，如图119-4所示。

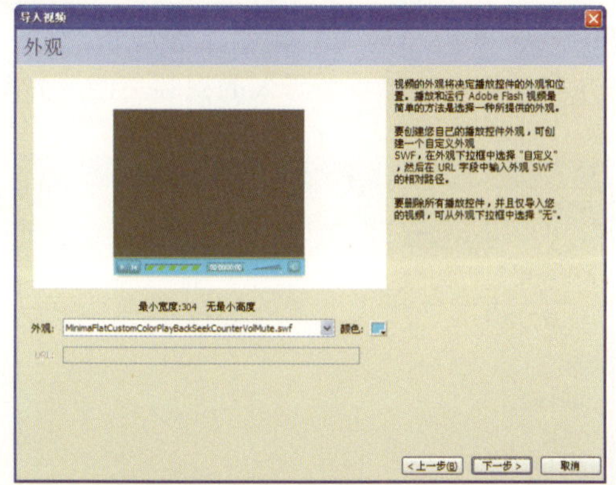

图119-3 设置外观和外观颜色

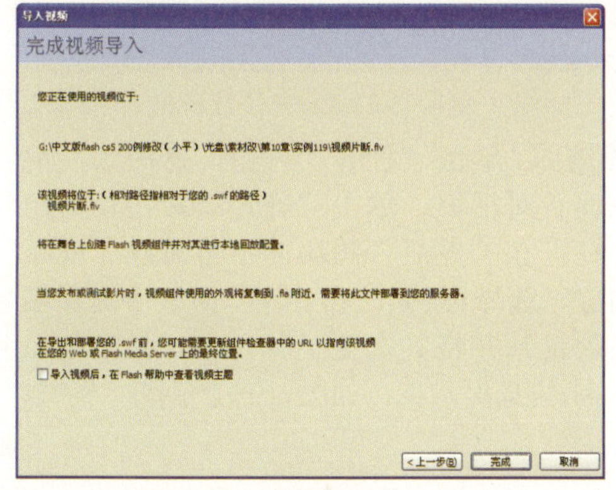

图119-4 完成视频导入界面

步骤 06 单击“完成”按钮，弹出“获取元数据”信息提示框，如图119-5所示。

步骤 07 获取元数据完成后，即可导入视频文件。选中刚导入的视频文件，设置X和Y轴值均为0，效果如图119-6所示。

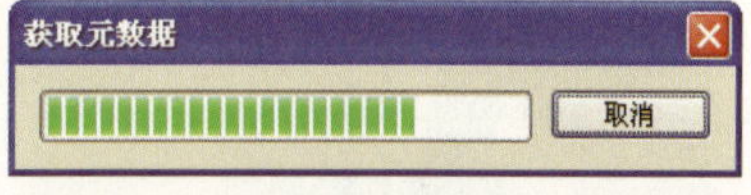

图119-5 “获取元数据”信息提示框

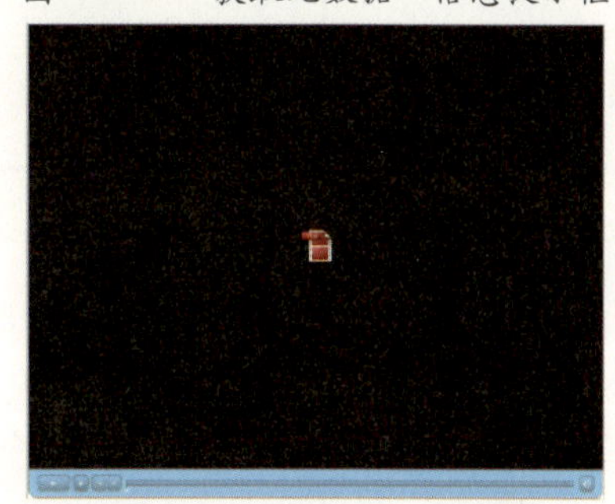

图119-6 导入的视频文件

步骤 08 单击“控制”|“测试影片”|“测试”命令或者按【Ctrl+Enter】键测试视频播放器的效果，如图119-7所示。

图119-7 测试视频播放器效果

实例 120 制作视频展示

效果欣赏	实例导航
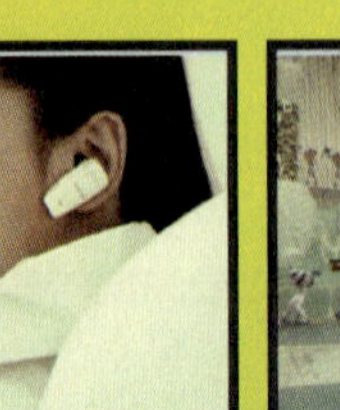 	素材文件：素材\第10章\实例120
	效果文件：效果\第10章\实例120.fla
	视频文件：视频\第10章\实例120.swf
	知识点睛：导入视频文件、制作按钮、添加动作脚本

步骤 01 按【Ctrl+N】键新建一个Flash文档。单击“修改”|“文档”命令，弹出“文档设置”对话框，设置“宽”为840、“高”为660、“背景颜色”为嫩绿色（#CCFFCC）、“帧频”为12，单击“确定”按钮，修改文档设置。单击“文件”|“另存为”命令，将其保存为“实例120.fla”文件。

步骤 02 双击“图层1”图层，并将其重命名为“界面”。选择第1帧，单击“文件”|“导入”|“导入到舞台”命令，导入一幅素材图像，并调整其大小和位置，使其覆盖整个舞台，效果如图120-1所示。

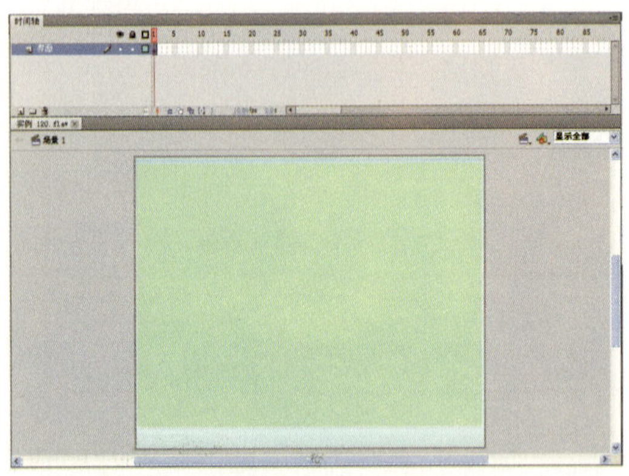

图120-1 导入图像到舞台中

步骤 03 单击“窗口”|“库”命令，在弹出的“库”面板中单击鼠标右键，在弹出的快捷菜单中选择“新建视频”选项，弹出“视频属性”对话框，设置“元件”为“嵌入的视频1”、“类型”为“嵌入（与时间轴同步）”，如图120-2所示。

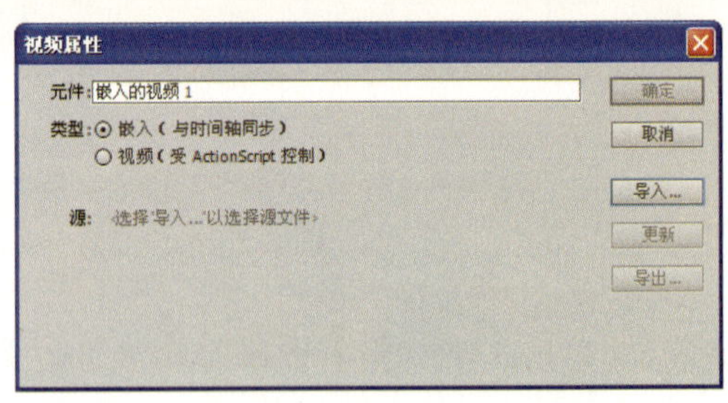

图120-2 “视频属性”对话框

步骤 04 单击“导入”按钮，在弹出的“打开”对话框中选择需要导入的视频文件，如图120-3所示。

图120-3 “打开”对话框

步骤 05 单击“打开”按钮，返回到“视频属性”对话框，单击“确定”按钮，关闭对话框。在“界面”图层的下方新建“视频”图层，选择第1帧，在“库”面板中选择刚导入的视频并将其拖曳至舞台中，弹出Adobe Flash信息提示框，如图120-4所示。

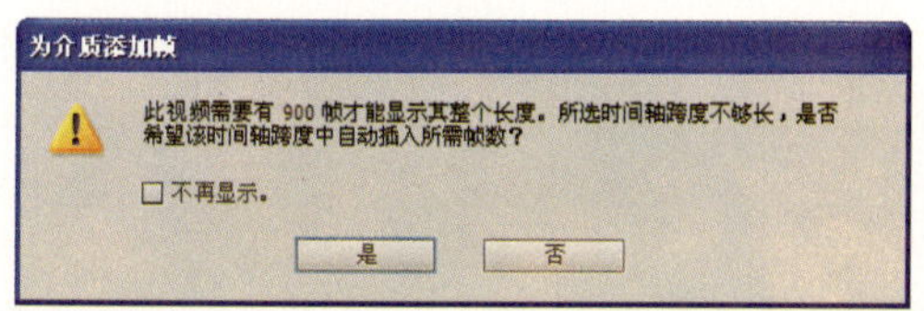

图120-4 信息提示框

步骤 06 单击“是”按钮，系统将自动在“视频”图层中插入需要的帧数。选择第1帧，并设置“宽度”和“高度”分别为808.7和600、X和Y轴值分别为4.5和14.7，效果如图120-5所示。

步骤 07 选择“界面”图层的第900帧，按【F5】键插入普通帧。在“界面”图层的上方创建“按钮”图层，选择第1帧，单击“窗口”|“公用库”|“按钮”命令，弹出“库-BUTTONS.FLA”面板，如图120-6所示。

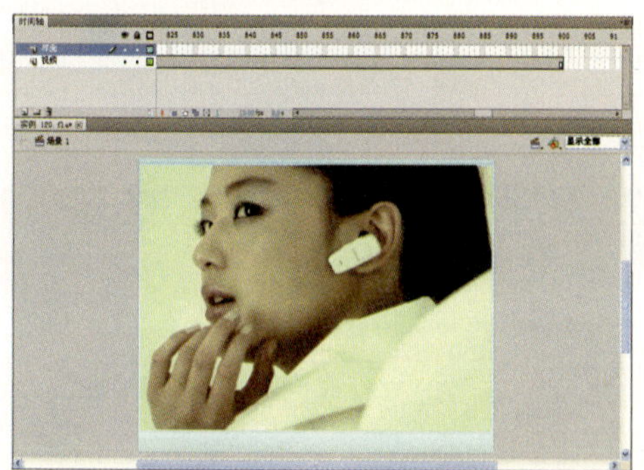

图120-5 导入的视频

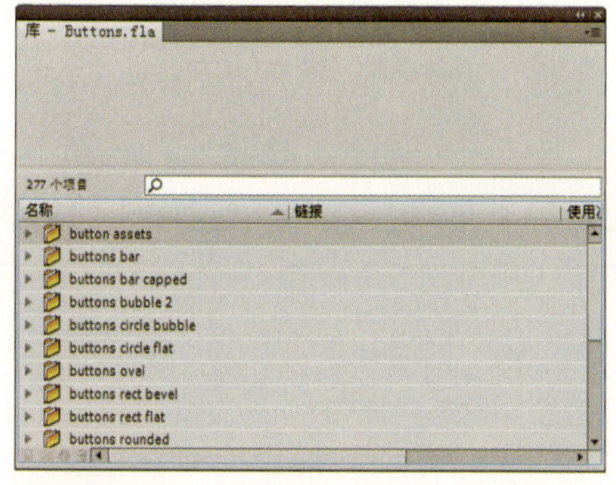

图120-6 “库-BUTTONS.FLA”面板

步骤 08 双击playback rounded文件夹将其展开，再将其中的方形按钮依次拖曳到舞台的下方，放置的顺序依次为播放、停止、后退、前进，并设置“宽度”均为50、“高度”均为39.1，如图120-7所示。

步骤 09 在“库”面板中选择rounded green back元件，单击鼠标右键，在弹出的快捷菜单中选择“直接复制”选项，直接复制一个名为“置于开端”的按钮元件，并进入其编辑模式，在两三角形的前面添加一条直线，效果如图120-8所示。

图120-7 添加按钮元件

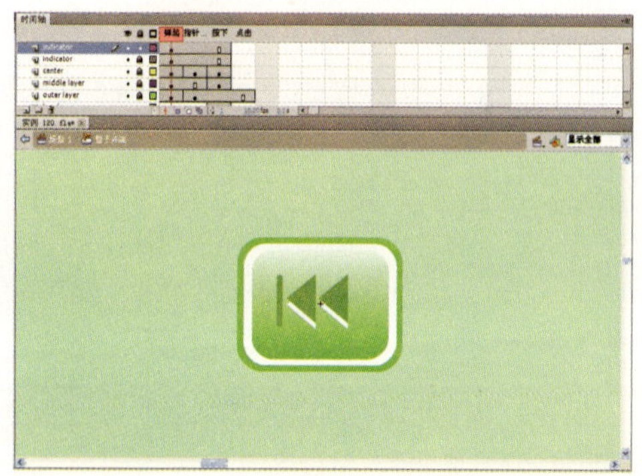

图120-8 编辑“置于开端”元件

步骤 10 同理，在“置于开端”元件的基础上直接复制一个“置于尾端”的按钮元件。返回“场景1”编辑模式，将“置于开端”和“置于尾端”元件添加至舞台区，并设置“宽度”均为50、“高度”均为39.1，接着将“置于尾端”元件进行水平翻转，并适当调整各按钮间的距离，效果如图120-9所示。

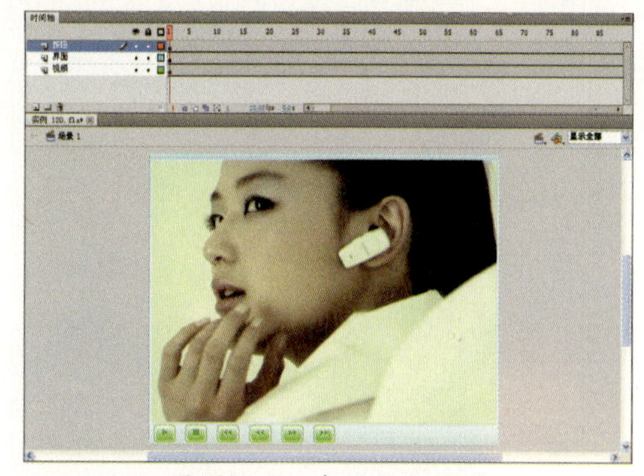

图120-9 布置按钮元件

步骤 11 选择播放按钮，按【F9】键，在弹出的“动作”面板中添加动作脚本语句，如图120-10所示（具体代码见“素材\第10章\实例120\120-10.txt”）。

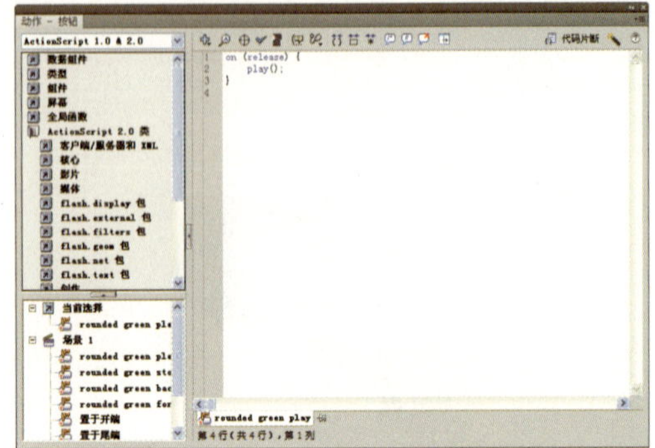

图120-10　为播放按钮添加脚本语句

步骤 12 选择停止按钮，按【F9】键在弹出的“动作”面板中添加动作脚本语句，如图120-11所示（具体代码见“120-11.txt”文件）。

步骤 13 选择置于开端按钮，按【F9】键，在弹出的“动作”面板中添加动作脚本语句，“动作”面板如图120-12所示（具体代码见“120-12.txt”文件）。

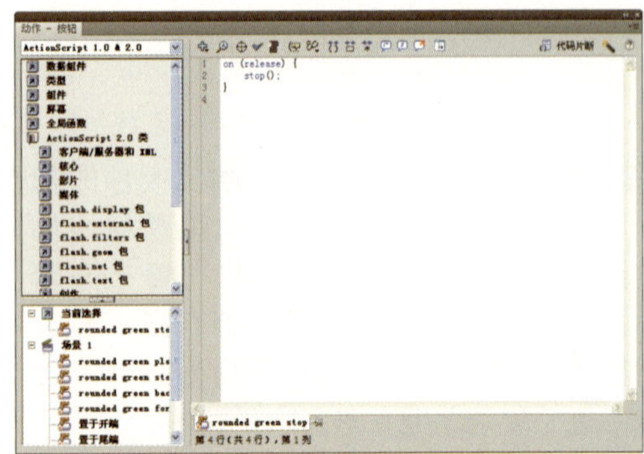

图120-11　为停止按钮添加脚本语句

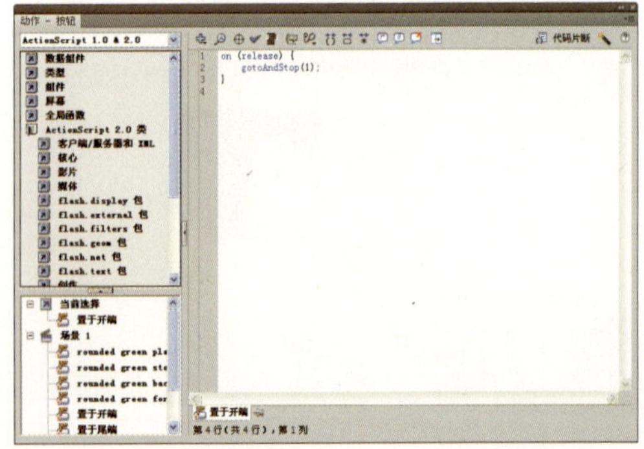

图120-12　为置于开端按钮添加脚本语句

步骤 14 选择后退按钮，按【F9】键，在弹出的“动作”面板中添加动作脚本语句，如图120-13所示（具体代码见“120-13.txt”文件）。

步骤 15 选择前进按钮，按【F9】键，在弹出的“动作”面板中添加动作脚本语句，板如图120-14所示（具体代码见“120-14.txt”文件）。

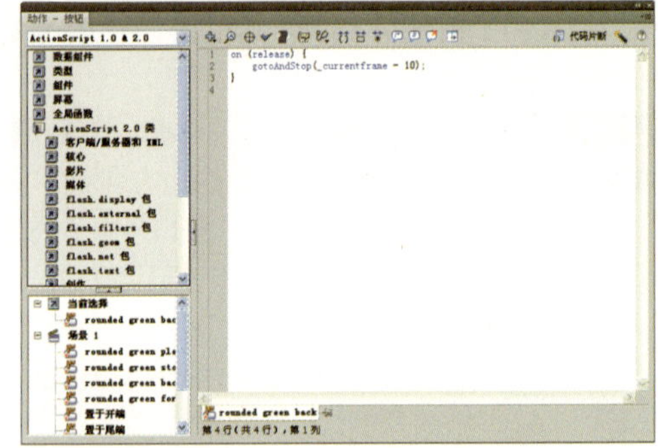

图120-13　为后退按钮添加脚本语句

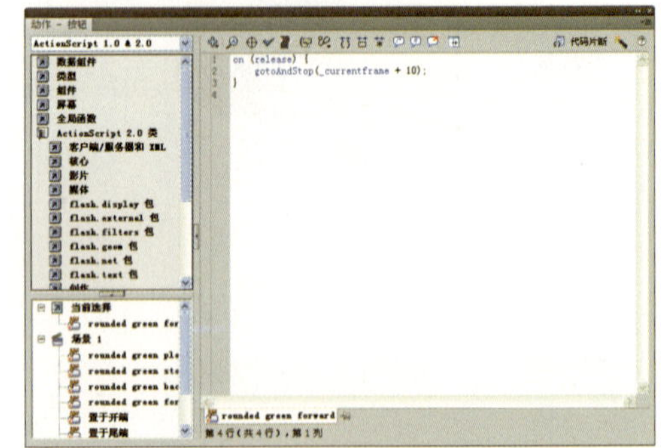

图120-14　为前进按钮添加脚本语句

步骤 16 选择置于开端按钮，按【F9】键，在弹出的“动作”面板中添加动作脚本语句，如图120-15所示（具体代码见“120-15.txt”文件）。

步骤 17 选择工具箱中的文本工具，设置“系列”为“华文行楷”、“字体大小”为24、“颜色”为黑色，依次在舞台右下方输入“第”、“帧”、“共”、“帧”文本。

步骤 18 选择工具箱中的文本工具，设置“文本类型”为“动态文本”、“系列”为Arial、“字体大小”为20、“颜色”为红色，在舞台右下方输入100文本，选中“在文本周围显示边框”按钮，并设置“变量”为curFrame，效果如图120-16所示。

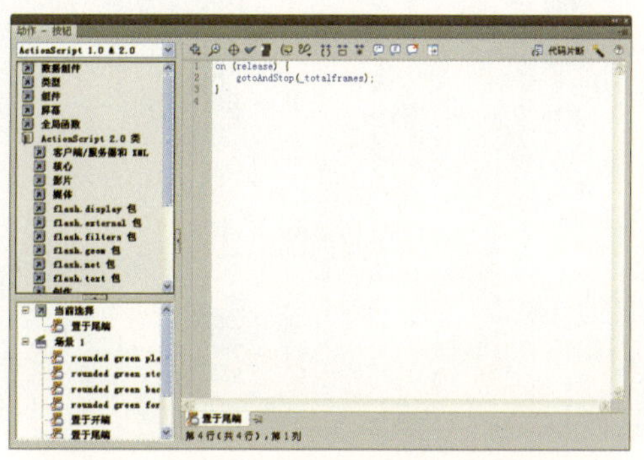

图120-15 为置于开端按钮添加脚本语句

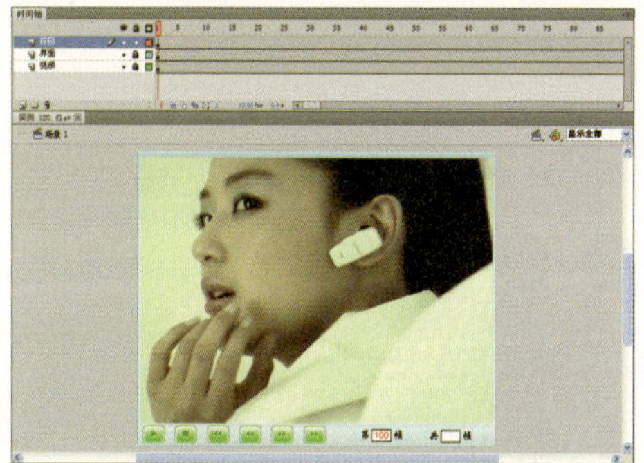

图120-16 输入并设置文本

步骤 19 选择定义的文本域，按【Ctrl+C】键复制文本域，按【Ctrl+V】键将其粘贴在文字块“共”和“帧”之间，同时变更变量为totFrame，如图120-17所示。

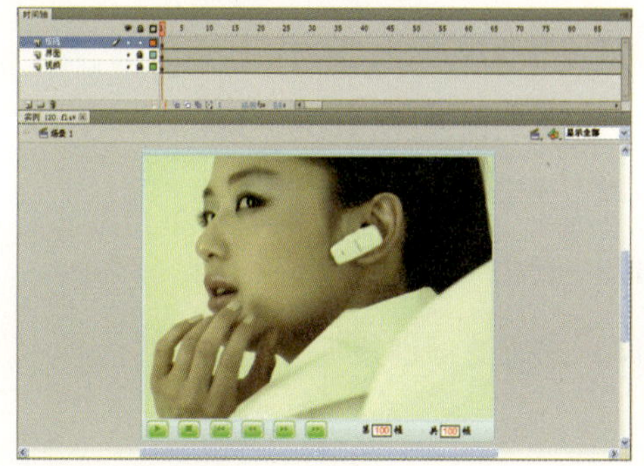

图120-17 复制并修改文本

步骤 20 选择所有文本对象，按【F8】键在弹出的“转换为元件”对话框中设置“名称”为mcFrame、“类型”为“影片剪辑”，如图120-18所示。单击“确定”按钮，将其转换为影片剪辑元件。

步骤 21 选择刚定义的影片剪辑元件，按【F9】键在弹出的“动作”面板中添加动作脚本语句，如图120-19所示（具体代码见“120-19.txt”文件）。

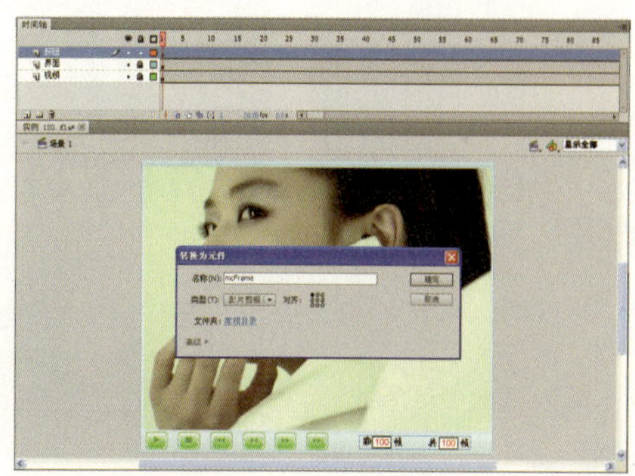

图120-18 将文本转换为元件

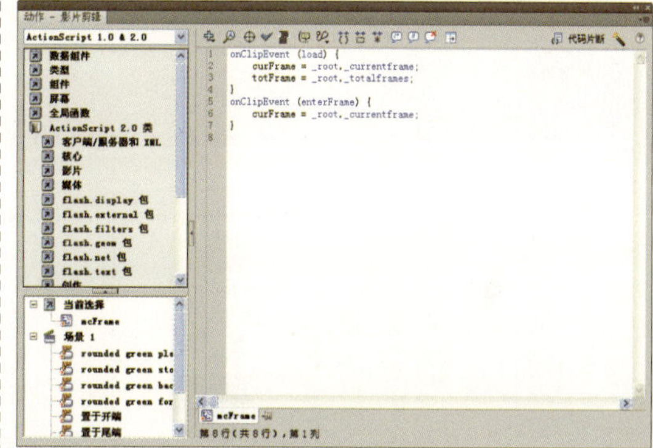

图120-19 添加脚本语句

步骤 22 按【Ctrl+Enter】键或者单击“控制”|“测试影片”|“测试”命令测试动画效果，如图120-20所示。

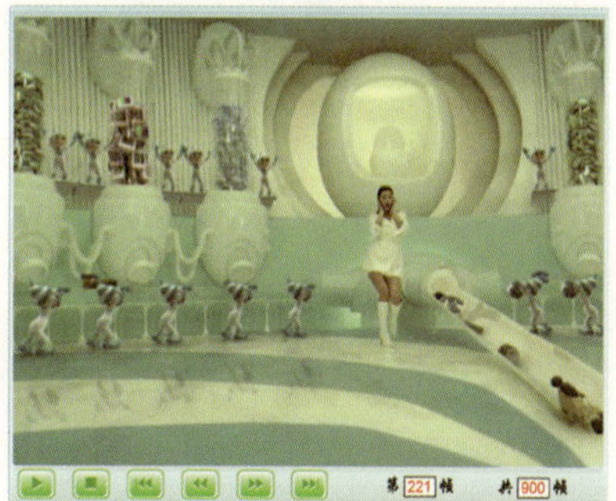

图120-20 测试动画效果

第11章

趣味游戏

实例121　猜金币游戏

实例122　美女拼图游戏

实例123　飞车赛跑游戏

实例124　天上掉礼物游戏

实例125　眼明手快游戏

实例126　百变QQ游戏

实例127　星机战争游戏

实例128　米老鼠大战游戏

实例129　射击气球游戏

实例130　蛇鼠之战游戏

实例121 猜金币游戏

效果欣赏	实例导航
 	素材文件：素材\第11章\实例121
	效果文件：效果\第11章\实例121.fla
	视频文件：视频\第11章\实例121.swf
	知识点睛：创建元件、变形元件、编辑元件

步骤 01 单击“文件”|“打开”命令，打开一个包含素材图像的文件，其“库”面板如图121-1所示。单击“文件”|“另存为”命令，将其保存为“实例121.fla”文件。

步骤 02 双击“图层1”图层，将其命名为“背景”。在“库”面板中将“背景”元件拖曳至舞台上，并调整大小和位置使其覆盖整个舞台，效果如图121-2所示。

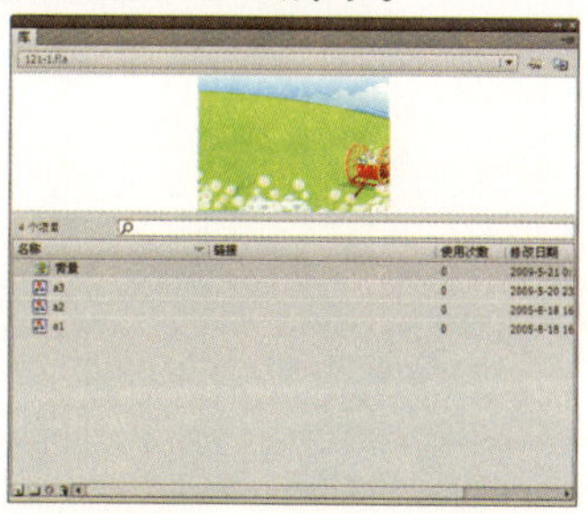

图121-1 “库”面板

图121-2 添加背景图片

步骤 03 按【Ctrl+F8】键在弹出的“创建新元件”对话框中设置“名称”为b1、“类型”为“按钮”，如图121-3所示。单击“确定”按钮，进入该按钮元件的编辑模式。

图121-3 “创建新元件”对话框

步骤 04 选择“弹起”帧，将“库”面板中的a1图形元件拖曳到编辑区。选择“按下”帧，按【F6】键插入一个关键帧，并在该帧处将编辑区中的图形a1删除，将“库”面板中的a2图形元件拖曳到编辑区同样的位置上，如图121-4所示。

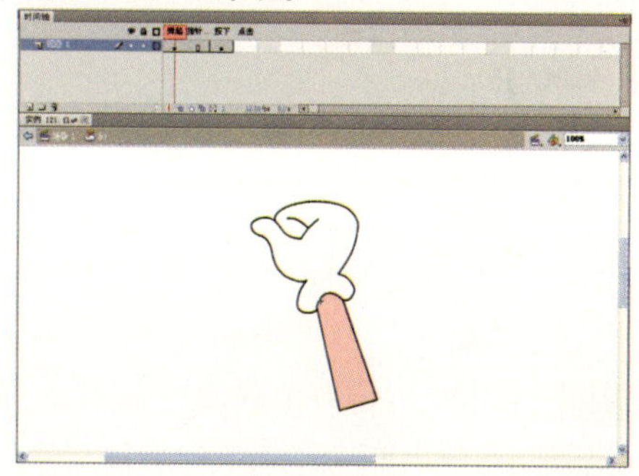

添加a1元件

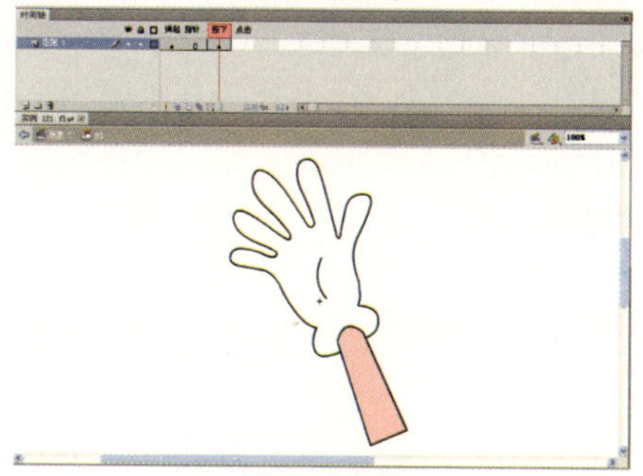

添加a2元件

图121-4 编辑b1按钮元件

步骤 05 同理，新建一个名为b2的按钮元件，进入该按钮元件编辑模式。选择“弹起”帧，将“库”面板中的a1图形元件拖曳到编辑区。选择“按下”帧，按【F6】键插入一个关键帧，并在该帧处将编辑区中的图形a1删除，将“库”面板中的a2图形元件拖曳到舞台区与a1同样的位置，接着将“库”面板中的a3图形元件拖曳到编辑区，效果如图121-5所示。

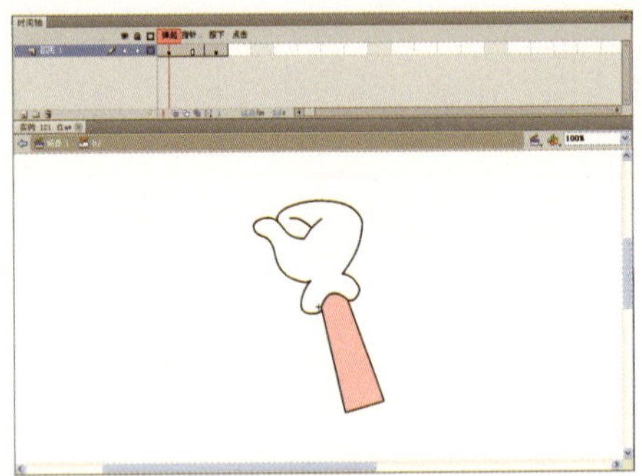

添加a1元件

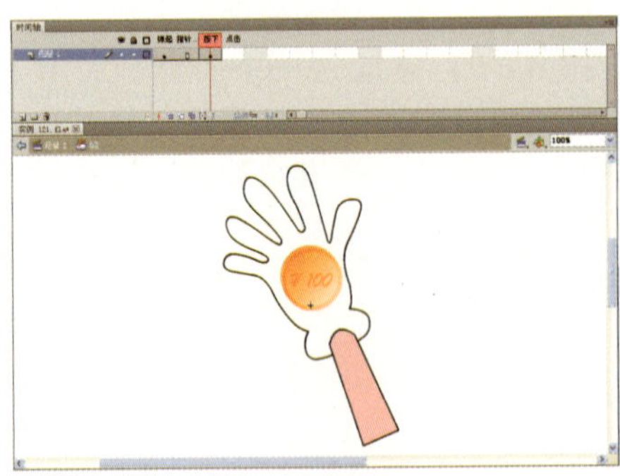

添加a2和a3元件

图121-5 编辑b2按钮元件

步骤 06 在“库”面板中选择b2元件，单击鼠标右键，在弹出的快捷菜单中选择“直接复制”选项，复制一个名为b3的按钮元件，双击该元件进入其编辑模式，选择“弹起”帧中的对象，单击“修改”|“变形”|“水平翻转”命令，水平翻转元件，如图121-6所示。

步骤 07 选择“按下”帧中的对象，单击“修改”|“变形”|“水平翻转”命令，水平播转元件，再单独选择金币图像将其水平翻转，效果如图121-7所示。

步骤 08 新建一个名为c的影片剪辑元件，进入该影片剪辑元件编辑模式中，选择“图层1”图层的第1帧，将“库”面板中的b1元件拖曳到编辑区，在第15帧处按【F6】键插入关键帧，并在第15帧处将编辑区中的b1按钮元件删除，将“库”面板中的b2按钮元件拖入到编辑区中b1元件所在位置，并在第30帧处按【F5】键插入普通帧，如图121-8所示。

图121-6 编辑b3元件的“弹起”帧

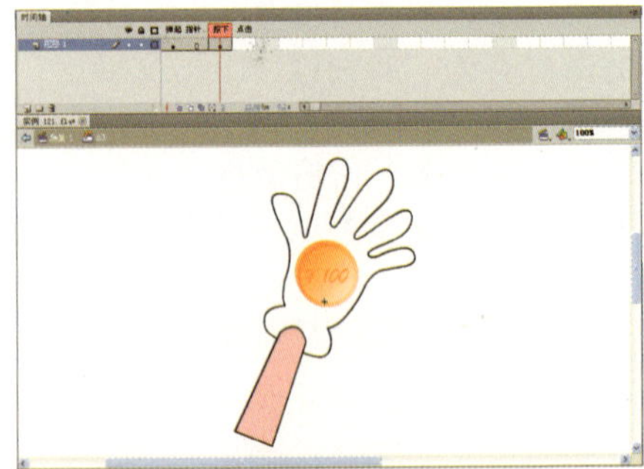

图121-7 编辑b3元件的“按下”帧

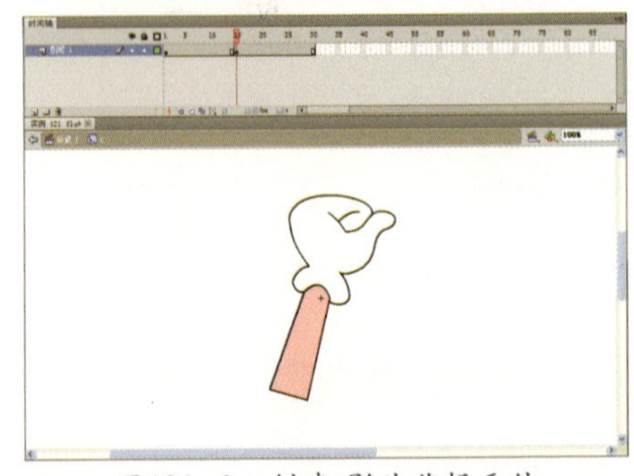

图121-8 创建c影片剪辑元件

步骤 09 新建一个名为d的影片剪辑元件，进入该影片剪辑元件编辑模式中，选择“图层1”图层的第1帧，将“库”面板中的b1元件拖曳到编辑区并水平翻转，在第15帧处按【F6】键插入关键帧，并在第15帧处把编辑区中的b1按钮元件删除，将“库”面板中的b3按钮元件拖曳到编辑区中b1元件所在位置，接着在第30帧处按【F5】键插入普通帧，如图121-9所示。

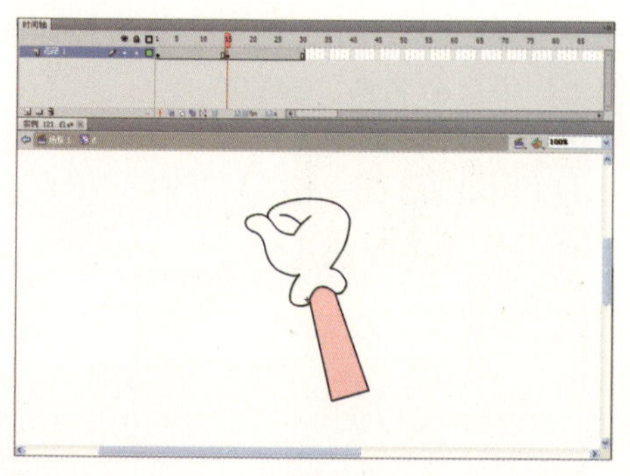

图121-9 创建d影片剪辑元件

步骤 10 单击“场景1”标签，返回“场景1”编辑模式。单击“时间轴”面板中的“新建图层”按钮，创建“双手”图层，将“库”面板中的c影片剪辑元件拖曳到舞台，将其放在舞台的右侧，再将d影片剪辑元件拖曳至舞台的左侧，效果如图121-10所示。

步骤 11 在“双手”图层的上方创建“文字”图层。运用文本工具，在舞台的上方输入“猜一猜‘金币’在哪只手里”文本，并设置“系列”为“方正舒体”、“字体大小”为35、“颜色”为红色，效果如图121-11所示。

图121-10 将元件拖曳至舞台

图121-11 输入文本

步骤 12 按【Ctrl+Enter】键或者单击“控制”|“测试影片”|“测试”命令测试动画效果，如图121-12所示。

图121-12 测试动画效果

实例 122 美女拼图游戏

<table>
<tr><th>效果欣赏</th><th>实例导航</th></tr>
<tr><td rowspan="4">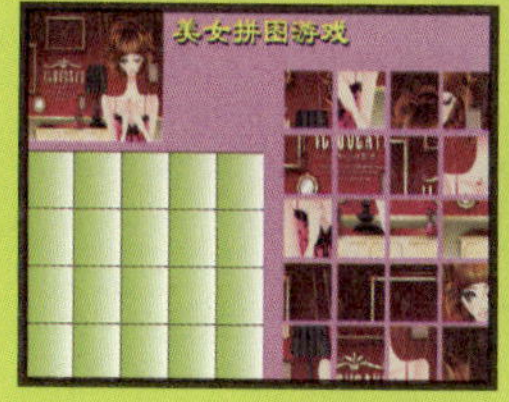 </td><td>素材文件：素材\第11章\实例122</td></tr>
<tr><td>效果文件：效果\第11章\实例122.fla</td></tr>
<tr><td>视频文件：视频\第11章\实例122.swf</td></tr>
<tr><td>知识点睛：starDrag代码和stopDrag代码的应用</td></tr>
</table>

步骤 01 按【Ctrl+N】键新建一个Flash文档。按【Ctrl+J】键弹出“文档设置”对话框，设置“宽”为800、“高”为500、“背景颜色”为粉红色(#FF99FF)、“帧频”为12，单击“确定”按钮，修改文档设置。

步骤 02 单击“文件”|“导入”|“导入到舞台”命令，导入一幅素材图像，并调整“宽度”和“高度”分别为400和300，效果如图122-1所示。按【Ctrl+B】键分离图片。

步骤 03 单击“视图”|“网格”|“显示网格”命令，显示网格。选择工具箱中的线条工具，在“属性”面板中设置“笔触颜色”为黑色、“笔触高度”为0.1，在舞台中绘制若干条直线，将导入的图片进行20份等分，如图122-2所示。

图122-1 导入的素材图像

图122-2 绘制直线

步骤 04 选择等分图片后的其中一部分，单击“修改”|“转换为元件”命令，将其转换“名称”为t1的影片剪辑元件，如图122-3所示。同理，将等分后的其他部分图片分别转换为影片剪辑元件并依次设置实例名称为t2至t20。

步骤 05 将所有的直线进行删除，选择t1影片剪辑元件，在“属性”面板中设置其实例名称为L1，如图122-4所示。同理，将其他元件的实例名称依次命名为L2至L20。

图122-3 将图片转换为元件

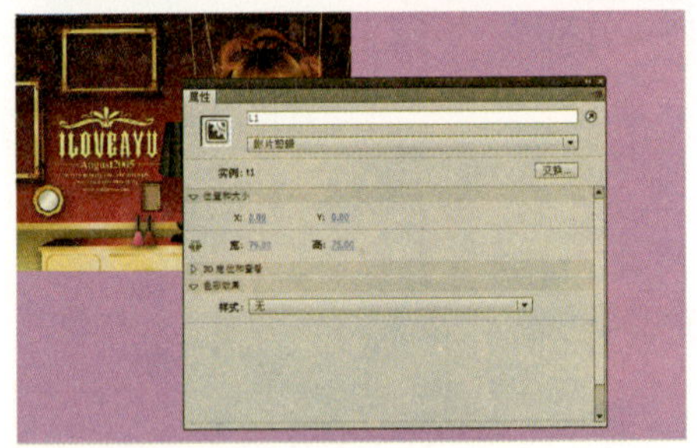

图122-4 设置实例名称

步骤 06 单击“插入”|“新建元件”命令，新建一个名为“标题”的图形元件，并进入其编辑模式中。选择工具箱中的文本工具，在“属性”面板中设置“系列”为“隶书”、“字体大小”为50、“颜色”为黄色，在编辑区中输入“美女拼图游戏” 文本，如图122-5所示。

步骤 07 选择文本，运用“复制”和“粘贴”命令，复制一个文本，并将复制的文本“颜色”修改为黑色，接着将复制的文本移到原文本上方，错开一些距离，使文本看起来有立体感，效果如图122-6所示。

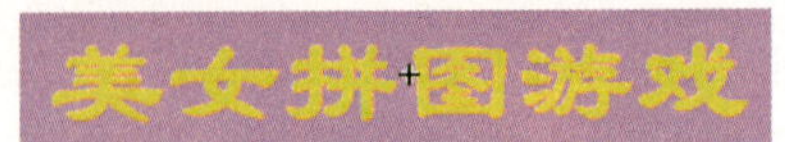

图122-5 输入文本

美女拼图游戏

图122-6 复制文本

步骤 08 选择复制的文本并单击鼠标右键，在弹出的快捷菜单中选择“排列”|“下移一层”选项，将复制的文本移到原文本的下方，效果如图122-7所示。

步骤 09 同理，新建一个名为“按钮”的按

钮元件，进入该元件编辑模式。按【Shift+F9】键，在弹出的“颜色”面板中设置一个黄绿色（#AAC415）到白色的线性渐变色，如图122-8所示。

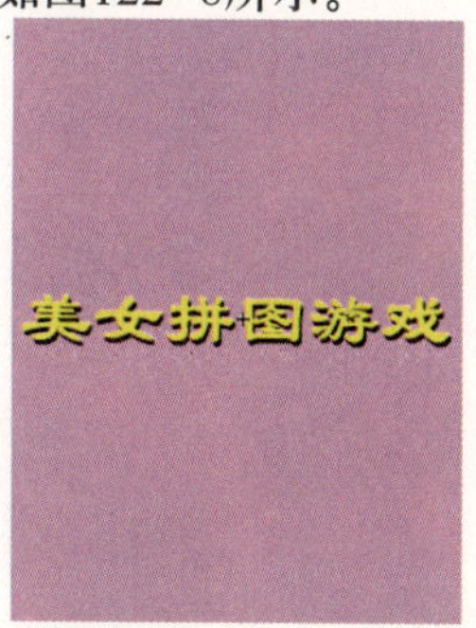

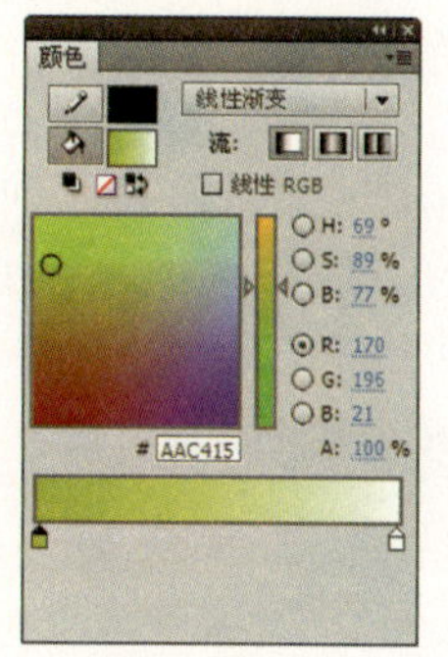

图122-7 改变文本的顺序 图122-8 “颜色”面板

步骤 10 选择工具箱中的矩形工具，在编辑区中绘制一个矩形（“宽度”和“高度”分别为80和75、“笔触颜色”为黑色、“笔触高度”为1）。选择“点击”帧并按【F5】键插入一个普通帧，使各帧上的按钮的外观相同，该按钮的外观如图122-9所示。

图122-9 绘制矩形

步骤 11 单击“场景1”标签，返回“场景1”编辑模式。单击“窗口”|“库”命令，在弹出的“库”面板中将“按钮”元件拖曳到舞台区中，并对其进行复制，创建20个按钮元件实例，并将这20个按钮元件实例进行排列，如图122-10所示。

步骤 12 选择一个按钮实例，在“属性”面板上设置其实例名称为b1，如图122-11所示。同理，将其他按钮的实例名称分别命名为b2至b20。

步骤 13 将舞台中的影片剪辑位置随意摆放，并将元件“标题”元件从“库”面板中拖曳到当前舞台中，效果如图122-12所示。

图122-10 复制并排列元件

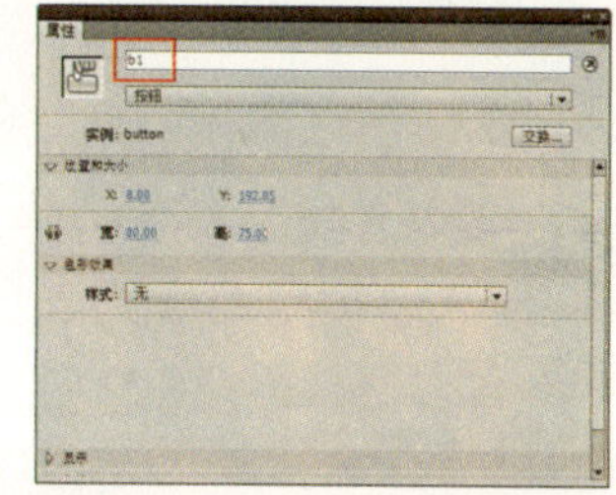

图122-11 为按钮设置实例命名

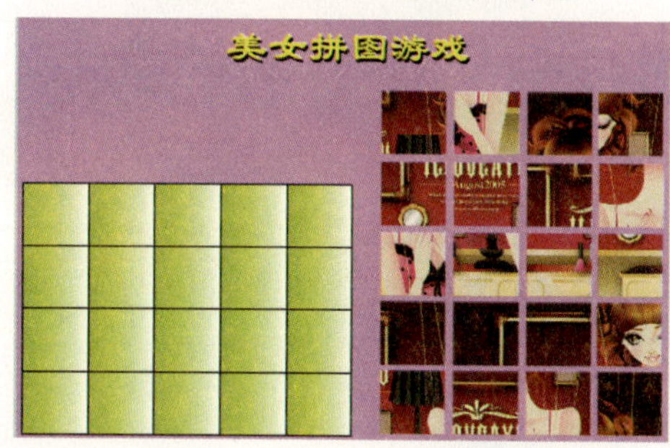

图122-12 拖曳元件到舞台中

步骤 14 选择L1影片剪辑，按【F9】键，在弹出的“动作-影片剪辑”面板中添加动作脚本语句，如图122-13所示（具体代码见“素材\第11章\实例122\122-13.txt”）。

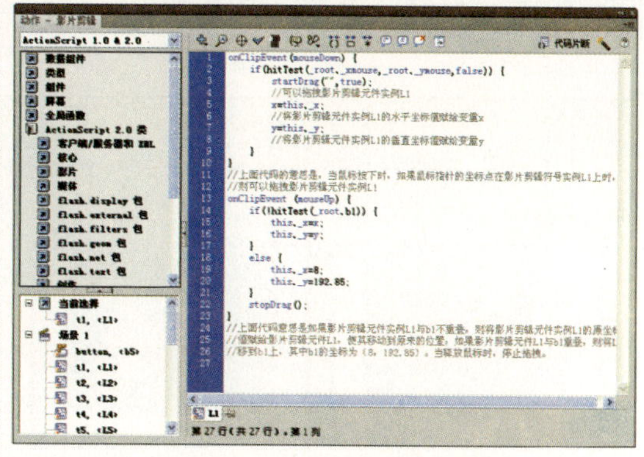

图122-13 为L1影片剪辑添加脚本

步骤 15 选择L2影片剪辑，按【F9】键在弹出的“动作”面板中添加动作脚本语句，如图122-14所示（具体代码见“122-14.txt”文件）。

步骤 16 同理，给其他影片剪辑添加代码，只要改变其中的坐标值即可（具体代码见“122-15（L3）.txt”至“122-15（L20）.txt”文件）。如图122-15所示为L20添加的脚本语句。

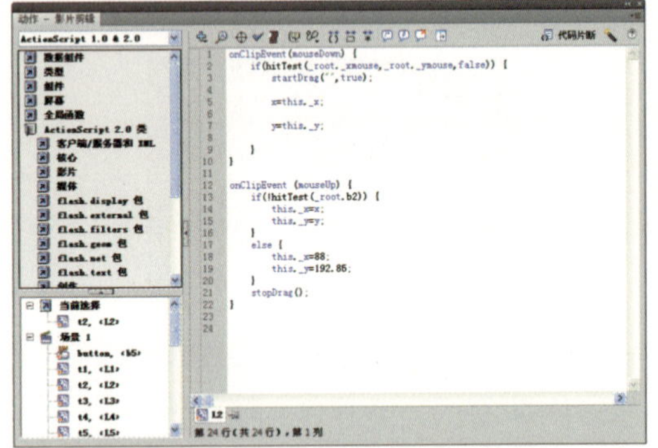

图122-14 为L2影片剪辑添加脚本

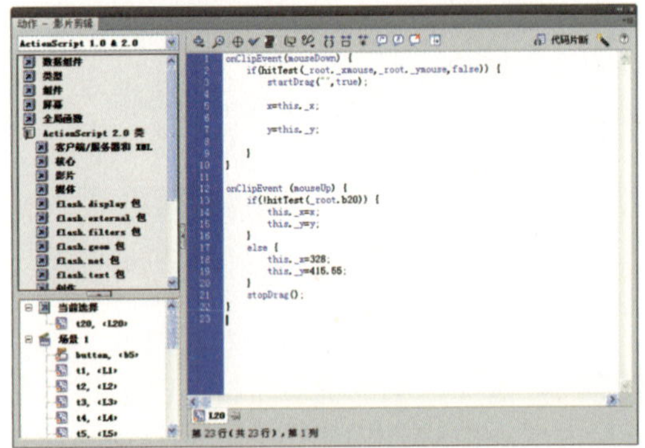

图122-15 为L20影片剪辑添加脚本

步骤 17 从“库”面板中拖曳背景图像至舞台左上角处，并调整其大小。单击“控制”|“测试影片”|“测试”命令，测试游戏效果。将右侧的拼图移至左侧相应的位置上，如果拼图与所对应的位置匹配，该图片会帖紧该位置，如果位置不匹配，拼图会返回到初始位置。当所有的拼图都对应匹配的位置后，拼图游戏成功，如图122-16所示。

图122-16 测试动画效果

实例 123 飞车赛跑游戏

效果欣赏	实例导航
	素材文件：素材\第11章\实例123
	效果文件：效果\第11章\实例123.fla
	视频文件：视频\第11章\实例123.swf
	知识点睛：创建元件、编辑元件、添加动作脚本

步骤 01 单击“文件”|“打开”命令，打开一个包含素材图像的文件，其“库”面板如图123-1所示。单击“文件”|“另存为”命令，将其保存为“实例123.fla”文件。

步骤 02 新建一个名为mc1的影片剪辑元件，并进入该影片剪辑元件编辑模式中。选择第1帧，将motorcycle1元件从“库”面板中拖曳到编辑区，并在“属性”面板中设置“宽度”和“高度”分别为60.5和48.7、X和Y轴值别为-148.95和-9.9，效果如图123-2所示。

图123-1 “库”面板

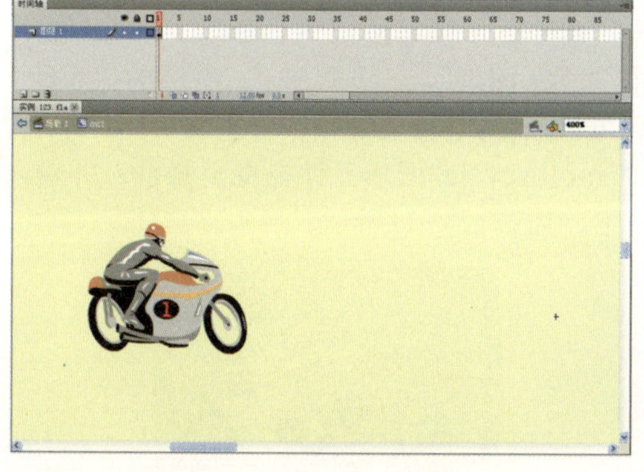

图123-2 设置第1帧中的对象

步骤 03 选择第150帧，按【F6】键插入关键帧，将其X轴更改为121.45，并在第1帧上单击鼠标右键，在弹出的快捷菜单中选择“创建补间动画”选项，在创建第1帧至第150帧间的补间动画，如图123-3所示。

步骤 04 新建mc2和mc3影片剪辑元件，图123-4所示的为创建好的mc2影片剪辑元件。mc3影片剪辑元件的设置只将motorcycle2换成motorcycle3，其他设置与mc2影片剪辑元件的设置相同。

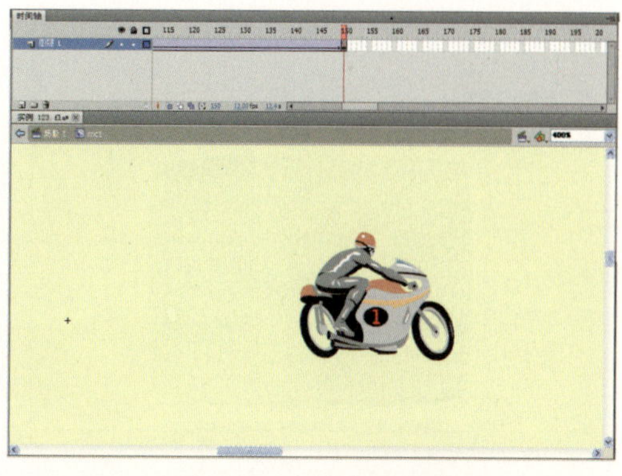

图123-3 创建补间动画

图123-4 创建好的mc2影片剪辑元件

步骤 05 单击“场景1”标签，返回“场景1”编辑模式。在“图层1”图层的上方创建“图层2”、“图层3”、“图层4”、“图层5”4个图层，如图123-5所示。

步骤 06 选择“图层1”图层中的第1帧，将“库”面板中的backgroud的图形元件拖曳到舞台区中，再将line的图形元件拖曳到舞台区并放置在舞台区的右侧。运用文本工具，输入“世界一级方程式锦标赛”文本（“系列”为“隶书”、“大小”为50、“颜色”为蓝色），如图123-6所示。接着选择第7帧，按【F5】键插入普通帧。

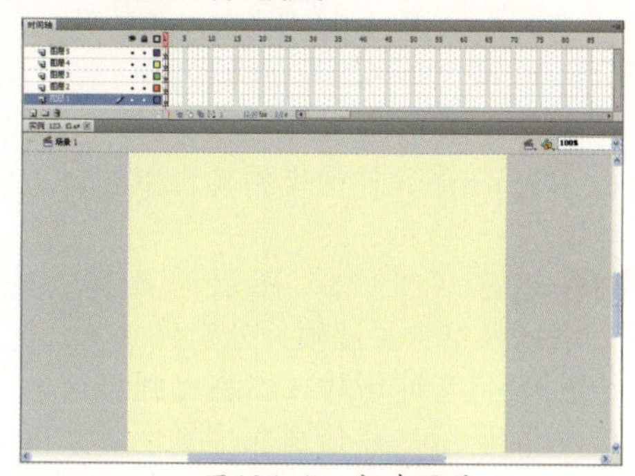

图123-5 新建图层

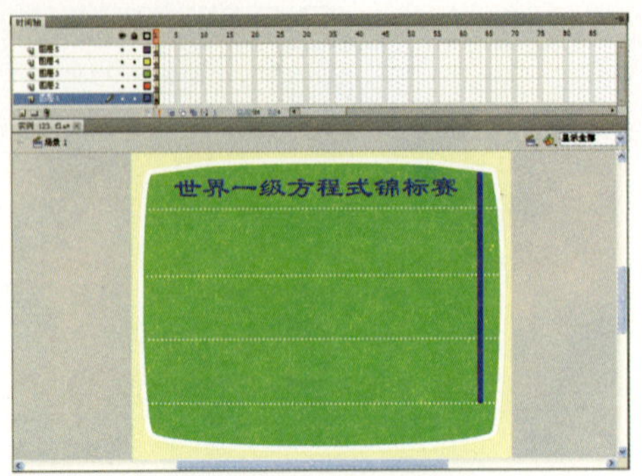
图123-6　输入文本

步骤 07 选择“图层2”图层的第1帧，将Start元件从“库”面板中拖曳到舞台的右下方，如图123-7所示。再分别选择第2帧、第5帧，按【F6】键插入关键帧。

步骤 08 选择“图层2”图层的第5帧，将“库”面板中的Again元件拖曳到舞台的右下方，并删除该帧处的Start元件，如图123-8所示。再选择第7帧，按【F5】键插入普通帧。

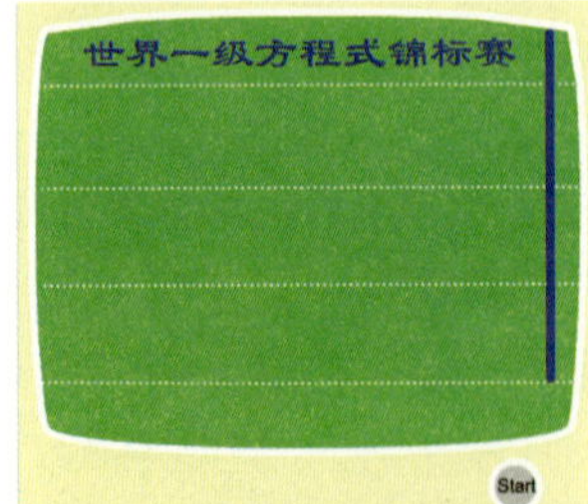

图123-7　将Start元件添加到舞台中

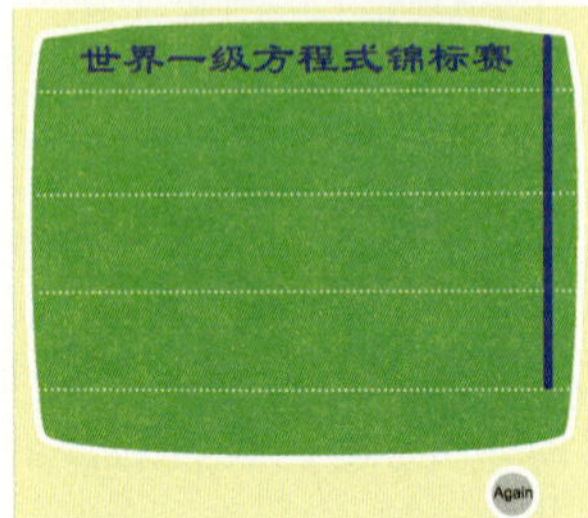

图123-8　将Again元件添加到舞台中

步骤 09 选择“图层3”图层的第1帧，将“库”面板中的motorcycle1、motorcycle2和motorcycle3图形元件拖曳到舞台中的合适位置，如图123-9所示。

步骤 10 选择“图层3”图层的第2帧，按【F7】键插入空白关键帧，分别将mc1、mc2和mc3这3辆汽车的影片剪辑拖曳到舞台中，如图123-10所示。并分别在“属性”面板中设置实例名称为moviel、movie2和movie3，接着在第4帧处插入一个普通帧。

图123-9　添加图形元件到舞台中

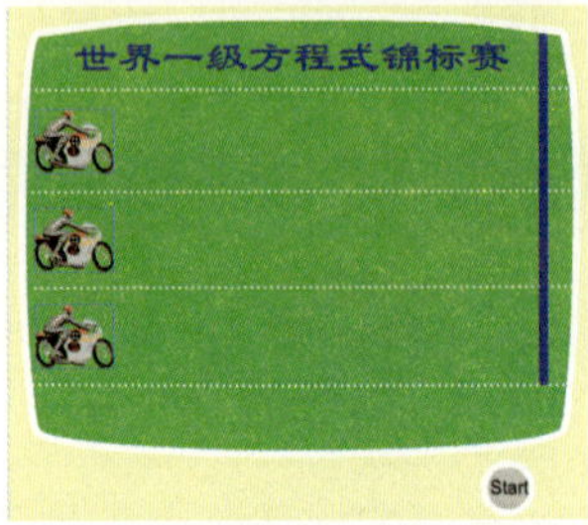

图123-10　添加影片剪辑元件到舞台中

步骤 11 选择“图层4”图层中的第5帧，按【F6】键插入一个关键帧，将motorcycle1元件拖曳到舞台中，并调整其大小。选择工具箱中的文本工具，设置“系列”为“汉仪菱心体简”、“大小”为100、“颜色”为黄色，输入“赢”文本，如图123-11所示。

步骤 12 同理，在“图层4”图层的第6帧、第7帧处插入空白关键帧，分别将motorcycle2和 motorcycle3图形元件拖曳至舞台，并输入文字，如图123-12所示。

图123-11　添加Motorcyclel元件到舞台中

图123-12　添加其他两个元件到舞台中

步骤 13 分别选择“图层5”图层中的第2帧、第3帧、第4帧、第5帧、第6帧、第7帧，按【F6】键插入关键帧，如图123-13所示。

步骤 14 在“图层5”图层的第1帧、第5帧、第6帧和第7帧处，均加入stop帧脚本语句，图123-14所示的是为第1帧添加的脚本语句。

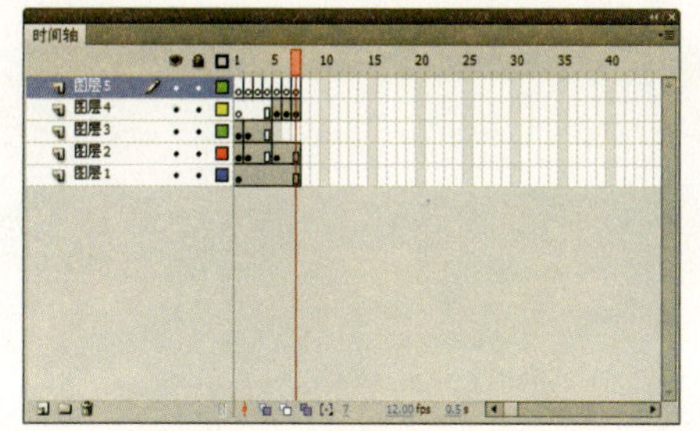

图123-13 插入关键帧

图123-14 添加脚本语句

步骤 15 选择“图层5”图层的第2帧，单击“窗口”|“动作”命令，在弹出的“动作”面板中添加动作脚本语句，如图123-15所示（具体代码见“素材\第11章\实例123\123-15.txt”），其中的if语句用来判断哪辆汽车先到达终点，并跳到相应的胜利画面。

步骤 16 在“图层5”图层的第3帧处，添加动作脚本语句，如图123-16所示（具体代码见“123-16.txt”文件）。

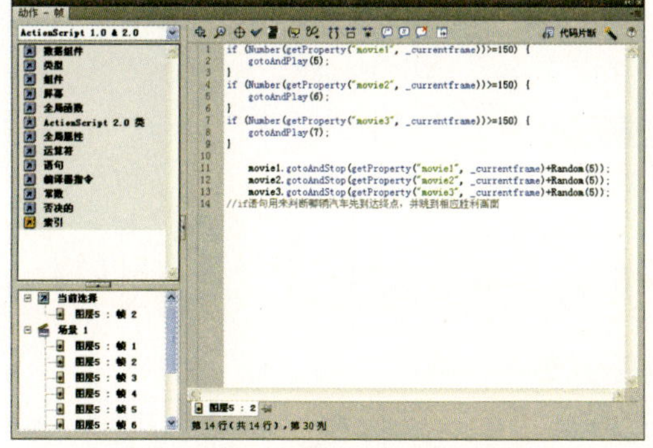

图123-15 为第2帧添加脚本语句

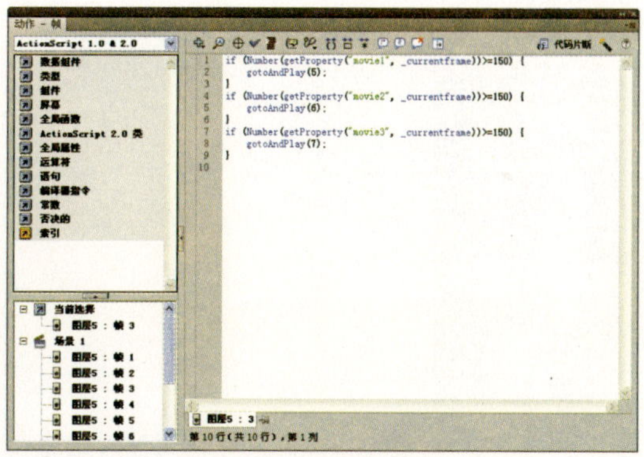

图123-16 为第3帧添加脚本语句

步骤 17 在“图层5”图层的第4帧处添加动作脚本语句，如图123-17所示（具体代码见“123-17.txt”文件）。

步骤 18 选中“图层2”图层第1帧中的Start按钮，添加动作脚本语句，如图123-18所示（具体代码见“123-18.txt”文件）。

图123-17 为第4帧添加脚本语句

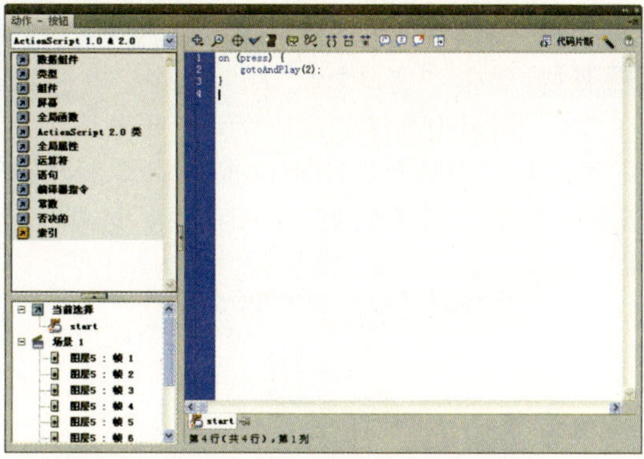

图123-18 为Start按钮添加脚本语句

步骤 19 选择“图层2”图层第5帧中的Again按钮，添加动作脚本语句，如图123-19所示（具体代码见“123-19.txt”文件）。

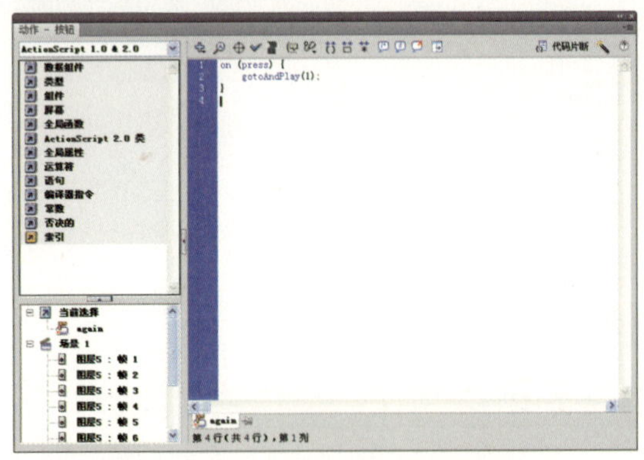

图123-19 为Again按钮添加脚本语句

步骤 20 按【Ctrl+Enter】键或者单击“控制”|“测试影片”|“测试”命令，进行效果测试。单击Start按钮即汽车开始赛跑，3辆车的速度由程序随机控制，谁都有可能获得冠军，先到达终点线的汽车会出现获胜画面。单击右下角的Again按钮将开始新一轮比赛，效果如图123-20所示。

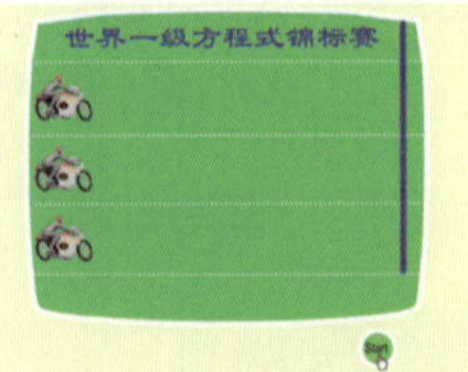

图123-20 测试动画效果

实例 124 天上掉礼物游戏

<table>
<tr><th>效果欣赏</th><th>实例导航</th></tr>
<tr><td rowspan="4"></td><td>素材文件：素材\第11章\实例124</td></tr>
<tr><td>效果文件：效果\第11章\实例124.fla</td></tr>
<tr><td>视频文件：视频\第11章\实例124.swf</td></tr>
<tr><td>知识点睛：布局元件、设置实例名称、添加动作脚本</td></tr>
</table>

步骤 01 单击“文件”|“打开”命令，打开一个包含素材图像的文件，其“库”面板如图124-1所示。单击“文件”|“另存为”命令，将其保存为“实例124.fla”文件。

步骤 02 单击“窗口”|“库”命令，在弹出的“库”面板中选择“背景”元件并将其拖曳到舞台中，调整其大小和位置，使其正好覆盖整个舞台，效果如图124-2所示。选择第6帧，按【F5】键插入普通帧。

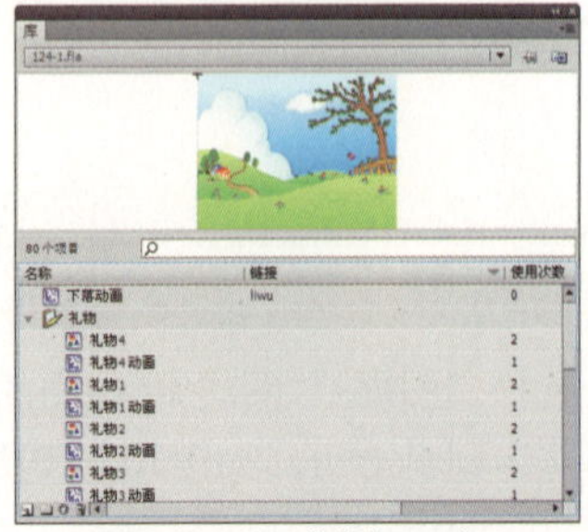

图124-1 “库”面板

图124-2 添加“背景”元件

步骤 03 创建“礼物和文本”图层，选择第1帧，从“库”面板中将“礼物1动画”、“礼物2动画”、“礼物3动画”和“礼物4动画”元件拖曳到舞台中，如图124-3所示。

步骤 04 选择第1帧，将“库”面板中的“天上掉礼物动画”影片剪辑元件拖曳至舞台区的合适位置，如图124-4所示。

图124-3 将礼物元件添加至舞台

图124-4 拖曳影片剪辑元件到舞台

步骤 05 选择第2帧，按【F7】键插入空白关键帧。选择第6帧，按【F6】键插入关键帧，如图124-5所示。

步骤 06 选择第6帧，将将“库”面板中的“礼物”影片剪辑元件拖曳至舞台区，如图124-6所示。

图124-5 插入关键帧

图124-6 添加礼物元件

步骤 07 选择工具箱中的文本工具，在“属性”面板中设置“系列”为Times New Roman、“字体大小”为60、“颜色”为黑色，输入相应的文字，如图124-7所示。

步骤 08 创建“按钮”图层，选择第1帧，将“库”面板中的“开始”和“帮助”按钮元件拖曳至舞台的下方，如图124-8所示。

图124-7 输入文本

图124-8 添加按钮元件到舞台

步骤 09 选择“开始”按钮，按【F9】键，在弹出的“动作”面板中添加脚本语句，如图124-9所示（具体代码见“素材\第11章\实例124\124-9.txt”）。

步骤 10 选择“帮助”按钮元件，在“动作”面板中添加脚本语句，如图124-10所示（具体代码见“124-10.txt”文件）。

图124-9 为“开始”按钮添加脚本语句

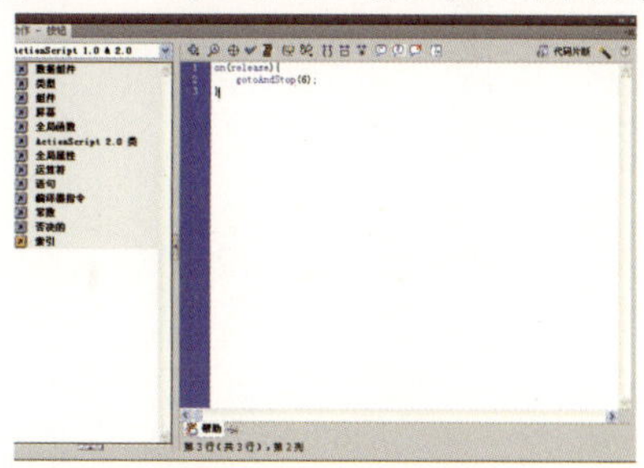

图124-10 为“帮助”按钮添加脚本语句

步骤 11 选择“按钮”图层的第2帧，按【F7】键插入空白关键帧，分别选择第5帧和第6帧，按【F6】键插入关键帧。选择第5帧，将“库”面板中的“继续”和“退出”按钮元件拖曳至舞台，放置在与第1帧中按钮元件相同的位置上，如图124-11所示。

步骤 12 选择“继续”按钮，按【F9】键，在弹出的“动作”面板中添加脚本语句，如图124-12所示（具体代码见“124-12.txt”文件）。

图124-11　继续添加按钮至舞台

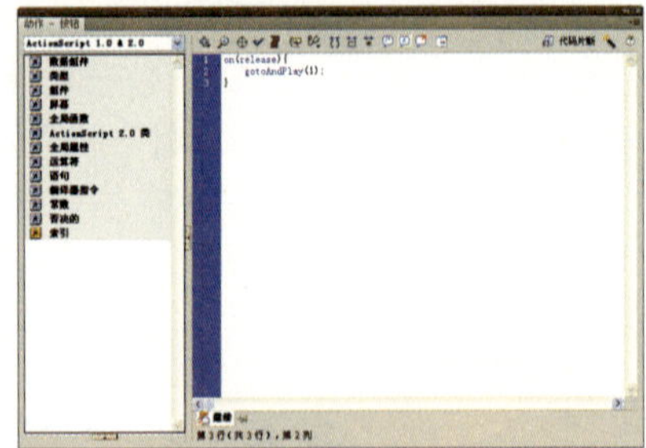

图124-12　为“继续”按钮添加脚本语句

步骤 13 选择“退出”按钮，在“动作”面板中添加脚本语句，如图124-13所示（具体代码见“124-13.txt”文件）。

步骤 14 选择“按钮”图层的第6帧，将“库”面板中的“返回”按钮元件拖曳至舞台并放置在舞台的右下方，如图124-14所示。

图124-13　为“退出”按钮添加脚本语句

图124-14　添加“返回”按钮至舞台

步骤 15 选择“返回”按钮实例，在“动作”面板中添加脚本语句，如图124-15所示（具体代码见“文本文档124-15.txt”文件）。

步骤 16 在“按钮”图层的上方创建“盆子”图层，选择第2帧，按【F6】键插入关键帧，并将“库”面板中的“盆子”元件拖曳至舞台的左下方，如图124-16所示，接着删除第5帧和第6帧。

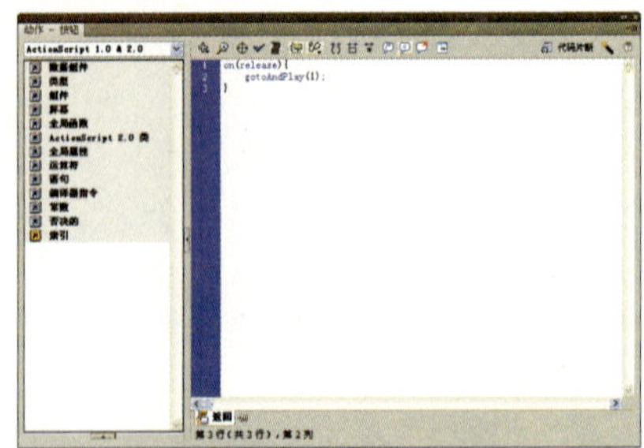

图124-15　为“返回”按钮添加脚本语句

图124-16　添加“盆子”元件至舞台

步骤 17 在“盆子”图层的上方创建“计时得分”图层，选择第2帧，插入关键帧，并将“库”面板中的“得分”和“计时”影片剪辑元件拖曳至舞台的左上角，如图124-17所示，接着删除“第6帧”。

步骤 18 在“计时得分”图层的上方创建“动作”图层，分别选择1帧至第5帧，按【F6】键插入关键帧，如图124-18所示。

图124-17 添加“得分”元件至舞台

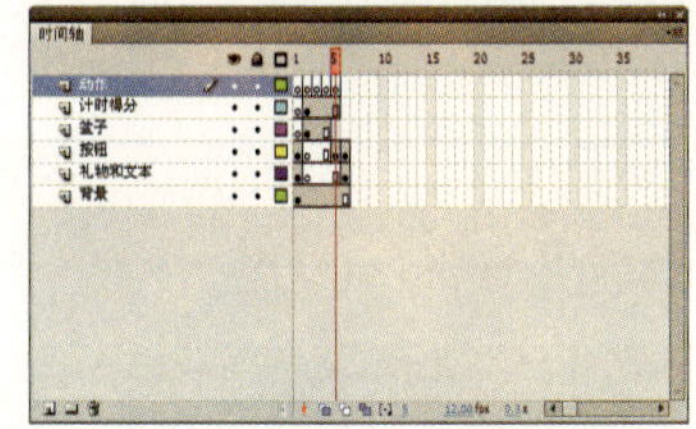
图124-18 插入关键帧

步骤 19 选择“盆子”图层中的“盆子”影片剪辑元件，在“属性”面板中设置实例名称为Hezi，如图124-19所示。

步骤 20 选择“动作”图层的第1帧，按【F9】键在弹出的“动作”面板中添加脚本语句，如图124-20所示（具体代码见“124-20.txt”文件）。

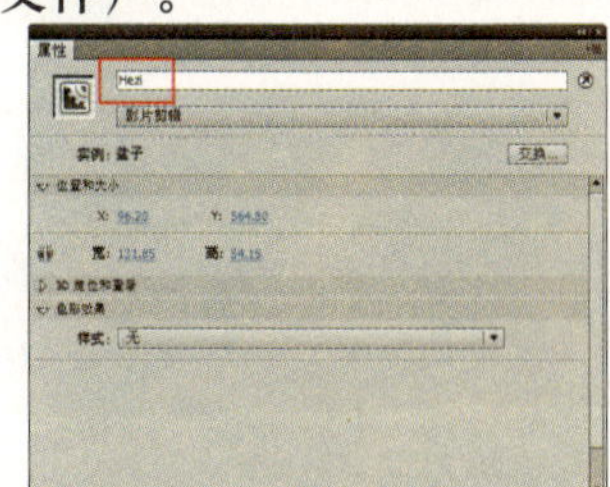
图124-19 设置实例名称

图124-20 第1帧中的脚本语句

步骤 21 选择“动作”层的第2帧，按【F9】键，在弹出的“动作”面板中添加脚本语句，如图124-21所示（具体代码见“124-21.txt”文件）。

步骤 22 选择“动作”层的第3帧，按【F9】键，在弹出的“动作”面板中添加脚本语句，如图124-22所示（具体代码见“124-22.txt”文件）。

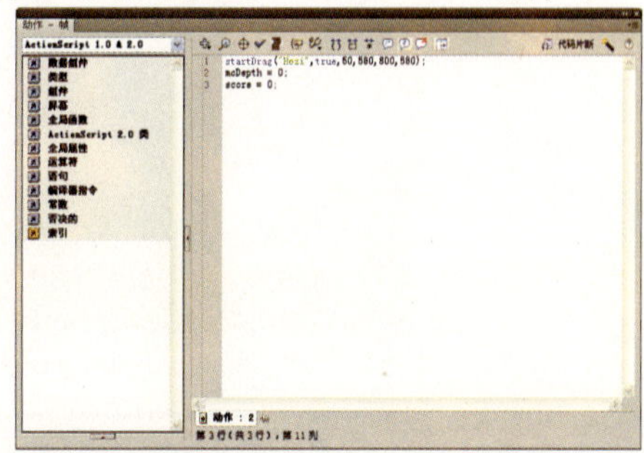
图124-21 第2帧中的脚本语句

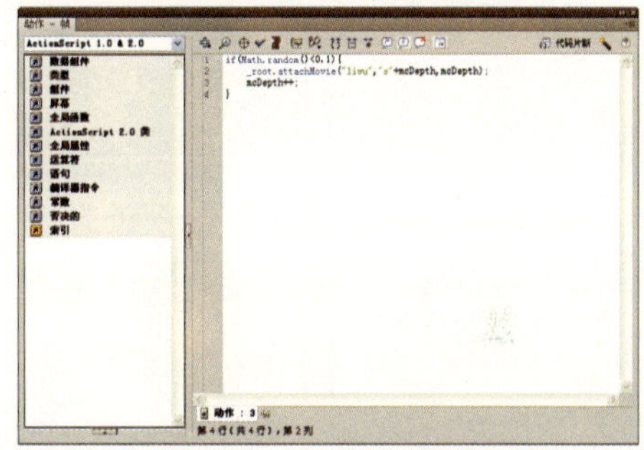
图124-22 第3帧中的脚本语句

步骤 23 选择“动作”层的第4帧，按【F9】键，在弹出的“动作”面板中添加脚本语句，如图124-23所示（具体代码见“124-23.txt”文件）。

步骤 24 选择“动作”图层的第5帧，在其“属性”面板中设置标签“名称”为end，如图124-24所示。

图124-23 第4帧中的脚本语句

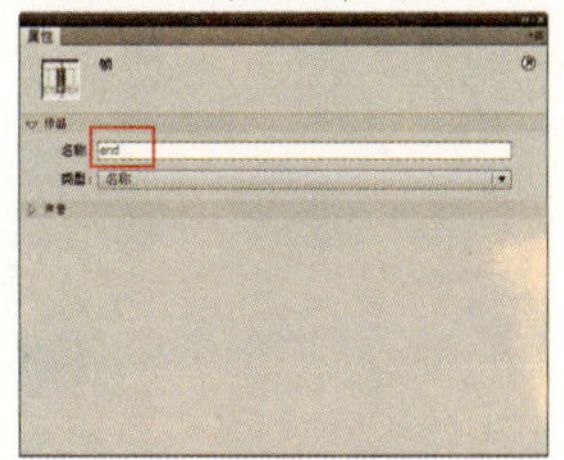
图124-24 设置标签名称

步骤 25 单击“控制”|“测试影片”|“测试”命令或者按【Ctrl+Enter】键，测试动画效果，如图124-25所示。

图124-25 测试动画效果

实例 125 眼明手快游戏

效果欣赏	实例导航
	素材文件：素材\第11章\实例125
	效果文件：效果\第11章\实例125.fla
	视频文件：视频\第11章\实例125.swf
	知识点睛：创建影片剪辑元件、添加条件语句

步骤 01 单击“文件”|“打开”命令，打开一个包含素材图像的文件，其“库”面板如图125-1所示。单击“文件”|“另存为”命令，将其保存为“实例125.fla”文件。

步骤 02 单击“插入”|“新建元件”命令，新建一个名为“反应区”按钮元件，并进入其编辑模式中。选择“点击”帧，按【F6】键将其转换为关键帧，运用椭圆工具绘制一个椭圆，并设置“笔触颜色”为黑色、“填充颜色”为蓝色（#3399CC）、“宽度”和“高度”分别为72.65和37.3，效果如图125-2所示。

图125-1 “库”面板

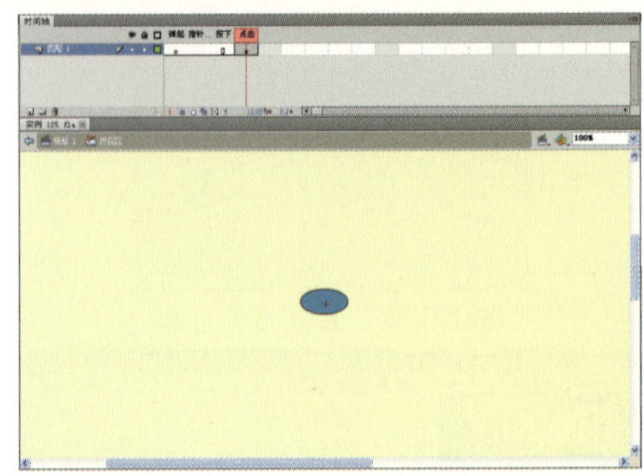

图125-2 创建“反应区”按钮元件

步骤 03 新建一个名为“大反应区”的按钮元件，并进入其按钮元件编辑模式中，选择“弹起”帧。选择工具箱中的矩形工具，在“属性”面板中设置“矩形边角半径”为12、“笔触颜色”为无、“填充颜色”为白色，拖曳鼠标指针在编辑区中绘制一个“宽度”和“高度”分别262.15和213.85的圆角矩形，如图125-3所示。

步骤 04 新建一个名为“找到不同”的影片剪辑元件，并进入其影片剪辑元件编辑模式中，选择“图层1”图层的第7帧，按【F5】

键插入普通帧。再选择第5帧，按【F6】键插入关键帧，运用刷子工具绘制一个图形，如图125-4所示。

图125-3 创建“大反应区”按钮元件

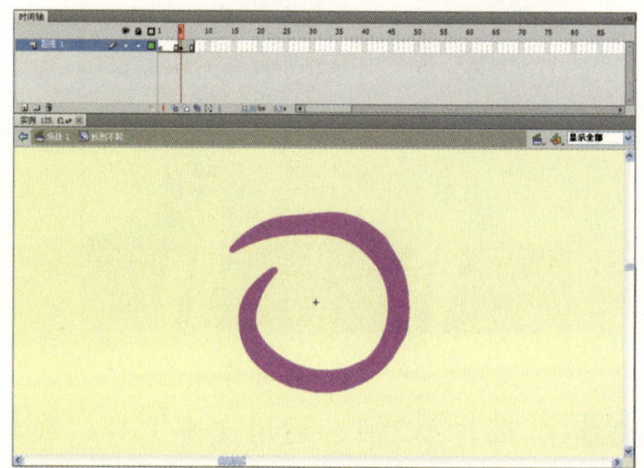

图125-4 绘制图形

步骤 05 选择第5帧，单击鼠标右键，在弹出的快捷菜单中选择“复制帧”选项。选择第4帧，单击鼠标右键，在弹出的快捷菜单中选择“粘贴帧”选项，将其粘贴到该帧中，如图125-5所示。

步骤 06 选择第4帧中的对象，运用橡皮擦工具将图形擦掉一部分，如图125-6所示。

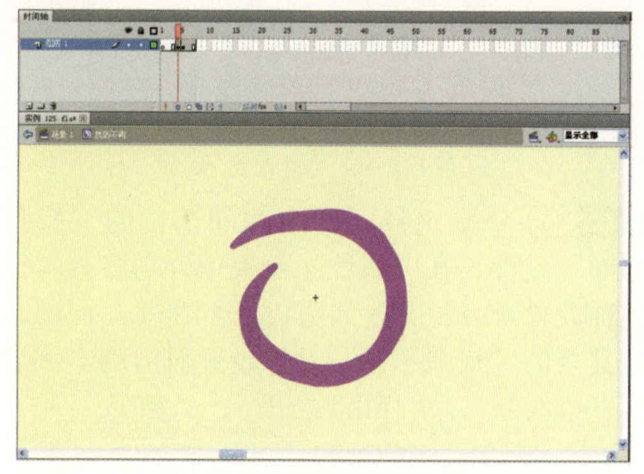

图125-5 复制并粘贴帧

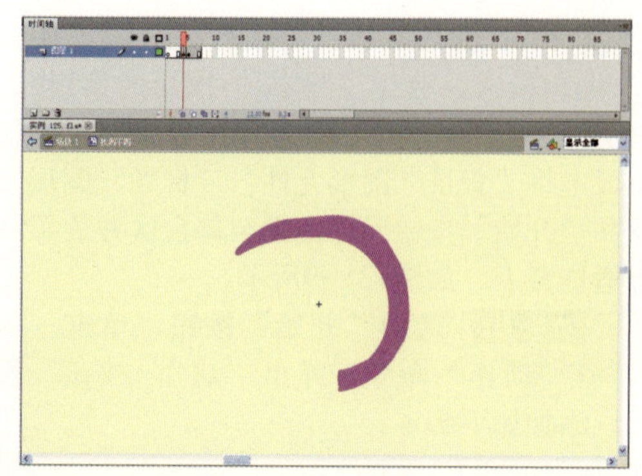

图125-6 将图形擦掉一部分

步骤 07 同理，复制并粘贴帧，将图形依次擦掉一部分。图125-7所示的分别为第3帧和第2帧中的修改后的对象。

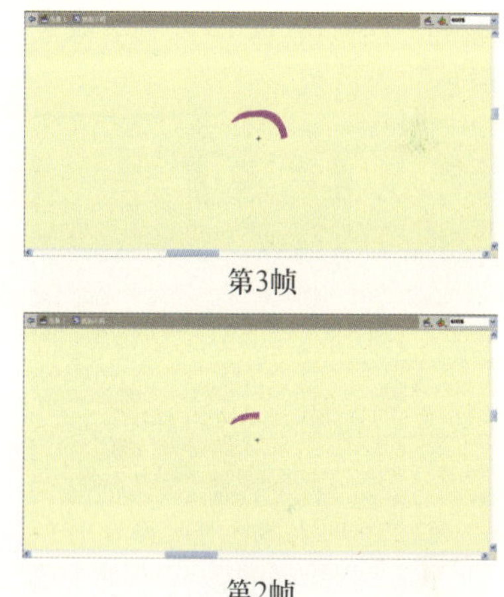

第3帧

第2帧

图125-7 第3帧和第2帧中修改后的对象

步骤 08 创建“图层2”图层，选择第7帧，按【F6】键插入关键帧。选择第1帧，单击“窗口”|“动作”命令，在弹出的“动作”面板中添加脚本语句，如图125-8所示。同理，第7帧添加相同的脚本语句。

图125-8 添加脚本语句

步骤 09 单击“场景1”标签，返回“场景1”编辑模式。选择“图层1”图层的第1帧，单击“窗口”|“库”命令，在弹出的“库”面板中将“背景”图形元件、“标题”图形元件和“开始”按钮元件拖曳至舞台区并放置在合适位置上，如图125-9所示。

步骤 10 选中“开始”按钮，单击“窗口”|“动作”命令，弹出“动作-按钮”面板，添加如下脚本：

```
on (release) {
        gotoAndPlay(2);
}
```

步骤 11 选择工具箱中的文本工具，在舞台中输入相应的文字，如图125-10所示。并设置“系列”为“黑体”、“字体大小”为30、“颜色”为白色。

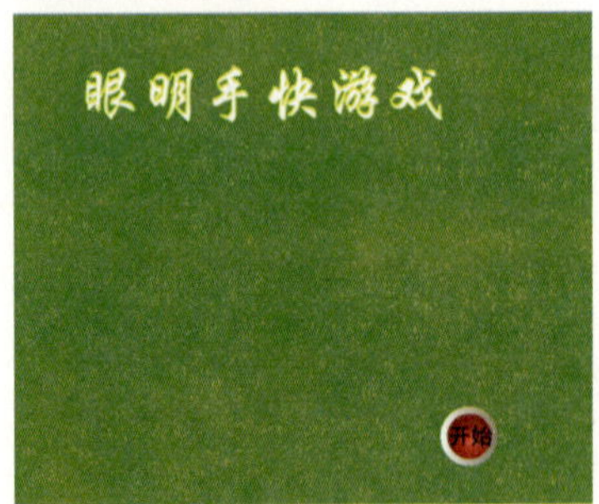

图125-9 拖曳元件至舞台中

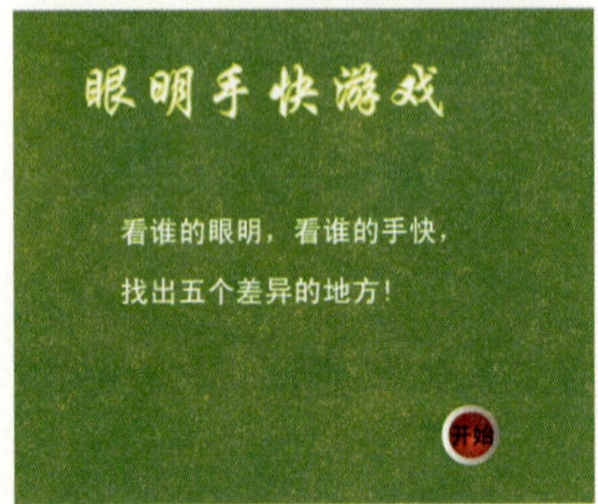

图125-10 输入文本

步骤 12 选择“图层1”图层的第2帧，按【F7】键插入空白关键帧，从“库”面板中将“背景”、“标题背景”、“图1”及“图2”图形元件拖曳至舞台中，如图125-11所示。

步骤 13 选择第2帧，从“库”面板中将“反应区”按钮元件和“找到不同”影片剪辑元件拖曳至舞台中不同的地方，并调整其大小及位置，如图125-12所示。

图125-11 拖曳元件至舞台中

图125-12 添加影片剪辑元件

步骤 14 选择第2帧，运用文本工具，在舞台的上方输入文本，如图125-13所示。设置“系列”为“黑体”、“字体大小”为27、“颜色”为白色。

图125-13 输入文本

步骤 15 分别选择两图中相同部位的“找到不同”元件，在“属性”面板中分别将其实例名称设置为a1和b1，如图125-14所示。同理，为其余的“找到不同”元件设置对应的实例名称，依次命名为a2和b2，……，a5和b5。

图125—14 设置实例名称

步骤 16 选择“图层1”图层的第3帧，并插入空白关键帧，将“库”面板中的“小女孩”图形元件拖曳至舞台中，并运用文本工具右侧输入“哇，你好厉害哦！”文本，设置“系列”为“方正卡通简体”、“字体大小”为64、“颜色”为紫色（#CA00CA）、“方向”为“垂直，从左向右”，如图125—15所示。

图125—15 第3帧中的对象

步骤 17 创建“图层2”图层，在第2帧和第3帧处插入关键帧，选择第1帧，单击“窗口”|“动作”命令，在弹出的“动作”面板中添加脚本语句，如图125—16所示。同理，为第2帧和第3帧添加相同的脚本语句。

图125—16 添加脚本语句

步骤 18 依次为每一个反应元件的实例添加脚本代码，其中第1个反应区的代码如图125—17所示（具体代码见“素材\第11章\实例125\125—17.txt”）。

步骤 19 按【Ctrl＋Enter】键或单击“控制”|“测试影片”|“测试”命令，测试动画效果，如图125—18所示。

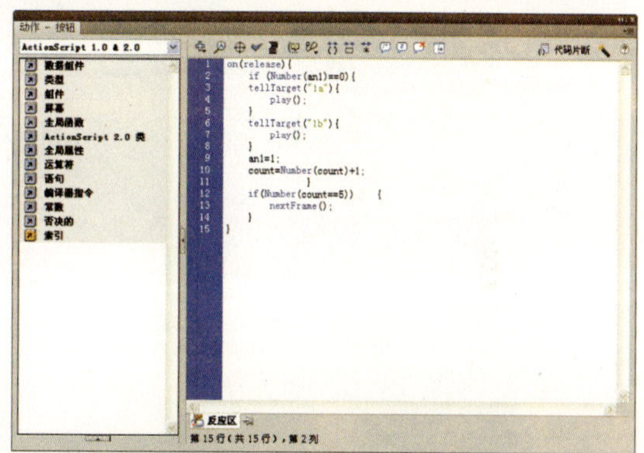

图125—17 添加脚本语句

图125—18 测试动画效果

实例 126 百变QQ游戏

效果欣赏	实例导航
 	素材文件：素材\第11章\实例126
	效果文件：效果\第11章\实例126.fla
	视频文件：视频\第11章\实例126.swf
	知识点睛：创建元件、设置实例名称、添加动作脚本

步骤 01 单击“文件”|“打开”命令，打开一个包含素材图像的文件，其“库”面板如图126-1所示。单击“文件”|“另存为”命令，将其保存为“实例126.fla”文件。

步骤 02 单击“窗口”|“库”命令，在弹出的“库”面板中选择bg图形元件并将其拖曳至舞台，调整其大小和位置，使其覆盖整个舞台，如图126-2所示。

图126-1 “库”面板

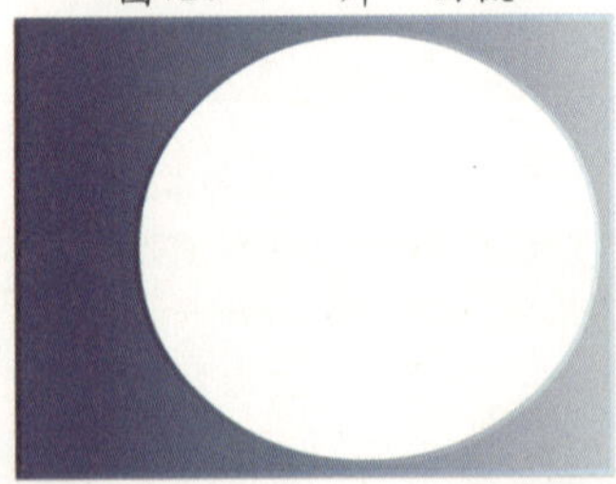

图126-2 拖曳图形元件到舞台中

步骤 03 创建“按钮”图层。选择第1帧，依次将“库”面板中的color1至color7按钮元件拖曳至舞台的合适位置，如图126-3所示。并设置实例名称依次为color1至 color7。

专家提醒

用户可以根据自己的喜好修改各按钮的颜色。

步骤 04 继续选择第1帧，依次将“库”面板中的yulan和print按钮元件拖曳至舞台，分别放在舞台的右上方和右下方，如图126-4所示。

图126-3 添加按钮元件到舞台中

图126-4 添加yulan和print按钮元件到舞台

步骤 05 依次选择yulan和print按钮元件，在“属性”面板中分别设置其实例名称为colorview和print_mc。图126-5所示的是为yulan按钮元件设置的实例名称。

步骤 06 在“按钮”图层的上方创建QQ图层，选择第1帧，将“库”面板中的“QQ形象”图形元件拖曳至舞台中的合适位置处，效果如图126-6所示。

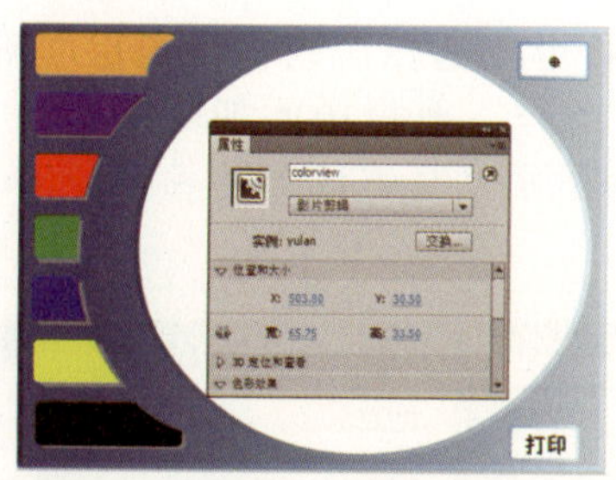
图126-5 设置yulan元件的实例名称

图126-6 添加“QQ形象”元件到舞台中

步骤 07 选择“QQ形象”图形元件，连续按两次【Ctrl+B】键将其分离，选择其头部，单击“修改”|“转换为元件”命令，在弹出的“转换为元件”对话框中设置“名称”为tou、“类型”为“影片剪辑”，如图126-7所示，单击“确定”按钮将其转换为元件。

步骤 08 在“库”面板中双击tou影片剪辑元件，进入其编辑模式，分别选择第2帧至第8帧，按【F6】键插入关键帧，如图126-8所示。

图126-7 将图形转换为元件

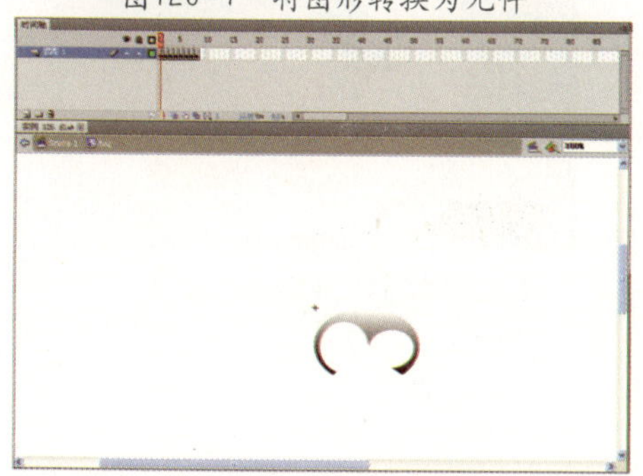
图126-8 插入关键帧

步骤 09 设置从第2帧至第8帧的颜色依次为黄色（#FEC51B）、紫色（#9800FF）、红色（#FF0000）、绿色（#009900）、蓝色（#0000FF）、黄色（#FFFF00）和黑色，如图126-9所示为第2帧中图形的填充颜色。

步骤 10 创建“图层2”图层，选择第1帧，按【F9】键在弹出的“动作”面板中添加“stop();”脚本语句，如图126-10所示。

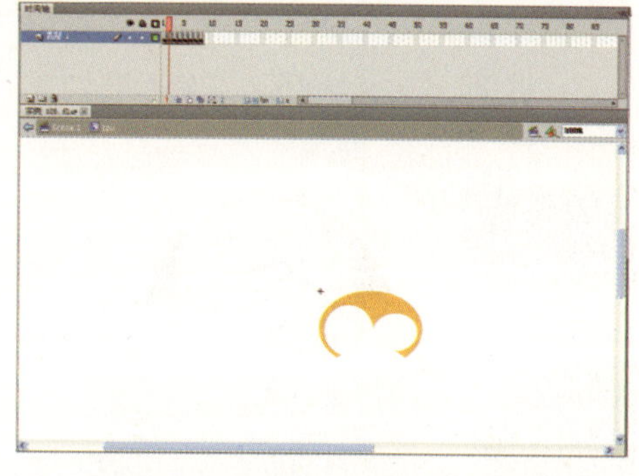
图126-9 修改各帧中对象的颜色

图126-10 添加脚本语句

步骤 11 单击“编辑”|“编辑文档”命令，返回“场景1”编辑模式。用与上同样的方法将QQ图形的翅膀转换为名为chibang的影片剪辑元件，并修改“图层1”图层中第2帧至第7帧的颜色依次为黄色（#FEC51B）、紫色（#9800FF）、红色（#FF0000）、绿色（#009900）、蓝色（#0000FF）和黄色（#FFFF00），接着为“图层2”图层添加“stop();”脚本语句，效果如图126-11所示。

步骤 12 单击“场景1”标签，返回“场景1”编辑模式。依次选择舞台中的tou和chibang影片剪辑元件，在“属性”面板中设置实例名称分别为tou和chibang。图126-12所示的是为tou元件设置的实例名称。

图126－11　chibang影片剪辑元件

图126－12　设置tou元件的实例名称

步骤 13 创建“动作”图层，单击“窗口”|“动作”命令，在弹出的“动作”面板中添加脚本语句，如图126－13所示（具体代码见“素材\第11章\实例126\126－13.txt”）。

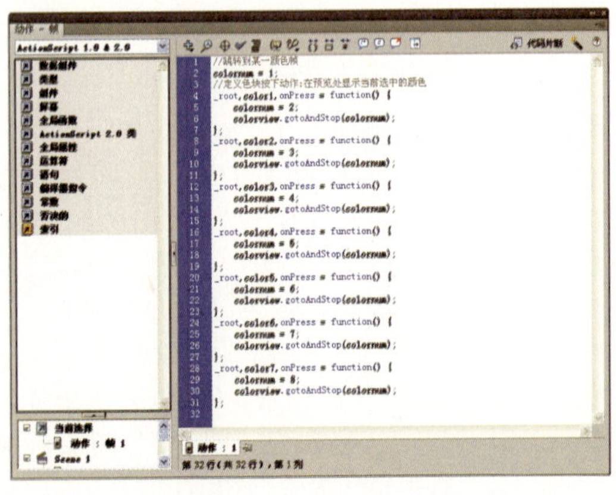
图126－13　添加脚本语句

步骤 14 继续选择“动作”图层的第1帧，在其“动作”面板中添加脚本语句，如图126－14所示（具体代码见“126－14.txt”文件）。

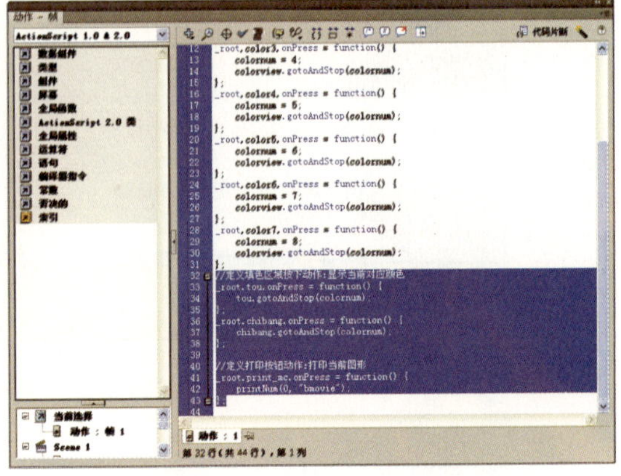
图126－14　继续添加脚本语句

步骤 15 单击“控制”|“测试影片”|“测试”命令或按【Ctrl＋Enter】键，测试游戏动画效果，如图126－15所示。在左侧任选一种颜色，在要修改颜色的部分单击鼠标即可修改QQ形象的颜色。

图126－15　测试动画效果

实例 127 星机战争游戏

效果欣赏	实例导航
	素材文件：素材\第11章\实例127
	效果文件：效果\第11章\实例127.fla
	视频文件：视频\第11章\实例127.swf
	知识点睛：创建计时器、创建计分器、添加动作脚本

步骤 01 单击“文件”|“打开”命令，打开一个包含素材图像的文件，其“库”面板如图127–1所示。单击“文件”|“另存为”命令，将其保存为“实例127.fla”文件。

步骤 02 双击“图层1”图层，将其重命名为“计时计分”，单击“窗口”|“库”命令，在弹出的“库”面板中将“运动”元件拖曳到舞台中，并调整其大小及位置，效果如图127–2所示。

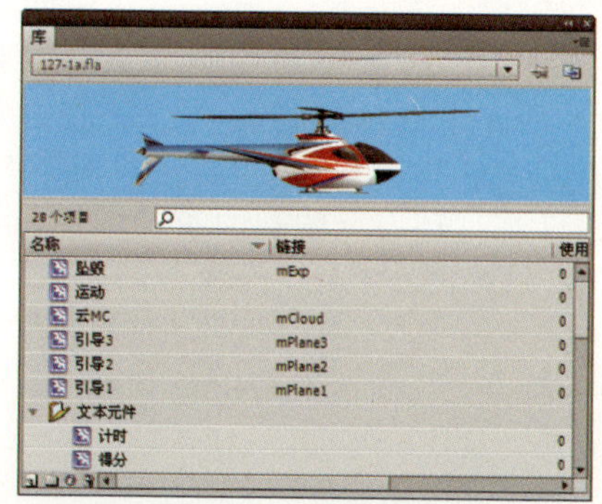

图127–1 “库”面板

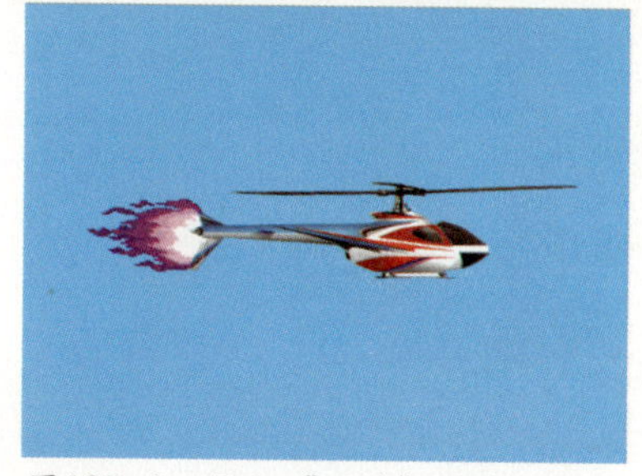

图127–2 添加“运动”元件到舞台

步骤 03 选择文本工具，设置“系列”为“文鼎霹雳体”、“文本大小”为60、“颜色”为蓝色（#0000FF），在舞台中的适当位置单击鼠标，输入“星机战争” 文本，效果如图127–3所示。

步骤 04 在“计时计分”图层的第2帧处按【F7】键插入空白关键帧，将“计时”元件拖曳到舞台中，效果如图127–4所示。

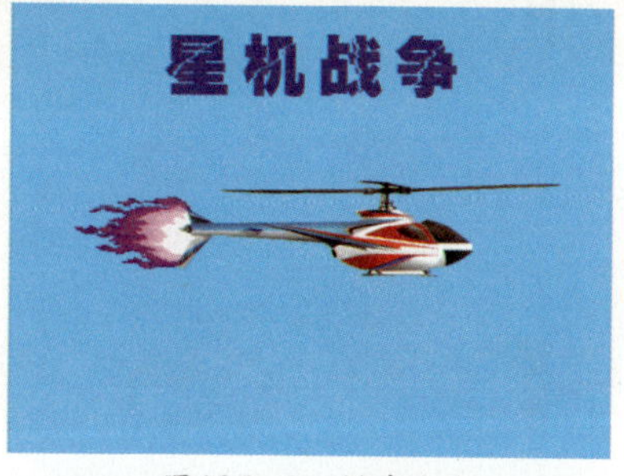

图127–3 创建文本

图127–4 添加“计时”元件到舞台

步骤 05 保持“计时计分”图层的第2帧被选中状态，将库中的“得分”元件拖曳到舞台的适合位置。效果如图127–5所示。

步骤 06 选择“计时计分”图层的第50帧，按【F5】键插入普通帧。时间轴面板如图127–6所示。

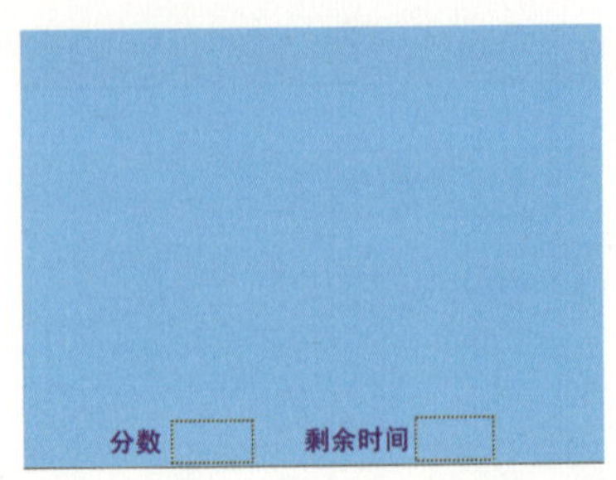

图127-5 添加“计时”元件到舞台

图127-6 “时间轴”面板

步骤 07 在“计时计分”图层的上方创建“动态”图层，选择第1帧，将“瞄准器”元件拖曳到舞台中，设置“宽度”和“高度”值均为28.8，效果如图127-7所示。

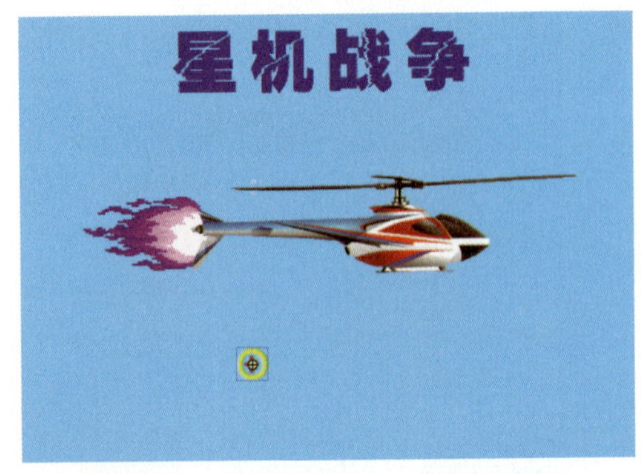

图127-7 添加“瞄准器”元件到舞台中

步骤 08 保持“瞄准器”元件处于选中状态，在“属性”面板中设置实例名称为mz。选择该元件，单击“窗口”|“动作”命令，在弹出的“动作”面板中添加脚本语句，如图127-8所示（具体代码见“素材\第11章\实例127\127-9.txt”）。

步骤 09 选择“动态”图层的第2帧并插入空白关键帧，将“脚本”元件拖曳到舞台中，如图127-9所示。

图127-8 添加脚本语句

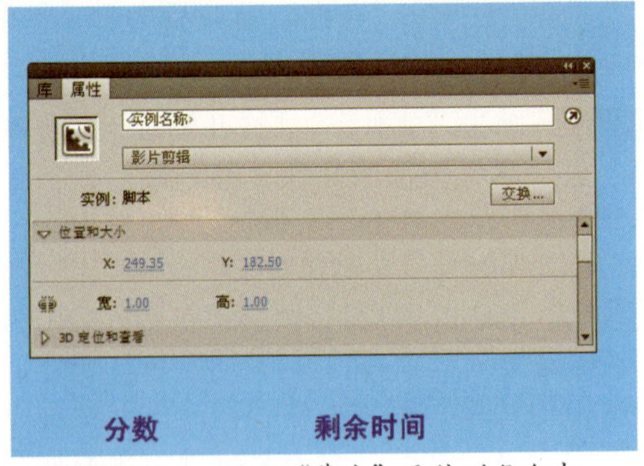

图127-9 添加“脚本”元件到舞台中

步骤 10 保持“脚本”元件的选中状态，在其“动作”面板中添加脚本语句，如图127-10所示（具体代码见“127-11.txt”文件）。

步骤 11 在“动态”图层的第22帧插入空白关键帧。选择文本工具，设置“文本类型”为“静态文本”、“系列”为“黑体”、“文本大小”为50、“颜色”为白色，输入“时间到”文本，效果如图127-11所示。

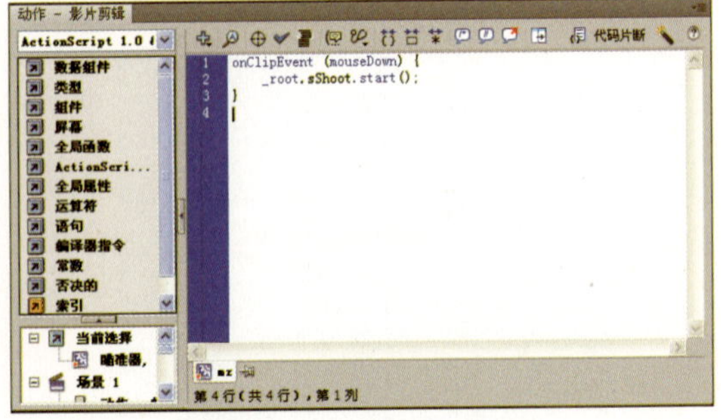
图127-10 添加脚本语句

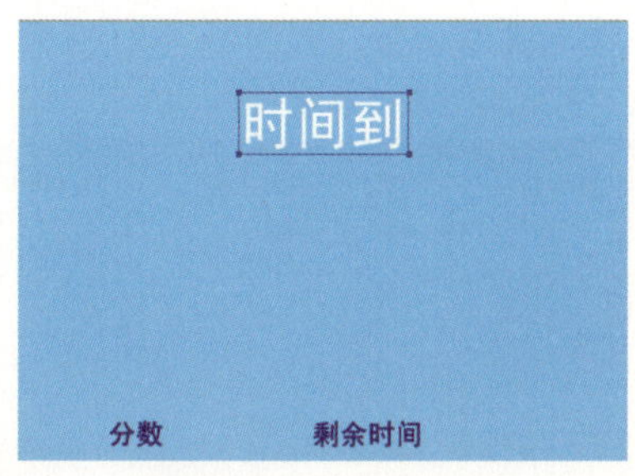

图127-11 输入文本

步骤 12 在“动态”图层的第50帧插入空白关键帧，将“云MC”元件拖曳到舞台中，设置“宽度”和“高度”值分别为253.8和115.6，如图127-12所示。

步骤 13 保持“云”元件的选中状态，在“动作”面板中添加脚本语句，如图127-13所示（具体代码见“127-14.txt”文件）。

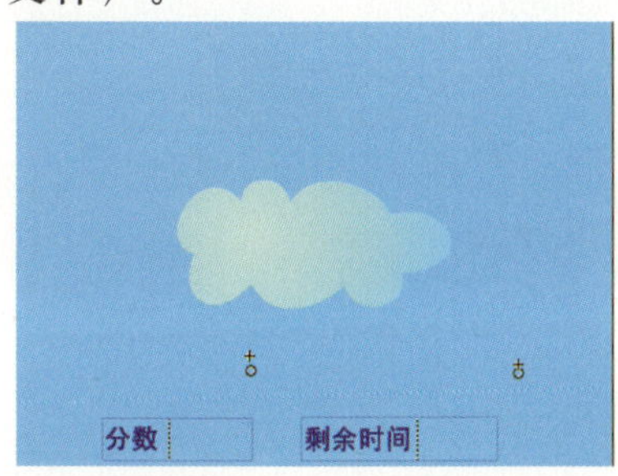

图127-12 添加“云”元件到舞台中

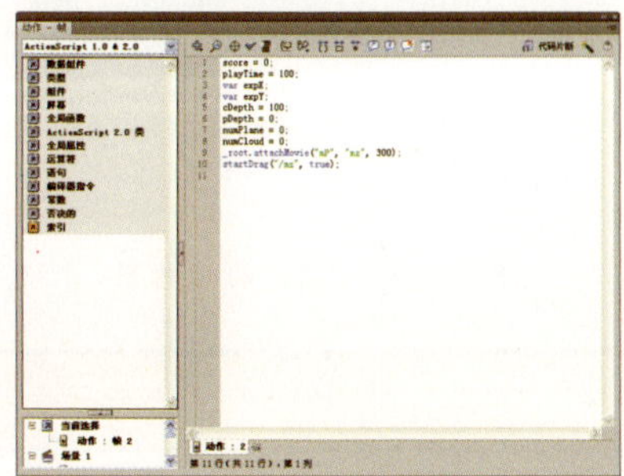

图127-13 添加脚本语句

步骤 14 选择文本工具，设置“系列”为Times New Roman、“文本大小”为40、“颜色”为蓝色（#0033FF），在舞台中的适当位置单击鼠标，输入Replay文本，将其对齐舞台的中心，如图127-14所示。

步骤 15 新建“动作”图层，选择“动作”图层的第1帧，在其“动作”面板中添加脚本语句，“动作”面板如图127-15所示（具体代码见“文本文档127-16.txt”文件）。

图127-14 输入文本

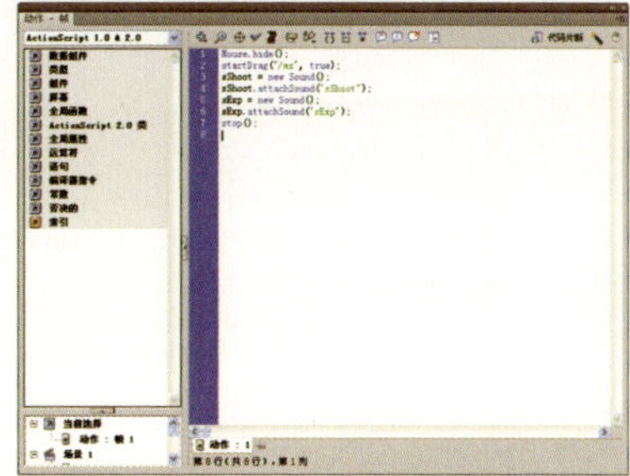

图127-15 为第1帧添加脚本语句

步骤 16 在“动作”图层的第2帧插入关键帧，在其“动作”面板中添加脚本语句，“动作”面板如图127-16所示（具体代码见“文本文档127-17.txt”文件）。

步骤 17 在“动作”图层的第9帧插入关键帧，在其“动作”面板中添加脚本语句，“动作”面板如图127-17所示（具体代码见“文本文档127-18.txt”）。

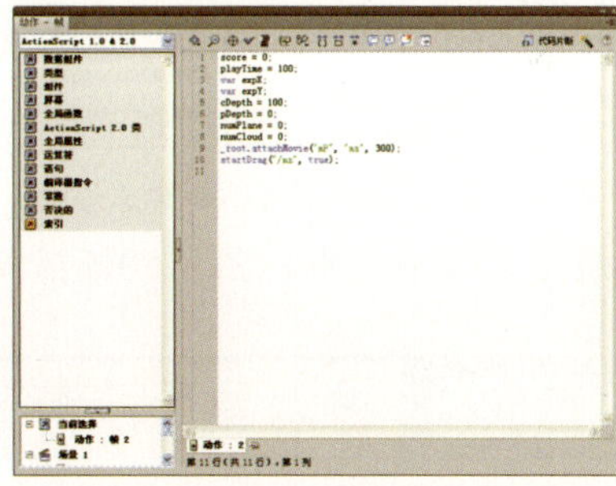

图127-16 为第2帧添加脚本语句

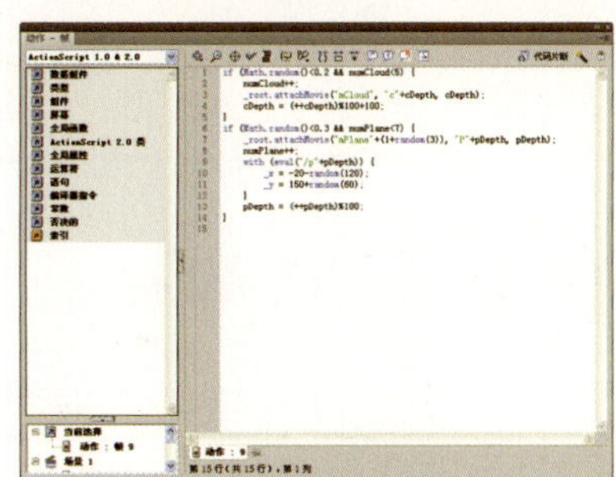

图127-17 为第9帧添加脚本语句

步骤 18 在“动作”图层的第15帧插入关键帧，在其“动作”面板中添加脚本语句，如图127-18所示（具体代码见“127-19.txt”文件）。

步骤 19 在“动作”图层的第22帧插入关键帧，在其“动作”面板中添加脚本语句，如图127-19所示（具体代码见“127-20.txt”文件）。

图127-18　为第15帧添加脚本语句

图127-19　为第22帧添加脚本语句

步骤 20 在“动作”图层的第50帧插入关键帧，并添加脚本语句，如图127-21所示（具体代码见“127-21.txt”文件）。

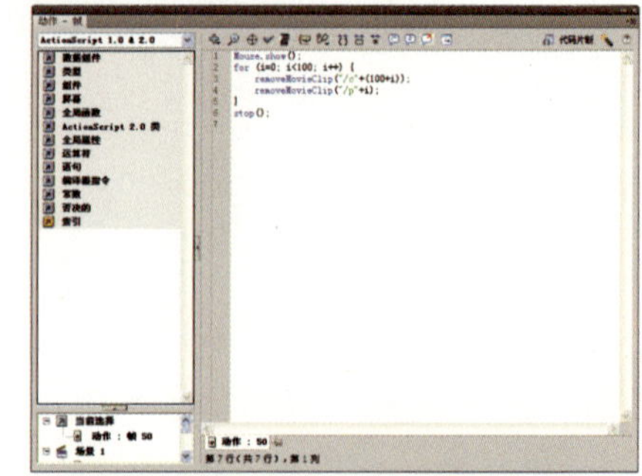

图127-20　为第50帧添加脚本语句

步骤 21 单击“控制”|“测试影片”|“测试”命令或者按【Ctrl+Enter】键，测试动画效果，如图127-22所示。

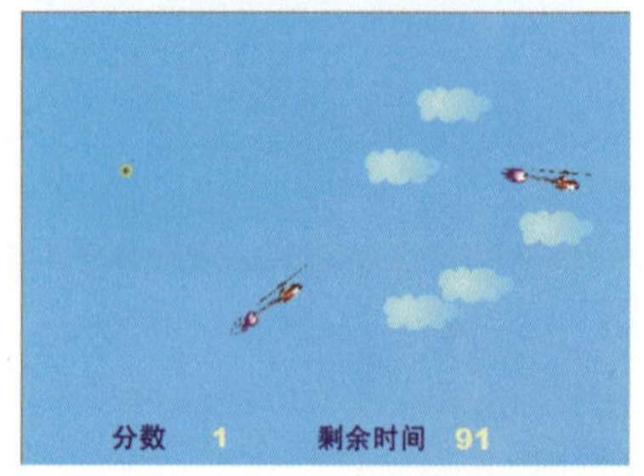

图127-21　测试动画效果

实例 128　米老鼠大战游戏

效果欣赏	实例导航
	素材文件：素材\第11章\实例128
	效果文件：效果\第11章\实例128.fla
	视频文件：视频\第11章\实例128.swf
	知识点睛：创建米老鼠出洞动画、创建计分元件、添加动作脚本

步骤 01 单击“文件”|“打开”命令，打开一个包含素材图像的文件，其“库”面板如图128-1所示。单击“文件”|“另存为”命令，将其保存为“实例128.fla”文件。

步骤 02 单击“窗口”|“库”命令，在弹出的“库”面板中将“背景”图形元件拖曳到舞台中，并调整大小和位置，使其覆盖整个舞台，如图128-2所示。选择第8帧，按【F5】键插入普通帧。

图128-1 “库”面板

图128-2 添加背景图片

步骤 03 新建一个名为“出洞”的影片剪辑元件，并进入其编辑模式中。选择“图层1”图层的第1帧，运用椭圆工具绘制一个无边框黑色的椭圆，并设置“宽度”和“高度”分别为70.3和32.9，效果如图128-3所示。选择第24帧，按【F5】键插入普通帧。

图128-3 绘制椭圆

步骤 04 在“图层1”图层的上方创建“图层2”图层，选择第1帧，将“库”面板中的“米老鼠1”元件拖曳至编辑区中的椭圆下方，如图128-4所示。

图128-4 将元件拖曳至编辑区

步骤 05 选择“图层2”图层的第4帧，按【F6】键插入关键帧，向上移动对象至合适位置，创建第1帧至第4帧间的补间动画，编辑出米老鼠上下移动的动画，效果如图128-5所示。

步骤 06 分别选择“图层2”图层的第10帧和第13帧，按【F6】键插入关键帧，并向下移动至合适位置，创建第10帧至第13帧间的补间动画，效果如图128-6所示。

图128-5 创建补间动画

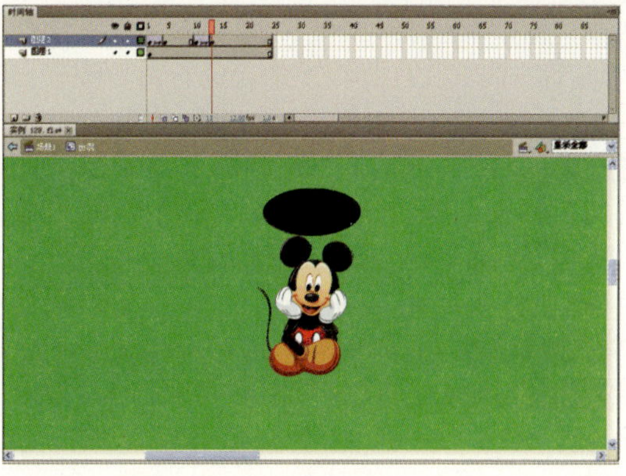

图128-6 再次创建补间动画

步骤07 分别选择第14帧、第19帧和第24帧，按【F6】键插入关键帧，再将各帧场景中的“米老鼠1”元件换成“米老鼠2”元件，设置X轴值均为-5.3，设置Y轴值则依次修改为-25.2、-25.2和59.8，创建第19帧至第24帧间的补间动画，如图128-7所示。

步骤08 分别选择第1帧和第14帧，在“属性”面板中设置实例名称为play和hit，效果如图128-8所示。

图128-7　创建另一补间动画

图128-8　设置实例名称后的效果

步骤09 在“图层2”图层的上方新建“图层3”图层，选择第1帧，将“库”面板中的“遮罩”图形元件拖曳至舞台的合适位置，如图128-9所示。并将该图层转换为遮罩层。

步骤10 在“图层3”图层的上方创建“图层4”图层，分别选择第4帧和第11帧，按【F6】键插入关键帧。选择第4帧，从“库”面板中将“隐形按钮”元件拖曳至编辑区中，效果如图128-10所示。

步骤11 选择“图层4”图层第4帧的“隐藏按钮”元件，按【F9】键在弹出的“动作-按钮”面板中添加如下脚本：

```
on (press) {
	/:score = Number(/:score)+100;
	tellTarget ("/hammer") {
		gotoAndPlay(2);
	}
	gotoAndPlay("hit");
}
```

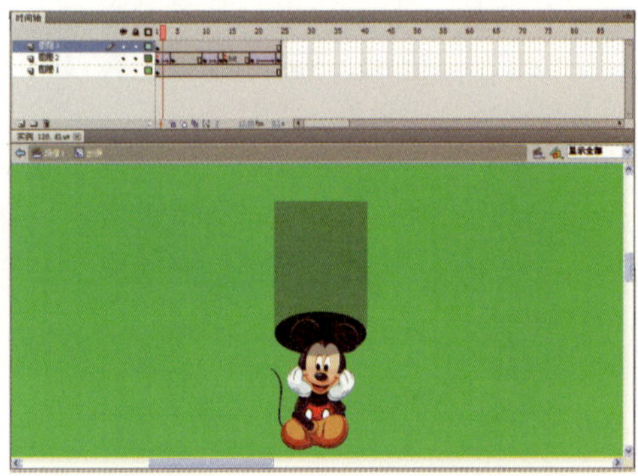
图128-9　拖曳元件至舞台中

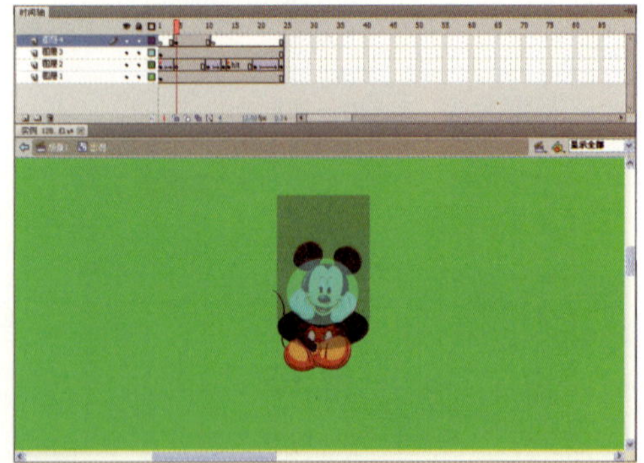
图128-10　添加“隐形按钮”元件至舞台中

步骤12 在“图层1”图层的下方新建“图层5”图层。选择第14帧，按【F6】键插入关键帧，并在“属性”面板中的“声音”选项区中设置“名称”为sound1.wav、“同步”为“事件”，添加声音，如图128-11所示。

步骤13 选择“图层1”图层的第1帧，在“动作”面板中添加脚本语句，如图128-12所示。

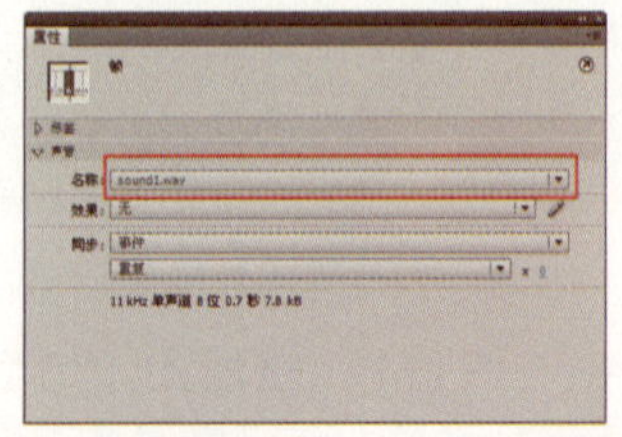
图128-11　添加声音文件并设置其属性

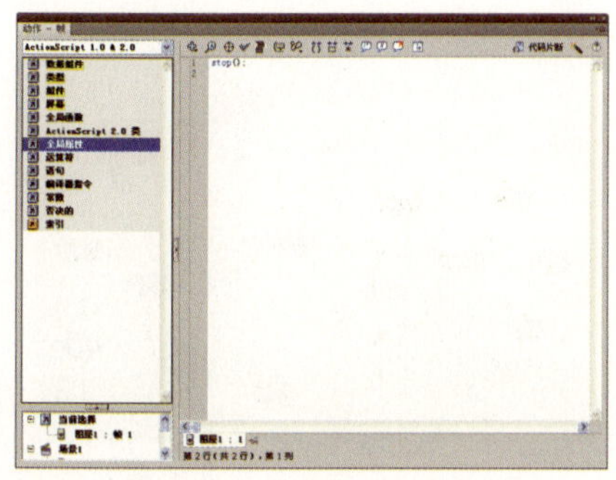

图128-12 添加脚本语句

步骤 14 选择“图层2”图层的第13帧，在“动作”面板中添加脚本语句，如图128-13所示。同样在第24帧中添加相同的脚本语句。

步骤 15 新建一个名为“时间”的影片剪辑元件，并进入其编辑模式中。选择“图层1”图层的第1帧，运用文本工具创建一个动态文本框，并在“属性”面板中设置“系列”为Times New Roman、“颜色”为“白色”、“字体大小”为26、“变量”为time，如图128-14所示。选择第13帧，按【F5】键插入普通帧。

图128-13 为第13帧添加脚本语句

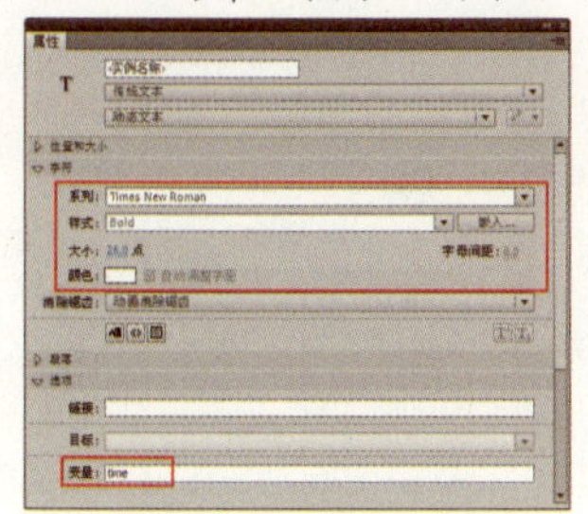

图128-14 设置文本属性

步骤 16 在“图层1”图层的上方创建“图层2”图层。运用文本工具，在编辑区中输入“时间：”文本，并设置“系列”为“黑体”、“字体大小”为26、“颜色”为白色，效果如图128-15所示。

步骤 17 在“图层2”图层的上方创建“图层3”图层，分别在第2帧和第13帧处插入关键帧。选择第1帧，在“动作”面板中添加脚本语句，如图128-16所示（具体代码见“素材\第11章\实例128\128-16.txt”）。

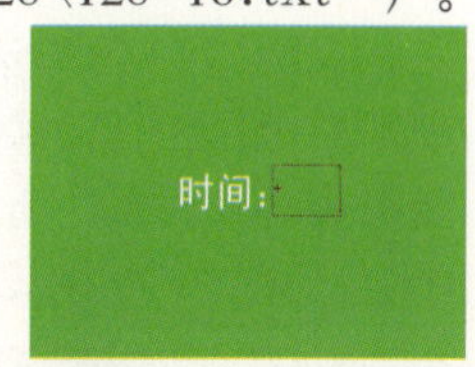

图128-15 输入文本

图128-16 为第1帧添加脚本语句

步骤 18 选择“图层3”图层的第2帧，在“动作”面板中添加脚本语句，如图128-17所示（具体代码见“128-17.txt”文件）。

步骤 19 选择“图层4”图层的第13帧，在其“动作”面板中添加脚本语句，如图128-18所示（具体代码见“128-18.txt”文件）。

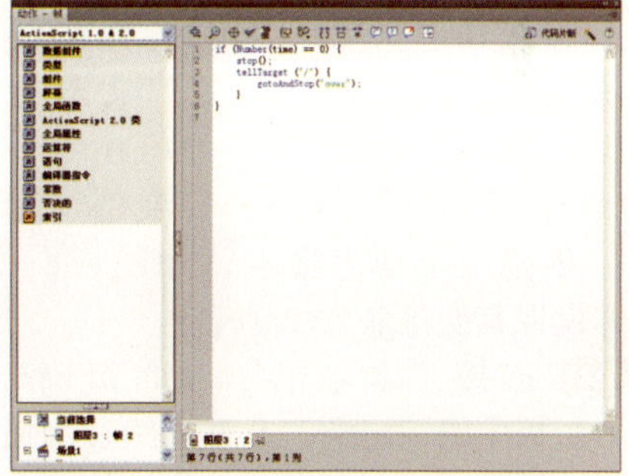

图128-17 为第2帧添加脚本语句

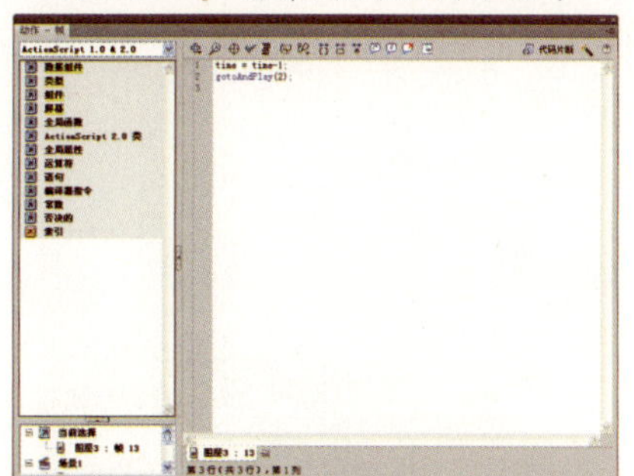

图128-18 为第13帧添加脚本语句

步骤 20 单击“场景1”标签，返回“场景1”编辑模式。在“背景”图层的上方创建6个图层，从上至下依将其命名为“动作”、“按钮”、“锤子”、“米老鼠”、“分数”及“时间”，如图128-19所示。

步骤 21 在“时间”图层的第2帧处插入关键帧，将“库”面板中的“时间”元件插曳至舞台，并设置实例名称为time，如图128-20所示。

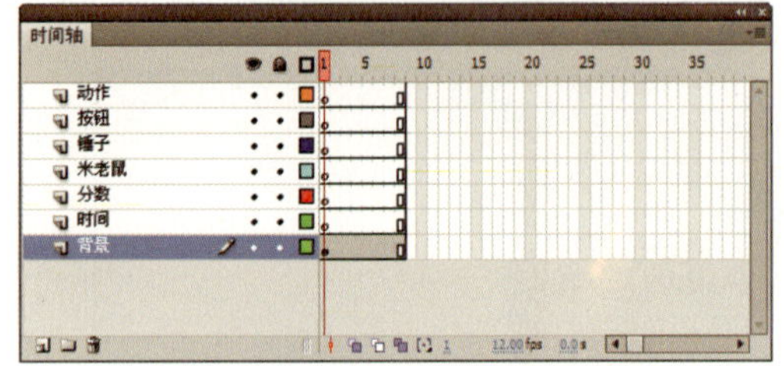

图128-19　新建6个图层

图128-20　设置实例名称

步骤 22 选择“分数”图层中的第1帧，将“库”面板中“分数”图形元件拖曳至舞台。并运用文本工具，设置“文本类型”为“动态文本”、“字体”为Times New Roman、“大小”为26、“颜色”为“白色”，创建一个动态文本，如图128-21所示，并设置其变量名为score。

步骤 23 选择“米老鼠”层的第1帧，将“库”面板中的“出洞”元件连续12次拖曳至舞台中，如图128-22所示。分别为这12个“出洞”元件，依次设置实例名称为m1至m12。

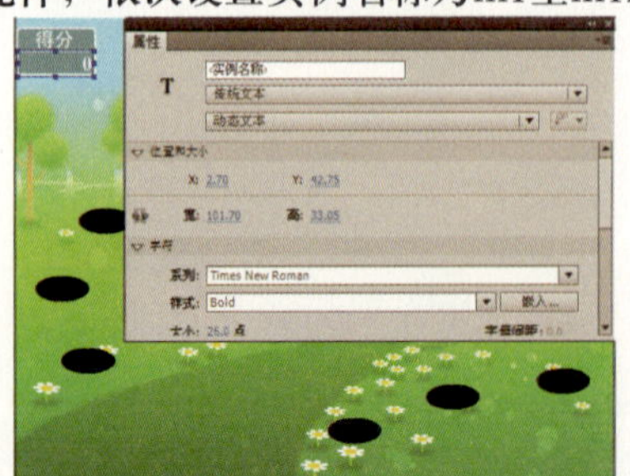

图128-21　创建动态文本

图128-22　将元件拖曳至舞台

步骤 24 在“锤子”图层的第1帧，将“库”面板中的“锤子”元件拖曳至舞台中，并设置其实例名称为hammer，如图128-23所示。再在第2帧和第8帧处插入关键帧，并适当移动其位置。

步骤 25 选择“按钮”图层的第1帧，将“库”面板中的“开始”按钮元件拖曳至舞台的合适位置，如图128-24所示。分别在第2帧和第8帧处插入空白关键帧和关键帧。

图128-23　设置实例名称

图128-24　将元件拖曳至舞台

步骤 26 选择“按钮”图层的第8帧，将“库”面板中的“再玩一次”按钮元件拖曳至舞台的合适位置上，如图128-25所示。

步骤 27 选择“按钮”图层第1帧中的“开始”按钮，按【F9】键，在弹出的“动作-按钮”面板中添加如下脚本：

```
on (press) {
        play();
        Mouse.hide();
}
```

步骤 28 选择“按钮”图层第8帧中的“再玩一次”按钮，按【F9】键，在弹出的“动作-按钮”面板中添加如下脚本：

```
on (press) {
        gotoAndPlay(2);
        Mouse.hide();
}
```

步骤 29 分别在“动作”图层的第2帧、第3帧、第7帧和第8帧处插入关键帧。在“第1帧”处添加脚本语句，如图128-26所示（具体代码见“128-26.txt”文件）。

图128-25 将“再玩一次”按钮拖曳至舞台

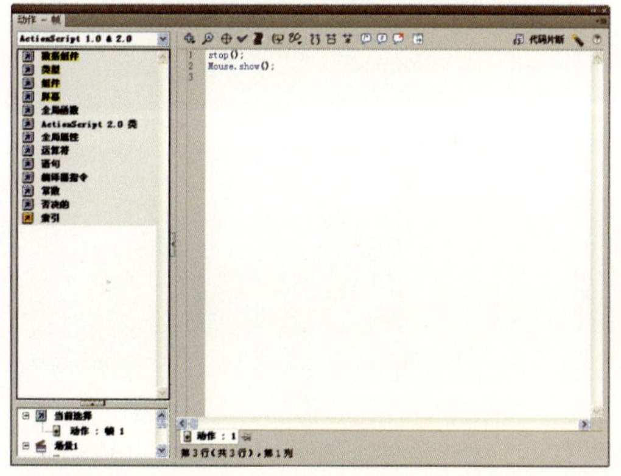

图128-26 第1帧中的脚本语句

步骤 30 分别在“动作”图层的第2帧和第3帧处添加脚本语句，如图128-27所示（具体代码见“文本文档128-27（a）.txt”、“128-27（b）.txt”文件）。

步骤 31 分别在“动作”图层的第7帧和第8帧处添加脚本语句，如图128-28所示（具体代码见“128-28（a）.txt”、“128-28（b）.txt”文件）。

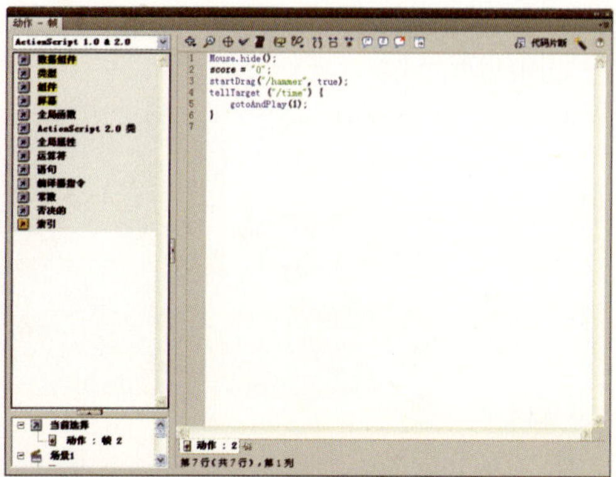

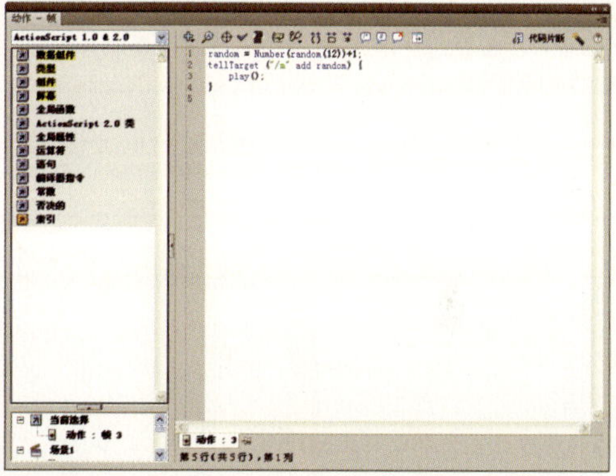

图128-27 第2帧和第3帧中的脚本语句

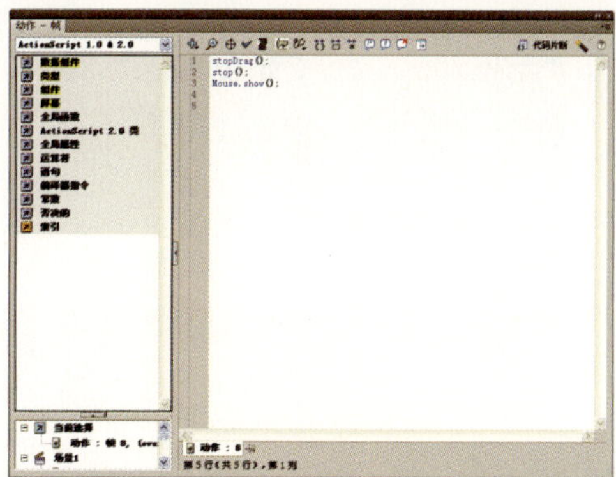

图128-28 第7帧和第8帧中的脚本语句

步骤 32 单击“控制”|“测试影片”|“测试”命令或者按【Ctrl+Enter】键，测试动画效果，如图128-29所示。

图128-29　测试动画效果

实例 129　射击气球游戏

效果欣赏	实例导航
 	素材文件：素材\第11章\实例129 效果文件：效果\第11章\实例129.fla 视频文件：视频\第11章\实例129.swf 知识点睛：创建气球动画、创建子弹动画、添加动作脚本

步骤 01 单击“文件”|“打开”命令，打开一个包含素材图像的文件，其“库”面板如图129-1所示。单击“文件”|“另存为”命令，将其保存为“实例129.fla”文件。

步骤 02 新建一个名为“气球动画”的影片剪辑元件，并进入其编辑模式中。选择“图层1”图层的第2帧，按【F6】键插入关键帧，将“库”面板中的“气球”图形元件拖曳至编辑区中，并设置X和Y轴值分别为44.95和382.85，效果如图129-2所示。

图129-1　“库”面板

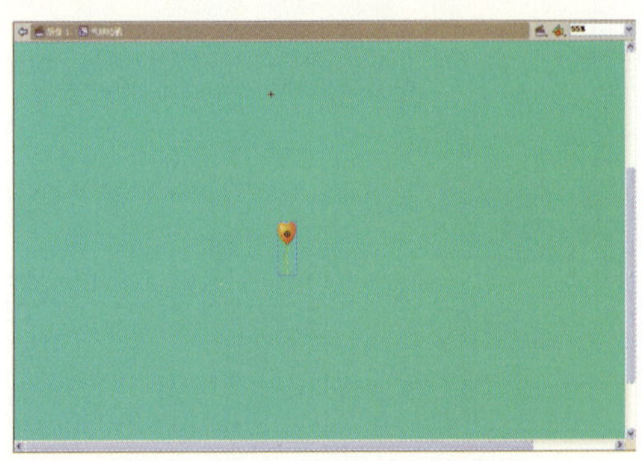

图129-2　将元件拖曳至编辑区

步骤 03 选择“图层1”图层的第24帧和第25帧，按【F6】键插入关键帧，将第24帧中对象的X和Y轴值分别修改为19.05和-156.85，再创建第2帧至第24帧间的补间动画，如图129-3所示，删除第25帧中的对象。

步骤 04 在“图层1”图层的上方创建“图层2”图层，在第25帧处插入关键帧。运用文本工具输入“啊，都跑完了呀！”文本，并设置“系列”为“方正舒体”、“字体大小”为40、“颜色”为白色、“文本样式”为“仿

倾斜”，如图129-4所示。

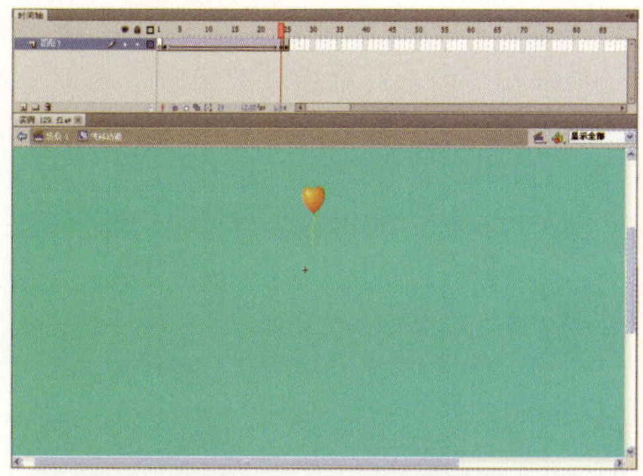

图129-3 创建补间动画

图129-4 输入文本

步骤 05 选择“图层1”图层的第2帧，单击“窗口”|“动作”命令，在弹出的“动作”面板中添加脚本语句，如图129-5所示（具体代码见“129-5.txt”文件）。

步骤 06 选择“图层1”图层的第24帧，在“动作”面板中添加脚本语句，如图129-6所示（具体代码见“129-6.txt”文件）。

图129-5 第2帧中的添加脚本语句

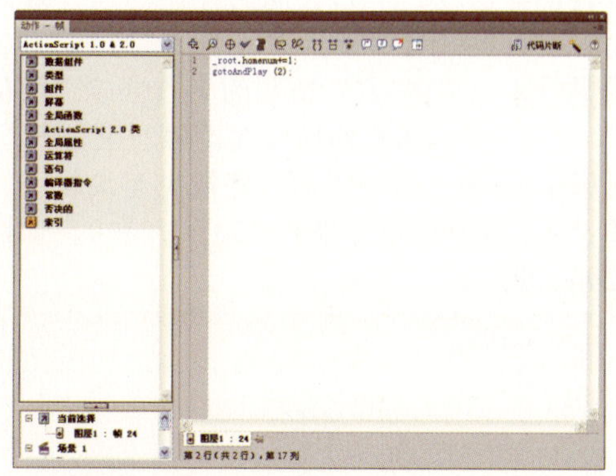

图129-6 第24帧中的添加脚本语句

步骤 07 选择“图层1”图层的第25帧，在“动作”面板中添加脚本语句，如图129-7所示。

步骤 08 新建一个“子弹”影片剪辑元件，并进入其编辑模式中。在“图层1”图层的第2帧处插入关键帧，将“库”面板中的Tween 1图形元件拖曳至编辑区，并设置X和Y轴值均为0，效果如图129-8所示。

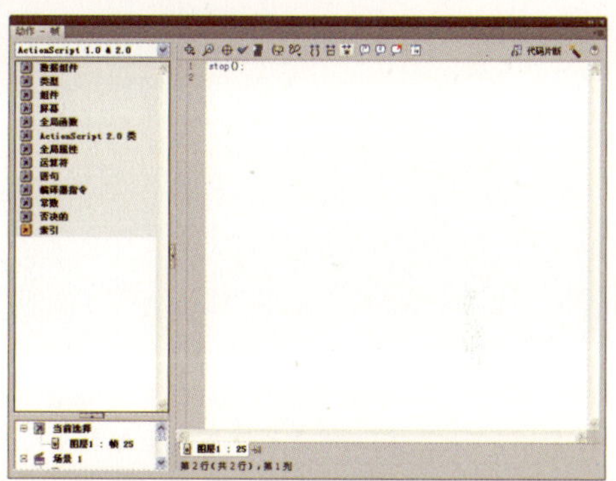

图129-7 第25帧中的添加脚本语句

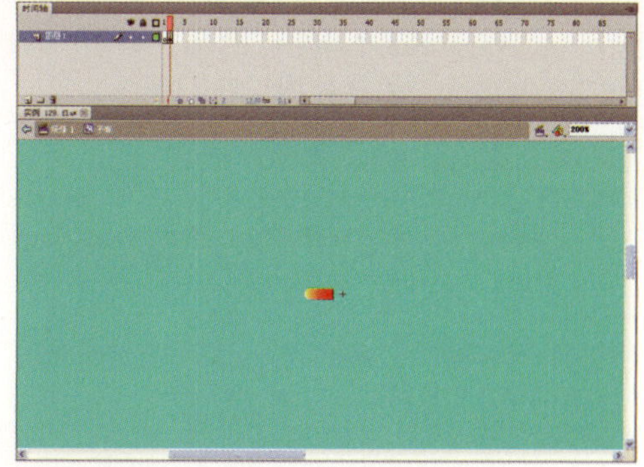

图129-8 将Tween 1元件拖曳至编辑区

步骤 09 在“图层1”图层的第7帧处插入关键帧，并将该帧中的对象的X值修改为-321，接着创建第2帧至第7帧间的补间动画，效果如图129-9所示。

步骤 10 在“图层1”图层的上方创建“图层2”图层，在第8帧处插入关键帧。将“库”面板中的Tween 2图形元件拖曳至编辑区，并设置X和Y轴值分别为-237.95和0，如图129-10所示。

图129-9 创建补间动画

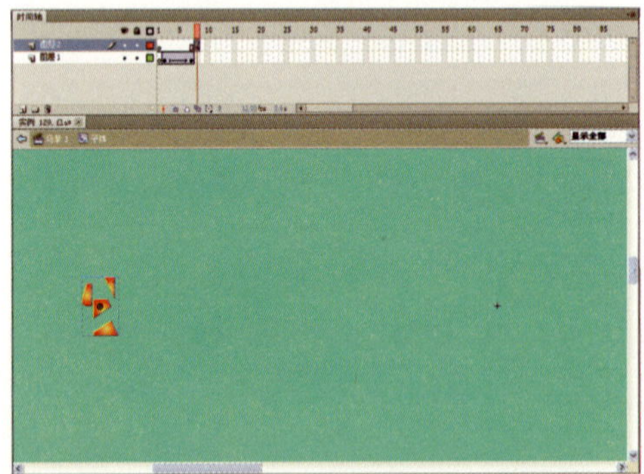

图129-10 将Tween 2元件拖曳至编辑区

步骤 11 在“图层2”图层的第11帧处插入关键帧，修改该帧中对象的X和Y轴值分别为-237.05和-1.1、Alpha值为30%，创建第8帧至第11帧间的补间动画，效果如图129-11所示。

图129-11 创建补间动画

步骤 12 在“图层2”图层的上方创建“图层3”图层，在第2帧处插入关键帧。在“属性”面板的“声音”选项区中设置“名称”为“射击声音”、“同步”为“事件”，效果如图129-12所示。

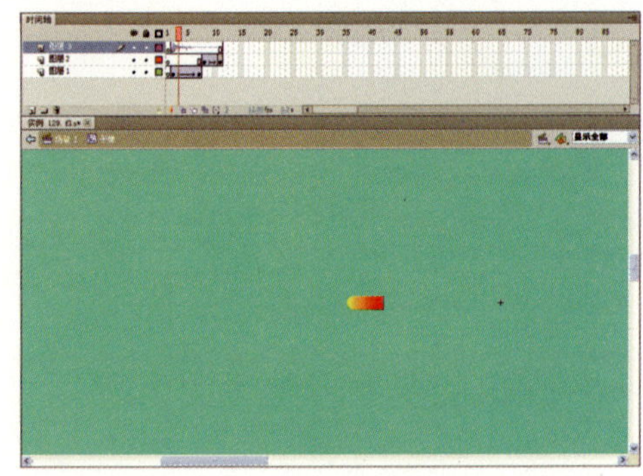

图129-12 添加声音后的效果

步骤 13 选择“图层1”图层的第1帧，在“动作”面板中添加脚本语句，如图129-13所示。

步骤 14 选择“图层1”图层的第7帧，在其“动作”面板中添加脚本语句，如图129-14所示。

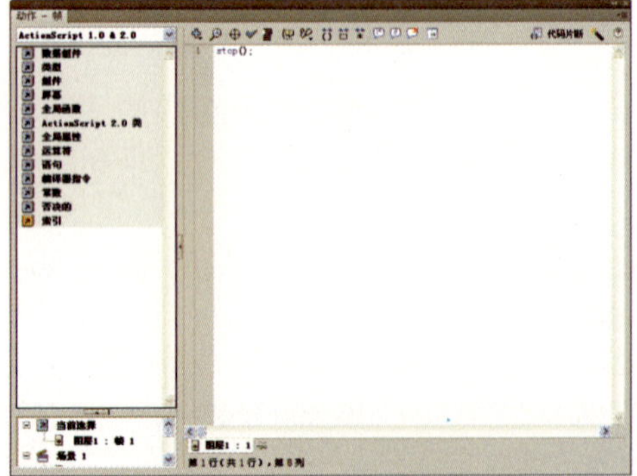

图129-13 第1帧中的脚本语句

图129-14 第7帧中的脚本语句

步骤 15 单击“场景1”标签，返回“场景1”编辑模式。双击“图层1”图层，将其更名为“文字”，选择第1帧，运用椭圆工具，在舞台中绘制一个椭圆，并设置“笔触颜色”为红色、“笔触高度”为8、“笔触样式”为“点刻线”，如图129-15所示。

步骤 16 继续选择“文字”图层，运用文本工具在舞台中输入“瞄准能力大测试”和“一看看你能射中多少”文本（“系列”分别为“汉仪菱心体简”和“幼圆”），如图129-16所示。

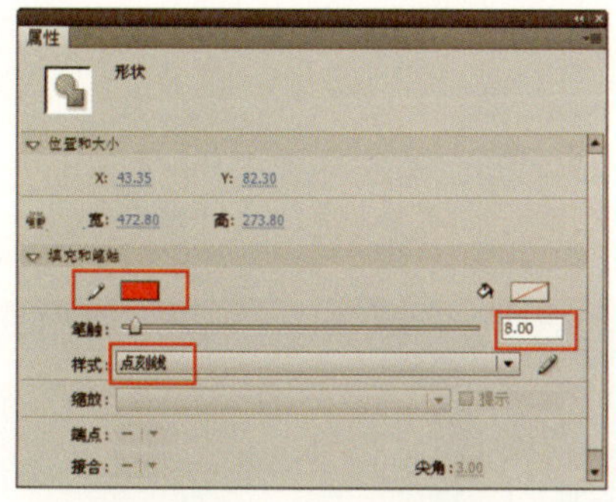

图129-15 设置图形属性

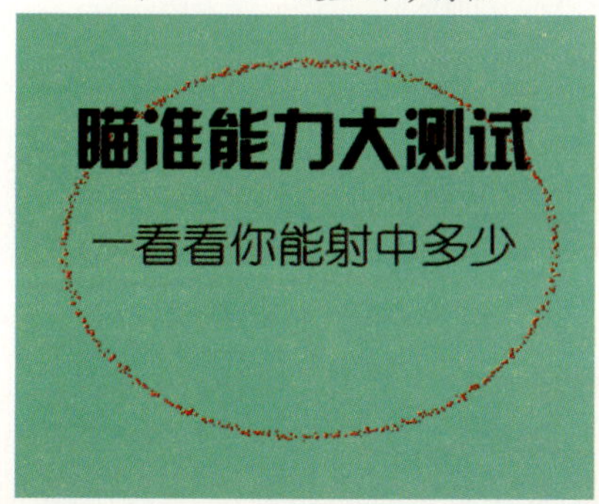

图129-16 输入文本

步骤 17 在“文本”图层的上方创建“射击”图层，在第2帧处插入关键帧，并将“射击”元件拖曳至舞台，设置实例名称为mao，接着在“动作”面板中添加脚本语句，如图129-17所示（具体代码见“129-17.txt”文件）。

步骤 18 在“射击”层的上方创建“计分”图层，在第2帧入插入关键帧。运用文本工具，设置“系列”为“黑体”、“大小”为24，“颜色”为白色，输入相应的文本，如图129-18所示。

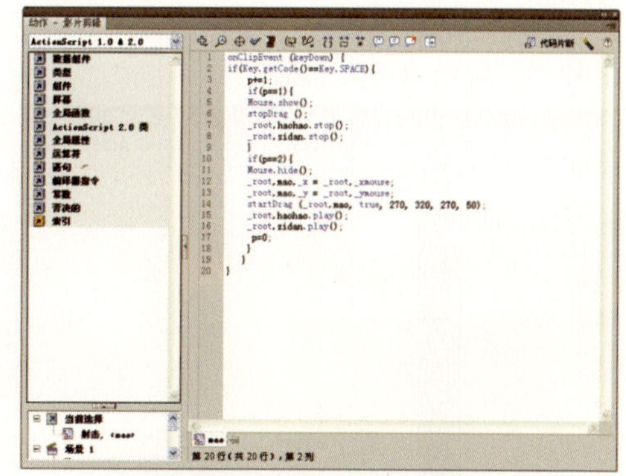

图129-17 添加脚本语句

图129-18 输入文本

步骤 19 选择第2帧，运用文本工具，绘制3个动态文本框，如图129-19所示。从上至下依次设置变量名称为homenum、her和znum。

图129-19 创建动态文本

步骤 20 在“计分”图层的上方创建一个“气球”图层，在第2帧处插入关键帧，并将“库”面板中的“气球动画”元件拖曳至舞台中，放置在舞台的左侧，并设置实例名称为paopao，接着在“动作”面板中添加脚本语句，如图129-20所示（具体代码见“129-20.txt”）。

步骤 21 在“气球”图层的上方创建一个“子弹”图层，在第2帧处插入关键帧，并将“库”面板中的“子弹”元件拖曳至舞台中并放置在枪口处，并设置实例名称为zidan，接着在“动作”面板中添加脚本语句，如图129-21所示（具体代码见“129-21.txt”文件）。

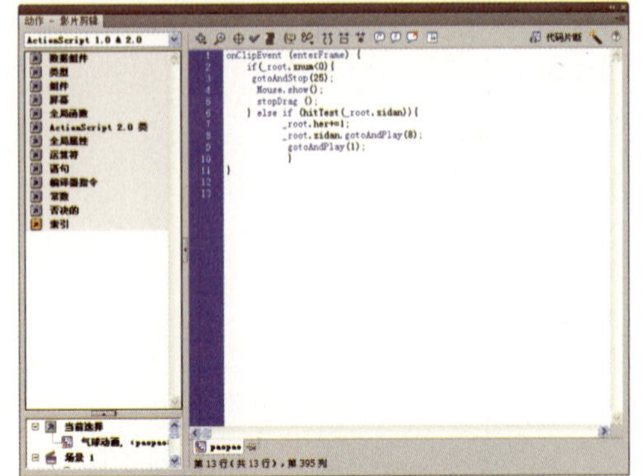

图129-20　添加脚本语句

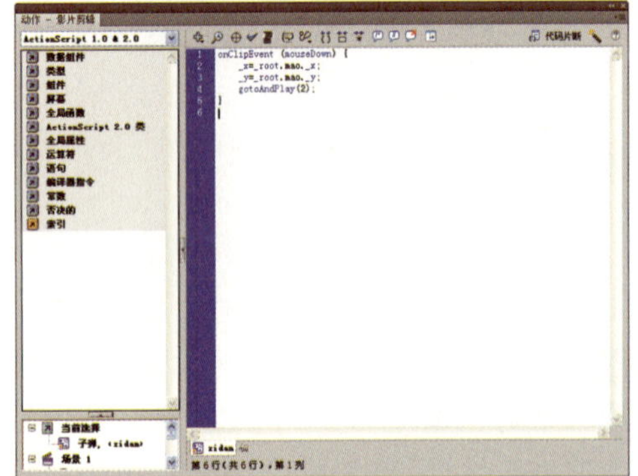

图129-21　添加另一脚本语句

步骤 22 在“子弹”图层的上方创建“按钮”图层，选择第1帧，将“库”面板中的“开始游戏”按钮拖曳至舞台的合适位置，如图129-22所示。

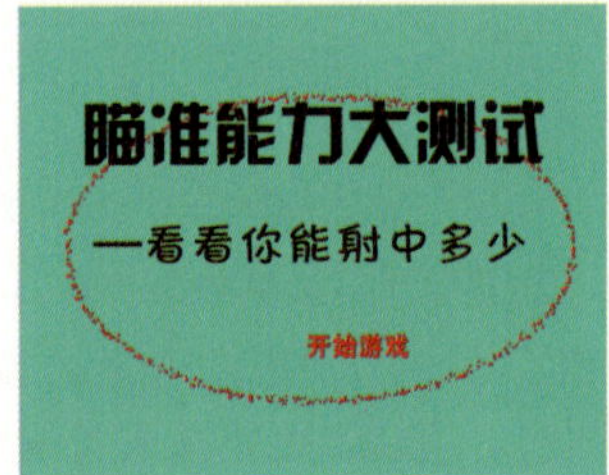

图129-22　将按钮拖曳至舞台

步骤 23 选中“按钮”图层第1帧中的“开始游戏”按钮，按【F9】键在弹出的“动作-按钮”面板添加如下脚本：

```
on (press) {
  gotoAndStop (2);
}
```

步骤 24 在“按钮”层的第2帧处插入空白关键帧，将“返回”元件拖曳至舞台并放置在合适位置，如图129-23所示。

图129-23　将“返回”元件拖曳至舞台

步骤 25 选中“按钮”图层第2帧中的“返回”按钮，按【F9】键，在弹出的“动作-按钮”面板添加如下脚本：

```
on (press) {
  gotoAndStop (1);
}
```

步骤 26 在“按钮”图层的上方创建“动作”图层。选择第1帧，在“动作-帧”面板中添加脚本语句，如图129-24所示。

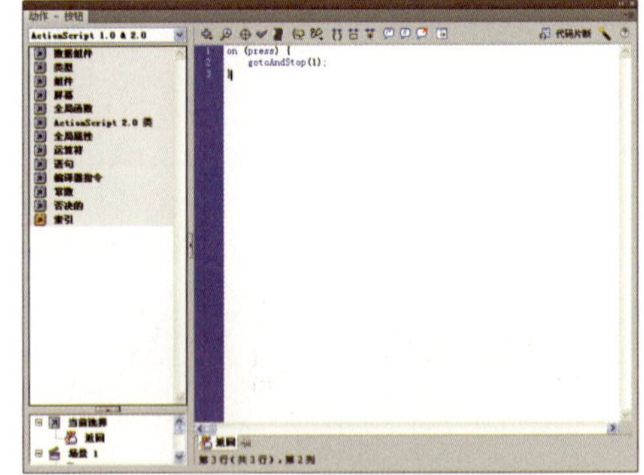

图129-24　添加脚本语句

步骤 27 选择“动作”图层的第2帧，并按【F7】键插入空白关键帧，在其“动作”面板中添加脚本语句，如图129-25所示（具体代码见“129-25.txt”文件）。

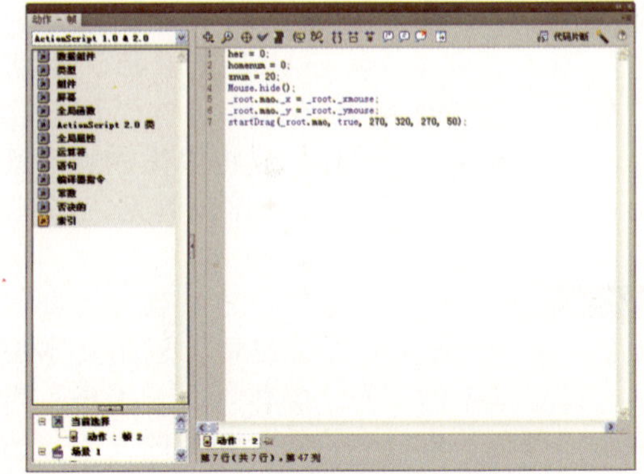

图129-25　添加另一脚本语句

步骤 28 按【Ctrl+Enter】键或者单击“控制”|“测试影片”|“测试”命令，测试动画效果，如图129-26所示。

图129-26 测试动画效果

实例 130 蛇鼠之战游戏

效果欣赏	实例导航
	素材文件：素材\第11章\实例130
	效果文件：效果\第11章\实例130.fla
	视频文件：视频\第11章\实例130.swf
	知识点睛：设置实例名称、添加动作脚本

步骤 01 单击“文件”|“打开”命令，打开一个包含素材图像的文件，其“库”面板如图130-1所示。单击“文件”|“另存为”命令，将其保存为“实例130.fla”文件。

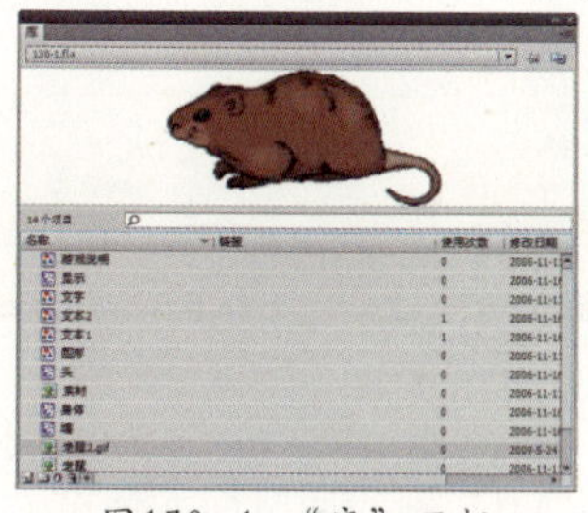

图130-1 “库”面板

步骤 02 双击“图层1”图层，将其重命名为“对象”，在第3帧插入关键帧，将“对象”、“头”和“身体”元件拖曳到舞台中，如图130-2所示。

步骤 03 设置“对象”元件的实例名称为mouse、“头”元件的中实例名称为mc1、“身体”元件的实例名称为st。图130-3所示的是为“对象”元件设置的实例名称。

图130-2 将元件添加至舞台

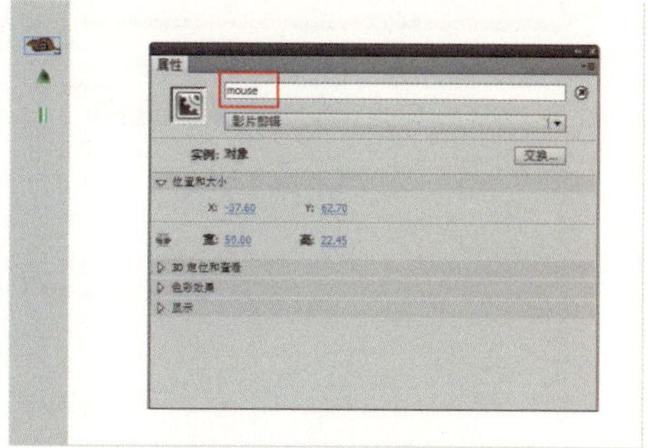

图130-3 设置实例名称

步骤 04 在“对象”图层的上方创建“墙体”图层，将“墙”元件拖曳到舞台中，设置其实例名称为wall1、“宽度”和“高度”分别为802.5和44.9、X和Y轴值分别为400.6和55.8，效果如图130-4所示。

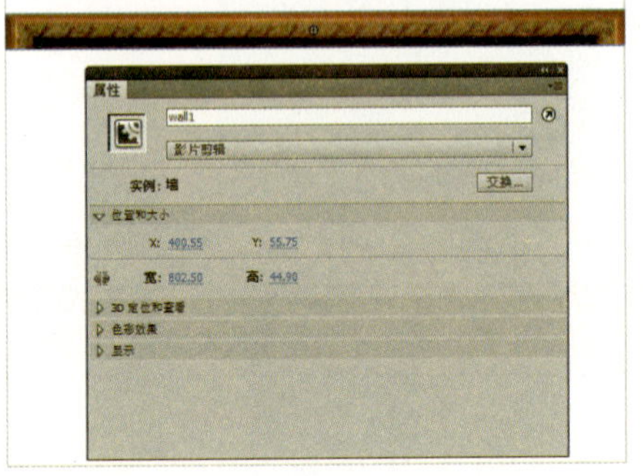

图130-4 创建“墙”元件

步骤 05 选择“墙体”图层，连续创建3个墙元件，选择其中一个元件，单击“修改”|“变形”|“逆时针旋转90度”命令，将其移至舞台左侧，设置其实例名称为wall4。将另一个实例顺时针旋转90°，将其移至舞台右侧，设置实例名称为wall2。设置最后一个元件的“宽度”和“高度”分别为802.5和16，将其移至舞台底部，设置其实例名称为wall3，效果如图130-5所示。

步骤 06 续续选择“墙体”图层的第1帧，将“文字”元件拖曳到舞台中，将其对齐舞台的中心，效果如图130-6所示。

图130-5 创建墙元件并进行编辑

图130-6 拖曳“文字”元件到舞台中

步骤 07 选择“墙体”图层的第1帧，将“显示”和“对象”元件拖曳到舞台中，设置X和Y轴值分别为9.2和4.5、611.1和12.3。选择“显示”元件，设置其实例名称为xianshi，如图130-7所示。

步骤 08 选择文本工具，在“属性”面板中设置“文本类型”为“动态文本”、“系列”为“Times New Roman”、“字体大小”为10、“颜色”为黑色，在舞台中创建一个动态文本框，设置其实例名称为shuliang，如图130-8所示。

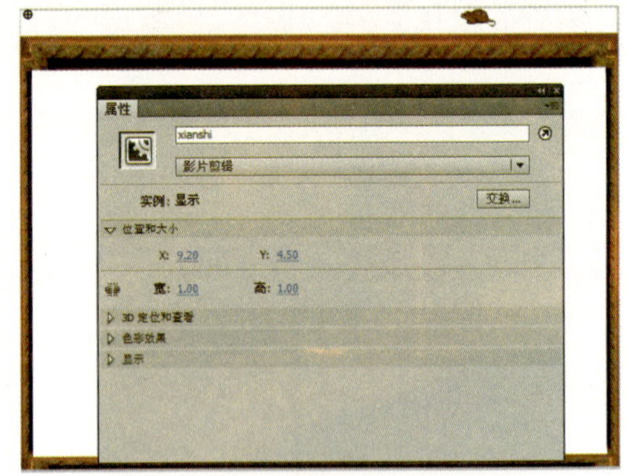

图130-7 创建“显示”和“对象”元件

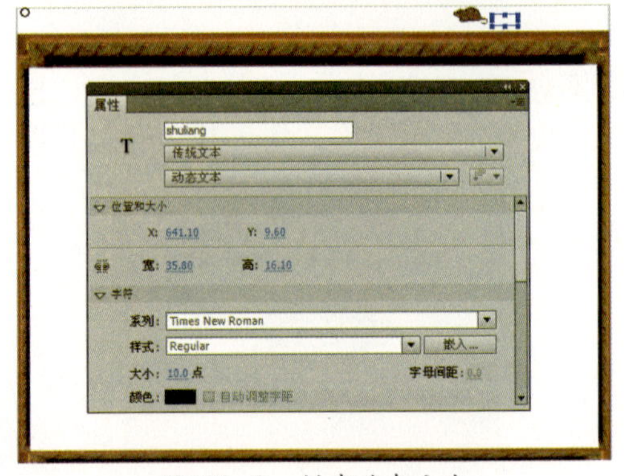

图130-8 创建动态文本

步骤 09 选择刚创建的动态文本框，按【Shift+ Alt】键的同时向右拖曳，复制一个动态文本框，更改其实例名称为shijian，如图130-9所示。

步骤 10 选择文本工具，在“属性”面板中设置“文本类型”为“静态文本”、“系列”为“Times New Roman”、“字体大小”为15、“颜色”为暗红色（#660000），在舞台中的适当位置单击鼠标，输入“时间” 文本，如图130-10所示。

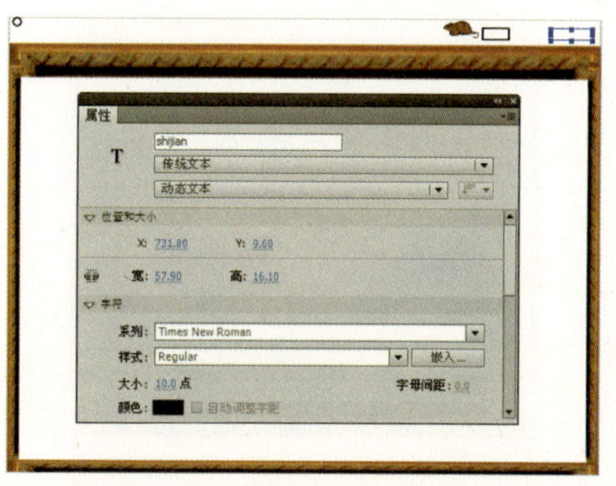

图130-9 创建另一动态文本

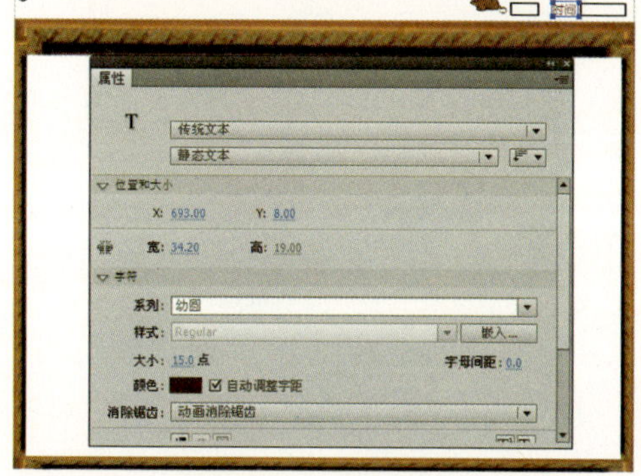

图130-10 输入文本

步骤 11 在“墙体”图层的上方创建“开始”图层。选择第1帧，将“动态文本”元件拖曳到舞台中，设置X和Y轴值分别为177.8和14。保持实例处于选中状态，在“动作”面板中添加脚本语句，如图130-11所示（具体代码见“130-11.txt”文件）。

步骤 12 选择“开始”图层的第1帧，将“游戏说明”元件拖曳到舞台中，将其对齐舞台的中心，如图130-12所示。选择第2帧，按【F7】键插入空白关键帧。

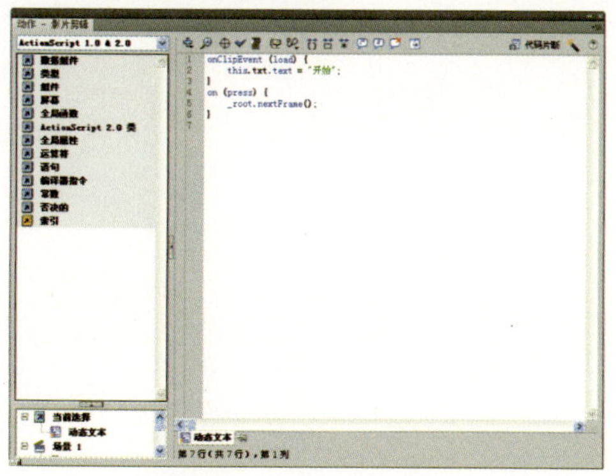

图130-11 添加脚本语句

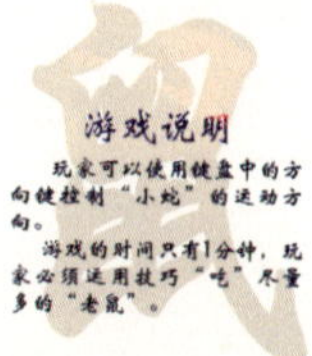

图130-12 将元件拖曳到舞台中

步骤 13 在“开始”图层的上方创建一个“动作”图层。选择第1帧，在“动作”面板中添加脚本语句，如图130-13所示（具体代码见“130-13.txt”文件）。

步骤 14 在“动作”图层的第2帧插入关键帧，在“动作”面板中添加脚本语句，如图130-14所示（具体代码见“130-14.txt”文件）。

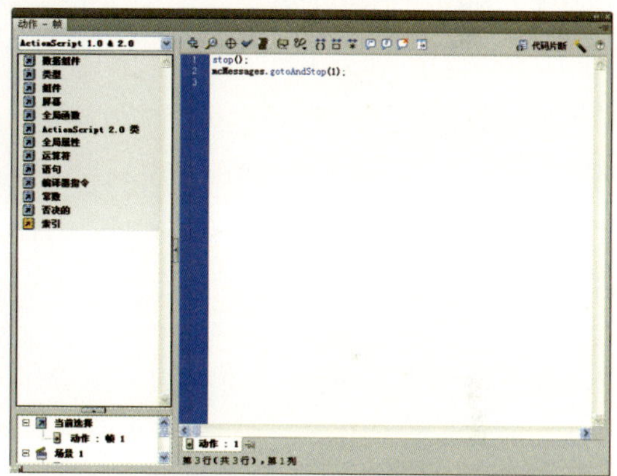

图130-13 第1帧中的脚本语句

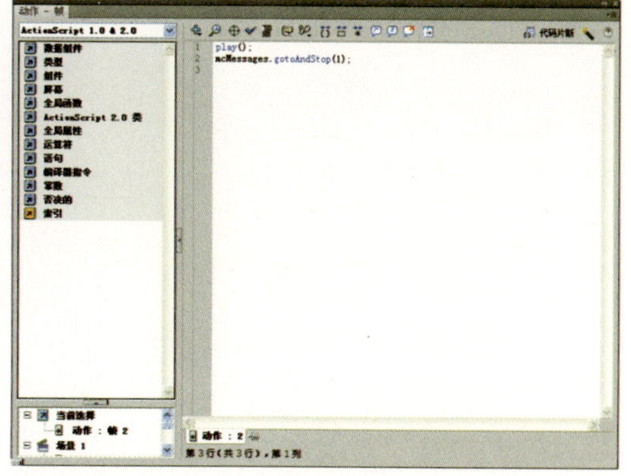

图130-14 第2帧中的脚本语句

步骤 15 选择“动作”图层的第3帧插入关键帧，在其“动作”面板中添加脚本语句，如图130-15所示（具体代码见“130-15.txt”文件）。

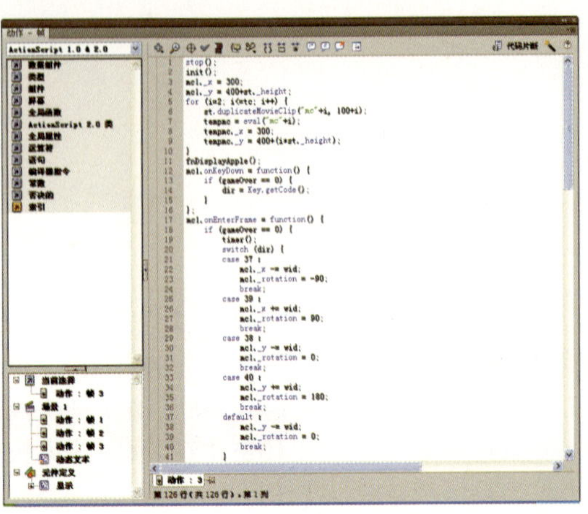

图130—15　第3帧中的脚本语句

步骤 16 单击“控制”|“测试影片”|“测试”命令或者按【Ctrl+Enter】键，测试动画效果，如图130-16所示。

图130—16　测试动画效果

第12章 电子贺卡

实例131　新年快乐

实例132　情人节快乐

实例133　母亲节快乐

实例134　父亲节快乐

实例135　圣诞节快乐

实例136　生日快乐

实例137　儿童节快乐

实例138　新婚快乐

实例139　中秋节快乐

实例140　教师节快乐

实例 131 新年快乐

效果欣赏	实例导航
 	素材文件：素材\第12章\实例131
	效果文件：效果\第12章\实例131.fla
	视频文件：视频\第12章\实例131.swf
	知识点睛：插入元件、创建关键帧

步骤 01 新建一个“宽”为640、“高”为400、“背景颜色”为白色、“帧频”为12的Flash文档。将其另存为“实例131.fla”。

步骤 02 将“图层1”图层重命名为“图1”，选择第1帧，单击“导入”|“导入到舞台”命令，导入一幅图片。在“时间轴”面板中依次创建“文本1”、“文本2”、“图2”、“文本3”、“文本4”、“文本5”6个图层，如图131–1所示。

步骤 03 选择“文本1”图层的第15帧，按【F6】键插入关键帧。选择工具箱中的文本工具T，在“属性”面板中设置“系列”为“黑体”、“字体大小”分别为30和35、“颜色”为红色（#FF0000），在舞台区的合适位置输入“瑞雪迎春”文本，如图131–2所示。

图131–1 导入图片至舞台

图131–2 输入文字

步骤 04 单击“属性”面板左下角的“添加滤镜”按钮，在弹出的下拉菜单中选择“发光”选项，设置“模糊X”、“模糊Y”、“强度”、“颜色”分别为8、8、300%、白色（#000000），制作文本发光效果，如图131–3所示，并将其转换为“图形”元件。

步骤 05 选择“文本1”图层的第35帧，按【F6】帧插入关键帧。选择第15帧，将文本向上移至合适位置，设置Alpha值为0%，并在第15帧至第35帧之间创建补间动画，如图131–4所示。

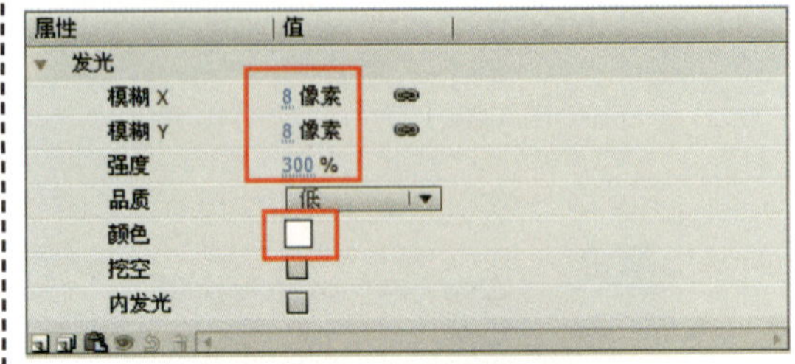

图131–3 设置发光属性

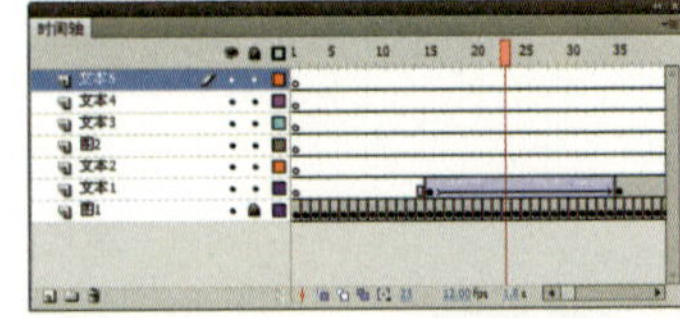

图131–4 创建补间动画

步骤 06 同理，制作“文本2”图层的效果，效果如图131–5所示。

步骤 07 选择“图2”图层的第100帧，按【F6】键插入关键帧，单击“文件”|“导入”|“导入到舞台”命令，导入一幅图片，如图131–6所示。

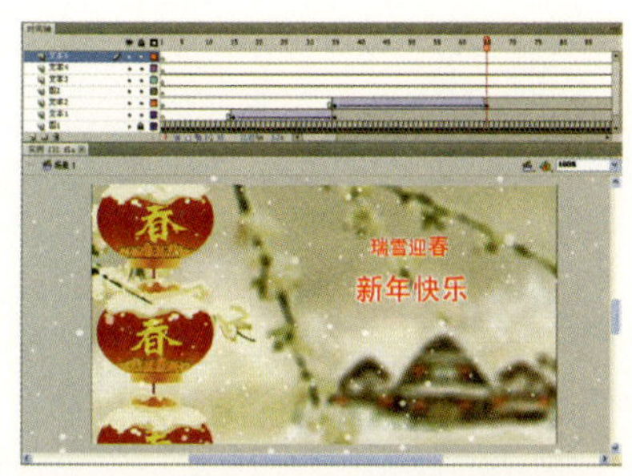

图131-5 制作“文本2”图层的效果

图131-6 导入图片至舞台

步骤 08 选择“文本3”图层的第115帧，按【F6】键插入关键帧。选择工具箱中的文本工具T，在“属性”面板中设置“系列”为“黑体”、“字体大小”为40、“颜色”为红色（#FF0000），在舞台区的合适位置输入“散落的”文本，效果如图131-7所示。

步骤 09 单击“属性”面板左下角的“添加滤镜”按钮，在弹出的下拉菜单中选择“发光”选项，设置“模糊X”、“模糊Y”、“强度”、“颜色”分别为8、8、500%、白色（#000000），制作文本发光效果，如图131-8所示，并将其转换为“图形”元件。

图131-7 输入文本

图131-8 设置文本发光效果

步骤 10 选择“文本3”图层的第135帧，按【F6】键插入关键帧。选择第115帧，将文本向上移至合适位置，在第115帧至第135帧之间创建补间动画，效果如图131-9所示。并在“属性”面板中“色彩效果”选项区中设置Alpha值为0%。

步骤 11 同理，制作“文本4”、“文本5”图层的效果，如图131-10所示，在“文本3”至“文本5”图层的第198帧插入帧。

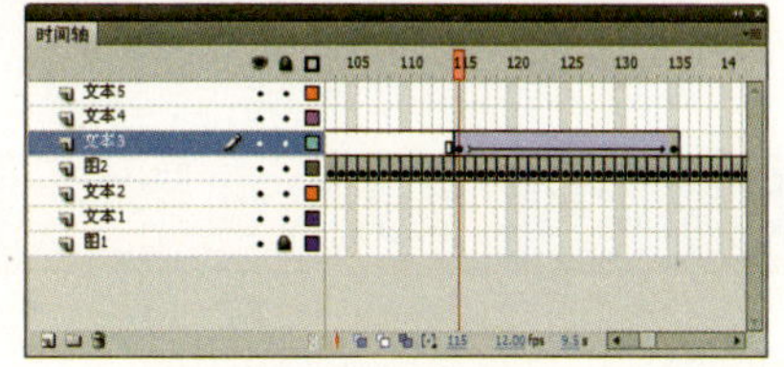

图131-9 创建补间动画

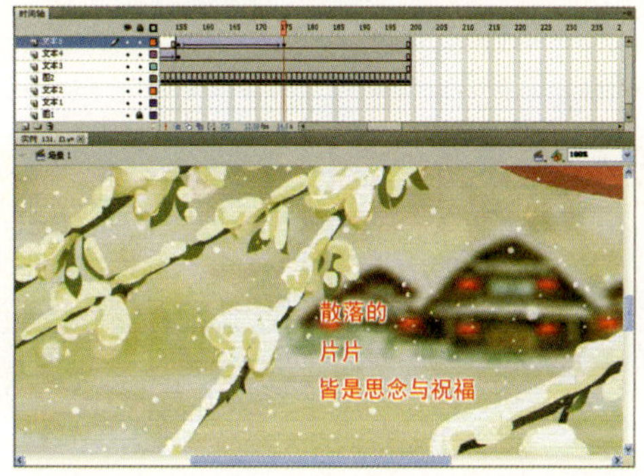

图131-10 制作其他图层的效果

步骤 12 在“时间轴”面板中创建“音乐”图层，单击“文件”|“导入”|“导入到舞台”命令，导入背景音乐，在“属性”面板的“声音”选项区中单击“名称”选项右侧的下三角按钮，在弹出的列表框中选择131-11.mp3选项，并设置“效果”为无、“同步声音”为“数据流”、“声音循环”为“循环”，如图131-11所示。

步骤 13 单击“控制”|“测试影片”|“测试”命令测试动画效果，如图131-12所示。

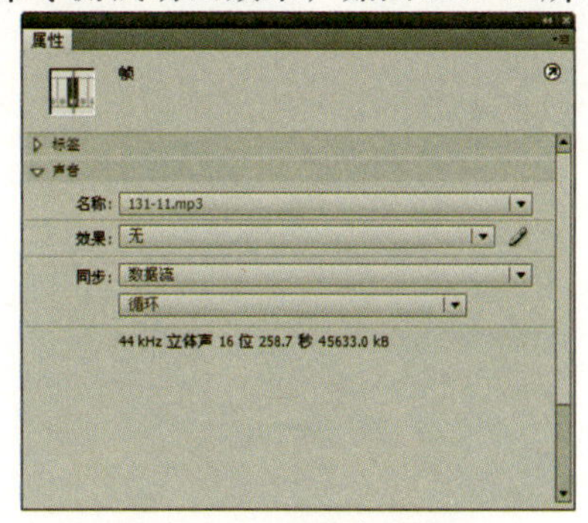

图131-11 设置声音属性

图131-12 测试动画效果

实例 132 情人节快乐

效果欣赏	实例导航
	素材文件：素材\第12章\实例132 效果文件：效果\第12章\实例132.fla 视频文件：视频\第12章\实例132.swf 知识点睛：创建元件、插入关键帧

步骤 01 新建一个“宽”为550、“高”为400、“背景颜色”为白色、“帧频”为12的Flash文档。将其另存为“实例132.fla”。

步骤 02 选择“图层1”图层的第1帧，单击“文件”|“导入”|“导入到舞台”命令，导入一幅图片，并调整至合适位置，在“时间轴”面板中依次创建5个图层，如图132-1所示。

步骤 03 选择“图层1”图层第100帧，按【F6】键插入关键帧，并将图片缩小至合适位置。在第1帧至第100帧之间创建补间动画，如图132-2所示。

图132-1 导入图片至舞台中

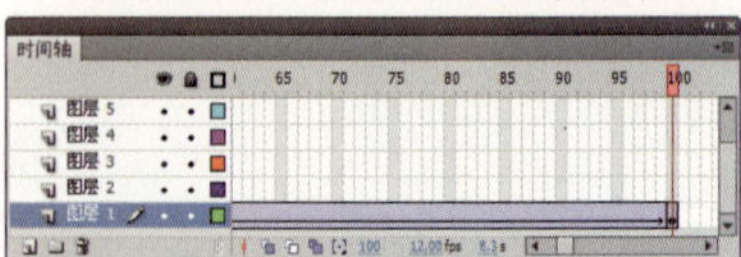

图132-2 创建补间动画

步骤 04 选择“图层2”图层的第1帧，按【F6】键插入关键帧。选择工具箱中的文本工具T，在“属性”面板中设置“系列”为“文鼎霹雳体”、“字体大小”分别为35、“颜色”为红色（#FF0000），在舞台区的合适位置输入“幸福的感觉”文本，如图132-3所示。

步骤 05 单击“属性”面板左下角的“添加滤镜”按钮，在弹出的下拉菜单中选择“发光”选项，设置“模糊X”、“模糊Y”、“强度”、“颜色”分别为8、8、300%、白色（#000000），制作文本发光效果，如图132-4所示，并将其转换为“图形”元件。

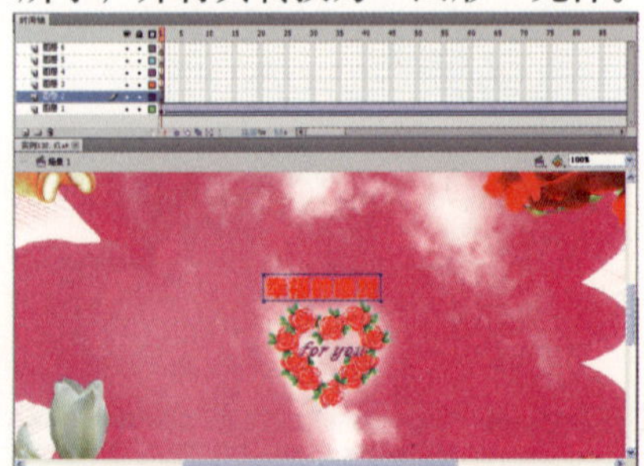

图132-3 输入文本

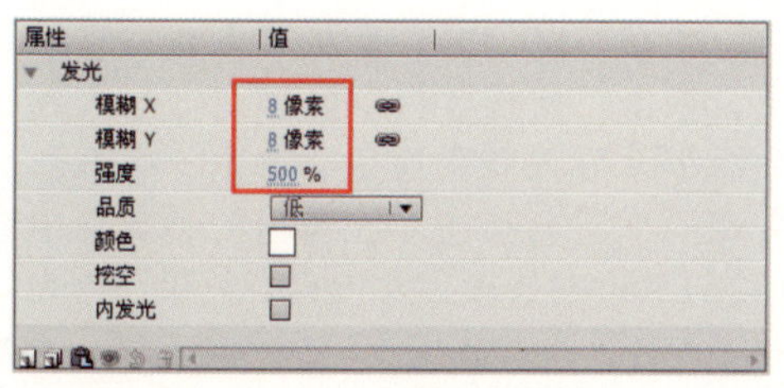

图132-4 设置发光属性

步骤 06 选择“图层2”图层的第30帧，按【F6】插入关键帧，设置第1帧文本的Alpha值为0%，在第1帧至第30帧之间创建补间动画，如图132-5所示。

步骤 07 选择“图层3”图层的第101帧，按【F6】键插入关键帧，单击“文件”|“导入”|“导入到舞台”命令，导入一幅图像，并调整至合适位置，如图132-6所示。

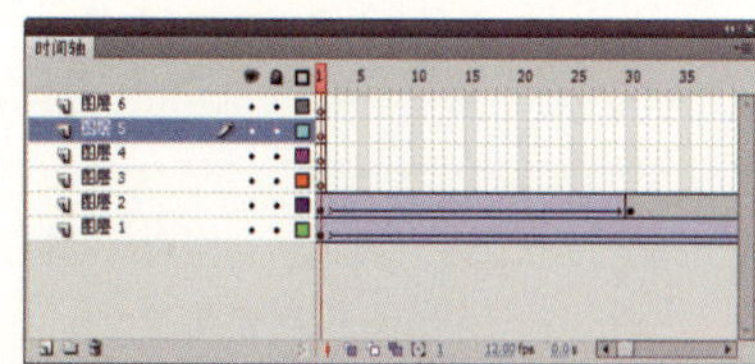
图132-5 创建补间动画

图132-6 导入图像至舞台

步骤 08 选择“图层3”图层的第190帧，按【F6】键插入关键帧，并将图片向上移至合适位置，在第100帧至第190帧之间创建补间动画，如图131-7所示。设置第101帧图片的Alpha值为0%。

步骤 09 选择“图层4”图层的第100帧，按【F6】键插入关键帧，选择工具箱中的文本工具T，保持“属性”面板属性不变，在舞台区中的合适位置输入“像糖果甜蜜的味道”文本，在“属性”面板中设置“模糊X”、“模糊Y”、“强度”、“颜色”分别为8、8、300%、白色（#000000），设置文本发光效果，如图132-8所示，并将其转换为“图形”元件。

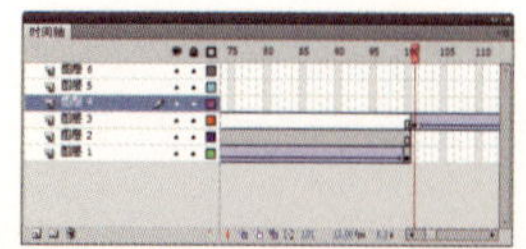
图132-7 创建补间动画

像糖果甜蜜的味道

图132-8 输入文字其设置其属性

步骤 10 选择“图层4”图层的第130帧，按【F6】键插入关键帧，设置第100帧文本的“宽度”和“高度”均为1、Alpha值为0%，在第100帧至第130帧之间创建补间动画。选择第190帧，按【F5】键插入普通帧，“时间轴”面板如图132-9所示。

步骤 11 选择“图层5”图层的第191帧，按【F6】键插入关键帧，并导入一幅图片，然后调整至合适位置，如图132-10所示。

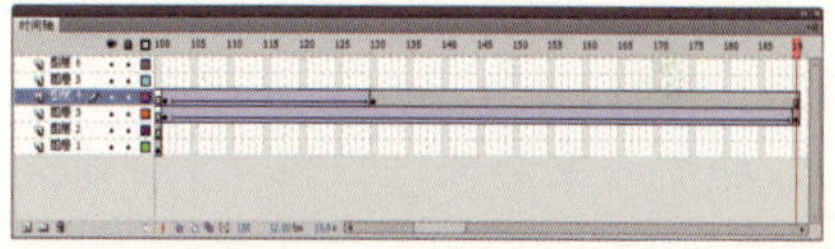
图132-9 创建补间动画

图132-10 导入图片至舞台

步骤 12 选择“图层5”图层的第300帧，按【F6】键插入关键帧。将第191帧的图片向上移至合适位置，并设置Alpha值为0%，在第191帧和第300帧之间创建补间动画，如图132-11所示。选择第191帧的图像，设置其Alpha值为0%，在“图层6”图层的第300帧插入帧。

步骤 13 选择“图层6”图层的第101帧，选择工具箱中文本工具T，设置“系列”为“文鼎霹雳体”、“字体大小”为50、“颜色”为黄色（#FFFF00），在舞台区中输入“情人节快乐”文本，如图132-12所示。

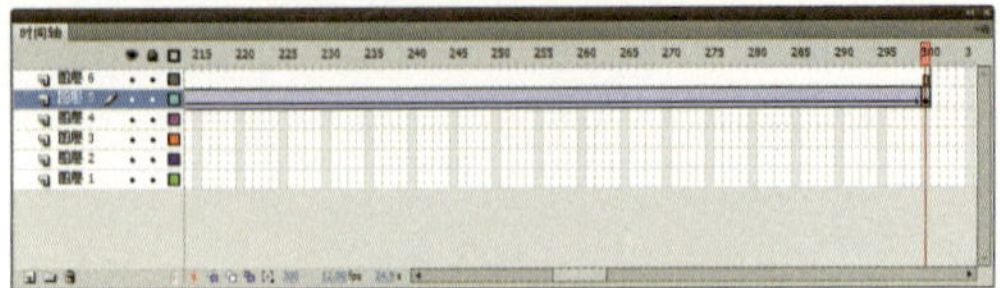

图132-11 创建补间动画

图132-12 输入文本

步骤 14 单击“属性”面板左下角“添加滤镜”按钮，在弹出的下拉菜单中选择“投影”选项，设置“强度”、“颜色”分别为300%、黑色（#FFFFFF），制作文本投影效果，如图132-13所示，并将其转换为“图形”元件。

步骤 15 选择“图层6”的第225帧，按【F6】键插入关键帧，设置第191帧文本的Alpha值为0%，在第191帧至第225帧之间创建补间动画，如图132-14所示。

情人节快乐

图132-13 制作投影效果

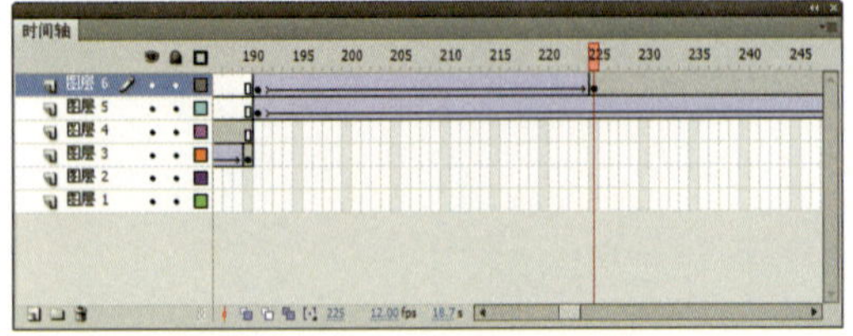

图132-14 创建补间动画

步骤 16 在“时间轴”面板中创建“音乐”图层，单击“文件”|“导入”|“导入到舞台”命令，导入背景音乐。单击“名称”选项右侧的下三角按钮，在弹出的列表框中选择132-15.mp3选项，并设置“效果”为无、“同步声音”为“数据流”、“声音循环”为“循环”，如图132-15所示。

步骤 17 单击“控制”|“测试影片”|“测试”命令测试动画效果，如图132-16所示。

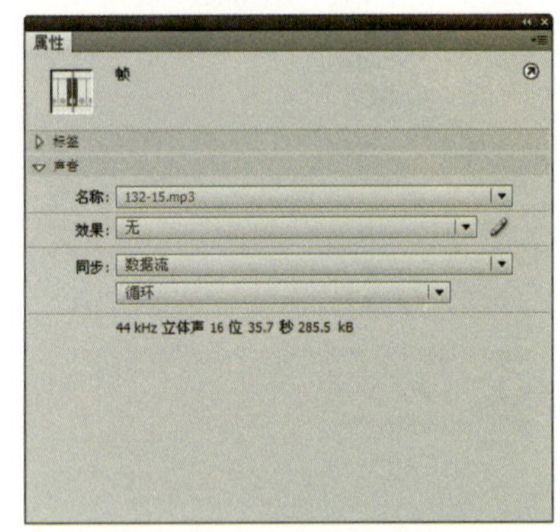

图132-15 设置声音属性

图132-16 测试动画效果

实例 133 母亲节快乐

效果欣赏	实例导航
	素材文件：素材\第12章\实例133
	效果文件：效果\第12章\实例133.fla
	视频文件：视频\第12章\实例133.swf
	知识点睛：创建元件、插入关键帧

步骤 01 新建一个“宽”为640、“高”为480、“背景颜色”为白色、“帧频”为24的Flash文档。将其另存为“实例133.fla”。

步骤 02 将“时间轴”面板的“图层1”图层重命名为“图1”图层，单击“导入”|“导入到舞台”命令，导入一幅图片，如图133-1所示。在“时间轴”面板中依次创建“文本1”、“文本2”、“图2”、“文本3”、“文本4”“图3”、“文本5”、“文本6”8个图层，并分别在“图1”、“文本1”、“文本2”图层的第80帧插入普通帧。

步骤 03 选择“文本1”图层的第1帧，选择工具箱中的文本工具T，在“属性”面板中设置“系列”为“黑体”、“字体大小”分别为35和50、“颜色”为白色（#FFFFFF），在舞台区的合适位置输入“母爱是世界上”文本，如图133-2所示。

图133-1 导入图片至舞台

图133-2 输入文本

步骤 04 单击“属性”面板左下角“添加滤镜”按钮，在弹出的下拉菜单中选择“发光”选项，设置“模糊X”、“模糊Y”、“强度”、“颜色”分别为8、8、300%、红色（#FF0030），如图133-3所示，设置文本发光效果，并将其转换为“图形”元件。

步骤 05 选择“文本1”图层的第25帧，按【F6】帧插入关键帧。将第1帧的文本向左移至文档以外的区域，并设置Alpha值为0%，在第1帧至第25帧之间创建补间动画，如图133-4所示。

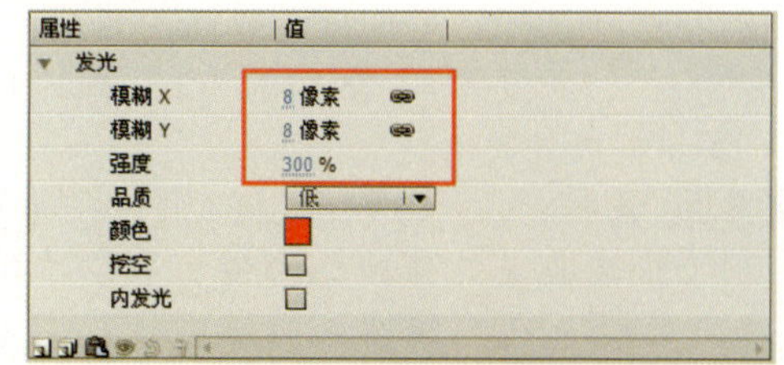

图133-3 设置发光属性

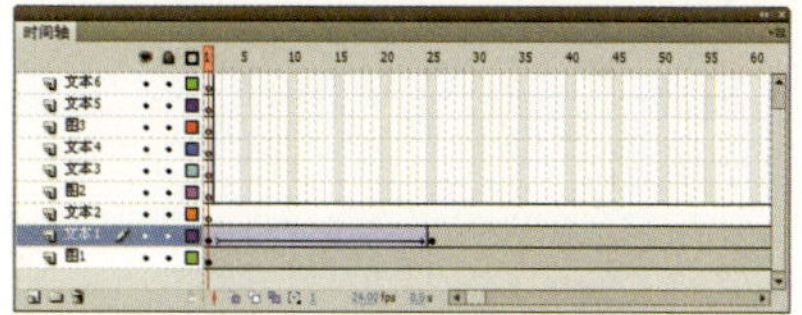

图133-4 创建补间动画

步骤 06 同理，制作“文本2”图层的效果，效果如图133-5所示。

步骤 07 选择“图2”图层的第81帧，按【F6】键插入关键帧。单击“文件”|“导入”|“导入到舞台”命令，导入一幅图片，如图133-6所示。

图133-5 制作“本文2”图层的效果

图133-6 导入图片到舞台中

步骤 08 选择“图2”图层的第100帧，按【F6】键插入关键帧。将第81帧的图片放大至合适位置，在第81帧至第100帧之间创建补间动画，如图133-7所示。选择“图2”、“文本3”、“文本4”图层的第170帧，按【F5】键插入普通帧。

步骤 09 选择“文本3”图层的第100帧，按【F6】键插入关键帧。选择工具箱中的文本工具，在“属性”面板中设置“系列”为“黑体”、“字体大小”为35和45、“颜色”为白色（#FFFFFF），在舞台中输入“一个特别的日子”文本，如图133-8所示。

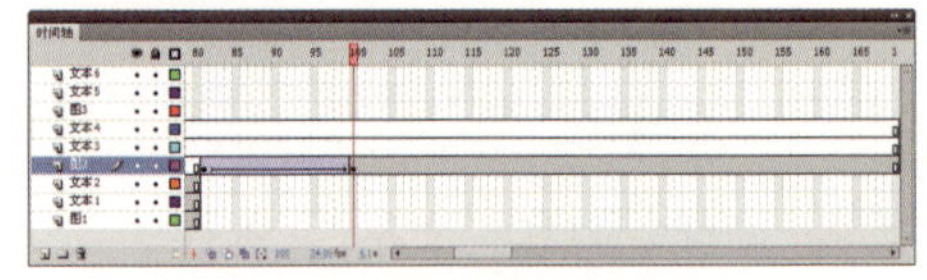
图133-7 创建补间动画

图133-8 输入文本

步骤 10 单击“属性”面板左下角“添加滤镜”按钮，在弹出的下拉菜单中选择“发光”选项，设置“模糊X”、“模糊Y”、“强度”、“颜色”分别为8、8、300%、红色（#FF0030），设置文本发光效果，如图133-9所示，并将其转换为“图形”元件。

图133-9 设置文本发光效果

步骤 11 在“文本3”图层的第125帧插入关键帧，选择第100帧，将文本向左移至合适位置，并设置Alpha值为0%，在第100帧至第125帧之间创建补间动画，

步骤 12 同理，制作“文本4”图层的文字效果，如图133-10所示。

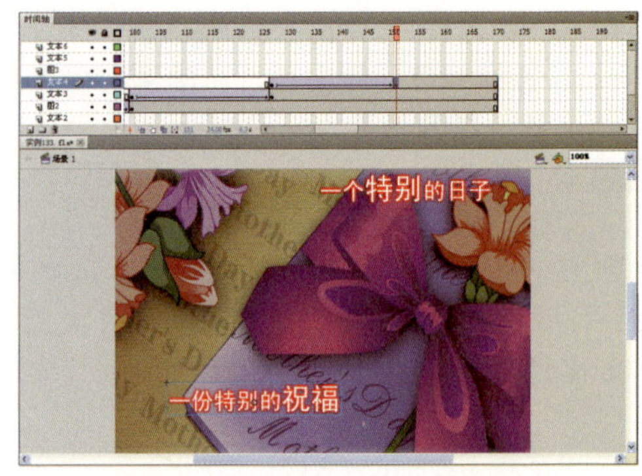

图133-10 制作“文本4”图层的效果

步骤 13 选择“图3”图层的第171帧，按【F6】键插入关键帧，单击“文件”｜“导入”｜“导入到舞台”命令，导入一幅图片，如图133-11所示。

步骤 14 选择第196帧，按【F6】键插入关键帧，将第171帧的图片放大至合适大小，在第171帧至196帧之间创建补间动画，在“图3”、“文本5”、“文本6”图层的第300帧插入普通帧，如图133-12所示。

图133-11 导入图片至舞台

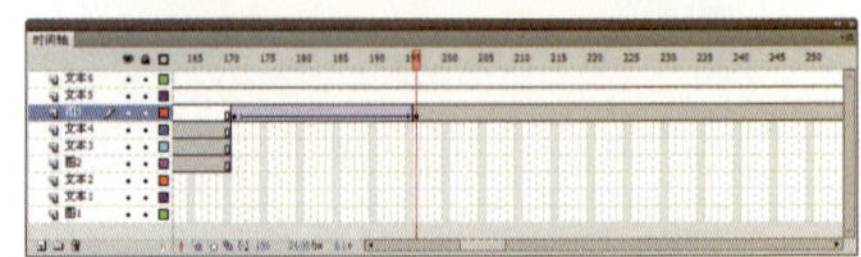
图133-12 创建补间动画

步骤 15 选择“文本5”图层的第196帧，按【F6】键插入关键帧，选择工具箱中的文本工具，在“属性”面板中设置“系列”为“黑体”、“字体大小”分别为35和50、“颜色”为白色（#FFFFFF），在舞台区的合适位置输入“祝母亲节日快乐”文本，如图133-13所示。

步骤 16 单击“属性”面板左下角“添加滤镜”按钮，在弹出的下拉菜单中选择“发光”选项，设置“模糊X”、“模糊Y”、“强度”、“颜色”分别为8、8、300%、红色（#FF0030），设置文本发光效果，如图133-14所示，并将其转换为“图形”元件。

图133-13 输入文本

图133-14 设置文本发光效果

步骤 17 选择第220帧，按【F6】键插入关键帧，将第196帧的文本向左移至合适位置，并设置Alpha值为0%，在第196帧至第220帧之间创建补间动画，如图133-15所示。

步骤 18 同理，制作“文本6”图层的文字效果，如图133-16所示。

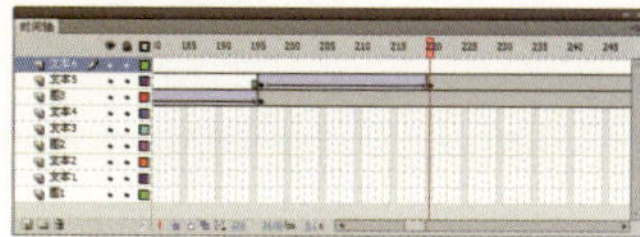

图133-15 创建补间动画

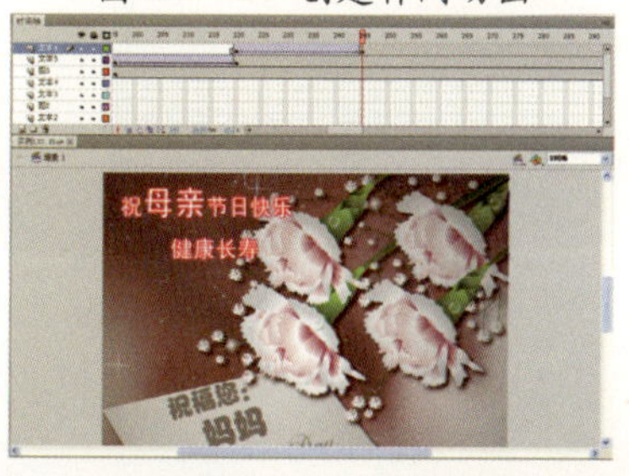

图133-16 制作“文本6”图层的效果

步骤 19 在“时间轴”面板中创建“音乐”图层，单击“文件”|“导入”|“导入到舞台”命令，导入背景音乐，并在“属性”面板中的“声音”选项中设置相应的属性，如图133-17所示。

步骤 20 单击“控制”|“测试影片”|“测试”命令，测试动画效果，如图133-18所示。

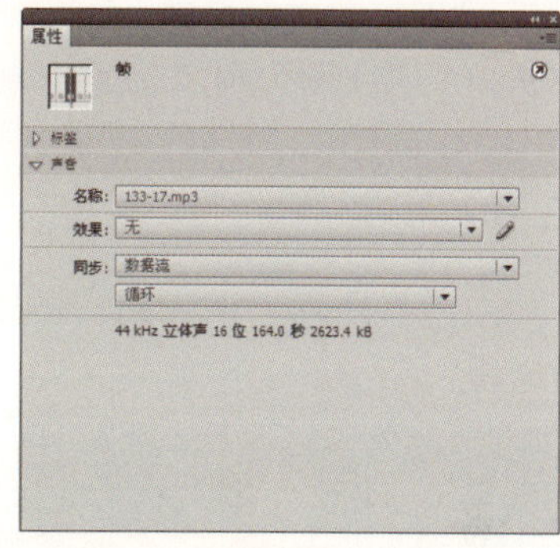

图133-17 设置声音属性

图133-18 测试动画效果

实例 134 父亲节快乐

效果欣赏	实例导航
	素材文件：素材\第12章\实例134
	效果文件：效果\第12章\实例134.fla
	视频文件：视频\第12章\实例134.swf
	知识点睛：创建元件、插入关键帧、创建补间动画

步骤 01 新建一个“宽”为550、“高”为400、“背景颜色”为白色、“帧频”为24的Flash文档。将其另存为“实例134.fla”。

步骤 02 选择“图层1”图层的第1帧，单击“文件”|“导入”|“导入到舞台”命令，导入一幅图片，如图134-1所示。在“时间轴”面板中依次创建“图层2”、“图层3”、“图层4”、“图层5”、“图层6”、“图层7”、“图层8”7个图层。

步骤 03 选择“图层1”图层的第30帧，按【F6】键插入关键帧。将图片其缩小至合适大小，在第1帧至第30帧之间创建补间动画，如图134-2所示。同时选择“图层1”、“图层2”、“图层3”图层的第50帧，按【F5】键插入普通帧。

图134-1 导入图片至舞台

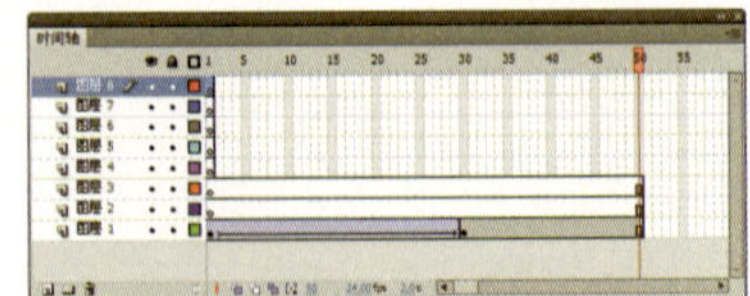
图134-2 创建补间动画

步骤 04 选择“图层2”图层的第10帧，按【F6】插入关键帧。选择工具箱中的文本工具T，在“属性”面板中设置“系列”为“黑体”、“字体大小”分别为21和25、“颜色”为黑色（#FFFFFF），在舞台去的合适位置输入“每当想起您”文本，如图134-3所示，并将其转换为“图形”元件。

步骤 05 选择“图层2”图层的第20帧，按【F6】键插入关键帧。设置第10帧文本的“宽度”和“高度”均为1、Alpha值为0%，在第10帧至第25帧之间创建补间动画，效果如图134-4所示。

图134-3 输入文本

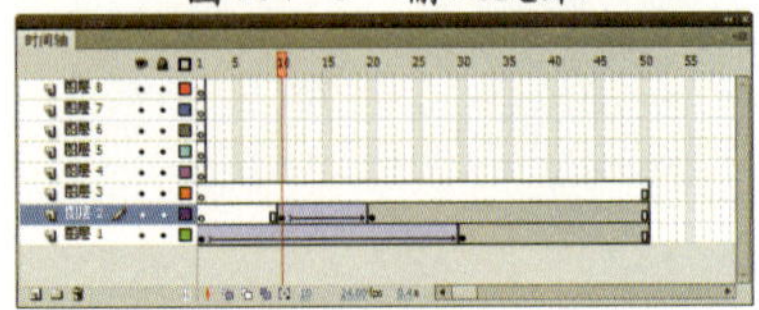
图134-4 创建补间动画

步骤 06 同理，制作“图层3”图层的文字效果，效果如图134-5所示。

步骤 07 选择“图层4”图层的第40帧，按【F6】键插入关键帧。单击“文件”|“导入”|“导入到舞台”命令，导入一幅图片，如图134-6所示。

图134-5 制作“图层3”图层的效果

图134-6 导入图片至舞台

步骤 08 选择“图层4”图层的第70帧，按【F6】键插入关键帧，将图片向左移至合适位置，在第40帧至第70帧之间创建补间动画。选择第40帧的图片，在“属性”面板中设置其Alpha值为0%，如图134-7所示。同时选择“图层4”图层至“图层6”图层的第120帧，按【F5】键插入普通帧。

步骤 09 选择“图层5”图层的第60帧，按【F6】键插入关键帧。选择工具箱中的文本工具T，在“属性”面板中设置“系列”为“黑体”、“字体大小”为25、“颜色”为黑色（#000000），在舞台区输入“爸爸 谢谢您”文本，如图134-8所示，并将其转换为“图形”元件。

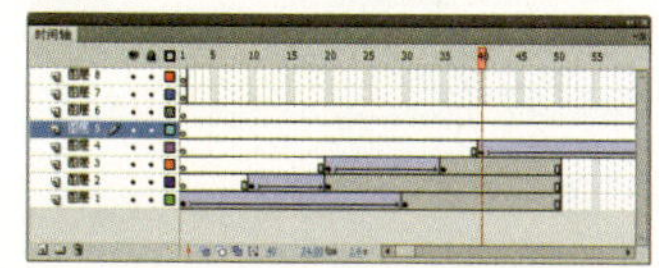

图134-7 创建补间动画

图134-8 输入文本

步骤 10 选择“图层5”图层的第75帧，按【F6】键插入关键帧。将第60帧的文本向上移动至合适位置，设置Alpha值为0%，在第60帧至第75帧之间创建补间动画，效果如图134-9所示。

步骤 11 同理，制作“图层6”图层的文本效果，如图134-10所示。

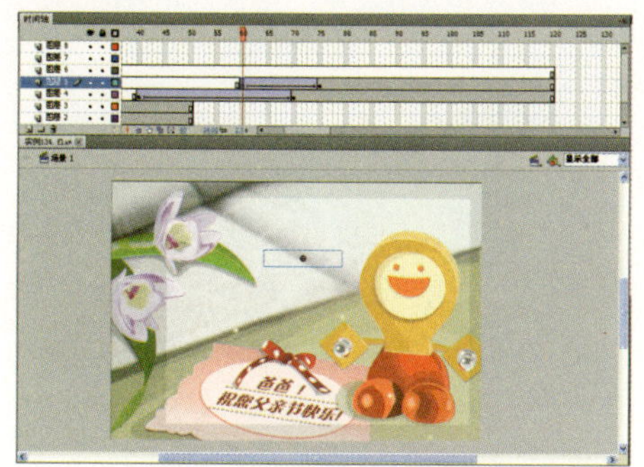

图134-9 创建补间动画

图134-10 制作“图层6”图层的效果

步骤 12 选择“图层7”图层的第121帧，按【F6】键插入关键帧。单击“文件”|“导入”|“导入到舞台”命令，导入一幅图像，如图134-11所示。选择“图层7”、“图层8”的第160帧，按【F5】键插入普通帧。

步骤 13 选择“图层8”图层的第130帧，按【F6】键插入关键帧。选择工具箱中的文本工具T，在“属性”面板中设置“系列”为“黑体”、“字体大小”为45、“颜色”为黑色（#000000），在舞台中输入“父亲节快乐”文本，如图134-12所示。

图134-11 导入图片至舞台

图134-12 输入文本

步骤 14 选择“图层8”图层的文本，按【Ctrl+B】键将文字打散。通过移动或旋转调整每个字的位置，如图134-13所示。

步骤 15 选择“图层8”图层的第145帧，按【F6】键插入关键帧。将第130帧的文本向左移至文档以外的区域，在第130帧至第145帧之间创建补间动画，如图134-14所示。

图134-13 打散并调整文字

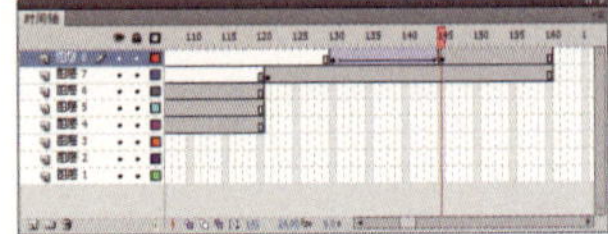

图134-14 创建补间动画

步骤 16 在“时间轴”面板中创建“音乐”图层，单击“文件”|“导入”|“导入到舞台”命令，导入背景音乐，并在“属性”面板的“声音”选项区中设置相应的属性，如图134-15所示

步骤 17 单击“控制”|“测试影片”|“测试”命令测试动画效果，如图134-16所示。

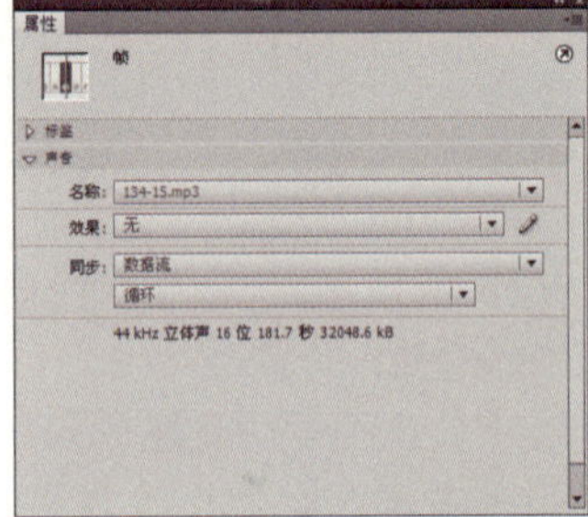

图134-15 设置声音属性

图134-16 测试动画效果

实例 135 圣诞节快乐

效果欣赏	实例导航
 	素材文件：素材\第12章\实例135
	效果文件：效果\第12章\实例135.fla
	视频文件：视频\第12章\实例135.swf
	知识点睛：创建元件、插入关键帧

步骤 01 新建一个“宽”为500、“高”为235、“背景颜色”为白色、“帧频”为24的Flash文档，将其保存为“实例135.fla”文件。

步骤 02 将“时间轴”面板上的“图层1”图层重命名为“图1”，选择“图1”图层的第1帧，单击“文件”|“导入”|“导入到舞台”命令，导入一幅图片。在“时间轴”面板中依次创建“图2”、“文本1”两个图层，如图135-1所示。

步骤 03 选择“图2”图层的第106帧，按【F6】键插入关键帧。单击“文件”|“导入”|“导入到舞台”命令，导入一幅图片，如图135-2所示。

图135-1 导入图片至舞台

图135-2 导入另一图片至舞台

步骤 04 选择“文本1”图层的第110帧，按【F6】键插入关键帧。选择工具箱中的文本工具T，在“属性”面板中分别设置“系列”为“方正行楷简体”、“字体大小”为45、“颜色”为红色（#FF0000），在舞台区的合适位置输入“圣诞节快乐”文本，如图135-3所示。

步骤 05 选择输入的文本，按【Ctrl+B】键将文字打散，效果如图135-4所示。

图135-3 输入文字

图135-4 打散文字

步骤 06 单击“修改”|“时间轴”|“分散到图层”命令，分别将文字分散到每一个独立的图层中。同时选中“圣”、“诞”、“节”、“快”、“乐”图层的第1帧，向右拖曳至110帧，并删除“文本1”图层，如图135-5所示。

步骤 07 锁定“图1”、“图2”两个图层，在舞台区选择所有文本，单击“属性”面板左下角“添加滤镜”按钮，在弹出的面板菜单中选择“发光”选项，设置“模糊X”、“模糊Y”、“强度”、颜色”分别为8、8、500%、白色（#FFFFFF），制作文本发光效果，如图135-6所示，并将其转换为“图形”元件。

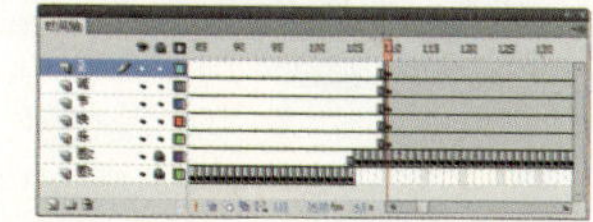

图135-5 分散文字到图层中

图135-6 设置文本发光效果

步骤 08 分别选择所有图层的第125帧、第130帧、第135帧、第140帧，按【F6】插入关键帧，同时选择每个图层的第110帧，按【Shift+↑】键将文本移至舞台以外的区域，在第110帧至第125帧之间创建补间动画，如图135-7所示。

步骤 09 同时选择每个图层的第130帧，在舞台区向上移动文本至合适位置。选择第135帧，按【Shift+↓】键将文本移至合适位置。选择第140帧，将文本向上移至合适位置，分别在第130帧至第135帧、第135帧至第140帧之间创建补间动画，并调整所有图层帧的位置，如图135-8所示。

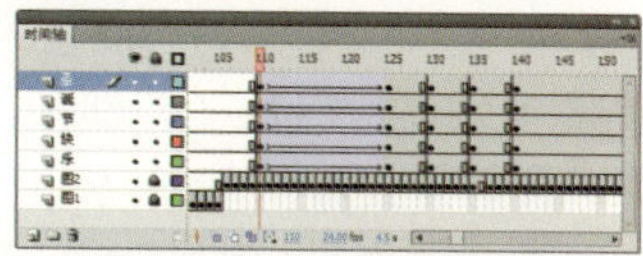

图135-7 创建补间动画

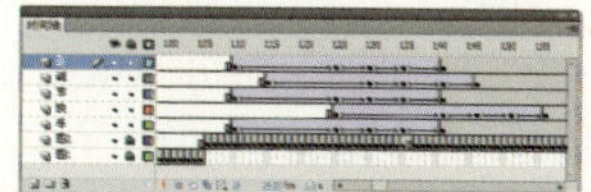

图135-8 创建补间动画并调整帧的位置

步骤 10 在“时间轴”面板中单击“新建图层”按钮，创建“音乐”图层，单击“文件”|“导入”|“导入到舞台”命令，导入背景音乐，并在“属性”面板的“声音”选项区中设置相应的属性，如图135-9所示。

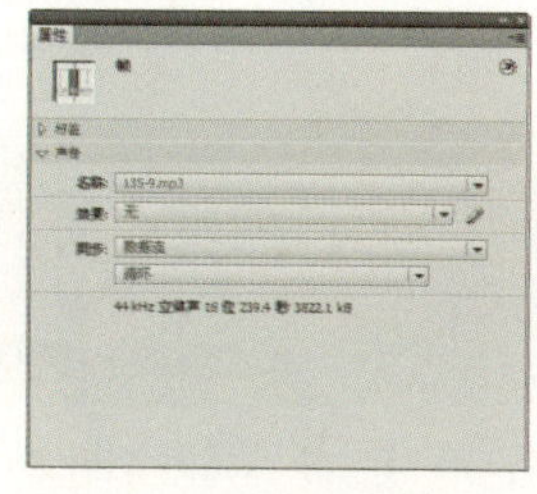

图135-9 设置声音属性

步骤 11 单击“控制”|“测试影片”|“测试”命令，测试动画效果，如图135-10所示。

图135-10 测试动画效果

实例 136 生日快乐

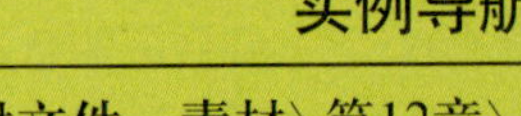

效果欣赏	实例导航
 	素材文件：素材\第12章\实例136 效果文件：效果\第12章\实例136.fla 视频文件：视频\第12章\实例136.swf 知识点睛：创建元件、插入关键帧

步骤 01 新建一个“宽”为548、“高”为398、“背景颜色”为白色、“帧频”为24的Flash文档。将其另存为“实例136.fla”。

步骤 02 选择“图层1”图层的第1帧，单击“文件”|“导入”|“导入到舞台”命令，导入一幅图片。在“时间轴”面板中依次创建“图层2”、“图层3”两个图层，如图136-1所示。

步骤 03 选择“图层2”图层的第1帧，单击“文件”|“导入”|“导入到舞台”命令，导入一幅蛋糕图片，并调整其大小和位置，如图136-2所示。

图136-1　导入图片到舞台

图136-2　导入蛋糕图片到舞台

步骤 04 在“图层2”图层的第50帧插入关键帧，选择第1帧，将图片垂直向上移至舞台区，在第1帧至第50帧之间创建补间动画，如图136-3所示。

步骤 05 选择“图层3”图层的第50帧，单击“文件”|“导入”|“导入到舞台”命令，导入相应的图像，效果如图136-4所示。

图136-3　创建补间动画

图136-4　导入图像至舞台

步骤 06 在“时间轴”面板中创建“音乐”图层，单击“文件”|“导入”|“导入到库”命令，从库中导入背景音乐到舞台。在“属性”面板的“声音”选项区中设置相应的

属性，如图136-5所示。

步骤 07 单击“控制”|“测试影片”|“测试”命令，测试动画效果，如图136-6所示。

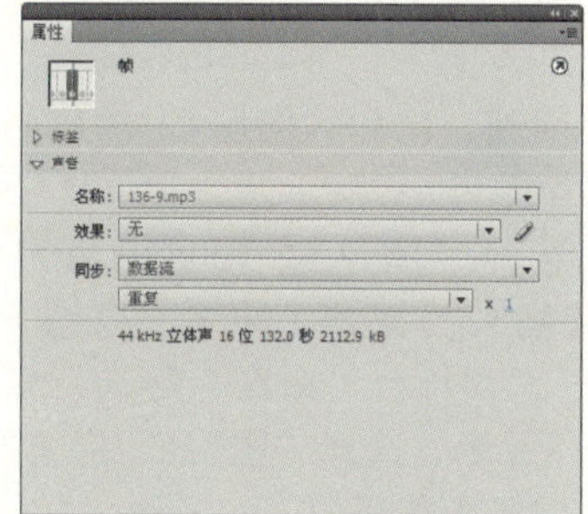

图136-5 设置声音属性

图136-6 测试动画效果

实例 137 儿童节快乐

效果欣赏	实例导航
	素材文件：素材\第12章\实例137
	效果文件：效果\第12章\实例137.fla
	视频文件：视频\第12章\实例137.swf
	知识点睛：创建元件、创建补间动画

步骤 01 新建一个“宽”为550、“高”为400、“背景颜色”为白色（#FFFFFF）、“帧频”为24的Flash文档。将其另存为“实例137.fla”。

步骤 02 单击“文件”|“导入”|“导入到舞台”命令，导入一幅图片，如图137-1所示。在“时间轴”面板中依次创建“图层2”、“图层3”、“图层4”、“图层5”、“图层6”、“图层7”、“图层8”、“图层9”、“图层10”9个图层。

步骤 03 选择“图层2”图层的第1帧，选择工具箱中的文本工具T，在“属性”面板中设置“系列”为“方正行楷简体”、“字体大小”为80，在舞台中输入“欢乐童年”文本。分别设置4个文本的“颜色”为红色（#FF0000）、蓝色（#0000FF）、绿色（#00B500）、红色（#FF00CC），并将文本转化为“图形”元件，如图137-2所示。同时选择“图层1”、“图层2”、“图层3”、“图层4”图层的第90帧，按【F5】键插入普通帧。

图137-1 导入图片至舞台

图137-2 输入文字

步骤 04 选择“图层2”图层第25帧的文字，按【F6】插入关键帧。选择第1帧的文本，按【Shift+↑】键将文本向上移至舞台以外的区域，在第1帧至第25帧之间创建补间动画，如图137-3所示。

步骤 05 选择“图层3”图层的第25帧，按【F6】键插入关键帧。选择工具箱中的文本工具T，在“属性”面板中设置“系列”为“黑体”、“字体大小”为80、“颜色”为红色（#FF0000），在舞台中输入“快乐”文本，如图137-4所示，并调整至合适位置。

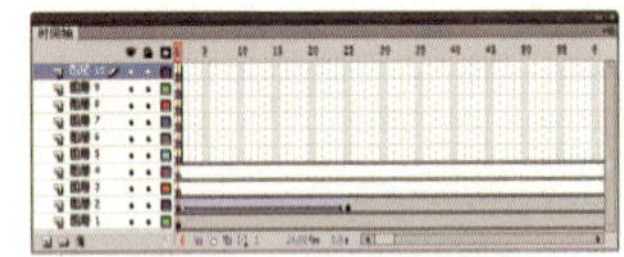

图137-3 创建补间动画

图137-4 输入文本

步骤 06 选择“图层3”图层第25帧的文本，单击“属性”面板左下角“添加滤镜”按钮，在弹出的下拉菜单中选择“发光”选项，设置“模糊X”、“模糊Y”、“强度”、“颜色”分别为8、8、500%、白色（#000000）制作文本发光效果，如图137-5所示，并将其转化为“图形”元件。

步骤 07 选择“图层3”图层的第60帧，按【F6】键插入关键帧。选择第25帧的文本，将文本移至文档左下角的合适位置，在第25帧和第60帧之间创建补间动画，如图137-6所示。

图137-5 制作文本发光效果

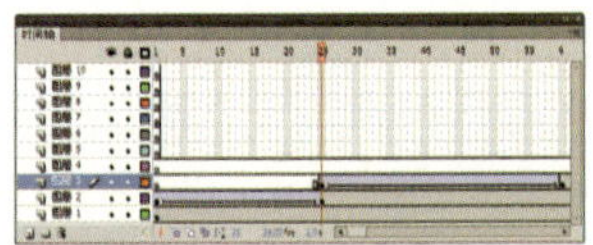

图137-6 创建补间动画

步骤 08 同理，制作“图层4”图层的文字效果，效果如图137-7所示。

步骤 09 选择“图层5”图层的第91帧，按【F6】帧插入关键帧，单击“文件”|“导入”|“导入到舞台”命令，导入一幅图片，如图137-8所示。选择“图层5”的第200帧，按【F5】键插入普通帧。

图137-7 制作“图层4”图层的效果

图137-8 导入图片到舞台

步骤 10 同时选择“图层6”图层至“图层10”图层的第91帧，按【F6】键插入关键帧。分别在每个图层中导入相应的图片，在第140帧处插入关键帧，第200帧处插入普通帧，效果如图137-9所示。

步骤 11 同时选择“图层6”图层至“图层10”图层中第91帧的图片，并调整至合适位置，如图137-10所示。

图137-9 导入另一图片至舞台

图137-10 将图片移至合适位置

步骤 12 同时在“图层6”图层至“图层10”图层的第91帧至第140帧之间创建补间动画，并在“属性”面板的“补间”选项区中设置“旋转”为“顺时针”，如图137-11所示。

步骤 13 在“时间轴”面板中创建“音乐”图层，单击“文件”|“导入”|“导入到舞台”命令，导入背景音乐，并在“属性”面板的“声音”选项区中设置相应的属性，如图137-12所示。

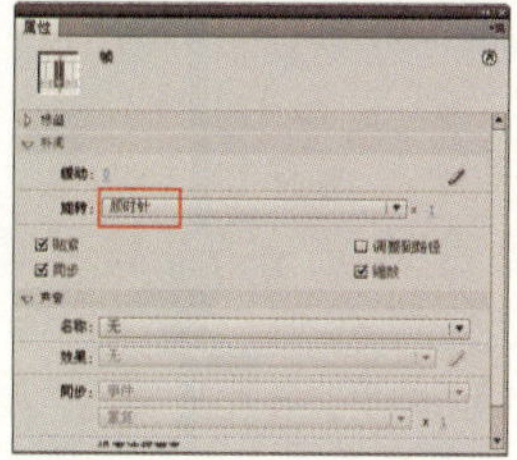

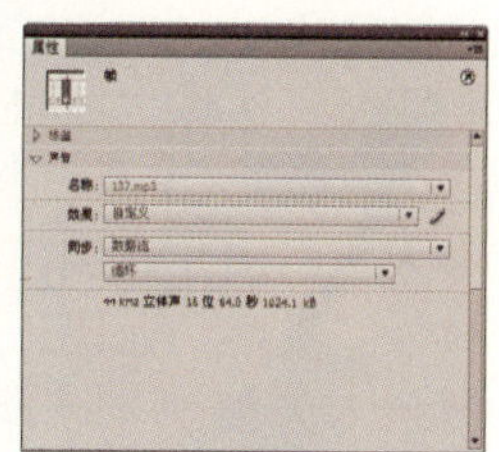

图137-11 设置补间属性　图137-12 设置声音属性

步骤 14 单击“控制”|“测试影片”|“测试”命令测试动画效果，如图137-13所示。

图137-13 测试动画属性

实例 138 新婚快乐

效果欣赏	实例导航
	素材文件：素材\第12章\实例138
	效果文件：效果\第12章\实例138.fla
	视频文件：视频\第12章\实例138.swf
	知识点睛：创建元件、创建补间动画

步骤 01 新建一个“宽”为640、“高”为480、“背景颜色”为白色、“帧频”为24的Flash文档。将其另存为“实例138.fla”。

步骤 02 单击“文件”|“导入”|“导入到舞台”命令，导入一幅图片，如图138-1所示。选择“图层1”图层的第400帧，按【F5】键插入普通帧，在“时间轴”面板中依次创建“图层2”、“图层3”、“图层4”3个图层。

步骤 03 选择“图层2”图层的第1帧，单击“文件”|“导入”|“导入到舞台”命令，导入一幅图片，调整至合适位置，并将其转换为“图形”元件。选择第80帧，按【F6】键插入关键帧。选择第1帧的图片，在“属性”面板中设置Alpha值为0%，在第1帧至第80帧之间创建补间动画，删除第231帧至第400帧之间的帧，如图138-2所示。

图138-1 导入图片到舞台

图138-2 创建补间动画

步骤 04 在“图层3”图层的第80帧插入关键帧，单击“文件”|“导入”|“导入到舞台”命令，导入一幅图像，如图138-3所示。

步骤 05 选择“图层4”图层的第231帧，选择工具箱中的文本工具T，在“属性”面板中设置“系列”为“方正行楷简体”、“字体大小”为80、“颜色”为黄色（#FFFF00），在舞台中输入“新婚快乐”文本，如图138-4所示。

图138-3 导入图片至舞台

图138-4 输入文字

步骤 06 在舞台区选择“新婚快乐”文本，单击“属性”面板左下角“添加滤镜”按钮，在弹出的下拉菜单中选择“发光”选项，设置“模糊X”、“模糊Y”、“强度”、“颜色”分别为8、8、500%、黑色（#FFFFFF），设置文本发光效果，效果如图138-5所示，并将其转换为“图形”元件。

步骤 07 分别选择“图层4”图层的第260帧、第290帧、第320帧，按【F6】键插入关键帧。选择第260帧，在“属性”面板的“色彩效果”选项区中设置“样式”为“亮度”、“亮度”值为100%，效果如图138-6所示。

图138-5 设置文本发光效果

图138-6 设置文本色彩效果

步骤 08 选择第320帧，在“属性”面板中设置Alpha值为0%，分别在第230帧至260帧、第260帧至第290帧、第290帧至320帧之间创

建补间动画，效果如图138-7所示。

步骤 09 选择“图层4”图层的第325帧，单击鼠标右键，在弹出快捷菜单中选择“插入空白关键帧”选项，插入空白关键帧。选择工具箱中的文本工具T，在“属性”面板中设置“系列”为“方正行楷简体”、“字体大小”为80、“颜色”为黄色（#FFFF00），在舞台中输入“百年好合”文本，效果如图138-8所示。

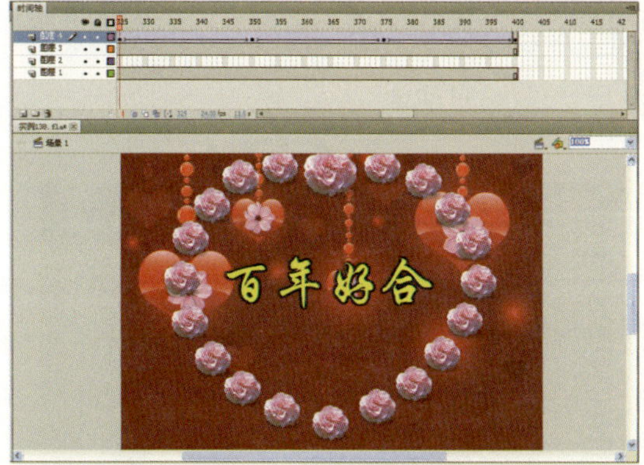

图138-7 创建补间动画

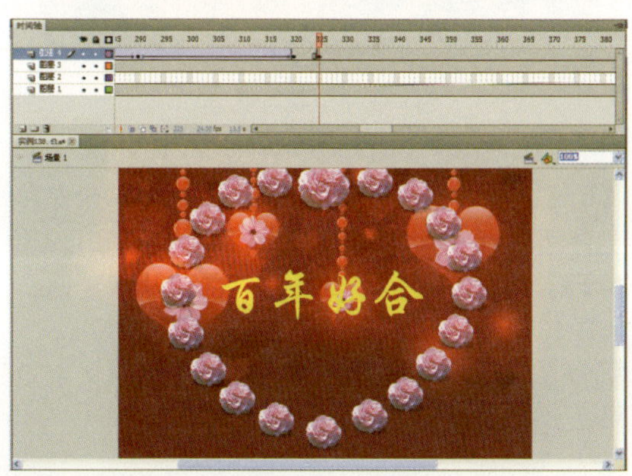

图138-8 输入文本

步骤 10 同理，为刚输入的文本制作效果，效果如图138-9所示。

步骤 11 在“时间轴”面板中创建“音乐”图层，单击“文件”|“导入”|“导入到库”命令，从库中导入背景音乐到舞台，并在“属性”面板的“声音”选项区中设置相应的属性，如图138-10所示。

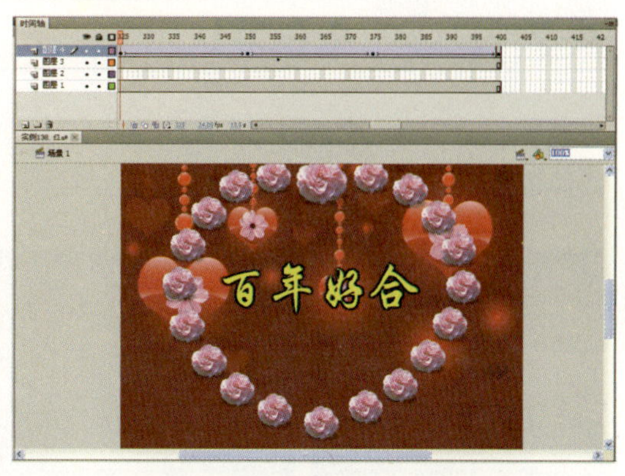

图138-9 为输入的文本制作效果

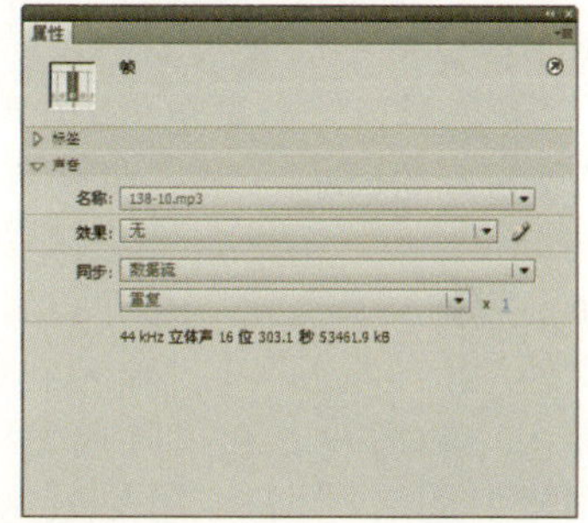

图138-10 设置声音属性

步骤 12 单击“控制”|“测试影片”|“测试”命令测试动画效果，如图138-11所示。

图138-11 测试动画效果

实例 139 中秋节快乐

效果欣赏	实例导航
 	素材文件：素材\第12章\实例139
	效果文件：效果\第12章\实例139.fla
	视频文件：视频\第12章\实例139.swf
	知识点睛：插入元件、创建关键帧、创建补间动画

步骤 01 新建一个“宽”为550、“高”为410、“背景颜色”为黑色（#000000）、“帧频”为24的Flash文档。将其另存为“实例139.fla”。

步骤 02 选择“图层1”图层的第1帧，单击“文件”|“导入”|“导入到舞台”命令，导入一幅图片。在“时间轴”面板中依次创建“图层2”、“图层3”、“图层4”、“图层5”、“图层6”5个图层，如图139-1所示。

步骤 03 选择“图层2”图层的第5帧，按【F6】键插入关键帧。选择工具箱中的文本工具T，在“属性”面板中设置“系列”为“方正行楷简体”、“字体大小”为40、“颜色”为黄色（#FFFF00），在“段落”选项区中单击“方向”右侧的下三角按钮，在弹出的下拉列表框中选择“垂直，从左向右”选项，设置段落方向，在舞台中输入“皓魄当空宝镜升”文本，如图139-2所示，并将其转换为“图形”元件。

图139-1　导入图片到舞台

图139-2　输入文本

步骤 04 选择“图层2”图层的第35帧，按【F6】插入关键帧，并将第5帧的文字向左移至合适位置，在“属性”面板中设置Alpha值为0%，在第5帧至第35帧之间创建补间动画，如图139-3所示。

步骤 05 同理，制作“图层3”图层的文字效果，效果如图139-4所示。

图139-3 创建补间动画

图139-4 制作文字效果

步骤 06 选择“图层4”图层的第81帧，按【F6】插入关键帧。单击“文件”|“导入”|“导入到舞台”命令，导入一幅图片，如图139-5所示。

步骤 07 创建一个“名称”为“文本”、“类型”为“影片剪辑”的新元件，选择工具箱中的文本工具T，在“属性”面板中设置“系列”为“方正行楷简体”、“字体大小”为55、“颜色”为黄色（#FFFF00），在舞台中输入“中秋节快乐”文本，如图139-6所示。

图139-5 导入图片至舞台

中秋节快乐

图139-6 输入文本

步骤 08 选择输入的文本，按【Ctrl+B】键将文本打散，单击鼠标右键，在弹出的快捷菜单中选择“分散到图层”选项，分别将文本分散到每一个独立的图层中，并删除“图层1”图层，如图139-7所示。

步骤 09 同时选择所有图层的第65帧，按【F5】键插入普通帧。同时选择所有图层的第20帧和第40帧，按【F6】插入关键帧。同时选择每个图层的第20帧，按【Shift+↑】键将文本向上移至合适位置。分别在每个图层的第1帧至第20帧、第20帧至40帧之间创建补间动画，并调整每个图层帧的位置，如图139-8所示，删除所有图层第65帧以后的帧。

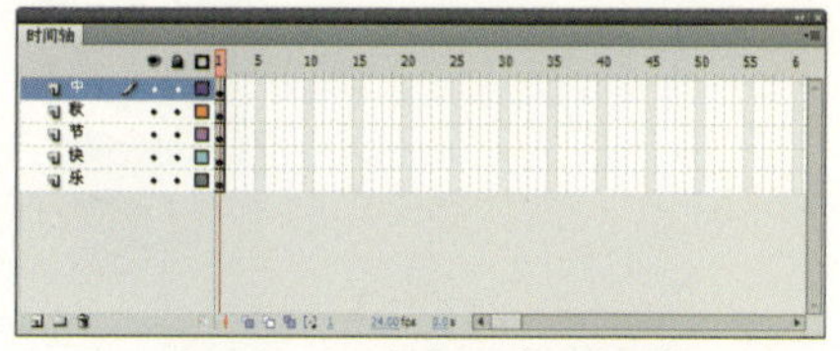

图139-7 分散文字到图层

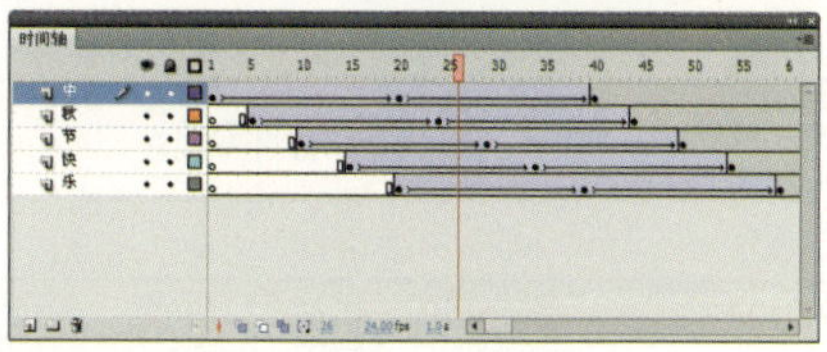

图139-8 创建补间动画

步骤 10 单击“场景1”标签，返回“场景1”编辑模式，选择“图层6”图层的第90帧，按【F6】键插入关键帧。从“库”面板中将“文本”元件拖曳至舞台的合适位置，如图139-9所示。分别选择“图层5”、“图层6”图层的第205帧，按【F5】键插入普通帧。

步骤 11 在“时间轴”面板中将“图层6”图层重命名为“音乐”图层，单击“文件”|“导入”|“导入到舞台”命令，导入背景音乐，并在“属性”面板的“声音”选项区中设置相应的属性，如图139-10所示。

图139-9 拖曳元件至舞台

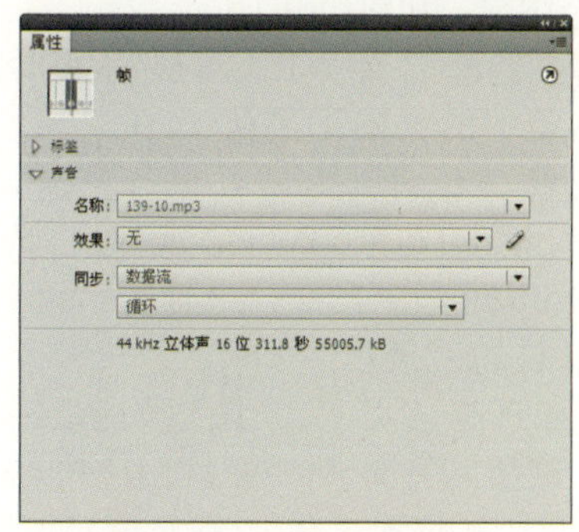

图139-10 设置声音属性

步骤 12 单击“控制”|“测试影片”|“测试”命令，测试动画效果，如图139-11所示。

图139-11　测试动画效果

实例 140 教师节快乐

效果欣赏	实例导航
	素材文件：素材\第12章\实例140
	效果文件：效果\第12章\实例140.fla
	视频文件：视频\第12章\实例140.swf
	知识点睛：创建元件、插入关键帧、创建补间动画

步骤 01 新建一个“宽”为550、“高”为400、“背景颜色”为白色、“帧频”为24的Flash文档。将其另存为“实例140.fla”。

步骤 02 在“时间轴”面板上将“图层1”图层重命名为“图1”。选择“图1”图层的第1帧，单击“文件”|“导入”|“导入到舞台”命令，导入一幅图片。在“时间轴”面板中依次创建“文本1”、“文本2”、“文本3”、“图2”、“文本4”、“文本5”、“文本6”、“图3”“文本7”、“文本8”10个图层，如图140-1所示。

步骤 03 选择“文本1”图层的第1帧，选择工具箱中的文本工具T，在“属性”面板中设置“系列”为“方正行楷简体”、“字体大小”为50、“颜色”为红色（#FF0000），在舞台中输入“老师”文本，如图140-2所示。

步骤 04 选择“文本1”图层的第25帧，按【F6】键插入关键帧，按【Shift+↓】键将文本移至合适位置，在第1帧至第25帧之间创建补间动画，如图140-3所示。

步骤 05 同理，制作“文本2”和“文本3”图层的文字效果，效果如图140-4所示。

图140-1　导入图片到舞台

图140-2　输入文本

图140-3 创建补间动画

图140-4 制作文字效果

步骤 06 选择“图2”图层的第101帧，按【F6】键插入关键帧。单击“文件”|“导入”|“导入到舞台”命令，导入一幅图片，如图140-5所示。选择“文本4”、“文本5”、“文本6”图层的第260帧，按【F5】键插入普通帧。

步骤 07 选择“文本4”图层的第101帧，按【F6】键插入关键帧，选择工具箱中的文本工具T，在“属性”面板中设置“系列”为“方正行楷简体”、“字体大小”为50、“颜色”为红色（#FF0000），在舞台中输入“老师”文本，如图140-6所示，并将其转换为“图形”元件。

图140-5 导入图片至舞台

图140-6 输入文本

步骤 08 选择“文本4”图层的第130帧，按【F6】键插入关键帧，选择第101帧的文字，在“属性”面板中设置“宽度”和“高度”均为1，在第101帧至第130帧之间创建补间动画，如图140-7所示。

步骤 09 同理，制作“文本5”和“文本6”图层的文字效果，效果如图140-8所示。

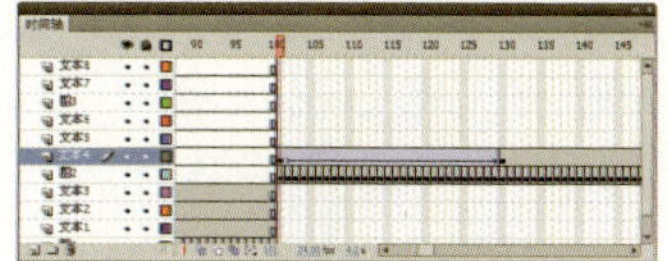

图140-7 创建补间动画

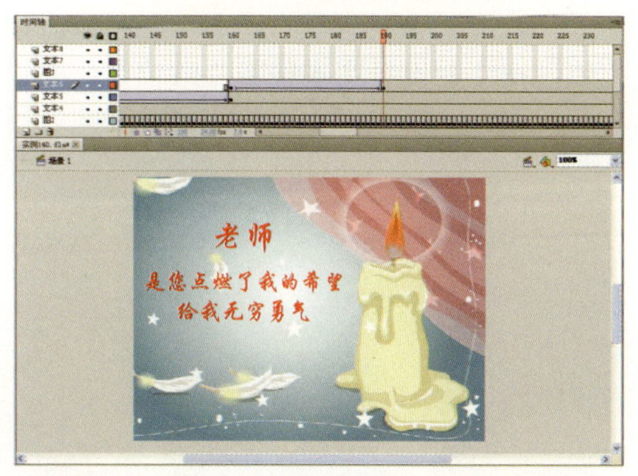

图140-8 制作其他文字效果

步骤 10 选择“图3”图层的第261帧，按【F6】键插入关键帧。单击“文件”|“导入”|“导入到舞台”命令，导入一幅图片，如图140-9所示。

步骤 11 选择“图3”图层的第350帧，按【F6】键插入关键帧，并在舞台区将图片适当缩小，在第261帧至第350帧之间创建补间动画，如图140-10所示。同时选择“文本7”、“文本8”图层的第350帧，按【F5】键插入普通帧。

图140-9　导入图片至舞台

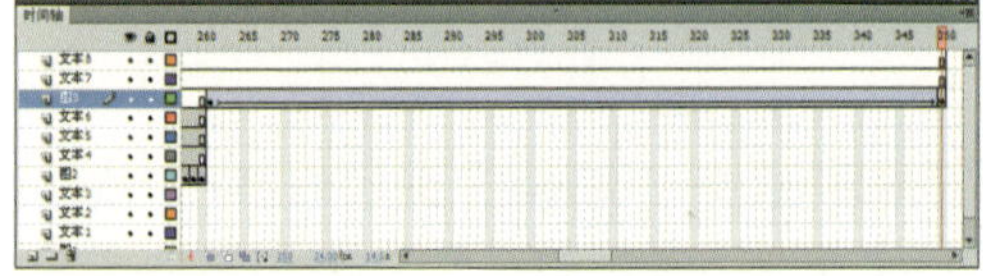

图140-10　创建补间动画

步骤 12 选择“文本7”图层的第261帧，按【F6】键插入关键帧，选择工具箱中的文本工具T，在“属性”面板中设置“系列”为“方正行楷简体”、“字体大小”为40、“颜色”为红色（#FF0000），在舞台中输入“衷心祝福老师”文本，如图140-11所示，并将其转换为“图形”元件。

步骤 13 选择“文本7”图层的第300帧，按【F6】键插入关键帧，选择第260帧，按【Shift+↑】键将文本移至合适位置，并设置Alpha值为0%，在第260帧至第300帧之间创建补间动画，如图140-12所示。

图140-11　输入文本

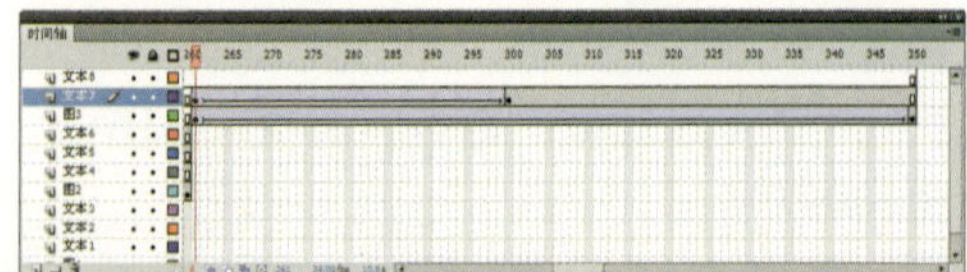

图140-12　创建补间动画

步骤 14 同理，制作“文本8”图层的文字效果，效果如图140-13所示。

步骤 15 在“时间轴”面板中创建“音乐”图层，单击“文件”|“导入”|“导入到舞台”命令，导入背景音乐，并在“属性”面板的“声音”选项区中设置相应的属性，如图140-14所示。

图140-13　制作其他的文字效果

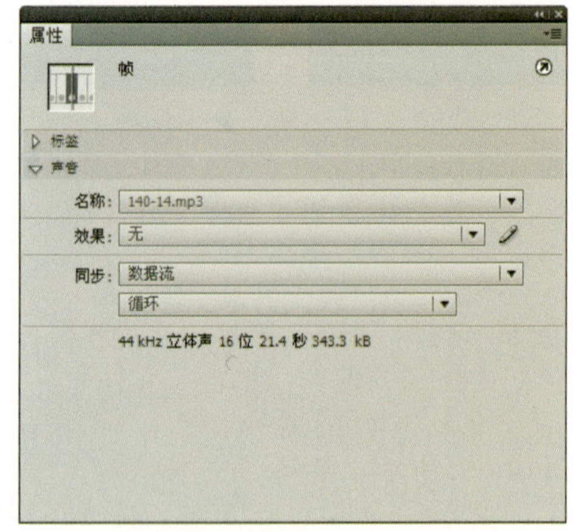

图140-14　设置声音属性

步骤 16 单击“控制”|“测试影片”|“测试”命令测试动画效果，如图140-15所示。

图140-15　测试动画效果

第13章 教学课件

本章重点

实例141　数学课件——制作课件背景

实例142　数学课件——制作按钮元件

实例143　数学课件——制作三角形元件

实例144　数学课件——制作多边形元件

实例145　数学课件——制作课件主题

实例146　语文课件——制作课件片头

实例147　语文课件——制作古诗赏析

实例148　语文课件——制作作者简介

实例149　语文课件——制作诗歌鉴赏

实例150　语文课件——制作按钮和课件主题

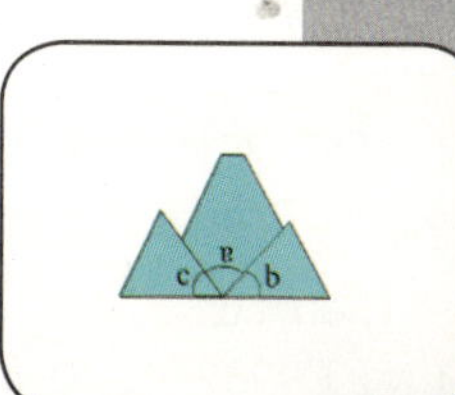

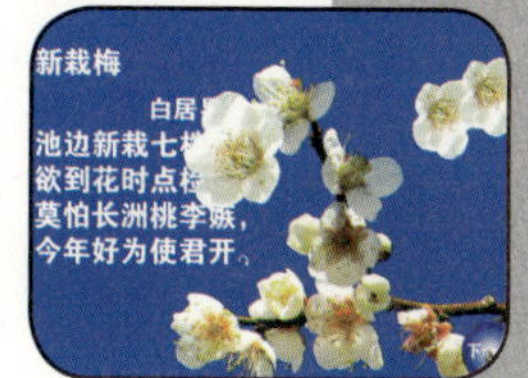

实例 141 数学课件——制作课件背景

效果欣赏	实例导航
三角形的内角和 数学课件	素材文件：无
	效果文件：效果\第13章\实例141
	视频文件：视频\第13章\实例141.swf
	知识点睛：绘制矩形、设置投影效果

步骤 01 新建一个“宽”为640、“高”为420、“背景颜色”为白色、“帧频”为12的Flash文档。

步骤 02 在“时间轴”面板中将“图层1”图层重命名为“背景”，选择工具箱中的矩形工具，设置“笔触颜色”为无、“填充颜色”为橘黄色（#FF9932），在舞台区中绘制一个矩形，设置“宽度”和“高度”分别为100、420，X值和Y值分别为0、0，效果如图141–1所示。

步骤 03 选择工具箱中的选择工具，选择绘制的矩形，按住【Shift+Ctrl】键的同时水平向右拖曳至舞台右侧的合适位置，复制一个矩形，如图141–2所示。

图141–1 绘制矩形　　图141–2 复制矩形

步骤 04 在“属性”面板中设置“系列”为“方正粗倩简体”、“字体大小”为40、“颜色”为白色（FFFFFF），选择工具箱中的文本工具，在舞台区的合适位置输入“三角形的内角和”文本，如图141–3所示。

步骤 05 选择输入的文本，单击“属性”面板左下角的“添加滤镜”按钮，在弹出的快捷菜单中选择“投影”选项，设置“强度”为200，其他保持默认值不变，设置文本投影效果，如图141–4所示。

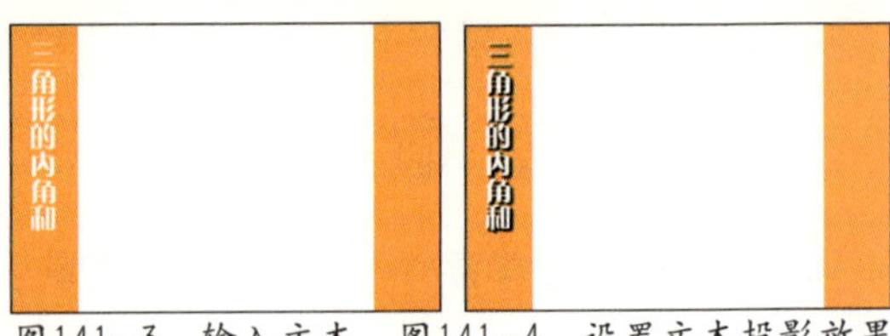

图141–3 输入文本　图141–4 设置文本投影效果

步骤 06 选择工具箱中的文本工具，在“属性”面板中设置“系列”为“方正大黑简体”、“字体大小”为25、“颜色”为白色（FFFFFF），在舞台区的合适位置输入“数学课件”文本，如图141–5所示。

步骤 07 选择输入的文本，按【Ctrl＋C】键复制文本到剪贴板上，单击鼠标右键，在弹出的快捷菜单中选择“粘贴到当前位置”选项，粘贴文本。选择粘贴的文本，在“属性”面板中设置“颜色”为黑色，按【→】键和【↓】键将文本移至合适位置，如图141–6所示。

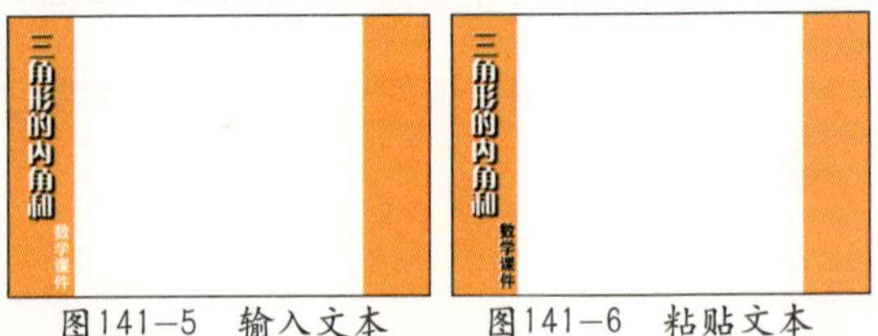

图141–5 输入文本　图141–6 粘贴文本

步骤 08 按【Ctrl＋Enter】键测试动画效果，如图141–7所示。

图141–7 测试动画效果

实例 142 数学课件——制作按钮元件

效果欣赏	实例导航
播放 暂停	素材文件：素材\第13章\实例142
	效果文件：效果\第13章\实例142.fla
	视频文件：视频\第13章\实例142.swf
	知识点睛：创建元件、绘制矩形

步骤 01 打开一幅素材图形，单击“插入”｜“新建元件”命令，在弹出的“新建元件”对话框中设置“名称”为“播放”、“类型”为“按钮”，如图142-1所示，单击“确定”按钮。

步骤 02 选择工具箱中的矩形工具，在“属性”面板中设置“宽度”、“高度”分别为90和37、“边角半径”为5，按【Shift+F9】键，在弹出的“颜色”面板中设置“笔触颜色”为黑色（#000000）、“填充颜色”为绿色（#33CC33）到白色（#FFFFFF）的线性渐变，在舞台区的合适位置绘制一个圆角矩形，如图142-2所示。

图142-1 “创建新元件”对话框

图142-2 绘制圆角矩形

步骤 03 选择工具箱中的颜料桶工具，按住【Shift】键同时，在矩形上方由下往上拖曳鼠标，填充渐变色，效果如图142-3所示。

步骤 04 在“时间轴”面板中创建“图层2”图层，选择工具箱中的文本工具T，在“属性”面板中设置“系列”为“方正小标宋简体”、“字体大小”为25、“颜色”为黑色（#000000），在舞台区的合适位置输入“播放”文本，如图142-4所示。

图142-3 填充渐变色

图142-4 输入文本

步骤 05 分别在“图层1”、“图层2”图层的“指针经过”和“按下”帧插入关键帧，选择“图层1”图层“指针经过”帧的圆角矩形。在“颜色”面板中设置“填充颜色”为紫色（#6633CC）到白色（#FFFFFF）的线性渐变，填充渐变色，如图142-5所示。

步骤 06 同理，制作其他按钮元件的效果，如图142-6所示。

图142-5 填充渐变色

图142-6 制作其他按钮元件

实例 143 数学课件——制作三角形元件

效果欣赏	实例导航
	素材文件：素材\第13章\实例143
	效果文件：效果\第13章\实例143.fla
	视频文件：视频\第13章\实例143.swf
	知识点睛：绘制三角形、填充颜色

步骤 01 打开一幅素材图形，在“时间轴”面板中创建“三角形1”图层，并选择第1帧，选择工具箱中的线条工具，在舞台的合适绘制一个任意大小的三角形，如图143-1所示。

步骤 02 选择绘制的三角形，单击“修改”|“合并对象”|“联合”命令，将三角形联合，在“属性”面板中设置“宽度”、“高度”分别为220和130、“填充颜色”为淡蓝色（#00FFFF），如图143-2所示。

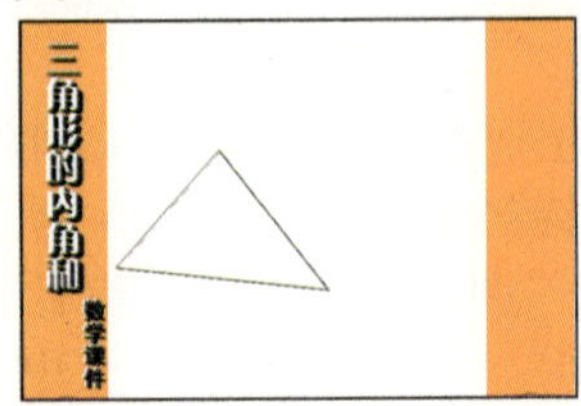

图143-1 绘制三角形

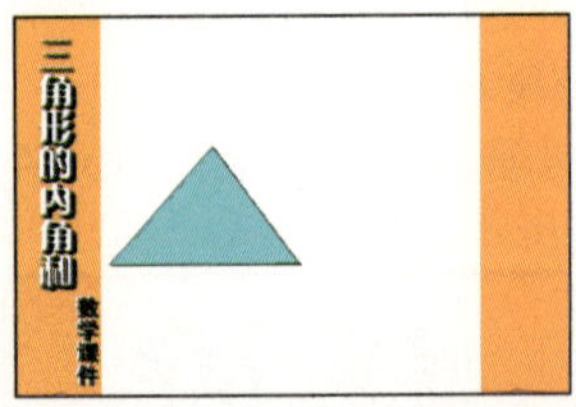

图143-2 填充颜色

步骤 03 选择工具箱中的线条工具，单击“绘制对象”按钮，在三角形的3个角上分别添加3条线段，如图143-3所示。

步骤 04 选择工具箱中的选择工具，将光标移至舞台区中相应的线段上，当光标呈带弧线的箭头状时，拖曳鼠标至合适位置，使线段变成弧形，如图143-4所示。

图143-3 绘制线段

图143-4 调整线段变成弧线

步骤 05 选择工具箱中的文本工具，在“属性”面板中设置“系列”为Times New Roman、“字体大小”为30、“颜色”为黑色（#000000），在三角形的3个角旁边分别输入a、b、c文本，如图143-5所示。

步骤 06 选择工具箱中的线条工具，在三角形上添加两条直线，将三角形分成3个部分，如图143-6所示。

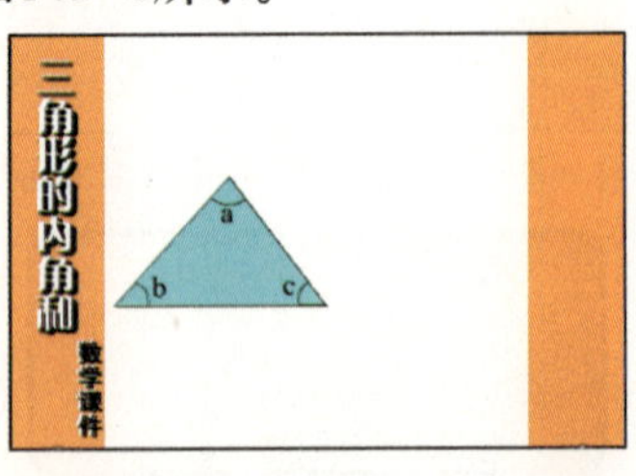

图143-5 输入文本

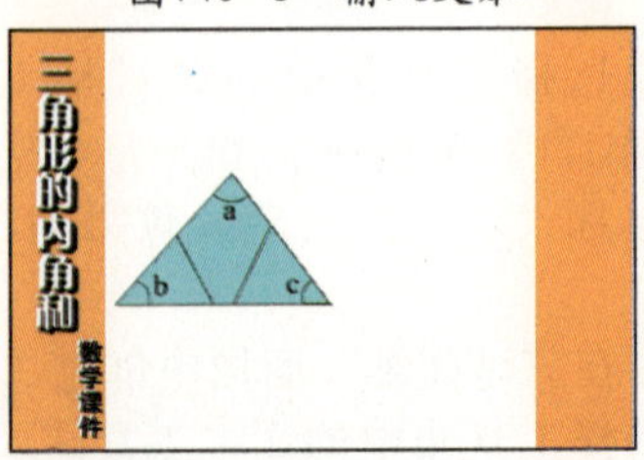

图143-6 绘制直线

实例 144 数学课件——制作多边形元件

效果欣赏	实例导航
	素材文件：素材\第13章\实例144
	效果文件：效果\第13章\实例144.fla
	视频文件：视频\第13章\实例144.swf
	知识点睛：粘贴图形、创建补间动画

步骤 01 打开一幅素材图形，将其另存为“实例144.fla”文件。在“时间轴”面板中选择“三角形1”图层的第1帧，并选择该帧上的全部图形对象，按【Ctrl+B】键将选择的图形对象全部分离，如图144-1所示。

步骤 02 按住【Shift】键的同时，分别选择构成中间部分的填充颜色、4条边及文字，如图144-2所示。按【Ctrl+C】键将选择的部分复制到剪贴板上。

图144-1 将图形分离的效果

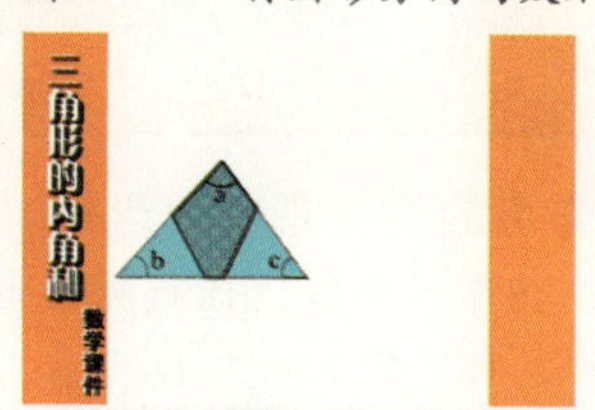

图144-2 选择图形

步骤 03 在“时间轴”面板中创建“三角形2”图层。选择第1帧，在舞台区中单击鼠标右键，在弹出的快捷菜单中选择“粘贴到当前位置”选项，粘贴图形，并将其转换为“图形”元件。

步骤 04 创建“三角形3”图层，同理，同时选择构成左边的图形、边框和文字，将其复制到“三角形3”图层的第1帧上，效果如图144-3所示。

步骤 05 在“时间轴”面板中分别将“三角形2”和“三角形3”图层隐藏，删除“三角形1”图层中不需要的图形，留下三角形的右侧部分，如图144-4所示。

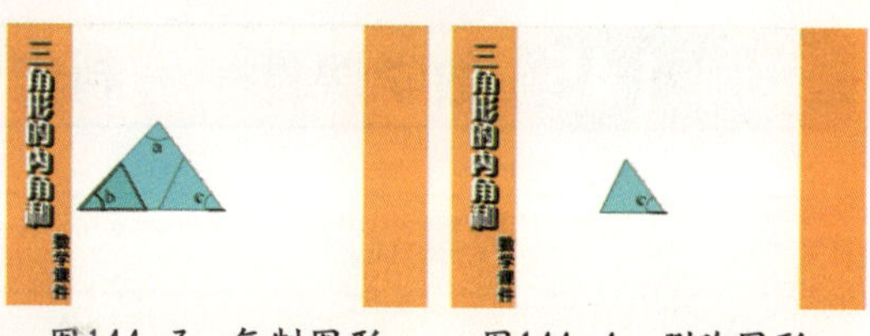

图144-3 复制图形　　图144-4 删除图形

步骤 06 分别选择“三角形1”、“三角形2”、“三角形3”图层上所对应的图形，按【Ctrl+G】键将这3个图层上的图形组合起来，如图144-5所示。

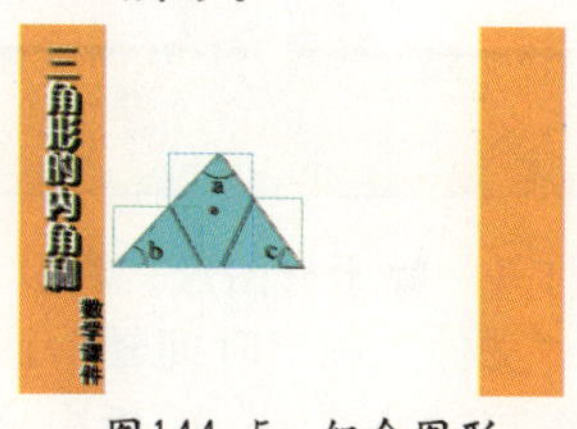

图144-5 组合图形

步骤 07 在“时间轴”面板上同时选择“背景”、“三角形1”、“三角形2”、“三角形3”图层的第101帧，然后插入普通帧。在“三角形2”、“三角形3”图层的第50帧以及“三角形3”图层的第100帧插入关键帧，此时“时间轴”面板如图144-6所示。

步骤 08 选择“三角形2”图层第50帧的图形，将其移至图形右侧并旋转一定角度，再将其移至合适位置，如图144-7所示。

步骤 09 选择“三角形3”图层第100帧的图形，按【Shitf＋→】键将图形移至右侧的合适位置，如图144-8所示。

图144-6 “时间轴”面板效果

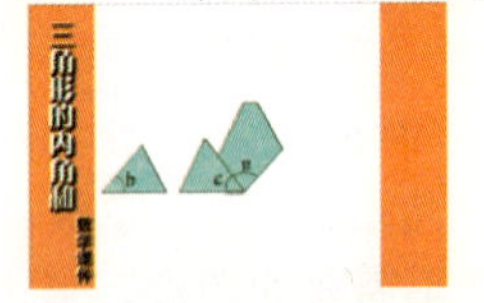

图144-7 将图形移图至合适位置

图144-8 移动图形至合适位置

步骤 10 在“三角形2”图层的第1帧至第50帧之间、“三角形3”图层的第50帧至第100帧之间创建补间动画，如图144-9所示。

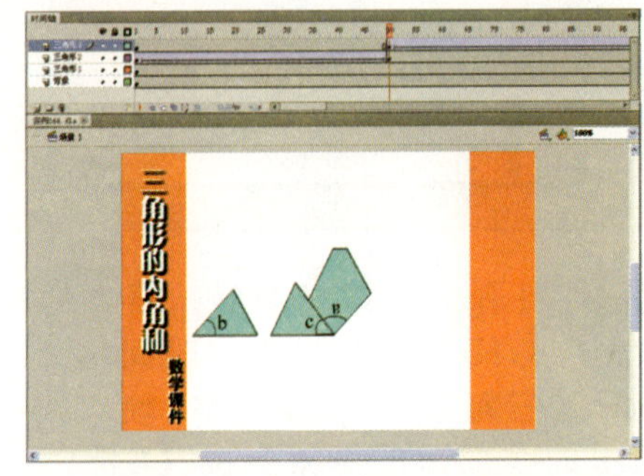

图144-9 创建补间动画

实例 145 数学课件——制作课件主体

效果欣赏	实例导航
	素材文件：素材\第13章\实例145
	效果文件：效果\第13章\实例145.fla
	视频文件：视频\第13章\实例145.swf
	知识点睛：添加动作脚本、插入关键帧

步骤 01 打开一幅素材图形，将其另存为"实例145.fla"文件。在“时间轴”面板中创建“按钮”图层，在“库”面板中分别将“播放”和“暂停”按钮元件拖曳至舞台区的合适位置，如图145-1所示。

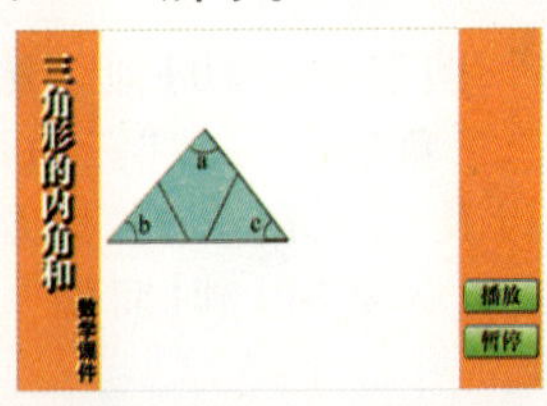

图145-1 拖曳元件至舞台

步骤 02 选择“播放”按钮元件，单击鼠标右键，在弹出的快捷菜单中选择“动作”选项，弹出“动作”面板，在右侧的脚本编辑区中输入代码，如图145-2所示。

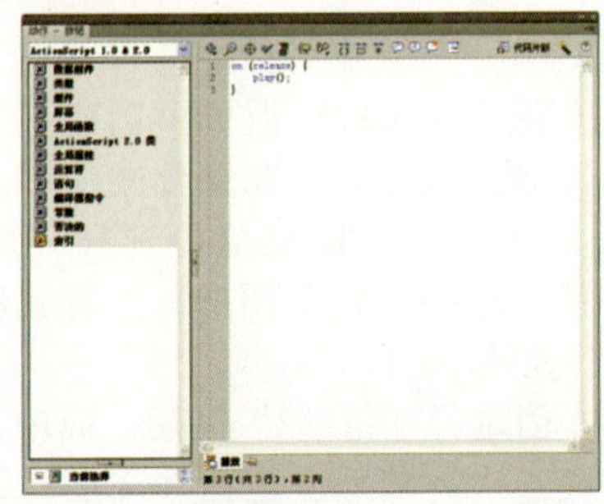

图145-2 为“播放”按钮添加脚本代码

步骤 03 选择“暂停”按钮，按【F9】键在弹出的“动作”面板右侧脚本编辑区中输入代码，如图145-3所示。

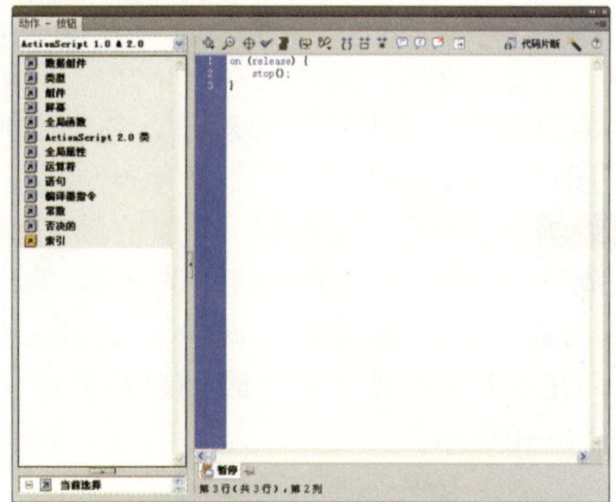

图145-3 为“暂停”按钮添加脚本代码

步骤 04 选择“按钮”图层的第100帧，按【F6】键插入关键帧，如图145-4所示。

步骤 05 在“背景”图层的第101帧插入关键帧，如图145-5所示。

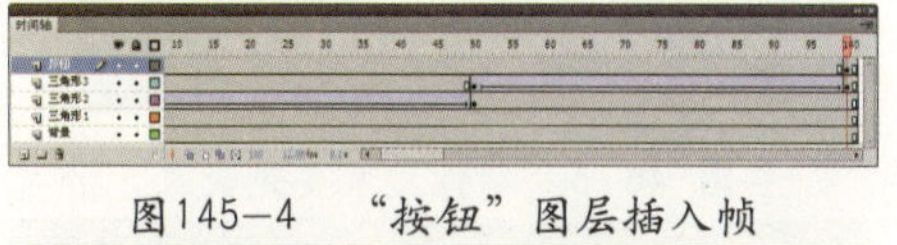

图145-4 “按钮”图层插入帧

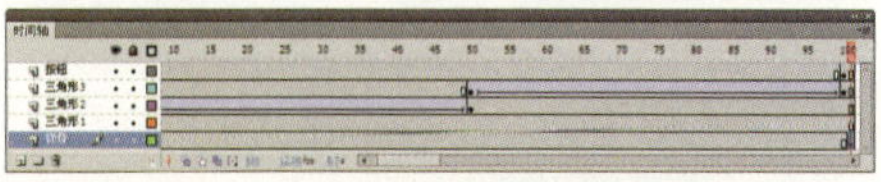

图145-5 在“背景”图层插入帧

步骤 06 选择工具箱中的文本工具，在“属性”面板中设置“系列”为Times New Roman、“字体大小”为25、“颜色”为黑色（#000000），在舞台区的合适位置输入“∠a+∠b+∠c=180°”文本，如图145-6所示。

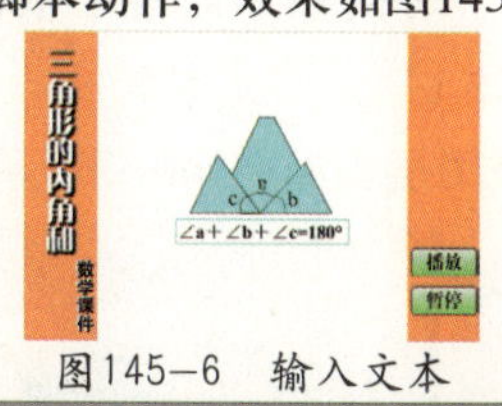

图145-6 输入文本

步骤 07 分别选择“按钮”图层的第1帧、第100帧和“背景”图层的第101帧，分别为其添加stop的帧脚本动作，效果如图145-7所示。

图145-7 添加stop帧脚本动作

步骤 08 按【Ctrl+Enter】键测试动画效果，如图145-8所示。

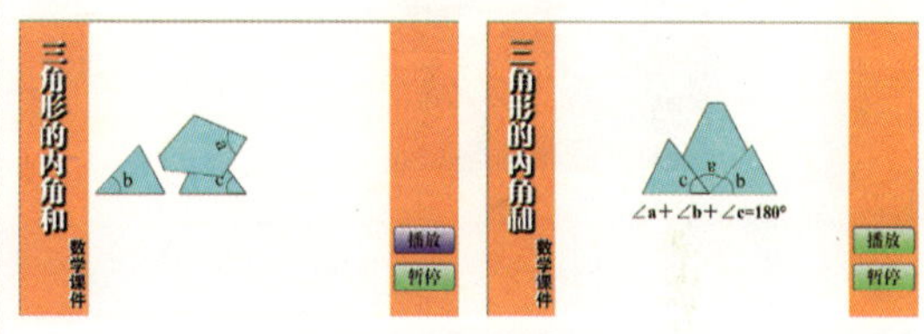

图145-8 测试动画效果

实例 146 语文课件——制作课件片头

效果欣赏	实例导航
 	素材文件：素材\第13章\实例146
	效果文件：效果\第13章\实例146.fla
	视频文件：视频\第13章\实例146.swf
	知识点睛：创建元件、插入关键帧

步骤 01 单击“文件”|“打开”命令，打开一幅素材图形。将其另存为"实例146.fla"文件。

步骤 02 创建一个“名称”为“文本动画

1”、“类型”为“影片剪辑”的新元件，将“图层1”图层重命名为“背景”，将“图片1”元件拖曳至舞台的合适位置，如图146-1所示，在第50帧插入普通帧。

步骤 03 在“时间轴”面板中依次创建“剪辑”、“文本1”、“文本2”、“文本3”、“动作”5个图层，如图146-2所示。

图146-1 拖曳元件至舞台

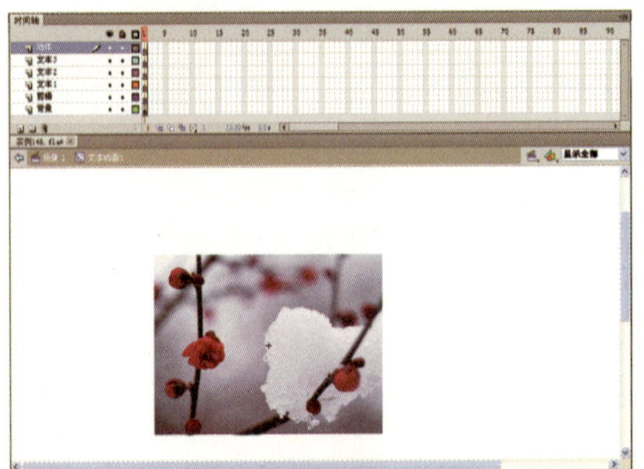

图146-2 新建图层

步骤 04 选择“剪辑”图层的第1帧，将“梅花动画”元件拖曳至舞台的合适位置，如图146-3所示。

步骤 05 选择“文本1”图层的第1帧，选择工具箱中的文本工具T，设置“系列”为“方正大黑简体”、“字体大小”为60、“颜色”为黄色（#FFFF00）、“方向”为“垂直，从左向右”，在舞台区的合适位置输入“语文课件”文本，如图146-4所示。

图146-3 拖曳元件至舞台

图146-4 输入文本

步骤 06 选择输入的文本，单击“属性”面板左下角的“添加滤镜”按钮，在弹出的下拉菜单中选择“发光”选项，设置“模糊X”、“模糊Y”、“强度”、“颜色”分别为10、10、500%、黑色（#000000），制作文本发光效果，如图146-5所示，并将其转换为“图形”元件。

步骤 07 分别在“文本1”图层的第11帧、第13帧、第15帧插入关键帧，选择第1帧，将文本向右移至合适位置，设置其Alpha值为0%，在第1帧至第11帧之间创建补间动画，如图146-6所示。

图146-5 制作文本发光效果

图146-6 创建补间动画

步骤 08 选择“文本1”图层第13帧的文本，设置“亮度”值为100%，效果如图14-7所示。

步骤 09 同理，制作“文本2”、“文本3”图层的文本动画效果，效果如图14-8所示。

图146-7 设置文本图亮度的效果

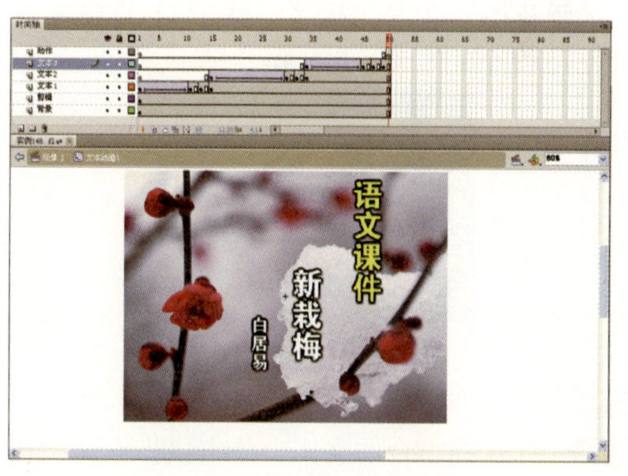

图146-8 制作其他文本效果

步骤 10 在“动作”图层的第50帧插入关键帧，按【F9】键，在“动作”面板中添加脚本代码，如图146-9所示。

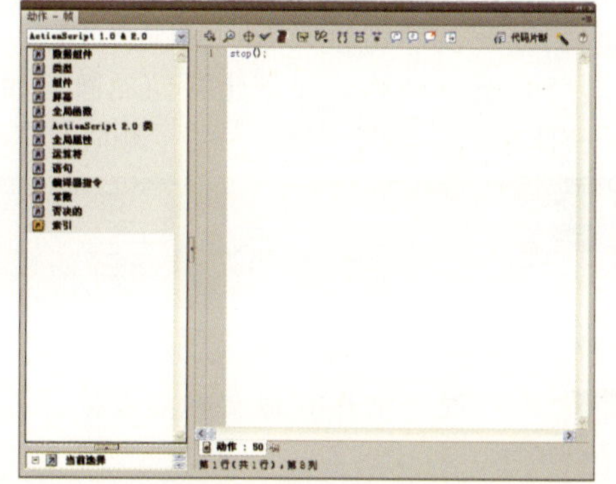

图146-9 添加脚本代码

步骤 11 执行操作后，预览效果如图146-10所示。

图146-10 测试动画效果

实例 147 语文课件——制作古诗赏析

效果欣赏	实例导航
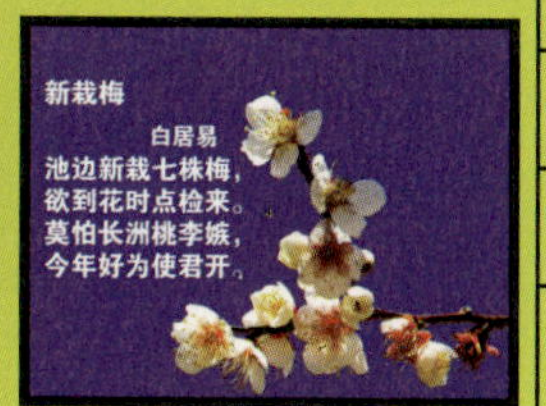	素材文件：素材\第13章\实例147
	效果文件：效果\第13章\实例147.fla
	视频文件：视频\第13章\实例147.swf
	知识点睛：创建元件、插入关键帧

步骤 01 单击“文件”|“打开”命令，打开一幅素材图形。将其另存为“实例147.fla”文件。

步骤 02 创建一个“名称”为“文本动画2”、“类型”为“影片剪辑”的新元件。将“图层1”图层重命名为“背景”，将“图片2”元件拖曳至舞台的合适位置，如图147-1所示，在第100帧插入普通帧。

步骤 03 在“时间轴”面板中依次创建“遮罩”、“文本”、“动作”3个图层，选择“遮罩”图层的第1帧，选择工具箱中的椭圆工具，设置“笔触颜色”为无、“填充颜色”为绿色（#99FF65），在舞台区的合适位置绘制一个“宽度”和“高度”均为800的圆，如图147-2所示，并将其转换为“图形”元件。

图147-1 拖曳元件至舞台　图147-2 绘制正圆

步骤 04 在“遮罩”图层的第10帧插入关键帧，选择第1帧的圆，设置“宽度”和“高度”均为1，在第1帧至第10帧之间创建补间动画，如图147-3所示。

步骤 05 在“时间轴”面板中的“遮罩”图层的名称上单击鼠标右键，在弹出的快捷菜单中选择“遮罩层”选项，设置遮罩效果，如图147-4所示。

图147-3 创建补间动画

图147-4 设置遮罩层

步骤 06 在“文本”图层的第15帧插入关键帧，选择工具箱中的文本工具T，设置“系列”为“方正大黑简体”、“颜色”为白色（#FFFFFF），在舞台区的合适位置输入相应的文本，设置“字体大小”分别为35、30，效果如图147-5所示。

图147-5 输入文本设置其属性

步骤 07 选择输入的文本，按两次【Ctrl+B】键，将文本打散。运用选择工具，选择“新栽梅”文本，按【Ctrl+G】键将文本组合起来，如图147-6所示。

图147-6 组合文本

步骤 08 同理，将其他文本重新组合起来。

步骤 09 选择组合的文本，单击鼠标右键，在弹出的快捷菜单中选择“分散到图层”选项，分散到每个图层，并将其转换为“图形”元件，然后删除“文本”图层，如图147-7所示。

步骤 10 将“图层7”图层的第1帧拖曳至第15帧，在第35帧插入关键帧。选择第15帧的文本，设置其“宽度”和“高度”均为1，在第15帧至第35帧之间创建补间动画，如图147-8所示，并设置“旋转”为“顺时针”。

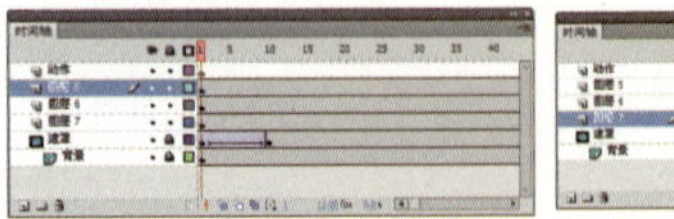

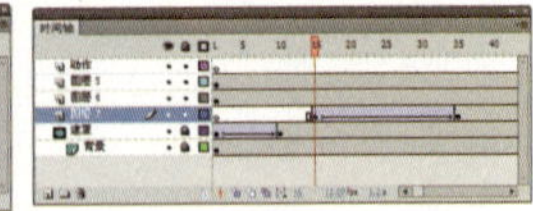

图147-7 分散文字到图层　图147-8 创建补间动画

步骤 11 同理，制作其他文本的效果，如图147-9所示。

步骤 12 在“动作”图层的第100帧插入关键帧，为其添加stop帧脚本动作。执行操作后，预览效果如图147-10所示。

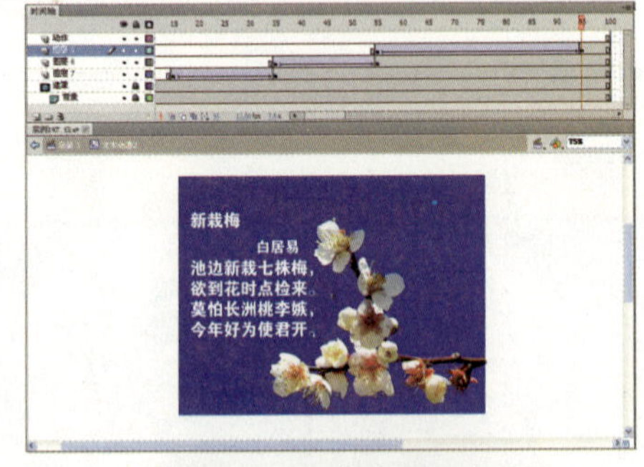

图147-9 制作其他文本效果

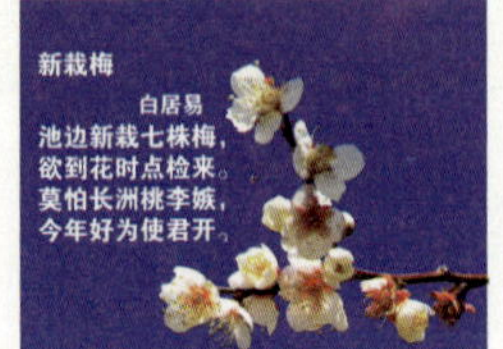

图147-10 测试动画效果

实例 148 语文课件——制作作者简介

效果欣赏	实例导航
	素材文件：素材\第13章\实例148
	效果文件：效果\第13章\实例148.fla
	视频文件：视频\第13章\实例148.swf
	知识点睛：创建元件、创建文本

步骤 01 单击“文件”|“打开”命令，打开一幅素材图形。

步骤 02 创建一个“名称”为“文本动画3”、“类型”为“影片剪辑”的新元件，将“图层1”图层重命名为“背景”，将“图片3”元件拖曳至舞台中，如图148-1所示，设置X值和Y值分别为-920、0。

步骤 03 在“背景”图层的第10帧插入关键帧，选择第1帧的图片，设置Alpha值为0，在第1帧至第10帧之间创建补间动画，如图148-2所示，在第90帧插入普通帧。

图148-1 拖曳元件至舞台

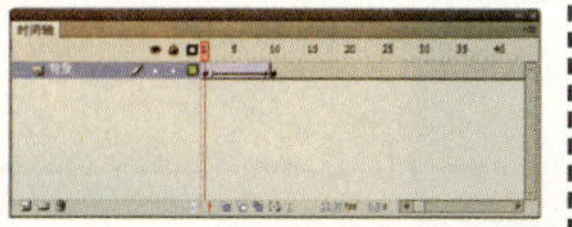

图148-2 创建补间动画

步骤 04 在“时间轴”面板中依次创建“文本1”、“文本2”、“遮罩”、“动作”4个图层，在“文本2”图层的第10帧插入关键帧，选择工具箱中的文本工具T，设置“系列”为“方正大黑简体”、“字体大小”为30、“颜色”为黑色（#000000），在舞台区的合适位置输入“【作者简介】”文本，如图148-3所示。

步骤 05 分别在“文本1”图层的第15帧、第20帧、第25帧插入关键帧。选择第10帧，将文本垂直向上移至文档以外的区域，在第10帧至第15帧之间创建补间动画，如图148-4所示，选择第10帧的文本，设置Alpha值为0%。

图148-3 输入文本

图148-4 创建补间动画

步骤 06 选择“文本1”图层第20帧的文本，运用任意变形工具，将其放大至合适大小，在第15帧至第20帧、第20帧至第25帧之间创建补间动画，如图148-5所示。

步骤 07 在“文本2”图层的第30帧插入关键帧，选择工具箱中的文本工具T，设置“系列”为“Adobe 黑体 Std”、“字体大小”为20、“颜色”为黑色（#000000），在舞台区的合适位置输入相应的文本，如图148-6所示。

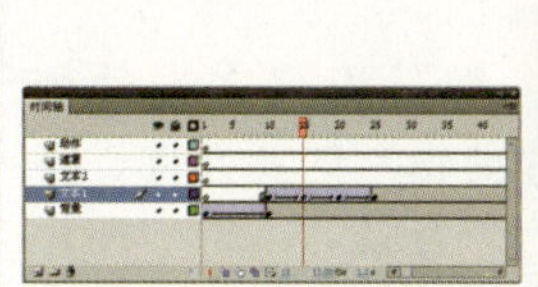

图148-5 创建其他补间动画

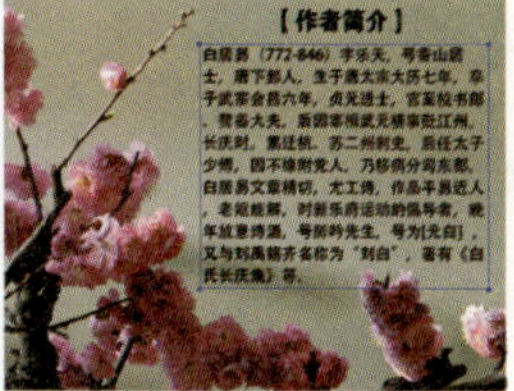

图148-6 输入文本

步骤 08 在“遮罩“图层的第30帧插入关键帧，选择工具箱中的矩形工具，在舞台区的合适位置绘制一个“宽度”和“高度”分别为368、292的黑色矩形，如图148-7所示，并将其转换为“图形”元件。

步骤 09 选择工具箱中的任意变形工具，将矩形的中心点移至矩形上方的边缘，如图148-8所示。

图148-7 绘制矩形

图148-8 将中心点移至合适位置

步骤 10 在“遮罩”图层的第85帧插入关键帧，选择第30帧的矩形，并调整其高度，如图148-9所示。在第30帧至第85帧之间创建补间动画。

步骤 11 在“时间轴”面板中的“遮罩”图层的名称处单击鼠标右键，在弹出的快捷菜单中选择“遮罩层”选项，设置遮罩效果，如图148-10所示。

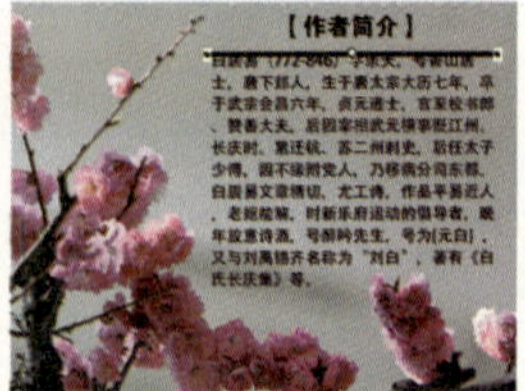

图148-9 调整矩形高度

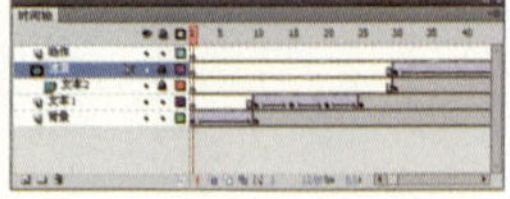

图148-10 设置遮罩层

步骤 12 在“动作”图层的第90帧插入关键帧，为其添加stop帧脚本动作。执行操作后，预览效果如图148-11所示。

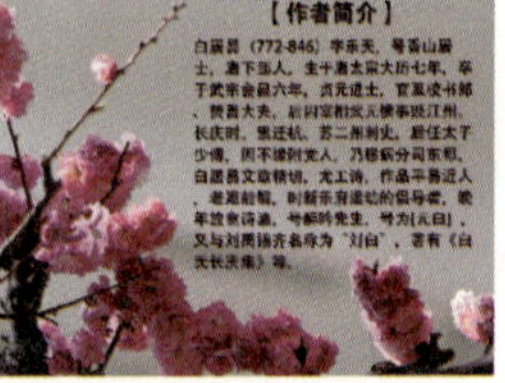

图148-11 测试动画效果

实例 149 语文课件——制作诗歌鉴赏

效果欣赏	实例导航
	素材文件：素材\第13章\实例149
	效果文件：效果\第13章\实例149.fla
	视频文件：视频\第13章\实例149.swf
	知识点睛：创建元件、插入关键帧、创建文本

步骤 01 单击“文件”|“打开”命令，打开一幅素材图形。

步骤 02 创建一个“名称”为“文本动画4”、“类型”为“影片剪辑”的新元件，将“图层1”图层重命名为“背景”，将“图片4”元件拖曳至舞台中，如图149-1所示，设置X值和Y值分别为0、-485。

步骤 03 在第15帧插入关键帧，选择第1帧的图片，设置Alpha值为0，在第1帧至第15帧之间创建补间动画，如图149-2所示，在第300帧插入普通帧。

步骤 04 在“时间轴”面板中依次创建“文本1”、“矩形”、“文本2”、“动作”4个图层，在“文本2”图层的第15帧插入关键帧，选择工具箱中的文本工具T，设置“系列”为“方正粗宋简体”、“字体大小”为35、“颜色”为白色（#FFFFFF），在舞台区的合适位置输入“【诗歌鉴赏】”文本，如图149-3所示，并将其转换为“图形”元件。

步骤 05 在“文本1”图层的第35帧、第37帧、第39帧插入关键帧。选择第15帧上的文本，将文本水平向左移至文档以外的区域，设置Alpha值为0%，在第15帧至第35帧之间创建补间动画，如图149-4所示。

图149-1 导入元件至舞台 图149-2 创建补间动画

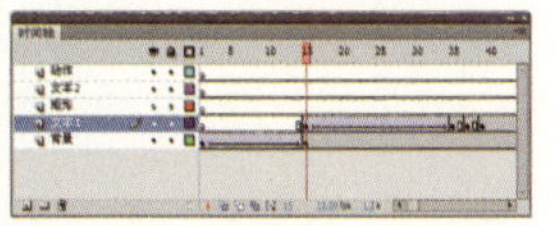

图149-3 输入文本 图149-4 创建补间动画

步骤 06 选择“文本1”图层第37帧的文本，设置“色调”为黑色（#000000），如图149-5所示。

步骤 07 在“矩形”图层的第40帧插入关键帧，选择工具箱中的矩形工具，在舞台区的合适位置绘制一个“宽度”和“高度”分别为475、147的矩形，如图149-6所示。

图149-5 设置文本色调效果 图149-6 绘制矩形

步骤 08 在“文本2”图层的第40帧插入关键帧，选择工具箱中的文本工具，设置“系列”为“Adobe 黑体 Std”、“字体大小”为20、“颜色”为白色（#FFFFFF），在舞台区的合适位置输入相应的文本，如图149-7所示。

步骤 09 在“文本2“图层的第300帧插入关键帧，将文本垂直向上移至合适位置，如图149-8所示，在第40帧至第300帧之间创建补间动画。

图149-7 输入文本 图149-8 移动文本至合适位置

步骤 10 在“动作”图层的第300帧插入关键帧，为其添加stop帧脚本动作，在“时间轴”面板中的“文本2”图层的名称上单击鼠标右键，在弹出的快捷菜单中选择“遮罩层”选项，设置遮罩效果，预览效果如图149-9所示。

图149-9 测试动画效果

实例 150 语文课件——制作按钮和课件主题

<table>
<tr><th>效果欣赏</th><th>实例导航</th></tr>
<tr><td rowspan="4"> </td><td>素材文件：素材\第13章\实例150</td></tr>
<tr><td>效果文件：效果\第13章\实例150.fla</td></tr>
<tr><td>视频文件：视频\第13章\实例150.swf</td></tr>
<tr><td>知识点睛：创建元件、创建遮罩层</td></tr>
</table>

步骤 01 单击“文件”|“打开”命令，打开一幅素材图形。

步骤 02 创建一个“名称”为“按钮”、“类型”为“按钮”的新元件，选择工具箱中的椭圆工具，设置“笔触颜色”为无、“填充颜色”为红色（#E30202），在舞台区的合适位置绘制一个“宽度”和“高度”均为70的正圆，如图150-1所示。

步骤 03 在图层的“指针经过”、“按下”帧插入关键帧，更改其“填充颜色”分别为蓝色（#330099）、绿色（#009900），如图150-2所示。

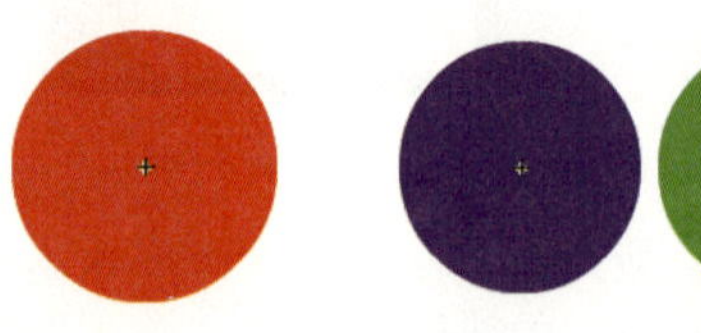

图150-1　绘制正圆　图150-2　更改填充颜色

步骤 04 在“时间轴”面板中依次创建3个图层，选择“图层2”图层的“弹起”帧，在“颜色”面板中设置“填充颜色”为白色(#FFFFFF)至红色(#FF0000)的径向渐变，在舞台区的合适位置绘制一个“宽度”和“高度”均为55的椭圆，如图150-3所示。

步骤 05 在“图层2”图层的“指针经过”、“按下”帧插入关键帧，更改其“填充颜色”分别为白色（#FFFFFF）到蓝色(#0229C1)、白色(#FFFFFF)到绿色(#02A901)的径向渐变，如图150-4所示。

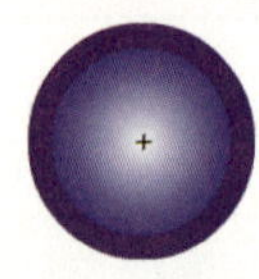

图150-3　绘制正圆　图150-4　更改填充颜色

步骤 06 选择“图层3”图层的“弹起”帧，选择工具箱中的文本工具，设置“系列”为“方正大黑简体”、“字体大小”为20、“颜色”为白色（#FFFFFF），在舞台区的合适位置输入“下一步”文本，如图150-5所示。

步骤 07 在“图层4”图层的“指针经过”帧插入关键帧，将“梅花动画”元件拖曳至舞台区，设置X值和Y值分别为-307、-52，如图150-6所示。

图150-5　输入文本　图150-6　拖曳元件至舞台

步骤 08 按【Ctrl+E】键返回“场景1”编辑模式。将“图层1”图层重命名为“文本动画”，在第2帧、第3帧、第4帧插入关键帧，分别将“文本动画1”至“文本动画4”元件拖曳至第1帧至第4帧的合适位置，并为第1帧至第4帧添加stop帧脚本动作。

步骤 09 在“时间轴”面板中创建“按钮”图层，在舞台区中选择按钮，按【F9】键在“动作”面板中添加代码，如图150-7所示。

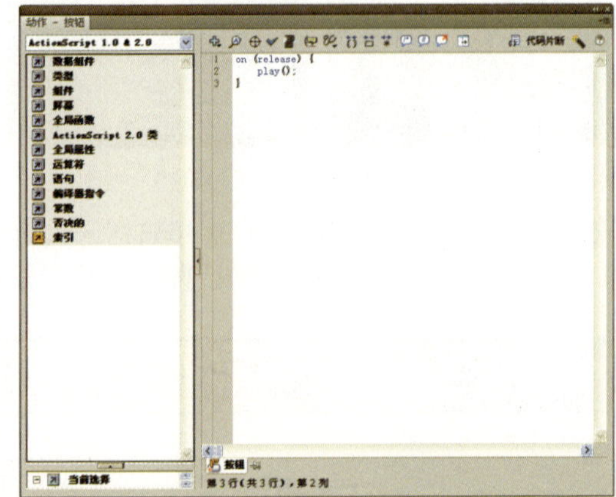

图150-7　添加脚本代码

步骤 10 按【Ctrl+Enter】键测试动画效果，如图150-8所示。

图150-8　测试动画效果

第14章

原创MTV《鱼和水的对白》

本章重点

实例151　制作MTV启动画面

实例152　制作加载进度条动画

实例153　制作对白文字动画

实例154　制作音频合成动画

实例155　制作海底背景动画

实例156　制作金鱼表情动画

实例157　添加优美背景音乐

实例158　制作MTV主场景

实例159　添加主场景的主角

实例160　完善MTV全景

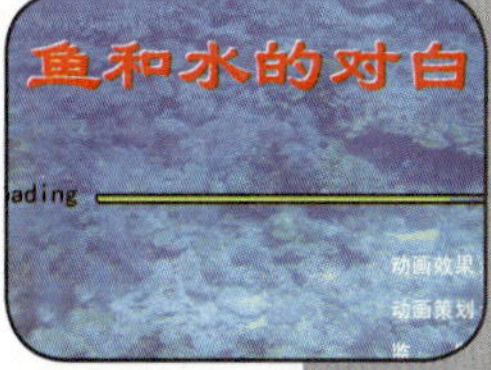

实例 151 制作MTV启动画面

效果欣赏	实例导航
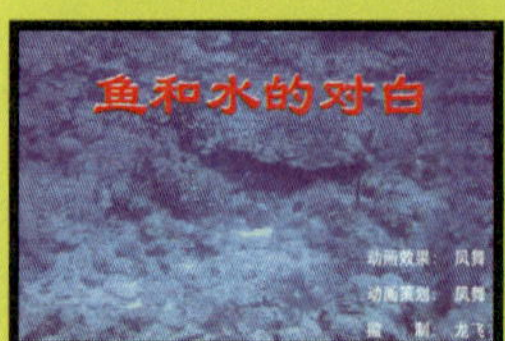 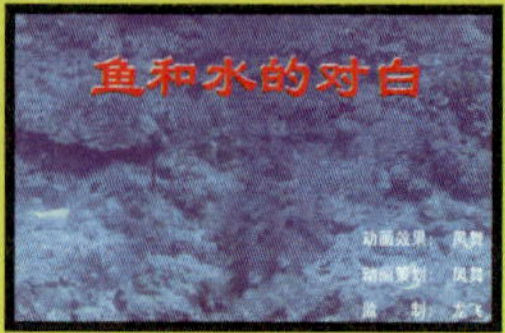	素材文件：素材\第14章\实例151
	效果文件：效果\第14章\实例151.fla
	视频文件：视频\第14章\实例151.swf
	知识点睛：制作背景动画、创建文本、编辑文本

步骤 01 按【Ctrl+N】键新建一个Flash文档。单击“修改”|“文档”命令，弹出“文档设置”对话框，设置“宽”为600、“高”为350、“背景颜色”为淡蓝色（#33CCFF）、“帧频”为13，单击“确定”按钮，修改文档设置。

步骤 02 单击“插入”|“新建元件”命令，弹出“创建新元件”对话框，设置“名称”为Loading、“类型”为“影片剪辑”，如图151-1所示。单击“确定”按钮，进入元件的编辑区。

步骤 03 双击“图层1”图层，然后将其更名为“背景”，依次创建“阴影文本”和“文本”图层，如图151-2所示。

图151-1 “创建新元件”对话框

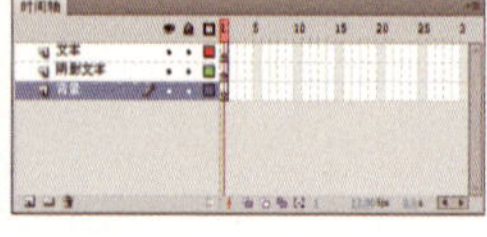
图151-2 新建图层

步骤 04 选择“背景”图层中的第1帧，单击“文件”|“导入”|“导入到舞台”命令，导入一幅素材图像，并在“属性”面板中设置X和Y轴值分别为-8.3和-194.55，效果如图151-3所示。

步骤 05 选择“背景”图层中的第230帧，按【F6】键插入关键帧，选择该帧中的对象，水平向右移动，并设置X轴值为-607.9，效果如图151-4所示。接着创建第1帧至第230帧之间的补间动画。

图151-3 导入素材图像

图151-4 水平向右移动图像

步骤 06 选中“文本”图层中的第1帧，运用文本工具，在“属性”面板中设置“系列”为“隶书”、“字体大小”为70、“颜色”为红色，并设置文本样式为“仿粗体”，在舞台中输入“鱼和水的对白”文本，并调整其位置，效果如图151-5所示。

步骤 07 选中“文本”图层的第1帧，运用文本工具在舞台的右下角，分别输入其他文本信息，设置“系列”为“黑体”、“字体大小”为20、“颜色”为白色，效果如图151-6所示。选中第230帧，按【F5】键插入普通帧。

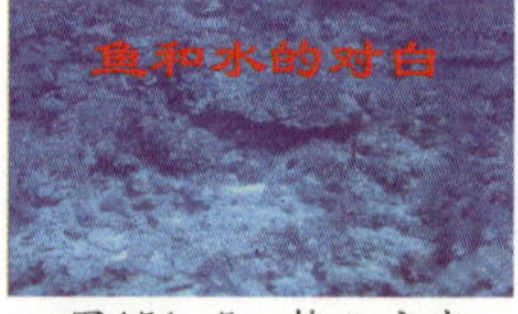

图151-5 输入文本

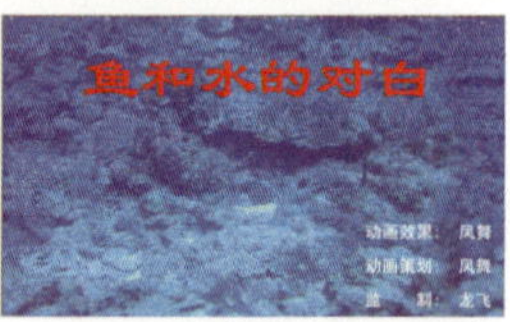

图151-6 输入另一文本

步骤 08 选中“文本”图层中的“鱼和水的对白”文本，按【Ctrl+C】键将其复制，选中“阴影文本”图层中的第1帧，单击“编辑”|“粘贴到当前位置”命令，将其原地粘贴。锁定“文本”图层，选中粘贴后的文本，设置字体的“颜色”为白色，并向左上方移动合适位置，使其形成立体感，效果如图151-7所示。最后选中第230帧，按【F5】键，插入普通帧。

步骤 09 单击“文件”|“另存为”命令，将其保存为“实例151.fla”文件。按【Enter】键在编辑区中测试动画效果，可看到不断移动的背景动画，如图151-8所示。

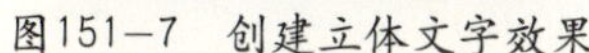
图151-7 创建立体文字效果

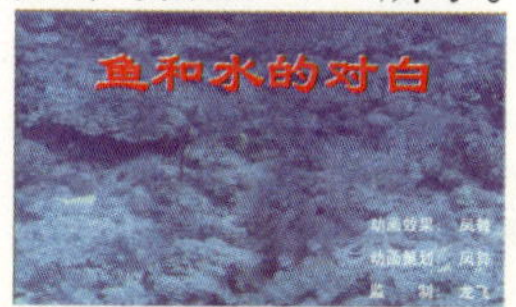

图151-8 测试动画效果

实例 152 制作加载进度条动画

效果欣赏	实例导航
	素材文件：素材\第14章\实例152
	效果文件：效果\第14章\实例152.fla
	视频文件：视频\第14章\实例152.swf
	知识点睛：创建文本、制作加载条、添加动作脚本

步骤 01 单击“文件”|“打开”命令，打开一个包含素材图像的文件，其“库”面板如图152-1所示。单击“文件”|“另存为”命令，将其保存为“实例152.fla”文件。

步骤 02 双击“库”面板中的Loading元件，进入其编辑模式。在“文本”图层的上方创建“渐变矩形”和“矩形框”图层，如图152-2所示。

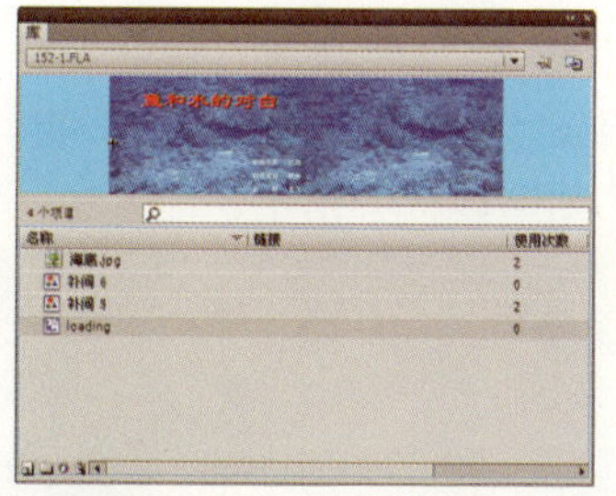
图152-1 “库”面板

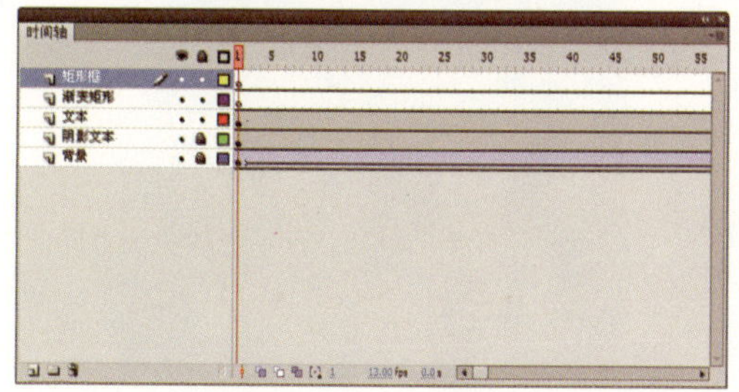

图152-2 新建图层

步骤 03 选中“文本”图层的第1帧，运用文本工具，在舞台的左侧输入Loading文本，设置“系列”为“黑体”、“字体大小”为25、“颜色”为黑色，效果如图152-3所示。

步骤 04 选中“矩形框”图层的第1帧，运用矩形工具，在“属性”面板中设置“笔触颜色”为“黑色”、“笔触高度”为2、“填充颜色”为无、“矩形边角半径”为5，绘制一个“宽度”和“高度”分别为400和7的矩形，效果如图152-4所示。

图152-3 创建文本　图152-4 绘制矩形

步骤 05 单击“窗口”|“颜色”命令，弹出“颜色”面板，在“类型”下拉列表框中选择“线性渐变”选项，在渐变条中添加色标并设置从左至右3个色标对应的颜色分别为绿色（#00CC00）、白色和绿色（#00CC00），如图152-5所示。

步骤 06 选中绘制的矩形，按【Ctrl+C】键将其复制。选中“渐变矩形”图层的第1帧，单

击“编辑”|“粘贴到当前位置”命令，将其原地粘贴。锁定“矩形框”图层，并运用颜料桶工具，在矩形的内侧单击鼠标填充渐变色，如图152-6所示。删除该帧中矩形的外边框。

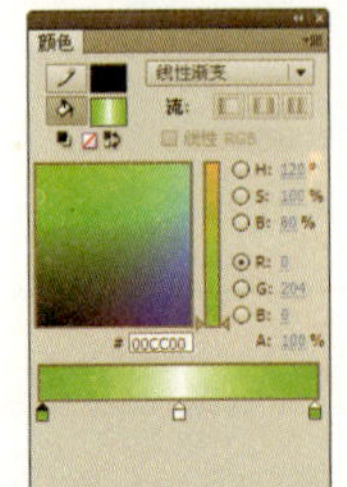

图152-5 “颜色”面板

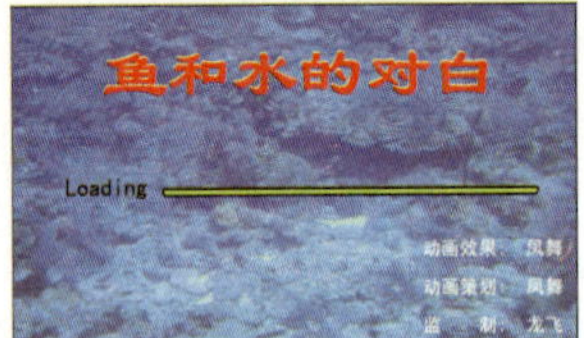

图152-6 填充渐变色

步骤 07 选中“渐变矩形”图层的第230帧，按【F6】键插入关键帧。选中第1帧，将该帧中的矩形的“宽度”修改为5，效果如图152-7所示。创建第1帧至第230帧之间的形状补间动画。

步骤 08 选中“渐变矩形”图层的第230帧，按【F9】键弹出“动作”面板，添加脚本语句，如图152-8所示。

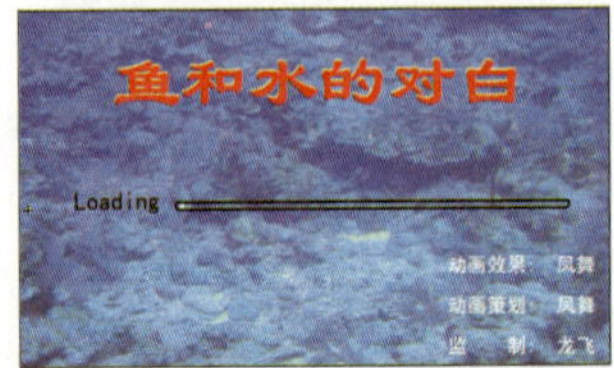

图152-7 修改矩形的宽度

图152-8 添加脚本语句

步骤 09 单击“场景1”标签，返回“场景1”编辑模式。双击“图层1”图层，将其更名为Loading，选中第1帧，将“库”面板中的Loading元件拖曳至舞台，并设置X和Y轴值分别为8.4和194.8，效果如图152-9所示。

步骤 10 分别选中Loading图层的第230和第245帧，按【F6】键插入关键帧，设置第245帧中对象的Alpha值为0%，创建第230帧至第245帧间的补间动画，效果如图152-10所示。

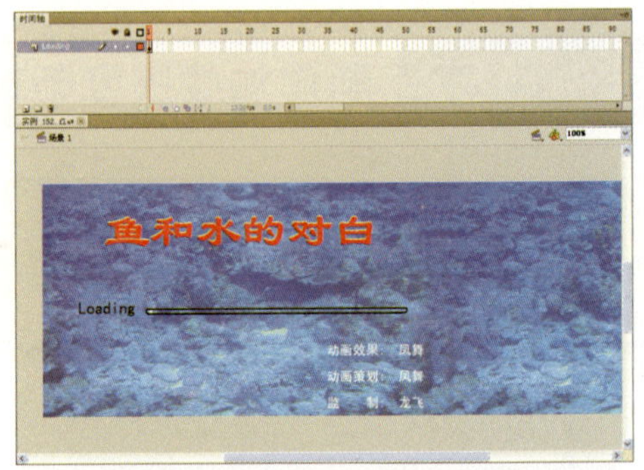

图152-9 将元件拖曳至舞台

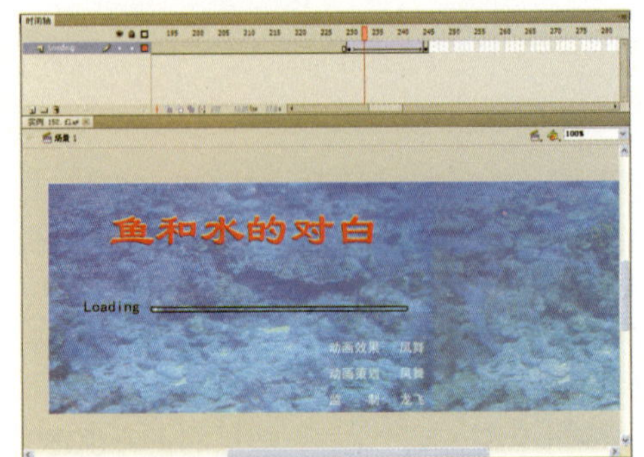

图152-10 创建补间动画

步骤 11 单击“控制”|“测试影片”|“测试”命令或者按【Ctrl+Enter】键，测试动画效果，如图152-11所示。

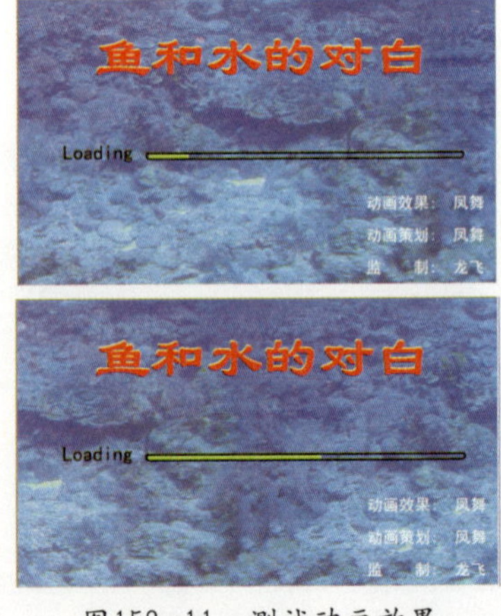

图152-11 测试动画效果

实例 153 制作加载进度条动画

效果欣赏	实例导航
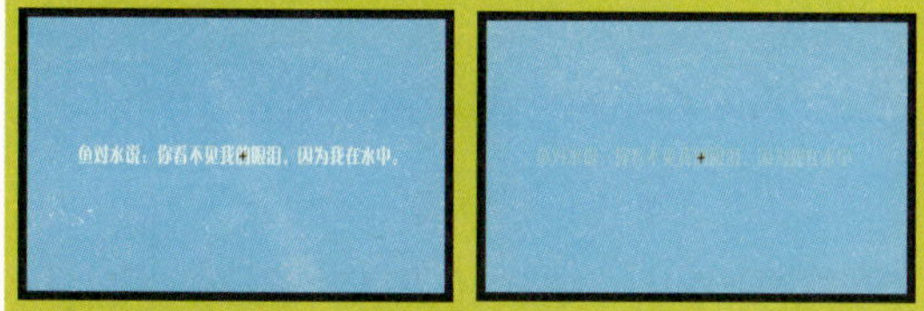	素材文件：素材\第14章\实例153
	效果文件：效果\第14章\实例153.fla
	视频文件：视频\第14章\实例153.swf
	知识点睛：创建元件、创建文字动画

步骤 01 单击“文件”|“打开”命令，打开一个包含素材图像的文件，其“库”面板如图153-1所示。单击“文件”|“另存为”命令，将其保存为“实例153.fla”文件。

步骤 02 打开本章光盘素材文件夹中的“鱼和水的对白”Word文件（具体Word文件见“素材\第14章\实例153\鱼和水的对白.doc”），如图153-2所示。

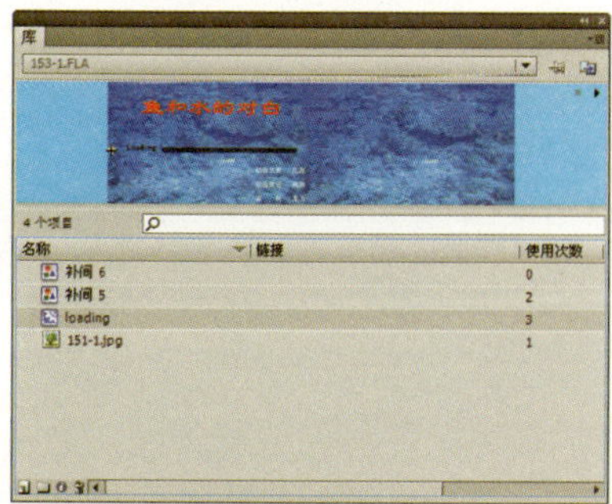

图153-1 “库”面板

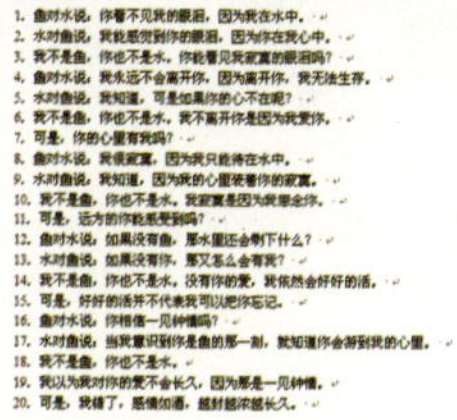

鱼和水的对白

1. 鱼对水说：你看不见我的眼泪，因为我在水中。
2. 水对鱼说：我能感觉到你的眼泪，因为你在我心中。
3. 我不是鱼，你也不是水，你能看见我寂寞的眼泪吗？
4. 鱼对水说：我永远不会离开你，因为离开你，我无法生存。
5. 水对鱼说：我知道，可是如果你的心不在呢？
6. 我不是鱼，你也不是水，我不离开你是因为我爱你。
7. 可是，你的心里有我吗？
8. 鱼对水说：我很寂寞，因为我只能待在水中。
9. 水对鱼说：我知道，因为我的心里装着你的寂寞。
10. 我不是鱼，你也不是水，我寂寞是因为我想念你。
11. 可是，远方的你能感受到吗？
12. 鱼对水说：如果没有鱼，那水里还会剩下什么？
13. 水对鱼说：如果没有你，那又怎么会有我？
14. 我不是鱼，你也不是水，没有你的爱，我依然会好好的活。
15. 可是，好好的活并不代表我可以把你忘记。
16. 鱼对水说：你相信一见钟情吗？
17. 水对鱼说：当我意识到你是鱼的那一刻，就知道你会游到我的心里。
18. 我不是鱼，你也不是水。
19. 我以为我对你的爱不会长久，因为那是一见钟情。
20. 可是，我错了，感情如酒，越封越浓越长久。

图153-2 打开的文件

步骤 03 单击“插入”|“新建元件”命令，弹出“创建新元件”对话框，设置“名称”为“对白1”、“类型”为“图形”，如图153-3所示。单击“确定”按钮，进入元件的编辑状态。

步骤 04 参照“鱼和水的对白”文件中的对白文字，运用文本工具在舞台的正中心创建第1句对白的文本，并设置“系列”为“方正粗倩简体”、“字体大小”为20、“颜色”为白色，如图153-4所示。

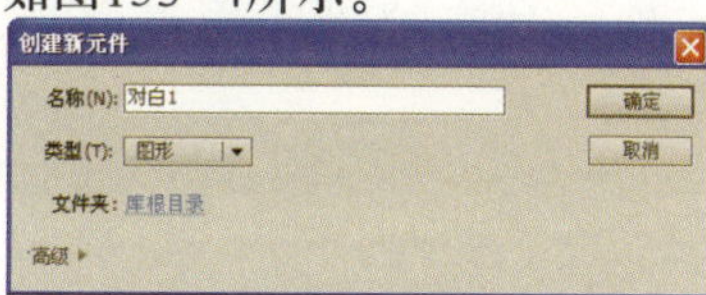

图153-3 “创建新元件”对话框

图153-4 设置文本属性

步骤 05 同理，参照“鱼和水的对白”文件中的对白文字，依次创建“对白2”至“对白20”图形元件，如图153-5所示。

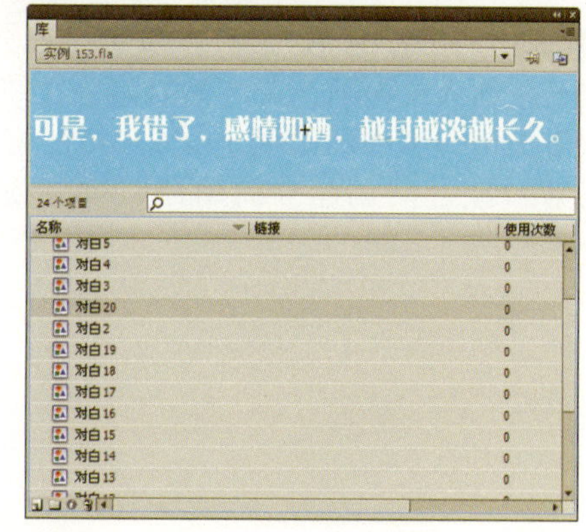

图153-5 “库”面板

步骤 06 在“库”面板中单击“新建文件

夹”按钮，新建一个“对白”文件夹，将创建的元件放置在该文件夹中，效果如图153-6所示。

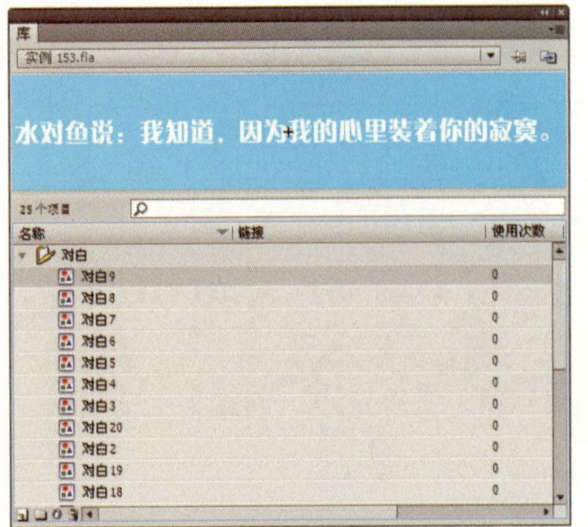

图153-6 新建“对白”文件夹

步骤 07 新建一个名为“文字动画1”的影片剪辑元件，并进入其编辑区，选中“图层1”图层的第1帧，将“库”面板的“对白1”元件添加至编辑区的正中心，如图153-7所示。

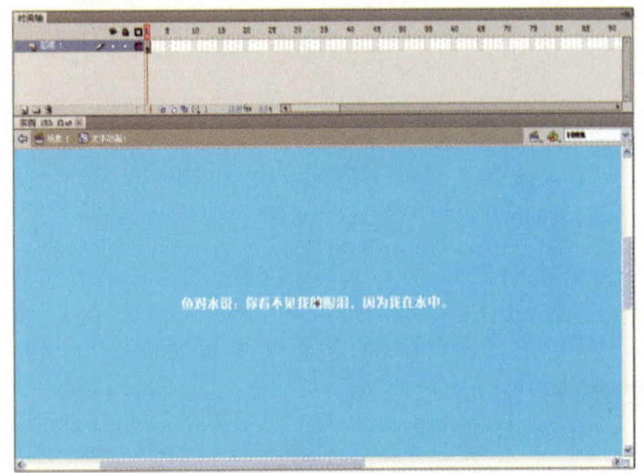

图153-7 将元件添加至编辑区

步骤 08 分别选中第75帧和第91帧，按【F6】键插入关键帧。选中第91帧，在“属性”面板中设置Alpha值为0%，并在第75帧至第91帧之间创建补间动画，效果如图153-8所示。

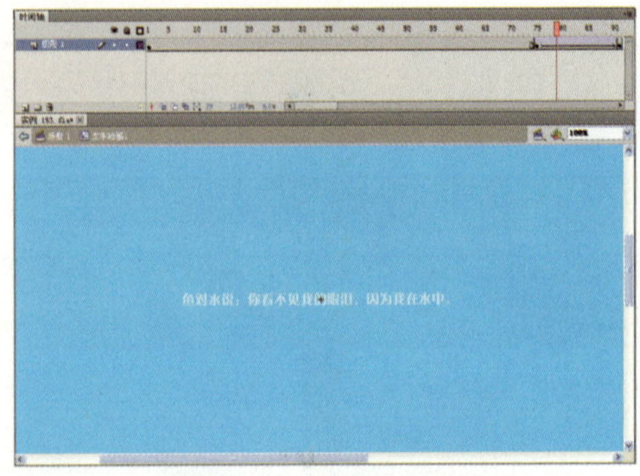

图153-8 创建补间动画

步骤 09 选中“图层1”图层中的第91帧，按【F9】键在弹出的“动作”面板中添加脚本语句，如图153-9所示。

步骤 10 同理，依次创建“文字动画2”至“文字动画20”影片剪辑元件，并将其拖曳到“对白”文件夹中，如图153-10所示。

图153-9 添加脚本语句

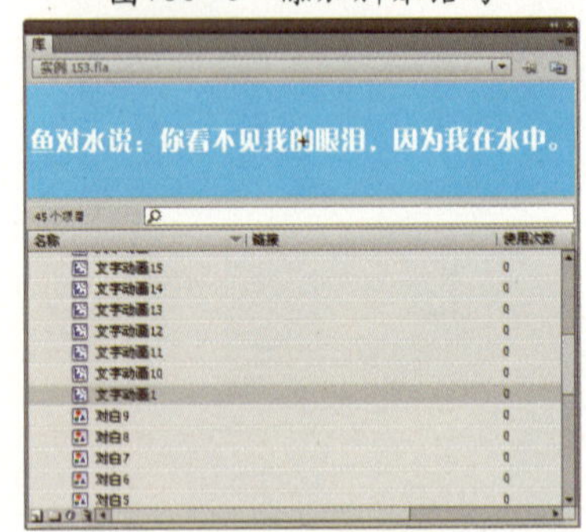

图153-10 “库”面板

实例 154 制作音频合成动画

效果欣赏	实例导航
鱼对水说：你看不见我的眼泪，因为我在水中。 水对鱼说：如果没有你，谁又怎么会有我？	素材文件：素材\第14章\实例154 效果文件：效果\第14章\实例154.fla 视频文件：视频\第14章\实例154.swf 知识点睛：制作文字与声音同步的动画效果

步骤 01 单击“文件”|“打开”命令，打开一个包含素材图像的文件，其“库”面板如图154-1所示。单击“文件”|“另存为”命令，将其保存为“实例154.fla”文件。

步骤 02 单击“插入”|“新建元件”命令，弹出“创建新元件”对话框，设置“名称”为“所有对白”、“类型”为“影片剪辑”，如图154-2所示。单击“确定”按钮，进入元件的编辑区。

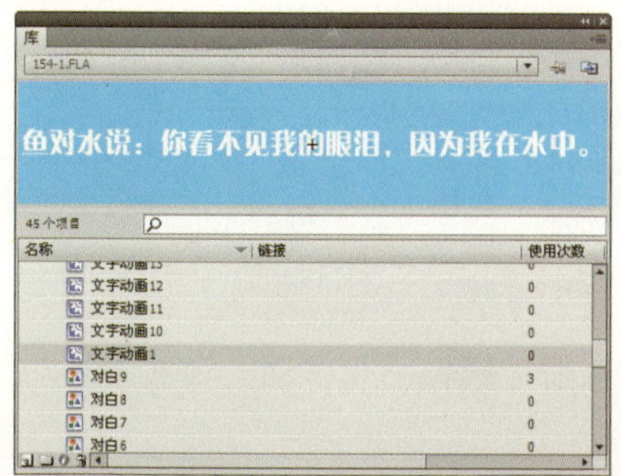

图154-1 “库”面板

图154-2 新建“所有对白”元件

步骤 03 单击“文件”|“导入”|“导入到库”命令，将“鱼和水的对白.wav”文件添加到“库”面板中，如图154-3所示。

步骤 04 选中“图层1”图层的第1380帧，按【F6】键插入关键帧，在“属性”面板“声音”选项区的“名称”下拉列表框中选择“鱼和水的对白.wav”选项，并设置“同步”为“数据流”，其他设置如图154-4所示。

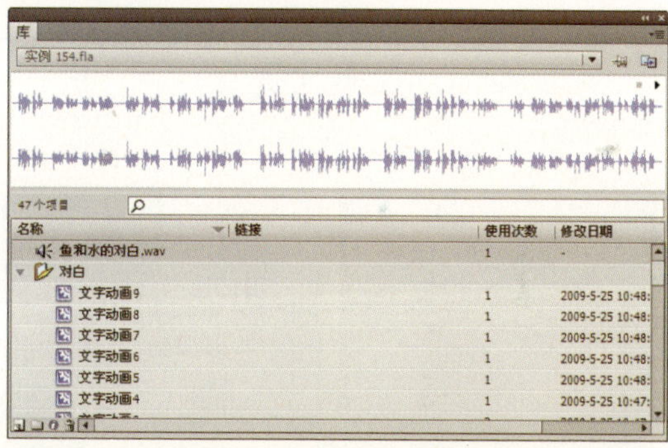

图154-3 导入声音文件

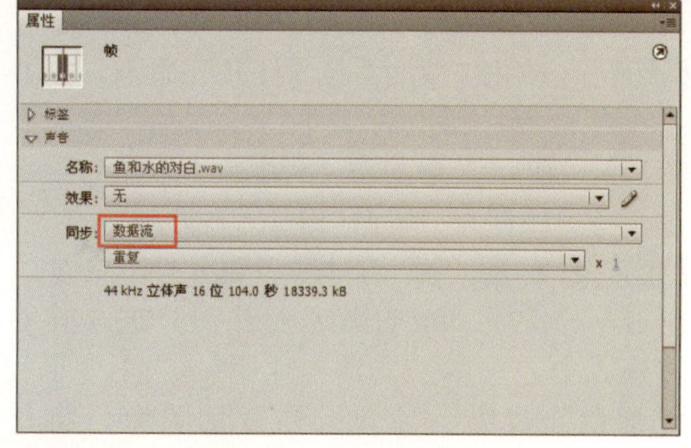

图154-4 设置声音属性

步骤 05 创建“图层2”图层至“图层21”图层20个图层，依次将已制作好的“文字动画2”至“文字动画20”影片剪辑元件添加到相对应的图层中，此时的“时间”轴如图154-5所示。

专家提醒

在这里每一个影片剪辑实例占用一个图层，前一个影片剪辑实例所占帧数的最后一帧和后一个影片剪辑实例的开始帧相隔1帧。

在设置各文字动画实例所对应的帧长短时，可通过按【Enter】键，在时间轴上播放声音，并通过测试各声音的时间长短，插入相应的帧。

图154-5 “时间轴”面板效果

步骤 06 按【Enter】键在编辑区中测试动画效果，可看到随着声音对白的播放，编辑区中的文字动画也发生着相应的变化，如图154-6所示。

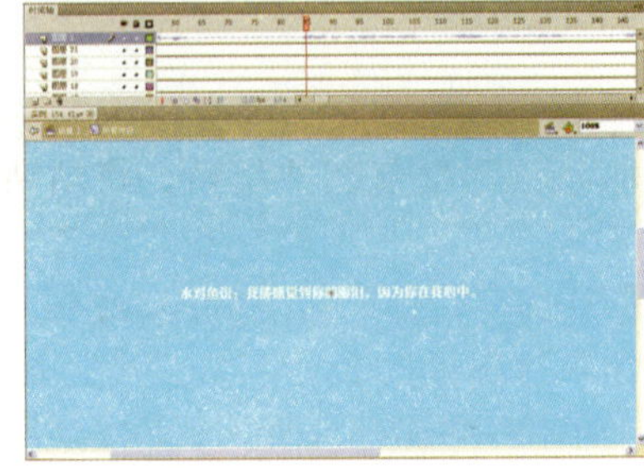
图154-6 测试动画效果

实例 155 制作海底背景动画

效果欣赏	实例导航
	素材文件：素材\第14章\实例155
	效果文件：效果\第14章\实例155.fla
	视频文件：视频\第14章\实例155.swf
	知识点睛：制作不断移动的海底背景动画

步骤 01 单击“文件”|“打开”命令，打开一个包含素材图像的文件，其“库”面板如图155-1所示。单击“文件”|“另存为”命令，将其保存为“实例155.fla”文件。

步骤 02 单击“插入”|“新建元件”命令，新建一个名为img的图形元件，并进入其编辑模式中。单击“文件”|“导入”|“导入到舞台”命令，导入一幅背景图像，将其右边线置于编辑区的中心点，如图155-2所示。

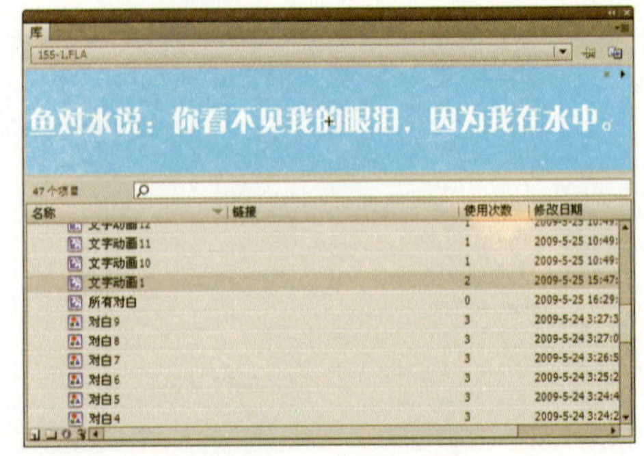

图155-1 “库”面板

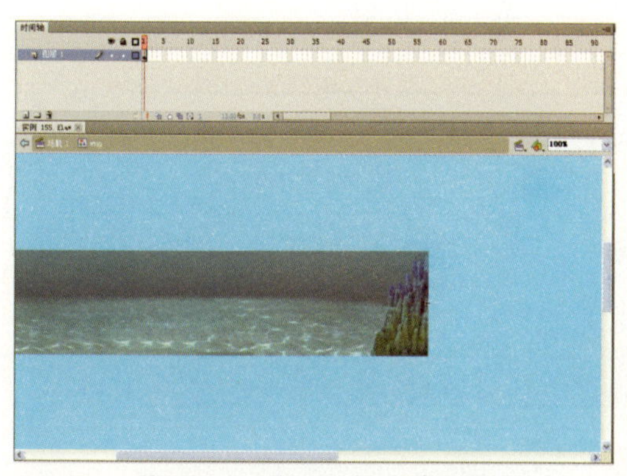

图155-2　导入一幅背景图像

步骤 03 将该图形复制并粘贴，将粘贴后的图形的左边线与编辑区的中心点对齐，并将两个图形并排放置，使其合成为一幅完整的图像，如图155-3所示。

步骤 04 单击“插入”|“新建元件”命令，新建一个名为img2的影片剪辑元件，并进入其编辑模式中，将“库”面板中的img图形元件拖曳至舞台中，并进行复制。单击“文件”|“导入”|“导入到舞台”命令，导入一幅海中水草的图像，将其置于编辑区中合适的位置，效果如图155-4所示。

图155-3　复制并调整图片位置

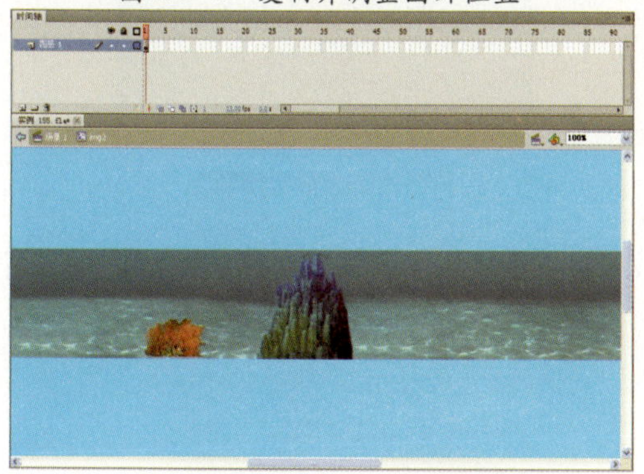

图155-4　导入水草图像

步骤 05 单击“插入”|“新建元件”命令，新建一个名为“海底背景”的影片剪辑元件，并进入其编辑模式中，选中“图层1”图层的第1帧，将img2的影片剪辑元件拖曳至编辑区中，并设置“宽度”和“高度”分别为5356.35和360.55、X和Y轴值分别为-2380和-6，效果如图155-5所示。

步骤 06 选中“图层1”图层的第1355帧，按【F6】键插入关键帧，并将该帧中对象的X轴值修改为2373.1，创建第1帧至第1355帧之间的补间动画，效果如图155-6所示。

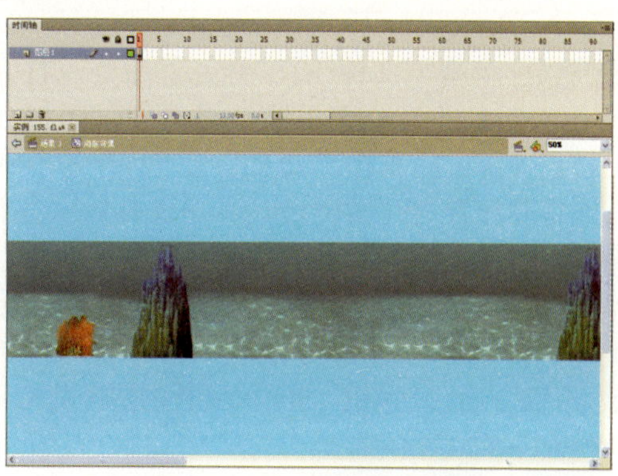

图155-5　将元件拖入编辑区

图155-6　创建补间动画

实例 156 制作金鱼表情动画

效果欣赏	实例导航
	素材文件：素材\第14章\实例156
	效果文件：效果\第14章\实例156.fla
	视频文件：视频\第14章\实例156.swf
	知识点睛： 绘制图形、合成各部分动画

步骤 01 单击“文件”|“打开”命令，打开一个包含素材图像的文件，其“库”面板如图156-1所示。单击“文件”|“另存为”命令，将其保存为“实例156.fla”文件。

步骤 02 单击“插入”|“创建新元件”命令，弹出“创建新元件”对话框，设置“名称”为“金鱼”、“类型”为“影片剪辑”，如图156-2所示。单击“确定”按钮，进入该元件的编辑模式。

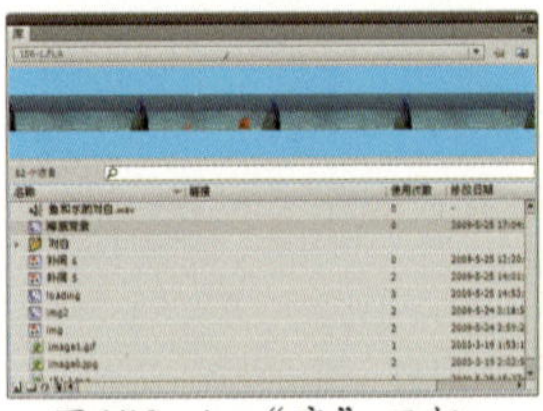
图156-1 “库”面板

图156-2 “创建新元件”对话框

步骤 03 单击“窗口”|“颜色”命令，设置“类型”为“径向渐变”、从左至右“颜色”依次为黄色（#FB9E04）和橙色（#E42E01），如图156-3所示。

步骤 04 选择工具箱中的椭圆工具，设置“笔触颜色”为无，在舞台中央绘制一个直径为85的圆，效果如图156-4所示。

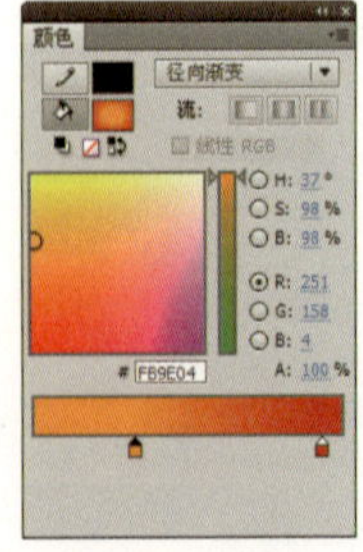
图156-3 “颜色”面板

图156-4 绘制的圆

步骤 05 选择渐变变形工具，对圆对象的渐变色进行编辑，效果如图156-5示。

步骤 06 在“颜色”面板中修改径向渐变的颜色，从左至右颜色依次为白色和灰色，运用椭圆工具，绘制一个圆，并调整渐变色的位置，效果如图156-6示。

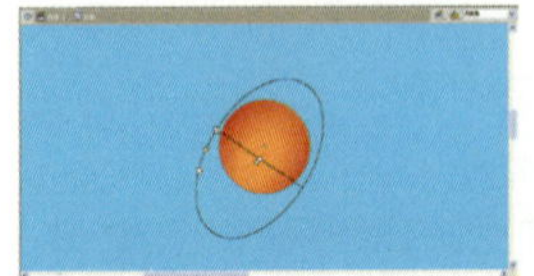
图156-5 编辑渐变色

图156-6 绘制的圆

步骤 07 选择刚绘制的圆，按住【Ctrl】键的同时向左拖曳鼠标，复制一个圆，并调整其位置，效果如图156-7所示。

步骤 08 单击“文件”|“导入”|“打开外部库”命令，选择一个外部库素材文件，弹出“库-金鱼.FLA”面板，如图156-8所示。

图156-7 复制的圆

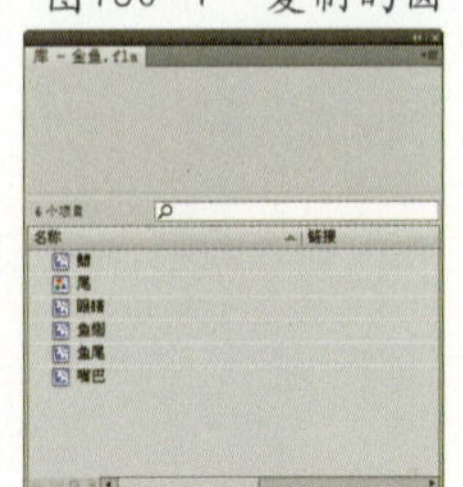
图156-8 “库-金鱼.FLA“面板

步骤 09 将“库-金鱼.FLA”面板中的“眼睛”影片剪辑元件拖曳至舞台中的合适位置处，并调整其位置及大小，效果如图156-9所示。

步骤 10 同理，拖曳金鱼的其他部位至舞台区合适位置，并调整位置和大小，效果如图156-10所示。

图156-9 拖曳元件至舞台中

图156-10 调整金鱼其他部位

步骤 11 单击“窗口”|“库”命令，单击“库”面板中的“新建文件夹”按钮，新建“鱼”文件夹，将金鱼的各个部位移至该文件夹中，如图156-11所示。

步骤 12 在“图层1”图层的第60帧处按【F5】键插入帧，按【Enter】键观看鱼动画效果，如图156-12所示。

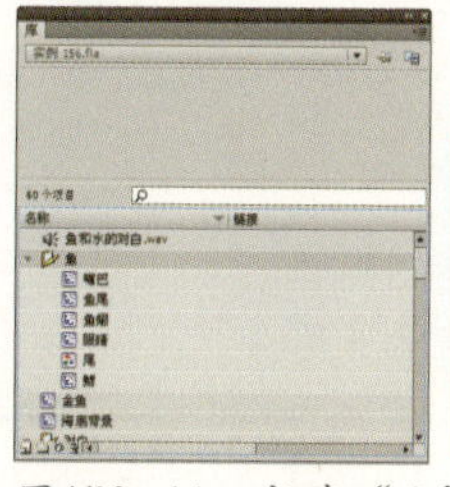

图156-11 新建“鱼”文件夹

图156-12 测试动画效果

实例 157 添加优美背景音乐

效果欣赏	实例导航
素材文件：素材\第14章\实例157	视频文件：视频\第14章\实例157.swf
效果文件：效果\第14章\实例157.fla	知识点睛：添加音乐

步骤 01 单击“文件”|“打开”命令，打开一个包含素材图像的文件，其“库”面板如图157-1所示。单击“文件”|“另存为”命令，将其保存为“实例157.fla”文件。

图157-1 “库”面板

步骤 02 在Loading图层的上方依次新建“海底”、“对白”、“金鱼”、“水泡”和“背景音乐”5个图层，如图157-2所示。

步骤 03 单击“文件”|“导入”|“打开外部库”命令，在弹出的“作为库打开”对话框，选择需要导入的文件，单击“打开”按钮，弹出“库-背景音乐.FLA”面板，如图157-3所示。

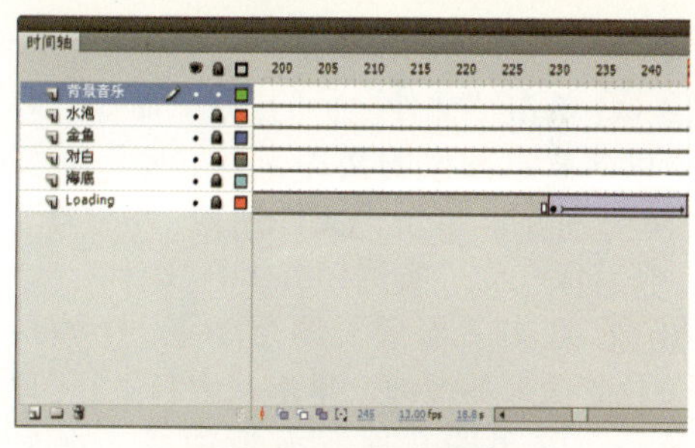

图157-2 新建图层

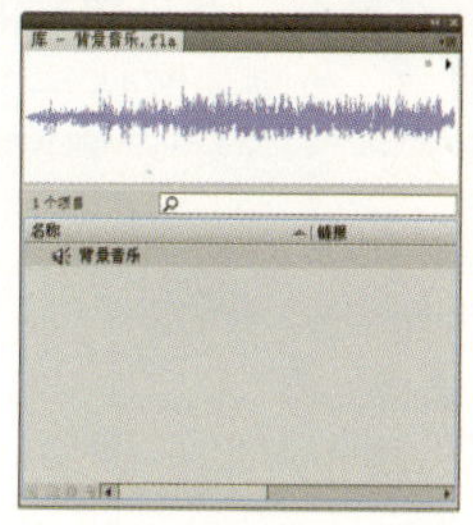

图157-3 “库-背景音乐.FLA”面板

步骤 04 选中“背景音乐”图层的第1帧，将“库-背景音乐.FLA”面板中的“背景音乐”元件拖曳至舞台中，选中第265帧，按【F5】键插入普通帧，并在“属性”面板中设置“同步”为“数据流”，完成添加背景音乐的操作，此时的“时间轴”面板如图157-4所示。

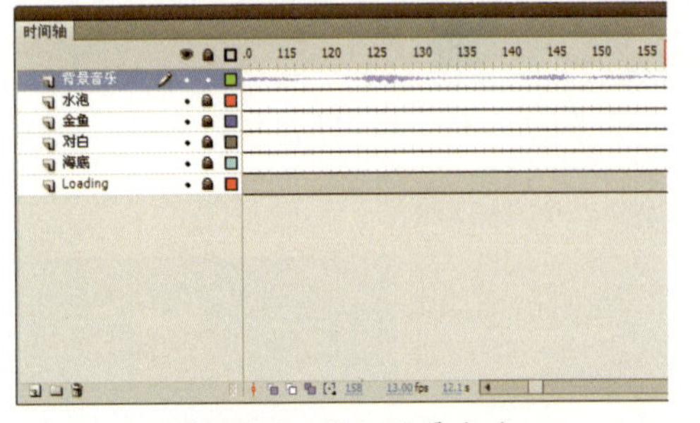

图157-4 添加背景音乐

专家提醒

此时只是制作的MTV加载动画时播放的背景音乐，因此进入MTV主界面播放后的背景音乐将在最后合成动画时介绍到。

步骤 05 单击“控制”|“测试影片”|“测试”命令或者按【Ctrl+Enter】键，测试动画效果。当MTV加载动画开始播放时，背景音乐也同时响起。

实例 158 制作MTV主场景

效果欣赏	实例导航
	素材文件：素材\第14章\实例158
	效果文件：效果\第14章\实例158.fla
	视频文件：视频\第14章\实例158.swf
	知识点睛：制作主场景动画、添加音乐

步骤 01 单击“文件”|“打开”命令，打开一个包含素材图像的文件，其“库”面板如图158-1所示。单击“文件”|“另存为”命令，将其保存为“实例158.fla”文件。

步骤 02 选中“海底”图层的第246帧，按【F6】键插入关键帧。单击“窗口”|“库”命令，在弹出的“库”面板中将“海底背景”元件拖曳至舞台，并设置X和Y轴值分别为295.9和178.7，效果如图158-2所示。

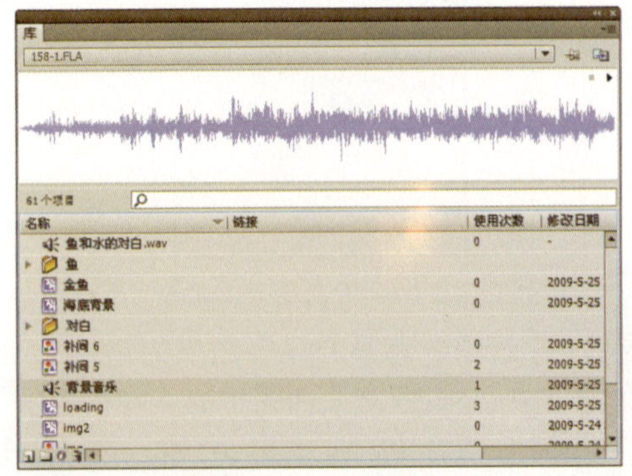

图158-1 “库”面板

图158-2 添加“海底背景”元件

步骤 03 选中“海底”图层的第1601帧，按【F5】键插入普通帧。再选中“背景音乐”图层的第1601帧，按【F5】键插入普通帧，效果如图158-3所示。

步骤 04 单击“控制”|“测试影片”|“测试”命令或者按【Ctrl+Enter】键，即可看到MTV动画加载画面慢慢过渡到主场景并伴有背景音乐的效果，效果如图158-4所示。

图158-3 插入普通帧

图158-4 测试动画效果

实例 159 添加主场景的主角

<table>
<tr><th>效果欣赏</th><th>实例导航</th></tr>
<tr><td rowspan="4"></td><td>素材文件：素材\第14章\实例159</td></tr>
<tr><td>效果文件：效果\第14章\实例159.fla</td></tr>
<tr><td>视频文件：视频\第14章\实例159.swf</td></tr>
<tr><td>知识点睛：添加元件</td></tr>
</table>

步骤 01 单击“文件”|“打开”命令，打开一个包含素材图像的文件，其“库”面板如图159-1所示。单击“文件”|“另存为”命令，将其保存为“实例159.fla”文件。

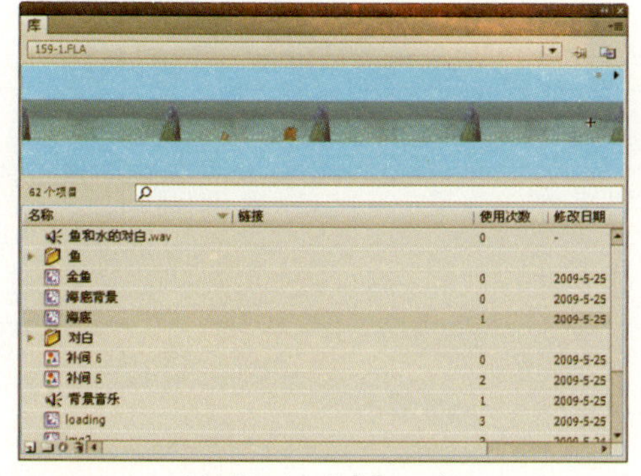

图159-1 “库”面板

步骤 02 选中“金鱼”图层的第246帧，按【F6】键插入关键帧。单击“窗口”|“库”命令，在弹出的“库”面板中将“金鱼”元件拖曳至舞台中，并设置“宽度”和“高度”分别为160和190、X和Y轴值分别为198和165.5，效果如图159-2所示。选中第1601帧，按【F5】键插入普通帧。

图159-2 添加“金鱼”元件

步骤 03 单击“文件”|“导入”|“打开外部库”命令，在弹出的“作为库打开”对话框中选择需要导入的文件，单击“打开”按钮，弹出“库-水泡.FLA”面板，如图159-3所示。

步骤 04 选中“水泡”图层的第246帧，按【F6】键插入关键帧，将“库-水泡.FLA”面板中的sprite 7元件拖曳至舞台中，并设置X和Y轴值分别为371.4和212.1，效果如图159-4所示。接着选中第1601帧，按【F5】键插入普通帧。

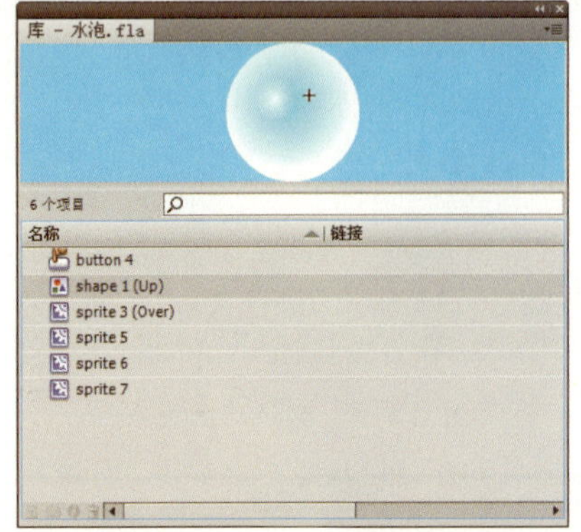

图159-3 “库-水泡.FLA”面板

图159-4 添加“水泡”元件

步骤 05 单击“控制”|“测试影片”|“测试”命令或者按【Ctrl+Enter】键观看MTV动画加载画面中慢慢过渡到主场景以及主场景中的主角金鱼和水泡，并伴有背景音乐，效果如图159-5所示。

图159-5 测试动画效果

实例 160 完善MTV全景

效果欣赏	实例导航
	素材文件：素材\第14章\实例160
	效果文件：效果\第14章\实例160.fla
	视频文件：视频\第14章\实例160.swf
	知识点睛：添加动画

步骤 01 单击“文件”|“打开”命令，打开一个包含素材图像的文件，如图160-1所示。单击“文件”|“另存为”命令，将其保存为“实例160.fla”文件。

步骤 02 选中“对白”图层的第246帧，按【F6】键插入关键帧。单击“窗口”|“库”命令，在弹出的“库”面板中将“所有对白”元件拖曳至舞台中，并设置X和Y轴值分别为300和322.25，如图160-2所示。

图160-1 打开素材文件

图160-2 添加“所有对白”元件

步骤 03 选中“对白”图层的第1601帧，按【F5】键插入普通帧，如图160-3所示。

步骤 04 单击“控制”|“测试影片”|“测试”命令或者按【Ctrl+Enter】键，即可测试《鱼和水的对白》MTV，效果如图160-4所示。

图160-3 插入普通帧

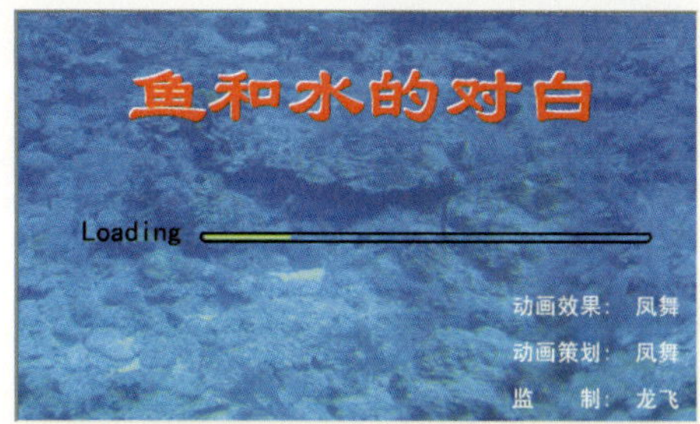

图160-4 测试动画效果

第15章 Banner动画

本章重点

实例161　都市花香

实例162　皇冠汽车

实例163　思奈尔彩妆

实例164　智者图书吧

实例165　天使恋衣馆

实例166　金牛乳制品

实例167　金铂来首饰

实例168　金山毒霸2009

实例169　利达购物中心

实例170　双模手机专卖

实例 161 都市花香

效果欣赏	实例导航
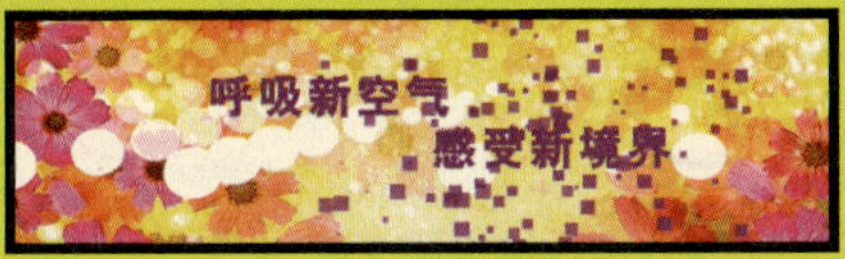 	素材文件：素材\第15章\实例161
	效果文件：效果\第15章\实例161.fla
	视频文件：视频\第15章\实例161.swf
	知识点睛：创建元件、分散到图层、绘制矩形

步骤 01 新建一个“宽”为550、“高”为150、“背景颜色”为淡黄色（#FFFF99）、“帧频”为12的Flash文档。

步骤 02 单击“文件”|“导入”|“导入到舞台”命令，导入一幅图片，并调整至合适位置。在“时间轴”面板中依次创建“图层2”、“图层3”、“图层4”3个图层，如图161-1所示。

步骤 03 选择“图层2”图层的第111帧，按【F6】键插入关键帧，单击“文件”|“导入”|“导入到舞台”命令，导入一幅图片，如图161-2所示。

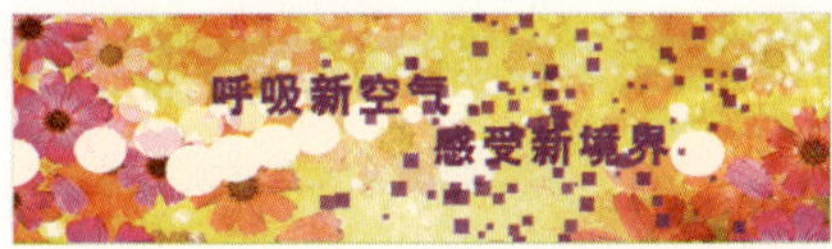

图161-1 导入图片至舞台

图161-2 导入另一图片至舞台

步骤 04 创建一个“名称”为“文本”、“类型”为“影片剪辑”的元件。

步骤 05 选择工具箱中的文本工具T，在“属性”面板中设置“系列”为“文鼎霹雳体”、“字体大小”为44、“颜色”为蓝色（#0000FF），在舞台区的合适位置输入“都市花香”文本，如图161-3所示。

步骤 06 选择舞台中的文本，按【Ctrl+B】键将文本打散，如图161-4所示。

图161-3 输入文本 　　图161-4 打散文字

步骤 07 单击鼠标右键，在弹出的快捷菜单中选择“分散到图层”选项，分别将文字分散到每一个独立的图层中，并删除“图层1”图层，如图161-5所示。

步骤 08 选择舞台中的文本，单击“属性”面板左下角的“添加滤镜”按钮，在弹出的下拉菜单中选择“发光”选项，并设置“模糊X”、“模糊Y”、“强度”、“颜色”分别为20、20、300%、白色（#FFFFFF），完成文本发光效果的设置，效果如图161-6所示。

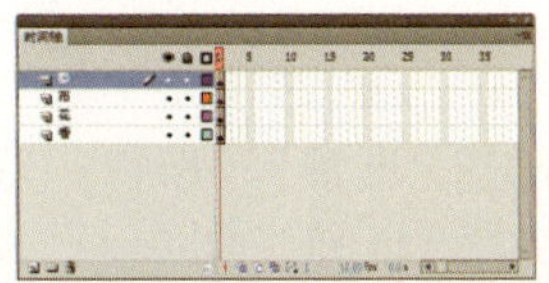

图161-5 分散文字到图层

图161-6 制作文本发光效果

步骤 09 同时选择每个图层的第10帧、第20帧、第30帧、第40帧、第50帧，按【F6】键插入关键帧，如图161-7所示。在第160帧，按【F5】键插入普通帧。

步骤 10 同时选择每个图层的第1帧，按

【Shift+↑】键将文本向上移至合适位置。选择“都”图层第20帧的文本，选择工具箱中的任意变形工具，将文本向左旋转，如图161-8所示。

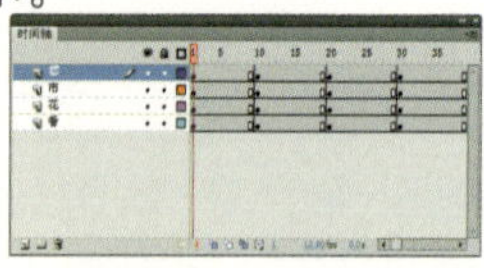
图161-7　插入关键帧

图161-8　向左旋转文本

步骤 11 同理，旋转另外3个图层的文本。

步骤 12 选择“都”图层第40帧的文本，运用任意变形工具，将文本向右旋转，效果如图161-9所示。

步骤 13 同理，旋转另外3个图层的文本。

步骤 14 分别在第1帧至第10帧、第10帧至20帧、第20帧至第30帧、第30帧至第40帧，第40帧至50帧之间创建补间动画，如图161-10所示，并调整每帧的位置。

图161-9　向右旋转文本

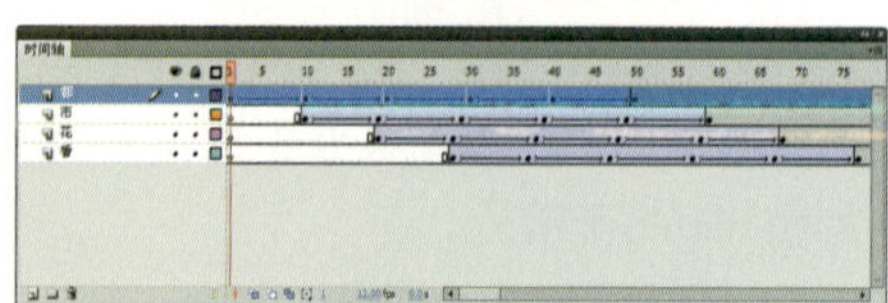
图161-10　创建补间动画

步骤 15 单击“场景1”标签，返回“场景1”编辑模式。选择“图层3”图层的115帧，按【F6】键插入关键帧，并从“库”面板中将“文本”元件拖曳至舞台区合适位置，如图161-11所示。分别选择“图层3”、“图层4”图层的第186帧，按【F5】键插入普通帧。

步骤 16 选择“图层4”图层的第130帧，按【F6】键插入关键帧。选择工具箱中的矩形工具，在“属性”面板中设置“笔触颜色”为无、“填充颜色”为黄色（#FFFF00），并在矩形选项下方的文本框中输入10，在舞台区的合适位置绘制一个矩形，如图161-12所示。

图161-11　拖曳元件至舞台

图161-12　绘制矩形

步骤 17 选择工具箱中的文本工具，在“属性”面板中设置“系列”为“方正大黑简体”、“字体大小”为15、“颜色”为黑色（#000000），在舞台区的合适位置输入相应的文本，按【Ctrl+G】键将其组合，如图161-13所示。

步骤 18 选择“图层4”图层的第155帧，按【F6】键插入关键帧。选择第130帧，按【Shift+←】键将文本向左移至舞台以外，在第130帧至第155帧之间创建补间动画，如图161-14所示。

图161-13　输入文本

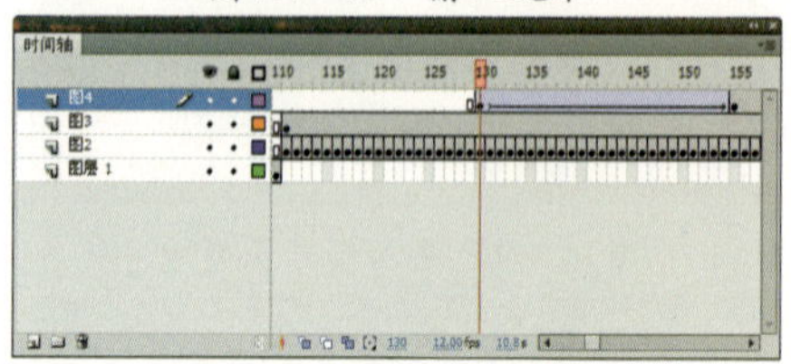
图161-14　创建补间动画

步骤 19 单击“控制”|“测试影片”|“测试”命令测试动画效果，如图161-15所示。

图161-15　测试动画效果

实例 162 皇冠汽车

效果欣赏	实例导航
	素材文件：素材\第15章\实例162
	效果文件：效果\第15章\实例162.fla
	视频文件：视频\第15章\实例162.swf
	知识点睛：创建元件、插入关键帧

步骤 01 新建一个“宽”为550、“高”为150、“背景颜色”为白色（#FFFFFF）、“帧频”为12的Flash文档。将其另存为“实例162.fla”文件。

步骤 02 选择“图层1”图层的第1帧，单击“文件”|“导入”|“导入到舞台”命令，导入一幅图片，并调整至合适位置。在“时间轴”面板中依次创建“图层2”、“图层3”、“图层4”、“图层5”、“图层6”5个图层，如图162–1所示。

步骤 03 选择“图层2”图层的第1帧，单击“文件”|“导入”|“导入到舞台”命令，导入一幅汽车图片，并调整位置和大小，如图162–2所示。

图162–1 导入图片至舞台

图162–2 导入汽车图片至舞台

步骤 04 选择“图层2”图层的第70帧，按【F6】键插入关键帧，并选择第1帧的图像，将其移至文档右上角，在第1帧至第70帧之间创建补间动画，如图162–3所示。

步骤 05 选择“图层3”图层的第15帧，按【F6】键插入关键帧，选择工具箱中的文本工具T，在“属性”面板中设置“系列”为“汉仪菱心体简”、“字体大小”为55、“颜色”为黑色（#000000），在舞台区的合适位置输入“皇冠汽车”文本，如图162–4所示。

图162–3 创建补间动画

图162–4 输入文本

步骤 06 选择“图层3”图层的文本，按【Ctrl+C】键复制文本，选择“图层4”图层的第15帧，按【F6】键插入关键帧，在舞台区单击鼠标右键，在弹出的快捷菜单中选择“粘贴到当前位置”选项，粘贴文本，并将其转换为“图形”元件。选择第35帧、第45帧，按【F6】键插入关键帧，如图162–5所示。

步骤 07 选择第35帧，用任意变形工具将文本放大至合适大小，在“属性”面板中设置其Alpha值为0%，并在第15帧至第35帧、第35帧至第45帧之间创建补间动画，如图162–6所示。

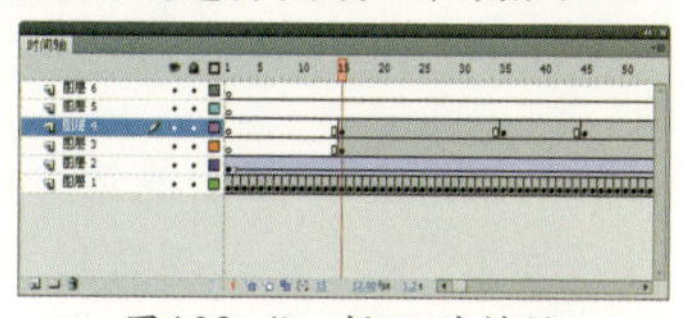

图162–5 插入关键帧

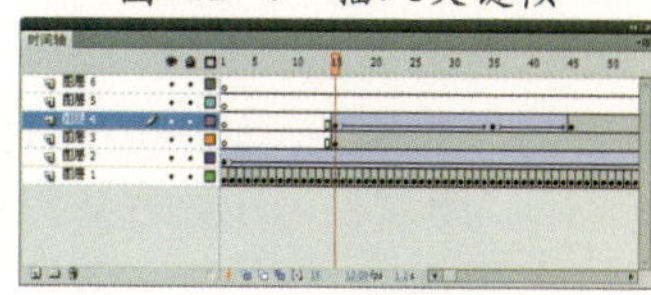

图162–6 创建补间动画

步骤 08 选择“图层5”图层的第55帧，选择工具箱中的文本工具T，在“属性”面板中设置“系列”为“华文中宋”、“字体大小”为15、“颜色”为黑色（#000000），在舞台区的合适位置输入相应的文本，如图162-7所示。

步骤 09 选择“图层5”图层的第80帧，按【F6】键插入关键帧。选择第55帧，按【Shift+←】键将文本移至文档以外的区域，在第55帧至第80帧之间创建补间动画，如图162-8所示。

图162-7 输入文本

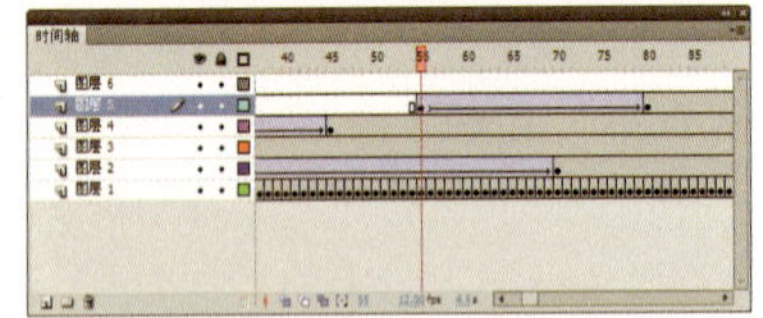

图162-8 创建补间动画

步骤 10 同理，制作“图层6”图层的文本，效果如图162-9所示。

步骤 11 单击“控制”|“测试影片”|“测试”命令测试动画效果，如图162-10所示。

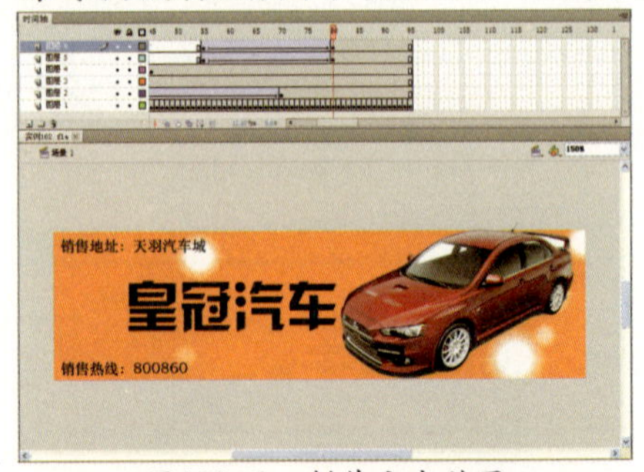

图162-9 制作文本效果

图162-10 测试动画效果

实例 163 思奈尔彩妆

效果欣赏	实例导航
	素材文件：素材\第15章\实例163
	效果文件：效果\第15章\实例163.fla
	视频文件：视频\第15章\实例163.swf
	知识点睛：创建元件、创建文本

步骤 01 新建一个“宽”为550、“高”为150、“背景颜色”为白色、“帧频”为12的Flash文档。

步骤 02 选择“图层1”图层的第1帧，单击“文件”|“导入”|“导入到舞台”命令，导入一幅图片，并调整至合适位置。在“时间轴”面板中依次创建“图层2”、“图层3”、“图层4”3个图层，如图163-1所示。

步骤 03 选择“图层2”图层的第134帧，按【F6】键插入关键帧。单击“文件”|“导入”|“导入到舞台”命令，导入一幅图片，如图163-2所示。

图163-1 导入图片至舞台

图163-2 导入另一图片至舞台

步骤 04 选择“图层3”图层的第134帧，按【F6】键插入关键帧。选择工具箱中的文本

工具T，在“属性”面板中设置“系列”为“方正大标宋简体”、“字体大小”为50、“颜色”为红色（#F627A4），在舞台区的合适位置输入“思奈尔彩妆”文本，如图163-3所示。

步骤 05 选择“图层3”图层的第150帧，按【F6】键插入关键帧，按【Shift+↑】键将文本移至舞台以外的区域，如图163-4所示。在第134帧至第150帧之间创建补间动画。

图163-3 输入文本

图163-4 调整文本位置

步骤 06 选择“图层4”图层的第150帧，按【F6】键插入关键帧，选择工具箱中的文本工具T，在“属性”面板中设置“系列”为“汉仪菱心体简”、“字体大小”为15、“颜色”为红色（#F627A4），在舞台区的合适位置输入相应的文本，如图163-5所示。同时选择“图层3”、“图层4”图层的第254帧，按【F5】键插入普通帧。

步骤 07 选择“图层4”图层的第170帧，按【F6】键插入关键帧，在第150帧至第170帧之间创建补间动画，并选择第150帧的文本，在“属性”面板中设置“宽度”和“高度”均为1，效果如图163-6所示。

图163-5 输入文本

图163-6 设置文本大小

步骤 07 单击“控制”|“测试影片”|“测试”命令，测试动画效果，如图163-7所示。

图163-7 测试动画效果

实例 164 智者图书吧

效果欣赏	实例导航
	素材文件：素材\第15章\实例164 效果文件：效果\第15章\实例164.fla 视频文件：视频\第15章\实例164.swf 知识点睛：创建元件、设置Alpha值

步骤 01 新建一个“宽”为550、“高”为150、“背景颜色”为灰色（#999999）、“帧频”为24的Flash文档。

步骤 02 单击“文件”|“导入”|“导入到舞台”命令，导入一幅图片，并调整至合适位置。在“时间轴”面板中依次创建“图层2”、“图层3”、“图层4”、“图层5”4个图层，

如图164-1所示。

步骤 03 选择“图层2”图层的第58帧，按【F6】键插入关键帧。单击“文件”|“导入”|“导入到舞台”命令，导入一幅图片，如图164-2所示。

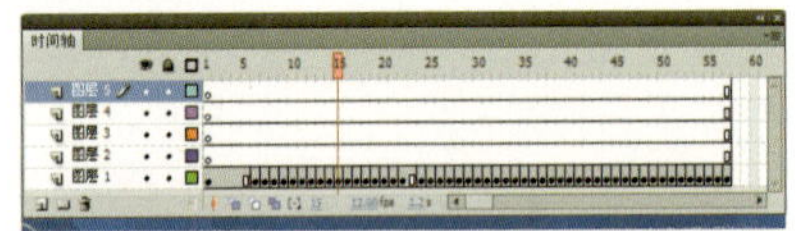

图164-1 导入图片至舞台

图164-2 导入图片至舞台

步骤 04 选择“图层3”图层的第58帧，单击“文件”|“导入”|“导入到舞台”命令，导入一幅图片，并将其转换为“图形”元件，然后调整其位置，如图164-3所示。同时选择“图层4”、“图层5”、“图层6”图层的第92帧，按【F5】键插入普通帧。

步骤 05 选择“图层3”图层的第75帧、第77帧、第79帧，按【F6】键插入关键帧。选择第58帧上的文本，按【Shift+→】键将其移至舞台以外的区域，并设置其Alpha值为0%在第58帧至第75帧之间创建补间动画，如图164-4所示。

图164-3 导入图片至舞台

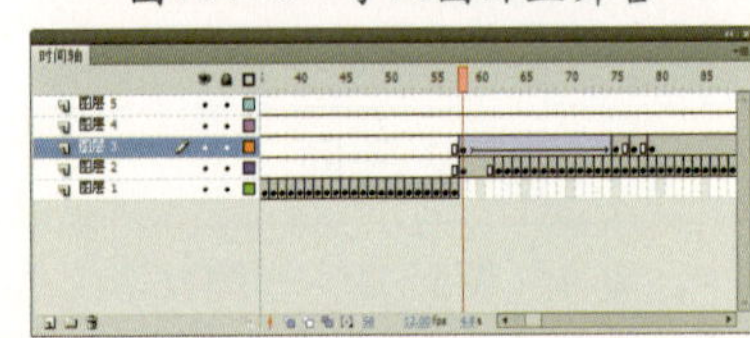

图164-4 创建补间动画

步骤 06 选择“图层3”图层的第77帧，在“属性”面板的“色彩效果”选项区中设置“亮度”为100%，效果如图164-5所示。

步骤 07 创建一个“名称”为“文本”、“类型”为“影片剪辑”的元件。

步骤 08 选择工具箱中的文本工具T，在“属性”面板中设置“系列”为“黑体”、“字体大小”为55、“颜色”为黄色（#FFFF00），在舞台区的合适位置输入“智者图书吧”文本，如图164-6所示。

图164-5 设置图片亮度

智者图书吧

图164-6 输入文本

步骤 09 选择舞台中的文本，按【Ctrl+B】键将文本打散，单击鼠标右键，在弹出的快捷菜单中选择“分散到图层”选项，分别将文字分散到每一个独立的图层中，并删除“图层1”图层，如图164-7所示。

步骤 10 选择“智”图层的第7帧，按【F6】键插入关键帧。选择第1帧的文本，按【Shift+→】键在舞台区将文本移至文档以外的区域，在第1帧至第7帧之间创建补间动画，并同时选择所有图层的第40帧，按【F5】键插入普通帧，如图164-8所示。

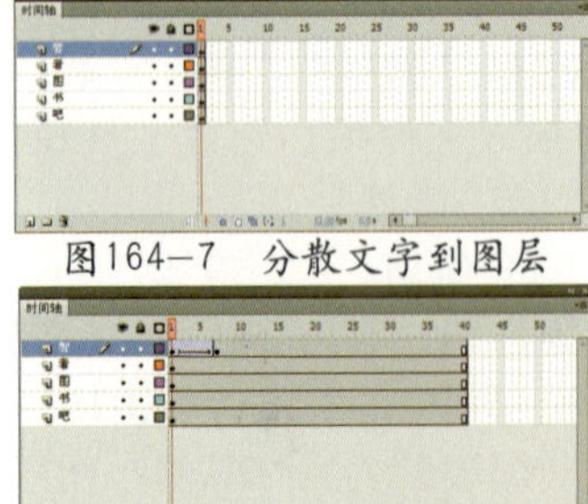

图164-7 分散文字到图层

图164-8 创建补间动画

步骤 11 同理，制作作另外5个文本的动画效果，“时间轴”面板如图164-9所示。

步骤 12 单击“场景1”标签，返回“场景1”编辑模式，选择“图层4”图层的第65帧，按【F6】键插入关键帧，并从“库”面板中将“文本”元件拖曳至舞台区的合适位置，如图164-10所示。

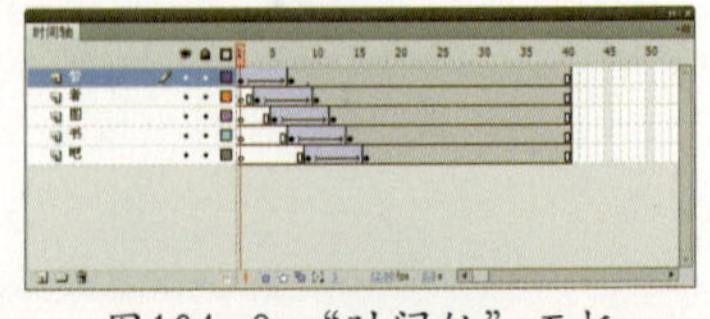

图164-9 “时间轴”面板

图164-10 拖曳元件至舞台

步骤 13 选择“图层5”图层的第80帧，按【F6】键插入关键帧。选择工具箱中的文本工具T，在“属性”面板中设置“系列”为“汉仪菱心简体”、“字体大小”为15、“颜色”为黄色（#FFFF00），在舞台区的合适位置输入相应的文本，如图164-11所示。

步骤 14 选择“图层5”图层的第85帧，按【F6】键插入关键帧。选择第80帧上的文本，按【Shift+↓】键将其移至文档以外的区域，并在第80帧至85帧之间创建补间动画，如图163-12所示文本。

图164-11　输入文本

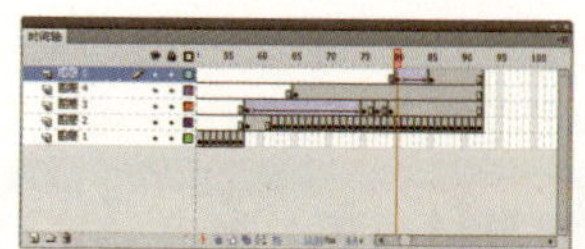

图164-12 创建补间动画

步骤 15 单击“控制”|“测试影片”|“测试”命令，测试动画效果，如图164-13所示。

图164-13 测试动画效果

实例 165 天使恋衣馆

效果欣赏	实例导航
 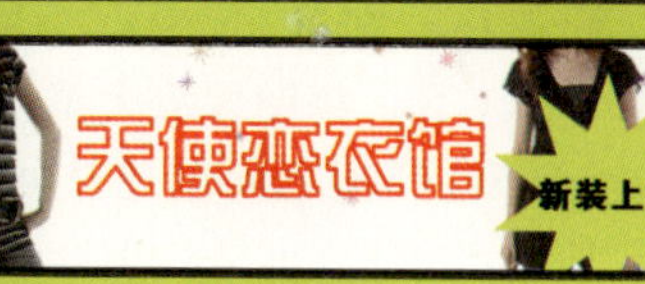	素材文件：素材\第15章\实例165
	效果文件：效果\第15章\实例165.fla
	视频文件：视频\第15章\实例165.swf
	知识点睛：创建元件、插入关键帧

步骤 01 新建一个“宽”为550、“高”为150、“背景颜色”为黑色（#000000）、“帧频”为12的Flash文档。

步骤 02 选择“图层1”图层的第1帧，单击“文件”|“导入”|“导入到舞台”命令，导入一幅图像，在“时间轴”面板中依次创建“图层2”、“图层3”、“图层4”3个图层，如图165-1所示。

步骤 03 选择“图层2”图层的第109帧，按【F6】键插入关键帧。单击“文件”|“导入”|“导入到舞台”命令，导入一幅图像，如图165-2所示。

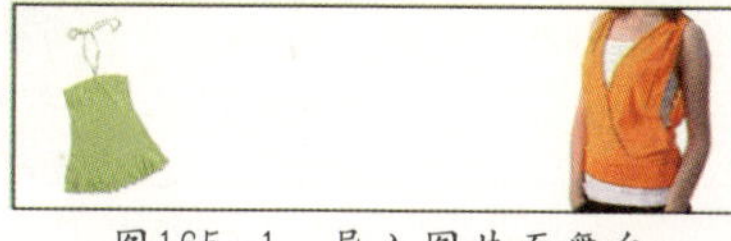

图165-1　导入图片至舞台

图165-2　导入另一图片至舞台

步骤 04 创建一个“名称”为“文本”、“类型”为“影片剪辑”的新元件。

步骤 05 选择“图层1”图层的第1帧，选择工具箱中的文本工具T，在“属性”面板中设置“系列”为“方正综艺简体”、“字体大小”为55、“颜色”为白色（#FFFFFF），在舞台区的合适位置输入“天使恋衣馆”文本，如图165-3所示。

步骤 06 选择输入的文本，按两次【Ctrl+B】键将文本全部打散。选择工具箱中的墨水瓶工具，设置“笔触颜色”为红色（#FF0000）、

“笔触高度”为3，依次在打散的文本上单击鼠标，为文本描边，效果如图165-4所示。

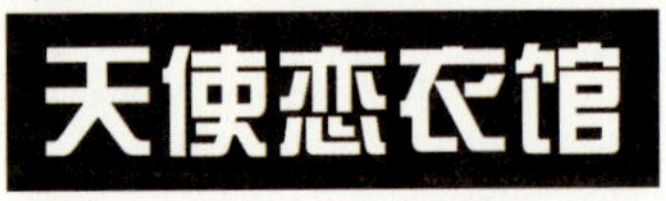

天使恋衣馆
图165-3　输入文本

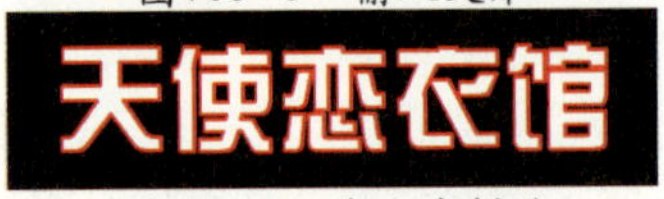

天使恋衣馆
图165-4　为文本描边

步骤 07 分别选择“图层3”的第5帧、第10帧、第15帧、第20帧、第25帧，按【F6】键插入关键帧，如图165-5所示。

步骤 08 选择第5帧，选择工具箱中的选择工具，框选文本部分，在“属性”面板中更改其“笔触颜色”为深紫色（#663399），如图165-6所示。同理，更改第10帧、第15帧、第20帧、第25帧的笔触颜色依次为(#7F00FF)、(#000000)、(#FF007F)、(#00FFFF)。

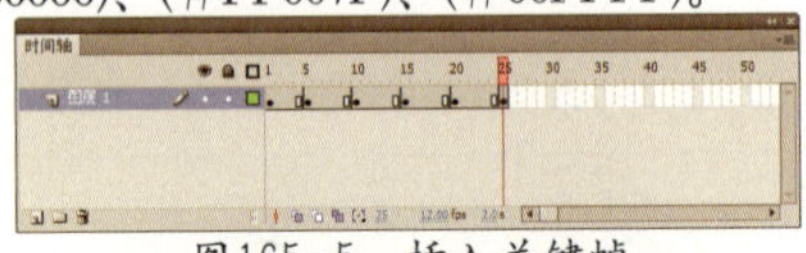

图165-5　插入关键帧

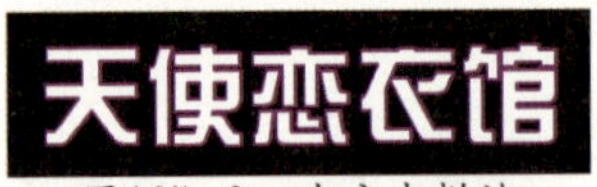

天使恋衣馆
图165-6　为文本描边

步骤 09 单击“场景1”标签，返回“场景1”编辑模式，选择“图层3”图层的第109帧，按【F6】键插入关键帧。从“库”面板中将“文本”元件拖曳至舞台的合适位置，如图165-7所示。分别选择“图层3”、“图层4”图层的第186帧，按【F5】键插入普通帧。

步骤 10 选择“图层4”图层的第120帧，按【F6】键插入关键帧。单击“文件”|“导入”|“导入到舞台”命令，导入一幅图像，调整至合适位置，如图165-8所示，并将其转换为“图形”元件。

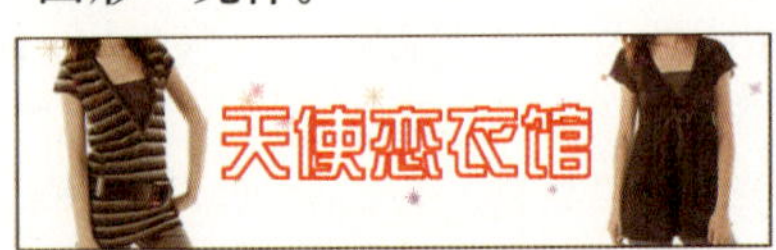

天使恋衣馆
图165-7　拖曳元件至舞台中

天使恋衣馆
新装上市
图165-8　导入一幅图像

步骤 11 选择“图层4”的第130帧、第132帧、第134帧、第145帧，按【F6】键插入关键帧，如图165-9所示。

步骤 12 选择“图层4”图层的第120帧，在舞台区中将图像拖曳至文档右下角，在120帧至第130帧之间创建补间动画，并在“属性”面板的“补间”选项区中设置“旋转”为“顺时针”，如图165-10所示。

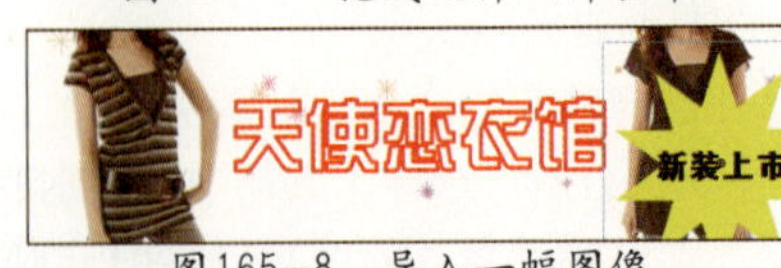

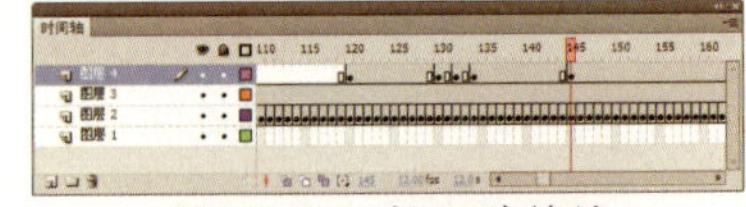

图165-9　插入关键帧

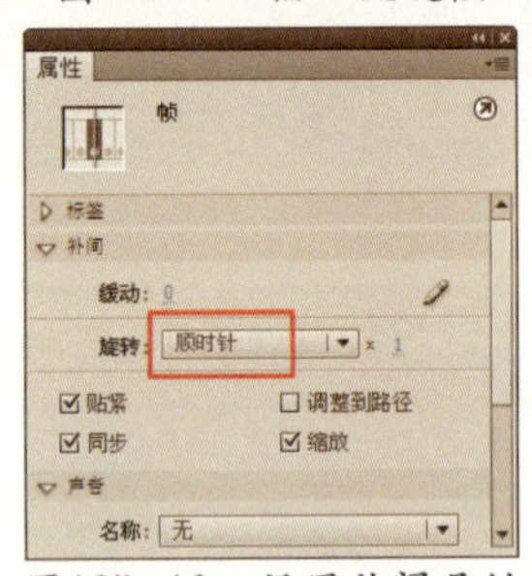

属性
帧
标签
补间
缓动: 0
旋转: 顺时针
贴紧
调整到路径
同步
缩放
声音
名称: 无
图165-10　设置补间属性

步骤 13 选择第132帧的图像，在“属性”面板的“色彩效果”选项区中设置“亮度”为100%，效果如图165-11所示。

步骤 14 选择“图层4”图层的第145帧，运用任意变形工具，将图像放大至合适大小，在第134帧至第145帧之间创建补间动画，如图165-12所示。

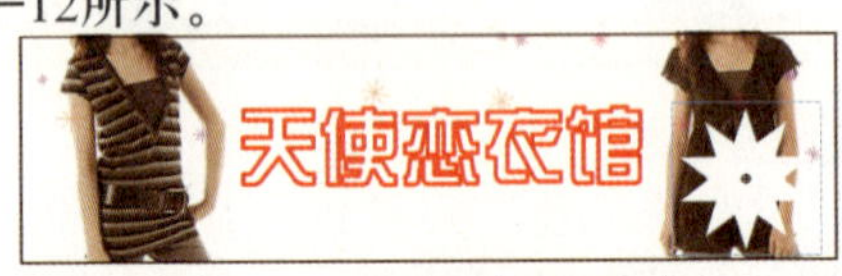

天使恋衣馆
图165-11　设置图像亮度

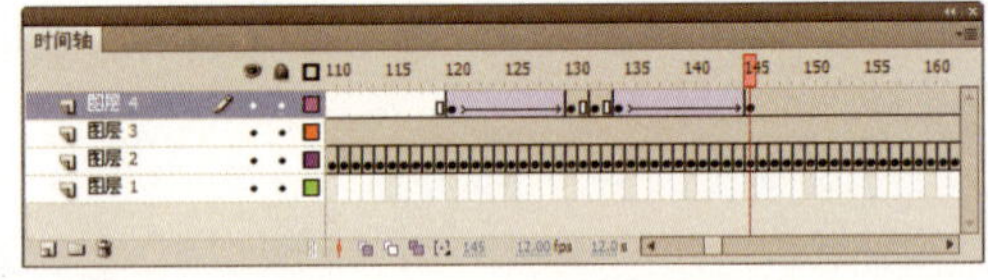

图165-12　创建补间动画

步骤 15 单击“控制”|“测试影片”|“测试”命令，测试动画效果，如图165-13所示。

天使恋衣馆
新装上市
图165-13　测试动画效果

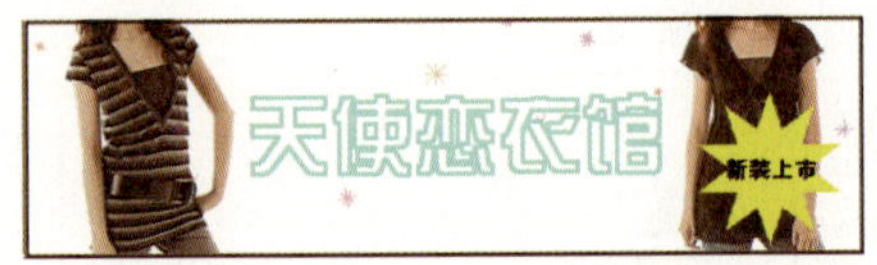

实例 166 金牛乳制品

<table>
<tr><th>效果欣赏</th><th>实例导航</th></tr>
<tr><td rowspan="4">金牛乳制品
经销商：金牛乳制品有限公司 销售网址：http://www.jinniu.com</td><td>素材文件：素材\第15章\实例166</td></tr>
<tr><td>效果文件：效果\第15章\实例166.fla</td></tr>
<tr><td>视频文件：视频\第15章\实例166.swf</td></tr>
<tr><td>知识点睛：创建元件、创建补间动画</td></tr>
</table>

步骤 01 新建一个“宽”为550、“高”为150、“背景颜色”为白色、“帧频”为24的Flash文档。

步骤 02 选择“图层1”图层的第1帧，单击“文件”|“导入”|“导入到舞台”命令，导入一幅图片。在“时间轴”面板中依次创建“图层2”、“图层3”、“图层4”、“图层5”4个图层，如图166–1所示。

步骤 03 选择“图层2”图层的第104帧，按【F6】键插入关键帧。单击“文件”|“导入”|“导入到舞台”命令，导入一幅图片，如图166–2所示。

图166–1 导入图片至舞台

图166–2 导入另一图片至舞台

步骤 04 在“图层3”图层的第104帧插入关键帧，单击“文件”|“导入”|“导入到舞台”命令，导入一幅图片，如图166–3所示。

步骤 05 选择“图层3”图层的第140帧，按【F6】键插入关键帧。选择第104帧上的图片，按【Shift+←】键将其移至文档以外的区域，选择任意变形工具，将图片缩小至合适大小，效果如图166–4所示。在第104帧至140帧之间创建补间动画，同时选择“图层3”、“图层4”、“图层5”图层的第184帧，按【F5】键插入普通帧。

图166–3 再次导入图像至舞台

图166–4 调整图像大小

步骤 06 选择“图层4”图层的第140帧，按【F6】键插入关键帧。选择工具箱中的文本工具T，在“属性”面板中设置“系列”为“黑体”、“字体大小”为50、“颜色”为白色（#FFFFFF）、“字母间距”为5，在舞台区的合适位置输入“金牛乳制品”文本，效果如图166–5所示。

步骤 07 选择输入的文本，按【Ctrl+B】键将文本打散，单击鼠标右键，弹出的快捷菜单中选择“分散到图层”选项，分别将文字分散到每一个独立的图层中，删除“图层4”图层。同时选择“金”、“牛”、“乳”、“制”、“品”图层的第1帧，将其拖曳至第140帧处，在“属性”面板的“发光”选项区中分别设置“模糊X”、“模糊Y”、“强度”、“颜色”为10、10、1000、红色（#FF0000），完成文本发光效果的制作，如图166–6所示。

图166–5 输入文本

图166-6 制作文本发光效果

步骤 08 在“时间轴”面板中调整每个图层帧的位置，如图166-7所示。

步骤 09 分别选择所有图层第148帧和165帧，按【F6】键插入关键帧，在第148帧至第165帧之间创建补间动画，如图166-8所示。并在“属性”面板的“补间”选项区中设置“旋转”为“顺时针”。

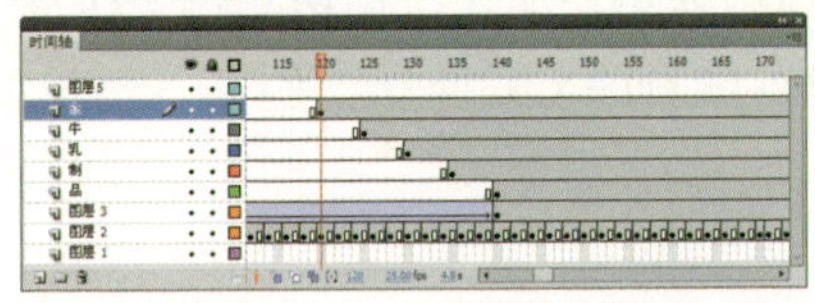

图166-7 调整帧的位置

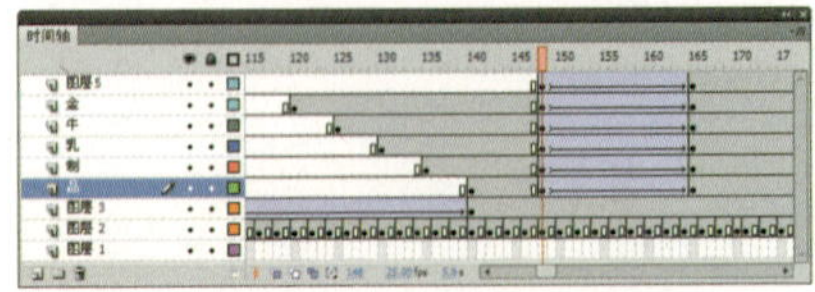

图166-8 创建补间动画

步骤 10 选中“图层5”图层的第148帧并插入关键帧，选择工具箱中的文本工具T，在“属性”面板中设置“系列”为“方正粗宋简体”、“字体大小”为15、“颜色”为白色（#FFFFFF），在舞台区的合适位置输入相应文本，如图166-9所示。

步骤 11 选择“图层5”图层的第160帧，按【F6】键插入关键帧。选择第148帧上的文本，按【Shift+→】键将其移至文档以外的区域，在第148帧至第160帧之间创建补间动画，如图166-10所示。

图166-9 输入文本

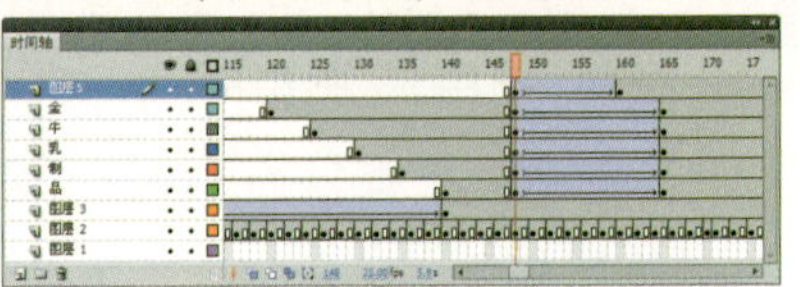

图166-10 创建补间动画

步骤 12 单击“控制”|“测试影片”|“测试”命令，测试动画效果，如图166-11所示。

图166-11 测试动画效果

实例 167 金铂来首饰

效果欣赏	实例导航
	素材文件：素材\第15章\实例167
	效果文件：效果\第15章\实例167.fla
	视频文件：视频\第15章\实例167.swf
	知识点睛：创建元件、插入关键帧

步骤 01 新建一个“宽”为550、“高”为150、“背景颜色”为白色、“帧频”为12的Flash文档。

步骤 02 选择“图层1”图层的第1帧，单击“文件”|“导入”|“导入到舞台”命令，导入一幅图片，并调整至合适位置，如图167-1所示。在“时间轴”面板中依次创建“图层2”、“图层3”、“图层4”、“图层5”、“图层6”5个图层。

步骤 03 选择“图层2”图层的第68帧，按

【F6】键插入关键帧，单击“文件”|“导入”|“导入到舞台”命令，导入一幅图片，如图167-2所示。

图167-1 导入图片至舞台

图167-2 导入另一图片至舞台

步骤 04 选择“图层3”图层的第68帧，单击“文件”|“导入”|“导入到舞台”命令，导入一幅图片，并将其转换为“图形”元件，效果如图167-3所示。

步骤 05 选择“图层3”图层的第98帧和第163帧，按【F6】键插入关键帧。选择第68帧上的图片，运用任意变形工具，将其放大至合适大小，分别在第68帧至第98帧、第98帧至第163帧之间创建补间动画，如图167-4所示。选择第98帧至第163帧的任意一帧，设置“旋转”为“顺时针”。

图167-3 再次导入图片至舞台

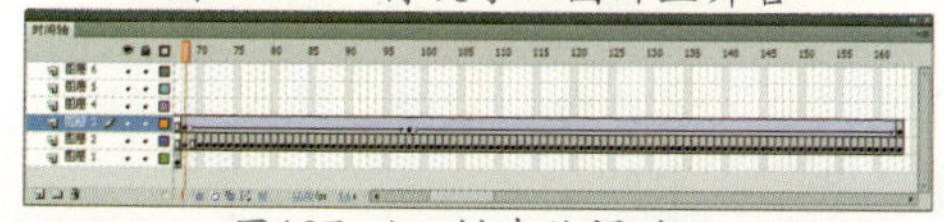

图167-4 创建补间动画

步骤 06 选择“图层4”图层的第83帧，选择工具箱中的文本工具T，在“属性”面板中设置“系列”为“方正超粗黑简体”、“字体大小”为45、“颜色”为白色（#FFFFFF），在舞台区的合适位置输入“金铂来首饰”文本，如图167-5所示。在“图层4”、“图层5”、“图层6”图层的第163帧插入普通帧。

步骤 07 分别选择“图层4”图层的第108帧、第128帧，按【F6】键插入关键帧。选择第83帧的文本，运用工具箱中的任意变形工具，将其适当放大至合适大小，在第83帧至第108帧之间创建补间动画，并设置其Alpha值为0%，如图167-6所示。

图167-5 输入文本

图167-6 放大文本

步骤 08 同理，将文本适当缩小，效果如图167-7所示。

步骤 09 选择“图层4”图层第128帧的文本，按【Ctrl+C】键复制文本，选择“图层5”图层的第103帧，按【F6】键插入关键帧。在舞台区单击鼠标右键，在弹出的快捷菜单中选择“粘贴到当前位置”选项，粘贴文本，在第128帧插入关键帧，如图167-8所示。

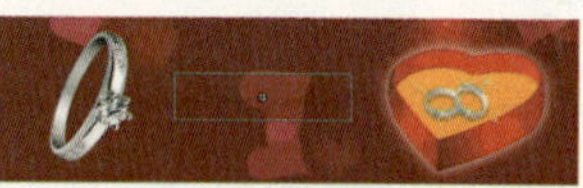

图167-7 缩小文本

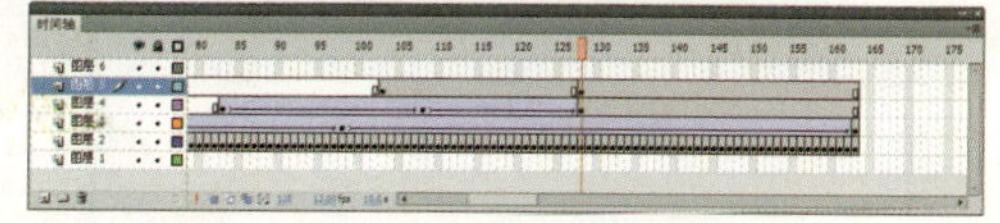

图167-8 插入关键帧

步骤 10 选择“图层5”图层的第103帧，用任意变形工具，将文本放大至合适大小，如图167-9所示。选择第128帧，设置其Alpha值为0%，在第103帧至第128帧之间创建补间动画。

步骤 11 选择“图层6”图层的第110帧，按【F6】键插入关键帧。选择工具箱中的文本工具T，在“属性”面板中设置“系列”为“方正超粗黑简体”、“字体大小”为15、“颜色”为白色（#FFFFFF），在舞台区的合适位置输入相应的文本，如图167-10所示，并转化成图形元件。

图167-9 调整文字大小（隐藏了“图层4”）

图167-10 输入文本

步骤 12 选择“图层6”图层的第120帧、第122帧、第124帧，按【F6】键插入关键帧。选择第110帧上的文本，按【Shift+↓】键将其移至文档以外的区域，如图167–11所示，并在第110帧至第120帧之间创建补间动画。

步骤 13 选择“图层6”图层的第122帧，在“属性”面板的“色彩效果”选项区中设置“样式”为“色调”、“颜色”为黑色（#000000），效果如图167–12所示。

图167–11 调整文本位置

图167–12 调整文本色调

步骤 14 单击“控制”|“测试影片”|“测试”命令，测试动画效果，如图167–13所示。

图167–13 测试动画效果

实例 168 金山毒霸2009

效果欣赏	实例导航
金山 KINGSOFT 网络安全专家	素材文件：素材\第15章\实例168
	效果文件：效果\第15章\实例168 .fla
金山 KINGSOFT 金山毒霸2009 免费下载	视频文件：视频\第15章\实例168.swf
	知识点睛：创建元件、创建补间动画

步骤 01 新建一个“宽”为550、“高”为150、“背景颜色”为白色（#FFFFFF）、“帧频”为12的Flash文档。

步骤 02 选择“图层1”图层的第1帧，单击“文件”|“导入”|“导入到舞台”命令，导入一幅图片，并调整至合适位置。在“时间轴”面板中依次创建“图层2”、“图层3”、“图层4”、“图层5”、“图层6”5个图层，如图168–1所示。

图168–1 导入图片至舞台

步骤 03 选择“图层2”图层的第97帧，按【F6】键插入关键帧。单击“文件”|“导入”|“导入到舞台”命令，导入一幅图片，如图168–2所示。

图168–2 导入另一图片至舞台

步骤 04 选择“图层3”图层的第97帧，按【F6】键插入关键帧。选择工具箱中的文本工具T，在“属性”面板中设置“系列”为“方正大黑简体”、“字体大小”为50、“颜色”为黑色（#000000），在舞台区的合适位置输入“金山毒霸20　9”文本，如图168–3所示。

步骤 05 选择“图层4”图层的第97帧，单击“文件”|“导入”|“导入到舞台”命

令，导入一幅图片，并调整大小和位置，如图168-4所示。并同时选择“图层3”、“图层4”、“图层5”、“图层6”图层的第172帧，按【F5】键插入普通帧。

图168-3 输入文本

图168-4 导入图片至舞台

步骤 06 同时选择“图层3”和“图层4”图层的第115帧，按【F6】键插入关键帧。再同时选择“图层3”和“图层4”图层的第97帧，按【Shift+↓】键将文本和图片移至文档以外的区域，如图168-5所示。在第97帧至115帧之间创建补间动画。

步骤 07 在“图层5”图层的第115帧插入关键帧，选择工具箱中的文本工具T，在“属性”面板中设置“系列”为“方正大黑简体”、“字体大小”为18、“颜色”为黑色（#000000），在舞台区的合适位置输入“免费下载”文本，如图168-6所示。

图168-5 调整文本位置

图168-6 输入文本

步骤 08 选择“图层6”图层的第115帧，单击“文件”|“导入”|“导入到舞台”命令，导入一幅图像，并调整至合适位置，如图168-7所示。

步骤 09 选择“图层6”图层的第135帧，按【F6】键插入关键帧。选择第115帧，按【Shift+←】键将图片移至文档以外的区域，在第115帧至135帧之间创建补间动画，如图168-8所示。

图168-7 导入图片至舞台

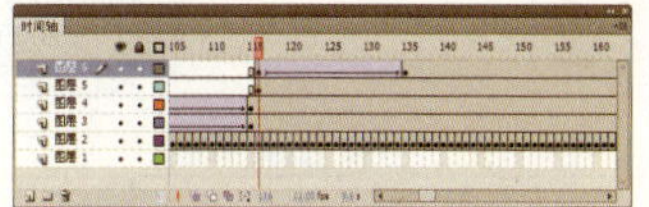

图168-8 创建补间动画

步骤 10 单击“控制”|“测试影片”|“测试”命令，测试动画效果，如图168-9所示。

图168-9 测试动画效果

实例 169 利达购物中心

效果欣赏	实例导航
	素材文件：素材\第15章\实例169
	效果文件：效果\第15章\实例169 .fla
	视频文件：视频\第15章\实例169.swf
	知识点睛：插入关键帧、创建补间动画

步骤 01 新建一个“宽”为550、“高”为150、“背景颜色”为白色（#FFFFFF）、“帧频”为12的Flash文档。

步骤 02 选择“图层1”图层的第1帧，单击“文件”|“导入”|“导入到舞台”命令，导入一幅图片。在“时间轴”面板中依次创建“图层2”、“图层3”、“图层4”、“图层5”、“图层6”5个图层，如图169-1所示。

步骤 03 选择“图层2”图层的第1帧，选择工具箱中的文本工具T，在“属性”面板中设置“系列”为“方正超粗黑简体”、“字体大小”为35、“颜色”为红色（#FF0098），在舞台区的合适位置输入“达利购物中心”文本，如图169-2所示，并转化为“图形”元件。

图169-1 导入图片至舞台

图169-2 输入文本

步骤 04 选择“图层2”图层的第30帧，按【F6】键插入关键帧。选择第1帧，按【Shift+↓】键将文本移至文档以外的区域，设置其Alpha值为0%，效果如图169-3所示，并在第1帧至第30帧之间创建补间动画。

步骤 05 选择“图层2”图层的第30帧的文本，按【Ctrl+C】键复制文本，选择“图层3”图层的第1帧，在舞台区单击鼠标右键，在弹出的快捷菜单中选择“粘贴到当前位置”选项，粘贴文本。选择第30帧，按【F6】键插入关键帧，如图169-4所示。

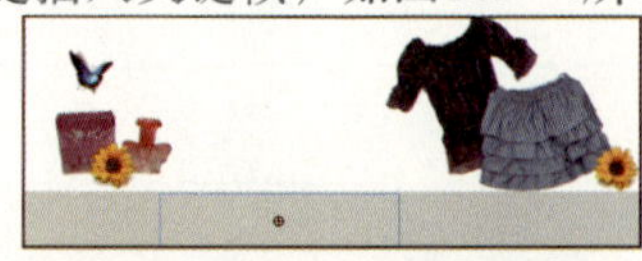
图169-3 调整文本位置

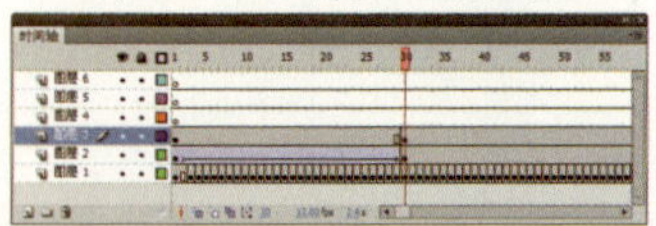
图169-4 插入关键帧

步骤 06 选择“图层3”图层的第1帧，按【Shift+↑】键将文本移至舞台以外的区域，设置其Alpha值为0%，效果如图169-5所示，在第1帧至第30帧之间创建补间动画。

步骤 07 选择“图层3”图层第30帧的文本，按【Ctrl+C】键复制文本，选择“图层4”图层的第30帧，在舞台区单击鼠标右键，在弹出的快捷菜单中选择“粘贴到当前位置”选项，粘贴文本。选择第60帧、第75帧、第77帧、第79帧，按【F6】键插入关键帧，如图169-6所示。

图169-5 调整文本位置

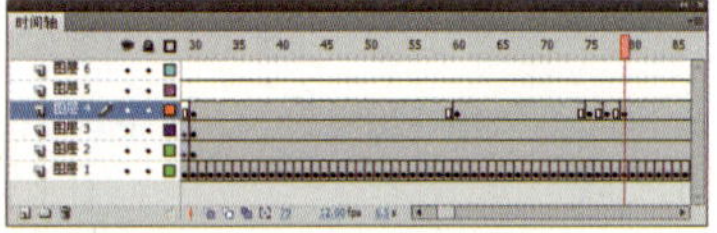
图169-6 插入关键帧

步骤 08 选择“图层4”图层第60帧的文本，在“属性”面板中设置“宽度”和“高度”均为1，效果如图169-7所示。

步骤 09 分别在图层4图层的第30帧至60帧、第60帧至75帧之间创建补间动画，如图169-8所示。在“属性”面板的“补间”选项区中设置“旋转”为“顺时针”。

图169-7 设置文本宽度和高度

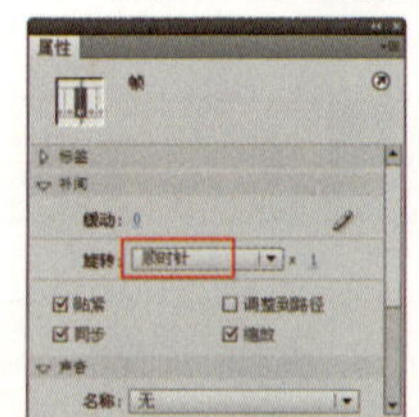
图169-8 设置补间属性

步骤 10 选择“图层4”图层第77帧的文本，在“属性”面板的“色彩效果”选项区中设置“样式”为“色调”、“颜色”为黄色（#FFFF00），效果如图169-9所示。并删除“图层2”、“图层3”图层第31帧至第127帧之间的帧。

步骤 11 选择“图层5”的第80帧，按【F6】

键插入关键帧。选择工具箱中的文本工具T，在“属性”面板中设置“系列”为“方正综艺简体”、“字体大小”为15、“颜色”为洋红色（#FF0098），在舞台区的合适位置输入相应的文本，如图169-10所示。

图169-9 设置文本色调

图169-10 输入文本

步骤 12 选择“图层5”图层的第95帧，按【F6】键插入关键帧。选择第80帧，按【Shift+←】键将文本移至舞台以外的区域，并在第80帧至95帧之间创建补间动画，如图169-11所示。

步骤 13 选择“图层6”图层的第128帧，按【F6】键插入关键帧。单击“文件”|“导入”|“导入到舞台”命令，导入一幅图片，如图169-12所示。

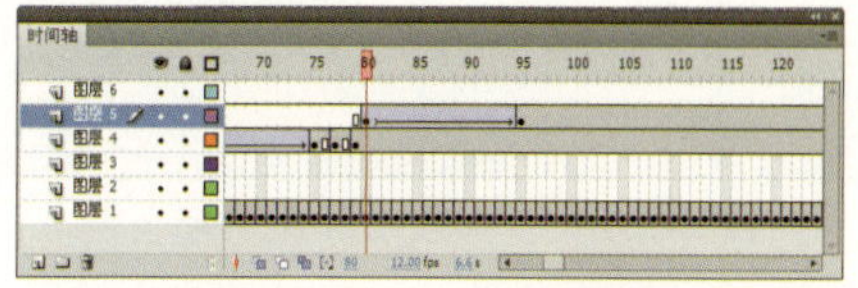

图169-11 创建补间动画

图169-12 导入图片至舞台

步骤 14 单击“控制”|“测试影片”|“测试”命令，测试动画效果，如图169-13所示。

图169-13 测试动画效果

实例170 双模手机专卖

效果欣赏	实例导航
智慧演绎 无处不在	素材文件：素材\第15章\实例170
	效果文件：效果\第15章\实例170.fla
双模手机专卖	视频文件：视频\第15章\实例170.swf
	知识点睛：创建图层、设置旋转补间动画、设置色调值

步骤 01 新建一个“宽”为550、“高”为150、“背景颜色”为白色（#FFFFFF）、“帧频”为12的Flash文档。

步骤 02 选择“图层1”图层的第1帧，单击“文件”|“导入”|“导入到舞台”命令，导入一幅图片，并调整至合适位置。在“时间轴”面板中依次创建“图层2”、“图层3”、“图层4”、“图层5”4个图层，如图170-1所示。

步骤 03 选择“图层2”图层的第65帧，按【F6】键插入关键帧。单击“文件”|“导入”|“导入到舞台”命令，导入一幅图片，如图170-2所示。

图170-1 导入图片至舞台

图170-2 导入另一图片至舞台

步骤 04 选择“图层3”图层的第65帧，按【F6】键插入关键帧。单击“文件”|“导入”|“导入到舞台”命令，导入一幅图片，并拖曳至文档区域以外的右侧，如图170-3所示。

步骤 05 选择“图层3”图层的第90帧，按【F6】键插入关键帧。按【Shift+←】键将图片移至舞台区的合适位置，如图170-4所示。在第65帧至第90帧之间创建补间动画，并设置“旋转”为“逆时针”。

图170-3 再次导入图片至舞台

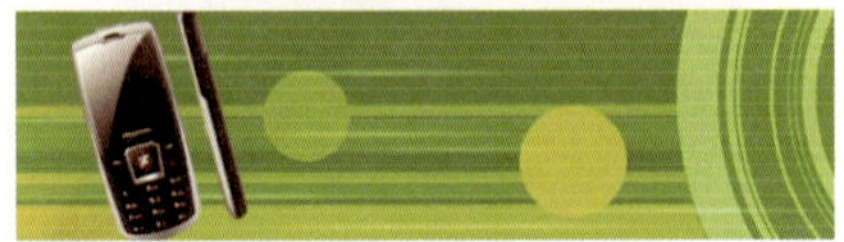

图170-4 调整图片位置

步骤 06 在“图层4”图层的第90帧插入关键帧，选择工具箱中的文本工具T，设置“系列”为“方正水黑简体”、“字体大小”为45、“颜色”为白色（#FFFFFF），在舞台区的合适位置输入“双模手机专卖”文本，效果如图170-5所示，并将其转化为“图形”元件。

步骤 07 分别选择“图层4”图层的第125帧、第127帧、第129帧，按【F6】键插入关键帧。选择第90帧，在“属性”面板中设置文本的“宽度”和“高度”均为1，如图170-6所示。

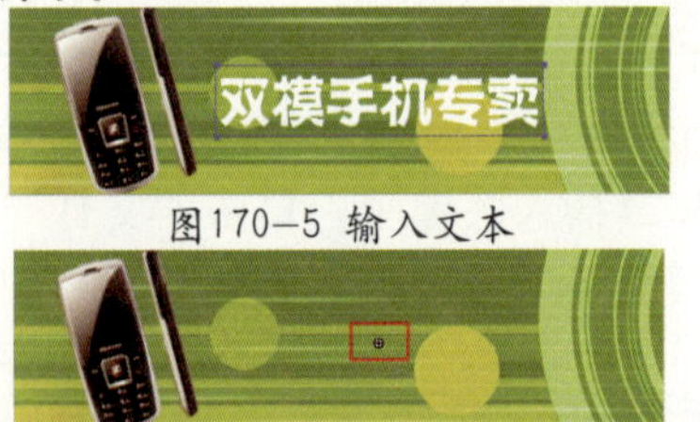

图170-5 输入文本

图170-6 设置文本大小

步骤 08 在“图层4”图层的第90帧至125帧之间创建补间动画，如图170-7所示。在“属性”面板的“补间”选项区中设置“旋转”为“顺时针”，同时选择“图层3”、“图层4”、“图层5”的第163帧，按【F5】键插入普通帧。

步骤 09 选择“图层4”图层的第127帧的文本，在“属性”面板的“色彩效果”选项区中设置“样式”为“色调”、“颜色”为黑色（#000000），效果如图170-8所示。

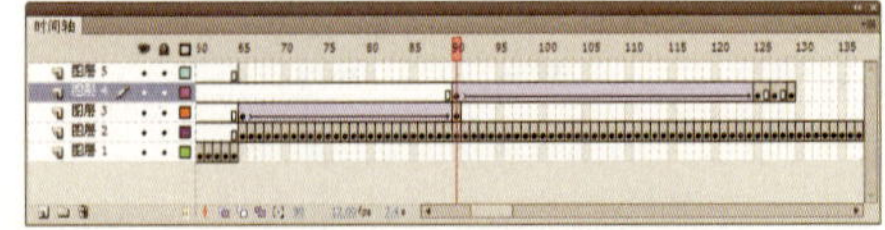

图170-7 创建补间动画

图170-8 色调效果

步骤 10 在“图层5”图层的第125帧插入关键帧，选择工具箱中的文本工具T，在“属性”面板中设置“字体”为“方正剪纸简体”、“字体大小”为15、“颜色”为白色（#FFFFFF），在舞台区的合适位置输入相应的文本，如图170-9所示。

步骤 11 选择“图层5”图层的第140帧，按【F6】键插入关键帧。选择第125帧，按【Shift+↓】键将文本移至文档以外的区域，并在第125帧至140帧之间创建补间动画，如图170-10所示。

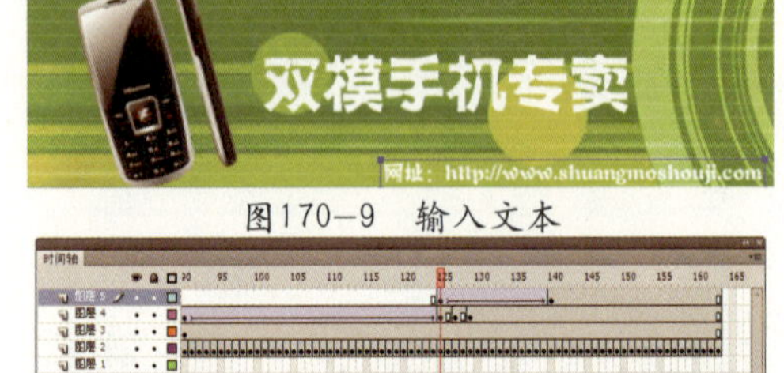

图170-9 输入文本

图170-10 创建补间动画

步骤 12 单击“控制”|“测试影片”|“测试”命令，测试动画效果，如图170-11所示。

图170-11 测试动画效果

第16章

网站导航条

实例171　个性收缩式导航条

实例172　玻璃式导航条

实例173　鼠标跟随式导航条

实例174　前浮式导航条

实例175　风车式导航条

实例176　彩色弹性式导航条

实例177　下落式导航条

实例178　自由漂移式导航条

实例179　展开式导航条

实例180　滚动式导航条

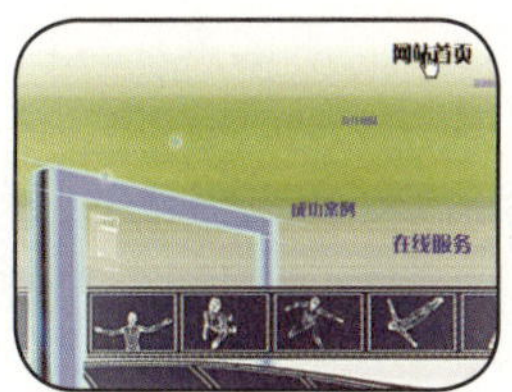

实例 171 个性收缩式导航条

效果欣赏	实例导航
	素材文件：素材\第16章\实例171
	效果文件：效果\第16章\实例171.fla
	视频文件：视频\第16章\实例171.swf
	知识点睛：导入素材图形、添加动作脚本、创建图层

步骤 01 单击“文件”|“打开”命令，打开一幅素材图形，将“图层1”图层重命名为“背景”。选择第1帧，将“背景”元件拖曳至舞台的合适位置，如图171–1所示。

步骤 02 在“时间轴”面板中依次创建“圆1”、“圆2”、“圆3”、“文本动画”、“动作”5个图层，选择“圆1”图层的第1帧，将“圆4”元件拖曳至舞台区的合适位置，如图171–2所示。

图171–1 拖曳元件至舞台　　图171–2 拖曳另一元件至舞台

步骤 03 在舞台中选择“圆4”元件，在“属性”面板中设置实例名称为nav2，如图171–3所示。

步骤 04 选择“圆2”图层的第1帧，分别将“圆2”、“圆3”元件拖曳至舞台的合适位置，如图171–4所示，并设置实例名称分别为circle2和circle3。

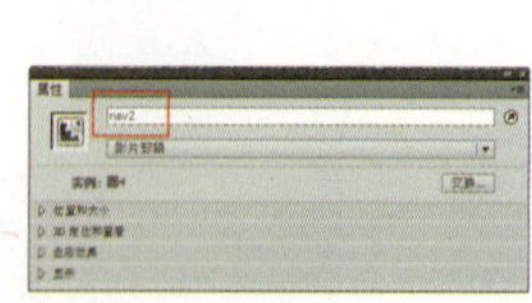

图171–3 设置实例各称

图171–4 拖曳两个元件至舞台

步骤 05 选择“圆3”图层的第1帧，将“圆1”元件拖曳至舞台的合适位，如图171–5所示，设置实例名称为circle1。

步骤 06 选择“文本动画”图层的第1帧，将“文本动画”元件拖曳至舞台的合适位置，如图171–6所示，设置实例名称为Nav1。

图171–5 拖曳另一元件至舞台

图171–6 拖曳文本动画至舞台

步骤 07 选择“动作”图层的第1帧，在“动作”面板中添加代码，如图171–7所示（具体代码见“素材\第16章\实例171\171–7.txt”）。

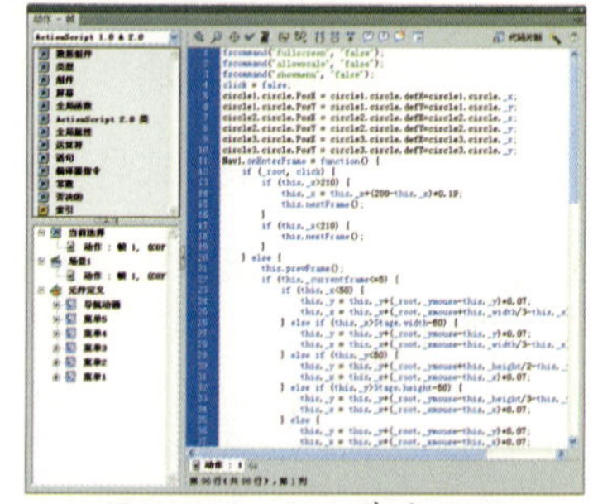

图171–7 添加脚本代码

步骤 08 单击“控制”|“测试影片”|“测试”命令测试动画效果，如图171–8所示。

图171–8 测试动画效果

实例 172 玻璃式导航条

效果欣赏	实例导航
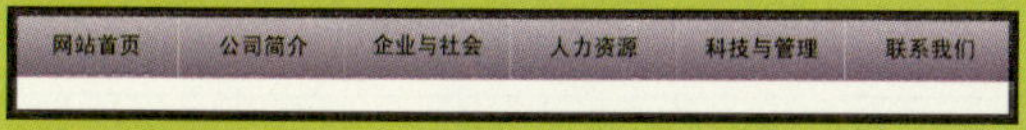 网站首页 公司简介 企业与社会 人力资源 科技与管理 联系我们 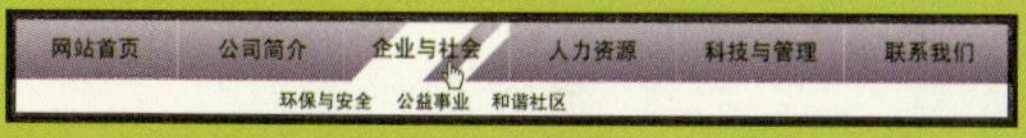	素材文件：素材\第16章\实例172
	效果文件：效果\第16章\实例172.fla
网站首页 公司简介 企业与社会 人力资源 科技与管理 联系我们 环保与安全 公益事业 和谐社区	视频文件：视频\第16章\实例172.swf
	知识点睛：创建元件、添加动作脚本

步骤 01 单击“文件”|“打开”命令，打开一幅素材图形，创建一个“名称“为“导航1”、“类型”为“影片剪辑”的新元件。将“白条”元件拖曳至舞台的合适位置，创建“图层2”图层，将“按钮1”元件拖曳至舞台的合适位置，如图172–1所示。

步骤 02 同理，制作其他导航条的效果，如图172–2所示。

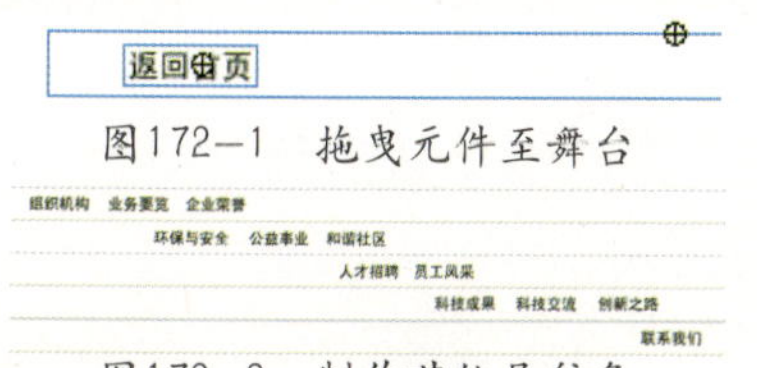

图172–1 拖曳元件至舞台

图172–2 制作其他导航条

步骤 03 单击“场景1”标签，返回到“场景1”编辑模式，将“图层1”图层重命名为“按钮”。将“按钮”元件拖曳6次至舞台的合适位置，如图172–3所示，并设置实例名称分别为m1、m2、m3、m4、m5、m6。

步骤 04 在“时间轴”面板中依次创建“文本”、“导航条”、“动作”3个图层，选择“文本”图层的第1帧，选择工具箱中的文本工具T，设置“系列”为“黑体”、“字体大小”为18、“颜色”为黑色（#000000），在舞台区的合适位置输入“网站首页”文本，如图172–4所示。

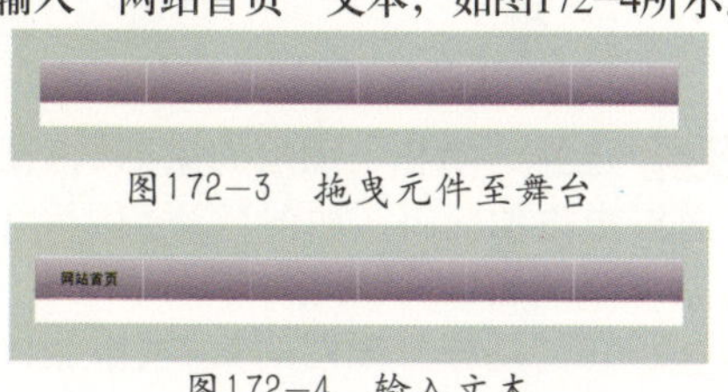

图172–3 拖曳元件至舞台

图172–4 输入文本

步骤 05 同理，制作其他文本效果，如图172–5所示。

步骤 06 选择“导航条”的第1帧，将“导航1”至“导航6”元件拖曳至舞台的合适位置，如图172–6所示，并分别设置实例名称为“导航1”、“导航2”、“导航3”、“导航4”、“导航5”、“导航6”。

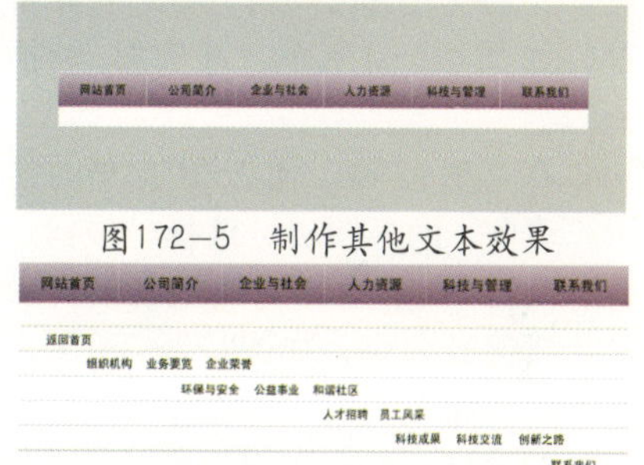

图172–5 制作其他文本效果

图172–6 拖曳元件至舞台

步骤 07 选择“动作”图层的第1帧，在“动作”面板中添加代码，如图172–7所示（具体代码见“172–7.txt”文件）。

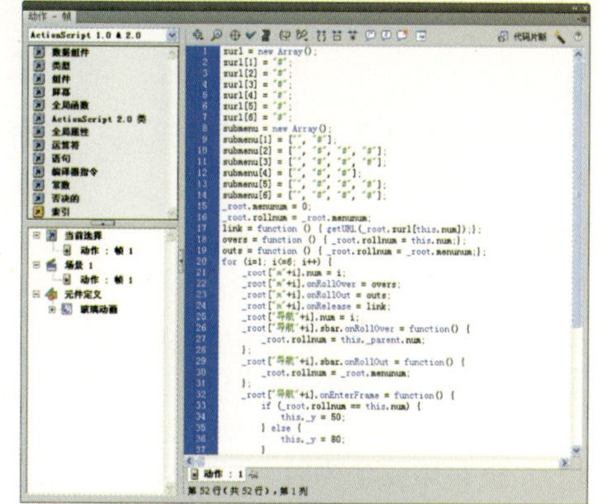

图172–7 添加脚本代码

步骤 08 单击“控制”|“测试影片”|“测试”命令测试动画效果，如图172-8所示。

网站首页 公司简介 企业与社会 人力资源 科技与管理 联系我们
环保与安全 公益事业 和谐社区

图172—8 测试动画效果

实例 173 鼠标跟随式导航条

<table>
<tr><th>效果欣赏</th><th>实例导航</th></tr>
<tr><td rowspan="4"> </td><td>素材文件：素材\第16章\实例173</td></tr>
<tr><td>效果文件：效果\第16章\实例173.fla</td></tr>
<tr><td>视频文件：视频\第16章\实例173.swf</td></tr>
<tr><td>知识点睛：添加动作脚本</td></tr>
</table>

步骤 01 单击“文件”|“打开”命令，打开一幅素材图形，将“图层1”图层的重命名为“背景”。将“背景”元件拖曳至舞台的合适位置，如图173-1所示，并在第5帧插入普通帧。

步骤 02 在“时间轴”面板中依次创建“按钮”和“动作”两个图层。选择“按钮”图层的第1帧，将“圆动画”元件拖曳至舞台的合适位置并调整其大小，如图173-2所示，然后设置其实例名称为nav。

图173—1 拖曳背景至舞台

图173—2 拖曳元件至舞台

步骤 03 选择舞台区中的圆，在“动作”面板中添加代码，如图173-3所示（具体代码见“173-3.txt”文件）。

步骤 04 分别在“动作”图层的第2帧、第3帧、第4帧和第5帧插入关键帧。选择第2帧，在“动作”面板中添加代码，如图173-4所示（具体代码见“173-4.txt”文件）。

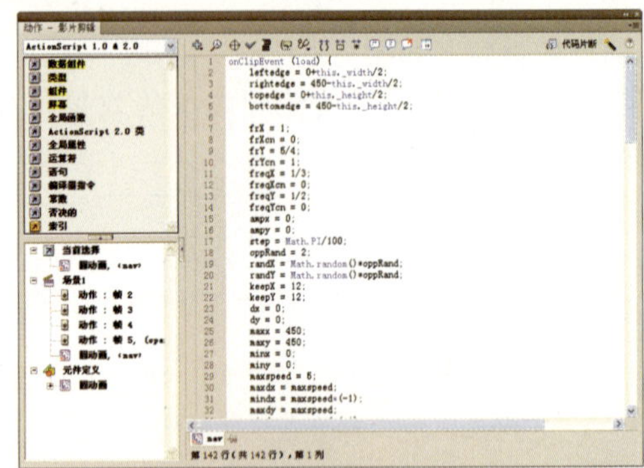

图173—3 为圆添加代码

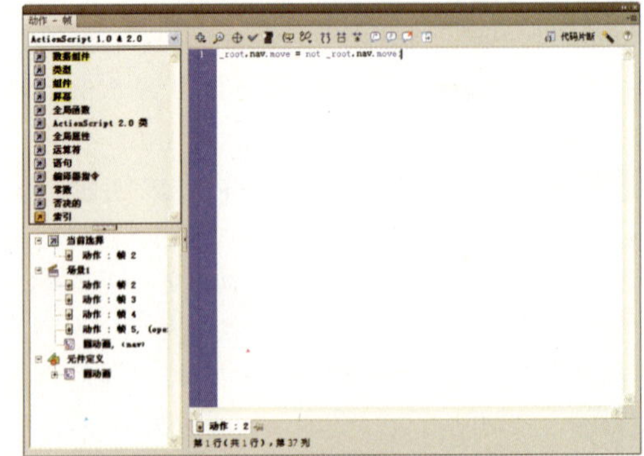

图173—4 为第2帧添加代码

步骤 05 选择“动作”图层的第3帧，在“动作”面板中添加代码，如图173-5所示（具体代码见“173-5.txt”文件）。

步骤 06 在“动作”图层的第4帧添加代码，

如图173-6所示（具体代码见“173-6.txt”文件）。

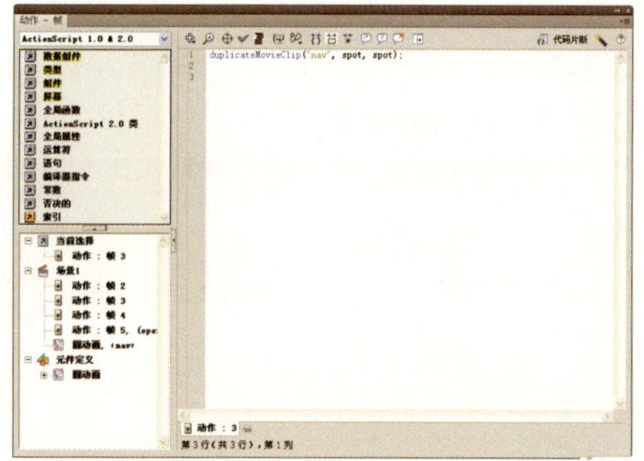

图173-5 为第3帧添加代码

图173-6 为第4帧添加代码

步骤 07 在“动作”图层的第5帧添加代码，如图173-7所示。

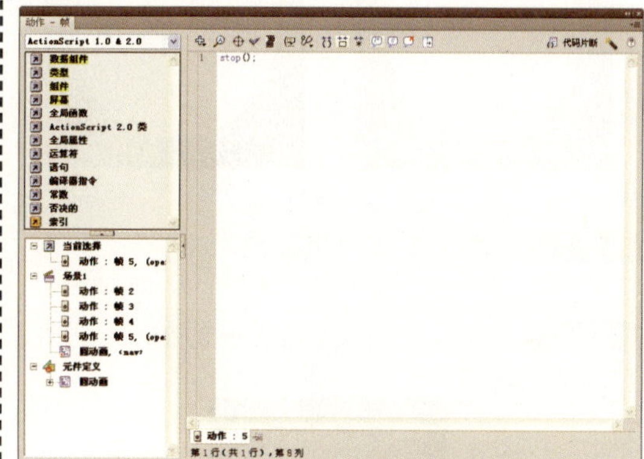

图173-7 为第5帧添加代码

步骤 08 单击“控制”|“测试影片”|“测试”命令测试动画效果，如图173-8所示。

图173-8 测试动画效果

实例 174 前浮式导航条

效果欣赏	实例导航
网站首页 动态新闻 在线服务 社区论坛 联系我们 网站首页 动态新闻 在线服务 社区论坛 联系我们	素材文件：素材\第16章\实例174
	效果文件：效果\第16章\实例174.fla
	视频文件：视频\第16章\实例174.swf
	知识点睛：创建元件、添加动作脚本

步骤 01 单击“文件”|“打开”命令，打开一幅素材图形，创建一个“名称”为“菜单1”、“类型”为“影片剪辑”的新元件。将“图层1”图层重命名为“圆”。将“圆”元件拖曳至舞台区中，并设置其“宽度”和“高度”均为142，X值和Y值均为0，如图174-1所示。

步骤 02 在“时间轴”面板中依次创建“文本”、“按钮”两个图层。选择“文本”图层的第1帧，设置“系列”为“黑体”、“字体大小”为18、“颜色”为黑色，在舞台区的合适位置输入“网站首页”文本，如图174-2所示。

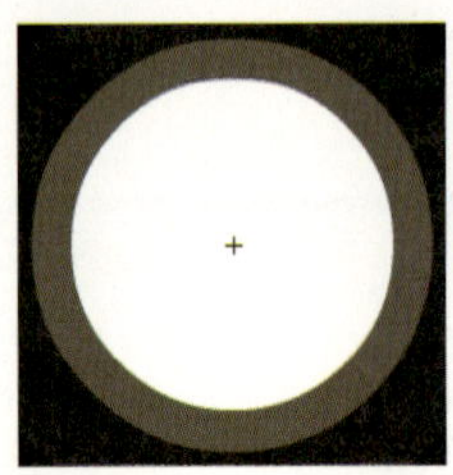

图174-1 拖曳元件至舞台区 图174-2 输入文本

步骤 03 选择“按钮”图层的第1帧，将“按钮”元件拖曳至舞台的合适位置，如图174-3所示。

步骤 04 同理，制作其他菜单的效果，如图174-4所示。

图174-3 拖曳“按钮”元件至舞台

图174-4 制作其他菜单的效果

步骤 05 单击“场景1”标签，返回“场景1”编辑模式，将“图层1”图层重命名为“背景”。选择工具箱中的矩形工具▭，在“颜色”面板中设置“笔触颜色”为无、“填充颜色”为蓝色（#0203CA）到黑色（#000000）的径向渐变，在舞台区的合适位置绘制一个“宽度”和“高度”分别为755和164的矩形，如图174-5所示，并在第5帧插入普通帧。

步骤 06 在“时间轴”面板中依次创建“菜单”、“动作”、“剪辑”3个图层，选择“菜单”图层的第1帧，将“菜单1”、“菜单2”、“菜单3”、“菜单4”、“菜单5”5个元件拖曳至舞台的合适位置，如图174-6所示，并设置其实例名称分别为m1、m2、m3、m4、m5。

图174-5 绘制矩形

图174-6 拖曳元件至舞台

步骤 07 选择“动作”图层的第1帧，在“动作”面板中添加代码，如图174-7所示（具体代码见“174-6.txt”文件）。

步骤 08 在“动作”图层的第5帧插入关键帧并添加代码，如图174-8所示。

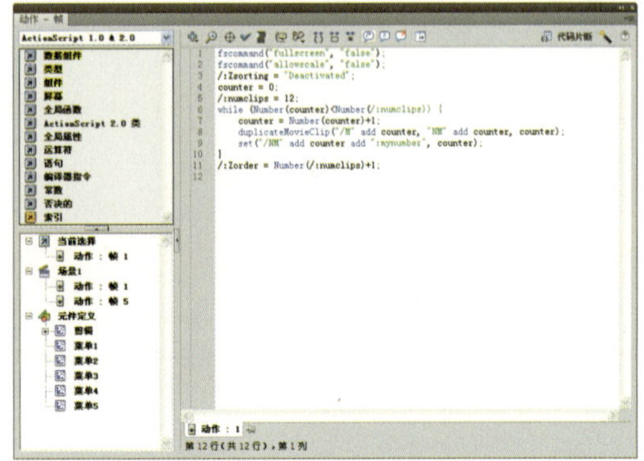

图174-7 为第1帧添加代码

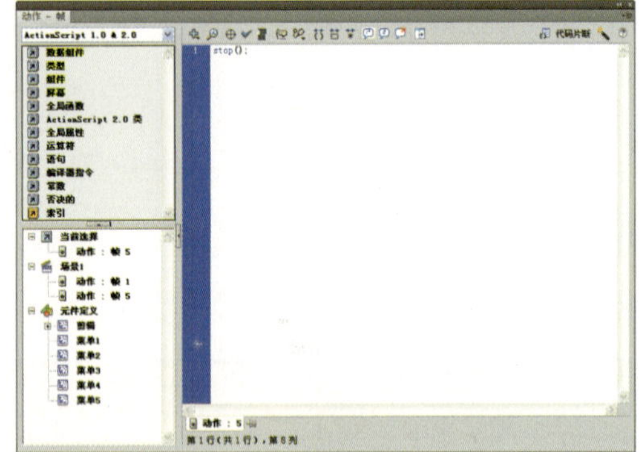

图174-8 为第5帧添加代码

步骤 09 选择“剪辑”图层的第1帧，将“剪辑”元件拖曳至舞台的合适位置，如图174-9所示。

步骤 10 单击“控制”|“测试影片”|“测试”命令测试动画效果，如图174-10所示。

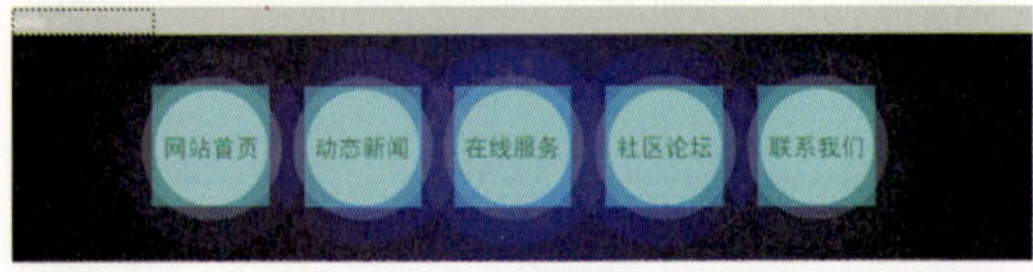

图174-9 创建补间动画

图174-10 测试动画效果

实例 175 风车式导航条

效果欣赏	实例导航
	素材文件：素材\第16章\实例175
	效果文件：效果\第16章\实例175.fla
	视频文件：视频\第16章\实例175.swf
	知识点睛：绘制矩形、添加动作脚本

步骤 01 单击“文件”|“打开”命令，打开一幅素材图形，将“图层1”图层重命名为“背景”。选择工具箱中的矩形工具，在“颜色”面板中设置“笔触颜色”为无、“填充颜色”为深蓝色（#2F4980）到淡蓝色（#ADE3F5）的线性渐变，在舞台区中绘制一个“宽度”和“高度”分别为600和200的矩形，设置X值和Y值分别为0，如图175-1所示。

步骤 02 选择“图层1”图层的第1帧，将“虚线组”元件拖曳至舞台的合适位置，如图175-2所示。

图175-1　绘制矩形

图175-2　拖曳“虚线”元件至舞台

步骤 03 在“时间轴”面板中依次创建“足球”、“文本”、“导航”、“按钮”、“动作”图层，选择“足球”图层的第1帧，将“足球”元件拖曳至舞台的合适位置，如图175-3所示。

步骤 04 选择“文本”图层的第1帧，选择工具箱中的文本工具，设置“系列”为“方正大标宋简体”、“字体大小”为25、“颜色”为白色（#FFFFFF），在舞台区的合适位置输入“足球俱乐部”文本，如图175-4所示。

图175-3　拖曳“足球”元件至舞台

图175-4　输入文本

步骤 05 选择“导航”图层的第1帧，分别将“文本1”至“文本5”元件拖曳至舞台的合适位置，如图175-5所示，并分别设置实例名称分别为mt1、mt2、mt3、mt4、mt5。

步骤 06 同理，拖曳相应的元件至舞台，并设置相应的实例名称，如图175-6所示。

图175-5　拖曳元件至舞台

图175-6　拖曳其他元件至舞台

步骤 07 选择“按钮”图层的第1帧，将“按钮”元件依次拖曳5次至舞台的合适位置，如图175-7所示，并分别设置实例名称为bt1、bt2、bt3、bt4和bt5。

步骤 08 选择“动作”图层的第1帧，在“动作”面板中添加代码，如图175-8所示（具体代码见“175-8.txt”文件）。

图175-7 拖曳“按钮”元件至舞台

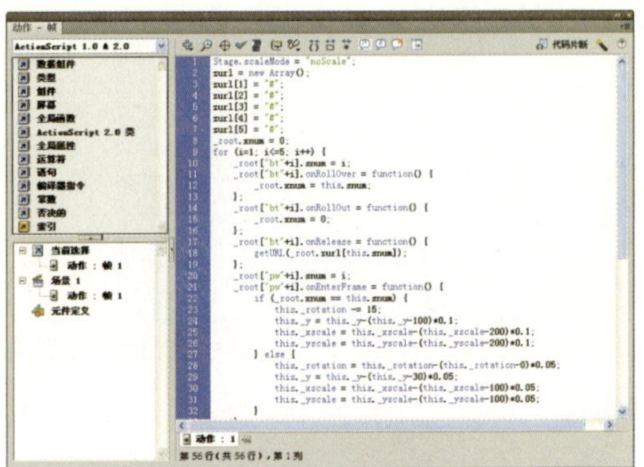
图175-8 添加脚本代码

步骤 09 单击“控制”|“测试影片”|“测试”命令测试动画效果，效果如图175-9所示。

图175-9 测试动画效果

实例 176 彩色弹性式导航条

效果欣赏	实例导航
主页 照片 日记 音乐 留言 家园 主页 照片 日记 音乐 留言 家园	素材文件：无
	效果文件：效果\第16章\实例176.fla
	视频文件：视频\第16章\实例176.swf
	知识点睛：创建元件、添加动作脚本

步骤 01 新建一个“宽”为600、“高”为100、“背景颜色”为白色（#FFFFFF）、“帧频”为40的Flash文档。

步骤 02 创建一个“名称”为“按钮”、“类型”为“按钮”的新元件，选择工具箱中的矩形工具，在舞台区的合适位置绘制一个“宽度”和“高度”均为100、“颜色”为白色的矩形，如图176-1所示。

步骤 03 创建一个“名称”为“菜单1”、“类型”为“影片剪辑”的新元件，选择“图层1”图层的第1帧，将“按钮”元件拖曳至舞台的合适位置，并设置实例名称为mb，如图176-2所示。在“时间轴”面板中依次创建3个图层。

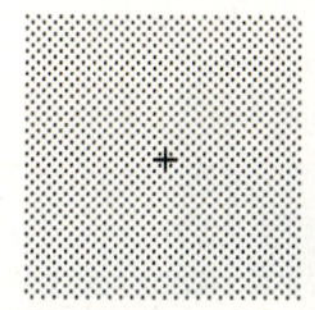

图176-1 绘制矩形　图176-2 设置实例名称

步骤 04 选择“图层2”图层的第1帧，选择工具箱中的线条工具，在“属性”面板中设置“笔触颜色”为黑色（#333333）、“笔触高度”为3、“样式”为“斑马线”，在舞台区中从上往下拖曳鼠标至合适位置，绘制一条斑马线，如图176-3所示。

步骤 05 选择“图层3”图层的第1帧，选择工具箱中的文本工具，设置“系列”为“黑体”、“字体大小”为16、“颜色”为红色（#FF0066），在舞台区的合适位置输入“主页”文本，如图176-4所示。

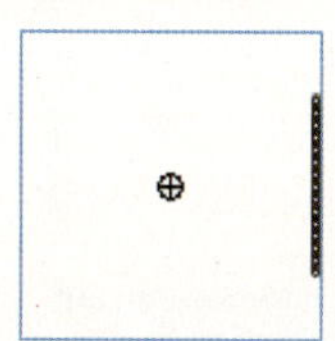

图176-3 绘制斑马线　图176-4 输入文本

步骤 06 选择“图层4”图层的第1帧，选择工具箱中椭圆工具，设置“宽度”和“高度”均为39.5、“笔触颜色”为红色（#FF0066）、“笔触高度”为3、“样式”为“点状线”，在舞台区的合适位置绘制一个圆，如图176-5所示。

步骤 07 同理，制作其他菜单的效果，单击“场景1”标签，返回“场景1”编辑模式，分别将“菜单1”至“菜单6”元件拖曳至舞台的合适位置，如图176-6所示。

图176-5 绘制圆

图176-6 拖曳元件至舞台

步骤 08 在“时间轴”面板中创建“动作”图层，选择第1帧，在“动作”面板中添加代码，如图176-7所示（具体代码见“176-7.txt”文件）。

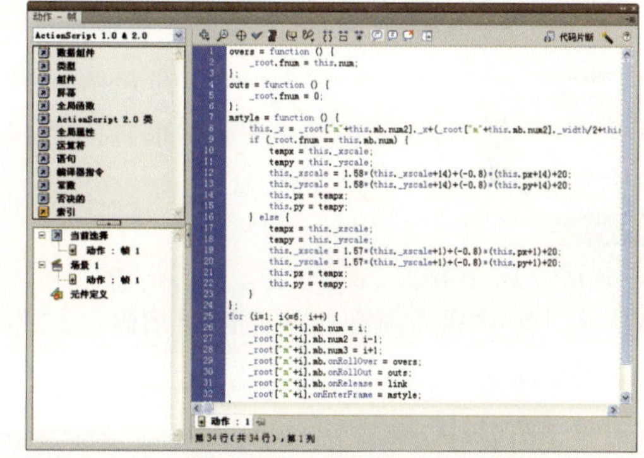

图176-7 添加脚本代码

步骤 09 单击“控制”|“测试影片”|“测试”命令测试动画效果，如图176-8所示。

图176-8 测试动画效果

实例177 下落式导航条

效果欣赏	实例导航
	素材文件：素材\第16章\实例177
	效果文件：效果\第16章\实例177.fla
	视频文件：视频\第16章\实例177.swf
	知识点睛：添加动作脚本

步骤 01 单击“文件”|“打开”命令，打开一幅素材图形，创建一个“名称”为“按钮元件1”、“类型”为“影片剪辑”的新元件，将“矩形1”元件拖曳至舞台的合适位置，如图177-1所示，在第10帧插入普通帧。

步骤 02 在“时间轴”面板中依次创建“图层2”、“图层3”两个图层。选择“图层2”图层的第1帧，将“文本1”元件拖曳至舞台的合适位置，如图177-2所示。

图177-1 拖曳矩形至舞台

新闻

图177-2 拖曳文本至舞台

步骤 03 在“图层2”图层的第4帧和第10帧插入关键帧。选择第4帧，将文本垂直向上移至合适位置，如图177-3所示。

步骤 04 选择“图层2”图层的第10帧，将文本垂直向下移至合适位置。在第1帧至第4帧、第4帧至第10帧之间创建补间动画，如图177-4所示。

新闻

图177-3 移动文本至合适位置

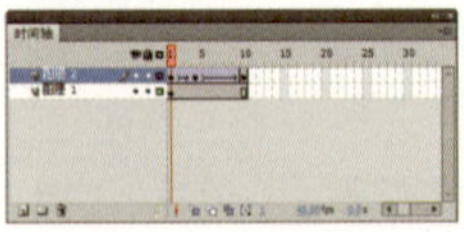

图177-4 创建补间动画

步骤 05 选择“图层3”图层的第1帧，在“动作”面板中添加stop帧脚本动作。

步骤 06 同理，制作其他按钮元件的效果。

步骤 07 单击“场景1”标签，返回“场景1”编辑模式。将“图层1”图层重命名为“背景”，将“图片”元件拖曳至舞台的合适位置，如图177-5所示。

步骤 08 在“时间轴”面板中依次创建“导航条”、“按钮”、“竖条”、“动作”4个图层，选择“导航条”图层的第1帧，分别将“导航1”至“导航6”元件拖曳至舞台的合适位置，如图177-6所示，分别设置实例名称分别为sm1、sm2、sm3、sm4、sm5、sm6。

步骤 09 选择“按钮”图层的第1帧，分别将“按钮元件1”至“按钮元件6”元件拖曳至舞台的合适位置，如图177-7所示，分别设置实例名称为m1、m2、m3、m4、m5、m6。

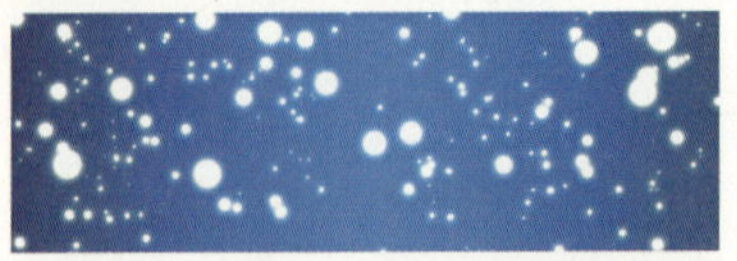

图177-5 拖曳“图片”元件至舞台

图177-6 拖曳“导航6”元件至舞台

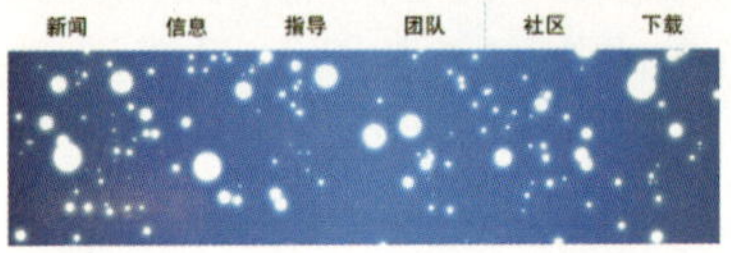

图177-7 拖曳“按钮”元件至舞台

步骤 10 选择“竖条”图层的第1帧，将“竖条”元件拖曳至舞台的合适位置，并复制4个，然后分别调整其位置，如图177-8所示。

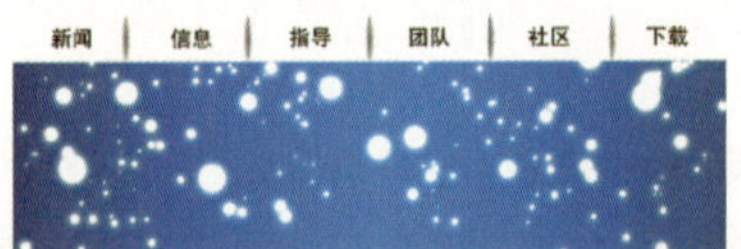

图177-8 拖曳“竖条”元件至舞台

步骤 11 选择“动作”图层的第1帧，在“动作”面板中添加代码，如图177-9所示（具体代码见“177-9.txt”文件）。

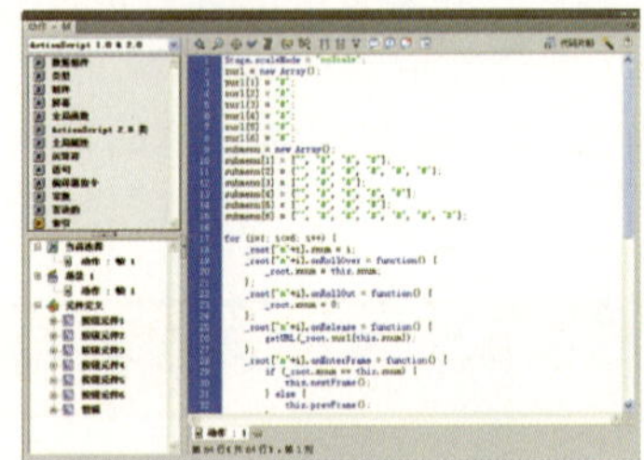

图177-9 添加脚本代码

步骤 12 单击“控制”|“测试影片”|“测试”命令测试动画效果，如图177-10所示。

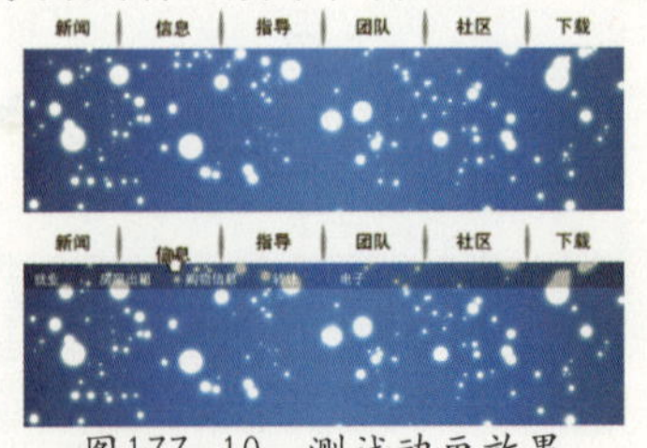

图177-10 测试动画效果

实例 178 自由漂移式导航条

效果欣赏	实例导航
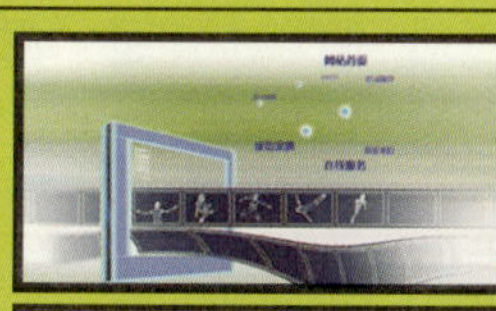 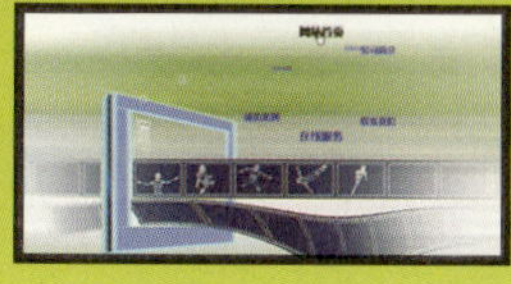	素材文件：素材\第16章\实例178
	效果文件：效果\第16章\实例178.fla
	视频文件：视频\第16章\实例178.swf
	知识点睛：输入文本、添加动作脚本

步骤 01 单击“文件”|“文件”命令，打开一幅素材图形，创建一个“名称”为“按钮”、“类型”为“按钮”的新元件。选择工具箱中的文本工具T，设置“系列”为“方正粗倩简体”、“字体”为18、“颜色”为蓝色（#0000FF），在舞台区的合适位置输入“网站首页”文本，如图178-1所示。

步骤 02 在“时间轴”面板中创建“图层2”图层，在“图层1”图层的“时针经过”帧和“点击”帧插入关键帧。选择“指针经过”帧，设置“颜色”为黑色（#000000），选择“点击”帧，选择工具箱中的矩形工具，设置“笔触颜色”为无、“填充颜色”为白色，在舞台区中绘制一个“宽度”和“高度”分别为100和35的矩形，分别单击“水平中齐”按钮和“垂直中齐”按钮，将矩形调整至舞台正中央，如图178-2所示。

图178-1 输入文本

网站首页

图178-2 绘制矩形并调整其位置

步骤 03 选择“图层2”图层的“指针经过”帧，将“圆动画2”元件拖曳至舞台的合适位置，如图178-3所示。在“属性”面板的“声音”选项区中设置相应的属性值。同理，制作其他按钮元件的制作。

步骤 04 创建“文本1”新元件，将分别“按钮1”元件拖曳至舞台的合适位置。同理，制作其他文本元件的效果。

步骤 05 按【Ctrl+E】键返回“场景1”编辑模式，将“图层1”图层重命名为“背景”。选择“背景”图层的第1帧，将“背景”元件拖曳至舞台的合适位置，如图178-4所示，在第8帧插入普通帧。

图178-3 拖曳元件至舞台

图178-4 拖曳“背景”元件至舞台

步骤 06 在“时间轴”面板中依次创建“圆动画”、“文本”、“动作”3个图层。选择“圆动画”图层的第1帧，将“圆动画1”元件拖曳3次至舞台的合适位置，如图178-5所示。

图178-5 拖曳元件至舞台

步骤 07 选择“文本”图层的第1帧，将“文本1”至“文本7”元件拖曳至舞台区的合适位置，如图178-6所示。

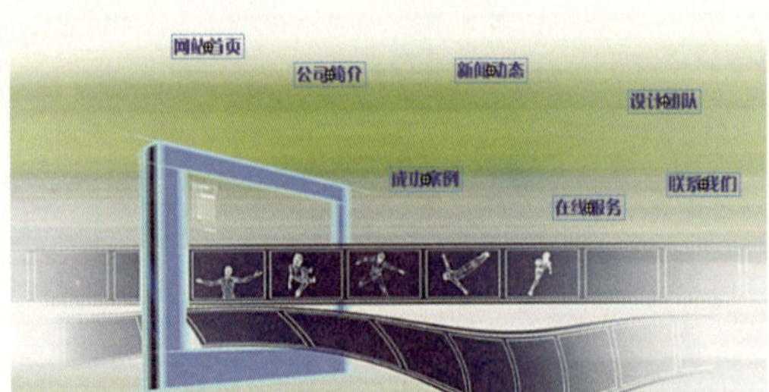

图178-6 拖曳“文本”元件至舞台

步骤 08 选择“网站首页”文本，在“动作”面板中添加代码，如图178-7所示（具体代码见“178-7.txt”文件）。

步骤 09 选择“公司简介”文本，在动作面板中添加代码，如图178-8所示（具体代码见“178-8.txt”文件）。

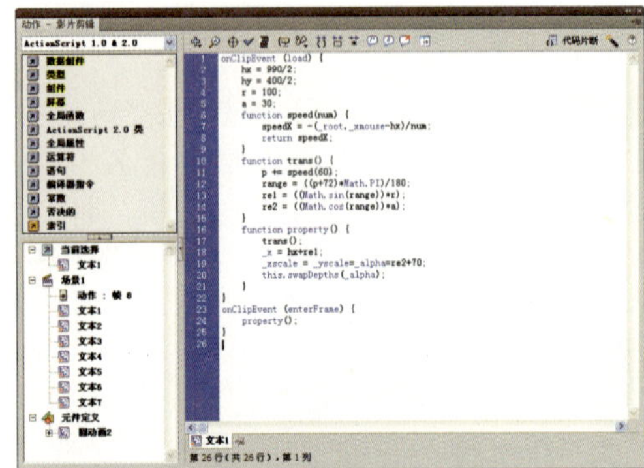

图178-7 添加脚本代码

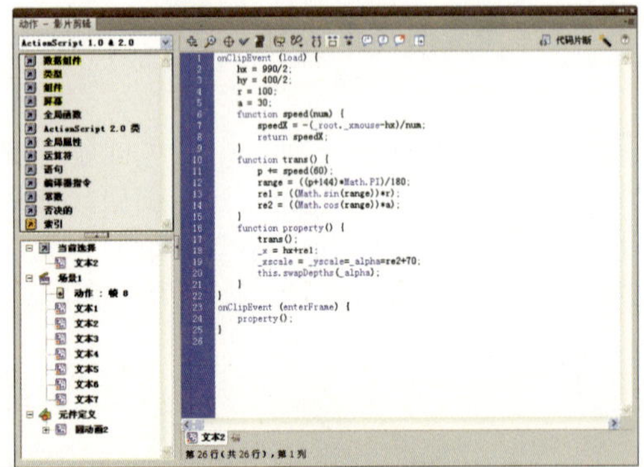

图178-8 添加另一脚本代码

步骤 10 同理，为其他文本添加相应的代码。

步骤 11 在“动作”图层的第8帧插入关键帧，在“动作”面板中添加代码，如图178-9所示。

图178-9 为帧添加脚本代码

步骤 12 单击“控制”|“测试影片”|“测试”命令测试动画效果，如图178-10所示。

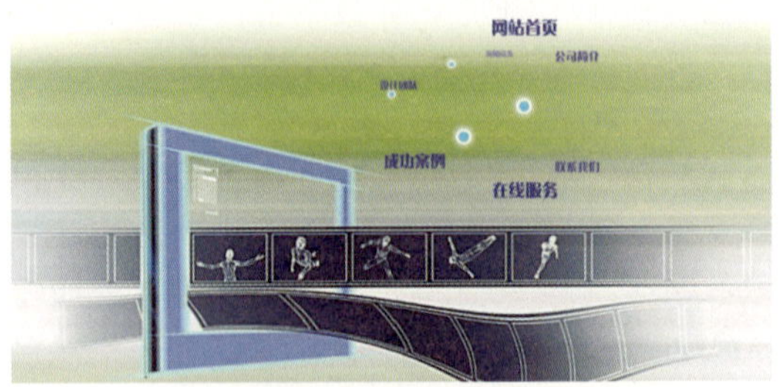

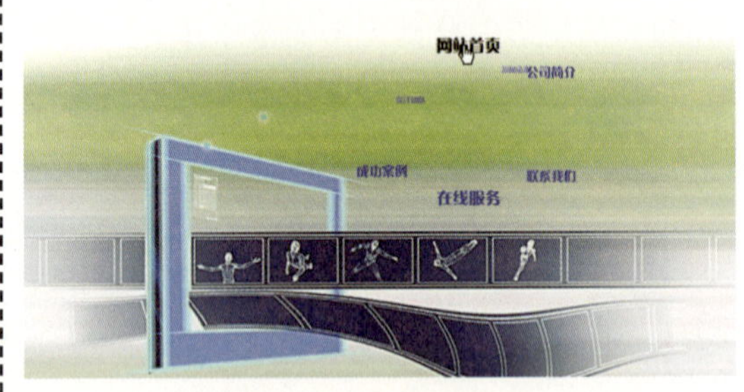

图178-10 测试动画效果

实例 179 展开式导航条

效果欣赏	实例导航
 	素材文件：素材\第16章\实例179
	效果文件：效果\第16章\实例179.fla
	视频文件：视频\第16章\实例179.swf
	知识点睛：绘制矩形、添加动作脚本

步骤 01 单击“文件”|“打开”命令，打开一幅素材图形，创建一个“名称”为“透明按钮”、“类型”为“按钮”的新元件。选择工具箱中的矩形工具，在“属性”面板中设置“笔触颜色”为无、“填充颜色”为蓝色（#0000FF），在舞台区的合适位置绘制一个“宽度”和“高度”分别为180和200的矩形，如图179−1所示。

步骤 02 选择绘制的矩形，设置其Alpha值为0%，在“指针经过”帧插入普通帧，如图179−2所示。

图179−1 绘制矩形

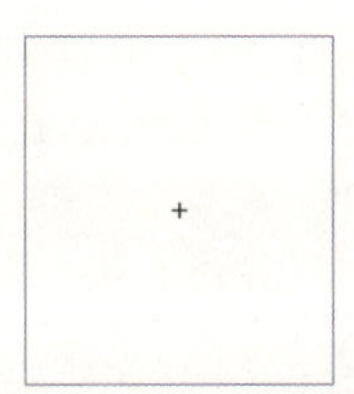

图179−2 设置Alpha值的效果

步骤 03 按【Ctrl+E】键进入“场景1”编辑模式，将“图层1”图层重命名为“图片”图层，将“图片”元件拖曳至舞台的合适位置，如图179−3所示，在第3帧插入普通帧。

图179−3 拖曳元件至舞台

步骤 04 在“时间轴”面板中依次创建“按钮”、“导航条”、“动作”3个图层，选择“按钮”图层的第1帧，将“透明按钮”元件拖曳至舞台的合适位置。选择透明按钮，在“动作”面板中添加代码，如图179−4所示（具体代码见“179−4.txt”文件）。

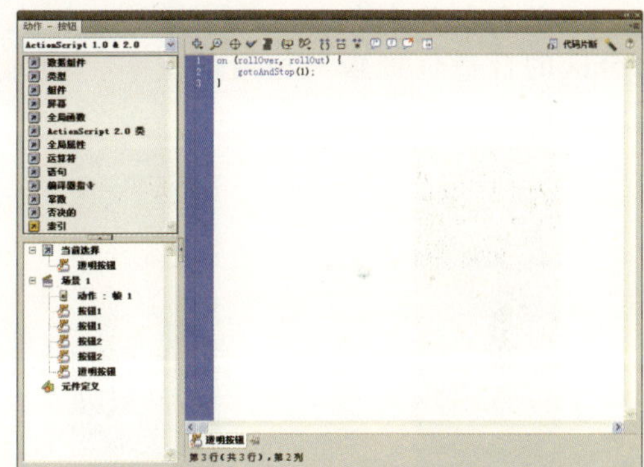

图179−4 为按钮添加脚本代码

步骤 05 选择“导航条”图层的第1帧，将“按钮1”元件拖曳至舞台的合适位置，如图179−5所示。

图179−5 拖曳元件至舞台

步骤 06 选择按钮元件，在“动作”面板中添加代码，如图179–6所示。

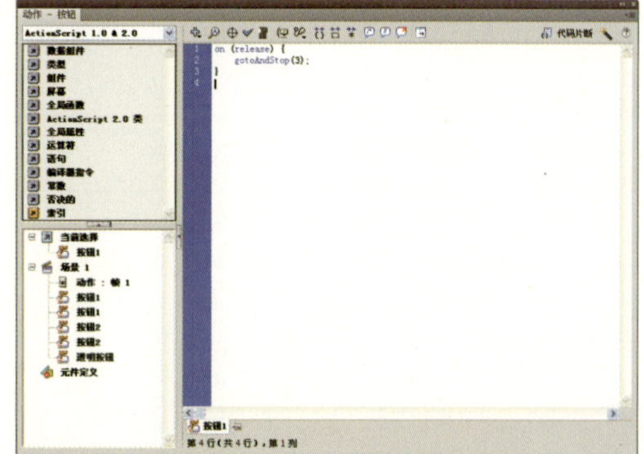

图179–6 添加脚本代码

步骤 07 在“导航条”图层的第3帧插入关键帧，将“按钮2”元件拖曳至舞台区中，并复制8个，然后将其调整至合适的位置，如图179–7所示。

步骤 08 选择工具箱中的文本工具T，设置“系列”为“黑体”、“字体大小”为13、“颜色”为白色（#FFFFFF），在舞台区的合适位置输入相应的文本，如图179–8所示。

图179–7 拖曳元件至舞台

图179–8 输入文本

步骤 09 在舞台区中选择“社区论坛”文本下方的“按钮2”元件，在“动作”面板中添加代码，如图179–9所示。

步骤 10 选择“动作”图层的第1帧，在“动作”面板中添加代码，如图179–10所示。

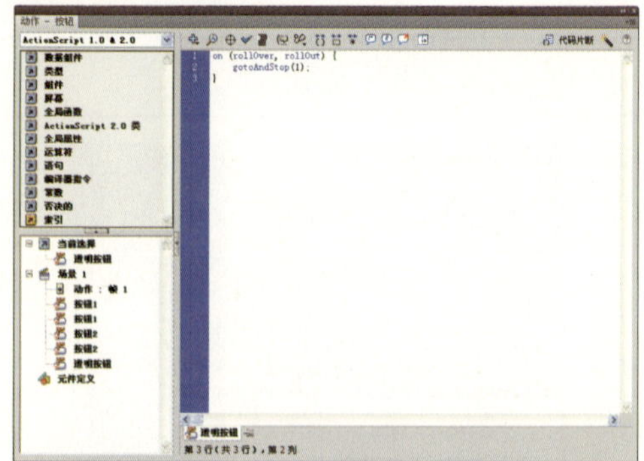

图179–9 为元件添加脚本代码

图179–10 为帧添加脚本代码

步骤 11 单击“控制”|“测试影片”|“测试”命令测试动画效果，如图179–11所示。

图179–11 测试动画效果

实例 180　滚动式导航条

效果欣赏	实例导航
	素材文件：素材\第16章\实例180
	效果文件：效果\第16章\实例180.fla
	视频文件：视频\第16章\实例180.swf
	知识点睛：添加动作脚本、创建图层

步骤 01 单击“文件”|“打开”命令，打开一幅素材图形，将“图层1”图层重命名为“背景”，将“背景”元件拖曳至舞台区的合适位置，如图180–1所示。

步骤 02 在“时间轴”面板中依次创建“圆”、AS 1、“菜单”、AS 2、AS 3这5个图层。选择“圆”图层的第1帧，将“圆1”元件拖曳至舞台区的合适位置，如图180–2所示。

图180–1　拖曳“背景”元件至舞台

图180–2　拖曳“圆1”元件至舞台

步骤 03 选择AS 1图层的第1帧，将“圆2”元件拖曳至舞台的合适位置，如图180–3所示。

步骤 04 选择“菜单”图层的第1帧，分别将“菜单1”至“菜单6”元件拖曳至舞台的合适位置，如图180–4所示。

图180–3　拖曳“圆2”元件至舞台

图180–4　拖曳菜单元件至舞台

步骤 05 在舞台区中选择“菜单1”元件，在“动作”面板中添加代码，如图180–5所示（具体代码见“180–5.txt”元件）。

步骤 06 选择“菜单2”元件，在“动作”面板中添加代码，如图180–6所示（具体代码见“180–6.txt”文件）。

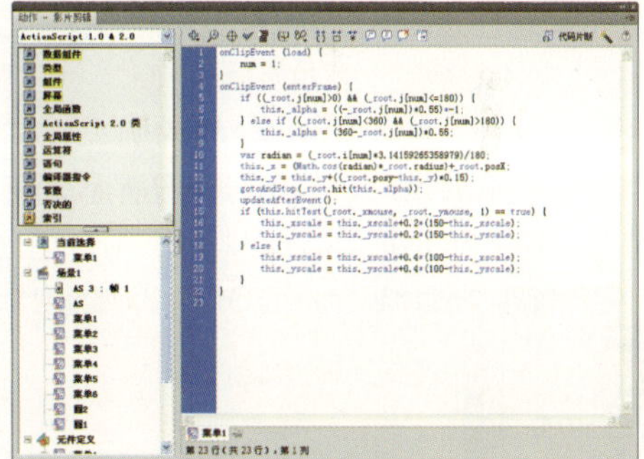

图180–5　为“菜单1”元件添加代码

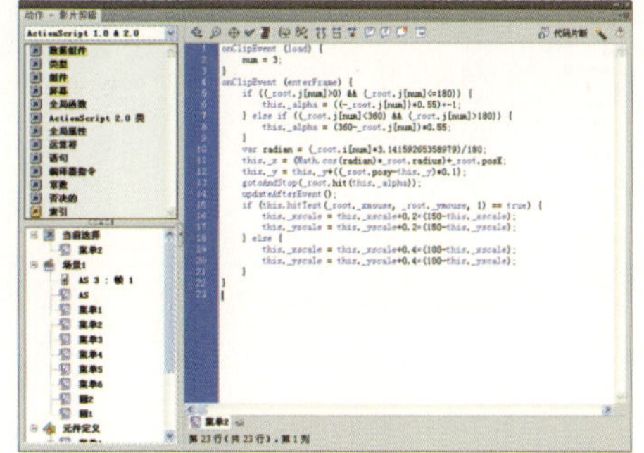

图180–6　为“菜单2”元件添加代码

步骤 07 同理，为每个菜单添加相应的代码。

步骤 08 选择AS 2图层的第1帧，将AS元件拖曳至舞台的合适位置，如图180-7所示。

步骤 09 选择AS 3图层的第1帧，在“动作”面板中添加代码，如图180-8所示（具体代码见“180-8.txt”文件）。

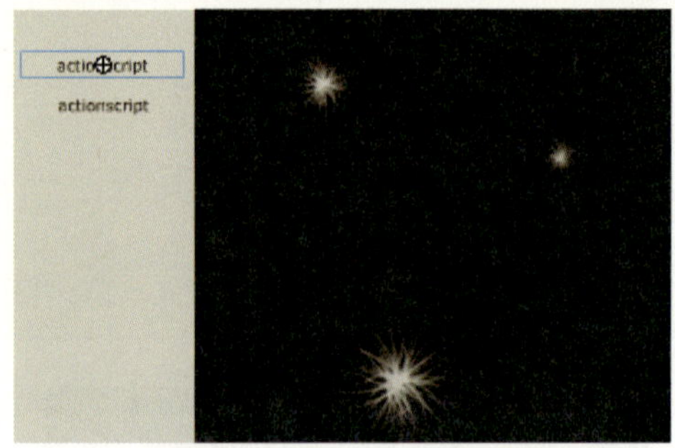

图180-7 拖曳元件到舞台中

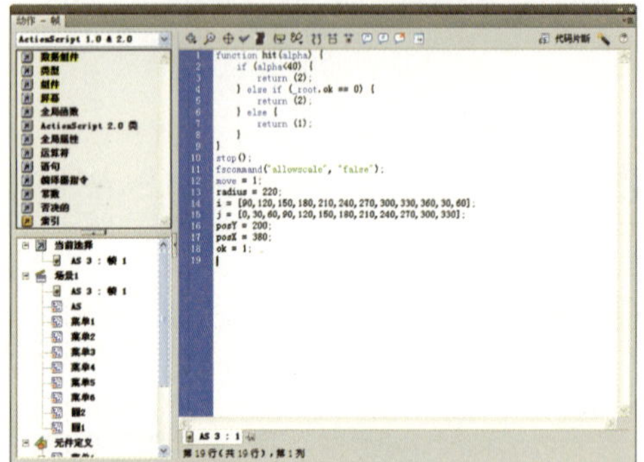

图180-8 为帧添加代码

步骤 10 选择“圆”图层第1帧的圆，在“动作”面板中添加代码，如图180-9所示（具体代码见“180-9.txt”文件）。

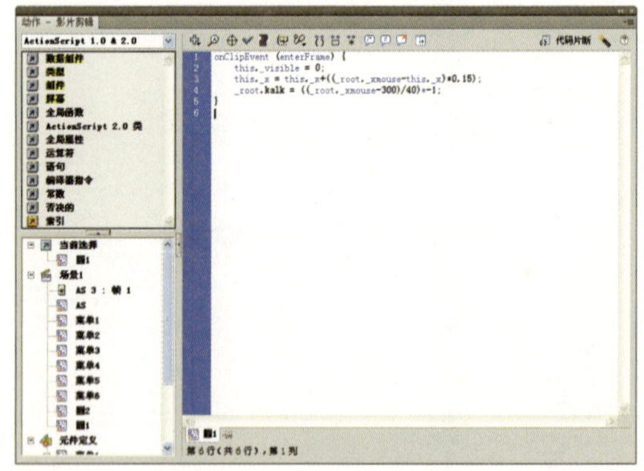

图180-9 添加脚本代码

步骤 11 在AS 1图层第1帧的元件上添加代码，如图180-10所示（具体代码见“180-10.txt”文件）。

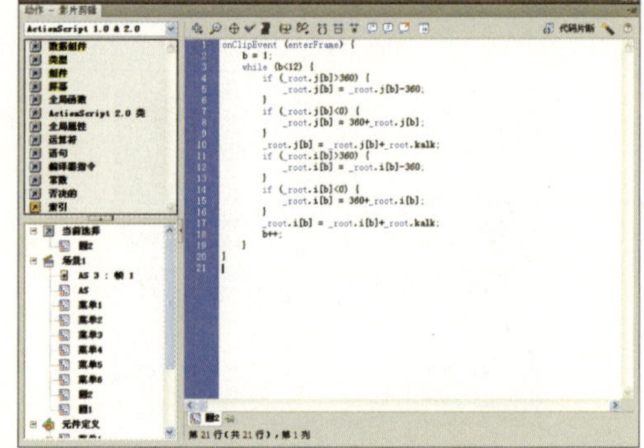

图180-10 添加另一脚本代码h

步骤 12 在AS 2图层第1帧的元件上添加代码，如图180-11所示（具体代码见“180-11.txt”文件）。

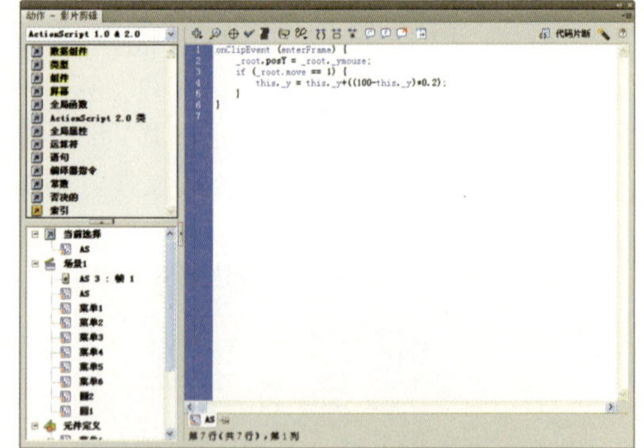

图180-11 再次添加脚本代码

步骤 13 单击“控制”|“测试影片”|“测试”命令，测试动画效果，效果如图180-12所示。

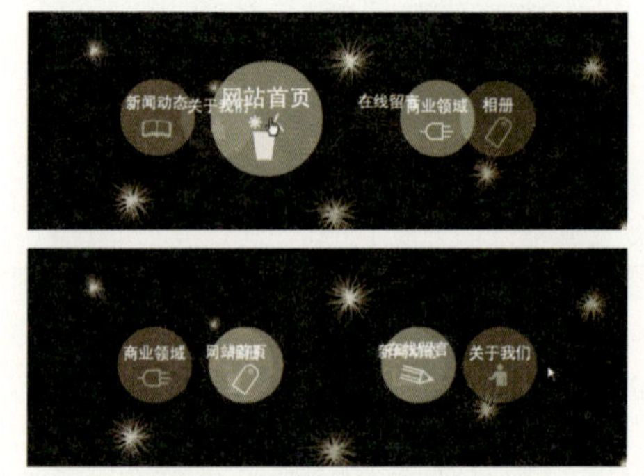

图180-12 测试动画效果

第17章 商业广告1

本章重点

实例181 相机广告

实例182 跑车广告

实例183 MP3广告

实例184 上市汽车广告

实例185 数码摄像机广告

实例186 汽车广告

实例187 上市笔记本电脑广告

实例188 上市手机广告

实例189 摄像机广告

实例190 游戏手机广告

实例 181 相机广告

效果欣赏	实例导航
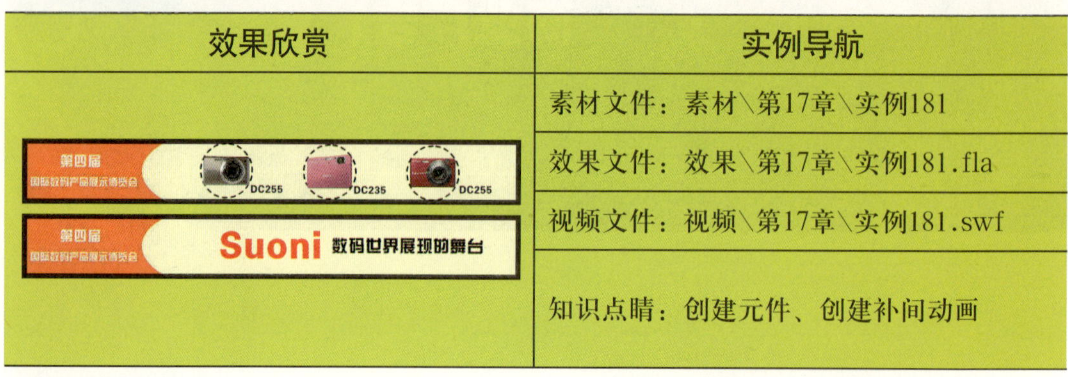	素材文件：素材\第17章\实例181
	效果文件：效果\第17章\实例181.fla
	视频文件：视频\第17章\实例181.swf
	知识点睛：创建元件、创建补间动画

步骤 01 单击“文件”|“打开”命令，打开一幅素材图形，将其另存为“实例181.fla”文件，选择“图层1”图层的第1帧，将“图片1”元件拖曳至舞台中，并调整至正中央，如图181-1所示，在第105帧插入普通帧。

步骤 02 在“时间轴”面板中依次创建“图层2”、“图层3”、“图层4”、“图层5”、“图层6”、“图层7”6个图层，选择“图层2”图层的第1帧，将“图片2”元件拖曳至舞台区的合适位置，如图181-2所示。

图181-1 拖曳元件至舞台

图181-2 拖曳另一元件至舞台

步骤 03 在“图层2”图层的第15帧插入关键帧。选择第1帧，将图片水平向右移至文档以外的区域，在第1帧至第15帧之间创建补间动画，如图181-3所示。

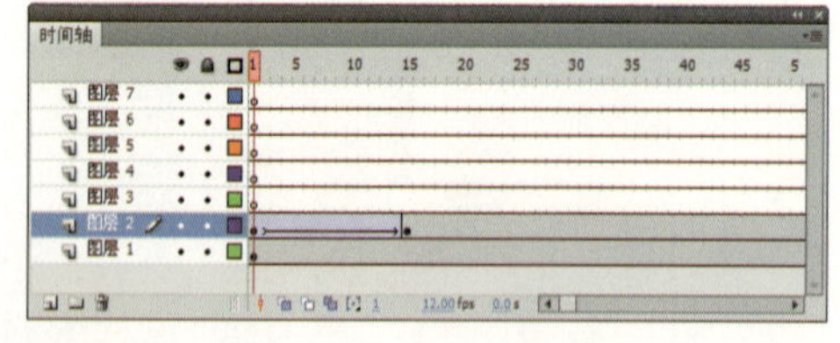

图181-3 创建补间动画

步骤 04 同理，制作其他元件的动画效果，并删除“图层2”、“图层3”、“图层4”、“图层5”图层的第60帧至第105帧之间的帧，如图181-4所示。

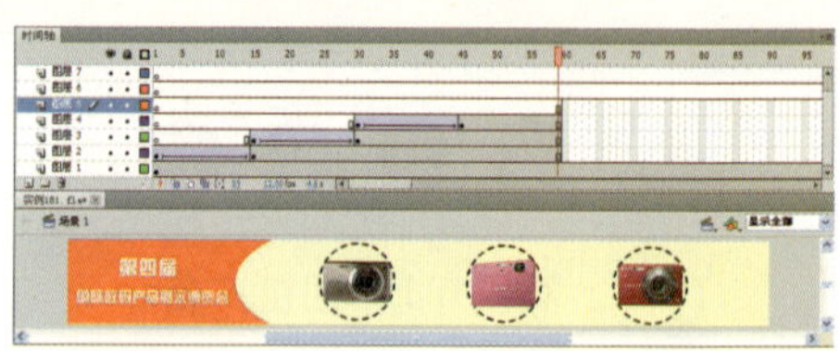

图181-4 制作其他元件的动画效果

步骤 05 在“图层5”图层的第45帧插入关键帧，将“文本1”、“文本2”、“文本3”元件拖曳至舞台的合适位置，如图181-5所示。选择第45帧，按【Ctrl+G】键将其组合起来。在第50帧插入关键帧，选择第45帧，将文本垂直向下移至舞台以外的区域，在第45帧至第50帧之间创建补间动画。

步骤 06 在“图层6”图层的第60帧插入关键帧，将“文本4”元件拖曳至舞台区中，设置X值和Y值分别为380、45，效果如图181-6所示。分别在第65帧和第70帧插入关键帧，选择第60帧的文本，设置Alpha值为0%，在第60帧至第65帧之间创建补间动画。

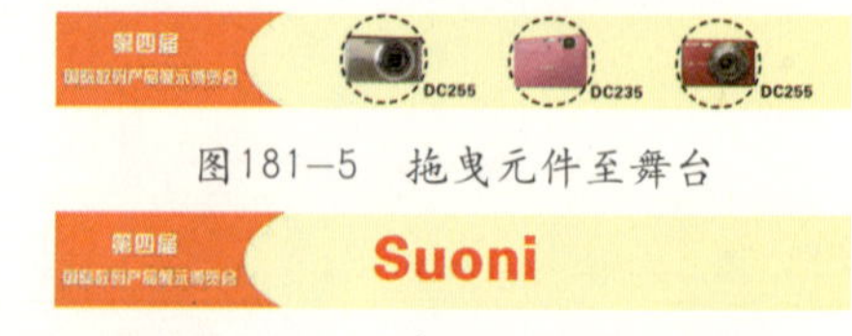

图181-5 拖曳元件至舞台

图181-6 拖曳另一元件至舞台

步骤 07 选择“图层6”图层第65帧的文本，在“属性”面板中设置“亮度”值为100%，在第65帧至第70帧之间创建补间动画，如图181-7所示。

步骤 08 在“图层7”图层的第75帧插入关键帧，将“文本5”元件拖曳至舞台区中，设置

X值和Y值分别为590、45，如图181-8所示。在第80帧插入关键帧，选择第75帧，将文本垂直向下移至文档以外的区域，在第75帧至第80帧之间创建补间动画。

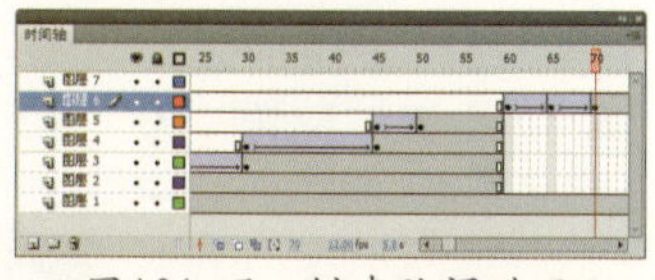

图181-7 创建补间动画

图181-8 拖曳元件至舞台

步骤 09 按【Ctrl+Enter】键测试动画效果，如图181-9所示。

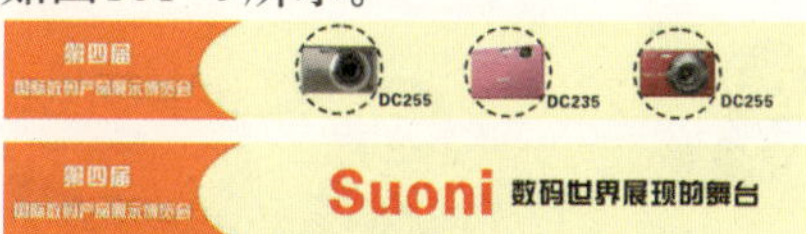

图181-9 测试动画效果

实例 182 跑车广告

效果欣赏	实例导航
 	素材文件：素材\第17章\实例182
	效果文件：效果\第17章\实例182.fla
	视频文件：视频\第17章\实例182.swf
	知识点睛：插入关键帧、设置Alpha值

步骤 01 新建一个“宽”为550、“高”为413、“背景颜色”为白色（#FFFFFF）、“帧频”为12的Flash文档，选择“图层1”图层的第1帧，导入一幅素材图片，如图182-1所示。

步骤 02 在“时间轴”面板中依次创建“图层2”、“图层3”、“图层4”3个图层，在“图层2”图层的第144帧插入关键帧，导入另一幅素材图片，如图182-2所示。

图182-1 导入素材图片

图182-2 导入另一素材图片

步骤 03 在“图层3”图层的第165帧插入关键帧，导入一幅标志图片，如图182-3所示，并转化为“图形”元件。在“图层3”、“图层4”图层的第313帧插入普通帧。

步骤 04 在"图层3"图层的第175帧、第177帧、第179帧、第225帧插入关键帧。选择第165帧的图片，设置其Alpha值为0%，在第165帧至第175帧之间创建补间动画，如图182-4所示。

图182-3　导入标志图片

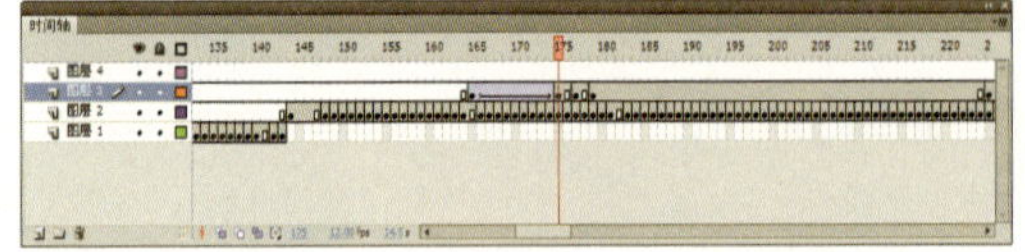

图182-4　创建补间动画

步骤 05 选择"图层3"图层第177帧的图片，在"属性"面板中设置"色调"为黄色（#FFFF00），效果如图182-5所示。

步骤 06 在"图层3"图层的第179帧至第225帧之间创建补间动画，如图182-6所示。在"属性"面板中设置"旋转"为"顺时针"。

图182-5　设置图片亮度

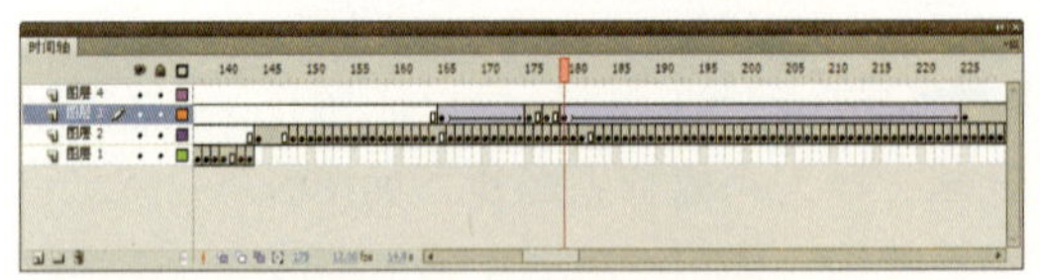

图182-6　创建补间动画

步骤 07 在"图层4"图层的第190帧插入关键帧，选择工具箱的文本工具T，在"属性"面板中设置"字体大小"为40、"颜色"为黑色（#000000），在舞台的合适位置输入"BAOMA宝马"文本，并分别设置"系列"为Expo和"方正粗宋简体"，效果如图182-7所示，并转化为"图形"元件。

步骤 08 在"图层4"图层的第225帧插入关键帧。选择第190帧的文本，在"属性"面板中设置其"宽度"和"高度"均为1，在第190帧至第225帧之间创建补间动画，如图182-8所示，并设置"旋转"为"顺时针"。

图182-7　输入文本

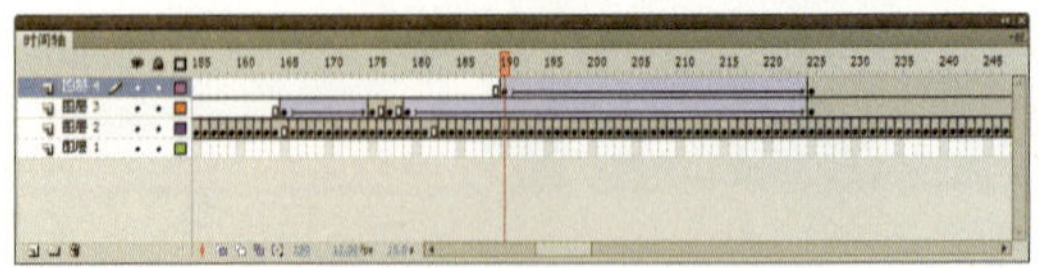

图182-8　创建补间动画

步骤 09 按【Ctrl+Enter】键测试动画效果，如图182-9所示。

图182-9　测试动画效果

实例 183 MP3广告

效果欣赏	实例导航
 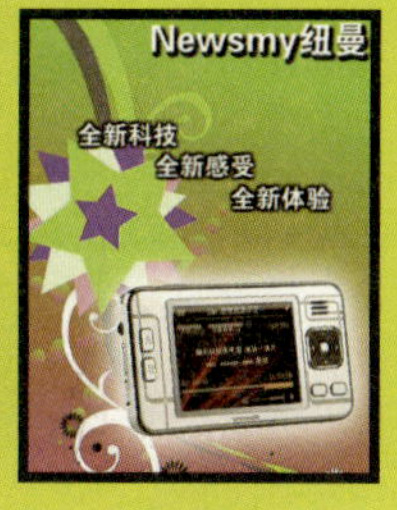	素材文件：素材\第17章\实例183
	效果文件：效果\第17章\实例183.fla
	视频文件：视频\第17章\实例189.swf
	知识点睛：设置Alpha值、设置亮度值

步骤 01 单击“文件”|“打开”命令，打开一幅素材图形，将其另存为“实例183.fla”文件，将“图片1”元件拖曳至舞台的合适位置，如图183-1所示，在“图层1”图层的第150帧插入普通帧。

步骤 02 在“时间轴”面板中依次创建“图层2”、“图层3”、“图层4”3个图层，选择“图层2”图层的第1帧，将“图片2”元件拖曳至舞台区的合适位置，如图183-2所示。

图183-1 拖曳元件至舞台

图183-2 拖曳另一元件至舞台

步骤 03 在“图层2”图层的第15帧、第16帧和第17帧插入关键帧。选择第1帧的图片，在“属性”面板中设置其“宽度”和“高度”均为1，在第1帧至第15帧之间创建补间动画，如图183-3所示，并设置“旋转”为“顺时针”。

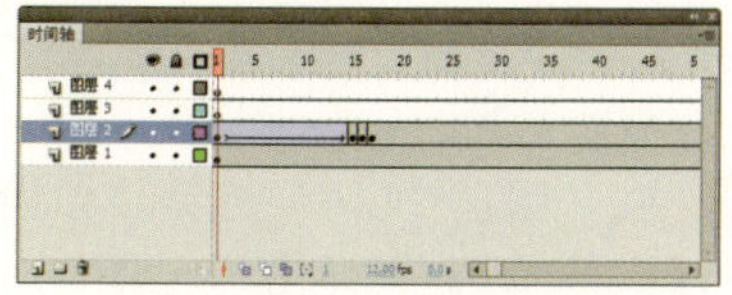

图183-3 创建补间动画

步骤 04 选择“图层2”图层的第16帧的图片，在“属性”面板中设置“亮度”值为100%，效果如图183-4所示。

图183-4 设置图片的亮度

步骤 05 在“图层3”图层的第17帧插入关键帧，将“文本1”元件拖曳至舞台的合适位置，如图183-5所示。在第30帧、第31帧和第32帧插入关键帧，选择第17帧的文本，在“属性”面板中设置Alpha值为0%，在第17帧至第30帧之间创建补间动画，选择第31帧的文本，设置“亮度”值为100%。

步骤 06 在“图层4”图层的第40帧插入关键帧，将“文本2”元件拖曳至舞台的合适位置，如图183-6所示。在第55帧插入关键帧，选择第40帧，将文本水平向左移至文档以外的区域，在第40帧至第55帧之间创建补间动画。

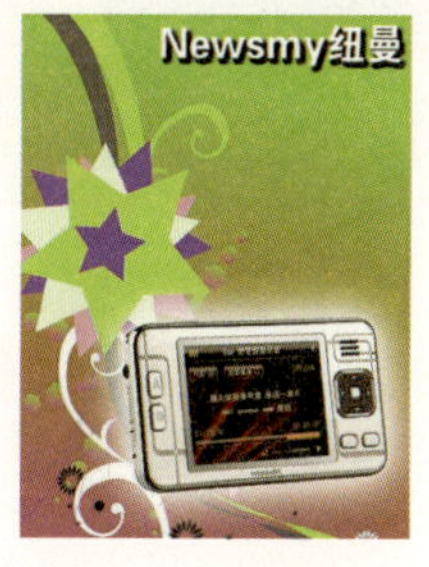

图183-5 拖曳元件至舞台

图183-6 拖曳另一元件至舞台

步骤 07 在“图层4”图层的第70帧插入空白关键帧，将“文本3”元件拖曳至舞台合适位置。在第85帧插入关键帧，选择第70帧，将文本水平向右移至文档以外的区域，在第70帧至第85帧之间创建补间动画，如图183-7所示。

步骤 08 同理，制作其他文本的动画效果，如图183-8所示。

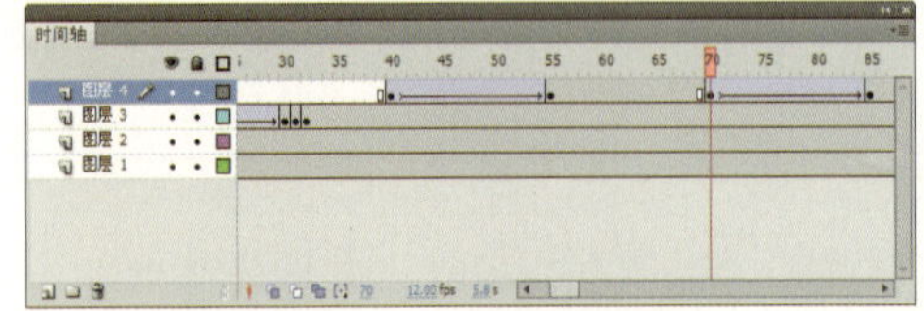

图183-7　创建补间动画

图183-8　制作其他文本动画效果

步骤 09 按【Ctrl+Enter】键测试动画效果，如图183-9所示。

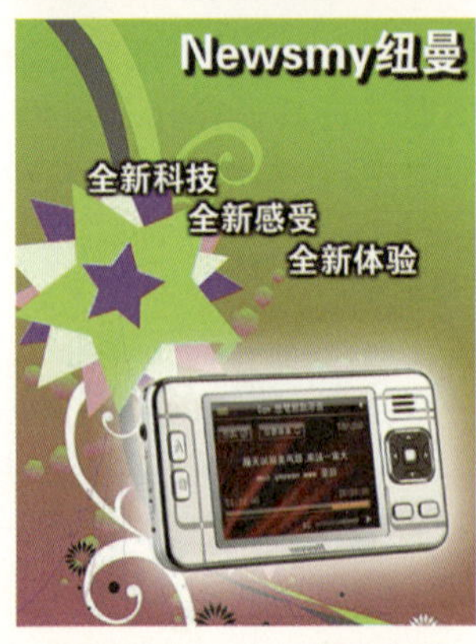

图183-9　测试动画效果

实例 184　上市汽车广告

效果欣赏	实例导航
	素材文件：素材\第17章\实例184
	效果文件：效果\第17章\实例184.fla
	视频文件：视频\第17章\实例184.swf
	知识点睛：创建关键帧、设置文本色调效果

步骤 01 单击“文件”|“打开”命令，打开一幅素材图形。选择“图层1”图层的第1帧，将“图片1”元件从“库”面板中拖曳至舞台区，单击“窗口”|“对齐”命令，在弹出的“对齐”面板中单击“左对齐”按钮和“垂直中齐”按钮，将“图片1”元件调整至合适位置，如图184-1所示。

步骤 02 在“图层1”图层的第15帧插入关键帧，按【Ctrl+K】键弹出“对齐”面板，单击“右对齐”按钮，在第1帧至第15帧之间创建补间动画，并在第50帧插入普通帧，如图184-2所示。

图184-1 拖曳元件至舞台

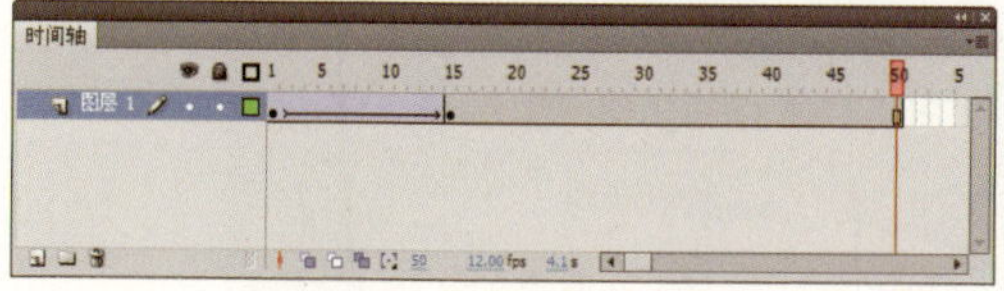

图184-2 创建补间动画

步骤 03 在“时间轴”面板中依次创建“图层2”、“图层3”、“图层4”、“图层5”4个图层。在“图层2”图层的第15帧插入关键帧，将“文本1”元件从“库”面板中拖曳至舞台的合适位置，如图184-3所示。

步骤 04 在“图层2”图层的第30帧插入关键帧，选择第15帧，将文本水平向右移至舞台以外的区域，如图184-4所示，在第15帧至第30帧之间创建补间动画。

图184-3 拖曳元件至舞台

图184-4 水平向右移动文本

步骤 05 在“图层3”图层的第25帧插入关键帧，将“文本2”元件从“库”面板中拖曳至舞台的合适位置，如图184-5所示。

图184-5 拖曳元件至舞台

步骤 06 在“图层3”图层的第35帧插入关键帧，选择第25帧，将文本水平向右移至舞台以外的区域，在第25帧至第35帧之间创建补间动画，如图184-6所示。

步骤 07 在“图层4”图层的第51帧插入关键帧，将“图片2”元件从“库”面板中拖曳至舞台，按【Ctrl+K】键弹出“对齐”面板，分别单击“水平中齐”按钮和“垂直中齐”按钮，将“图片2”元件调整至舞台正中间，如图184-7所示。

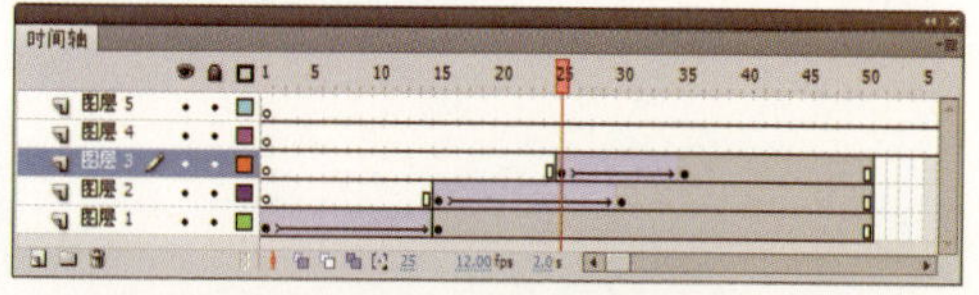

图184-6 创建补间动画

图184-7 拖曳元件至舞台

步骤 08 在“图层4”图层的第60帧插入关键帧，选择第51帧的图片，在“属性”面板中设置Alpha值为0%，在第51帧至60帧之间创建补间动画，在第100帧插入普通帧，如图184-8所示。

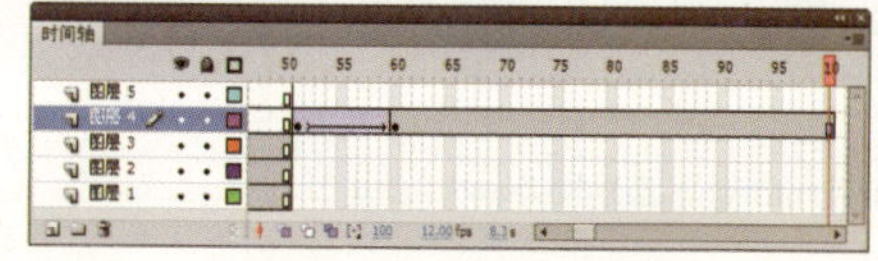

图184-8 创建补间动画

步骤 09 在“图层5”图层的第60帧插入关键帧，将“文本3”元件从“库”面板中拖曳至舞台的合适位置，如图184-9所示。

步骤 10 同时在“图层5”图层的第80帧、第82帧、第84帧插入关键帧，选择第60帧的文本，在“属性”面板中设置“宽度”和“高度”均为1，在第60帧至第80帧之间创建补间动画，并在第100帧插入普通帧，如图184-10所示。

图184-9 拖曳元件至舞台

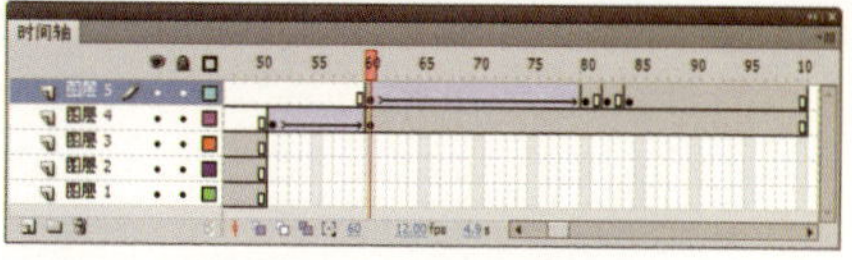

图184-10 创建补间动画

步骤 11 选择“图层5”图层的第82帧的文本，在“属性”面板的“色彩效果”选项区中设置“样式”为“色调”、“颜色”为黑色（#000000），如图184-11所示。

步骤 12 按【Ctrl+Enter】键测试动画效果，如图184-12所示。

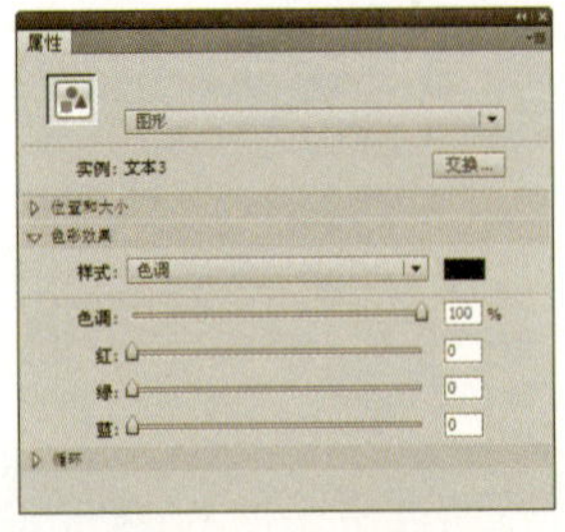
图184-11　设置文本

图181-12　测试动画效果色彩效果

实例 185　数码摄像机广告

效果欣赏	实例导航
	素材文件：素材\第17章\实例185
	效果文件：效果\第17章\实例185.fla
	视频文件：视频\第17章\实例185.swf
	知识点睛：设置Alpha值、插入关键帧

步骤 01 单击“文件”｜“打开”命令，打开一幅素材图形，将其另存为“实例185.fla”文件。

步骤 02 选择“时间轴”面板中“图层1”图层的第1帧，将“图形2”元件从“库”面板中拖曳至舞台的合适位置，如图185-1所示，在第80帧插入普通帧。

步骤 03 在“时间轴”面板中依次创建“图层2”、“图层3”、“图层4”、“图层5”、“图层6”5个图层，选择“图层2”图层的第1帧，将“图片2”元件拖曳至舞台的合适位置，效果如图185-2所示。

图185-1　拖曳元件至舞台　图185-2　再次拖曳元件

步骤 04 在“图层2”图层的第5帧插入关键帧，选择第1帧，将图片水平向右移至舞台以外的区域，在第1帧至第5帧之间创建补间动画，如图185-3所示。

步骤 05 在“图层3”图层的第5帧插入关键帧，将“图片1”元件拖曳至舞台的合适位置，如图185-4所示。

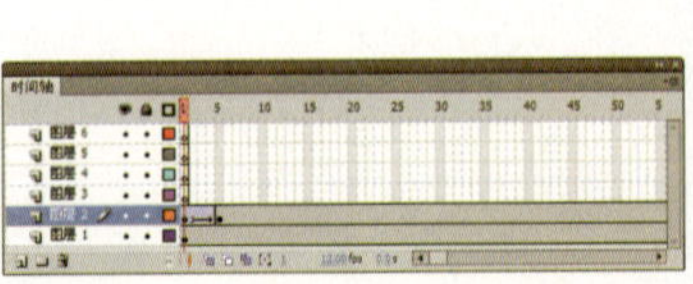

图185-3　创建补间动画　图185-4　拖曳元件至舞台

步骤 06 在“图层3”图层的第7帧、第9帧和第11帧插入关键帧，选择第5帧的图片，在“属性”面板的设置Alpha值为0%，如图185-5所示。

步骤 07 选择“图层3”图层第9帧的图片，在“属性”面板中设置其“样式”为“亮度”、“亮度”值为100%，如图185-6所示。

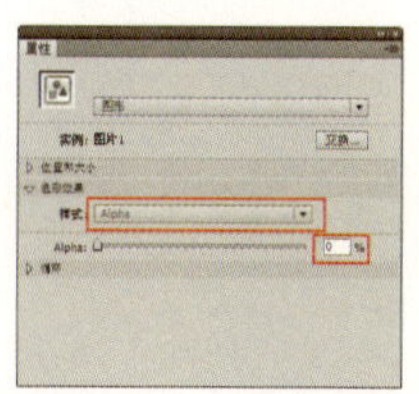
图185-5 设置图形色彩效果

图185-6 设置图片的亮度效果

步骤 08 在“图层4”图层的第11帧插入关键帧，将“文本动画”元件拖曳至舞台区的合适位置，如图185-7所示。

步骤 09 在“图层5”图层的第15帧插入关键帧，将“文本2”元件拖曳至舞台区的合适位置，如图185-8所示。

图185-7 拖曳元件至舞台

图185-8 拖曳另一元件至舞台

步骤 10 在“图层5”图层的第20帧、第21帧和第22帧插入关键帧。选择第15帧，将文本水平向左移至文档以外的区域，如图185-9所示，在第15帧至第20帧之间创建补间动画。

步骤 11 选择“图层5”图层的第21帧的文本，在“属性”面板中设置“样式”为“色调”、“颜色”为白色（#FFFFFtvF），效果如图185-10所示。

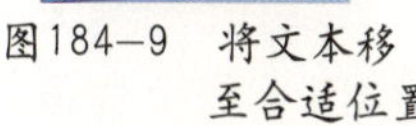
图184-9 将文本移至合适位置

图185-10 设置文本的色调效果

步骤 12 在“图层5”图层的第35帧插入空白关键帧，将“文本3”元件拖曳至舞台区的合适位置，如图185-11所示。

步骤 13 在第40帧、第41帧和第42帧插入关键帧。选择第35帧的文本，设置其Alpha值为0%，并将其水平向右移至文档以外的区域，在第35帧至第40帧之间创建补间动画，如图185-12所示。

图185-11 拖曳元件至舞台

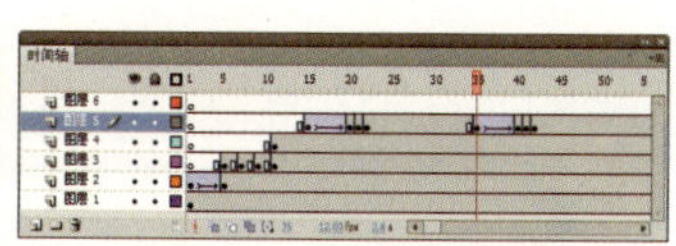
图185-12 创建补间动画

步骤 14 选择第41帧的文本，在“属性”面板中设置“样式”为“色调”、“颜色”为白色（#FFFFFF）。

步骤 15 同理，制作其他文本的效果，如图185-13所示。

步骤 16 在“图层6”图层的第25帧插入关键帧，将“文本1”元件拖曳至舞台区的合适位置，如图185-14所示。

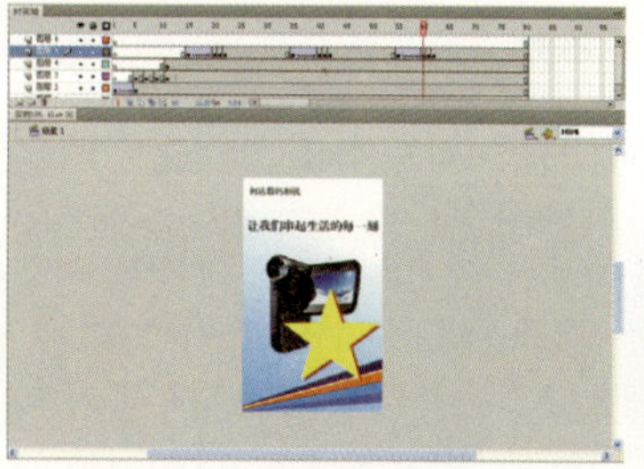
图185-13 设置文本的色调效果

图185-14 制作其他文本效果

步骤 17 在第45帧、第46帧和第47帧插入关键帧，选择第25帧，将文本移至舞台以外左下角的位置，在第25帧至第45帧之间创建补间动画，如图185-15所示。选择第46帧的文本，在“属性”面板中设置“亮度”值为100%。

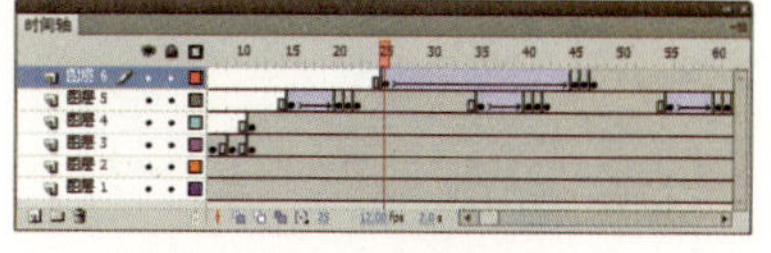
图185-15 创建补间动画

步骤 18 按【Ctrl+Enter】键测试动画效果，如图185-16所示。

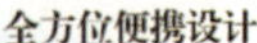

图185-16 测试动画效果

实例 186 汽车广告

<table>
<tr><th>效果欣赏</th><th>实例导航</th></tr>
<tr><td rowspan="4"> </td><td>素材文件：素材\第17章\实例186</td></tr>
<tr><td>效果文件：效果\第17章\实例186.fla</td></tr>
<tr><td>视频文件：视频\第17章\实例186.swf</td></tr>
<tr><td>知识点睛：设置文本的亮度效果、插入关键帧</td></tr>
</table>

步骤 01 单击“文件”|“打开”命令，打开一幅素材图形。

步骤 02 在“时间轴”面板中依次创建“图层2”、“图层3”、“图层4”3个图层，选择“图层2”图层的第79帧，将“图片1”元件拖曳至舞台区，并调整至正中间，如图186-1所示。

步骤 03 在“图层2”图层的第85帧插入关键帧，选择第79帧的图片，设置Alpha值为0%，在第79帧至第85帧之间创建补间动画，并在“图层2”、“图层3”、“图层4”图层的第170帧插入普通帧，如图186-2所示。

图186-1 拖曳元件至舞台

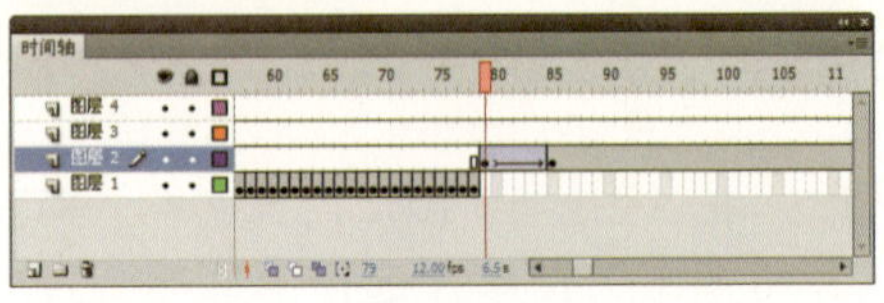

图186-2 创建补间动画并插入帧

步骤 04 在“图层3”图层的第85帧插入关键帧，将“图片2”元件拖曳至舞台区的合适位置，如图186-3所示。

图186-3 拖曳元件至舞台

步骤 05 在“图层3”图层的第100帧插入关键帧，选择第85帧，将图片向下移至合适位

置，并设置Alpha值为0%，在第85帧至第100帧之间创建补间动画，如图186-4所示，设置“旋转”为“顺时针”。

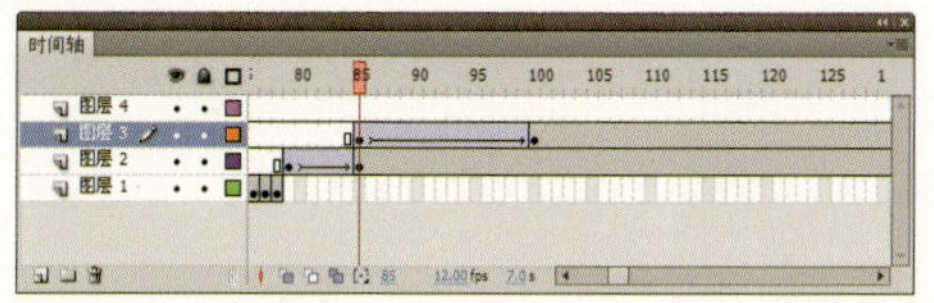

图186-4 创建补间动画

步骤 06 在“图层4”图层的第100帧插入关键帧，选择工具箱中的文本工具T，设置“系列”为“方正粗宋简体”、“字体大小”为30、“颜色”为白色（#FFFFFF），在舞台区的合适位置输入“捷达 不止步，演绎冠军本色”文本，如图186-5所示，并将其转换为“图形”元件。

步骤 07 分别在“图层4”图层的第126帧、第128帧和第130帧插入关键帧，选择第100帧的文本，设置“宽度”和“高度”均为1，在第100帧至第126帧之间创建补间动画，如图186-6所示。选择第128帧的文本，设置“亮度”值为-100%。

图186-5 输入文本

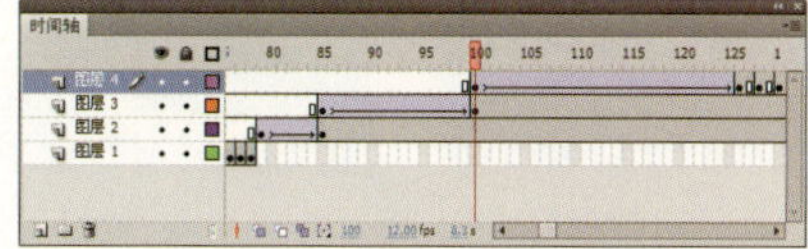

图186-6 创建补间动画

步骤 08 按【Ctrl+Enter】键测试动画效果，如图186-7所示。

图186-7 测试动画效果

实例 187 上市笔记本广告

效果欣赏	实例导航
  	素材文件：素材\第17章\实例187
	效果文件：效果\第17章\实例187.fla
	视频文件：视频\第17章\实例187.swf
	知识点睛：插入关键帧、创建补间动画

步骤 01 单击“文件”|“打开”命令，打开一幅素材图形，将其另存为“实例187.fla”文件。

步骤 02 在“时间轴”面板中依次创建“图层2”、“图层3”、“图层4”、“图层5”、“图层6”、“图层7”、“图层8”7个图层。选择“图层2”图层的第1帧，将“文本1”元件拖曳至舞台的合适位置，如图187-1所示。

步骤 03 在“图层3”图层的第5帧插入关键帧，将“图片1”元件拖曳至舞台的合适位置，如图187-2所示。

步骤 04 在“图层3”图层的第55帧插入关键帧，选择第5帧，将图片垂直向上移至文档以外的区域，在第5帧至第55帧之间创建补间动画，如图187-3所示。并在“属性”面板中设置“旋转”为“顺时针”。

图187-1 拖曳元件至舞台

图187-2 拖曳另一元件至舞台

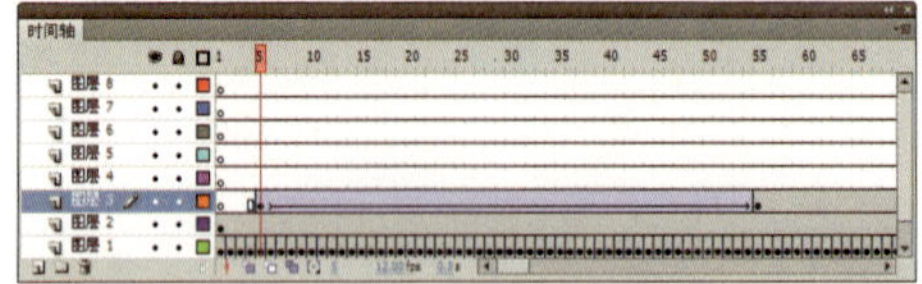

图187-3 创建补间动画

步骤 05 同理，制作其他图片的效果，如图187-4所示。

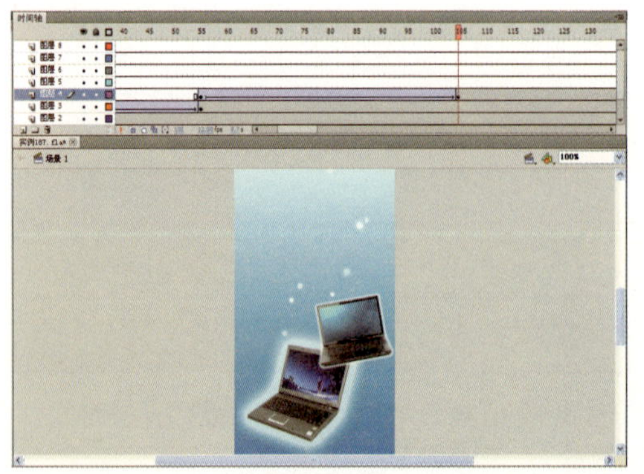

图187-4 制作其他图片效果

步骤 06 在“图层5”图层的第105帧插入关键帧，将“文本2”元件拖曳至舞台区的合适位置，如图187-5所示。在第120帧插入关键帧，选择第105帧，将文本向左下角移至合适位置，在第105帧至120帧之间创建补间动画。

步骤 07 同理，制作“图层6”图层的文本效果，如图187-6所示。

图187-5 拖曳元件至舞台

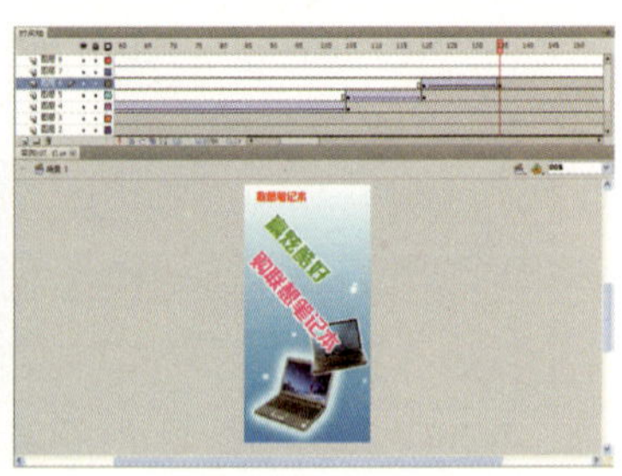

图187-6 制作文本效果

步骤 08 在“图层7”图层的第140帧插入关键帧，将“礼”元件拖曳至舞台的合适位置，如图187-7所示。在第155帧、第157帧、第159帧插入关键帧，选择第140帧的图片，在“属性”面板中设置“宽度”和“高度”均为1，在第140帧至155帧之间插入关键帧。

步骤 09 选择“图层7”图层的第157帧，在“属性”面板中设置“亮度”值为100%，效果如图187-8所示。

图187-7 拖曳元件至舞台

图187-8 设置图片的亮度

步骤 10 在“图层8”图层的第160帧插入关键帧，将“图片3”元件拖曳至舞台的合适位置，如图187-9所示。在第170帧和第190帧插入关键帧，选择160帧，将图片垂直向上移至舞台以外的区域，在第160帧至第170帧之间创建补间动画。

步骤 11 选择“图层8”图层的第190帧，将图片放大至合适大小，并设置Alpha值为20%，在第170帧至第190帧之间创建补间动画，如图187-10所示。

图187-9 拖曳元件至舞台

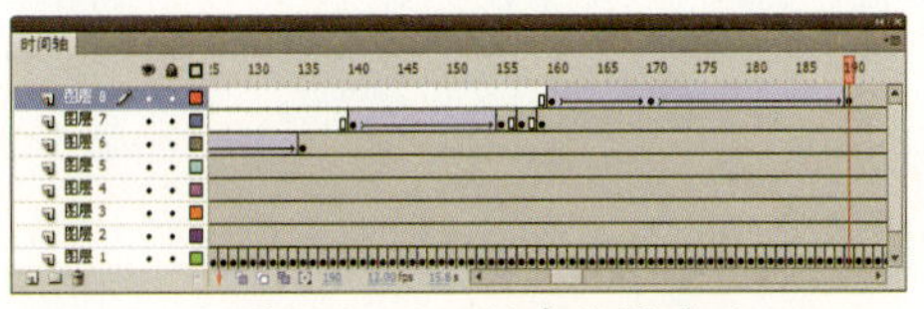

图187-10 创建补间动画

步骤 12 按【Ctrl+Enter】键测试动画效果，如图187-11所示。

图187-11 测试动画效果

实例 188 上市手机广告

效果欣赏	实例导航
	素材文件：素材\第17章\实例188
	效果文件：效果\第17章\实例188.fla
	视频文件：视频\第17章\实例188.swf
	知识点睛：插入关键帧、设置文本发光效果

步骤 01 新建一个“宽”为600、“高”为200、“背景颜色”为白色（#FFFFFF）、“帧频”为12的Flash文档。将其另存为“实例188.fla”文件。

步骤 02 单击“文件”|“导入”|“导入到舞台”命令，导入一幅图片。在“时间轴”面板中依次创建“图层2”、“图层3”、“图层4”、“图层5”、“图层6”、“图层7”6个图层，如图188-1所示。

图188-1 导入图像至舞台

步骤 03 在“图层2”图层的第68帧插入关

键帧，单击“文件”|“导入”|“导入到舞台”命令，导入一幅图片，如图188-2所示。

图188-2　导入另一图像至舞台

步骤 04 在“图层3”图层的第68帧插入关键帧，单击“文件”|“导入”|“导入到舞台”命令，导入一幅图片，并调整至合适位置，如图188-3所示。

步骤 05 在“图层3”图层的第90帧插入关键帧，在第68帧至第90帧之间创建补间动画，并将第68帧的图像缩小至合适大小，如图188-4所示。在“图层3”、“图层4”、“图层5”、“图层6”、“图层7”图层的第193帧插入普通帧。

图188-3　导入手机图像至舞台

图188-4　缩小图片

步骤 06 在“图层4”图层的第90帧插入关键帧，选择工具箱中的文本工具T，在“属性”面板中设置“字体”为Compacta Blk BT、“字体大小”为30、“颜色”为白色（#FFFFFF），在舞台区的合适位置输入NOKIA文本，如图188-5所示。

步骤 07 选择输入的文本，单击“属性”面板左下角的“添加滤镜”按钮，在弹出的下拉菜单中选择“发光”选项，并设置“模糊X”、“模糊Y”、“强度”、“颜色”分别为8、8、800%、黑色（#000000），设置文本发光效果，效果如图188-6所示。

图188-5　输入文本

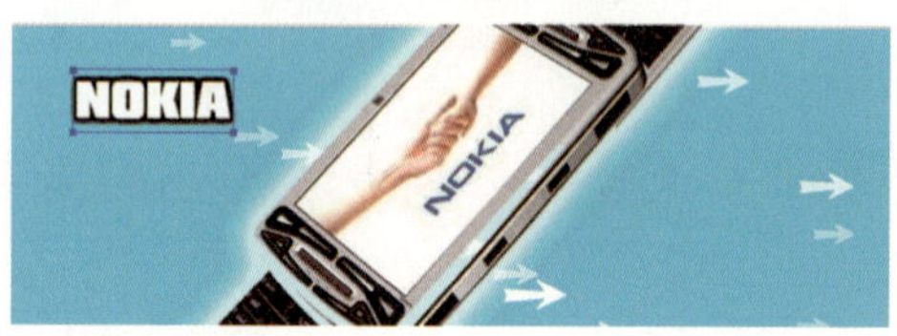

图188-6　制作文本发光效果

步骤 08 在“图层4”图层的第110帧插入关键帧，并选择第90帧，将文本向上移至文档以外的区域，在第90帧和第110帧之间创建补间动画，如图188-7所示。

步骤 09 同理，制作“图层5”图层的文本效果，效果如图188-8所示。

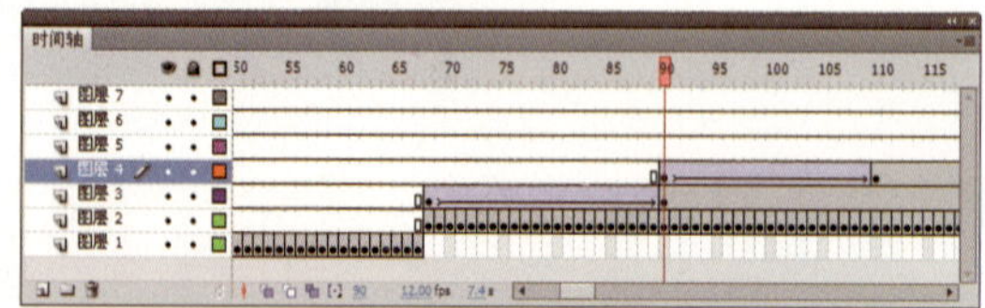

图188-7　创建补间动画

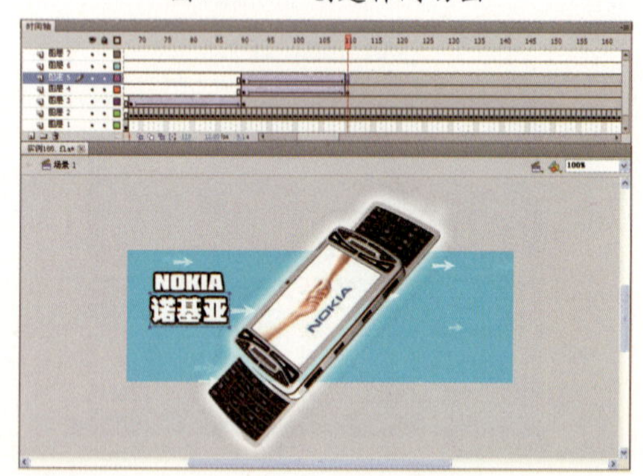

图188-8　制作文本效果

步骤 10 在“图层6”图层的第110帧插入关键帧，单击“文件”|“导入”|“导入到舞台”命令，导入一幅图像，如图188-9所示。

步骤 11 在“图层6”图层的第120帧插入关键帧，选择第120帧，将图像向左下角移至合适位置，在第110帧和第120帧之创建补间动画，如图188-10所示。

图188-9 导入图像至舞台

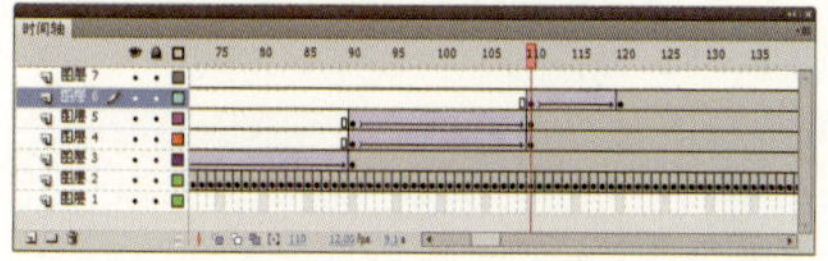

图188-10 创建补间动画

步骤 12 在“图层7”图层的第120帧插入关键帧，选择工具箱中的文本工具T，在“属性”面板中设置“字体”为“汉仪菱心体简”、“字体大小”为25、“颜色”为黑色（#000000），在舞台区的合适位置输入“火热上市”文本，如图188-11所示，并将其转换为“图形”元件。

图188-11 输入文本

步骤 13 在“图层7”图层的第130帧插入关键帧，将第130帧的文本放大至合适大小，如图188-12所示，并在第120帧至130帧之间创建补间动画。

图188-12 放大文本

步骤 14 在第132帧、第134帧插入关键帧，选择第132帧的文本，在“属性”面板中设置“样式”为“亮度”、“亮度值”为100%，效果如图188-13所示。

步骤 15 按【Ctrl+Enter】键测试动画效果，效果如图188-14所示。

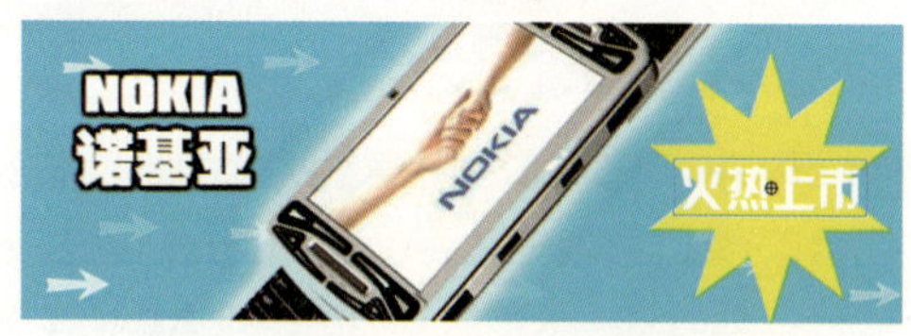

图188-13 设置文本的亮度效果

图188-14 测试动画效果

实例 189 摄像机广告

效果欣赏	实例导航
	素材文件：素材\第17章\实例189
	效果文件：效果\第17章\实例189.fla
	视频文件：视频\第17章\实例189.swf
	知识点睛：插入关键帧、设置文本的投影效果

步骤 01 单击“文件”|“打开”命令，打开一幅素材图形，将其另存为“实例189.fla”文件。

步骤 02 选择“图层1”图层的第1帧，将“图片1”元件拖曳至舞台区中，并调整至舞台区正中间，如图189-1所示，并在第170帧插入普通帧。

步骤 03 在“时间轴”面板中依次创建“图

层2”、“图层3”、“图层4”、“图层5”、“图层6”5个图层，选择“图层2”图层的第1帧，将“图片2”元件拖曳至舞台区的合适位置，如图189-2所示。

图189-1 拖曳元件至舞台

图189-2 拖曳另一元件至舞台

步骤 04 在“图层2”图层的第10帧、第20帧、第25帧、第26帧、第27帧和第45帧插入关键帧。选择第1帧，将图片垂直向上移至文档以外的区域，在第1帧至第10帧之间创建补间动画。选择第20帧，将图片放大至合适大小，在第10帧至第20帧之间创建补间动画，如图189-3所示。

步骤 05 选择“图层2”图层的第26帧，设置“亮度”值为100%，选择第45帧，将图片水平向左移至合适位置，如图189-4所示，在第27帧至第45帧之间创建补间动画。

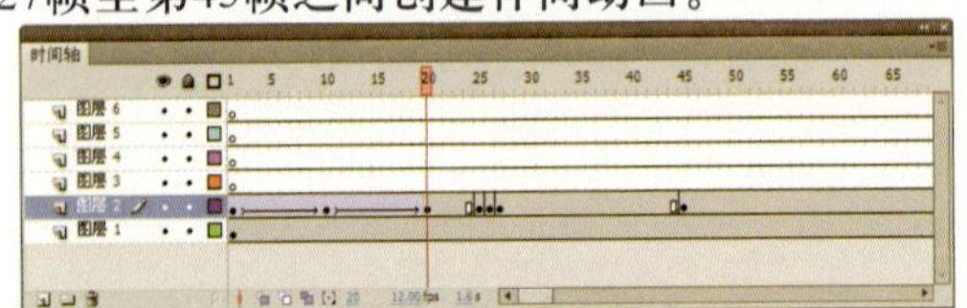

图189-3 创建补间动画

图189-4 将图片移至合适位置

步骤 06 在“图层3”图层的第45帧插入关键帧，选择工具箱中的文本工具，设置“系列”为“方正粗倩简体”、“字体大小”为50、“颜色”为白色（#FFFFFF），在舞台区的合适位置输入“瞄准生活”文本，如图189-5所示。

步骤 07 选择第45帧的文本，单击“属性”面板左下角的“添加滤镜”按钮，在弹出的下拉菜单中选择“投影”选项，设置“模糊X”、“模糊Y”、“强度”、“颜色”分别为5、5、300%、黑色（#000000），制作文本投影效果，如图189-6所示。

图189-5 输入文本

图189-6 制作文本投影效果

步骤 08 在“图层3”图层的第60帧、第65帧和第70帧插入关键帧。选择第45帧，将文本垂直向上移至舞台以外的区域，在第45帧至第60帧之间创建补间动画。选择第65帧，将文本垂直向上移至合适位置，分别在第60帧至第65帧、第65帧至第70帧之间创建补间动画，如图189-7所示。

步骤 09 删除“图层2”和“图层3”图层的第91帧至第170帧之间的帧。同理，制作“图层4”图层的文本效果，如图189-8所示，并删除第110帧至第170帧之间的帧。

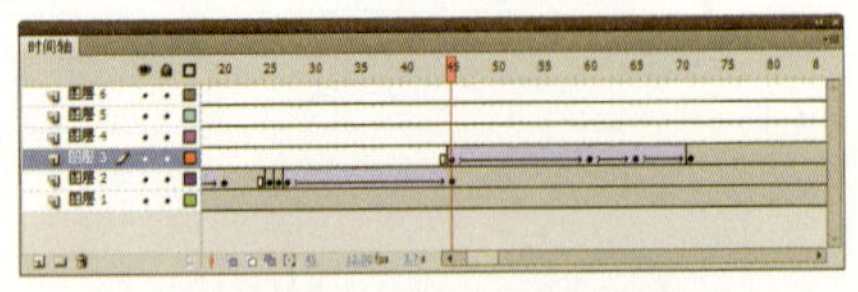

图189-7 创建补间动画

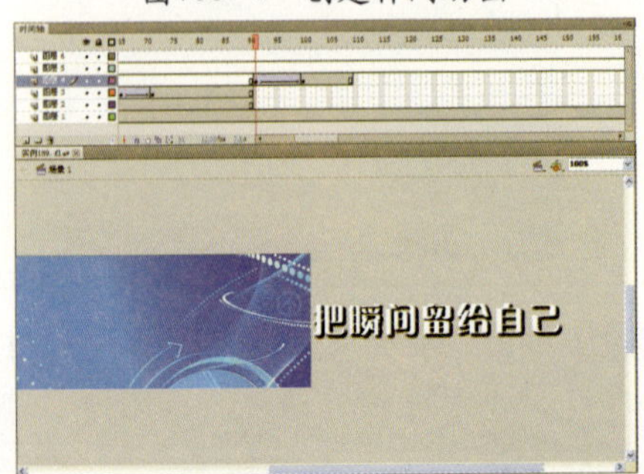

图189-8 制作其他文本的效果

步骤 10 在“图层5”图层的第110帧插入关键帧，将“图片3”元件拖曳至舞台的合适位置，如图189–9所示。

步骤 11 在“图层5”图层的第130帧插入关键帧，选择第110帧的图片，将其缩小至合适大小，在第110帧至第130帧之间创建补间动画，如图189–10所示。在“属性”面板中设置“旋转”为“顺时针”。

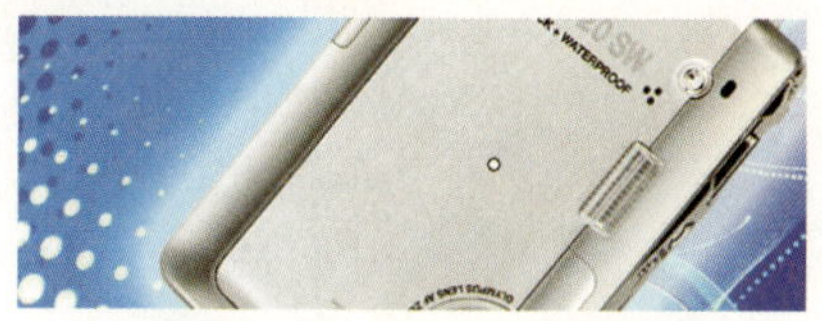

图189–9 拖曳元件至舞台

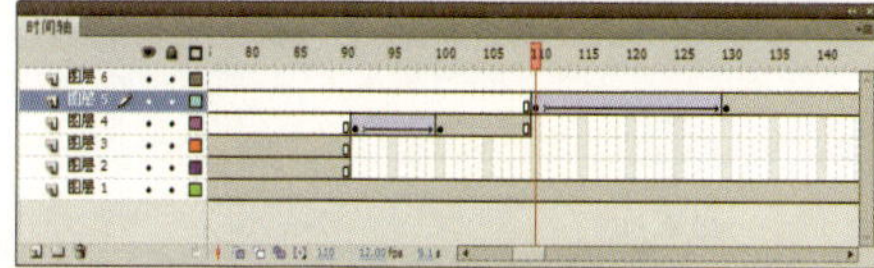

图189–10 创建补间动画

步骤 12 在“图层6”图层的第130帧插入关键帧，选择工具箱中的文本工具T，设置“系列”为“方正粗宋简体”、“字体大小”为30、“颜色”为白色（#FFFFFF），在舞台区的合适位置输入“奥林巴斯Olympus”文本，如图189–11所示。

步骤 13 选择第130帧的文本，单击“属性”面板左下角的“添加滤镜”按钮，在弹出的下拉菜单中选择“投影”选项，设置“模糊X”、“模糊Y”、“强度”、“颜色”分别为5、5、300%、黑色（#000000），制作文本投影效果，如图189–12所示。

图189–11 输入文本

图189–12 制作文本投影效果

步骤 14 在“图层6”图层的第145帧插入关键帧。选择第130帧，将文本水平向左移至文档以外的区域，在第130帧至第145帧之间创建补间动画，而189–13所示。

步骤 15 按【Ctrl+Enter】键测试动画效果，如图189–14所示。

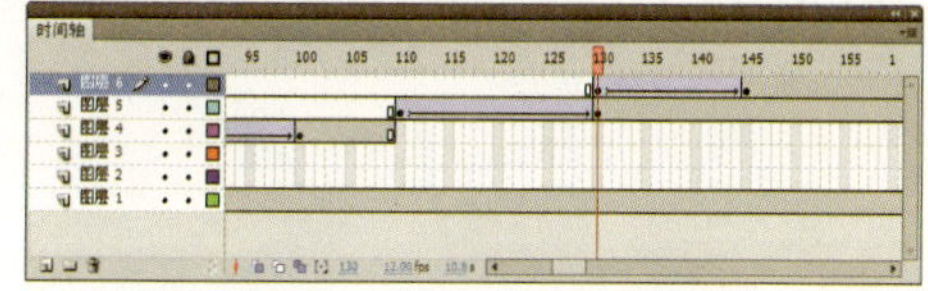

图189–13 创建补间动画

图189–14 测试动画效果

实例 190 游戏手机广告

效果欣赏	实例导航
	素材文件：素材\第17章\实例190
	效果文件：效果\第17章\实例190.fla
	视频文件：视频\第17章\实例190.swf
	知识点睛：插入关键帧、创建补间动画

步骤 01 单击“文件”|“打开”命令，打开一幅素材图形，将其另存为“实例190.fla”文件。

步骤 02 在“时间轴”面板中依次创建“图层2”、“图层3”、“图层4”、“图层5”、“图层6”、“图层7”6个图层，选择“图层2”图层的第1帧，将“图片1“元件拖曳至舞台的合适位置并调整其大小，如图190-1所示。

步骤 03 在“图层2”图层的第10帧插入关键帧。选择第1帧，将图片垂直向上移至舞台以外的区域，如图190-2所示，在第1帧至第10帧之间创建补间动画。

图190-1 拖曳元件至舞台

图190-2 将图片移至合适位置

步骤 04 在“图层2”图层的第30帧插入关键帧，将图片放大至合适大小，如图190-3所示，在第10帧至第30帧之间创建补间动画。

步骤 05 在“图层2”图层的第32帧和第34帧插入关键帧，选择第32帧的图片，在“属性”面板中设置“亮度”值为100%，效果如图190-4所示。

图190-3 放大图片至合适大小

图190-4 设置图片亮度效果

步骤 06 在“图层3”图层的第10帧插入关键帧，选择工具箱中的文本工具T，在“属性”面板中设置“系列”为“方正综艺简体”、“字体大小”为40、“颜色”为红色（#FF0000），在舞台区的合适位置输入“诺基亚”文本，如图190-5所示。

步骤 07 在“图层3”图层的第30帧插入关键帧，选择第10帧，将文本水平向左移至文档以外的区域，在第10帧至第30帧之间创建补间动画，如图190-6所示。

图190-5 输入文本

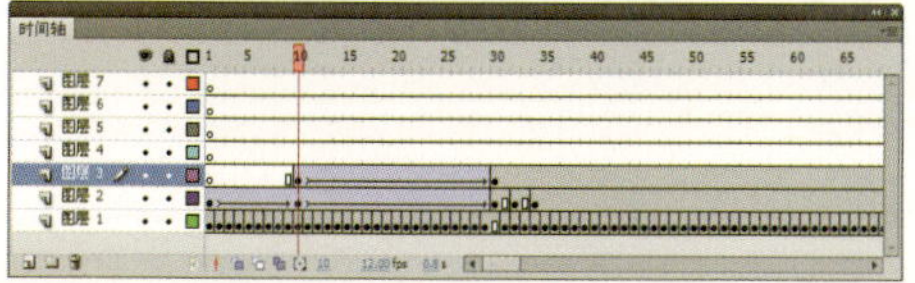

图190-6 创建补间动画

步骤 08 在“图层4”图层的第25帧插入关键帧，选择工具箱中的文本工具T，在“属性”面板中设置“系列”为“方正综艺简体”、“字体大小”为30、“颜色”为黑色（#000000），在舞台区的合适位置输入“精彩影像 幸福同步”文本，如图190-7所示，并将其转换为“图形”元件。

步骤 09 在“图层4”图层的第35帧插入关键帧，选择第25帧的文本，设置Alpha值为0%，在第25帧至第35帧之间创建补间动画，并删除“图层2”、“图层3”、“图层4”的第45帧至第95帧之间的帧，如图190-8所示。

图190-7 输入文本

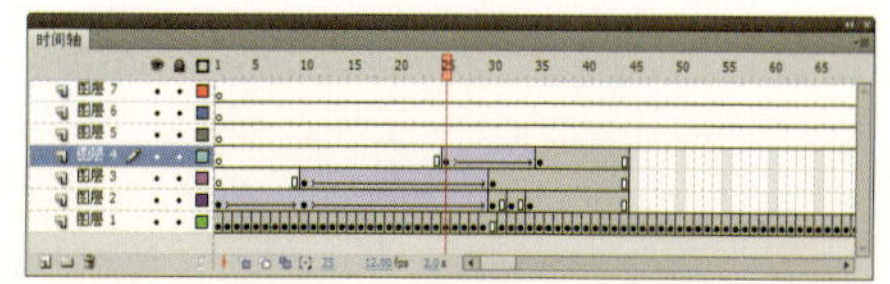

图190-8 创建补间动画

步骤 10 在“图层5”图层的第45帧插入关键帧，选择工具箱中的文本工具T，在“属性”面板中设置“系列”为“方正综艺简体”，在舞台区的合适位置输入“玩精美游戏 赢千元大奖”文本，分别设置“字体大小”为37和55、“颜色”为黑色(#000000)和红色(#FF0000)，如图190-9所示，并将其转换为“图形”元件。

步骤 11 在“图层5”图层的第55帧插入关键帧，选择第45帧的文本，设置Alpha值为0%，在第45帧至第55帧之间创建补间动画，并删除第65帧至第95帧之间的帧，如图190-10所示。

图190-9 输入文本

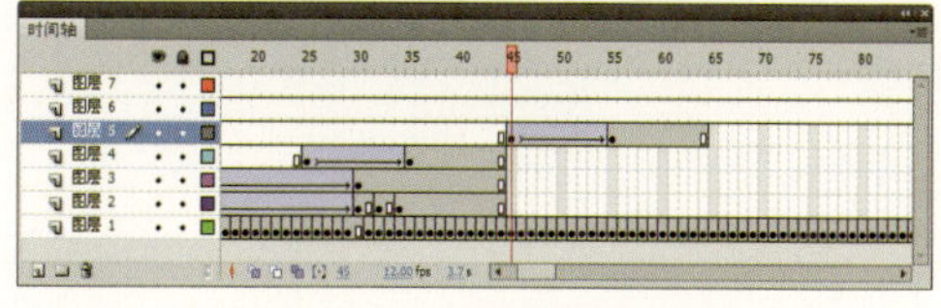

图190-10 创建补间动画

步骤 12 在“图层6”图层的第65帧插入关键帧，将“图片2”元件拖曳至舞台的合适位置，如图190-11所示。在第75帧插入关键帧，选择第65帧，将图片垂直向上移至文档以外的区域，在第65帧至第75帧之间创建补间动画。

步骤 13 同理，制作另外一个图片的效果，如图190-12所示。

图190－11　拖曳元件至舞台

图190－12　制作图片效果

步骤 14 按【Ctrl＋Enter】键测试动画效果，如图190－13所示。

图190－13　测试动画效果

第18章

商业广告2

本章重点

实例191 经典首饰广告

实例192 经典汽车广告

实例193 时尚笔记本电脑广告

实例194 珠宝首饰广告

实例195 MP4广告

实例196 手机广告

实例197 创意汽车广告

实例198 金城数码广告

实例199 数码广告

实例200 台式电脑广告

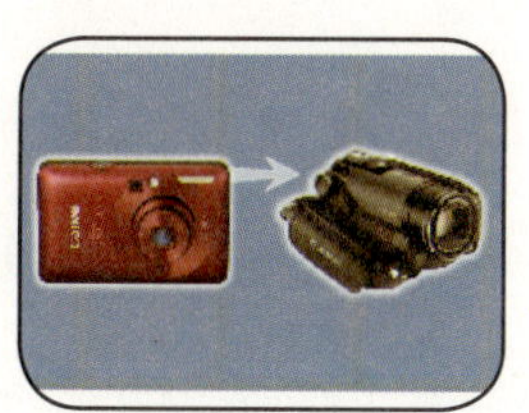

实例 191 经典首饰广告

效果欣赏	实例导航
	素材文件：素材\第18章\实例191
	效果文件：效果\第18章\实例191.fla
	视频文件：视频\第18章\实例191.swf
	知识点睛：创建补间动画

步骤 01 单击“文件”|“打开”命令，打开一幅素材图形，将其另存为“实例191.fla”文件。将“时间轴”面板的“图层1”图层重命名为“背景”，将“背景”元件拖曳至舞台的合适位置，如图191–1所示，在第170帧插入普通帧。

步骤 02 在“时间轴”面板中依次创建“文本1”、“钻戒1”、“钻戒2”、“图形1”、“文本2”、“文本3”6个图层，选择“文本1”图层的第2帧，选择工具箱中的文本工具T，在“属性”面板中设置“系列”为“方正综艺简体”、“字体大小”为25、“颜色”为白色（#FFFFFF）、“字母间距”为3，在舞台区的合适位置输入“雅妃首饰”文本，如图191–2所示。

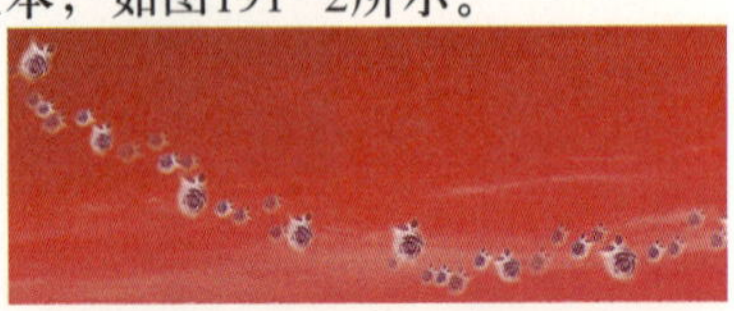
图191–1 拖曳元件至舞台

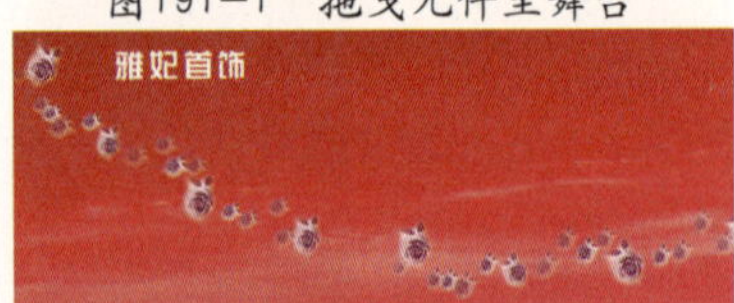

图191–2 输入文本

步骤 03 选择“文本1”图层的第2帧，将“图形1”元件拖曳至舞台的合适位置，如图191–3所示。选择“文本2”图层的文本和图形，按【Ctrl+G】键将其组合起来。

步骤 04 在“文本1”图层的第25帧插入关键帧，选择第2帧，将文字和图形垂直向上移至文档以外的区域，在第2帧至第25帧之间创建补间动画，如图191–4所示。

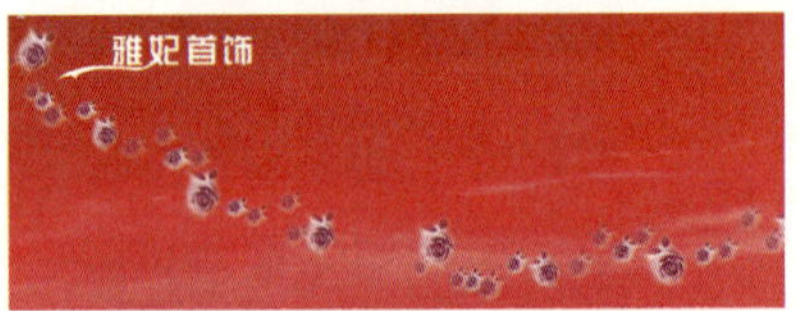

图191–3 拖曳元件至舞台

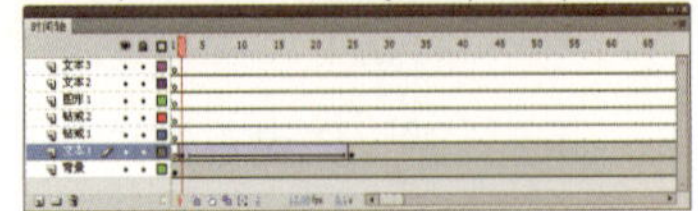
图191–4 创建补间动画

步骤 05 在“钻戒1”图层的第25帧插入关键帧，将“钻戒1”元件拖曳至舞台的合适位置，如图191–5所示，分别在第38帧、第43帧、第48帧插入关键帧。

步骤 06 选择“钻戒1”图层的第25帧，将“钻戒1”元件水平向左拖曳至文档以外的区域，在第25帧至第38帧创建补间动画，并设置“旋转”为“顺时针”。选择第43帧的图片，设置“亮度”值为45%，分别在第38帧至第43帧、第43帧至第48帧之间创建补间动画，如图191–6所示。

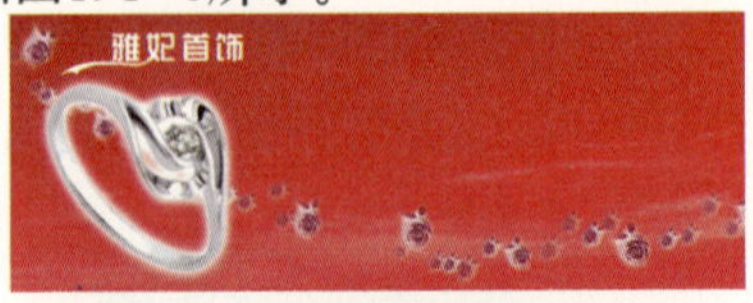

图191–5 拖曳元件至舞台

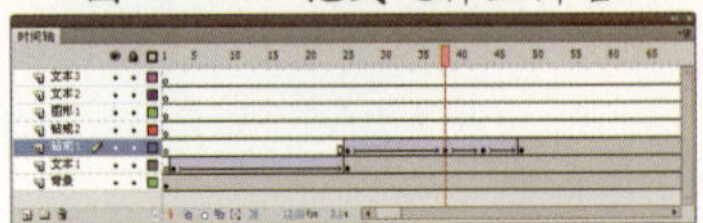
图191–6 创建补间动画

步骤 07 同理，制作“钻戒2”元件的动画效果，如图191-7所示。

步骤 08 在“图形1”图层的第50帧插入关键帧，将“图形2”元件拖曳至舞台的合适位置，如图191-8所示。在第55帧和第60帧插入关键帧，选择第55帧的图形，设置Alpha值为0%。

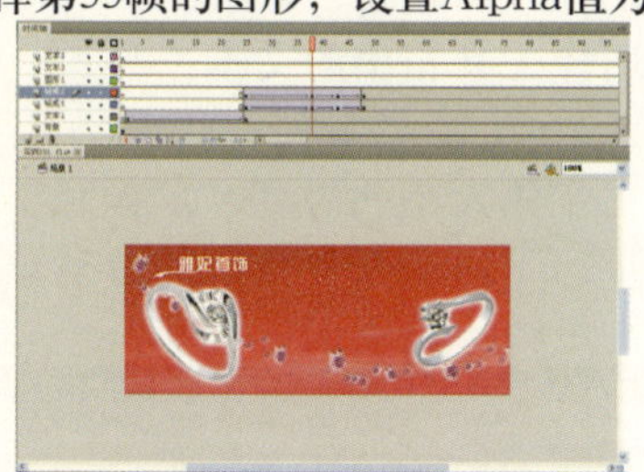

图191-7 制作动画效果

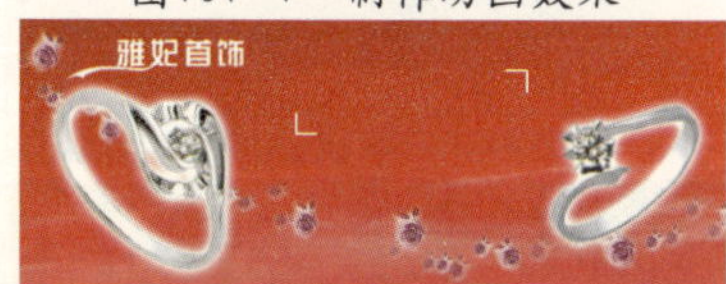

图191-8 拖曳“图形2”元件至舞台

步骤 09 在“文本2”图层的第60帧插入关键帧，将“文本”元件拖曳至舞台的合适位置，如图191-9所示。在第75帧插入关键帧，选择第60帧的文本，设置Alpha值为0%，在第60帧至第75帧之间创建补间动画。

步骤 10 在“文本3”图层的第75帧插入关键帧，将“文本动画1”元件拖曳至舞台的合适位置，如图191-10所示。

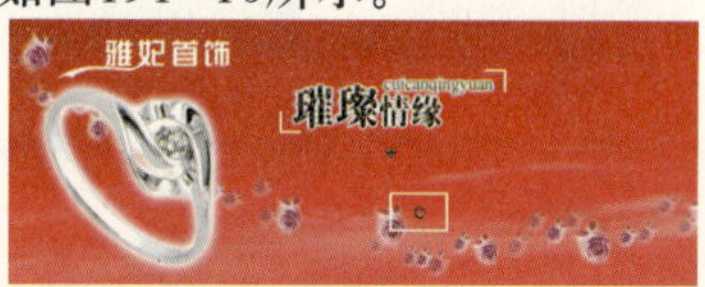

图191-9 拖曳“文本2”元件至舞台

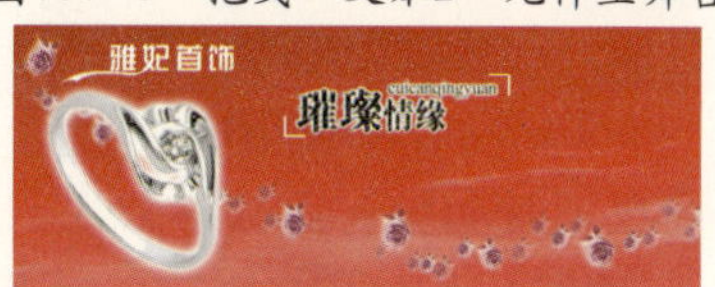

图191-10 拖曳“文本3”元件至舞台

步骤 11 按【Ctrl+Enter】键测试动画效果，如图191-11所示。

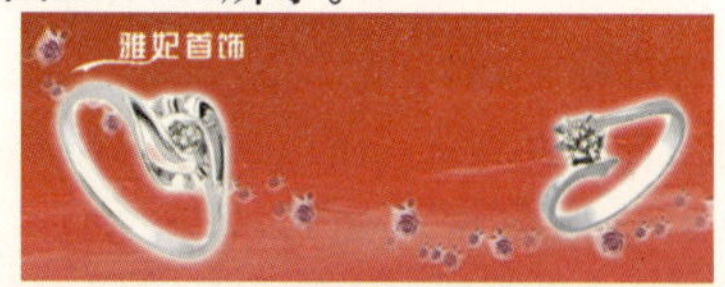

图191-11 测试动画效果

实例 192 经典汽车广告

效果欣赏	实例导航
	素材文件：素材\第18章\实例192
	效果文件：效果\第18章\实例192.fla
	视频文件：视频\第18章\实例192.swf
	知识点睛：插入关键帧、设置文本发光效果

步骤 01 新建一个“宽”为600、“高”为200、“背景颜色”为灰色（#CCCCCC）、“帧频”为12的Flash文档。

步骤 02 单击“文件”|“导入”|“导入到舞台”命令，导入一幅图片，并转化为“图形”元件，如图192-1所示。分别在第20帧、第21帧、第22帧、第25帧插入关键帧，选择第1帧和第22帧的图片，设置Alpha值为0%，在第1帧至第20帧创建补间动画。

步骤 03 选择“图层1”图层的第25帧，将图片水平向左移至舞台以外的区域，在第22帧至第25帧之间创建补间动画，如图192-2所示。

图192-1 导入图片至舞台

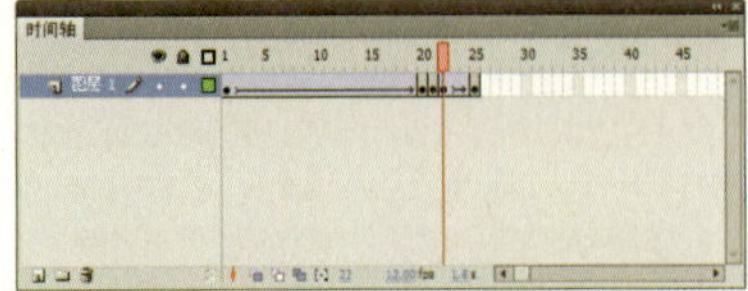

图192-2 创建补间动画

步骤 04 在“时间轴”面板中依次创建“图层2”、“图层3”、“图层4”、“图层5”4个图层，在“图层2”图层的第26帧插入关键帧，单击“文件”|“导入”|“导入到舞台”命令，导入一幅图片，如图192-3所示，并删除第91帧至第409帧的帧。

步骤 05 在“图层3”图层的第91帧插入关键帧，导入一幅图片，如图192-4所示。并在“图层3”、“图层4”、“图层5”图层的第170帧插入普通帧。

图192-3 导入图片至舞台

图192-4 导入汽车图片

步骤 06 在“图层3”图层的第95帧插入关键帧，选择第91帧，将图片向左移至舞台以外的区域，在第91帧至第95帧之间创建补间动画，如图192-5所示。

步骤 07 在“图层4”图层的第95帧插入关键帧，导入另一幅图片，如图192-6所示，并调整至合适位置。

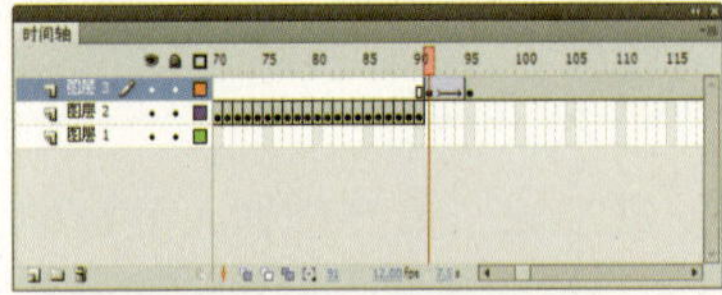

图192-5 创建补间动画

图192-6 导入另一图片

步骤 08 在“图层4”图层的第115帧插入关键帧，选择第95帧，将图片水平向右移至文档以外的区域，在第95帧至第115帧之间创建补间动画，如图192-7所示，并在“属性”面板中设置“旋转”为“顺时针”。

步骤 09 在“图层5”图层的第115帧插入关键帧，选择工具箱中的文本工具T，在“属性”面板中设置“系列”为“方正粗宋简体”、“字体大小”为50、“颜色”为白色（#FFFFFF），在舞台区的合适位置输入“奥迪”文本，如图192-8所示。

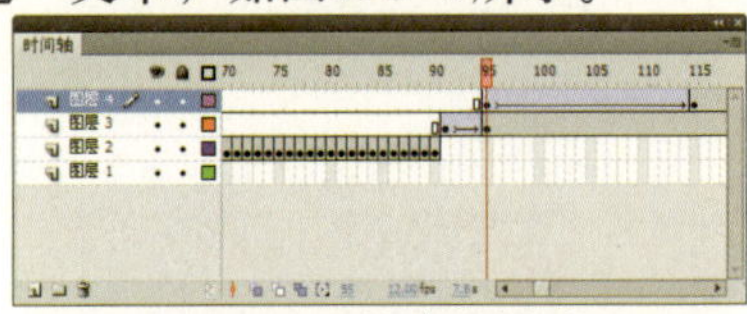

图192-7 创建补间动画

图192-8 输入文本

步骤 10 选择输入的文本，单击“属性”面板左下角的“添加滤镜”按钮，在弹出的下拉菜单中选择“发光”选项，设置“模糊X”、“模糊Y”、“强度”、“颜色”分别为5、5、300%、红色（#FF0000），制作文本发光效果，如图192-9所示，并将其转化为“图形”元件。

步骤 11 分别在“图层5”图层的第135帧、第136帧、第137帧插入关键帧。选择第115帧，将文本垂直向下移至文档以外的区域，在第115帧至第135帧之间创建补间动画，如图192-10所示。选择第136帧的文本，在“属性”面板中设置“亮度”值为100%。

图192-9 设置文本发光效果

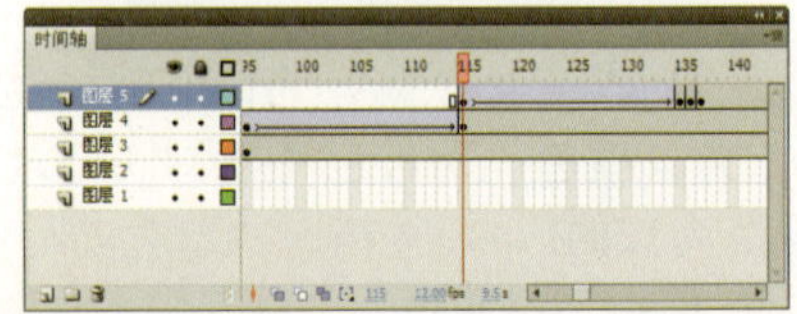

图192-10 创建补间动画

步骤 12 按【Ctrl+Enter】键测试动画效果，如图192-11所示。

图192-11 测试动画效果

实例 193 时尚笔记本电脑广告

效果欣赏	实例导航
	素材文件：素材\第18章\实例193
	效果文件：效果\第18章\实例193.fla
	视频文件：视频\第18章\实例193.swf
	知识点睛：插入关键帧、设置文本色调效果

步骤 01 新建一个“宽”为550、“高”为444、“背景颜色”为白色（#FFFFFF）、“帧频”为12的Flash文档，将其另存为“实例193.fla”文件。

步骤 02 单击“文件”|“导入”|“导入到舞台”命令，导入一幅图片，如图193-1所示。在“时间轴”面板中依次创建“图层2”、“图层3”、“图层4”、“图层5”、“图层6”5个图层。

步骤 03 选择“图层2”图层的第5帧，导入一幅电脑图片，调整至合适位置，如图193-2所示。将其转化为“图形”元件，在第20帧、第22帧、第24帧插入关键帧。

图193-1 导入图片图片至舞台

图193-2 导入电脑图片至舞台

步骤 04 选择“图层2”图层第5帧的图片，设置其Alpha值为0%，在第5帧至第20帧之间创建补间动画，如图193-3所示。选择第22帧的图片，在“属性”面板中设置“色调”为黄色（#FFFF00）。

步骤 05 在“图层3”图层的第25帧插入关键帧，选择工具箱中的文本工具T，在“属性”面板中设置“系列”为“方正粗宋简体”、“字体大小”为45、“颜色”为白色（#FFFFFF），在舞台区的合适位置输入“购宽屏手提”文本，如图193-4所示。

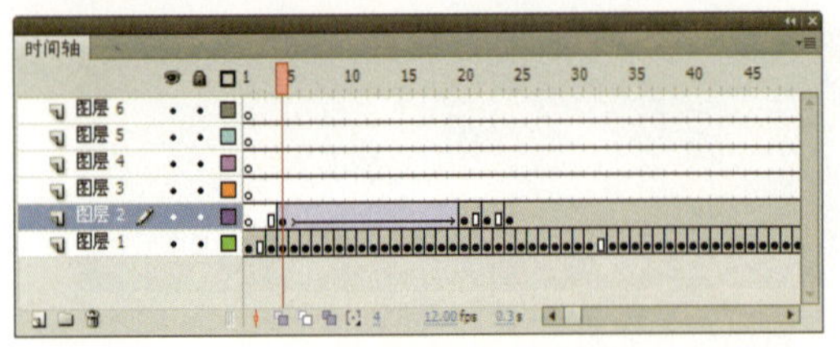

图193-3 创建补间动画

图193-4 输入文本

步骤 06 选择输入的文本，单击“属性”面板左下角的“添加滤镜”按钮，在弹出的下拉菜单中选择“发光”选项，设置“模糊X”、“模糊Y”、“强度”、“颜色”分别为5、5、1000%、红色（#FF0000），制作文本发光效果，如图193-5所示。

图193-5 设置文本发光效果

步骤 07 在“图层3”图层的第45帧插入关键帧。选择第25帧，将文本水平向左移至舞台以外的区域，在第25帧至第45帧之间创建补间动画，如图193-6所示。

步骤 08 同理，制作“图层4”图层的文本动画效果，如图193-7所示。

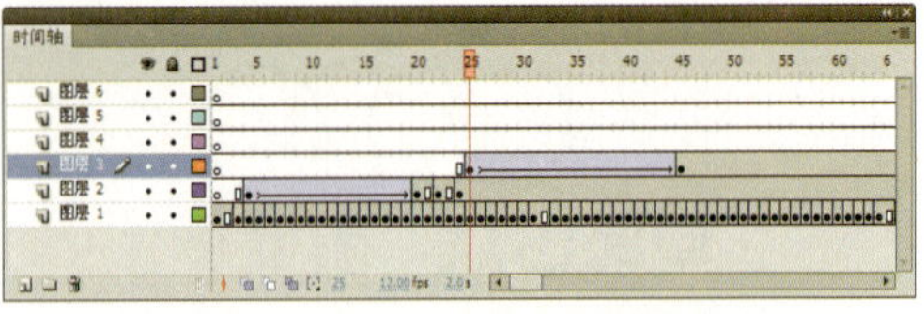

图193-6 创建补间动画

图193-7 制作文本动画效果

步骤 09 在“图层5”图层的第65帧插入关键帧，导入一幅礼物图片，并调整至合适位置，如图193-8所示。

图193-8 导入图片至舞台

步骤 10 在“图层5”图层的第90帧插入关键帧。选择第65帧，将图片垂直向上移至文档以外的区域，在第65帧至第90帧之间创建补间动画，如图193-9所示。

步骤 11 同理，制作“图层6”图层的图片动画效果，如图193-10所示。

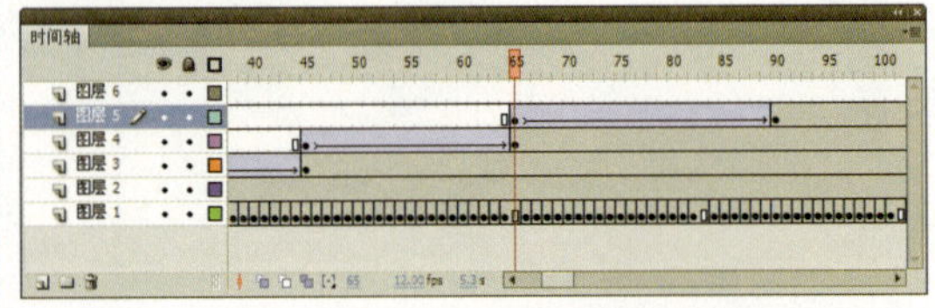

图193-9 创建补间动画

图193-10 制作图片动画效果

步骤 12 按【Ctrl+Enter】键测试动画效果，如图193-11所示。

图193-11 测试动画效果

实例 194 珠宝首饰广告

效果欣赏	实例导航
	素材文件：素材\第18章\实例194
	效果文件：效果\第18章\实例194.fla
	视频文件：视频\第18章\实例194.swf
	知识点睛：设置文本的Alpha、插入关键帧

步骤 01 新建一个“宽”为598、“高”为165、“背景颜色”为白色（#FFFFFF）、“帧频”为12的Flash文档，将其另存为“实例194fla”文件。

步骤 02 单击“文件”|“导入”|“导入到舞台”命令，导入一幅图片，如图194-1所示。在第100帧插入普通帧，在“时间轴”面板中依次创建“图层2”、“图层3”、“图层4”、“图层5”、“图层6”5个图层。

步骤 03 选择“图层2”图层的第1帧，选择工具箱中的文本工具T，设置“系列”为“汉仪菱心体简”、“颜色”为白色，在舞台区的合适位置输入“美丽人生钻石相伴”文本，设置其“字体大小”分别为35和45，如图194-2所示。

图194-1　导入图片至舞台

图194-2　输入文本

步骤 04 在“图层2”图层的第15帧插入关键帧。选择第1帧，将文本垂直向上移至舞台以外的区域，在第1帧至第15帧之间创建补间动画，如图194-3所示。

步骤 05 同理，制作“图层3”图层的文本，效果如图194-4所示。删除“图层2”、“图层3”图层中第50帧至第100帧之间的帧。

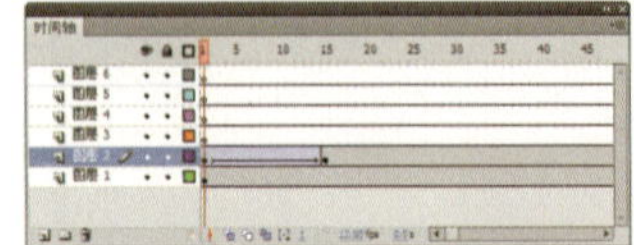

图194-3　创建补间动画

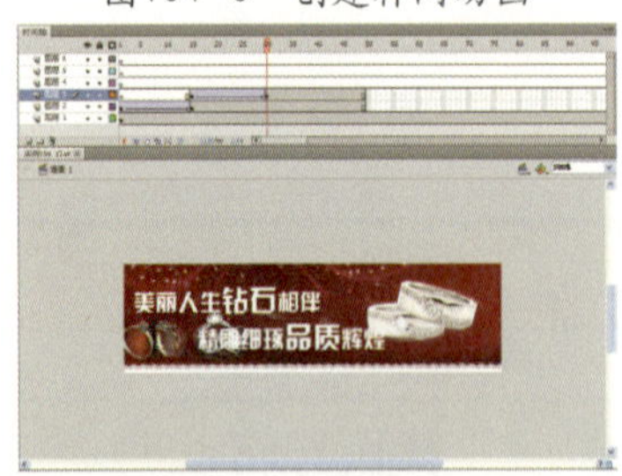

图194-4　制作的文本效果

步骤 06 在“图层4”图层的第30帧插入关键帧，导入一幅钻戒图片，并调整至合适位置，如图194-5所示。

步骤 07 在“图层4”图层的第50帧插入关键帧，将图片垂直向下移至舞台以外的区域，在第30帧至第50帧之间创建补间动画，如图194-6所示。

图194-5　导入图片至舞台

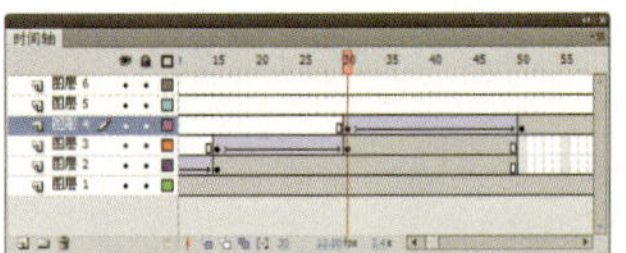

图194-6　创建补间动画

步骤 08 在“图层5”图层的第50帧插入关键帧，选择工具箱中的文本工具T，设置“系列”为“汉仪菱心体简”、“字体大小”为40、“颜色”为白色，在舞台区的合适位置输入“宝来丽首饰”文本，如图194-7所示，并将其转换为“图形”元件。

步骤 09 选择“图层5”图层的第65帧，设置“宽度”和“高度”均为1，在第50帧至第65帧之间创建补间动画，如图194-8所示。

图194-7　输入文本

图194-8　创建补间动画

步骤 10 同理，制作“图层6”图层的图片动画效果，“时间轴”面板如图194-9所示。

步骤 11 按【Ctrl+Enter】键测试动画效果，如图194-10所示。

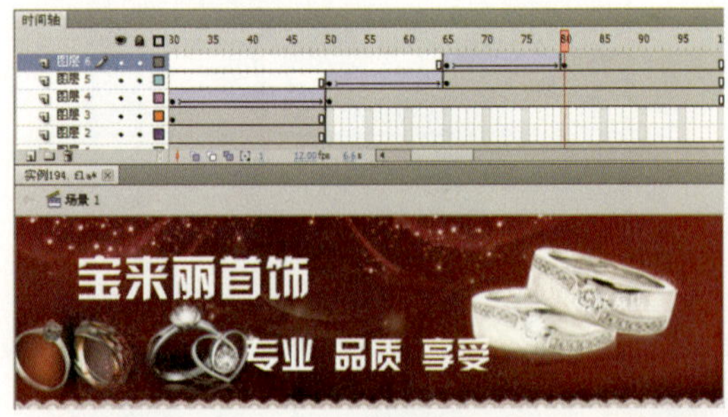

图194-9　制作图片动画效果

图194-10　测试动画效果

实例 195 MP4广告

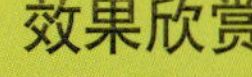

效果欣赏	实例导航
	素材文件：素材\第18章\实例195
	效果文件：效果\第18章\实例195.fla
	视频文件：视频\第18章\实例195.swf
	知识点睛：设置文本的亮度效果、插入关键帧

步骤 01 新建一个“宽”为600、“高”为400、“背景颜色”为白色（#FFFFFF）、“帧频”为12的Flash文档，将其另存为“实例195.fla”文件。

步骤 02 单击“文件”|“导入”|“导入到舞台”命令，导入一幅图片，如图195-1所示。在第160帧插入普通帧，在“时间轴”面板中依次创建“图层2”、“图层3”、“图层4”、“图层5”、“图层6”、“图层7”6个图层。

图195-1 导入图片至舞台

步骤 03 选择“图层2”图层的第1帧，选择工具箱中的文本工具T，设置“系列”为“方正大黑简体”、“字体大小”为30、“颜色”为白色，在舞台区的合适位置输入“Newman纽曼”文本，如图195-2所示，并将其转换为“图形”元件。

步骤 04 在“图层2”图层的第20帧插入关键帧，选择第1帧的文本，设置“宽度”和“高度”均为1，在第1帧至第20帧之间创建补间动画，如图195-3所示。

图195-2 输入文本

图195-3 创建补间动画

步骤 05 在“图层3”图层的第20帧插入关键帧，选择工具箱中的文本工具T，在“属性”面板中设置“系列”为“汉仪菱心体简”、“字体大小”为15、“颜色”为黑色，在舞台区的合适位置输入相应的文本，如图195-4所示，并将其转换为“图形”元件。

步骤 06 在“图层3”图层的第25帧、第30帧、第40帧插入关键帧。选择第20帧，将文本水平向左移至文档以外的区域，在第20帧至第25帧之间创建补间动画，如图195-5所示。

图195–4　输入文本

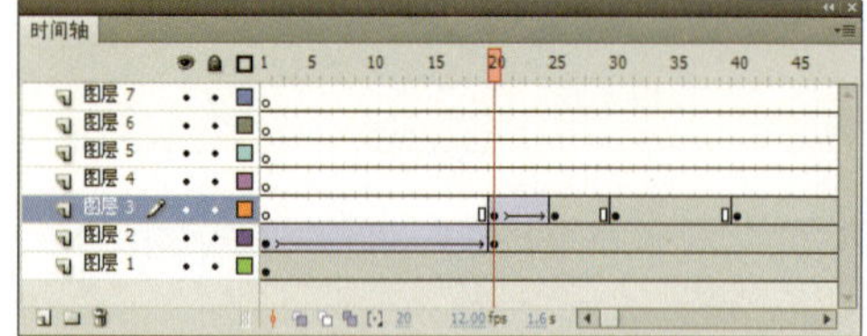

图195–5　创建补间动画

步骤 07 选择“图层3”图层第30帧的文本，设置“宽度”和“高度”均为1，在第30帧至第35帧之间创建补间动画，如图195–6所示。

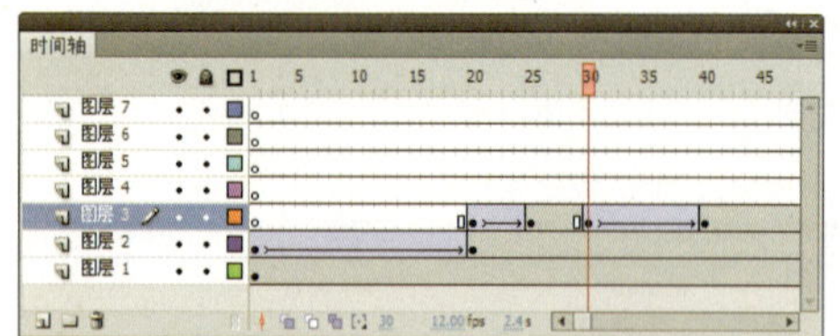

图195–6　创建另一补间动画

步骤 08 同理，制作“图层4”、“图层5”、“图层6”的文本动画效果，如图195–7所示。

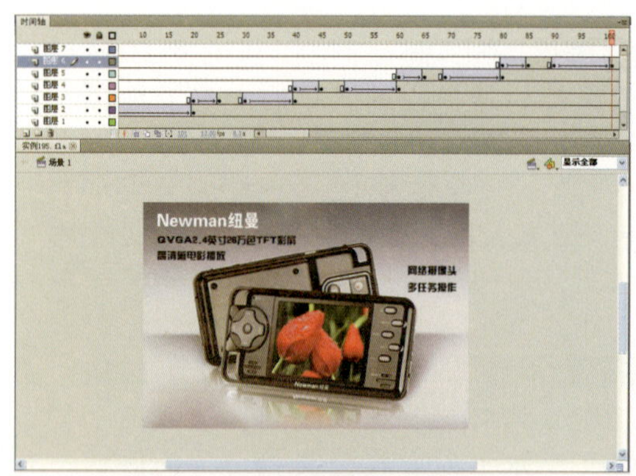

图195–7　制作其他文本动画效果

步骤 09 在“图层7”图层的第105帧插入关键帧，导入一幅文字图片，如图195–8所示，调整至合适位置，并将其转换为“图形”元件。

图195–8　导入图片至舞台

步骤 10 在“图层7”图层的第120帧、第122帧、第124帧插入关键帧。选择第105帧的图片，设置“宽度”和“高度”均为1，在第105帧至第120帧之间创建补间动画，如图195–9所示，设置“旋转”为“顺时针”。

步骤 11 选择“图层7”图层第122帧的图片，设置“亮度”值为100%，效果如图195–10所示。

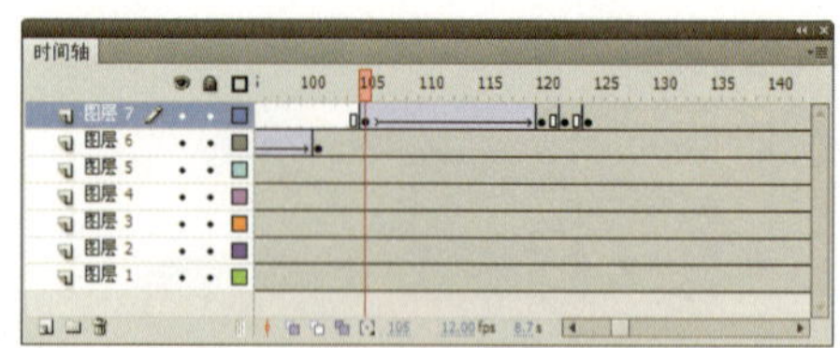

图195–9　创建补间动画

图195–10　设置图片的亮度效果

步骤 12 按【Ctrl+Enter】键测试动画效果，如图195–11所示。

图195-11 测试动画效果

实例 196 手机广告

效果欣赏	实例导航
无限飞跃 获大礼赢金牛 购三星手机	素材文件：素材\第18章\实例196
	效果文件：效果\第18章\实例196.fla
	视频文件：视频\第18章\实例196.swf
	知识点睛：插入关键帧、创建补间动画

步骤 01 新建一个“宽”为600、“高”为150、“背景颜色”为白色（#FFFFFF）、“帧频”为12的Flash文档，将其另存为“实例196.fla”文件。

步骤 02 单击“文件”|“导入”|“导入到舞台”命令，导入一幅图片，如图196-1所示。在“时间轴”面板中依次创建“图层2”、“图层3”、“图层4”、“图层5”4个图层。

步骤 03 选择“图层2”图层的第1帧，导入一幅手机图片，如图196-2所示。

图196-1 导入图片至舞台

图196-2 导入手机图片

步骤 04 在“图层2”图层的第60帧插入关键帧。选择第1帧，将图片移至舞台左上角以外的区域，设置“宽度”和“高度”均为1，在第1帧至第60帧创建补间动画，如图196-3所示。分别在第15帧、第35帧、第45帧插入关键帧，并调整每帧图片的位置。

步骤 05 在“图层3”图层的第60帧插入关键帧，选择工具箱中的文本工具，设置“系列”为“方正综艺简体”、“字体大小”为55、“颜色”为“白色”、“字母间距”为6，在舞台区的合适位置输入“飞跃无限”文本，如图196-4所示，并将其转换为“图形”元件。

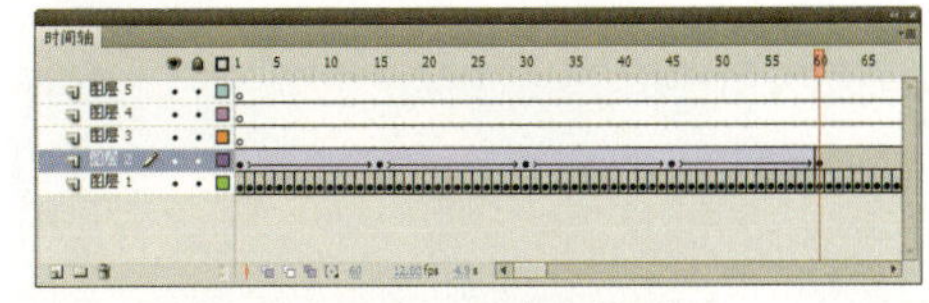

图196-3 创建补间动画

图196-4 输入文本

步骤 06 分别在“图层3”图层的第80帧、第81帧和第82帧插入关键帧。选择第60帧，将文本移至文档左上角以外的区域，并设置其“宽度”和“高度”均为1，在第60帧至第80帧之间创建补间动画，设置“旋转”为“顺时针”，如图196-5所示。

步骤 07 选择“图层3”图层的第81帧，设置“色调”为黄色（#FFFF00），效果如图196-6所示，并删除“图层2”、“图层3”图层中第110帧至第178帧之间的帧。

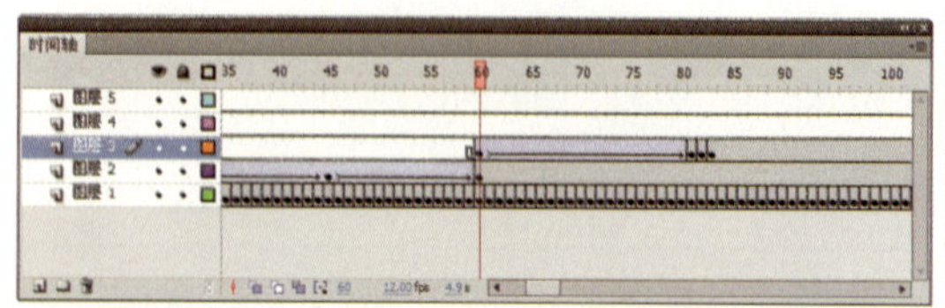

图196-5 创建补间动画

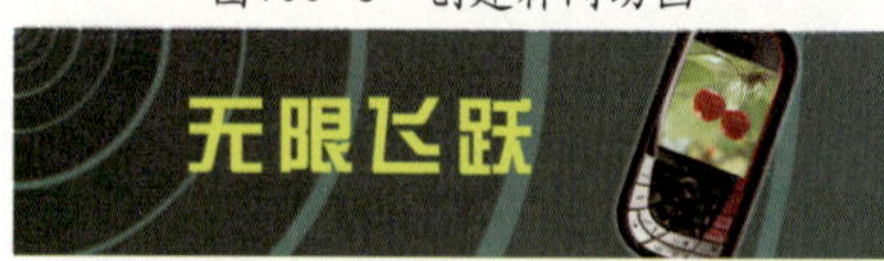

图196-6 设置文本色调效果

步骤 08 在“图层4”图层的第110帧插入关键帧，选择工具箱中的文本工具T，设置“系列”为“方正综艺简体”、“字体大小”为50、“颜色”为橘黄色（#FF9900），在舞台区的合适位置输入“购三星手机”文本。运用任意变形工具，将刚输入的文本旋转变形，如图196-7所示。

步骤 09 选择舞台中的文本，单击“属性”面板左下角的“添加滤镜”按钮，在弹出的下拉菜单中选择“发光”选项，并设置“模糊X”、“模糊Y”、“强度”、“颜色”分别为2、2、600%、白色（#FFFFFF），设置文本发光效果，效果如图196-8所示。

图196-7 输入文本

图196-8 设置文本发光效果

步骤 10 在“图层4”图层的第120帧、第125帧和第130帧插入关键帧。选择第110帧，将文本移至文档左上角以外的区域，在第110帧至第120帧之间创建补间动画，如图196-9所示。

步骤 11 选择第125帧，将文本向右上角移动至合适位置，如图196-10所示。在第120帧至第125帧、第125帧至第130帧之间创建补间动画。

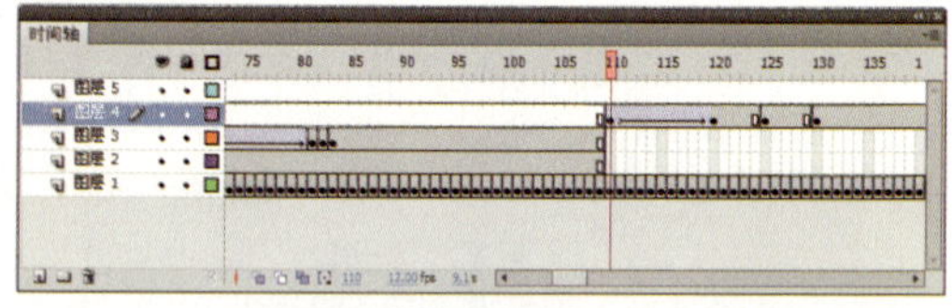

图196-9 创建补间动画

图196-10 将图片移至合适位置

步骤 12 同理，制作“图层5”图层的动画效果，如图196-11所示。

步骤 13 按【Ctrl+Enter】键测试动画效果，如图196-12所示。

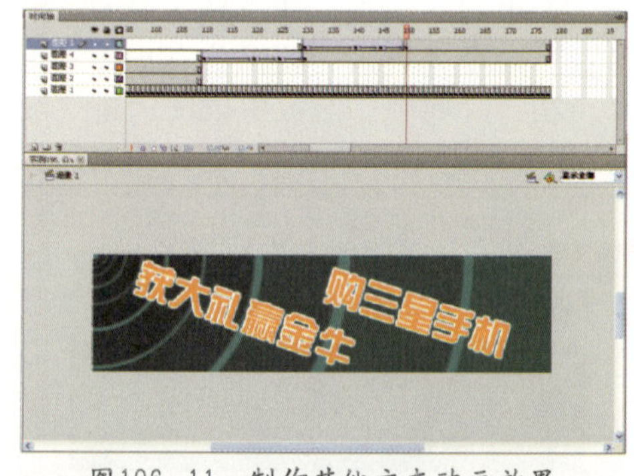

图196-11 制作其他文本动画效果

图196-12 测试动画效果

实例 197 创意汽车广告

效果欣赏	实例导航
	素材文件：素材\第18章\实例197
	效果文件：效果\第17章\实例197.fla
	视频文件：视频\第18章\实例197.swf
	知识点睛：插入关键帧、创建文本、创建补间动画

步骤 01 新建一个“宽”为550、“高”为150、“背景颜色”为灰色（#CCCCCC）、“帧频”为12的Flash文档，将其另存为“实例197.fla”文件。选择“图层1”图层的第1帧，单击“文件”|“导入”|“导入到舞台”命令，导入一幅图片，如图197-1所示。

步骤 02 在“时间轴”面板中依次创建“图层2”、“图层3”、“图层4”、“图层5”、“图层6”、“图层7”6个图层，在“图层2”图层的第30帧插入关键帧，选择工具箱中的文本工具T，在“属性”面板中设置“颜色”为深红色（#CC0033），在舞台区的合适位置输入“奥迪新风”文本，并设置“系列”分别为“方正综艺简体”和“文鼎中特广告体”、“字体大小”分别为50和65，如图197-2所示，并转换为“图形”元件。

图197-1 导入图片至舞台

图197-2 输入文本

步骤 03 分别在“图层2”图层的第40帧、第65帧插入关键帧。选择第30帧，将文本水平向左移至舞台以外的区域，在第30帧至第40帧之间创建补间动画，如图197-3所示。

步骤 04 选择“图层2”图层的第65帧，将文本水平向右移至合适位置，如图197-4所示。在第40帧至第65帧之间创建补间动画，并在第67帧、第69帧插入关键帧。

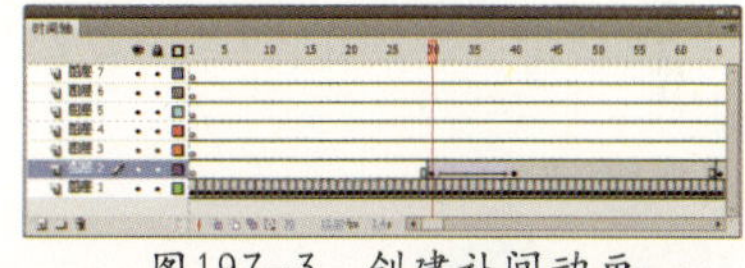

图197-3 创建补间动画

图197-4 移动文本至合适位置

步骤 05 选择“图层2”图层的第67帧，设置“亮度”值为100%，如图197-5所示。

步骤 06 在“图层3”图层的第70帧插入关键帧，单击“文件”|“导入”|“导入到舞台”命令，导入一幅图片，并调整至合适位置，如图97-6所示。

图197-5 设置文本亮度效果

图197-6 导入图片至舞台

步骤 07 在“图层3”图层的第100帧插入关键帧。选择第69帧，将图片水平向左移至舞台以外的区域，在第69帧至第100帧之间创建补间动画，如图197-7所示。

步骤 08 在“图层4”图层的第164帧插入关键帧，导入一幅图片，如图197-8所示。

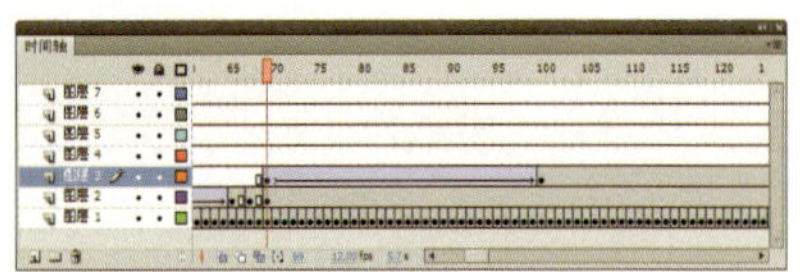
图197-7 创建补间动画

图197-8 导入图片至舞台

步骤 09 在“图层5”图层的第164帧插入关键帧，导入一幅汽车图片，并调整至合适位置，如图197-9所示。

步骤 10 在“图层5”图层的第180帧插入关键帧。选择第165帧，将图片水平向左移至舞台以外的区域，在第165帧至第180帧之间创建补间动画，如图197-10所示。分别在“图层5”、“图层6”、“图层7”的第257帧插入普通帧。

图197-9 导入汽车图片

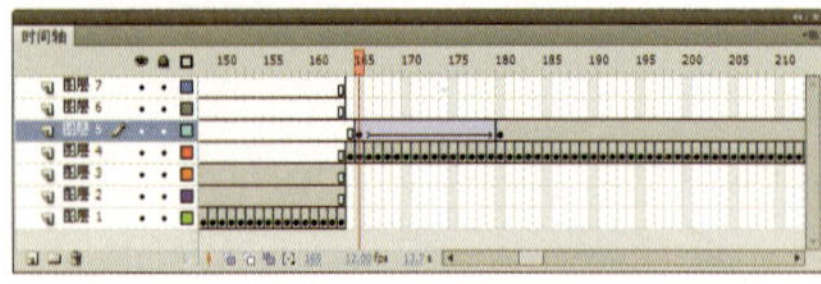
图197-10 创建补间动画

步骤 11 在“图层6”图层的第180帧插入关键帧，选择工具箱中的文本工具T，在“属性”面板中设置“系列”为“方正小标宋简体”、“字体大小”为18、“颜色”为黑色（#000000），在舞台区的合适位置输入“领先科技的全球轿车”文本，如图197-11所示。

步骤 12 在“图层6”图层的第200帧插入关键帧。选择第180帧，将文本水平向右移至舞台以外的区域，在第180帧至第200帧之间创建补间动画，如图197-12所示。

图197-11 输入文本

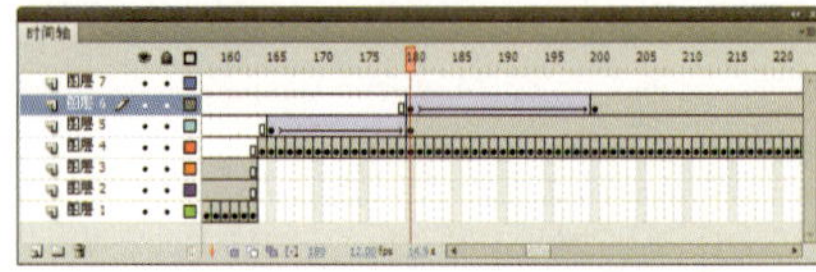
图197-12 创建补间动画

步骤 13 同理，制作“图层7”图层的文本动画效果，如图197-13所示。

步骤 14 按【Ctrl+Enter】键测试动画效果，如图197-14所示。

图197-13 制作文本动画效果

图197-14 测试动画效果

实例 198 金城数码广告

效果欣赏	实例导航
金城 JINCHENG 1688元 6566元 1099元 金城 JINCHENG 数码领地 由你做主	素材文件：素材\第18章\实例198
	效果文件：效果\第18章\实例198.fla
	视频文件：视频\第18章\实例198.swf
	知识点睛：插入关键帧、设置文本的投影效果

步骤 01 单击“文件”|“打开”命令，打开一幅素材图形，将其另存为“实例198.fla”文件。

步骤 02 选择“图层1”图层的第1帧，将VI元件拖曳至舞台的合适位置，如图198-1所示。

步骤 03 在“图层1”图层的第10帧插入关键帧。选择第1帧，将文本垂直向上移至舞台以外的区域，在第140帧插入普通帧，在第1帧至第10帧之间创建补间动画，如图198-2所示。

图198-1 拖曳元件至舞台

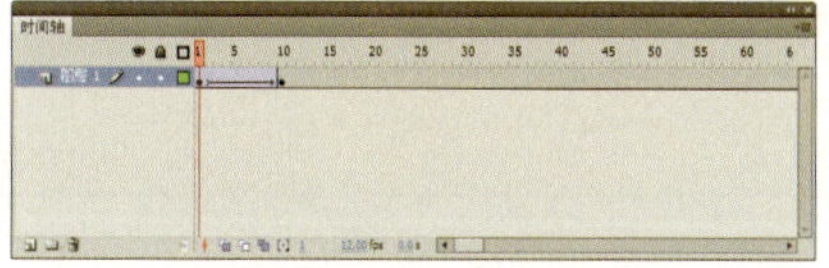

图198-2 创建补间动画

步骤 04 在“时间轴”面板中依次创建“图层2”、“图层3”、“图层4”、“图层5”、“图层6”、“图层7”6个图层。在“图层2”图层的第10帧插入关键帧，将“圆圈1”元件拖曳至舞台的合适位置，如图198-3所示。

步骤 05 在“图层2”图层的第20帧插入关键帧。选择第10帧，将圆圈垂直向上移至舞台以外的区域，在第10帧至第20帧之间创建补间动画，如图198-4所示。

图198-3 拖曳元件至舞台

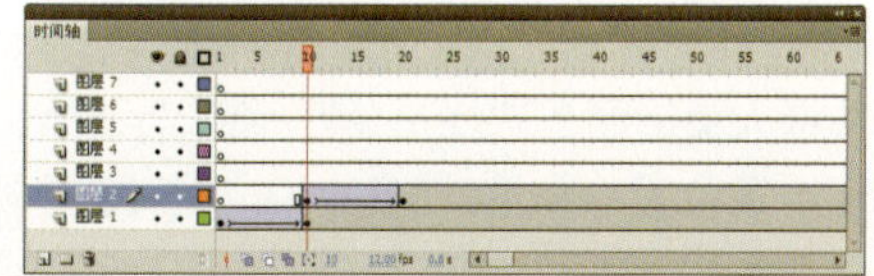

图198-4 创建补间动画

步骤 06 在“图层3”图层的第20帧插入关键帧，选择工具箱中的文本工具T，设置“系列”为“方正综艺简体”、“字体大小”为25、“颜色”为蓝色（#0000FF），在舞台区的合适位置输入相应的文本，如图198-5所示。

步骤 07 在“图层3”图层的第25帧、第27帧和第29帧插入关键帧。选择第20帧，将文本垂直向上移至舞台以外的区域，在第20帧至25帧之间创建补间动画，如图198-6所示。将第27帧的文本向上移至合适位置，删除“图层2”、“图层3”图层中第45帧至140帧之间的帧。

图198-5 输入文本

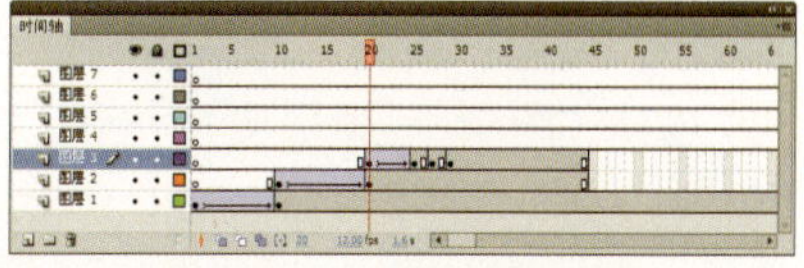

图198-6 创建补间动画

步骤 08 在“图层4”图层的第45帧插入关键帧，将“图片1”元件拖曳至舞台区的合适位置，如图198-7所示。

步骤 09 在“图层4”图层的第60帧插入关键帧。选择第45帧的图片，设置其“宽度”和“高度”均为1，在第45帧至第60帧之间创建补间动画，如图198-8所示。

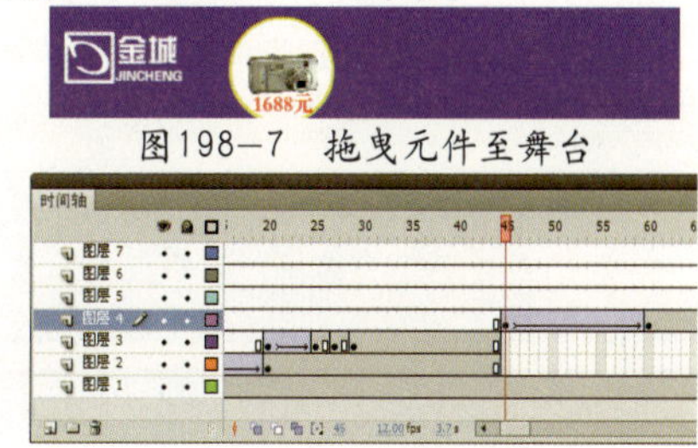

图198-7 拖曳元件至舞台

图198-8 创建补间动画

步骤 10 同理，制作其他图片的动画效果，如图198-9所示。删除“图层4”、“图层5”、“图层6”图层中第100帧至第140帧之间的帧。

步骤 11 在“图层7”图层的第100帧插入关键帧，选择工具箱中的文本工具T，设置“系列”为“方正粗倩简体”、“字体大小”为30、“颜色”为白色，在舞台区的合适位置输入相应的文本，如图198-10所示，并转换为“图形”元件。

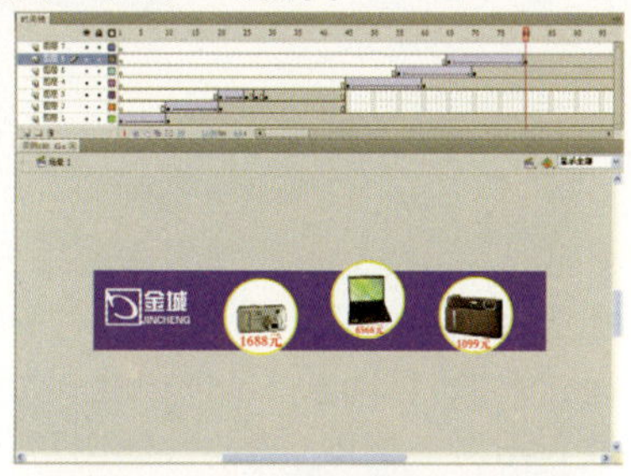

图198-9 制作其他图片动画效果

图198-10 输入文本

步骤 12 在“图层7”图层的第115帧、第

117帧、第119帧插入关键帧。选择第100帧的文本，设置“宽度”和“高度”均为1，在第100帧至第115帧之间创建补间动画，如图198-11所示，设置“旋转”为“逆时针”。

步骤 13 选择“图层7”图层第117帧的文本，设置“色调”为红色，效果如图198-12所示。

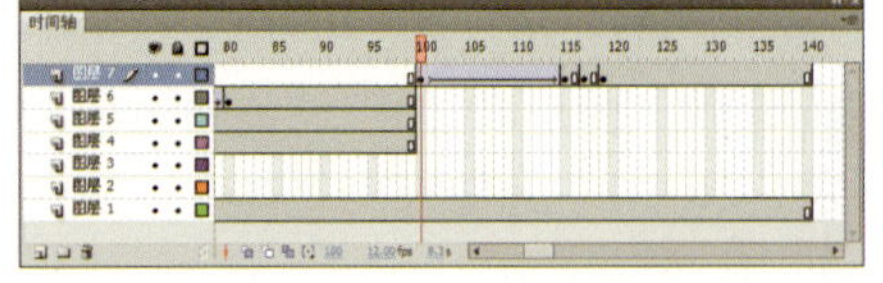

图198-11 创建补间动画

图198-12 设置文本的色调效果

步骤 14 按【Ctrl+Enter】键测试动画效果，如图198-13所示。

图198-13 测试动画效果

实例 199 数码广告

效果欣赏	实例导航
	素材文件：素材\第18章\实例199
	效果文件：效果\第18章\实例199.fla
	视频文件：视频\第18章\实例199.swf
	知识点睛：插入关键帧、创建补间动画

步骤 01 单击“文件”|“打开”命令，打开一幅素材图形，将其另存为“实例199.fla”文件。

步骤 02 创建一个“名称”为“文本动画1”、“类型”为“影片剪辑”的元件，选择工具箱中的文本工具，设置“系列”为“方正小标宋简体”、“字体大小”为30、“颜色”为白色，在舞台区的合适位置输入相应的文本，如图199-1所示。

步骤 03 选择输入的文本，按【Ctrl+B】键将其分离，再按【Ctrl+Shift+D】组合键将文字分散到图层。删除“图层1”图层，在所有图层的第55帧插入普通帧，并调整每个图层帧的位置，如图199-2所示。

步骤 04 创建一个“名称”为“剪辑”、“类型”为“影片剪辑”的元件，在“时间轴”面板中依次创建“图层2”、“图层3”、“图层4”3个图层，选择“图层1”图层的第1帧，将“元件1”元件拖曳至舞台的合适位置，如图199-3所示。

步骤 05 在“图层1”图层的第10帧、第12帧和第20帧插入关键帧。选择第1帧，将元件垂直向上移动至合适位置，在第1帧至第10帧之间创建补间动画，如图199-4所示，并选择所有图层的第45帧插入普通帧。

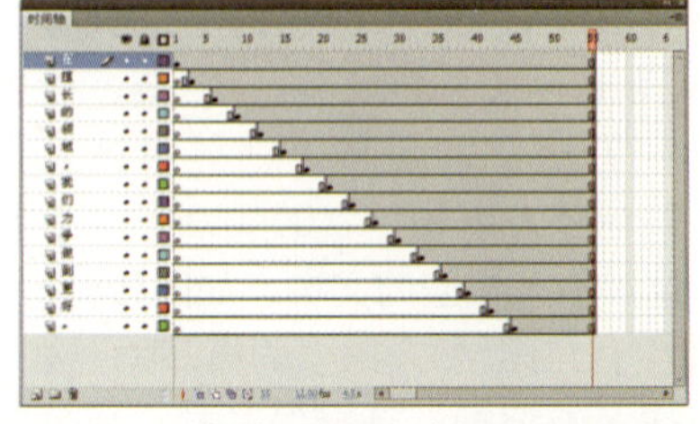

图199-2 分散到图层并调整帧的位置

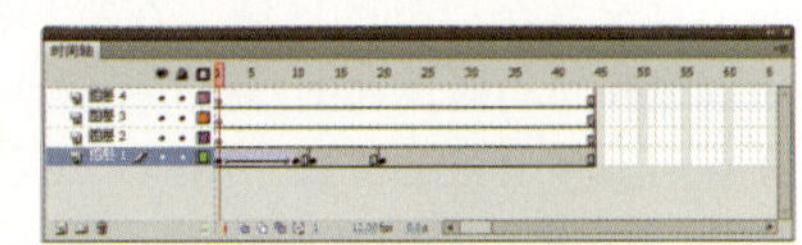

图199-3 拖曳元件至舞台 图199-4 创建补间动画

步骤 06 选择“图层1”图层的第12帧，将元件垂直向上移至合适位置，选择第20帧的元件，设置其Alpha值为0%，在第12帧至第20帧之间创建补间动画，效果如图199-5所示。

步骤 07 在“图层1”图层的第21帧插入空白关键帧，将“图片1”元件拖曳至舞台的合适位置，如图199-6所示。

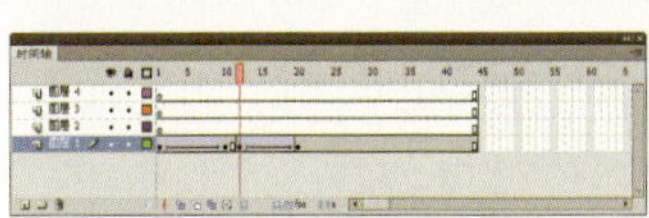

图199-5 创建另一补间动画

图199-6 拖曳元件至舞台

步骤 08 在“图层1”图层的第22帧和第24帧插入关键帧，选择第22帧的图片，设置“亮度”值为100%，如图199-7所示。

步骤 09 同理，制作“图层2”、“图层3”、“图层4”图层的动画效果，如图199-8所示。

图199-7 设置图片的亮度效果

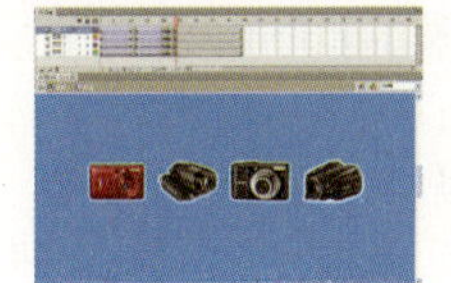

图199-8 制作其他动画效果

步骤 10 创建一个“名称”为“文本动画2”、“类型”为“影片剪辑”的新元件，选择工具箱中的文本工具T，设置“系列”为“方正小标宋简体”、“字体大小”为20、“颜色”为红色（#FF0000）、“方向”为“垂直、从左向右”，在舞台区的合适位置输入“佳能数码”文本，如图199-9所示。

步骤 11 在“图层1”图层的第3帧和第5帧插入关键帧，选择第3帧的文本，在“属性”面板中设置“颜色”为黑色，如图199-10所示。

图199-9 输入文本

图199-10 更改文本颜色

步骤 12 单击“场景1”标签，返回“场景1”编辑模式，在“时间轴”面板中依次创建“图层2”、“图层3”、“图层4”、“图层5”4个图层，选择“图层2”图层的第1帧，将“文本”元件拖曳至舞台的合适位置，如图199-11所示。

步骤 13 在“图层3”图层的第2帧插入关键帧，将“文本动画2”元件拖曳至舞台的合适位置，如图199-12所示。

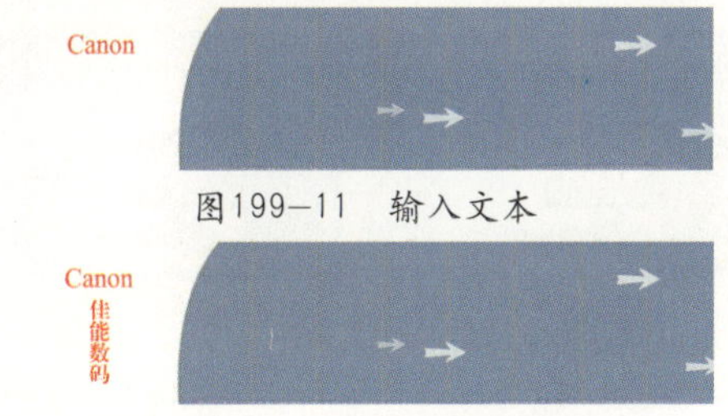

图199-11 输入文本

图199-12 拖曳元件至舞台

步骤 14 在“图层4”图层的第5帧插入关键帧，将“剪辑”元件拖曳至舞台的合适位置，如图199-13所示，并删除第45帧至第95帧之间的帧。

步骤 15 在“图层5”图层的第45帧插入关键帧，将“文本动画1”元件拖曳至舞台的合适位置，如图199-14所示。

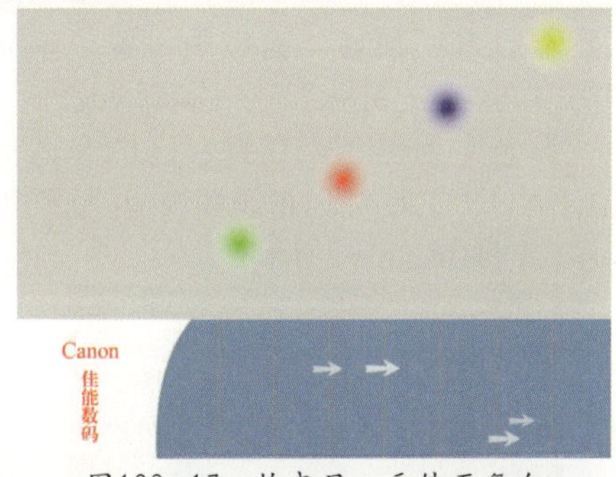

图199-13 拖曳另一元件至舞台

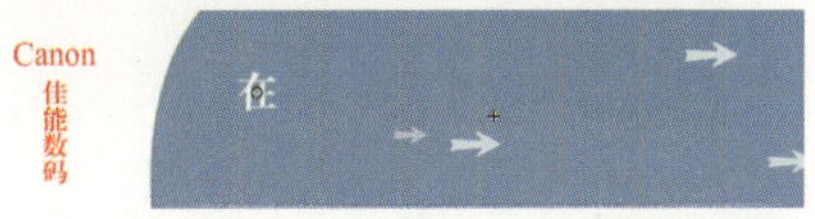

图199-14 再次拖曳元件至舞台

步骤 16 按【Ctrl+Enter】键测试动画效果，如图199-15所示。

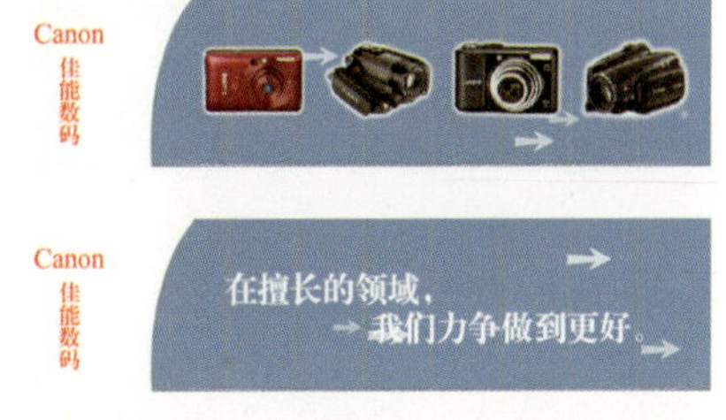

图199-15 测试动画效果

实例 200 台式电脑广告

效果欣赏	实例导航
 	素材文件：素材\第18章\实例200
	效果文件：效果\第18章\实例200.fla
	视频文件：视频\第18章\实例200.swf
	知识点睛：设置文本的Alpha值、设置文本的亮度值

步骤 01 单击“文件”|“打开”命令，打开一幅素材图形，将“图片1”元件拖曳至舞台的合适位置，如图200-1所示，在“图层1”图层的第100帧插入普通帧。

步骤 02 在“时间轴”面板中依次创建“图层2”、“图层3”、“图层4”、“图层5”、“图层6”、“图层7”6个图层，选择“图层2”图层的第1帧，选择工具箱中的文本工具T，在“属性”面板中设置“系列”为“方正小标宋简体”、“字体大小”为15、“颜色”为黑色，在舞台区的合适位置输入LENOVO文本，并设置文本为“仿斜体”样式，如图200-2所示。

图200-1 拖曳元件至舞台

图200-2 输入文本

步骤 03 选择输入的文本，单击“属性”面板左下角的“添加滤镜”按钮，在弹出的下拉菜单中选择“发光”选项，设置“模糊X”、“模糊Y”、“强度”、“颜色”分别为5、5、500%、白色（#FFFFFF），制作文本发光效果，如图200-3所示，并转换为“图形”元件。

步骤 04 分别在“图层2”图层的第20帧和第21帧插入关键帧，选择第20帧的文本，在“属性”面板中设置“亮度”值为100%，在第1帧至第20帧之间创建补间动画，如图200-4所示。

图200-3 制作文本发光效果

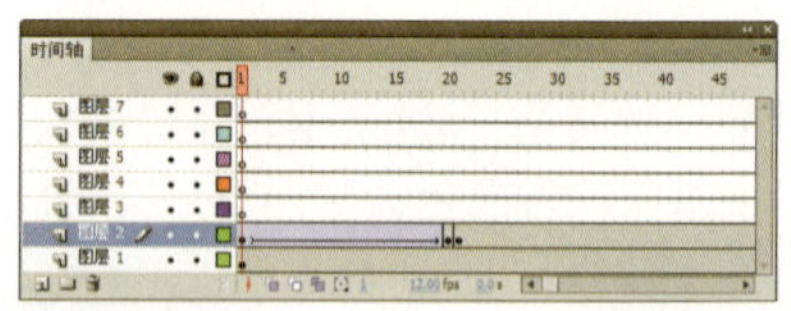

图200-4 创建补间动画

步骤 05 选择“图层3”图层的第1帧，将“图片2”元件拖曳至舞台的合适位置，如图200-5所示。

步骤 06 在“图层3”图层的第5帧、第7帧和第9帧插入关键帧。选择第1帧，将图片垂直向上移至舞台以外的区域，在第1帧至第5帧之间创建补间动画，如图200-6所示。选择第7帧的图片，在“属性”面板中设置“亮度”值为100%。

图200-5 拖曳元件至舞台

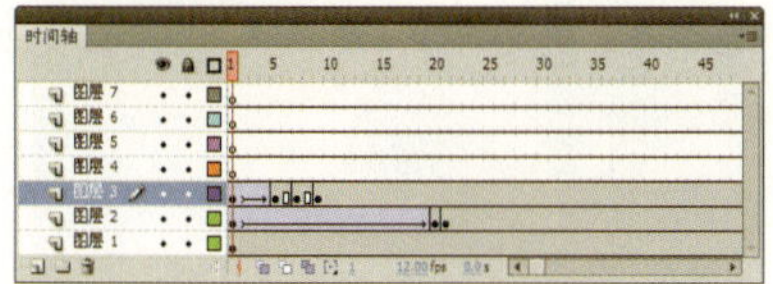

图200-6 创建补间动画

步骤 07 在“图层4”图层的第20帧插入关键帧，将“文本动画1”元件拖曳至舞台的合适位置，如图200-7所示。

步骤 08 在“图层5”图层的第30帧插入关键帧，选择工具箱中的文本工具T，设置“系列”为“方正小标宋简体”、“字体大小”为22、“颜色”为红色（#FF0000），在舞台区的合适位置输入“联想T3535-06”文本，如图200-8所示。

图200-7 拖曳元件至舞台

图200-8 输入文本

步骤 09 选择输入的文本，单击“属性”面板左下角的“添加滤镜”按钮，在弹出的下拉菜单中选择“发光”选项，设置“模糊X”、“模糊Y”、“强度”、“颜色”分别为5、5、500%、白色（#FFFFFF），制作文本发光效果，如图200-9所示。

步骤 10 在“图层5”图层的第35帧插入关键帧，选择第30帧，将文本水平向左移至舞台以外的区域，在第30帧至第35帧之间创建补间动画，如图200-10所示。

图200-9 设置文本发光效果

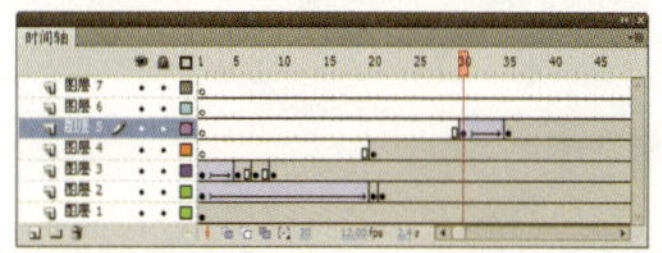

图200-10 创建补间动画

步骤 11 在“图层6”图层的第35帧插入关键帧。选择工具箱中的文本工具，设置“系列”为“方正粗宋简体”、“字体大小”为30、“颜色”为红色（#FF0000），在舞台区的合适位置输入“仅售”文本，如图200-11所示。

步骤 12 在“图层6”图层的第45帧插入关键帧。选择第35帧，将文本水平向左移至文档以外的区域，在第35帧至第45帧之间创建补间动画，如图200-12所示。

图200-11 输入文本

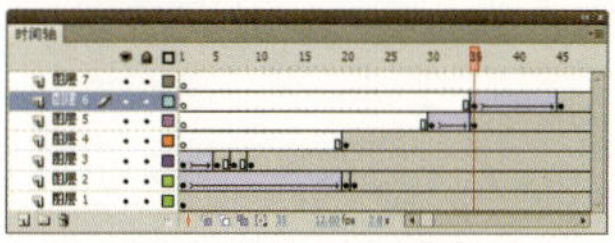

图200-12 创建补间动画

步骤 13 在“图层7”图层的第45帧插入关键帧。选择工具箱中的文本工具，设置“系列”为“方正粗宋简体”、“字体大小”为

34、“颜色”为红色（#FF0000），在舞台区的合适位置输入“¥3788”文本，如图200-13所示。

步骤 14 选择舞台中的文本，单击“属性”面板左下角的“添加滤镜”按钮，在弹出的下拉菜单中选择“发光”选项，并设置“模糊X”、“模糊Y”、“强度”、“颜色”分别为3、3、500%、黄色（#FFFF00），设置文本发光效果，效果如图200-14所示，并转换为“图形”元件。

图200-13 输入文本

图200-14 设置文本发光效果

步骤 15 在“图层7”图层的第55帧、第58帧、第61帧插入关键帧。选择第45帧的文本，设置“宽度”和“高度”均为1，在第45帧至第55帧之间创建补间动画，如图200-15所示。

步骤 16 选择“图层7”图层第58帧的文本，并缩放至合适大小，如图200-16所示。在第55帧至第58帧、第58帧至第61帧之间创建补间动画。

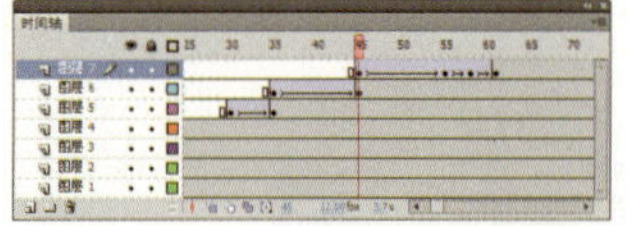
图200-15 创建补间动画

图200-16 调整文本大小

步骤 17 按【Ctrl+Enter】键测试动画效果，如图200-17所示。

图200-17 测试动画效果